“十三五”国家重点出版物出版规划项目·重大出版工程规划

5G 关键技术与应用丛书

大规模 MIMO 无线通信

高西奇　尤力　卢安安　孙晨　孟鑫　著

科学出版社

北　京

内 容 简 介

大规模多输入多输出(multiple-input multiple-output, MIMO)无线通信能够显著地提升系统频谱和功率效率，是近年来无线移动通信领域最为活跃的研究方向。本书系统讨论大规模 MIMO 无线通信理论与技术，主要包括大规模 MIMO 信道模型、大规模 MIMO 信道状态信息获取、大规模 MIMO 上下行数据传输、大规模 MIMO 全向预编码传输以及波束域大规模 MIMO 光无线通信等内容。

本书可作为从事无线通信研究开发的科研人员、工程技术人员以及研究生等的参考书。

图书在版编目(CIP)数据

大规模 MIMO 无线通信/高西奇等著. —北京：科学出版社，2020. 9
(5G 关键技术与应用丛书)
"十三五"国家重点出版物出版规划项目 · 重大出版工程规划 国家出版基金项目

ISBN 978-7-03-065879-1

Ⅰ. ①大… Ⅱ. ①高… Ⅲ.①无线电通信-移动通信-通信技术 Ⅳ. ①TN929.5

中国版本图书馆 CIP 数据核字 (2020) 第 153820 号

责任编辑：赵艳春 / 责任校对：王萌萌
责任印制：师艳茹 / 封面设计：迷底书装

科学出版社 出版
北京东黄城根北街 16 号
邮政编码：100717
http://www.sciencep.com

中国科学院印刷厂 印刷
科学出版社发行 各地新华书店经销
*
2020 年 9 月第 一 版 开本：720 × 1000 1/16
2020 年 9 月第一次印刷 印张：24 1/2
字数：490 000

定价：188.00 元

(如有印装质量问题，我社负责调换)

“5G关键技术与应用丛书”编委会

序

由科学出版社出版的“5G 关键技术与应用丛书”经过各编委长时间的准备和各位顾问委员的大力支持与指导，今天终于和广大读者见面了。这是贯彻落实习近平同志在 2016 年全国科技创新大会、两院院士大会和中国科学技术协会第九次全国代表大会上提出的广大科技工作者要把论文写在祖国的大地上指示要求的一项具体举措，将为从事无线移动通信领域科技创新与产业服务的科技工作者提供一套有关基础理论、关键技术、标准化进展、研究热点、产品研发等全面叙述的丛书。

自 19 世纪进入工业时代以来，人类社会发生了翻天覆地的变化。人类社会 100 多年来经历了三次工业革命：以蒸汽机的使用为代表的蒸汽时代、以电力广泛应用为特征的电气时代、以计算机应用为主的计算机时代。如今，人类社会正在进入第四次工业革命阶段，就是以信息技术为代表的信息社会时代。其中信息通信技术 (information communication technologies，ICT) 是当今世界创新速度最快、通用性最广、渗透性最强的高科技领域之一，而无线移动通信技术由于便利性和市场应用广阔又最具代表性。经过几十年的发展，无线通信网络已是人类社会的重要基础设施之一，是移动互联网、物联网、智能制造等新兴产业的载体，成为各国竞争的制高点和重要战略资源。随着“网络强国”、“一带一路”、“中国制造 2025”以及“互联网 +”行动计划等的提出，无线通信网络一方面成为联系陆、海、空、天各区域的纽带，是实现国家“走出去”的基石；另一方面为经济转型提供关键支撑，是推动我国经济、文化等多个领域实现信息化、智能化的核心基础。

随着经济、文化、安全等对无线通信网络需求的快速增长，第五代移动通信系统 (5G) 的关键技术研发、标准化及试验验证工作正在全球范围内深入展开。5G 发展将呈现“海量数据、移动性、虚拟化、异构融合、服务质量保障”的趋势，需要满足“高通量、巨连接、低时延、低能耗、泛应用”的需求。与之前经历的 1G~4G 移动通信系统不同，5G 明确提出了三大应用场景，拓展了移动通信的服务范围，从支持人与人的通信扩展到万物互联，并且对垂直行业的支撑作用逐步显现。可以预见，5G 将给社会各个行业带来新一轮的变革与发展机遇。

我国移动通信产业经历了 2G 追赶、3G 突破、4G 并行发展历程，在全球 5G 研发、标准化制定和产业规模应用等方面实现突破性的领先。5G 对移动通信系统进行了多项深入的变革，包括网络架构、网络切片、高频段、超密集异构组网、新空口技术等，无一不在发生着革命性的技术创新。而且 5G 不是一个封闭的系统，它充分利用了目前互联网技术的重要变革，融合了软件定义网络、内容分发网络、网络功能虚拟化、云计算和大数据等技术，为网络的开放性及未来应用奠定了良好的基础。

为了更好地促进移动通信事业的发展、为 5G 后续推进奠定基础，我们在 5G 标准化制定阶段组织策划了这套丛书，由移动通信及网络技术领域的多位院士、专家组成丛书编委会，针对 5G 系统从传输到组网、信道建模、网络架构、垂直行业应用等多个层面邀请业内专家进行各方向专著的撰写。这套丛书涵盖的技术方向全面，各项技术内容均为当前最新进展及研究成果，并在理论基础上进一步突出了 5G 的行业应用，具有鲜明的特点。

在国家科技重大专项、国家科技支撑计划、国家自然科学基金等项目的支持下，丛书的各位作者基于无线通信理论的创新，完成了大量关键工程技术研究及产业化应用的工作。这套丛书包含了作者多年研究开发经验的总结，是他们心血的结晶。他们牺牲了大量的闲暇时间，在其亲人的支持下，克服重重困难，为各位读者展现出这么一套信息量极大的科研型丛书。开卷有益，各位读者不论是出于何种目的阅读此丛书，都能与作者分享 5G 的知识成果。衷心希望这套丛书能为大家呈现 5G 的美妙之处，预祝读者朋友在未来的工作中收获丰硕。

中国工程院院士
网络与交换技术国家重点实验室主任
北京邮电大学　教授
2019 年 12 月

前　　言

大规模多输入多输出 (MIMO) 无线通信是近年来无线移动通信领域最为活跃的研究方向。配置大量天线的基站，可以在同一时频资源上与大量用户终端通信，大幅地提升系统频谱效率、功率效率以及和速率容量，大规模 MIMO 技术已成为 5G 移动通信重要使能技术。

信道建模是无线通信理论分析和系统设计的基础。在大规模 MIMO 无线通信环境下，基站侧配置大规模阵列天线，MIMO 传输信道的空间分辨率得到显著增强，大规模 MIMO 无线传输信道存在新的特性，需要深入系统地探讨。另外，未来移动通信系统的带宽将会进一步提升，由于低频段频谱资源的日趋紧缺，所采用的频段也将会向更高的毫米波以及太赫兹等频段拓展，因此研究和利用宽带大规模 MIMO 信道的宽带特性及其在高频段的特性，也具有重要的意义。

信道参数估计是实施信号传输和信号检测的基础。在已有的大规模 MIMO 传输方法中，小区中各用户向基站发送相互正交的导频信号，基站利用接收到的导频信号，获得上行链路信道参数的估计值，再利用时分双工系统上下行信道的互易性，获得下行链路信道参数的估计值，由此实施上行检测和下行预编码传输。该传统方法中的导频开销随着发送天线或数据流总数、时延扩展、载波频率、移动速度等因素均呈线性增长，存在信道信息获取瓶颈。为突破这一传输方案存在的诸多局限，探索导频资源受限条件下的信道状态信息获取理论方法，具有重要的价值。

在大规模 MIMO 无线传输系统中，随着基站侧天线个数和用户侧总天线个数的增加，信道信息获取存在瓶颈，所能获得的信道信息是非理想的，系统地研究与非理想信道估计相适应的鲁棒传输理论方法，对提高传输性能是必要的。在已有大规模 MIMO 无线传输方案中，上行多用户联合接收往往采用最小均方误差检测方法，这一检测方法涉及高维矩阵求逆，其复杂度将随着天线数和用户数的增加而大幅增加，实际应用存在瓶颈。此外，在考虑非理想信道信息的情况下，多用户联合检测的实现复杂度将会有所增加，因此，在探索鲁棒多用户联合检测理论方法的同时，需要进一步地探索降低其复杂度的理论方法。

非理想的信道估计不仅影响大规模 MIMO 上行多用户检测的性能，也影响着下行多用户 MIMO 预编码的性能，在探索上行多用户鲁棒接收技术的同时，有必要探索下行鲁棒预编码传输方法。在已有大规模 MIMO 无线传输技术方案中，在保障传输性能的情况下，下行多用户预编码传输往往采用线性预编码方法，典型的采用正则化迫零预编码方法，而这一预编码传输方法涉及高维矩阵求逆，其复杂度将随着天线数和用户数的大幅增加而显著增加，实际应用存在瓶颈。在考虑非理想信道信息的情况下，预编码传输的实现复杂度将会有所增加，因此，在探索鲁棒预编码传输理论方法的同时，需要进一步地探索降低预编码传输复杂度的方法。

同步与公共控制信息传输在无线通信系统中具有重要作用，其主要用于实现大范围覆盖，以服务小区内所有用户。将已有的选择天线、空时编码、波束扫描等传输方法应用于大规模 MIMO 无线通信系统，分别存在覆盖范围严重受限、导频开销随基站天线数线性增长、实时性和可靠性低等问题。在各种频段、场景和系统配置下，能否实现全功率利用、大范围覆盖的高效可靠传输，是需要解决的关键问题。

光无线通信技术利用光频谱这一超高频段，可以缓解射频频谱资源紧张，提高系统吞吐量，是一种极具潜力的无线传输技术。光无线通信中由于采用强度调制与直接检测，没有相位信息，且大多数场景仅考虑直达径的情况，因而，光无线通信的信道系数具有高度相关性。将大规模 MIMO 传输拓展到光波段，研究波束域大规模 MIMO 光无线传输方法，具有重要的实用价值。

全书内容共 7 章，第 1 章为绪论，主要介绍当前大规模 MIMO 的研究现状；第 2 章论述大规模 MIMO 信道模型，主要内容包括窄带、宽带及高频段等场景下的大规模 MIMO 信道建模；第 3 章论述大规模 MIMO 信道状态信息获取，主要内容包括角度域及角度时延域导频复用大规模 MIMO 信道状态信息获取方法等；第 4 章论述大规模 MIMO 上行传输，主要内容包括大规模 MIMO 上行信道容量分析以及低复杂度上行信号检测方法等；第 5 章论述大规模 MIMO 下行传输，主要内容包括单小区、多小区及高频段等场景下的大规模 MIMO 波束分多址传输方法以及大规模 MIMO 下行鲁棒预编码传输方法等；第 6 章论述大规模 MIMO 全向预编码传输，主要内容包括大规模 MIMO 全向预编码方法、全向空时编码方法以及高频段大规模 MIMO 基于全向预编码及全向合并的同步方法等；第 7 章论述波束域大规模 MIMO 光无线通信，主要内容包括利用发送透镜的波束域大规模 MIMO 光无线通信理论方法以及利用收发透镜的网络大规模 MIMO 光无线通信理论方法等。

本书主要内容是作者近年来在大规模 MIMO 无线通信方面研究工作的汇聚。这些研究工作的合作者还包括美国特拉华大学 Xia 教授、美国加州大学戴维斯分校 Ding 教授、美国理海大学 Xiao 教授和 Zheng 教授、美国加州大学欧文分校 Swindlehurst 教授、美国佐治亚理工学院 Li 教授、英国贝尔法斯特女王大学 Matthaiou 教授、东南大学王家恒教授以及华为技术有限公司马霓博士等。此外，东南大学移动通信国家重点实验室的研究生们对本书进行了校对，在此一并表示感谢。

限于作者的知识水平，书中难免存在不足之处，敬请各位读者批评指正。

作　者

2019 年 6 月

符 号 说 明

$(\cdot)^{\mathrm{H}}$	矩阵或矢量的共轭转置
$(\cdot)^{\mathrm{T}}$	矩阵或矢量的转置
$(\cdot)^{*}$	矩阵、矢量或标量的共轭
$[\boldsymbol{X}]_{m,n}$	矩阵 $\boldsymbol{X}$ 第 m 行第 n 列对应的元素
$[\boldsymbol{X}]_{m,:}$	矩阵 $\boldsymbol{X}$ 第 m 行元素所构成的向量
$[\boldsymbol{X}]_{:,n}$	矩阵 $\boldsymbol{X}$ 的第 n 个列矢量
$[\boldsymbol{X}]_{\mathcal{B},\mathcal{C}}$	行和列元素分别为集合 $\mathcal{B}$ 和 $\mathcal{C}$ 中元素对应的矩阵 $\boldsymbol{X}$ 中的行和列标号中元素所构成的矩阵
$[\boldsymbol{X}]^{\mathcal{B}}$	由矩阵 $\boldsymbol{X}$ 中集合 $\mathcal{B}$ 对应的行构成的子矩阵
$[\boldsymbol{X}]_{\mathcal{B}}$	由矩阵 $\boldsymbol{X}$ 中集合 $\mathcal{B}$ 对应的列构成的子矩阵
$\mathrm{tr}\,(\boldsymbol{X})$	矩阵 $\boldsymbol{X}$ 的迹
$\det(\boldsymbol{X})$	矩阵 $\boldsymbol{X}$ 的行列式
$\\|\boldsymbol{X}\\|_{\mathrm{F}}=\sqrt{\mathrm{tr}\left(\boldsymbol{X}^{\mathrm{H}}\boldsymbol{X}\right)}$	矩阵 $\boldsymbol{X}$ 的 Frobenius 范数
$\boldsymbol{X}^{-1}$	矩阵 $\boldsymbol{X}$ 的逆矩阵
$[\boldsymbol{x}]_n$	矢量 $\boldsymbol{x}$ 的第 n 个元素
$\\|\boldsymbol{x}\\|=\sqrt{\boldsymbol{x}^{\mathrm{H}}\boldsymbol{x}}$	矢量 $\boldsymbol{x}$ 的 ℓ_2 范数
$\mathrm{diag}(\boldsymbol{x})$	以矢量 $\boldsymbol{x}$ 中元素为对角线元素的对角矩阵
$\mathrm{diag}(\boldsymbol{X})$	求矩阵 $\boldsymbol{X}$ 对角线元素组成的向量
$\mathrm{blkdiag}(\boldsymbol{A}_1,\boldsymbol{A}_2,\cdots,\boldsymbol{A}_n)$	由矩阵 $\boldsymbol{A}_1,\boldsymbol{A}_2,\cdots,\boldsymbol{A}_n$ 构成的块对角阵
$\mathbf{0}_{M\times N}$	$M\times N$ 全零矩阵
$\mathbf{1}_{M\times N}$	$M\times N$ 全 1 矩阵
$\boldsymbol{I}_N$	N 维单位矩阵
$\boldsymbol{I}_{N\times G}$	单位矩阵 $\boldsymbol{I}_N$ 的前 G 列所构成的矩阵
$\boldsymbol{A}\succ\mathbf{0}$ $(\boldsymbol{A}\succeq\mathbf{0})$	$\boldsymbol{A}$ 为 Hermitian 正定 (半正定) 矩阵
$\Re(\boldsymbol{W})$	$\dfrac{1}{2}(\boldsymbol{W}+\boldsymbol{W}^{\mathrm{H}})$
$\Im(\boldsymbol{W})$	$\dfrac{1}{2i}(\boldsymbol{W}-\boldsymbol{W}^{\mathrm{H}})$
$\mathrm{eig}(\cdot)$	矩阵的排序特征值
$\mathrm{In}(\cdot)$	矩阵的惯性指数

$\delta(\cdot)$	Kronecker delta 函数
$\odot$	Hadamard 乘积
$\otimes$	Kronecker 乘积
$\mathbb{R}$	实数域
$\mathbb{C}$	复数域
$\min(x, y)$	取 x，y 中较小的数
$\max(x, y)$	取 x，y 中较大的数
$\|x\|$	标量 x 的绝对值
$\mathbb{E}\{\cdot\}$	数学期望函数
$\mathcal{CN}\left(\mu,\ \sigma^2\right)$	均值为 μ、方差为 σ^2 的循环对称复高斯分布
$\mathcal{CN}(\boldsymbol{a}, \boldsymbol{B})$	均值为 $\boldsymbol{a}$、协方差为 $\boldsymbol{B}$ 的循环对称复高斯分布
$g \circ f$	函数 g 和 f 的复合函数
$\mathbb{P}(\cdot)$	概率
$\|\mathcal{B}\|$	集合 $\mathcal{B}$ 的势，即集合中元素的个数
$\boldsymbol{F}_N$	N 维酉离散傅里叶变换矩阵
$\boldsymbol{F}_{N\times G}$	$\boldsymbol{F}_N$ 前 G 列元素所构成的矩阵
$\boldsymbol{f}_{N,q}$	矩阵 $\sqrt{N}\boldsymbol{F}_N$ 第 q 个列矢量
$\boldsymbol{\Pi}_N^n = \begin{bmatrix} \mathbf{0} & \boldsymbol{I}_{N-\langle n\rangle_N} \\ \boldsymbol{I}_{\langle n\rangle_N} & \mathbf{0} \end{bmatrix}$	排列矩阵
$\mathrm{vec}\{\cdot\}$	矩阵拉直运算
$\langle\boldsymbol{a}, \boldsymbol{b}\rangle$	矢量 $\boldsymbol{a}$ 与 $\boldsymbol{b}$ 的内积
$\backslash$	集合相减运算
$\triangleq$	定义为
$\sim$	服从于某种概率分布
$\propto$	正比于
$\bar{\jmath}$	$\sqrt{-1}$
$\lfloor x\rfloor$	不大于 x 的最大整数
$\lceil x\rceil$	不小于 x 的最小整数
$\mathrm{J}_0(\cdot)$	第一类零阶贝塞尔函数
$((a))_b$	对 a 取模 b 运算
$\ln x$	自然对数函数
$\log_2 x$	以 2 为底的对数函数

目　录

第 1 章　绪　　论

移动互联网和物联网应用需求的持续增长，驱动着无线移动通信快速发展。能够支持高达数十 Gbit/s 数据速率和每平方千米百万终端连接的 5G 技术将进入商用，并将极大地推动虚拟现实/增强现实等新业务应用、移动通信与各行业融合及向全球深度覆盖发展。6G 移动通信研究已进入议事日程，将在全频谱范围内开发利用无线资源，支持全场景移动信息服务、高达 Tbit/s 传输速率和每平方千米千万终端连接，移动通信将转变成支撑全行业、全社会运行的信息基础设施。大规模 MIMO 无线通信是近年来无线移动通信领域最为活跃的研究方向，配置大量天线的基站，可以在同一时频资源上与大量用户终端通信，大幅地提升系统频谱效率、功率效率、用户终端连接数以及和速率容量，大规模 MIMO 技术已成为 5G 移动通信重要使能技术。为满足未来巨流量、巨连接技术需求，在各种典型频段和场景下，拓展利用大规模/超大规模天线配置，构建大规模 MIMO 无线移动通信系统，成为未来移动通信长期的发展趋势，以期深度挖掘空间维度无线资源，进一步大幅地提升频谱和功率效率、速率和用户容量，深度开发利用毫米波/太赫兹等高频段无线资源，大幅地提升其覆盖能力和传输效率，并突破卫星移动通信等场景功率受限及频谱资源复用能力提升问题。尽管大规模 MIMO 已经得到了国内外研究者的广泛关注，其理论与技术仍处于不断发展和完善的过程中。本章简要回顾大规模 MIMO 的研究现状，并给出全书的章节安排。

1.1　大规模 MIMO 信道模型与信道信息获取

信道建模是信息理论分析和系统设计的基础。在大规模/超大规模天线配置和带宽显著增加的情况下，其新特性有待探索。相关文献中的大规模 MIMO 信道模型可以分为两类：相关模型和基于几何的统计信道模型 (geometry-based stochastic channel model，GSCM)[1]。两种模型中相关模型相对比较简单，一般用于大规模 MIMO 系统性能的理论分析。GSCM 则较为复杂，但是也更接近真实的物理信道，通常用于评估实际系统的性能。本书主要介绍相关模型。

相关模型分为两大类：独立同分布瑞利衰落模型和一般相关信道模型 [1]。独立同分布瑞利衰落信道模型最为简单，其假设信道系数为独立同分布，易于应用随机矩阵理论和中心极限定理进行分析，但是独立的假设一般只能用于天线间距较大分布式天线配置或散射极为丰富的场景。一般相关信道模型主要包括 Kronecker 相关模型 [2]、联合相关模型 [3,4] 和虚拟信道表示 (virtual channel representation，VCR)[5]。Kronecker 相关模型考虑了信道系数之间的相关性，并假设发送天线阵列和接收天线阵列之间的相关性是可分离的，其信道协方差矩阵为发送相关阵和接收相关阵的 Kronecker 乘积。联合相关模型不仅考虑了发送相关和接收相关，还进一步联合考虑了发送和接收阵列之间的相关性。发送和接收之间的联合相关是通过定义能量耦合矩阵来实现的。当能量耦合矩阵秩为 1 时，联合相关模型退化为 Kronecker 相关模型。当信道均值为零，并且能量耦合矩阵所有元素相同时，联合相关模型退化为独立同分布瑞利衰落信道模型。虚拟信道表示与联合相关模型相似，但是限定发送相关阵和接收相关阵的特征向量矩阵为离散傅里叶变换 (discrete Fourier transform，DFT) 阵。

基站侧所能获得的信道状态信息对于大规模 MIMO 传输性能有重要影响。对于时分双工 (time division duplex，TDD) 大规模 MIMO 传输系统，基站侧的信道状态信息往往是通过周期性发送上行导频并利用上下行信道互易性来获取的 [6,7]。相关文献中已见报道的工作大多假设小区内不同用户使用正交导频，而相同的导频序列在不同小区间重复使用 [6,8,9]。Jose 等 [9] 证明了小区间导频复用会引入导频污染，进而降低大规模 MIMO 传输性能。为了缓解导频污染的影响，多位研究者分别提出了协调信道估计 [10]、时移导频分配 [11]、基于特征值分解的盲信道估计 [12]、协作导频污染预编码 [13] 以及分布式最小均方误差 (minimum mean square error，MMSE) 预编码 [9] 等多种方法。对于文献 [7] 中广泛使用的正交导频方案，其导频开销将随着用户端天线数目之和线性增长，因而显著地降低系统频谱效率，构成系统瓶颈。开展导频资源受限情形下的大规模 MIMO 无线传输方法研究具有重要的实际意义 [14,15]。

正交频分复用 (orthogonal frequency division multiplexing，OFDM) 是一类适用于高速宽带无线传输的多载波调制技术 [16,17]。由于其将频率选择性衰落宽带信道转化为一组互不干扰的平坦衰落窄带信道，并具有相对较低的实现复杂度，基于 OFDM 的大规模 MIMO 传输是最受重视的宽带大规模 MIMO 传输技术 [6]。与传统 MIMO-OFDM 类似，大规模 MIMO-OFDM 的传输性能很大程度上依赖于信道信息获取的质量。导频设计与信道状态信息获取是大规模 MIMO-OFDM 无线传输的基础。

传统 MIMO-OFDM 传输中的最优导频设计及信道状态信息获取已经在相关文献中得到了广泛的研究。最广泛采用的方案为在频域进行导频信道估计，该方案下不同天线发送的导频通常假设需满足频域相移正交条件，相关的单用户场景下的讨论见文献 [18]~ [20]，而多用户场景下的讨论见文献 [21]，频域相移正交导频已经在 LTE 系统中得到应用 [22]。此外，当考虑信道空间相关性时，单用户与多用户场景下的导频设计分别在文献 [23] 和 [24] 中研究过。尽管频域相移正交导频能够消除小区内的导频干扰，其在设计时没有考虑导频开销的影响。当把频域相移正交导频直接应用于 TDD 大规模 MIMO-OFDM 系统时，其相应的导频开销将会随着用户端天线数目之和线性增长，成为大规模 MIMO-OFDM 系统的瓶颈 [6]。在高移动性场景中，导频开销问题尤为严重。因此，考虑导频开销因素的大规模 MIMO-OFDM 导频设计研究具有重要的实际意义 [25]。

值得注意的是，利用大规模 MIMO 信道的近似稀疏特性来实施信道状态信息获取是当前的一个研究热点。例如，文献 [26] 提出了一种时频信道训练方法，文献 [27] 提出了一种分布式贝叶斯大规模 MIMO-OFDM 信道估计方法。由于文献 [26] 和 [27] 中所提的方案均是针对单用户场景的，其导频开销仍然会随着用户数目增加而线性增长。此外，文献 [28] 和 [29] 提出利用信道稀疏性抑制多小区大规模 MIMO 中的导频污染现象。其他还有一些文献将压缩感知技术用于信道状态信息获取 [30–33]。在基于压缩感知的信道状态信息获取方法中，导频信号通常是随机生成的。而随机导频信号在实际系统中实现通常较为困难 [34]，原因如下：在大规模 MIMO-OFDM 系统中存储大维随机导频信号将会消耗大量存储空间，且相应的信道获取算法实现复杂度较高；此外，随机导频信号的峰均比通常不能得到有效控制。利用确定性感知矩阵设计技术可以缓解上述问题，但是会带来性能损失 [35, 36]。进一步开展基于压缩感知的大规模 MIMO 信道状态信息获取理论方法研究具有重要的意义。

由于当前蜂窝频段 (6 GHz 以下频段) 可用频谱资源的严重短缺，学术界与工业界逐渐趋向于将毫米波频段与太赫兹频段应用于未来无线通信系统 [37–41]。由于毫米波/太赫兹频段上波长相对较短，天线阵列能够被同时装配至基站与用户终端处。此外，大规模 MIMO 所能提供的较高波束赋形增益能够增强毫米波/太赫兹频段的系统覆盖范围及传输效率。因此，毫米波/太赫兹大规模 MIMO 被认为是未来无线通信系统中一项具有前景的技术 [39, 42]。但是，在同样的移动速度下，由于载频的提升，毫米波/太赫兹信道的多普勒扩展将远大于传统频段上无线信道的多普勒扩展，因而其信道状态信息获取和无线传输设计将变得更为困难。高频段下大规模 MIMO 信道状态信息获取和无线传输理论方法需要全面系统地探讨 [43]。

1.2 大规模 MIMO 上下行数据传输

大规模 MIMO 数据传输涉及上行链路传输和下行链路传输两个方面。对于上行链路和下行链路，基站侧的上行接收处理和下行预编码矩阵设计是研究的重点。而上下行链路数据传输系统的优化设计，通常以信道容量分析所揭示的性能增益为参照。

在大规模 MIMO 信道容量分析方面，当天线数量很多时，无法通过推导得到准确的容量分析结果。文献 [44] 中利用确定性等同方法获得多种 MIMO 信道容量近似闭式表达。根据所采用的技术不同，确定性等同方法分为四类：Bai-Silverstein 方法[45,46]、高斯方法[47–49]、replica 方法[50,51] 和基于自由概率理论的方法[52,53]。

Bai-Silverstein 方法已经被应用到多种 MIMO 信道模型。文献 [45] 中利用该方法研究了用户信道为 Kronecker 相关瑞利衰落信道的 MIMO 多址接入信道 (multiple access channel，MAC) 的容量。文献 [54] 将其与一般化的 Lindeberg 原理[55] 相结合，推导了信道矩阵由相关非高斯元素组成的 MIMO MAC 的遍历输入输出互信息量。在使用 Bai-Silverstein 方法过程中，需要去“猜测”信道 Gram 矩阵 Stieltjes 变换的确定性等同形式。而复杂模型的确定性等同形式比较难“猜测”，所以该方法的应用受到了限制[44]。通过使用分部积分及 Nash-Poincare 不等式，高斯方法能够直接推导出具有复杂相关性元素的随机矩阵的确定性等同。该方法特别适合于元素为高斯变量的随机矩阵。与 Lindeberg 原理相结合，高斯方法也可被用作处理具有非高斯元素的随机矩阵。文献 [49] 中使用高斯方法对基站配置多个分布式放置的天线阵列的 MIMO MAC 的容量进行了研究。从统计物理[56] 发展而来的 replica 方法，是无线通信中一个被广泛使用的方法。其同样也被应用于多种 MIMO MAC。文献 [51] 使用 replica 方法研究了具有联合相关莱斯衰落特性的多用户 MIMO 上行信道的和速率。虽然 replica 方法的准确性还没得到证明[44]，但其仍然是一个强大的工具。同时，因为自由概率理论只能应用于具有酉不变性质的大维随机矩阵，例如，标准高斯矩阵和 Haar 酉矩阵，自由概率理论的应用通常被认为是受限的。作为自由概率理论更一般扩展的算子值自由概率理论则没有这个限制，其能够用于处理具有相关元素的随机矩阵。文献 [53] 中提出了一种基于算子值自由概率计算确定性等同的自由确定性等同方法。一个随机矩阵的自由确定性等同为一非交换随机变量或者算子值随机变量，并且该随机变量的分布和前者的分布在随着矩阵维度增加时是渐近相同的。文献 [53] 中所考虑的随机矩阵被视作一个随机矩阵多项式，并通过将多项式中随机矩阵替换为满足一定自由独立条件的算子值随机变量获得了其自由确定性等同。该自由确定性等同的柯西变换与 Bai-Silverstein 方法及高斯方法所推导出的确定性等同迭代方程的结果相同。通过使用自由确定性等同方法，文献 [53] 重现了文献 [57] 中关于复杂 Haar 模型的确定性等同结果。

综上所述，基于 Kronecker 相关模型的多种信道容量分析已经由 Bai-Silverstein 方法和高斯方法解决，并且文献 [49] 中使用的信道模型已经包括了几乎所有的基于 Kronecker 相关模型的信道模型。具有联合相关莱斯衰落特性的多用户 MIMO 上行信道的和速率则可以用 replica 方法求出。而能和 Bai-Silverstein 方法和高斯方法取得相同确定性等同结果的算子值自由概率，还没有被用于大规模 MIMO 容量分析。文献 [58] 指出，当天线数量增加时 Kronecker 模型合理性将下降。此外，文献中还没有给出 replica 方法正确性的严格数学证明。因此，研究基于算子值自由概率的大规模 MIMO 上行容量分析具有重要的理论价值和实际意义。

在大规模 MIMO 上行接收中，为实现大规模 MIMO 能够带来的性能增益，降低用户间干扰，上行多用户联合接收至关重要 [59]。当基站侧具有发送符号先验概率信息时，最优的接收为计算发送比特后验概率信息的最大后验概率 (maximum a posteriori probability，MAP) 检测 [60]。在传统点对点 MIMO 系统中，最优的 MAP 检测计算复杂度随发送向量维度呈指数增长，只能用于采用低阶调制方式的很小规模 MIMO 系统。为降低 MAP 算法的复杂度，传统 MIMO 中研究了基于树形搜索的近似 MAP 方法，如球形译码 [61] 等。但是此类算法的复杂度仍然随发送向量维度呈指数增长，因此仍无法用于大规模 MIMO 系统 [62]。传统 MIMO 系统中广泛使用的是 Turbo 接收 [63, 64]。Turbo 接收通过在软输入软输出 (soft input soft output，SISO) 检测器和 SISO 译码器之间迭代交互概率信息，取得了接近最优的性能。

基于图形模型的置信度传播 (belief propagation，BP) 方法 [65, 66] 是计算传统 MIMO 信道发送比特后验概率的另一种方法。文献中常用的图形模型包括因子图、贝叶斯网络、Markov 随机域等 [67]。当 MIMO 信道满足一定条件且发送符号采用低阶调制时，BP 算法可以取得接近 MAP 检测的性能。完全的 BP 方法具有和 MAP 检测相似的复杂度 [68]，因此也不适用于大规模 MIMO 系统。通过利用高斯近似和图形简化等方法，文献 [69]~ [71] 中提出了一些可用于大规模 MIMO 系统的低复杂度 BP 算法。在大维极限情形，BP 算法中的消息传递可以被显著简化，由此得到的简化算法为近似消息传递 (approximate message passing，AMP) 算法 [68, 72, 73]。该算法是目前大规模 MIMO 系统中研究的较多的一种软输入软输出检测算法。

文献 [74] 和 [75] 中还有一类用于大规模 MIMO 系统的算法是基于搜索似然函数最优点的低复杂度算法，其中，最简单的是似然上升搜索 (likelihood ascent search，LAS) 算法。LAS 算法的缺点是其只能收敛到局部最优点。对于一般检测优化问题而言，局部最优并不是全局最优。禁忌搜索 (tabu search，TS) 算法 [76] 为 LAS 算法的扩展，其通过允许向似然函数变小方向跳转并且设置禁忌规则可以逃离局部最优点。基于马尔可夫链蒙特卡罗 (Markov chain Monte Carlo，MCMC) 的搜索方法 [77] 是一种基于概率的搜索。在已知发送向量的概率分布时，按照该概率分布生成一组随机向量，最优值存在其中的可能性随着生成的向量增多而增大。基于 MCMC 的搜索只是进行部分搜索，但该方法在概率上搜索到最优值的可能性很大。

从前面的描述中可以看出，大规模 MIMO 系统上行多用户接收主要面对的挑战是由维度增加引起的复杂度问题。为降低算法复杂度，文献 [8]、[78] 和 [79] 中大规模 MIMO 系统常用的是具有低复杂度的线性检测器，主要是匹配滤波 (matched filter，MF) 检测器和 MMSE 检测器 [8, 78, 79]。匹配滤波检测器计算简单，并且当发送天线数量固定，接收天线数量趋于无穷时能取得最优性能。在实际大规模 MIMO 系统中，当接收天线发送数量相同时，MMSE 检测性能显著优于 MF 检测。然而，当发送天线和接收天线数量都非常大时，MMSE 检测器中大维矩阵求逆运算的存在，使得其复杂度变得极高。在此种场景下使用 MMSE 检测器，复杂度是一个必须要解决的问题。在码分多址 (code division multiple access，CDMA) 系统中已经被广泛研究过的多项式展开 (polynomial expansion，PE) 检测器 [80–83] 提供了一个近似 MMSE 检测的低复杂度检测方案。具体而言，PE 检测器利用一个矩阵多项式来近似 MMSE 检测器中的矩阵求逆，进而降低了复杂度。对于信道 $\boldsymbol{H}$，PE 检测器所使用近似多项式的系数来自信道 Gram 矩阵 (即 $\boldsymbol{H}\boldsymbol{H}^{\mathrm{H}}$) 的经验矩 (Moments)。为进一步降低 PE 检测器的复杂度，可用经验矩的确定性等同将其替代。经验矩的确定性等同独立于一个特殊的信道实现，只取决于信道的统计信息。因此，基于经验矩确定性等同的大规模 MIMO 上行多项式展开检测是值得研究的问题 [84]。

大规模 MIMO 下行预编码设计是传统多用户 MIMO(multiuser-MIMO，MU-MIMO) 下行预编码设计的延续，同样关系到能否实现大规模 MIMO 所能够带来的性能增益。传统多用户 MIMO 中，预编码分为线性预编码和非线性预编码。非线性预编码有脏纸编码 (dirty paper coding，DPC)[85, 86] 和矢量扰动 (vector perturbation，VP) 预编码 [87] 等。非线性预编码可取得接近最优性能，但是复杂度太高。大规模 MIMO 文献中目前研究的基本都是线性预编码，并且大都是针对单天线用户的下行线性预编码 [8, 78, 79]。对于单天线用户大规模 MIMO 下行链路，在发送天线远大于接收天线时，线性预编码可取得接近最优的性能。常用的线性预编码有 MF 预编码和正则化迫零 (regularized zero forcing，RZF) 预编码 [8]。

目前移动通信系统中用户侧已经使用多天线设备。在未来无线通信网络中，多天线用户必然同样存在。因此，针对多天线用户的大规模 MIMO 下行预编码设计的研究无法回避。简单的线性预编码，如 MF 预编码和 RZF 预编码等，在发送天线有限情况下，无法取得接近最优性能。为取得接近最优性能，需从信息论角度出发，考虑优化所有用户加权遍历和速率的线性预编码。如何设计预编码则取决于基站端能获得的信道状态信息。当基站侧具有完美信道状态信息时，传统多用户 MIMO 下行中广泛使用的迭代加权最小均方误差 (weighted MMSE，WMMSE)[88–91] 预编码方法可直接推广到大规模 MIMO 系统。该方法能够收敛到最大化加权和速率优化问题的局部最优解。当基站侧难以获得用户的完美信道状态信息时，文献 [92] 中有直接针对大规模 MIMO 系统的联合空分复用 (joint spatial division and multiplcxing，JSDM) 方法。在 JSDM 方法中，具有近似相同信道协方差特征空间的用户被分为同一组。当所有用户的信道都为准静态时，迭代 WMMSE 方法可以被用来设计大规模 MIMO 下行链路的预编码。相反，当所有用户的移动速度相对较快时，则可以考虑使用 JSDM 方法。

在实际大规模 MIMO 系统中，由于信道估计误差、信道变化以及其他因素的影响，通常基站侧不能获得完美信道状态信息。进一步，不同的用户通常具有不同的移动速度。文献 [93] 和 [94] 中还提出了由迭代 WMMSE 方法拓展而来的统计 WMMSE 方法来最大化 MIMO 干扰信道的遍历和速率。该方法属于将原优化问题近似替换为样本平均问题的样本平均近似 (sample average approximation，SAA) 方法 [95,96]。进一步，文献 [93] 提出了块连续上界最小化 (block successive upper-bound minimization，BSUM) 来进行预编码设计。所得预编码与所有的过去信道实现相关，这些信道实现可以是真实的信道状态信息，或者是通过已知信道统计量虚拟生成的信道 [93]。由于需要样本平均近似，统计 WMMSE 方法应用到大规模 MIMO 还有困难。综上所述，实际大规模 MIMO 下行传输缺乏一种能够用于各种典型移动场景的普适性预编码方法。

1.3 大规模 MIMO 同步与控制信息传输

在大规模 MIMO 研究领域，大部分研究工作侧重于专用信道的传输理论方法研究，其中基站向每个用户传输各自不同的信息 [8,14,92,97–99]。然而，公共信道的传输理论方法却没有获得足够多的重视。在蜂窝系统中，公共信道起着重要的作用，基站必须经由公共信道将许多重要的消息或服务提供给不同用户，其中包括同步信号、参考信号、控制信令以及多媒体广播多播业务等 [100,101]。公共信道需要服务于小区内的所有用户，其中既包括活动的用户，也包括不活动的用户。对于不活动的用户，基站无法得知其是否存在，因此无法获得其信道状态信息。此外，对于需要接收基站同步信号以接入该小区的用户，由于基站与该用户间的通信链路还没有建立，基站也无法获知它的信道状态信息。基于上述原因，对于公共信道而言，基站不能获得所有用户的信道状态信息。文献 [102] 基于独立同分布信道的假设，考虑了基站利用下行控制信令来激活不活动用户的场景，并提出了一种将低维信号在基站天线间进行重复以降低导频开销的方案。然而，该方案所产生的发射信号将会具有空间选择性。对于实际的空间相关信道，一种更合理的方法是使基站的发射信号具有空间全向特性，以便覆盖整个小区，使不论处于何方位的用户都能够获得可靠的接收信噪比。

然而，目前绝大多数适用于传统小规模 MIMO 系统的全向传输方法，如单天线发射、循环延迟分集等，将不再适用于大规模 MIMO 系统。以单天线发射方法为例，在该方法中，基站从所有天线中选取一根天线来发射信号，以便形成全向覆盖。为了与所有天线都被利用的场景达到相同的信号覆盖范围，所选取的单根天线必须配备有一个功率更大且更昂贵的功放。在大规模 MIMO 系统中，通过在基站端使用大量的天线，每根天线都被配备一个功率很小且很便宜的功放，因此并不存在一根前面所述的有着足够大功率功放的天线，所以单天线发射方法无法在大规模 MIMO 系统中使用。另外，循环延迟分集作为一种简单的全向覆盖方法，已经被数字视频广播以及长期演进 (long-term evolution，LTE) 等系统采用。然而，有研究 [103] 指出循环延迟分集 (cyclic delay diversity，CDD) 并不具有真正的全向覆盖，即该技术的全向覆盖是通过平均不同的子载波来获得的。当关注于某个单独的子载波时，发射信号的辐射功率主要聚焦于一个较小的角度范围。显然，位于该角度范围之外的用户将无法获得足够强的接收信号。综上所述，大规模 MIMO 系统缺乏可用的全向预编码传输方法。因此，研究大规模 MIMO 同步与控制信息全向传输理论方法有着重要的理论价值与应用价值 [104]。

传统 MIMO 系统中，空时分组编码 (space-time block code，STBC) 传输方法作为一种公共信息传输方法，在文献 [105] 中已经被研究过，例如，适用于两根发射天线的阿拉莫提码 (Alamouti code，AC)。空时分组编码传输方法是一种开环方法，基站不利用任何信道状态信息，即不去管用户而“盲目”地广播公共信息。进行 STBC 传输的一个关键点是接收端获取瞬时信道状态信息，以便于对发射的码字进行相干译码。为获得瞬时信道状态信息，一种常用的方法是发射导频符号以便在接收端进行信道估计。而要获取到有意义的瞬时信道状态信息估计，导频长度通常不能小于发射天线数。在大规模 MIMO 的下行链路中进行传统 STBC 设计时，由于基站的天线数很多，大量的下行资源将会被消耗在导频上，因此会极大地降低净频谱效率。为解决这一问题，可以考虑将低维信号通过与信道独立的预编码矩阵映射到高维天线阵列的方法，来降低导频开销。如前面所述，这一思想也在文献 [102] 中被独立地提出，但文献 [102] 中的方法还存在一些问题，例如，所产生的发射信号将会具有空间选择性。因此，大规模 MIMO 系统空时分组编码传输理论方法需要系统地研究 [106]。

未来无线通信系统中，毫米波频段的使用将会极大地提高系统可使用的带宽，进而极大地提升系统的传输速率。在毫米波 MIMO 系统中，对高指向性通信的依赖，将会使初始同步变得较为复杂。在当前的蜂窝系统中，虽然已经支持了波束赋形以及其他多天线传输技术，但是在进行初始同步时仍然是使用全向传输。以 LTE 为例，基站在传输同步或是广播信号时，并不进行任何波束赋形操作，而是以全向方式发射。只有当用户已经完成接入后，才会使用波束赋形技术，以便提高传输性能。对于毫米波 MIMO 同步方法，文献 [107]~[110] 中已有一些相关研究。文献 [107] 研究了在不同硬件结构约束下最大化 SNR 的最优波束赋形矢量。文献 [108] 和 [109] 的结果表明，全向传输优于随机波束赋形，且低精度全数字结构显著地优于单流模拟波束赋形。文献 [110] 在一个目标检测域中确定出期望的波束方向图，并利用所提的方法来近似它。

文献 [111] 和 [112] 指出，在毫米波 MIMO 系统中，如果在初始同步时不使用高指向性传输，而使用全向传输，将会使得同步信号的覆盖范围过小。具体而言，当全向传输同步信号时，由于波束增益较低，用户必须距离基站较近才能获得足够大的接收功率，以便和基站成功同步，而如果指向传输同步信号，较高的波束增益能够使得距离较远的用户也能够获得足够大的接收功率，因此指向传输同步信号的覆盖范围更大。事实上，这一观点有待商榷。当指向传输同步信号时，由于窄波束只能覆盖空间中很小的角度范围，为了完成对整个空间范围的全向覆盖，必须采用波束扫描方法，即在多个时刻使用不同指向的窄波束。在波束扫描方法中，波束宽度越窄，完成全向覆盖所消耗的时间也就越长。此外，对于某个给定角度方向，在整个扫描周期里，窄波束只能对准该方向一次，而在其他时间内几乎没有辐射功率。而如果使用全向波束传输，虽然在每个时刻的波束增益都很低，但长时累积下来，仍然能够获得较大的辐射功率。因此，毫米波等高频段下大规模 MIMO 全向传输理论方法也需要全面系统地探讨 [113]。

1.4 后续各章内容提要

全书后续章节安排如下。

第 2 章主要对大规模 MIMO 信道模型进行论述。首先，研究窄带大规模 MIMO 信道模型，从实际物理信道模型出发，研究空间相关瑞利衰落窄带大规模 MIMO 信道特性，证明当基站侧天线数目趋于无穷大时，信道协方差矩阵的特征向量取决于基站侧阵列响应矢量，特征值取决于信道角度功率谱，从理论上揭示信道空间相关性与信道角度功率谱之间的关系。其次，研究宽带大规模 MIMO-OFDM 信道模型，从实际物理信道模型出发，推导得到大规模 MIMO-OFDM 信道空间频率相关阵和信道角度时延功率谱之间的关系，证明得到当基站侧天线数目趋于无穷大时，不同用户信道空间频率相关阵的特征向量趋近于相同，而特征值取决于各自的信道角度时延功率谱，揭示大规模 MIMO-OFDM 信道在角度时延域的近似稀疏特性。最后，研究毫米波/太赫兹大规模 MIMO 宽带信道模型，从大规模 MIMO 波束域物理信道模型出发，证明当基站侧与用户侧配置的天线数目均充分大时，波束域信道元素趋向于具有统计不相关特性，元素方差取决于信道角度功率谱，且包络趋向于不随时间和频率起伏。

第 3 章论述导频复用大规模 MIMO 信道状态信息获取理论方法。首先，针对平衰落信道，研究基于角度域导频复用的大规模 MIMO 信道状态信息获取理论方法，证明当复用导频的不同用户其空间到达角的区间互相不重叠时，信道估计均方误差之和能够达到最小值，从理论上证明在角度扩展受限的空间相关大规模

MIMO 信道上实施导频复用的可行性。考虑到导频复用可能会导致信道估计性能下降，研究导频复用下的鲁棒上下行传输，推导得到基于信号检测均方误差之和最小准则的鲁棒上行多用户检测器与鲁棒下行多用户预编码器的闭式表达，证明两者之间的对偶性。在此基础上，研究信道估计与信号检测均方误差之和最小准则下的导频调度方法。证明当复用导频的不同用户其信道空间到达角区间互相不重叠时，两类均方误差性能均达到最优，并基于该最优条件提出一种基于角度域信道统计特征的低复杂度导频调度算法。其次，针对采用 OFDM 调制的宽带大规模 MIMO 传输，提出基于角度时延域导频复用的大规模 MIMO-OFDM 信道状态信息获取理论方法。基于大规模 MIMO-OFDM 信道模型，提出频域相移可调导频，研究基于频域相移可调导频的信道状态信息获取理论方法，并从理论上证明，当经过频域相移导频调度后的各用户等效信道在角度时延域互相不重叠时，相应的信道估计与信道预测均方误差之和均能达到最小值。依据该信道状态信息获取最优条件，提出一种低复杂度的频域相移导频调度算法。上述结果在单个和多个连续 OFDM 符号的场景下分别进行论证。

第 4 章研究基于自由概率理论的大规模 MIMO 系统上行传输理论方法。首先，引入自由概率理论，建立随机矩阵多项式的自由确定性等同，提出基于自由确定性等同的容量分析新方法。所考虑随机矩阵多项式由确定方矩阵和随机 Hermitian 矩阵构成，其中随机矩阵元素为独立不同方差的高斯变量。所建立自由确定性等同与原随机矩阵多项式两者的柯西变换渐近相同。在大规模 MIMO 系统中，信道 Gram 矩阵的柯西变换可推导出信道遍历互信息量。基于此，提出基于自由确定性等同的容量分析方法，为后续相关研究奠定理论基础。其次，将所提容量分析方法用于大规模 MIMO 上行信道，并推导出和速率容量可达的最优发送协方差矩阵。所考虑大规模 MIMO 中，用户和基站之间的信道为联合相关莱斯衰落信道。根据所提容量分析方法，推导出信道遍历互信息量的确定性等同。当所考虑场景退化为文献中已有场景时，所得结果和文献中已有结果一致，表明其具有一般性。在所得信道遍历互信息量确定性等同的基础上，推导出和速率容量可达的最优发送协方差矩阵。仿真结果表明，所提信道遍历互信息量确定性等同结果，不仅数值精确，而且计算高效。最后，提出基于自由确定性等同的大规模 MIMO 上行低复杂度多项式展开检测器。多项式展开检测器通过将 MMSE 检测器中矩阵求逆用近似多项式替换，降低计算复杂度，但是所用多项式中各项的系数计算需要使用信道 Gram 矩阵经验矩。为计算莱斯衰落信道下信道 Gram 矩阵经验矩，建立其自由确定性等同，并推导该自由确定性等同矩的闭式表达。进一步，将所得自由确定性等同矩替换经验矩，用于多项式展开检测器中各项系数的计算，提出基于新系数的多项式展开检测器，并推导出该检测器的 MSE 性能。仿真结果表明，所提检测器可取得接近 MMSE 检测器的性能。

第 5 章对大规模 MIMO 下行传输理论方法进行论述。考虑单小区大规模 MIMO 系统，用户侧配置多天线的场景。从物理信道模型出发，分析大规模 MIMO 信道的空间特性，提出波束域信道模型。在波束域信道模型下，推导下行传输遍历可达和速率的闭式上界。该上界仅与信道发送端相关阵以及基站发送信号协方差矩阵有关。基于遍历和速率的上界，推导渐近最优发送信号协方差矩阵的特征向量和特征值满足的充分必要条件。受该条件的启发，提出逼近最优性能的波束分多址 (beam division multiple access，BDMA) 传输方法，将大规模多用户 MIMO 信道分解为多个小规模单用户 MIMO 信道。进一步，将单小区 BDMA 传输拓展到多小区大规模 MIMO 系统，重点研究波束域传输中功率分配问题。在波束域传输中，基站侧仅知统计信道信息的功率分配问题需要最大化两个凹函数之差 (difference of concave functions，d.c.)，其全局最优解通常较难获得。从理论上得到最优功率分配需要满足的正交性条件，该条件揭示出最优功率分配需要满足不同用户分配的波束互不重叠。随后，利用凹–凸过程 (concave-convex procedure，CCCP)，提出快速有效的迭代算法求解功率分配问题，并利用和速率的确定性等同表达，提出基于确定性等同的功率分配算法，降低和速率的计算复杂度。接着，针对毫米波/太赫兹大规模 MIMO 无线通信系统，提出基于逐波束时频同步的波束分多址传输理论方法。当基站侧与用户侧配置的天线数目均充分大时，波束域信道元素的包络趋向于不随时间和频率起伏。基于这一波束域信道特征，提出逐波束时频同步方法，能够同时缩减宽带大规模 MIMO 信道的等效时延扩展和多普勒频率扩展，且缩减因子近似等于用户端配备的天线数目。进一步地将所提出的逐波束同步方法应用于大规模 MIMO 波束分多址传输，研究基站侧与用户端射频链路数目受限情形下的波束调度问题，并提出一种基于波束域信道统计特征的低复杂度波束调度算法，显著地降低波束域信道的多径效应和多普勒效应，提升其导频复用信道估计性能和无线传输性能，进而提升对毫米波/太赫兹信道下用户终端移动性的支持。最后，提出适用于典型移动通信场景的大规模 MIMO 下行鲁棒传输理论方法。基站端可获得的各用户信道状态信息为非完美信道状态信息，建模为已知信道均值和方差信息的联合相关模型。考虑预编码设计问题采用最大化加权遍历和速率准则，根据极小极大 (minorize-maximization，MM) 算法，将原复杂非凸优化预编码设计问题转化为迭代求解二次型优化问题。所得二次型问题具有闭式最优解，但是最优解中需要使用随机矩阵的期望。为解决这一问题，引入自由确定性等同方法，推导出所需矩阵期望的确定性等同，提出基于确定性等同的线性预编码设计算法，证明当信道均值为零时波束域传输的最优性。

第 6 章研究大规模 MIMO 全向传输理论方法。首先，论述全向传输方法需要满足的三个必要条件，并提出基于 ZC(Zadoff-Chu) 序列大规模 MIMO 全向预编码传输理论方法。所提方法将基站所发射的高维信号矢量分解为全向预编码矩阵和低维信号矢量，用户仅需估计预编码后的降维等效信道，显著地降低下行导频开销。为保证全向传输性能，全向预编码矩阵需要满足全小区覆盖、所有天线平均发射功率相等以及在独立同分布信道下最大化可达遍历速率。利用 ZC 序列及其性质，给出能够同时满足所论述三个条件的全向预编码矩阵的设计，同时分析这些设计所对应的系统性能。分析结果表明，所提设计能够同时满足三个必要条件并能取得所需系统性能。其次，将空时分组编码和全向传输相结合，提出大规模 MIMO 全向空时分组编码传输理论方法。为降低下行导频开销并获得部分空间分集，将高维空时分组码矩阵分解为与信道独立的预编码矩阵以及低维空时分组码矩阵。通过联合设计预编码矩阵与低维 STBC 矩阵中的调制符号星座，可以保证每个瞬时时刻基站各方向和各天线发射功率相等，同时还可以获得低维 STBC 的满分集。仿真结果表明，所提全向空时分组编码设计能够满足所需全向传输性能以及分集性能。最后，将全向传输理论方法拓展至毫米波大规模 MIMO 系统，提出基于全向预编码和全向合并的同步方法。根据基站与用户射频数都受限情况下同步信号收发模型，推导基于广义似然比检验准则的最优同步检测器。在此基础上，论证预编码矩阵与合并矩阵应当满足的基本条件，包括全向覆盖、渐近虚警概率最小以及在独立同分布信道与单径信道下的渐近漏检概率最小。然后，利用 ZC 序列和 Golay 序列，设计出能够同时满足所需条件的预编码矩阵与合并矩阵。与传统的波束扫描方法相比，所提同步方法具有显著的性能增益。

第 7 章将大规模 MIMO 传输拓展到光波段，研究波束域大规模 MIMO 光无线传输方法。首先考虑单基站场景，基站侧配置大规模光发送单元和发送透镜，利用单个发光二极管 (light emitting diode，LED) 阵列同时发送大量用户信号。分析光经过透镜折射的物理规律，建立基于发送透镜的大规模 MIMO 光传输信道模型，单个 LED 发出的光经过发送透镜的折射汇聚成一个窄波束。当基站侧 LED 个数趋于无穷大时，不同用户的信道向量渐近正交。基于该信道模型，分析大规模 MIMO 光无线通信系统中最大比发射 (maximum ratio transmission，MRT) 和 RZF 预编码传输的性能，并提出最大化和速率的线性预编码设计。进而，分析 LED 个数趋于无穷大时渐近最优预编码设计，结果表明 BDMA 传输可以达到最大化和速率的渐近最优性能。进一步，考虑多个基站均配置大规模 LED 阵列与发送透镜，同时服务覆盖区域内大量用户终端，每个用户终端配置大规模光接收阵列与接收透镜。以最大化渐近和速率为准则，在总功率约束与单个 LED 功率约束下设计最优发送信号协方差矩阵。从理论上揭示出最优发送策略均为不同 LED 发送相互独立的信号，且向不同用户发送信号的波束集合相互正交 (互不重叠)，即 BDMA 传输具有渐近最优性。另外，分析渐近情况下的网络大规模 MIMO 光无线通信系统的传输自由度。在两种功率约束条件下，系统自由度均随着基站数与用户数线性增长。

第 2 章　大规模 MIMO 信道模型

信道建模是通信理论分析和系统设计的基础。在大规模天线配置和带宽显著增加的情况下，无线信道的空间分辨率和时间分辨率都显著增加，其新特性有待探索。本章从典型通信场景中多径时变无线传播信道的物理模型出发，研究大规模 MIMO 无线信道的统计模型 [14, 25, 43]，为后续章节提供必要的基础。本章内容安排如下：2.1 节论述窄带大规模 MIMO 信道模型，2.2 节以 OFDM 多载波调制技术为框架论述宽带大规模 MIMO 信道模型，2.3 节进一步论述毫米波/太赫兹大规模 MIMO 波束域信道模型。

2.1　大规模 MIMO 窄带信道模型

考虑一个 TDD 单小区大规模 MIMO 传输系统，其中基站侧配置 M 根天线，小区内包含 $K(\ll M)$ 个配置单根天线的用户。考虑一个平衰落信道，假设信道随时间变化服从块状衰落模型，即信道在相干时间块 T 个符号长度内保持不变，而在不同的相干时间块之间的变化相互独立且服从一给定的随机过程。

利用基于射线跟踪的信道建模方法 [114–116]，基站与用户 k 之间的上行信道可以建模为如下形式：

$$\begin{aligned}\boldsymbol{g}_k &= \int_{\mathcal{A}} \boldsymbol{v}(\theta)\, g_k(\theta)\, \mathrm{d}\theta \\ &= \int_{\theta^{\min}}^{\theta^{\max}} \boldsymbol{v}(\theta)\, g_k(\theta)\, \mathrm{d}\theta \in \mathbb{C}^{M\times 1}\end{aligned} \tag{2.1}$$

式中，$g_k(\theta)$ 和 $\boldsymbol{v}(\theta) \in \mathbb{C}^{M\times 1}$ 分别表示 (复数值) 角度域信道增益函数和基站侧对应于入射角 θ 的阵列响应矢量。假定信道满足功率约束条件 $\|\boldsymbol{v}(\theta)\| = \sqrt{M}$。此外，不失一般性，可以假定信道到达角 θ 位于区间 $\mathcal{A} = [\theta^{\min}, \theta^{\max}]$ 之内。

假定信道的随机相位服从均匀分布，因此 $E\{\boldsymbol{g}_k\} = \mathbf{0}$。此外，位于不同物理方向的信道是统计不相关的，即 $E\{g_k(\theta)\, g_k^*(\theta')\} = \beta_k S_k(\theta) \cdot \delta(\theta - \theta')$，其中 β_k 和 $S_k(\theta)$ 分别表示信道大尺度衰减因子和信道角度功率谱函数 [117]。由式 (2.1) 可得信道协方差矩阵表达式如下：

$$\begin{aligned}\boldsymbol{R}_k &= E\left\{\boldsymbol{g}_k \boldsymbol{g}_k^{\mathrm{H}}\right\} \\ &= \beta_k \int_{\theta^{\min}}^{\theta^{\max}} \boldsymbol{v}(\theta)\,(\boldsymbol{v}(\theta))^{\mathrm{H}}\, S_k(\theta)\, \mathrm{d}\theta \in \mathbb{C}^{M\times M}\end{aligned} \tag{2.2}$$

假定信道功率谱满足归一化条件 $\int_{-\infty}^{\infty} S_k(\theta)\,\mathrm{d}\theta = 1$，则信道协方差矩阵满足：

$$\operatorname{tr}(\boldsymbol{R}_k) = \beta_k M \int_{\theta^{\min}}^{\theta^{\max}} S_k(\theta)\,\mathrm{d}\theta \tag{2.3}$$

大规模天线阵列对于角度域信道具有较高的分辨力 [118]，文献 [119] 中给出了如下关于大规模天线阵列响应矢量在天线数目趋于无穷大时的渐近特性：

$$\lim_{M\to\infty} \frac{1}{M} \langle \boldsymbol{v}(\zeta), \boldsymbol{v}(\vartheta) \rangle = \delta(\zeta - \vartheta) \tag{2.4}$$

基于式 (2.4)，可以进一步得到信道空间协方差矩阵的渐近特征，如以下引理所述。

引理 2.1 分别定义矩阵 $\boldsymbol{V} \in \mathbb{C}^{M\times M}$ 和矢量 $\boldsymbol{r}_k \in \mathbb{C}^{M\times 1}$ 如下：

$$\boldsymbol{V} = \frac{1}{\sqrt{M}} \begin{bmatrix} \boldsymbol{v}(\vartheta(\psi_0)) & \boldsymbol{v}(\vartheta(\psi_1)) & \cdots & \boldsymbol{v}(\vartheta(\psi_{M-1})) \end{bmatrix} \tag{2.5}$$

$$[\boldsymbol{r}_k]_m = \beta_k M \cdot S_k(\vartheta(\psi_{m-1}))\,[\vartheta(\psi_m) - \vartheta(\psi_{m-1})], \quad m = 1, 2, \cdots, M \tag{2.6}$$

式中，$\psi_{m'} = m'/M$，$\theta = \vartheta(\psi)$ 是定义在区间 $[0, 1]$ 上的严格单调递增连续函数① 且满足 $\vartheta(0) = \theta^{\min}$ 和 $\vartheta(1) = \theta^{\max}$。那么当基站侧天线数目充分大时，矩阵 $\boldsymbol{V}^{\mathrm{H}}\boldsymbol{V}$ 和 $\boldsymbol{R}_k$ 对于给定的正整数 i 和 j，分别具有如下渐近特性：

$$\lim_{M\to\infty} \left[\boldsymbol{V}^{\mathrm{H}}\boldsymbol{V} - \boldsymbol{I}_M\right]_{i,j} = 0 \tag{2.7}$$

$$\lim_{M\to\infty} \left[\boldsymbol{R}_k - \boldsymbol{V}\operatorname{diag}(\boldsymbol{r}_k)\,\boldsymbol{V}^{\mathrm{H}}\right]_{i,j} = 0 \tag{2.8}$$

证明 见附录 2.4.1。 ■

引理 2.1 表明，当基站侧天线数目 M 充分大时，信道协方差矩阵 $\boldsymbol{R}_k$ 可以近似表示为如下形式：

$$\boldsymbol{R}_k \simeq \boldsymbol{V}\operatorname{diag}(\boldsymbol{r}_k)\,\boldsymbol{V}^{\mathrm{H}} \tag{2.9}$$

由于矩阵 $\boldsymbol{V}$ 渐近趋于具有酉正交特性，因此引理 2.1 揭示了信道空间协方差矩阵与信道角度功率谱之间的渐近关系。具体来说，对于大规模 MIMO 信道，不同用户信道协方差矩阵的特征向量渐近趋于相同且结构取决于阵列响应矢量，同时其特征值取决于相应的信道角度功率谱函数。

当基站侧配置均匀线阵且天线间距为半波长时，相应的阵列响应矢量可表示为如下形式 [114]：

① 函数 $\vartheta(\psi)$ 可以被解释为从空间域到物理角度域的一个映射，其取决于基站侧天线阵列结构。当 $\vartheta(\psi)$ 满足严格单调递增和连续条件时能够确保该函数是一一映射。

$$\boldsymbol{v}(\theta) = \begin{bmatrix} 1 & \exp\{-\bar{\jmath}\pi\sin(\theta)\} & \cdots & \exp\{-\bar{\jmath}\pi(M-1)\sin(\theta)\} \end{bmatrix}^{\mathrm{T}} \tag{2.10}$$

不难证明在半波长均匀线阵情形下，阵列响应矢量满足式 (2.4) 中给出的渐近特性。令 $\theta = \vartheta(\psi) = \arcsin(2\psi - 1)$，那么对于变量 $m' = 0, 1, \cdots, M$，函数 $\vartheta(\psi_{m'})$ 可表示为 $\vartheta(\psi_{m'}) = \arcsin(2m'/M - 1)$。因此对于 $i = 1, 2, \cdots, M$ 和 $j = 1, 2, \cdots, M$，矩阵 $\boldsymbol{V}$ 的元素可表示为 $[\boldsymbol{V}]_{i,j} = 1/\sqrt{M} \cdot \exp\{-\bar{\jmath}2\pi(i-1)(j-1-M/2)/M\}$。这表明对于半波长均匀线阵场景，当天线数目足够大时，信道协方差矩阵的特征向量矩阵可用 DFT 矩阵 (经过适当的矩阵初等变换) 近似表示。注意到类似的信道结构已经在文献 [10] 和 [92] 中研究过。但是，引理 2.1 中的结果适用于更一般的阵列结构。此外，引理 2.1 从理论上证明了信道协方差矩阵特征值与信道角度功率谱之间的关系。

引理 2.1 中给出的信道模型以及式 (2.10) 中给出的半波长均匀线阵情形下的信道模型均是基于式 (2.4) 中条件得到的，其中均假定天线阵列对信道的角度域分辨率正比于天线阵列尺寸 [114, 120]。因此，引理 2.1 中的信道模型适用于具有充分大尺寸的大规模天线阵列。实际无线通信系统中，天线阵列尺寸总是受限的。但是，对于一个给定的阵列尺寸，基站总能够配置较大数目的天线。例如，对于波长较短的毫米波频段 [42]，考虑天线数目为 128 且载频为 30 GHz，则采用半波长间距的均匀线阵时其相应的阵列尺寸仅为 0.64 m。值得注意的是，式 (2.10) 中给出的半波长均匀线阵情形下的大规模 MIMO 信道模型已经被证明在实际天线数目 (128 左右) 情形下仍然具有较好的近似程度 [10, 92]。基于这些原因，引理 2.1 所得到的信道模型具有重要的理论和实际应用价值。

上述信道模型采用了文献 [120] 中广泛采用的广义平稳信道假设，因此信道协方差矩阵能够被基站侧获得。然而实际的无线信道仅具有局部平稳性，即信道协方差矩阵也随时间变化，但是变化的时间尺度相对较大。因此，也需要周期性地对信道协方差矩阵实施估计。大规模 MIMO 信道协方差矩阵的估计是一个相对比较困难的问题 [121]。但是，利用 引理 2.1 中的结论，仅需要对信道协方差矩阵的特征值进行估计，因而待估计参数的数目可以大幅下降。考虑信道统计量的慢变特性，信道协方差矩阵可对信道时域样本进行平均来获取。此外，信道空间协方差矩阵在较宽的频率范围内保持近似不变 [122]，因此对于宽带信道来说，还可以对频域信道样本进行平均来获取信道协方差阵的估计值。因此，对于实际宽带无线通信系统，将有足够的时频资源可用于实施高精度的信道空间协方差矩阵的估计。

考虑大数定律，信道元素服从联合高斯分布，即 $\boldsymbol{g}_k \sim \mathcal{CN}(\boldsymbol{0}, \boldsymbol{R}_k)$。此外，假设不同用户的信道满足统计不相关特性，并将所有用户的上行信道记为 $\boldsymbol{G} = [\boldsymbol{g}_1 \quad \boldsymbol{g}_2 \quad \cdots \quad \boldsymbol{g}_K] \in \mathbb{C}^{M \times K}$。

2.2 大规模 MIMO-OFDM 信道模型

考虑一单小区 TDD 宽带大规模 MIMO 无线通信系统，其中基站侧配备 M 根天线。小区内包含 K 个配置单根天线的用户，用户集合记为 $\mathcal{K}=\{0,1,\cdots,K-1\}$，其中 $k\in\mathcal{K}$ 表示用户标号。假设不同用户的信道之间满足统计不相关特性，本节着重研究一给定用户的信道特性。

假设基站侧配置一维均匀线阵① 且天线间距为半波长，那么对于入射方向 θ 的阵列响应矢量可表示为如下形式 [120]：

$$\boldsymbol{v}_{M,\theta}=\begin{bmatrix}1 & \exp\{-\jmath\pi\sin\theta\} & \cdots & \exp\{-\jmath\pi(M-1)\sin\theta\}\end{bmatrix}^{\mathrm{T}}\in\mathbb{C}^{M\times 1} \tag{2.11}$$

不失一般性，可以假定信道到达角 θ 位于区间 $\mathcal{A}=[-\pi/2,\pi/2]$ 之内 [14]。

系统采用基于循环前缀的 OFDM 调制，其中子载波数目和循环前缀长度分别为 N_{c} 和 $N_{\mathrm{g}}\,(\leqslant N_{\mathrm{c}})$。令 $T_{\mathrm{sym}}=(N_{\mathrm{c}}+N_{\mathrm{g}})\,T_{\mathrm{s}}$ 和 $T_{\mathrm{c}}=N_{\mathrm{c}}T_{\mathrm{s}}$ 分别表示包含和不包含循环前缀长度的 OFDM 时间间隔，其中 T_{s} 表示系统采样间隔 [22]。为了对抗信道时延扩散特性，OFDM 循环前缀长度 $T_{\mathrm{g}}=N_{\mathrm{g}}T_{\mathrm{s}}$ 被设置为不小于各用户的最大信道时延 [123, 124]。

假设信道在同一个 OFDM 符号内保持不变，在相邻符号之间随时间连续变化。记第 ℓ 个符号第 n 个子载波上用户 k 与基站侧第 m 根天线之间的上行信道为 $\left[\boldsymbol{g}_{k,\ell,n}\right]_m$，那么依据射线跟踪信道建模法 [115, 116, 120, 125, 126]，可得信道响应矢量 $\boldsymbol{g}_{k,\ell,n}\in\mathbb{C}^{M\times 1}$ 的表达式如下：

$$\begin{aligned}\boldsymbol{g}_{k,\ell,n}=&\sum_{q=0}^{N_{\mathrm{g}}-1}\int_{-\infty}^{\infty}\int_{-\frac{\pi}{2}}^{\frac{\pi}{2}}\boldsymbol{v}_{M,\theta}\cdot\exp\left\{-\jmath 2\pi\frac{n}{T_{\mathrm{c}}}\tau\right\}\\&\cdot\exp\left\{\jmath 2\pi\nu\ell T_{\mathrm{sym}}\right\}\cdot g_k(\theta,\tau,\nu)\cdot\delta(\tau-qT_{\mathrm{s}})\,\mathrm{d}\theta\mathrm{d}\nu\\=&\sum_{q=0}^{N_{\mathrm{g}}-1}\int_{-\infty}^{\infty}\int_{-\frac{\pi}{2}}^{\frac{\pi}{2}}\boldsymbol{v}_{M,\theta}\cdot\exp\left\{-\jmath 2\pi\frac{n}{N_{\mathrm{c}}}q\right\}\\&\cdot\exp\left\{\jmath 2\pi\nu\ell T_{\mathrm{sym}}\right\}\cdot g_k(\theta,qT_{\mathrm{s}},\nu)\,\mathrm{d}\theta\mathrm{d}\nu\end{aligned} \tag{2.12}$$

式中，$\boldsymbol{v}_{M,\theta}$ 定义见式 (2.11)，$g_k(\theta,\tau,\nu)$ 表示用户 k 的 (复数值) 信道角度时延多普勒增益函数。注意到信道的时延域主径数目通常远小于 N_{g}，即对于绝大多数的时延域抽头 q，其信道幅值 $|g_k(\theta,qT_{\mathrm{s}},\nu)|$ 近似为 0。由于不同用户的主径位置通常是不同的，这里采用式 (2.12) 作为适用于所有用户的通用信道表达式。

① 此处为行文简洁而考虑均匀线阵模型，但是本节研究结果可以利用 2.1 节中的方法推广至更为一般的阵列模型。

将用户 k 在第 ℓ 个符号所有子载波上的信道记为如下矩阵形式：

$$\boldsymbol{G}_{k,\ell}=\left[\boldsymbol{g}_{k,\ell,0}\quad \boldsymbol{g}_{k,\ell,1}\quad \cdots\quad \boldsymbol{g}_{k,\ell,N_{\mathrm{c}}-1}\right]\in\mathbb{C}^{M\times N_{\mathrm{c}}}\tag{2.13}$$

本节后续将把 $\boldsymbol{G}_{k,\ell}$ 称为空间频率域信道响应矩阵。由式 (2.12) 可得

$$\operatorname{vec}\{\boldsymbol{G}_{k,\ell}\}=\sum_{q=0}^{N_{\mathrm{g}}-1}\int_{-\infty}^{\infty}\int_{-\frac{\pi}{2}}^{\frac{\pi}{2}}\left[\boldsymbol{f}_{N_{\mathrm{c}},q}\otimes\boldsymbol{v}_{M,\theta}\right]\cdot\exp\left\{\bar{\jmath}2\pi\nu\ell T_{\mathrm{sym}}\right\}\cdot g_k\left(\theta,qT_{\mathrm{s}},\nu\right)\mathrm{d}\theta\mathrm{d}\nu\tag{2.14}$$

式中，$\boldsymbol{f}_{N_{\mathrm{c}},q}$ 表示矩阵 $\sqrt{N_{\mathrm{c}}}\boldsymbol{F}_{N_{\mathrm{c}}}$ 的第 q 列；$\boldsymbol{F}_{N_{\mathrm{c}}}$ 表示 N_{c} 维的酉 DFT 矩阵。

由文献 [120]、[125]、[126] 可得，具有不同入射方向、时延或者多普勒频偏的信道是统计不相关的。此外，由文献 [124]、[125] 可得，信道的时域相关性与空间频率域联合相关性是统计可分离的。因此，可得如下关系：

$$\begin{aligned}&E\left\{g_k\left(\theta,\tau,\nu\right)g_k^*\left(\theta',\tau',\nu'\right)\right\}\\&=S_k^{\mathrm{ADD}}\left(\theta,\tau,\nu\right)\cdot\delta\left(\theta-\theta'\right)\delta\left(\tau-\tau'\right)\delta\left(\nu-\nu'\right)\\&=S_k^{\mathrm{AD}}\left(\theta,\tau\right)\cdot S_k^{\mathrm{Dop}}\left(\nu\right)\cdot\delta\left(\theta-\theta'\right)\delta\left(\tau-\tau'\right)\delta\left(\nu-\nu'\right)\end{aligned}\tag{2.15}$$

式中，$S_k^{\mathrm{ADD}}\left(\theta,\tau,\nu\right)$、$S_k^{\mathrm{AD}}\left(\theta,\tau\right)$ 和 $S_k^{\mathrm{Dop}}\left(\nu\right)$ 分别表示用户 k 的信道角度时延多普勒功率谱、角度时延功率谱和多普勒功率谱函数 [120, 127]。

由式 (2.14) 和式 (2.15) 可得如下空间频率域信道的统计特性 (推导见附录 2.4.2)：

$$E\left\{\operatorname{vec}\left\{\boldsymbol{G}_{k,\ell+\Delta_\ell}\right\}\operatorname{vec}^{\mathrm{H}}\{\boldsymbol{G}_{k,\ell}\}\right\}=\varrho_k\left(\varDelta_\ell\right)\cdot\boldsymbol{R}_k\tag{2.16}$$

式中，$\varrho_k\left(\varDelta_\ell\right)$ 为信道时域相关函数，表达式如下：

$$\varrho_k\left(\varDelta_\ell\right)\triangleq\int_{-\infty}^{\infty}\exp\left\{\bar{\jmath}2\pi\nu\varDelta_\ell T_{\mathrm{sym}}\right\}\cdot S_k^{\mathrm{Dop}}\left(\nu\right)\mathrm{d}\nu\tag{2.17}$$

$\boldsymbol{R}_k$ 为空间频率域信道相关阵，表达式如下：

$$\boldsymbol{R}_k\triangleq\sum_{q=0}^{N_{\mathrm{g}}-1}\int_{-\frac{\pi}{2}}^{\frac{\pi}{2}}\left[\boldsymbol{f}_{N_{\mathrm{c}},q}\otimes\boldsymbol{v}_{M,\theta}\right]\left[\boldsymbol{f}_{N_{\mathrm{c}},q}\otimes\boldsymbol{v}_{M,\theta}\right]^{\mathrm{H}}\cdot S_k^{\mathrm{AD}}\left(\theta,qT_{\mathrm{s}}\right)\mathrm{d}\theta\in\mathbb{C}^{MN_{\mathrm{c}}\times MN_{\mathrm{c}}}\tag{2.18}$$

对于文献 [127] 和 [128] 中广泛采用的 Clarke-Jakes 信道多普勒功率谱①，其相应的信道时域相关函数表达式为

$$\varrho_k\left(\varDelta_\ell\right)=\mathrm{J}_0\left(2\pi\nu_k T_{\mathrm{sym}}\varDelta_\ell\right)\tag{2.19}$$

① 尽管基站侧的信道入射方向是近似稀疏分布的，用户端的发射方向通常可以被认为是均匀分布的。因此，Clarke-Jakes 多普勒谱用于建模信道的时变特性是合理的 [127, 128]。

式中，$\mathrm{J}_0(\cdot)$ 为第一类零阶贝塞尔函数；ν_k 为用户 k 的多普勒频率。注意到 Clarke-Jakes 多普勒功率谱函数为偶函数，即 $\varrho_k(\Delta_\ell)=\varrho_k(-\Delta_\ell)$，同时满足 $\varrho_k(0)=1$。此外，依据大数定律，信道元素服从联合高斯分布，即 $\mathrm{vec}\{\boldsymbol{G}_{k,\ell}\}\sim\mathcal{CN}(\boldsymbol{0},\boldsymbol{R}_k)$。

基于上述建模，可以进一步得到大维情况下大规模 MIMO-OFDM 信道空间频率协方差矩阵的渐近特征，如以下命题所述。

命题 2.1　定义矩阵 $\boldsymbol{V}_M\in\mathbb{C}^{M\times M}$ 为 $[\boldsymbol{V}_M]_{i,j}\triangleq\dfrac{1}{\sqrt{M}}\cdot\exp\left\{-\bar{\jmath}2\pi\dfrac{i(j-M/2)}{M}\right\}$，同时定义矩阵 $\boldsymbol{\Omega}_k\in\mathbb{R}^{M\times N_{\mathrm{g}}}$ 如下：

$$[\boldsymbol{\Omega}_k]_{i,j}\triangleq MN_{\mathrm{c}}(\theta_{i+1}-\theta_i)\cdot S_k^{\mathrm{AD}}(\theta_i,\tau_j) \tag{2.20}$$

式中，$\theta_m\triangleq\arcsin(2m/M-1)$，$\tau_n\triangleq nT_{\mathrm{s}}$。那么当基站侧天线数目 M 充分大时，对于给定的非负整数 i 和 j，信道空间频率协方差矩阵 $\boldsymbol{R}_k$ 满足如下渐近特性：

$$\lim_{M\to\infty}\left[\boldsymbol{R}_k-\left(\boldsymbol{F}_{N_{\mathrm{c}}\times N_{\mathrm{g}}}\otimes\boldsymbol{V}_M\right)\mathrm{diag}\left(\mathrm{vec}\{\boldsymbol{\Omega}_k\}\right)\left(\boldsymbol{F}_{N_{\mathrm{c}}\times N_{\mathrm{g}}}\otimes\boldsymbol{V}_M\right)^{\mathrm{H}}\right]_{i,j}=0 \tag{2.21}$$

证明　见附录 2.4.3。 ■

命题 2.1 从理论上证明了大规模 MIMO-OFDM 信道空间频率协方差矩阵与角度时延功率谱函数之间的关系。具体而言，当基站侧天线数目趋于无穷大时，不同用户的大规模 MIMO-OFDM 信道空间频率协方差矩阵的特征向量趋近于相等，同时其特征值取决于相应的信道角度时延功率谱函数。命题 2.1 表明，对于大规模 MIMO-OFDM 信道，当基站侧天线数目 M 足够大时，其空间频率协方差矩阵可近似表示为

$$\boldsymbol{R}_k\simeq\left(\boldsymbol{F}_{N_{\mathrm{c}}\times N_{\mathrm{g}}}\otimes\boldsymbol{V}_M\right)\mathrm{diag}\left(\mathrm{vec}\{\boldsymbol{\Omega}_k\}\right)\left(\boldsymbol{F}_{N_{\mathrm{c}}\times N_{\mathrm{g}}}\otimes\boldsymbol{V}_M\right)^{\mathrm{H}} \tag{2.22}$$

值得注意的是式 (2.22) 中的近似表达与目前文献中已有结果是一致的。对于频率选择性单输入单输出信道，式 (2.22) 中的近似表达与文献 [124]、[129] 中的结果相一致。对于频率平衰落大规模 MIMO 信道，式 (2.22) 中的近似表达与文献 [10]、[14]、[29]、[92] 中的结果相一致。此外，文献 [29] 中的仿真结果表明，在实际天线数目 (64~512) 配置下，式 (2.22) 中的近似表达具有非常高的准确度。相对于式 (2.18) 中更为复杂的物理信道模型，式 (2.22) 中的信道模型具有较好的近似程度。因此，本节后续分析中将采用该近似模型。

实际无线信道通常不满足广义平稳特性 [120]，即空间频率协方差矩阵 $\boldsymbol{R}_k$ 也是随时间变化的，但是变化尺度相对较大①。实际大规模 MIMO-OFDM 通信系统中，空间频率协方差矩阵 $\boldsymbol{R}_k$ 的估计是一个较为困难的问题。但是当从空间频率域

① 信道的平稳程度取决于具体的传播环境。在典型场景中，信道统计量变化尺度的量级通常以秒为单位 [130]，而 OFDM 符号长度的量级通常以毫秒为单位 [131]。

变换到角度时延域后，问题可以得到简化。依据式 (2.22) 中给出的空间频率协方差矩阵的特征值分解表达，可将空间频率域信道响应矩阵分解为如下形式：

$$\boldsymbol{G}_{k,\ell}=\boldsymbol{V}_M\boldsymbol{H}_{k,\ell}\boldsymbol{F}_{N_\mathrm{c}\times N_\mathrm{g}}^{\mathrm{T}} \tag{2.23}$$

式中

$$\boldsymbol{H}_{k,\ell}=\boldsymbol{V}_M^{\mathrm{H}}\boldsymbol{G}_{k,\ell}\boldsymbol{F}_{N_\mathrm{c}\times N_\mathrm{g}}^{*}\in\mathbb{C}^{M\times N_\mathrm{g}} \tag{2.24}$$

为第 ℓ 个 OFDM 符号上用户 k 的角度时延域信道响应矩阵。变换矩阵 $\boldsymbol{V}_M^{\mathrm{H}}$ 等价于在基站侧进行波束赋形，因此也可称为波束时延域信道响应矩阵。进而可得角度时延域信道响应矩阵的统计特征如下：

命题 2.2 对于大规模 MIMO-OFDM 信道，当基站侧天线数目 M 趋于无穷大时，角度时延域信道响应矩阵 $\boldsymbol{H}_{k,\ell}$ 满足如下性质：

$$E\left\{\left[\boldsymbol{H}_{k,\ell+\Delta_\ell}\right]_{i,j}\left[\boldsymbol{H}_{k,\ell}\right]_{i',j'}^{*}\right\}=\varrho_k\left(\Delta_\ell\right)\delta\left(i-i'\right)\delta\left(j-j'\right)\cdot\left[\boldsymbol{\Omega}_k\right]_{i,j} \tag{2.25}$$

式中，$\boldsymbol{\Omega}_k$ 的定义见式 (2.20)。

证明 见附录 2.4.4。 ■

命题 2.2 从理论上证明了对于大规模 MIMO-OFDM 信道，角度时延域信道响应矩阵 $\boldsymbol{H}_{k,\ell}$ 的不同元素是近似统计不相关的，这与其物理解释相吻合。具体而言，角度时延域信道响应矩阵的不同元素对应于不同入射方向和不同时延上的信道增益，而这些方向和时延在大规模 MIMO-OFDM 中可以被分辨出来。注意到矩阵元素 $[\boldsymbol{\Omega}_k]_{i,j}$ 对应于信道 $[\boldsymbol{H}_k]_{i,j}$ 的平均功率，且能够描述无线信道在角度时延域的稀疏特性。因此，后续讨论中将把矩阵 $\boldsymbol{\Omega}_k$ 称为用户 k 的角度时延域信道功率矩阵。考虑到角度时延域信道功率矩阵 $\boldsymbol{\Omega}_k$ 的维度比空间频率域信道协方差矩阵 $\boldsymbol{R}_k$ 的维度要小很多。同时，由于无线信道的近似稀疏特性，矩阵 $\boldsymbol{\Omega}_k$ 的多数元素幅值近似为 0。此外，矩阵 $\boldsymbol{\Omega}_k$ 的元素是由相互独立的角度时延域信道元素的方差所组成的，对其的估计可以逐元素分别进行。基于上述原因，在实际系统中将有足够的时频资源可用于实施高精度的角度时延域信道功率矩阵 $\boldsymbol{\Omega}_k$ 的估计。

本节结束之前，定义扩展角度时延域信道响应矩阵如下：

$$\begin{aligned}\overline{\boldsymbol{H}}_{k,\ell,(N_\mathrm{c})}&\triangleq\boldsymbol{H}_{k,\ell}\boldsymbol{I}_{N_\mathrm{c}\times N_\mathrm{g}}^{\mathrm{T}}\\&=\begin{bmatrix}\boldsymbol{H}_{k,\ell} & \boldsymbol{0}_{M\times(N_\mathrm{c}-N_\mathrm{g})}\end{bmatrix}\in\mathbb{C}^{M\times N_\mathrm{c}}\end{aligned} \tag{2.26}$$

类似地，定义扩展角度时延域信道功率矩阵如下：

$$\begin{aligned}\overline{\boldsymbol{\Omega}}_{k,(N_\mathrm{c})}&\triangleq\boldsymbol{\Omega}_k\boldsymbol{I}_{N_\mathrm{c}\times N_\mathrm{g}}^{\mathrm{T}}\\&=\begin{bmatrix}\boldsymbol{\Omega}_k & \boldsymbol{0}_{M\times(N_\mathrm{c}-N_\mathrm{g})}\end{bmatrix}\in\mathbb{R}^{M\times N_\mathrm{c}}\end{aligned} \tag{2.27}$$

这些定义将被用于简化后续分析。

2.3 毫米波/太赫兹大规模 MIMO 波束域信道模型

本节研究毫米波/太赫兹大规模 MIMO 波束域物理信道模型。考虑一单小区宽带大规模 MIMO 无线通信系统，其中基站侧配备 M 根天线，小区内包含 U 个配置 K 根天线的用户。用户集合记为 $\mathcal{U} = \{0, 1, \cdots, U-1\}$，其中 $u \in \mathcal{U}$ 表示用户标号。由于毫米波/太赫兹频段波长相对较短，除了基站侧，用户侧也能配备较多数目的天线。本节着重考虑基站侧与用户侧同时配备较多数目天线的情形，这与传统低频段大规模 MIMO 中用户端通常配置较小数目天线的场景有所不同 [6]。

2.3.1 下行波束域信道模型

假设基站侧与用户侧均配置一维均匀线阵且天线间距为半波长，那么对于给定到达方向和发射方向的基站侧和用户侧阵列响应矢量可分别表示为如下形式 [114]：

$$\boldsymbol{v}_{\text{bs}}(\theta) = \begin{bmatrix} 1 & \exp\{-\bar{\jmath}\pi\sin\theta\} & \cdots & \exp\{-\bar{\jmath}\pi(M-1)\sin\theta\} \end{bmatrix}^{\text{T}} \in \mathbb{C}^{M\times 1} \tag{2.28}$$

$$\boldsymbol{v}_{\text{ut}}(\phi) = \begin{bmatrix} 1 & \exp\{-\bar{\jmath}\pi\sin\phi\} & \cdots & \exp\{-\bar{\jmath}\pi(K-1)\sin\phi\} \end{bmatrix}^{\text{T}} \in \mathbb{C}^{K\times 1} \tag{2.29}$$

如文献 [14]、[132] 中所述，线性阵列的相位模糊性通常可以通过适当的系统配置来缓解。因此，本节假定到达方向角与发射方向角 θ 和 ϕ 均位于区间 $[-\pi/2, \pi/2]$ 之内。

假定基站侧不同用户间的信道是统计不相关的，因而可以侧重于对基站与某一给定用户 (如用户 u 的信道特性) 进行分析。考虑基于射线跟踪的无线信道模型 [114]，接收信号通常是由经历不同的衰减、发射方向、到达方向、多普勒频移以及时延之后的多个发送信号样本叠加而成的。

实际无线信道的时延和多普勒频移特性通常是与其传播方向密切相关的 [133-136]。首先考虑多普勒频移与到达发射方向之间的关系。假定平稳散射环境且信道时变主要是由用户终端移动导致的，同时假定用户 u 沿着平行于其阵列的方向移动且移动速度为 v_u，那么依据 Clarke-Jakes 模型 [127]，沿着到达方向 ϕ 的信道传播路径将会经历如下多普勒频偏：

$$\nu_u(\phi) = \nu_u \sin\phi \tag{2.30}$$

式中，$\nu_u \triangleq f_{\text{c}} v_u / c$ 为用户 u 的最大多普勒频移；f_{c} 为载频①；c 为光速。紧接着考虑传播时延与传播方向之间的关系。由于毫米波/太赫兹信道通常具有稀疏性 [37]，

① 在实际无线通信系统中，通常假定多普勒频偏 $\nu_u(\phi)$ 在工作频段上是恒定值，尽管严格来说其准确数值取决于具体的运行频率 [136]。

两条不同路径具有相同的到达和发射方向的概率通常可以忽略不计[137]。因此，可以假定不存在两条路径具有相同的传播方向但是传播时延不同。进而，对于给定的到达接收方向 (ϕ,θ)，其路径时延可建模为 $\tau_u(\phi,\theta)$。

基于上述对信道时延特性和多普勒频移特性的建模，在时刻 t 和频率 f 处的复基带下行天线域信道频率响应矩阵可表示为如下形式[25,114,120,125]：

$$
\begin{aligned}
\boldsymbol{G}_u^{\mathrm{dl}}(t,f) = & \int_{-\frac{\pi}{2}}^{\frac{\pi}{2}}\int_{-\frac{\pi}{2}}^{\frac{\pi}{2}} \sqrt{S_u(\phi,\theta)} \cdot \exp\{\jmath\zeta_{\mathrm{dl}}(\phi,\theta)\} \cdot \boldsymbol{v}_{\mathrm{ut}}(\phi)\,\boldsymbol{v}_{\mathrm{bs}}^{\mathrm{T}}(\theta) \\
& \cdot \exp\{\jmath 2\pi[t\nu_u(\phi) - f\tau_u(\phi,\theta)]\}\,\mathrm{d}\phi\mathrm{d}\theta \in \mathbb{C}^{K\times M}
\end{aligned} \tag{2.31}
$$

式中，$S_u(\phi,\theta)$ 为给定到达和发射方向对 (ϕ,θ) 上信道路径的平均功率，其数值取决于用户 u 的信道角度功率谱，$\zeta_{\mathrm{dl}}(\phi,\theta)$ 为一随机相位[127,138]，其均匀分布于 $[0,2\pi)$ 区间之内，且对于任意的 $\theta\neq\theta'$ 或 $\phi\neq\phi'$ 均有 $\zeta_{\mathrm{dl}}(\phi,\theta)$ 和 $\zeta_{\mathrm{dl}}(\phi',\theta')$ 相互独立。注意到上述模型适用于用户终端的相对位置没有剧烈变化的情形，因此物理信道参数如 $\nu_u(\phi)$、$\tau_u(\phi,\theta)$ 以及 $S_u(\phi,\theta)$ 可以假定为不随时间变化。当用户相对位置发生显著变化时，这些参数也需要做相应的更新[120]。

基于文献 [5]、[14]、[25] 中的 MIMO 信道建模方法，可以定义如下信道矩阵：

$$
\overline{\boldsymbol{G}}_u^{\mathrm{dl}}(t,f) \triangleq \boldsymbol{V}_K^{\mathrm{H}}\boldsymbol{G}_u^{\mathrm{dl}}(t,f)\,\boldsymbol{V}_M^{*} \in \mathbb{C}^{K\times M} \tag{2.32}
$$

式中，矩阵 $\boldsymbol{V}_K\in\mathbb{C}^{K\times K}$ 为酉 DFT 矩阵 (经过适当的矩阵初等变换)，其元素值为 $[\boldsymbol{V}_K]_{i,j}\triangleq 1/\sqrt{K}\cdot\exp\{-\jmath 2\pi i(j-K/2)/K\}$。式 (2.32) 中的变换矩阵 $\boldsymbol{V}_K$ 和 $\boldsymbol{V}_M$ 等价于在用户侧与基站侧分别实施 DFT 波束赋形。因此，矩阵 $\overline{\boldsymbol{G}}_u^{\mathrm{dl}}(t,f)$ 通常称为基站与用户 u 之间在时刻 t 与频率 f 上的下行波束域信道频率响应矩阵。

2.3.2 下行波束域信道渐近特征

基于上述波束域信道建模，可以得到波束域信道矩阵的渐近特征，如以下命题所述。

命题 2.3 定义矩阵 $\overline{\boldsymbol{G}}_u^{\mathrm{dl,asy}}(t,f)\in\mathbb{C}^{K\times M}$ 如下：

$$
\begin{aligned}
\left[\overline{\boldsymbol{G}}_u^{\mathrm{dl,asy}}(t,f)\right]_{k,m} \triangleq & \sqrt{KM}\,(\phi_{k+1}-\phi_k)(\theta_{m+1}-\theta_m)\cdot\sqrt{S_u(\phi_k,\theta_m)} \\
& \cdot\exp\{\jmath\zeta_{\mathrm{dl}}(\phi_k,\theta_m)\}\cdot\exp\{\jmath 2\pi[t\nu_u(\phi_k)-f\tau_u(\phi_k,\theta_m)]\}
\end{aligned} \tag{2.33}
$$

式中

$$
\begin{cases}
\phi_k \triangleq \arcsin\left(\dfrac{2k}{K}-1\right) \\
\theta_m \triangleq \arcsin\left(\dfrac{2m}{M}-1\right)
\end{cases} \tag{2.34}
$$

那么当基站侧与用户侧天线数目 M 与 K 均充分大时，对于给定的非负整数 i 和 j，波束域信道矩阵 $\overline{\boldsymbol{G}}_u^{\mathrm{dl}}$ 具有如下渐近特性：

$$\lim_{K,M\to\infty}\left[\boldsymbol{V}_K\left(\overline{\boldsymbol{G}}_u^{\mathrm{dl}}(t,f)-\overline{\boldsymbol{G}}_u^{\mathrm{dl,asy}}(t,f)\right)\boldsymbol{V}_M^{\mathrm{T}}\right]_{i,j}=0 \tag{2.35}$$

证明　见附录 2.4.5。■

命题 2.3 证明了当基站侧与用户侧天线数目均足够大时，波束域信道矩阵 $\overline{\boldsymbol{G}}_u^{\mathrm{dl}}$ 趋于式 (2.33) 中定义的矩阵 $\overline{\boldsymbol{G}}_u^{\mathrm{dl,asy}}(t,f)$。基于命题 2.3，可以进一步地研究大规模 MIMO 波束域信道的渐近特性。首先，在如下命题中给出波束域信道的渐近统计特性。

命题 2.4　定义矩阵 $\boldsymbol{\Omega}_u^{\mathrm{asy}}\in\mathbb{R}^{K\times M}$ 如下：

$$\left[\boldsymbol{\Omega}_u^{\mathrm{asy}}\right]_{k,m}\triangleq KM\left(\phi_{k+1}-\phi_k\right)^2\left(\theta_{m+1}-\theta_m\right)^2\cdot S_u\left(\phi_k,\theta_m\right) \tag{2.36}$$

那么当基站侧与用户侧天线数目 M 与 K 均充分大时，波束域信道具有如下渐近统计特性：

$$E\left\{\left[\overline{\boldsymbol{G}}_u^{\mathrm{dl}}(t,f)\right]_{k,m}\left[\overline{\boldsymbol{G}}_u^{\mathrm{dl}}(t,f)\right]_{k',m'}^{*}\right\}\to\left[\boldsymbol{\Omega}_u^{\mathrm{asy}}\right]_{k,m}\cdot\delta\left(k-k'\right)\delta\left(m-m'\right) \tag{2.37}$$

证明　命题的证明可由式 (2.33) 直接得到。■

命题 2.4 证明了当基站侧与用户侧天线数目 M 与 K 均充分大时，波束域信道元素趋于统计不相关。此外，波束域信道元素的方差与时间 t 和频率 f 不相关，且其数值取决于信道角度功率谱，这与式 (2.32) 中波束域信道矩阵的物理解释是一致的。具体而言，不同的波束域信道元素对应于不同发射和接收波束方向之间的信道增益，而这些传播方向在基站侧与用户侧同时配备大规模天线阵列的毫米波/太赫兹大规模 MIMO 系统中可以被分辨出来。

注意到命题 2.4 中的结果与目前文献中部分已有结果是一致的。例如，文献 [115] 证明了天线域信道协方差矩阵不随频率而明显变化，而命题 2.4 中的结果是建立在波束域信道上的。此外，对于用户侧配备单天线的场景，命题 2.4 中的结果在基站侧配备实际天线数目 (64～512) 配置下仍然是较为准确的 [10, 14, 25, 29, 92]，且其对应于毫米波/太赫兹大规模 MIMO 中用户侧也配备大规模天线阵列的情形。

紧接着给出波束域信道的扩散特性，如以下命题所述。

命题 2.5　定义矩阵 $\overline{\boldsymbol{G}}_u^{\mathrm{asy,env}}\in\mathbb{R}^{K\times M}$ 如下：

$$\left[\overline{\boldsymbol{G}}_u^{\mathrm{asy,env}}\right]_{k,m}\triangleq\sqrt{KM}\left(\phi_{k+1}-\phi_k\right)\left(\theta_{m+1}-\theta_m\right)\cdot\sqrt{S_u\left(\phi_k,\theta_m\right)} \tag{2.38}$$

那么当基站侧与用户侧天线数目 M 与 K 均充分大时，对于给定非负整数 k 和 m，波束域信道元素的包络值趋向于具有如下不随时间 t 和频率 f 变化的性质：

$$\left|\left[\overline{\boldsymbol{G}}_u^{\mathrm{dl}}(t,f)\right]_{k,m}\right| \to \left[\overline{\boldsymbol{G}}_u^{\mathrm{asy,env}}\right]_{k,m} \tag{2.39}$$

证明 命题的证明可由式 (2.33) 直接得到。■

命题 2.5 证明了当基站侧与用户侧同时配备足够大的天线阵列时，波束域信道元素的包络趋于不随时间和频率起伏，即波束域信道元素随时间和频率的衰落趋于消失。其物理解释如下：波束赋形能够实现对信道的角度域分割，而角度域分割的分辨率在基站侧与用户侧天线阵列均足够大时可以变得足够精细。极限情况下，信道在角度域的每一路径均能够被分辨出，而波束域信道元素对应于某一给定收发方向上的路径增益。因此，波束域信道元素的包络趋向于不随时间和频率起伏。注意到命题 2.5 在窄带信道情形下的结果已经在文献 [132] 中研究过。此外，文献 [139] 中的毫米波信道实测结果表明波束赋形能够降低信道时延扩展。而本节所研究的毫米波/太赫兹宽带大规模 MIMO 信道同时考虑了信道的时延扩展和多普勒扩展特性。

2.3.3 下行波束域信道近似

2.3.2 节着重研究了波束域信道的渐近特征，本节研究在天线数目有限 (但是足够大) 时波束域信道的特征。由式 (2.32) 可得基站与用户 u 之间下行波束域信道元素的表达式如下：

$$\begin{aligned}
&\left[\overline{\boldsymbol{G}}_u^{\mathrm{dl}}(t,f)\right]_{k,m} \\
&= \left([\boldsymbol{V}_K]_{:,k}\right)^{\mathrm{H}} \boldsymbol{G}_u^{\mathrm{dl}}(t,f)\,[\boldsymbol{V}_M]_{:,m}^* \\
&\overset{(a)}{=} \int_{-\frac{\pi}{2}}^{\frac{\pi}{2}}\int_{-\frac{\pi}{2}}^{\frac{\pi}{2}} \sqrt{S_u(\phi,\theta)}\cdot\exp\{\bar{\jmath}\zeta_{\mathrm{dl}}(\phi,\theta)\}\cdot\exp\{\bar{\jmath}2\pi\,[t\nu_u(\phi)-f\tau_u(\phi,\theta)]\} \\
&\quad\cdot\left([\boldsymbol{V}_K]_{:,k}\right)^{\mathrm{H}} \boldsymbol{v}_{\mathrm{ut}}(\phi)\,\boldsymbol{v}_{\mathrm{bs}}^{\mathrm{T}}(\theta)\,[\boldsymbol{V}_M]_{:,m}^*\,\mathrm{d}\phi\mathrm{d}\theta \\
&\overset{(b)}{=} \int_{-\frac{\pi}{2}}^{\frac{\pi}{2}}\int_{-\frac{\pi}{2}}^{\frac{\pi}{2}} \sqrt{S_u(\phi,\theta)}\cdot\exp\{\bar{\jmath}\zeta_{\mathrm{dl}}(\phi,\theta)\}\cdot\exp\{\bar{\jmath}2\pi\,[t\nu_u(\phi)-f\tau_u(\phi,\theta)]\} \\
&\quad\cdot\frac{1}{\sqrt{K}}\sum_{a=0}^{K-1}\exp\{\bar{\jmath}\pi a\,[\sin\phi_k-\sin\phi]\} \\
&\quad\cdot\frac{1}{\sqrt{M}}\sum_{b=0}^{M-1}\exp\{\bar{\jmath}\pi b\,[\sin\theta_m-\sin\theta]\}\,\mathrm{d}\phi\mathrm{d}\theta \\
&\overset{(c)}{=} \int_{-\frac{\pi}{2}}^{\frac{\pi}{2}}\int_{-\frac{\pi}{2}}^{\frac{\pi}{2}} \sqrt{S_u(\phi,\theta)}\cdot\exp\{\bar{\jmath}\zeta_{\mathrm{dl}}(\phi,\theta)\}\cdot\exp\{\bar{\jmath}2\pi\,[t\nu_u\phi-f\tau_u(\phi,\theta)]\} \\
&\quad\cdot q_K(\sin\phi_k-\sin\phi)\cdot q_M(\sin\theta_m-\sin\theta)\,\mathrm{d}\phi\mathrm{d}\theta
\end{aligned} \tag{2.40}$$

其中等式 (a) 源于式 (2.31)，等式 (b) 源于式 (2.34) 中 ϕ_i 和 θ_j 的定义，等式 (c) 源于如下函数定义式：

$$q_K(x) \triangleq \frac{1}{\sqrt{K}}\sum_{k=0}^{K-1}\exp\left\{\bar{\jmath}\pi kx\right\} = \exp\left\{\bar{\jmath}\frac{\pi}{2}(K-1)x\right\}\frac{\sin\left(\frac{\pi}{2}Kx\right)}{\sqrt{K}\sin\left(\frac{\pi}{2}x\right)} \tag{2.41}$$

注意到式 (2.41) 中定义的函数 $q_K(x)$ 随着 K 增大在 $x=0$ 附近变得越来越尖锐 [5, 114]。因此，在 K 和 M 均足够大时，式 (2.41) 中定义的波束域信道元素表达式可以由如下式子较好地逼近 [5, 114]：

$$\begin{aligned}\left[\overline{\boldsymbol{G}}_u^{\mathrm{dl}}(t,f)\right]_{k,m} \simeq & \int_{\theta_m}^{\theta_{m+1}}\int_{\phi_k}^{\phi_{k+1}}\sqrt{S_u(\phi,\theta)}\cdot\exp\left\{\bar{\jmath}\zeta_{\mathrm{dl}}(\phi,\theta)\right\} \\ & \cdot\exp\left\{\bar{\jmath}2\pi\left[t\nu_u(\phi)-f\tau_u(\phi,\theta)\right]\right\}\mathrm{d}\phi\mathrm{d}\theta\end{aligned} \tag{2.42}$$

式 (2.42) 中给出的波束域信道近似表达与其物理解释是一致的。具体而言，配备较多天线数目的大规模天线阵列能够形成较窄的波束。对于给定的收发波束对，发送信号将会集中在对应的收发方向上，而泄漏到其他方向上的能量可以近似忽略不计。与此同时，2.3.2 节中推导得到的波束域信道渐近特征趋势在式 (2.42) 中波束域信道近似表达式也得到相应体现。例如，整个波束域信道矩阵的时延扩展和多普勒扩展特性仍然得到保留，而对于给定的波束域信道元素，其时延扩展和多普勒扩展趋向于消失，这与命题 2.5 的结果相一致。

此外，式 (2.42) 中定义的波束域信道近似满足如下统计不相关特性：

$$\begin{aligned}& E\left\{\left[\overline{\boldsymbol{G}}_u^{\mathrm{dl}}(t,f)\right]_{k,m}\left[\overline{\boldsymbol{G}}_u^{\mathrm{dl}}(t,f)\right]_{k',m'}^*\right\} \\ & = \underbrace{\int_{\theta_m}^{\theta_{m+1}}\int_{\phi_k}^{\phi_{k+1}} S_u(\phi,\theta)\,\mathrm{d}\phi\mathrm{d}\theta}_{\triangleq[\boldsymbol{\Omega}_u]_{k,m}}\cdot\delta(k-k')\,\delta(m-m')\end{aligned} \tag{2.43}$$

式中，$\boldsymbol{\Omega}_u \in \mathbb{R}^{K\times M}$ 为波束域信道功率矩阵，这与命题 2.4 的结果相一致。因此，本节后续部分将采用式 (2.42) 中给出的简化波束域信道模型。为了便于后续分析，定义下行波束域信道冲激响应矩阵 $\overline{\boldsymbol{G}}_u^{\mathrm{dl}}(t,\tau)\in\mathbb{C}^{K\times M}$ 如下：

$$\begin{aligned}\left[\overline{\boldsymbol{G}}_u^{\mathrm{dl}}(t,\tau)\right]_{k,m} = & \int_{\theta_m}^{\theta_{m+1}}\int_{\phi_k}^{\phi_{k+1}}\sqrt{S_u(\phi,\theta)}\cdot\exp\left\{\bar{\jmath}\zeta_{\mathrm{dl}}(\phi,\theta)\right\} \\ & \cdot\exp\left\{\bar{\jmath}2\pi t\nu_u(\phi)\right\}\cdot\delta\left(\tau-\tau_u(\phi,\theta)\right)\mathrm{d}\phi\mathrm{d}\theta\end{aligned} \tag{2.44}$$

2.3.4 上行波束域信道模型

前面几节侧重于对下行波束域信道的研究，本节简要分析上行波束域信道特性。

对于 TDD 系统，在相同的时刻与频率上，上行信道响应矩阵为下行信道响应矩阵的转置。因此，前面几节中得到的下行波束域信道特性可以直接推广至上行情形。

对于频分双工 (frequency division duplex，FDD) 系统，其上下行中心频率之差相对于上行 (或下行) 中心频率通常较小，相应的物理信道参数，例如，角度功率谱 $S_u(\phi,\theta)$、多普勒频偏 $\nu_u(\phi)$、时延 $\tau_u(\phi,\theta)$ 以及阵列响应矢量等对于上下行信道是近似一致的 [122, 140, 141]。因此，上下行信道的主要差别在于随机相位项，而上行波束域信道频域响应矩阵可以建模为如下形式：

$$\overline{\boldsymbol{G}}_u^{\mathrm{ul}}(t,f) \triangleq \int_{-\frac{\pi}{2}}^{\frac{\pi}{2}}\int_{-\frac{\pi}{2}}^{\frac{\pi}{2}} \sqrt{S_u(\phi,\theta)} \cdot \exp\{\jmath\zeta_{\mathrm{ul}}(\phi,\theta)\} \cdot \boldsymbol{V}_M^{\mathrm{H}} \boldsymbol{v}_{\mathrm{bs}}(\theta)\, \boldsymbol{v}_{\mathrm{ut}}^{\mathrm{T}}(\phi)\, \boldsymbol{V}_K^{*} \cdot \exp\{\jmath 2\pi [t\nu_u(\phi) - f\tau_u(\phi,\theta)]\}\, \mathrm{d}\phi \mathrm{d}\theta \in \mathbb{C}^{M\times K} \tag{2.45}$$

式中，$\zeta_{\mathrm{ul}}(\phi,\theta)$ 为上行信道随机相位 [127, 138]，其满足与下行信道随机相位 $\zeta_{\mathrm{dl}}(\phi,\theta)$ 统计不相关，在区间 $[0,2\pi)$ 之间均匀分布，且对于任意的 $\theta \neq \theta'$ 或 $\phi \neq \phi'$ 均有 $\zeta_{\mathrm{ul}}(\phi,\theta)$ 和 $\zeta_{\mathrm{ul}}(\phi',\theta')$ 相互独立。

与式 (2.42) 相类似，当天线数目 K 与 M 均足够大时，上行波束域信道 $\overline{\boldsymbol{G}}_u^{\mathrm{ul}}(t,f)$ 可由式 (2.46) 较好地逼近：

$$\left[\overline{\boldsymbol{G}}_u^{\mathrm{ul}}(t,f)\right]_{m,k} \simeq \int_{\theta_m}^{\theta_{m+1}}\int_{\phi_k}^{\phi_{k+1}} \sqrt{S_u(\phi,\theta)} \cdot \exp\{\jmath\zeta_{\mathrm{ul}}(\phi,\theta)\} \cdot \exp\{\jmath 2\pi [t\nu_u(\phi) - f\tau_u(\phi,\theta)]\}\, \mathrm{d}\phi \mathrm{d}\theta \tag{2.46}$$

由式 (2.46) 以及式 (2.34) 中 ϕ_i 和 θ_j 的定义可得，上行波束域信道元素 $\left[\overline{\boldsymbol{G}}_u^{\mathrm{ul}}(t,f)\right]_{m,k}$ 的时延扩展和多普勒频率扩展随着 K 和 M 的增大而趋于下降。此外，由式 (2.43) 和式 (2.46) 可得，上行波束域信道元素具有如下统计不相关特性：

$$E\left\{\left[\overline{\boldsymbol{G}}_u^{\mathrm{ul}}(t,f)\right]_{m,k}\left[\overline{\boldsymbol{G}}_u^{\mathrm{ul}}(t,f)\right]_{m',k'}^{*}\right\} = [\boldsymbol{\Omega}_u]_{k,m} \cdot \delta(k-k')\,\delta(m-m') \tag{2.47}$$

注意到式 (2.47) 从理论上揭示了上下行波束域信道统计特征的对偶性。

为了便于后续章节分析，定义上行波束域信道冲击响应矩阵 $\overline{\boldsymbol{G}}_u^{\mathrm{ul}}(t,f)$ 如下：

$$\left[\overline{\boldsymbol{G}}_u^{\mathrm{ul}}(t,\tau)\right]_{m,k} = \int_{\theta_m}^{\theta_{m+1}}\int_{\phi_k}^{\phi_{k+1}} \sqrt{S_u(\phi,\theta)} \cdot \exp\{\jmath\zeta_{\mathrm{ul}}(\phi,\theta)\} \cdot \exp\{\jmath 2\pi t\nu_u(\phi)\} \cdot \delta(\tau - \tau_u(\phi,\theta))\, \mathrm{d}\phi \mathrm{d}\theta \tag{2.48}$$

2.4 附　　录

2.4.1　引理 2.1的证明

基于式 (2.5) 中矩阵 $\boldsymbol{V}$ 的定义可得

$$
\begin{aligned}
\lim_{M\to\infty}\left[\boldsymbol{V}^{\mathrm{H}}\boldsymbol{V}-\boldsymbol{I}_M\right]_{i,j} &= \lim_{M\to\infty}\frac{1}{M}\boldsymbol{v}^{\mathrm{H}}\left(\vartheta\left(\psi_{i-1}\right)\right)\boldsymbol{v}\left(\vartheta\left(\psi_{j-1}\right)\right)-\delta\left(i-j\right)\\
&\overset{(\mathrm{a})}{=}\delta\left(i-j\right)-\delta\left(i-j\right)=0
\end{aligned} \tag{2.49}
$$

式中，等式 (a) 源于式 (2.4) 以及函数 $\vartheta(\psi)$ 是严格递增的。此外，不难得到式 (2.49) 中减号左右两边的极限值均存在且有限。式 (2.7) 证毕。

紧接着，对式 (2.8) 的证明过程如下：

$$
\begin{aligned}
&\lim_{M\to\infty}\left[\boldsymbol{R}_k-\boldsymbol{V}\mathrm{diag}\left(\boldsymbol{r}_k\right)\boldsymbol{V}^{\mathrm{H}}\right]_{i,j}\\
\overset{(\mathrm{a})}{=}&\lim_{M\to\infty}\left[\boldsymbol{R}_k\right]_{i,j}\\
&-\lim_{M\to\infty}\left[\frac{1}{M}\sum_{m=1}^{M}\left[\boldsymbol{r}_k\right]_m\boldsymbol{v}\left(\vartheta\left(\psi_{m-1}\right)\right)\boldsymbol{v}^{\mathrm{H}}\left(\vartheta\left(\psi_{m-1}\right)\right)\right]_{i,j}\\
\overset{(\mathrm{b})}{=}&\lim_{M\to\infty}\left[\boldsymbol{R}_k\right]_{i,j}\\
&-\beta_k\lim_{M\to\infty}\sum_{m=1}^{M}\left[\boldsymbol{v}\left(\vartheta\left(\psi_{m-1}\right)\right)\right]_i\\
&\cdot\left[\boldsymbol{v}\left(\vartheta\left(\psi_{m-1}\right)\right)\right]_j^*S_k\left(\vartheta\left(\psi_{m-1}\right)\right)\left[\vartheta\left(\psi_m\right)-\vartheta\left(\psi_{m-1}\right)\right]\\
\overset{(\mathrm{c})}{=}&\beta_k\int_{\theta^{\min}}^{\theta^{\max}}\left[\boldsymbol{v}\left(\theta\right)\right]_i\left[\boldsymbol{v}\left(\theta\right)\right]_j^*S_k\left(\theta\right)\mathrm{d}\theta\\
&-\beta_k\int_{\vartheta(\psi_0)}^{\vartheta(\psi_M)}\left[\boldsymbol{v}\left(\vartheta\left(\psi\right)\right)\right]_i\left[\boldsymbol{v}\left(\vartheta\left(\psi\right)\right)\right]_j^*S_k\left(\vartheta\left(\psi\right)\right)\mathrm{d}\vartheta\left(\psi\right)\\
\overset{(\mathrm{d})}{=}&\beta_k\int_{\theta^{\min}}^{\theta^{\max}}\left[\boldsymbol{v}\left(\theta\right)\right]_i\left[\boldsymbol{v}\left(\theta\right)\right]_j^*S_k\left(\theta\right)\mathrm{d}\theta\\
&-\beta_k\int_{\theta^{\min}}^{\theta^{\max}}\left[\boldsymbol{v}\left(\theta\right)\right]_i\left[\boldsymbol{v}\left(\theta\right)\right]_j^*S_k\left(\theta\right)\mathrm{d}\theta=0
\end{aligned} \tag{2.50}
$$

式中，等式 (a) 源于式 (2.5)，等式 (b) 源于式 (2.6)，等式 (c) 源于式 (2.2)，等式 (d) 源于性质 $\vartheta\left(\psi_0\right)=\vartheta\left(0\right)=\theta^{\min}$ 和 $\vartheta\left(\psi_M\right)=\vartheta\left(1\right)=\theta^{\max}$。此外，需要证明式 (2.50) 中减号左右两边的极限值均存在且有限。为此，由式 (2.50) 中等式 (d) 可

知，仅需证明如下式子：

$$\left|\int_{\theta^{\min}}^{\theta^{\max}}[\boldsymbol{v}(\theta)]_i[\boldsymbol{v}(\theta)]_j^* S_k(\theta)\,\mathrm{d}\theta\right| \overset{(a)}{\leqslant} \int_{\theta^{\min}}^{\theta^{\max}} S_k(\theta)\,\mathrm{d}\theta \overset{(b)}{<} \infty \tag{2.51}$$

式中，不等式 (a) 源于积分不等式 $\left|\int_a^b f(x)\,\mathrm{d}x\right| \leqslant \int_a^b |f(x)|\,\mathrm{d}x$，不等式 (b) 源于角度功率谱函数 $S_k(\theta)$ 的值是有限的。式 (2.8) 证毕。

2.4.2　式 (2.16) 的推导

式 (2.16) 的推导如下所示：

$$\begin{aligned}
&E\left\{\mathrm{vec}\left\{\boldsymbol{G}_{k,\ell+\Delta_\ell}\right\}\mathrm{vec}^{\mathrm{H}}\{\boldsymbol{G}_{k,\ell}\}\right\}\\
&=E\Bigg\{\Bigg[\sum_{q=0}^{N_{\mathrm{g}}-1}\int_{-\infty}^{\infty}\int_{-\frac{\pi}{2}}^{\frac{\pi}{2}}\left[\boldsymbol{f}_{N_{\mathrm{c}},q}\otimes\boldsymbol{v}(\theta)\right]\cdot\exp\left\{\bar{\jmath}2\pi\nu(\ell+\Delta_\ell)T_{\mathrm{sym}}\right\}\\
&\quad\cdot g_k(\theta,qT_{\mathrm{s}},\nu)\,\mathrm{d}\theta\mathrm{d}\nu\Bigg]\cdot\Bigg[\sum_{q'=0}^{N_{\mathrm{g}}-1}\int_{-\infty}^{\infty}\int_{-\frac{\pi}{2}}^{\frac{\pi}{2}}\left[\boldsymbol{f}_{N_{\mathrm{c}},q'}\otimes\boldsymbol{v}_{M,\theta'}\right]^{\mathrm{H}}\\
&\quad\cdot\exp\left\{-\bar{\jmath}2\pi\nu'\ell T_{\mathrm{sym}}\right\}\cdot g_k^*(\theta',q'T_{\mathrm{s}},\nu')\,\mathrm{d}\theta'\mathrm{d}\nu'\Bigg]\Bigg\}\\
&=\sum_{q=0}^{N_{\mathrm{g}}-1}\sum_{q'=0}^{N_{\mathrm{g}}-1}\int_{-\infty}^{\infty}\int_{-\frac{\pi}{2}}^{\frac{\pi}{2}}\int_{-\infty}^{\infty}\int_{-\frac{\pi}{2}}^{\frac{\pi}{2}}\left[\boldsymbol{f}_{N_{\mathrm{c}},q}\otimes\boldsymbol{v}(\theta)\right]\left[\boldsymbol{f}_{N_{\mathrm{c}},q'}\otimes\boldsymbol{v}_{M,\theta'}\right]^{\mathrm{H}}\\
&\quad\cdot\exp\left\{\bar{\jmath}2\pi\nu(\ell+\Delta_\ell)T_{\mathrm{sym}}\right\}\cdot\exp\left\{-\bar{\jmath}2\pi\nu'\ell T_{\mathrm{sym}}\right\}\\
&\quad\cdot E\left\{g_k(\theta,qT_{\mathrm{s}},\nu)\,g_k^*(\theta',q'T_{\mathrm{s}},\nu')\right\}\mathrm{d}\theta\mathrm{d}\nu\mathrm{d}\theta'\mathrm{d}\nu'\\
&\overset{(a)}{=}\sum_{q=0}^{N_{\mathrm{g}}-1}\sum_{q'=0}^{N_{\mathrm{g}}-1}\int_{-\infty}^{\infty}\int_{-\frac{\pi}{2}}^{\frac{\pi}{2}}\int_{-\infty}^{\infty}\int_{-\frac{\pi}{2}}^{\frac{\pi}{2}}\left[\boldsymbol{f}_{N_{\mathrm{c}},q}\otimes\boldsymbol{v}(\theta)\right]\left[\boldsymbol{f}_{N_{\mathrm{c}},q'}\otimes\boldsymbol{v}_{M,\theta'}\right]^{\mathrm{H}}\\
&\quad\cdot\exp\left\{\bar{\jmath}2\pi\nu(\ell+\Delta_\ell)T_{\mathrm{sym}}\right\}\cdot\exp\left\{-\bar{\jmath}2\pi\nu'\ell T_{\mathrm{sym}}\right\}\\
&\quad\cdot S_k^{\mathrm{AD}}(\theta,qT_{\mathrm{s}})\cdot S_k^{\mathrm{Dop}}(\nu)\cdot\delta(\theta-\theta')\,\delta(q-q')\,\delta(\nu-\nu')\,\mathrm{d}\theta\mathrm{d}\nu\mathrm{d}\theta'\mathrm{d}\nu'\\
&\overset{(b)}{=}\sum_{q=0}^{N_{\mathrm{g}}-1}\int_{-\infty}^{\infty}\int_{-\frac{\pi}{2}}^{\frac{\pi}{2}}\left[\boldsymbol{f}_{N_{\mathrm{c}},q}\otimes\boldsymbol{v}(\theta)\right]\left[\boldsymbol{f}_{N_{\mathrm{c}},q}\otimes\boldsymbol{v}_{M,\theta}\right]^{\mathrm{H}}\cdot\exp\left\{\bar{\jmath}2\pi\nu\Delta_\ell T_{\mathrm{sym}}\right\}\\
&\quad\cdot S_k^{\mathrm{AD}}(\theta,qT_{\mathrm{s}})\cdot S_k^{\mathrm{Dop}}(\nu)\,\mathrm{d}\theta\mathrm{d}\nu
\end{aligned}$$

$$
\begin{aligned}
&= \underbrace{\int_{-\infty}^{\infty} \exp\left\{\jmath 2\pi\nu\Delta_{\ell}T_{\text{sym}}\right\} \cdot S_k^{\text{Dop}}(\nu)\,\mathrm{d}\nu}_{\varrho_k(\Delta_\ell)} \\
&\quad \cdot \underbrace{\sum_{q=0}^{N_{\text{g}}-1}\int_{-\frac{\pi}{2}}^{\frac{\pi}{2}}\left[\boldsymbol{f}_{N_{\text{c}},q}\otimes\boldsymbol{v}(\theta)\right]\left[\boldsymbol{f}_{N_{\text{c}},q}\otimes\boldsymbol{v}_{M,\theta}\right]^{\text{H}}\cdot S_k^{\text{AD}}(\theta,qT_{\text{s}})\,\mathrm{d}\theta}_{\boldsymbol{R}_k}
\end{aligned} \tag{2.52}
$$

式中，等式 (a) 源于式 (2.15)，等式 (b) 源于 delta 函数的定义。

2.4.3　命题 2.1的证明

为了简化证明过程，首先定义如下辅助变量：对于非负整数 d，定义变量 $n_d \triangleq \lfloor d/M \rfloor$ 以及 $m_d \triangleq ((d))_M$。注意到本节中元素标号从 0 开始，因此可得，对于矩阵 $\boldsymbol{\Omega}_k \in \mathbb{R}^{M\times N_{\text{g}}}$，其第 (m_d, n_d) 个元素等价于向量 $\text{vec}\{\boldsymbol{\Omega}_k\}$ 第 d 个元素，即 $[\text{vec}\{\boldsymbol{\Omega}_k\}]_d = [\boldsymbol{\Omega}_k]_{m_d,n_d}$。此外，由 Kroncecker 乘积的定义可得，对于任意矩阵 $\boldsymbol{F} \in \mathbb{C}^{N_{\text{c}}\times N_{\text{g}}}$ 和 $\boldsymbol{V} \in \mathbb{C}^{M\times M}$，均满足 $[\boldsymbol{F}\otimes\boldsymbol{V}]_{i,j} = [\boldsymbol{F}]_{n_i,n_j}[\boldsymbol{V}]_{m_i,m_j}$。基于上述定义和相关性质，可得如下证明：

$$
\begin{aligned}
&\lim_{M\to\infty}\left[\boldsymbol{R}_k - \left(\boldsymbol{F}_{N_{\text{c}}\times N_{\text{g}}}\otimes\boldsymbol{V}_M\right)\text{diag}\left(\text{vec}\{\boldsymbol{\Omega}_k\}\right)\left(\boldsymbol{F}_{N_{\text{c}}\times N_{\text{g}}}\otimes\boldsymbol{V}_M\right)^{\text{H}}\right]_{i,j} \\
&= \lim_{M\to\infty}[\boldsymbol{R}_k]_{i,j} \\
&\quad - \lim_{M\to\infty}\sum_{d=0}^{MN_{\text{g}}-1}[\text{vec}\{\boldsymbol{\Omega}_k\}]_d\left[\boldsymbol{F}_{N_{\text{c}}\times N_{\text{g}}}\otimes\boldsymbol{V}_M\right]_{i,d}\left[\boldsymbol{F}_{N_{\text{c}}\times N_{\text{g}}}\otimes\boldsymbol{V}_M\right]_{j,d}^{*} \\
&\overset{\text{(a)}}{=} \lim_{M\to\infty}[\boldsymbol{R}_k]_{i,j} \\
&\quad - \lim_{M\to\infty}\sum_{n_d=0}^{N_{\text{g}}-1}\sum_{m_d=0}^{M-1}[\boldsymbol{\Omega}_k]_{m_d,n_d} \\
&\quad \cdot \left[\boldsymbol{F}_{N_{\text{c}}\times N_{\text{g}}}\right]_{n_i,n_d}\left[\boldsymbol{F}_{N_{\text{c}}\times N_{\text{g}}}\right]_{n_j,n_d}^{*}[\boldsymbol{V}_M]_{m_i,m_d}[\boldsymbol{V}_M]_{m_j,m_d}^{*} \\
&\overset{\text{(b)}}{=} \lim_{M\to\infty}[\boldsymbol{R}_k]_{i,j} \\
&\quad - \lim_{M\to\infty}\frac{1}{MN_{\text{c}}}\sum_{n_d=0}^{N_{\text{g}}-1}\sum_{m_d=0}^{M-1}MN_{\text{c}}\cdot\left(\theta_{m_d+1}-\theta_{m_d}\right)\cdot S_k^{\text{AD}}\left(\theta_{m_d},\tau_{n_d}\right) \\
&\quad \cdot \exp\left\{-\jmath 2\pi\frac{(n_i-n_j)\,n_d}{N_{\text{c}}}\right\}\cdot\exp\left\{-\jmath 2\pi\frac{(m_i-m_j)\,(m_d-M/2)}{M}\right\}
\end{aligned}
$$

$$
\begin{aligned}
&\overset{(c)}{=} \sum_{q=0}^{N_g-1} \int_{-\frac{\pi}{2}}^{\frac{\pi}{2}} \left[\boldsymbol{f}_{N_c,q} \otimes \boldsymbol{v}(\theta)\right]_i \left[\boldsymbol{f}_{N_c,q}(q) \otimes \boldsymbol{v}(\theta)\right]_j^* \cdot S_k^{\mathrm{AD}}(\theta, qT_s)\,\mathrm{d}\theta \\
&\quad - \lim_{M\to\infty} \sum_{n_d=0}^{N_g-1} \sum_{m_d=0}^{M-1} (\theta_{m_d+1} - \theta_{m_d}) \cdot S_k^{\mathrm{AD}}(\theta_{m_d}, \tau_{n_d}) \\
&\quad \cdot \exp\left\{-\jmath 2\pi \frac{(n_i - n_j)\, n_d}{N_c}\right\} \cdot \exp\left\{-\jmath\pi (m_i - m_j) \sin(\theta_{m_d})\right\} \\
&\overset{(d)}{=} \sum_{q=0}^{N_g-1} \int_{-\frac{\pi}{2}}^{\frac{\pi}{2}} \left[\boldsymbol{f}_{N_c,q}\right]_{n_i} \left[\boldsymbol{f}_{N_c,q}\right]_{n_j}^* \left[\boldsymbol{v}(\theta)\right]_{m_i} \left[\boldsymbol{v}(\theta)\right]_{m_j}^* \cdot S_k^{\mathrm{AD}}(\theta, \tau_q)\,\mathrm{d}\theta \\
&\quad - \sum_{r=0}^{N_g-1} \int_{\theta_0}^{\theta_M} \exp\left\{-\jmath 2\pi \frac{(n_i - n_j)}{N_c} r\right\} \\
&\quad \cdot \exp\left\{-\jmath\pi (m_i - m_j) \sin\theta\right\} \cdot S_k^{\mathrm{AD}}(\theta, \tau_r)\,\mathrm{d}\theta \\
&\overset{(e)}{=} \sum_{q=0}^{N_g-1} \int_{-\frac{\pi}{2}}^{\frac{\pi}{2}} \exp\left\{-\jmath 2\pi \frac{(n_i - n_j)}{N_c} q\right\} \\
&\quad \cdot \exp\left\{-\jmath\pi (m_i - m_j) \sin\theta\right\} \cdot S_k^{\mathrm{AD}}(\theta, \tau_q)\,\mathrm{d}\theta \\
&\quad - \sum_{r=0}^{N_g-1} \int_{-\frac{\pi}{2}}^{\frac{\pi}{2}} \exp\left\{-\jmath 2\pi \frac{(n_i - n_j)}{N_c} r\right\} \\
&\quad \cdot \exp\left\{-\jmath\pi (m_i - m_j) \sin\theta\right\} \cdot S_k^{\mathrm{AD}}(\theta, \tau_r)\,\mathrm{d}\theta \\
&= 0
\end{aligned}
\tag{2.53}
$$

式中，等式 (a) 源于 Kronecker 乘积的定义以及 m_d 和 n_d 的定义，等式 (b) 源于式 (2.20) 以及矩阵 $\boldsymbol{F}_{N_c \times N_g}$ 和 $\boldsymbol{V}_M$ 的定义，等式 (c) 源于式 (2.18) 以及 τ_n 和 θ_m 的定义，等式 (d) 源于 Kronecker 乘积的定义，等式 (e) 源于式 (2.11) 以及 $\theta_0 = -\pi/2$ 和 $\theta_M = \pi/2$。

紧接着证明式 (2.53) 第一个等式中减号左右两边的极限值是存在且有限的。为证明该性质，从式 (2.53) 中 (e) 式可知，仅需证明如下式子：

$$
\begin{aligned}
&\left| \sum_{q=0}^{N_g-1} \int_{-\frac{\pi}{2}}^{\frac{\pi}{2}} \exp\left\{-\jmath 2\pi \frac{(n_i - n_j)}{N_c} q\right\} \cdot \exp\left\{-\jmath\pi (m_i - m_j) \sin\theta\right\} \cdot S_k^{\mathrm{AD}}(\theta, \tau_q)\,\mathrm{d}\theta \right| \\
&\overset{(a)}{\leqslant} \sum_{q=0}^{N_g-1} \left| \int_{-\frac{\pi}{2}}^{\frac{\pi}{2}} \exp\left\{-\jmath 2\pi \frac{(n_i - n_j)}{N_c} q\right\} \right. \\
&\quad \left. \cdot \exp\left\{-\jmath\pi (m_i - m_j) \sin(\theta)\right\} \cdot S_k^{\mathrm{AD}}(\theta, \tau_q)\,\mathrm{d}\theta \right|
\end{aligned}
$$

$$
\begin{aligned}
&\overset{\text{(b)}}{\leqslant} \sum_{q=0}^{N_{\mathrm{g}}-1} \int_{-\frac{\pi}{2}}^{\frac{\pi}{2}} \left| \exp\left\{ -\jmath 2\pi \frac{(n_i - n_j)}{N_{\mathrm{c}}} q \right\} \right. \\
&\quad \left. \cdot \exp\left\{ -\jmath\pi (m_i - m_j) \sin\theta \right\} \cdot S_k^{\mathrm{AD}}(\theta, \tau_q) \right| \mathrm{d}\theta \\
&= \sum_{q=0}^{N_{\mathrm{g}}-1} \int_{-\frac{\pi}{2}}^{\frac{\pi}{2}} \left| S_k^{\mathrm{AD}}(\theta, \tau_q) \right| \mathrm{d}\theta \\
&\overset{\text{(c)}}{<} \infty
\end{aligned} \tag{2.54}
$$

式中，不等式 (a) 源于三角不等式 $\left|\sum\limits_{q=0}^{N-1} a_q\right| \leqslant \sum\limits_{q=0}^{N-1} |a_q|$，不等式 (b) 源于积分不等式 $\left|\int_a^b f(x)\,\mathrm{d}x\right| \leqslant \int_a^b |f(x)|\,\mathrm{d}x$，不等式 (c) 源于角度时延功率谱函数 $S_k^{\mathrm{AD}}(\theta, \tau)$ 的值总是有限的。证毕。

2.4.4　命题 2.2的证明

要证明式 (2.25) 只需证明如下等式：

$$
E\left\{\mathrm{vec}\left\{\boldsymbol{H}_{k,\ell+\Delta_\ell}\right\} \mathrm{vec}^{\mathrm{H}}\{\boldsymbol{H}_{k,\ell}\}\right\} = \varrho_k(\Delta_\ell) \cdot \mathrm{diag}\left(\mathrm{vec}\{\boldsymbol{\Omega}_k\}\right) \tag{2.55}
$$

由式 (2.24) 中定义的矩阵 $\boldsymbol{H}_{k,\ell}$ 表达式以及文献 [142] 中 Kronecker 等式性质 $\mathrm{vec}\{\boldsymbol{ABC}\} = \left(\boldsymbol{C}^{\mathrm{T}} \otimes \boldsymbol{A}\right) \mathrm{vec}\{\boldsymbol{B}\}$ 和 $\boldsymbol{A}^{\mathrm{H}} \otimes \boldsymbol{B}^{\mathrm{H}} = (\boldsymbol{A} \otimes \boldsymbol{B})^{\mathrm{H}}$，可得

$$
\begin{aligned}
\mathrm{vec}\{\boldsymbol{H}_{k,\ell}\} &= \left(\boldsymbol{F}_{N_{\mathrm{c}} \times N_{\mathrm{g}}}^{\mathrm{H}} \otimes \boldsymbol{V}_M^{\mathrm{H}}\right) \mathrm{vec}\{\boldsymbol{G}_{k,\ell}\} \\
&= \left(\boldsymbol{F}_{N_{\mathrm{c}} \times N_{\mathrm{g}}} \otimes \boldsymbol{V}_M\right)^{\mathrm{H}} \mathrm{vec}\{\boldsymbol{G}_{k,\ell}\}
\end{aligned} \tag{2.56}
$$

进而可得

$$
\begin{aligned}
&E\left\{\mathrm{vec}\left\{\boldsymbol{H}_{k,\ell+\Delta_\ell}\right\} \mathrm{vec}^{\mathrm{H}}\{\boldsymbol{H}_{k,\ell}\}\right\} \\
&\overset{\text{(a)}}{=} \left(\boldsymbol{F}_{N_{\mathrm{c}} \times N_{\mathrm{g}}} \otimes \boldsymbol{V}_M\right)^{\mathrm{H}} E\left\{\mathrm{vec}\left\{\boldsymbol{G}_{k,\ell+\Delta_\ell}\right\} \mathrm{vec}^{\mathrm{H}}\{\boldsymbol{G}_{k,\ell}\}\right\} \left(\boldsymbol{F}_{N_{\mathrm{c}} \times N_{\mathrm{g}}} \otimes \boldsymbol{V}_M\right) \\
&\overset{\text{(b)}}{=} \varrho_k(\Delta_\ell) \cdot \left(\boldsymbol{F}_{N_{\mathrm{c}} \times N_{\mathrm{g}}} \otimes \boldsymbol{V}_M\right)^{\mathrm{H}} \boldsymbol{R}_k \left(\boldsymbol{F}_{N_{\mathrm{c}} \times N_{\mathrm{g}}} \otimes \boldsymbol{V}_M\right) \\
&\overset{\text{(c)}}{=} \varrho_k(\Delta_\ell) \cdot \mathrm{diag}\left(\mathrm{vec}\{\boldsymbol{\Omega}_k\}\right)
\end{aligned} \tag{2.57}
$$

式中，等式 (a) 源于矩阵 $\boldsymbol{F}_{N_{\mathrm{c}} \times N_{\mathrm{g}}}$ 和 $\boldsymbol{V}_M$ 均为确定性矩阵，等式 (b) 源于式 (2.16)，等式 (c) 源于命题 2.1。证毕。

2.4.5 命题 2.3的证明

由式 (2.32) 中给出的下行波束域信道矩阵定义式可知，证明式 (2.35) 等价于证明式 (2.58)：

$$
\begin{aligned}
&\lim_{K,M\to\infty}\left[\boldsymbol{G}_u^{\mathrm{dl}}(t,f)-\boldsymbol{V}_K\overline{\boldsymbol{G}}_u^{\mathrm{dl,asy}}(t,f)\boldsymbol{V}_M^{\mathrm{T}}\right]_{i,j}\\
&=\lim_{K,M\to\infty}\left[\boldsymbol{G}_u^{\mathrm{dl}}(t,f)\right]_{i,j}\\
&\quad-\lim_{K,M\to\infty}\sum_{a=0}^{K-1}\sum_{b=0}^{M-1}\left[\overline{\boldsymbol{G}}_u^{\mathrm{dl,asy}}(t,f)\right]_{a,b}[\boldsymbol{V}_K]_{i,a}[\boldsymbol{V}_M]_{j,b}\\
&\overset{(a)}{=}\lim_{K,M\to\infty}\left[\boldsymbol{G}_u^{\mathrm{dl}}(t,f)\right]_{i,j}\\
&\quad-\lim_{K,M\to\infty}\sum_{a=0}^{K-1}\sum_{b=0}^{M-1}(\phi_{a+1}-\phi_a)(\theta_{b+1}-\theta_b)\\
&\quad\cdot\sqrt{S_u(\phi_a,\theta_b)}\cdot\exp\{\bar{\jmath}\zeta_{\mathrm{dl}}(\phi_a,\theta_b)\}\cdot\exp\{\bar{\jmath}2\pi[t\nu_u(\phi_a)-f\tau_u(\phi_a,\theta_b)]\}\\
&\quad\cdot\exp\left\{-\bar{\jmath}2\pi i\frac{a-\dfrac{K}{2}}{K}\right\}\exp\left\{-\bar{\jmath}2\pi j\frac{b-\dfrac{M}{2}}{M}\right\}\\
&\overset{(b)}{=}\lim_{K,M\to\infty}\left[\boldsymbol{G}_u^{\mathrm{dl}}(t,f)\right]_{i,j}\\
&\quad-\lim_{K,M\to\infty}\sum_{a=0}^{N-1}\sum_{b=0}^{M-1}(\phi_{a+1}-\phi_a)(\theta_{b+1}-\theta_b)\\
&\quad\cdot\sqrt{S_u(\phi_a,\theta_b)}\cdot\exp\{\bar{\jmath}\zeta_{\mathrm{dl}}(\phi_a,\theta_b)\}\cdot\exp\{\bar{\jmath}2\pi[t\nu_u(\phi_a)-f\tau_u(\phi_a,\theta_b)]\}\\
&\quad\cdot\exp\{-\bar{\jmath}\pi i\sin(\phi_a)\}\exp\{-\bar{\jmath}\pi j\sin(\theta_b)\}\\
&\overset{(c)}{=}\int_{-\frac{\pi}{2}}^{\frac{\pi}{2}}\int_{-\frac{\pi}{2}}^{\frac{\pi}{2}}\sqrt{S_u(\phi,\theta)}\cdot\exp\{\bar{\jmath}\zeta_{\mathrm{dl}}(\phi,\theta)\}\cdot\exp\{-\bar{\jmath}\pi i\sin\phi\}\\
&\quad\cdot\exp\{-\bar{\jmath}\pi j\sin\theta\}\exp\{\bar{\jmath}2\pi[t\nu_u(\phi)-f\tau_u(\phi,\theta)]\}\mathrm{d}\phi\mathrm{d}\theta\\
&\quad-\int_{-\frac{\pi}{2}}^{\frac{\pi}{2}}\int_{-\frac{\pi}{2}}^{\frac{\pi}{2}}\sqrt{S_u(\phi,\theta)}\cdot\exp\{\bar{\jmath}\zeta_{\mathrm{dl}}(\phi,\theta)\}\cdot\exp\{-\bar{\jmath}\pi i\sin\phi\}\\
&\quad\cdot\exp\{-\bar{\jmath}\pi j\sin\theta\}\exp\{\bar{\jmath}2\pi[t\nu_u(\phi)-f\tau_u(\phi,\theta)]\}\mathrm{d}\phi\mathrm{d}\theta\\
&=0
\end{aligned}
\tag{2.58}
$$

式中，等式 (a) 源于矩阵 $\boldsymbol{V}_K$ 和式 (2.33) 中矩阵 $\overline{\boldsymbol{G}}_u^{\mathrm{dl,asy}}(t,f)$ 的定义，等式 (b) 源于式 (2.34) 中 ϕ_i 和 θ_j 的定义，等式 (c) 源于式 (2.31) 中矩阵 $\boldsymbol{G}_u^{\mathrm{dl}}(t,f)$ 的定义。

紧接着证明式 (2.58) 第一个等式中减号左右两边的极限值是存在且有限的。为证明该性质，从式 (2.58) 中 (c) 式可知，仅需证明如下式子：

$$
\begin{aligned}
&\left|\int_{-\frac{\pi}{2}}^{\frac{\pi}{2}}\int_{-\frac{\pi}{2}}^{\frac{\pi}{2}}\sqrt{S_u(\phi,\theta)}\cdot\exp\{\jmath\zeta_{\mathrm{dl}}(\phi,\theta)\}\cdot\exp\{-\jmath\pi\mathrm{i}\sin\phi\}\exp\{-\jmath\pi\mathrm{j}\sin\theta\}\right.\\
&\left.\cdot\exp\{\jmath2\pi[t\nu_u(\phi)-f\tau_u(\phi,\theta)]\}\,\mathrm{d}\phi\mathrm{d}\theta\right|\\
\overset{(a)}{\leqslant}&\int_{-\frac{\pi}{2}}^{\frac{\pi}{2}}\int_{-\frac{\pi}{2}}^{\frac{\pi}{2}}\sqrt{S_u(\phi,\theta)}\mathrm{d}\phi\mathrm{d}\theta\\
\overset{(b)}{<}&\infty
\end{aligned}
\tag{2.59}
$$

式中，等式 (a) 源于积分不等式 $\left|\int_a^b f(x)\,\mathrm{d}x\right|\leqslant\int_a^b|f(x)|\,\mathrm{d}x$，等式 (b) 源于信道功率 $S_u(\phi,\theta)$ 的值总是有限的。证毕。

第3章 大规模 MIMO 信道状态信息获取

信道状态信息对于大规模 MIMO 传输性能有重要影响。如果将传统的正交导频辅助的信道状态信息获取方法直接拓展应用于大规模 MIMO 场景，其导频开销将随着发送天线或数据流总数、时延扩展、载波频率、移动速度等因素均呈线性增长，存在着信道信息获取瓶颈。本章从大规模 MIMO 信道模型出发，论述大规模 MIMO 信道状态信息获取方法 [14,25]。本章内容安排如下：3.1 节论述角度域导频复用信道状态信息获取方法，3.2 节进而论述角度时延域导频复用信道状态信息获取方法。

3.1 角度域导频复用信道状态信息获取

3.1.1 导频复用机理

基于 2.1 节的窄带大规模 MIMO 信道模型，本节研究小区内导频复用以及导频复用对上行信道估计性能的影响。本节的分析结果适用于任意的导频复用模式，而如何利用信道统计信息形成导频复用模式，即如何实施导频调度将在 3.1.3 节中进行研究。

将用户集合记为 $\mathcal{K}=\{1,2,\cdots,K\}$，其中 $k\in\mathcal{K}$ 表示用户编号。令上行导频信号长度为 τ 且满足 $\tau<K$，在上行训练阶段，不同用户同时发送各自长度为 τ 的导频序列①。注意到最大可用的正交导频数目等于导频信号的长度，此处不失一般性假定可用正交导频数目为 τ。将可用正交导频集合记为 $\mathcal{T}=\{1,2,\cdots,\tau\}$，第 π 个导频序列记为 $\boldsymbol{x}_{\pi}\in\mathbb{C}^{\tau\times 1}$，其中 $\pi\in\mathcal{T}$ 为导频编号。集合 $\mathcal{T}$ 内的导频序列满足正交性条件 $\boldsymbol{x}_{\pi}^{\mathrm{H}}\boldsymbol{x}_{\pi'}=\tau\sigma_{\mathrm{x}}^{\mathrm{p}}\cdot\delta(\pi-\pi')$，其中 $\sigma_{\mathrm{x}}^{\mathrm{p}}$ 表示导频信号发送功率。

对于用户集合 $\mathcal{K}$ 和导频集合 $\mathcal{T}$，将导频复用模式记作 $\mathcal{P}(\mathcal{K},\mathcal{T})=\{(k,\pi_k):k\in\mathcal{K},\pi_k\in\mathcal{T}\}$，其中 $(k,\pi_k)\in\mathcal{P}(\mathcal{K},\mathcal{T})$ 表示第 π_k 个导频序列 $\boldsymbol{x}_{\pi_k}$ 被分配给用户 k。令 $\mathcal{K}_{\pi}=\{k:\pi_k=\pi\}$ 表示复用第 π 个导频序列的用户集合。

对于给定的导频复用模式 $\mathcal{P}(\mathcal{K},\mathcal{T})$，各用户周期性地发送各自分配到的导频序列，基站侧据此实施信道估计。对于一个给定 TDD 相干时间块内的上行训练阶段，基站侧所接收到的导频信号可表示为

① 本节中的结论适用于任意的导频长度 τ，而 τ 可以被设置为一个固定或者动态变化的数值。此外，对于用户在某些时刻发送导频信号而在其他时刻不发送的情形，其导频序列可以被视作含有若干零元素的导频序列。

$$\boldsymbol{Y}=\boldsymbol{G}\boldsymbol{X}+\boldsymbol{N}\in\mathbb{C}^{M\times\tau} \tag{3.1}$$

式中，$\boldsymbol{G}$ 为上行信道矩阵，$\boldsymbol{X}=[\boldsymbol{x}_{\pi_1},\boldsymbol{x}_{\pi_2},\cdots,\boldsymbol{x}_{\pi_K}]^{\mathrm{T}}\in\mathbb{C}^{K\times\tau}$ 为上行导频信号矩阵，$\boldsymbol{N}$ 为加性高斯白噪声矩阵且噪声功率为 $\sigma_{\mathrm{z}}^{\mathrm{p}}$。基站侧对接收到的导频信号实施解相关和功率归一化运算后得到不同用户信道的观测样本 [6]。对于用户 k，基站侧获得的上行信道观测样本可表示为

$$\begin{aligned}\boldsymbol{y}_{\pi_k}^{\mathrm{p}}&=\frac{1}{\sigma_{\mathrm{x}}^{\mathrm{p}}\tau}\boldsymbol{Y}\boldsymbol{x}_{\pi_k}^{*}\\&=\frac{1}{\sigma_{\mathrm{x}}^{\mathrm{p}}\tau}\left(\sum_{\ell=1}^{K}\boldsymbol{g}_{\ell}\boldsymbol{x}_{\pi_\ell}^{\mathrm{T}}+\boldsymbol{N}\right)\boldsymbol{x}_{\pi_k}^{*}\\&=\sum_{\ell=1}^{K}\boldsymbol{g}_{\ell}\cdot\delta\left(\pi_\ell-\pi_k\right)+\frac{1}{\sigma_{\mathrm{x}}^{\mathrm{p}}\tau}\boldsymbol{N}\boldsymbol{x}_{\pi_k}^{*}\\&=\sum_{\ell\in\mathcal{K}_{\pi_k}}\boldsymbol{g}_{\ell}+\frac{1}{\sigma_{\mathrm{x}}^{\mathrm{p}}\tau}\boldsymbol{N}\boldsymbol{x}_{\pi_k}^{*}\end{aligned} \tag{3.2}$$

利用酉变换的性质，不难证明式 (3.2) 中的等效噪声项 $1/\left(\sigma_{\mathrm{x}}^{\mathrm{p}}\tau\right)*\boldsymbol{N}\boldsymbol{x}_{\pi_k}^{*}$ 仍然为加性高斯白噪声，且等效噪声功率为 $\sigma_{\mathrm{z}}^{\mathrm{p}}/\left(\sigma_{\mathrm{x}}^{\mathrm{p}}\tau\right)$。记 $\rho^{\mathrm{p}}=\sigma_{\mathrm{x}}^{\mathrm{p}}/\sigma_{\mathrm{z}}^{\mathrm{p}}$ 为上行训练阶段的信噪比，那么式 (3.2) 可以表示为

$$\begin{aligned}\boldsymbol{y}_{\pi_k}^{\mathrm{p}}&=\sum_{\ell\in\mathcal{K}_{\pi_k}}\boldsymbol{g}_{\ell}+\frac{1}{\sqrt{\rho^{\mathrm{p}}\tau}}\boldsymbol{n}_{\pi_k}^{\mathrm{p}}\\&=\boldsymbol{g}_k+\underbrace{\sum_{\ell\in\mathcal{K}_{\pi_k}\backslash\{k\}}\boldsymbol{g}_{\ell}}_{\text{导频干扰}}+\underbrace{\frac{1}{\sqrt{\rho^{\mathrm{p}}\tau}}\boldsymbol{n}_{\pi_k}^{\mathrm{p}}}_{\text{导频噪声}}\end{aligned} \tag{3.3}$$

式中，$\boldsymbol{n}_{\pi_k}^{\mathrm{p}}\sim\mathcal{CN}\left(\boldsymbol{0},\boldsymbol{I}_M\right)$ 表示等效归一化白噪声。注意到 $\mathcal{K}_{\pi_k}$ 表示复用导频 π_k 的用户集合，基站需要依据 $\boldsymbol{y}_{\pi_k}^{\mathrm{p}}$ 来估计所有复用导频 π_k 的用户的上行信道。基于样本 $\boldsymbol{y}_{\pi_k}^{\mathrm{p}}$，信道 $\boldsymbol{g}_k$ 的 MMSE 估计器可以表示为如下形式：

$$\widehat{\boldsymbol{g}}_k=\boldsymbol{R}_k\boldsymbol{C}_{\pi_k}^{-1}\boldsymbol{y}_{\pi_k}^{\mathrm{p}} \tag{3.4}$$

式中

$$\boldsymbol{C}_{\pi_k}\triangleq\sum_{\ell\in\mathcal{K}_{\pi_k}}\boldsymbol{R}_{\ell}+\frac{1}{\rho^{\mathrm{p}}\tau}\boldsymbol{I} \tag{3.5}$$

利用 MMSE 估计的正交性原理 [143]，可得信道估计误差 $\widetilde{\boldsymbol{g}}_k=\boldsymbol{g}_k-\widehat{\boldsymbol{g}}_k$ 统计独立于 $\widehat{\boldsymbol{g}}_k$，且估计误差 $\widetilde{\boldsymbol{g}}_k$ 的方差为

$$\boldsymbol{R}_{\widetilde{\boldsymbol{g}}_k} = \boldsymbol{R}_k - \boldsymbol{R}_k \boldsymbol{C}_{\pi_k}^{-1} \boldsymbol{R}_k \tag{3.6}$$

值得注意的是 $\widehat{\boldsymbol{g}}_k$ 和 $\boldsymbol{R}_{\widetilde{\boldsymbol{g}}_k}$ 分别为 $\boldsymbol{g}_k$ 基于观测样本 $\boldsymbol{y}_{\pi_k}^{\mathrm{p}}$ 的条件均值和方差 [143]。

信道估计误差的方差是信道估计性能的重要度量，此处定义信道估计均方误差之和为

$$\epsilon^{\mathrm{p}} \triangleq \sum_{k=1}^{K} \mathrm{tr}\left(\boldsymbol{R}_{\widetilde{\boldsymbol{g}}_k}\right) \tag{3.7}$$

此外，利用如下函数定义两个半正定矩阵 $\boldsymbol{A}$ 和 $\boldsymbol{B}$ 的正交程度：

$$\begin{aligned}\theta(\boldsymbol{A},\boldsymbol{B}) &\triangleq \arccos \frac{\mathrm{tr}\left(\boldsymbol{A}^{\mathrm{H}}\boldsymbol{B}\right)}{\|\boldsymbol{A}\|_{\mathrm{F}}\|\boldsymbol{B}\|_{\mathrm{F}}} \\ &= \arccos \frac{\mathrm{tr}(\boldsymbol{A}\boldsymbol{B})}{\|\boldsymbol{A}\|_{\mathrm{F}}\|\boldsymbol{B}\|_{\mathrm{F}}}, \quad \boldsymbol{A},\boldsymbol{B} \succeq \boldsymbol{0}\end{aligned} \tag{3.8}$$

当 $\boldsymbol{A}$ 和 $\boldsymbol{B}$ 正交时，$\theta(\boldsymbol{A},\boldsymbol{B}) = \pi/2$。利用该定义，可以进一步得到式 (3.7) 中信道估计均方误差之和取得最小值的条件，如以下定理所述。

定理 3.1 信道估计均方误差之和 ϵ^{p} 的最小值如式 (3.9) 所示：

$$\varepsilon^{\mathrm{p}} = \sum_{k=1}^{K} \mathrm{tr}\left(\boldsymbol{R}_k - \boldsymbol{R}_k\left(\boldsymbol{R}_k + \frac{1}{\rho^{\mathrm{p}}\tau}\boldsymbol{I}\right)^{-1}\boldsymbol{R}_k\right) \tag{3.9}$$

上述最小值所能达到的条件为对于 $\forall i,j \in \mathcal{K}$ 且 $i \neq j$，均有

$$\theta(\boldsymbol{R}_i,\boldsymbol{R}_j) = \frac{\pi}{2}, \quad \pi_i = \pi_j \tag{3.10}$$

证明 见附录 3.3.1。 ■

对于式 (3.7) 中所定义的信道估计均方误差之和，不同用户信道估计误差之间的相关性没有考虑进来。事实上，用户 i 和 $j\,(j \neq i)$ 之间信道估计误差的相关性可以表示为如下形式：

$$\begin{aligned}E\left\{\widetilde{\boldsymbol{g}}_i\widetilde{\boldsymbol{g}}_j^{\mathrm{H}}\right\} &= E\left\{\left(\boldsymbol{g}_i - \boldsymbol{R}_i\boldsymbol{C}_{\pi_i}^{-1}\boldsymbol{y}_{\pi_i}^{\mathrm{p}}\right)\left(\boldsymbol{g}_j - \boldsymbol{R}_j\boldsymbol{C}_{\pi_j}^{-1}\boldsymbol{y}_{\pi_j}^{\mathrm{p}}\right)^{\mathrm{H}}\right\} \\ &= -\boldsymbol{R}_i\boldsymbol{C}_{\pi_i}^{-1}\boldsymbol{R}_j \cdot \delta(\pi_i - \pi_j)\end{aligned} \tag{3.11}$$

这表明采用正交导频的用户其信道估计误差是统计不相关的，而复用导频的用户其信道估计误差是具有相关性的。值得注意的是，当定理 3.1 中给出的条件能够满足的话，那么 $-\boldsymbol{R}_i\boldsymbol{C}_{\pi_i}^{-1}\boldsymbol{R}_j = \boldsymbol{0}$，即复用导频的用户其信道估计误差仍然是统计不相关的。因此，定理 3.1 中给出的条件仍然是最优的。

利用引理 2.1，可以进一步得到天线数目足够多时信道估计均方误差之和取得最小值的渐近条件，如以下推论所述。

推论 3.1 当基站侧天线数目 $M \to \infty$ 时，信道估计均方误差之和 ϵ^{p} 取得最小值的条件为对于 $\forall i, j \in \mathcal{K}$ 且 $i \neq j$，均满足

$$\langle \boldsymbol{r}_i, \boldsymbol{r}_j \rangle = 0, \quad \pi_i = \pi_j \tag{3.12}$$

式中，$\boldsymbol{r}_i$ 的定义见引理 2.1。

推论 3.1 表明，当复用导频的用户具有互相不重叠的信道到达角区间时，信道估计均方误差之和 ϵ^{p} 取得最小值。其物理解释如下：当不同用户的信道在角度域可以严格分离时，导频干扰不再产生影响。此外，在高信噪比条件下，即 $\rho^{\mathrm{p}} \to \infty$ 时，导频噪声也趋于消失。因此 $\varepsilon^{\mathrm{p}} \to 0$，这意味着信道估计趋于准确。

定理 3.1 和推论 3.1 给出了导频复用的最优性条件，这些条件不是总能够满足的。在实际室外无线传播环境中，基站侧的信道角度扩展通常是比较小的 [120, 144]，即信道的大多数能量集中在一个较小的角度区域内。对于信道到达角方向近似不重叠的用户，导频复用变得可行。

3.1.2 导频复用情况下的多用户传输

导频复用可能会导致信道估计性能下降，本节研究将信道估计误差考虑在内的鲁棒无线传输设计。目前文献中有两种主流的鲁棒传输设计方法，分别为考虑最差情形和考虑平均情形的鲁棒设计方法。对于考虑最差情形的鲁棒设计方法，信道估计误差通常建模为在一个给定区间内的随机变量，相应的鲁棒设计使最差情形下的传输性能得到保证 [145]；对于考虑平均情形的鲁棒设计方法，信道估计误差通常建模为服从某种分布特性的随机变量，而相应的鲁棒设计可以保证平均传输性能 [146]。本节采用考虑平均情形的鲁棒设计方法。具体来说，在给定的 TDD 相干时间块内，信道估计误差可以建模为基于接收到的导频信号的信道条件分布。注意到式 (3.6) 中的信道估计误差协方差 $\boldsymbol{R}_{\widetilde{\boldsymbol{g}}_k}$ 取决于导频复用模式 $\mathcal{P}(\mathcal{K}, \mathcal{T})$ 和信道协方差矩阵，因此可以被基站侧所获得。接下来分别讨论鲁棒上下行数据传输。

1. 鲁棒上行多用户检测

上行数据传输阶段中，基站侧在给定的 TDD 相干时间块内一给定时刻接收到的信号可以表示为

$$\begin{aligned} \boldsymbol{y}^{\mathrm{u}} &= \boldsymbol{G}\boldsymbol{a}^{\mathrm{u}} + \frac{1}{\sqrt{\rho^{\mathrm{u}}}}\boldsymbol{n}^{\mathrm{u}} \\ &= \left(\widehat{\boldsymbol{G}} + \widetilde{\boldsymbol{G}}\right)\boldsymbol{a}^{\mathrm{u}} + \frac{1}{\sqrt{\rho^{\mathrm{u}}}}\boldsymbol{n}^{\mathrm{u}} \in \mathbb{C}^{M\times 1} \end{aligned} \tag{3.13}$$

式中，$\widehat{\boldsymbol{G}} = [\widehat{\boldsymbol{g}}_1 \quad \widehat{\boldsymbol{g}}_2 \quad \cdots \quad \widehat{\boldsymbol{g}}_K]$ 为信道估计值；$\widetilde{\boldsymbol{G}} = [\widetilde{\boldsymbol{g}}_1 \quad \widetilde{\boldsymbol{g}}_2 \quad \cdots \quad \widetilde{\boldsymbol{g}}_K]$ 为信道估计误差；$\boldsymbol{a}^{\mathrm{u}} \in \mathbb{C}^{K\times 1}$ 表示均值为 $\boldsymbol{0}$ 方差为 $\boldsymbol{I}_K$ 的上行发送信号；$[\boldsymbol{a}^{\mathrm{u}}]_k$ 表示用户 k

的发送信号；$\boldsymbol{n}^{\mathrm{u}} \sim \mathcal{CN}(\boldsymbol{0}, \boldsymbol{I}_M)$ 表示加性高斯白噪声矢量；ρ^{u} 表示上行数据传输信噪比。

基站侧采用如下线性检测器：

$$\widehat{\boldsymbol{a}}^{\mathrm{u}} = \boldsymbol{W}^{\mathrm{T}}\boldsymbol{y}^{\mathrm{u}} \tag{3.14}$$

则在给定的 TDD 相干时间块内的数据检测均方误差之和为

$$\epsilon^{\mathrm{u}} \triangleq E\left\{\left\|\widehat{\boldsymbol{a}}^{\mathrm{u}} - \boldsymbol{a}^{\mathrm{u}}\right\|_2^2\right\} \tag{3.15}$$

式中，求期望运算为对 $\boldsymbol{a}^{\mathrm{u}}$、$\boldsymbol{n}^{\mathrm{u}}$ 和信道估计误差 $\widetilde{\boldsymbol{G}}$ 遍历得到。

寻找基于数据检测均方误差之和最小准则的最优线性上行多用户检测器可以表述为如下优化问题：

$$\min_{\boldsymbol{W}} \quad \epsilon^{\mathrm{u}} \tag{3.16}$$

其最优解如以下定理所述。

定理 3.2 问题 (3.16) 的最优解由式 (3.17) 给出：

$$\boldsymbol{W}^{\mathrm{opt}} = \left[\left(\widehat{\boldsymbol{G}}\widehat{\boldsymbol{G}}^{\mathrm{H}} + \sum_{k-1}^{K}\boldsymbol{R}_{\widetilde{\boldsymbol{g}}_k} + \frac{1}{\rho^{\mathrm{u}}}\boldsymbol{I}\right)^{-1}\widehat{\boldsymbol{G}}\right]^{*} \tag{3.17}$$

其相应的数据检测均方误差之和表达式如下：

$$\epsilon^{\mathrm{u,min}} = \mathrm{tr}\left(\left(\boldsymbol{I} + \widehat{\boldsymbol{G}}^{\mathrm{H}}\left(\sum_{k=1}^{K}\boldsymbol{R}_{\widetilde{\boldsymbol{g}}_k} + \frac{1}{\rho^{\mathrm{u}}}\boldsymbol{I}\right)^{-1}\widehat{\boldsymbol{G}}\right)^{-1}\right) \tag{3.18}$$

证明 见附录 3.3.2。 ■

不同于假定信道估计值为真实信道的传统检测器，本节所提出的鲁棒检测器将信道估计误差考虑在内进行传输设计。具体来说，式 (3.15) 中的求期望运算将信道估计误差 $\widetilde{\boldsymbol{G}}$ 考虑在内。值得注意的是式 (3.17) 中的鲁棒 MMSE 检测器与传统的检测器具有类似的结构。当 $\sum\limits_{n=1}^{K}\boldsymbol{R}_{\widetilde{\boldsymbol{g}}_n} \to \boldsymbol{0}$ 时，鲁棒 MMSE 检测器退化为如下传统检测器的形式：

$$\boldsymbol{W}^{\mathrm{con}} = \left[\left(\widehat{\boldsymbol{G}}\widehat{\boldsymbol{G}}^{\mathrm{H}} + \frac{1}{\rho^{\mathrm{u}}}\boldsymbol{I}\right)^{-1}\widehat{\boldsymbol{G}}\right]^{*} \tag{3.19}$$

2. 鲁棒下行多用户预编码

下行数据传输阶段中，用户侧在给定的 TDD 相干时间块内一给定时刻接收到的信号可以表示为

$$
\begin{aligned}
\boldsymbol{y}^{\mathrm{d}} &= \boldsymbol{G}^{\mathrm{T}}\boldsymbol{B}\boldsymbol{a}^{\mathrm{d}} + \frac{1}{\sqrt{\rho^{\mathrm{d}}}}\boldsymbol{n}^{\mathrm{d}} \\
&= \left(\widehat{\boldsymbol{G}} + \widetilde{\boldsymbol{G}}\right)^{\mathrm{T}}\boldsymbol{B}\boldsymbol{a}^{\mathrm{d}} + \frac{1}{\sqrt{\rho^{\mathrm{d}}}}\boldsymbol{n}^{\mathrm{d}}
\end{aligned} \tag{3.20}
$$

式中，由于 TDD 系统的上下行信道互易性 [6]，下行信道 $\boldsymbol{G}^{\mathrm{T}}$ 可以表示为上行信道的转置；$\boldsymbol{a}^{\mathrm{d}} \in \mathbb{C}^{K\times 1}$ 表示均值为 $\mathbf{0}$ 方差为 $\boldsymbol{I}_K$ 的下行发送信号矢量；$\left[\boldsymbol{a}^{\mathrm{d}}\right]_k$ 表示用户 k 的数据信号；$\boldsymbol{n}^{\mathrm{d}} \sim \mathcal{CN}(\mathbf{0}, \boldsymbol{I}_K)$ 表示加性高斯白噪声向量；$\boldsymbol{B}$ 为下行线性预编码矩阵，其满足如下功率约束条件：

$$
\mathrm{tr}\left(\boldsymbol{B}\boldsymbol{B}^{\mathrm{H}}\right) \leqslant K \tag{3.21}
$$

则在给定的 TDD 相干时间块内的下行数据检测均方误差之和如下：

$$
\epsilon^{\mathrm{d}} \triangleq E\left\{\left\|\alpha\boldsymbol{y}^{\mathrm{d}} - \boldsymbol{a}^{\mathrm{d}}\right\|_2^2\right\} \tag{3.22}
$$

式中，求期望运算为对 $\boldsymbol{a}^{\mathrm{d}}$、$\boldsymbol{n}^{\mathrm{d}}$ 和 $\widetilde{\boldsymbol{G}}$ 进行遍历得到；α 表示用户端的功率缩放因子①。

寻找基于数据检测均方误差之和最小准则的最优线性下行多用户预编码器可以表述为如下优化问题：

$$
\min_{\boldsymbol{B},\alpha} \quad \epsilon^{\mathrm{d}} \tag{3.23a}
$$

$$
\text{s.t.} \quad \mathrm{tr}\left(\boldsymbol{B}\boldsymbol{B}^{\mathrm{H}}\right) \leqslant K \tag{3.23b}
$$

其最优解如以下定理所述。

定理 3.3 问题 (3.23) 的最优解由式 (3.24) 给出：

$$
\boldsymbol{B}^{\mathrm{opt}} = \frac{1}{\gamma^{\mathrm{opt}}}\left[\left(\widehat{\boldsymbol{G}}\widehat{\boldsymbol{G}}^{\mathrm{H}} + \sum_{k=1}^{K}\boldsymbol{R}_{\widetilde{\boldsymbol{g}}_k} + \frac{1}{\rho^{\mathrm{d}}}\boldsymbol{I}\right)^{-1}\widehat{\boldsymbol{G}}\right]^{*} \tag{3.24}
$$

$$
\alpha^{\mathrm{opt}} = \gamma^{\mathrm{opt}} \tag{3.25}
$$

式中，γ^{opt} 满足功率约束条件 $\mathrm{tr}\left(\boldsymbol{B}^{\mathrm{opt}}(\boldsymbol{B}^{\mathrm{opt}})^{\mathrm{H}}\right) = K$，其解析解如下：

$$
\gamma^{\mathrm{opt}} = \sqrt{\frac{\mathrm{tr}\left(\widehat{\boldsymbol{G}}^{\mathrm{H}}\left(\widehat{\boldsymbol{G}}\widehat{\boldsymbol{G}}^{\mathrm{H}} + \sum_{k=1}^{K}\boldsymbol{R}_{\widetilde{\boldsymbol{g}}_k} + \frac{1}{\rho^{\mathrm{d}}}\boldsymbol{I}\right)^{-2}\widehat{\boldsymbol{G}}\right)}{K}} \tag{3.26}
$$

① 由于功率缩放因子 α 是一个实值标量，在用户端获取 α 的开销可以忽略不计。

相应的数据检测均方误差之和表达式如下：

$$\epsilon^{\mathrm{d,min}} = \mathrm{tr}\left(\left(\boldsymbol{I} + \widehat{\boldsymbol{G}}^{\mathrm{H}}\left(\sum_{k=1}^{K}\boldsymbol{R}_{\widetilde{\boldsymbol{g}}_k} + \frac{1}{\rho^{\mathrm{d}}}\boldsymbol{I}\right)^{-1}\widehat{\boldsymbol{G}}\right)^{-1}\right) \tag{3.27}$$

证明 见附录 3.3.3。 ■

由定理 3.3 可得，与上行场景类似，式 (3.24) 中给出的下行鲁棒预编码器与传统的预编码器具有类似的结构。

3. 鲁棒传输上下行对偶性

由定理 3.2 和定理 3.3 可得鲁棒 MMSE 检测器和预编码器的对偶性，如以下推论所述。

推论 3.2 在 TDD 系统同一传输块内，如果满足上下行信噪比一致，即 $\rho^{\mathrm{u}} = \rho^{\mathrm{d}}$，则具有如下上下行鲁棒传输对偶性：

$$\boldsymbol{B}^{\mathrm{opt}} = \boldsymbol{W}^{\mathrm{opt}}/\gamma^{\mathrm{opt}} \tag{3.28}$$

$$\epsilon^{\mathrm{u,min}} = \epsilon^{\mathrm{d,min}} \tag{3.29}$$

推论 3.2 表明，在 TDD 系统同一传输块内，如果上下行信噪比相同，那么式 (3.24) 中的下行鲁棒预编码器与式 (3.17) 中的上行鲁棒检测器形式上仅相差一功率缩放因子。因此下行鲁棒预编码器的实现复杂度可以大幅降低。此外，在 TDD 系统同一传输块内，如果同时采用鲁棒上下行数据传输，那么可以得到相同的上下行数据检测均方误差之和的最小值。值得注意的是，在信道信息准确已知的假设下，上下行传输对偶性已在文献 [147] 和 [148] 中研究过，而推论 3.2 中的结论是基于导频复用下不准确信道信息的情形下推导得到的。

3.1.3 导频资源调度设计

前面研究了基于角度域导频复用的大规模无线 MIMO 传输中的信道估计和数据传输，所得到的结果适用于任意的导频复用模式。本节研究如何利用统计信道信息实施导频调度，并着重考虑信道估计与数据检测均方误差最小准则下的导频调度。

1. 基于信道估计均方误差之和最小准则的导频调度

信道信息对于实施大规模 MIMO 无线传输非常重要。考虑基于信道估计均方误差之和最小准则的导频调度，问题陈述如下：

$$\min_{\mathcal{P}(\mathcal{K},\mathcal{T})} \quad \epsilon^{\mathrm{p}} \tag{3.30}$$

式中，信道估计均方误差之和 ϵ^{p} 的定义见式 (3.7)。

式 (3.30) 中的导频调度问题是一个组合优化问题，其最优解必须通过穷举搜索来获得。穷举搜索的复杂度 (以复数标量乘法的数目表示) 如下：由式 (3.7) 可得，计算式 (3.30) 中的目标函数所需的标量乘法数目为 $\mathcal{O}(M^3K)$，因此，信道估计均方误差之和最小准则下利用穷举搜索实现导频调度的复杂度为 $\mathcal{O}(\tau^K M^3 K)$。

2. 基于数据检测均方误差之和最小准则的导频调度

数据检测均方误差是数据传输性能的一个重要度量，本节中研究基于数据检测均方误差之和最小准则的导频调度。考虑到推论 3.2 中的鲁棒传输上下行对偶性，此处令 $\rho^{\mathrm{u}}=\rho^{\mathrm{d}}$，并分别记 $\rho^{\mathrm{u}}=\rho^{\mathrm{d}}=\rho^{\mathrm{t}}$ 和 $\epsilon^{\mathrm{u,min}}=\epsilon^{\mathrm{d,min}}=\epsilon^{\mathrm{t,min}}$，其中上标 t 表示与数据传输相关的表达式。基于数据检测均方误差之和最小准则的导频调度可以表述为如下优化问题：

$$\min_{\mathcal{P}(\mathcal{K},\mathcal{T})} \quad E\left\{\epsilon^{\mathrm{t,min}}\right\}=E\left\{\operatorname{tr}\left(\left(\boldsymbol{I}+\widehat{\boldsymbol{G}}^{\mathrm{H}}\left(\boldsymbol{R}^{\mathrm{t,n,eff}}\right)^{-1}\widehat{\boldsymbol{G}}\right)^{-1}\right)\right\} \tag{3.31}$$

式中，求期望运算为对信道样本和噪声平均得到，等效噪声协方差矩阵表达式如下：

$$\boldsymbol{R}^{\mathrm{t,n,eff}} \triangleq \sum_{k=1}^{K}\boldsymbol{R}_{\widetilde{\boldsymbol{g}}_k}+\frac{1}{\rho^{\mathrm{t}}}\boldsymbol{I} \tag{3.32}$$

式 (3.31) 中的目标函数是采用鲁棒上行检测器和鲁棒下行预编码器时的平均数据检测均方误差之和，其取决于信道统计特性以及噪声分布特性。值得注意的是，此处为了行文简洁仍然采用了数据检测均方误差一词，但是其具体含义与前面讨论鲁棒传输设计时的含义是不同的。

由于式 (3.31) 中目标函数 $E\left\{\epsilon^{\mathrm{t,min}}\right\}$ 的闭式表达获取较为困难，此处给出其一个紧致下界，如以下引理所述。

引理 3.1　数据检测均方误差 $E\left\{\epsilon^{\mathrm{t,min}}\right\}$ 的一个下界如下：

$$\begin{aligned} E\left\{\epsilon^{\mathrm{t,min}}\right\} &\geqslant \epsilon^{\mathrm{t,alb}} \\ &= \operatorname{tr}\left(\left(\boldsymbol{I}_K+\boldsymbol{\Omega}\right)^{-1}\right) \end{aligned} \tag{3.33}$$

式中，对于给定的正整数 i 和 j，矩阵元素 $[\boldsymbol{\Omega}]_{i,j}$ 的定义如下：

$$[\boldsymbol{\Omega}]_{i,j}=\operatorname{tr}\left(\boldsymbol{C}_{\pi_i}^{-1}\boldsymbol{R}_i\left(\boldsymbol{R}^{\mathrm{t,n,eff}}\right)^{-1}\boldsymbol{R}_j\right)\cdot\delta\left(\pi_i-\pi_j\right) \tag{3.34}$$

证明　见附录 3.3.4。 ■

由后续仿真结果可知，引理 3.1 中给出的下界在很宽的信噪比范围内都是较为紧致的。将目标函数 $E\left\{\epsilon^{\mathrm{t,min}}\right\}$ 替换为引理 3.1 给出的其紧致下界，式 (3.31) 中的导频调度问题可简化为如下形式：

$$\min_{\mathcal{P}(\mathcal{K},\mathcal{T})} \quad \epsilon^{\mathrm{t,alb}} \tag{3.35}$$

式 (3.35) 中的导频调度问题仍然是一个组合优化问题，其最优解也需要通过穷举搜索来获取。注意到计算式 (3.35) 中的目标函数所需的标量乘法运算数目为 $\mathcal{O}(M^3K^2)$。因此，基于数据检测均方误差之和最小准则的穷举搜索复杂度为 $\mathcal{O}(\tau^K M^3 K^2)$。

下述定理给出了一个数据检测均方误差 $\epsilon^{\mathrm{t,alb}}$ 达到最小值的条件。

定理 3.4 数据检测均方误差 $\epsilon^{\mathrm{t,alb}}$ 的最小值如下：

$$\varepsilon^{\mathrm{t}} = \sum_{i=1}^{K} \frac{1}{1+[\boldsymbol{\omega}]_i} \tag{3.36}$$

式中，对于给定的正整数 i，$[\boldsymbol{\omega}]_i$ 的定义如下：

$$\begin{aligned}[\boldsymbol{\omega}]_i = \mathrm{tr}\Bigg\{ & \left(\boldsymbol{R}_i + \frac{1}{\rho^{\mathrm{p}}\tau}\boldsymbol{I}\right)^{-1} \boldsymbol{R}_i \\ & \cdot \left[\sum_{k=1}^{K}\left(\boldsymbol{R}_k - \boldsymbol{R}_k\left(\boldsymbol{R}_k + \frac{1}{\rho^{\mathrm{p}}\tau}\boldsymbol{I}\right)^{-1}\boldsymbol{R}_k\right) + \frac{1}{\rho^{\mathrm{t}}}\boldsymbol{I}\right]^{-1} \boldsymbol{R}_i\Bigg\}\end{aligned} \tag{3.37}$$

上述最小值所能达到的条件为对于 $\forall i,j \in \mathcal{K}$ 且 $i \neq j$，均有

$$\theta\left(\boldsymbol{R}_i, \boldsymbol{R}_j\right) = \frac{\pi}{2}, \quad \pi_i = \pi_j \tag{3.38}$$

证明 见附录 3.3.5。 ■

基于引理 2.1，可以得到如下推论。

推论 3.3 当基站侧天线数目 $M \to \infty$ 时，数据检测均方误差 $\epsilon^{\mathrm{t,alb}}$ 取得最小值的条件为对于 $\forall i,j \in \mathcal{K}$ 且 $i \neq j$，均满足

$$\langle \boldsymbol{r}_i, \boldsymbol{r}_j \rangle = 0, \quad \pi_i = \pi_j \tag{3.39}$$

注意到定理 3.4 和推论 3.3 中得到的最优数据传输条件与定理 3.1 和推论 3.1 中得到的最优条件相同。其物理解释如下：对于大规模 MIMO 传输，如果不同用户的信道能够在角度域严格分离，那么导频干扰与数据传输干扰同时消失。在高信噪比场景下，加性噪声也趋向于消失，因此数据检测误差 $\varepsilon^{\mathrm{t}} \to 0$。这说明结合了导频调度与鲁棒传输的导频复用大规模 MIMO 无线传输能够达到数据检测最优。

3. 统计贪婪导频调度算法

由于导频调度问题是组合优化问题，其最优解通常需要穷举搜索来获得，实现复杂度较高。本节研究低复杂度的导频调度算法设计。基于定理 3.1 和定理 3.4 中给出的最优性条件，此处提出一种基于信道空间特征的统计贪婪导频调度算法，其主要思想为使得复用导频的用户其空间相关阵尽可能相互正交。统计贪婪导频调度算法的具体表述见算法 3.1。注意到抑制小区间导频污染的协调导频调度算法已经在文献 [10] 中被提出，而本节中提出的统计贪婪导频调度算法是针对单小区导频复用场景专门设计的。

统计贪婪导频调度算法的实现复杂度如下：在统计贪婪导频调度算法的运行过程中，需要进行不超过 $\sum\limits_{m=1}^{K-1} m(K-m)=(K-1)K(K+1)/6$ 次的定义于式 (3.8) 中的正交性运算。注意到在每次正交性运算中所需的标量乘法运算次数为 $\mathcal{O}(M^2)$。因此，统计贪婪导频调度算法的计算复杂度为 $\mathcal{O}(M^2K^3)$。如前面所述，基于信道估计均方误差最小准则和信号检测均方误差最小准则下的穷举搜索的复杂度分别为 $\mathcal{O}(\tau^K M^3 K)$ 和 $\mathcal{O}(\tau^K M^3 K^2)$，因此所提出的统计贪婪导频调度算法能够显著地降低导频调度的实现复杂度，而后续仿真结果将会表明所提出的低复杂度统计贪婪导频调度算法性能接近于穷举搜索的性能。

算法 3.1　统计贪婪导频调度 (SGPS) 算法

输入：用户集合 $\mathcal{K}=\{1,2,\cdots,K\}$，信道协方差矩阵 $\{\boldsymbol{R}_k:k\in\mathcal{K}\}$，包含正交导频数目为 $\tau(1<\tau<K)$ 的导频集合 $\mathcal{T}$。

输出：导频复用模式 $\mathcal{P}(\mathcal{K},\mathcal{T})=\{(k,\pi_k):k\in\mathcal{K},\pi_k\in\mathcal{T}\}$。

1: 初始化未调度用户集合为 $\mathcal{K}^{\mathrm{un}}=\mathcal{K}$，未分配导频集合为 $\mathcal{T}^{\mathrm{un}}=\mathcal{T}$。

调度具有“相似”信道协方差阵的用户使用正交导频。

2: 初始化变量：$m_1=1$，$\pi_1=1$，$\mathcal{K}_1=\{1\}$，$\mathcal{K}^{\mathrm{un}}\leftarrow\mathcal{K}^{\mathrm{un}}\backslash\{1\}$，$\mathcal{T}^{\mathrm{un}}\leftarrow\mathcal{T}^{\mathrm{un}}\backslash\{1\}$。

3: **while** $\mathcal{T}^{\mathrm{un}}\neq\varnothing$ **do**

4: 　对于导频 $t\in\mathcal{T}^{\mathrm{un}}$，挑选用户 $m_t=\arg\max\limits_{\ell\in\mathcal{K}^{\mathrm{un}}}\sum\limits_{j\in\mathcal{T}\backslash\mathcal{T}^{\mathrm{un}}}\cos\theta\left(\boldsymbol{R}_\ell,\boldsymbol{R}_{m_j}\right)$。

5: 　分配导频 t 给用户 m_t，更新变量：$\pi_{m_t}=t$，$\mathcal{K}_t=\{m_t\}$。

6: 　更新变量：$\mathcal{K}^{\mathrm{un}}\leftarrow\mathcal{K}^{\mathrm{un}}\backslash\{m_t\}$，$\mathcal{T}^{\mathrm{un}}\leftarrow\mathcal{T}^{\mathrm{un}}\backslash\{t\}$。

7: **end while**

给每个未调度用户分配导频，使得复用导频的不同用户的信道协方差矩阵尽可能相互正交。

8: **while** $\mathcal{K}^{\mathrm{un}}\neq\varnothing$ **do**

9: 　对于用户 $k\in\mathcal{K}^{\mathrm{un}}$，挑选导频 $n_k=\arg\min\limits_{q\in\mathcal{T}}\sum\limits_{s\in\mathcal{K}_q}\cos\theta\left(\boldsymbol{R}_k,\boldsymbol{R}_s\right)$。

10: 分配导频 n_k 给用户 k，更新变量：$\pi_k = n_k$，$\mathcal{K}_{n_k} \leftarrow \mathcal{K}_{n_k} \cup \{k\}$。
11: 更新变量：$\mathcal{K}^{\text{un}} \leftarrow \mathcal{K}^{\text{un}} \backslash \{k\}$。
12: **end while**

3.1.4 数值仿真

本节中给出仿真结果来评估基于角度域导频复用的大规模 MIMO 无线传输性能。以下仿真中设置基站侧配置半波长均匀线阵且天线数目为 128，信道到达角区间为 $\mathcal{A} = [-\pi/2, \pi/2]$，仿真环境为室外无线传输环境，相应的信道角度功率谱为如下拉普拉斯分布形式 [117,149]：

$$S_k^{\text{Lap}}(\theta) = \frac{1}{\sqrt{2}\sigma_k\left(1 - \exp\left\{-\sqrt{2}\pi/\sigma_k\right\}\right)} \cdot \exp\left\{\frac{-\sqrt{2}\left|\theta - \theta_k\right|}{\sigma_k}\right\},$$
$$\text{for } \theta \in [\theta_k - \pi, \theta_k + \pi] \tag{3.40}$$

式中，σ_k 和 θ_k 分别表示用户 k 的信道角度扩展和中心到达角。仿真中配置不同用户具有相同的信道角度扩展和大尺度衰落因子：即对于所有 k 均有 $\sigma_k = \sigma$ 且 $\beta_k = 1$。不同用户的信道中心到达角 θ_k 随机均匀分布在 $[-\pi/3, \pi/3]$ 区间范围内。仿真中所生成的信道满足式 (2.3) 中的功率约束。设置上行训练与数据传输阶段具有相同的信噪比：$\rho^{\text{p}} = \rho^{\text{u}} = \rho^{\text{d}} = \rho$。

1. 鲁棒传输性能

本节给出采用鲁棒传输设计时的数据检测均方误差性能仿真结果。基于推论 3.2 中证明得到的上下行对偶性，本节中仅给出上行仿真结果，而下行仿真结果类似可得。

仿真中配置用户数目为 $K = 10$，信道角度扩展为 $\sigma = 10^\circ$，用户 1 到用户 10 的中心到达角 (以弧度表示) 分别为

$$[0.6592, 0.8499, -0.7812, 0.8658, 0.2772, -0.8429, -0.4639, 0.0982, 0.9582, 0.9737]$$

导频长度配置为 $\tau = 5$，并考虑两种导频复用模式，分别记为导频复用模式 A 和导频复用模式 B①，其分配给用户 1 到用户 10 的导频编号分别为 $[1, 1, 2, 2, 3, 3, 4, 4, 5, 5]$ 和 $[1, 2, 3, 4, 3, 5, 4, 5, 5, 3]$。基于前述仿真配置，对式 (3.17) 中的鲁棒 MMSE 检测器与式 (3.19) 中的传统检测器进行性能对比。

图 3.1 中给出了采用真实信道协方差矩阵的鲁棒 MMSE 检测器、采用信道协方差阵估计值 (通过对 100 个信道观测样本平均而获得) 的鲁棒 MMSE 检测器和

① 导频复用模式 B 由算法 3.1 中的 SGPS 算法生成，而导频复用模式 A 是随机选取作为比较基准。仿真中采用该配置来说明导频调度对传输性能的影响。

传统检测器在不同信噪比下的平均数据检测均方误差性能。引理 3.1 中得到的平均数据检测均方误差下界也在图 3.1 中给出。仿真结果表明：①相比于真实信道协方差矩阵，采用信道协方差矩阵估计值进行鲁棒传输所引入的性能损失几乎可以忽略不计；②鲁棒 MMSE 检测器性能优于传统检测器，在导频干扰受限的高信噪比区域中性能增益尤为明显；③相比于鲁棒 MMSE 检测器，传统检测器对信道估计误差较为敏感，提高信噪比会引入额外的性能损失；④引理 3.1 中给出的平均数据检测均方误差下界在不同的导频复用模式下以及很宽的信噪比范围内均非常紧致；⑤导频调度对数据传输性能影响较大。

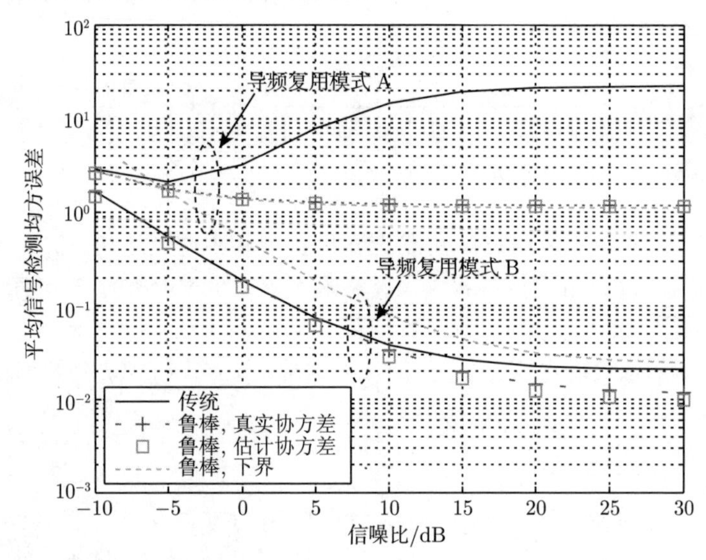

图 3.1　鲁棒 MMSE 检测器与传统检测器的数据检测均方误差性能对比图

2. 贪婪导频调度算法性能

本节给出统计贪婪导频调度算法 (仿真图中标注为 SGPS) 与穷举搜索的性能对比仿真结果。仿真中配置用户数目为 $K = 10$，信道角度扩展为 $\sigma = 10°$。图 3.2 和图 3.3 中分别给出了在不同导频长度下式 (3.7) 中信道估计均方误差性能和式 (3.33) 中数据检测均方误差性能的仿真结果。结果表明：在不同信噪比和不同导频长度下，采用低复杂度的统计贪婪导频调度算法均能获得接近于穷举搜索的最优信道估计均方误差和数据检测均方误差性能。

3. 净频谱效率

系统净频谱效率表达式如下：

$$R^{\text{net}} = \left(1 - \frac{\tau}{T}\right) R^{\text{ach}} \tag{3.41}$$

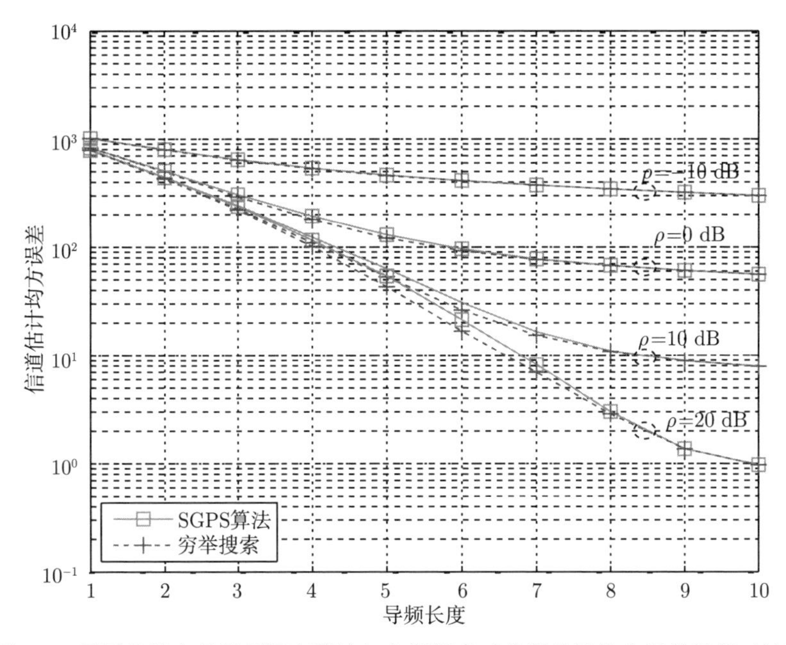

图 3.2 采用统计贪婪导频调度算法与穷举搜索时信道估计均方误差性能对比图

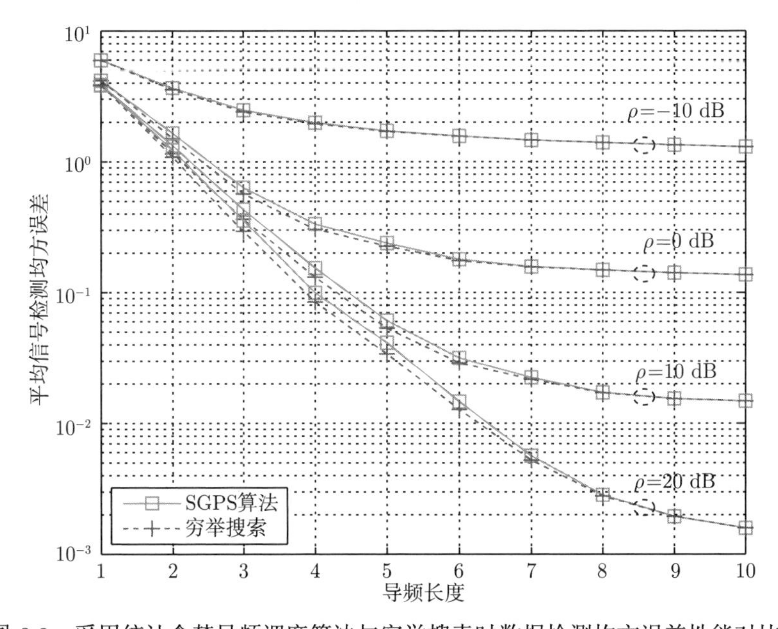

图 3.3 采用统计贪婪导频调度算法与穷举搜索时数据检测均方误差性能对比图

式中，可达速率 R^{ach} 可以被设置为上行和速率 $R^{\mathrm{u,sum}}$、下行和速率 $R^{\mathrm{d,sum}}$ 或者上下行和速率的加权平均值。具体的上行可达和速率表达式如下 [8, 150]：

$$R^{\mathrm{u,sum}} = \sum_{k=1}^{K} E\left\{\log_2\left(1 + \frac{\left|\boldsymbol{w}_k^{\mathrm{T}}\widehat{\boldsymbol{g}}_k\right|^2}{\boldsymbol{w}_k^{\mathrm{T}}\left(\sum\limits_{m\neq k}\widehat{\boldsymbol{g}}_m\widehat{\boldsymbol{g}}_m^{\mathrm{H}} + \sum\limits_{n=1}^{K}\boldsymbol{R}_{\widetilde{\boldsymbol{g}}_n} + \frac{1}{\rho}\boldsymbol{I}\right)\boldsymbol{w}_k^*}\right)\right\} \tag{3.42}$$

式中，$\boldsymbol{w}_k$ 为式 (3.17) 中上行检测矩阵 $\boldsymbol{W}$ 的第 k 列。下行可达速率表达式如下 [8, 9]：

$$R^{\mathrm{d,sum}} = \sum_{k=1}^{K}\log_2\left(1 + \frac{\left|E\left\{\alpha\boldsymbol{g}_k^{\mathrm{T}}\boldsymbol{b}_k\right\}\right|^2}{\sum\limits_{m=1}^{K}E\left\{\alpha^2\left|\boldsymbol{g}_k^{\mathrm{T}}\boldsymbol{b}_m\right|^2\right\} - \left|E\left\{\alpha\boldsymbol{g}_k^{\mathrm{T}}\boldsymbol{b}_k\right\}\right|^2 + \frac{1}{\rho}E\left\{\alpha^2\right\}}\right) \tag{3.43}$$

式中，$\boldsymbol{b}_k$ 为式 (3.24) 中下行预编码矩阵 $\boldsymbol{B}$ 的第 k 列，α 为式 (3.25) 中定义的用户端功率缩放因子。基于上述定义，本节比较采用导频复用 (仿真图中标注为 PR) 与传统正交导频 (仿真图中标注为 OT) 方案的净频谱效率性能。

对于导频复用，考虑一动态导频调度策略。具体来说，对于一个给定的用户集合和任意给定的导频长度 $\tau(< K)$，均可以利用贪婪导频调度算法实施导频调度，并评估式 (3.42) 和式 (3.43) 中的可达速率，进而得到最优导频长度和相应的净频谱效率。对于正交导频方案，导频长度设置如下：当 $K \leqslant T/2$ 时，导频长度设置为 $\tau = K$；当 $K > T/2$ 时，导频长度设置为 $\tau = \lfloor T/2 \rfloor$，即仅有 $\lfloor T/2 \rfloor$ 个用户可以被分配到导频 [7]。

图 3.4 和图 3.5 中给出了用户数目 $K = 10$ 时上行净频谱效率在不同信噪比、不同相干时间长度和不同角度扩展下的仿真结果，相应的下行仿真结果如图 3.6 和图 3.7 中所示。仿真结果表明：相比于传统的正交导频方案，本节所提出的导频复用方案在净频谱效率上有性能增益；在导频干扰受限的高信噪比场景和相干时间长度较短的导频开销受限场景下，导频复用相对于正交导频的性能增益较为明显；特别地，对于参数设置为 $K = 10$、$\sigma = 2^\circ$、$\rho = 20$ dB 和 $T = 20$ 的场景，导频复用相比于传统正交导频能够分别提高上下行净频谱效率大约 35 bits/s/Hz。

3.1.5 小结

本节依据大规模 MIMO 无线信道所呈现出的角度域新特性，提出了基于角度域导频复用的大规模 MIMO 无线传输理论方法以降低导频开销。首先，证明了当复用导频的不同用户其空间到达角区域互相不重叠时，信道估计均方误差之和能

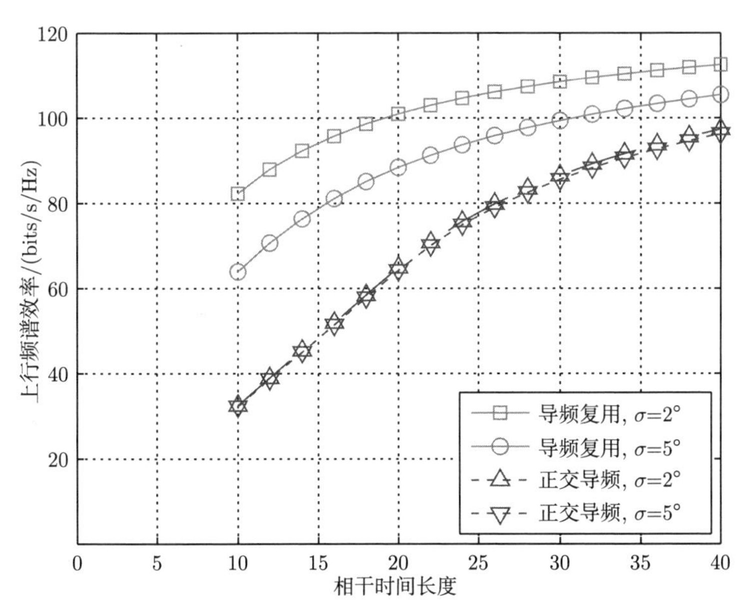

图 3.4 信噪比为 $\rho = 20$ dB 时不同相干时间长度下导频复用与正交导频下的上行净频谱效率性能对比图

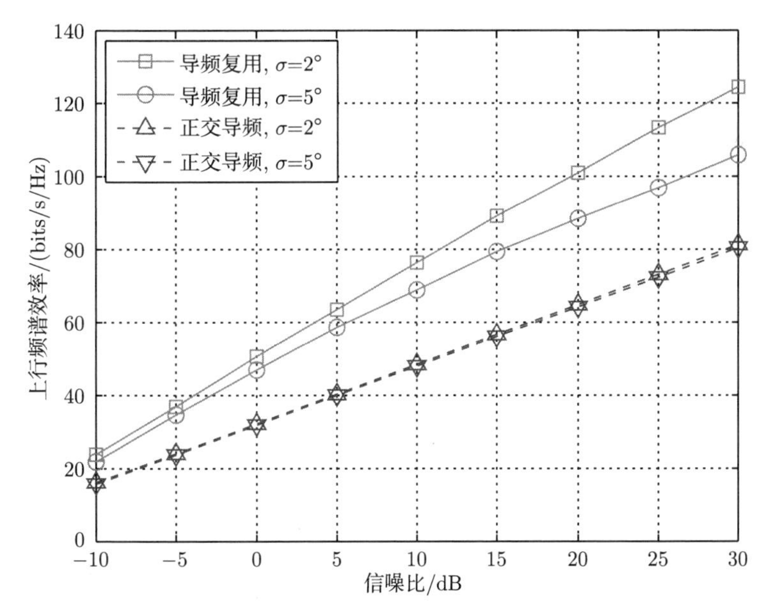

图 3.5 相干时间长度 $T = 20$ 时不同信噪比下导频复用与正交导频下的上行净频谱效率性能对比图

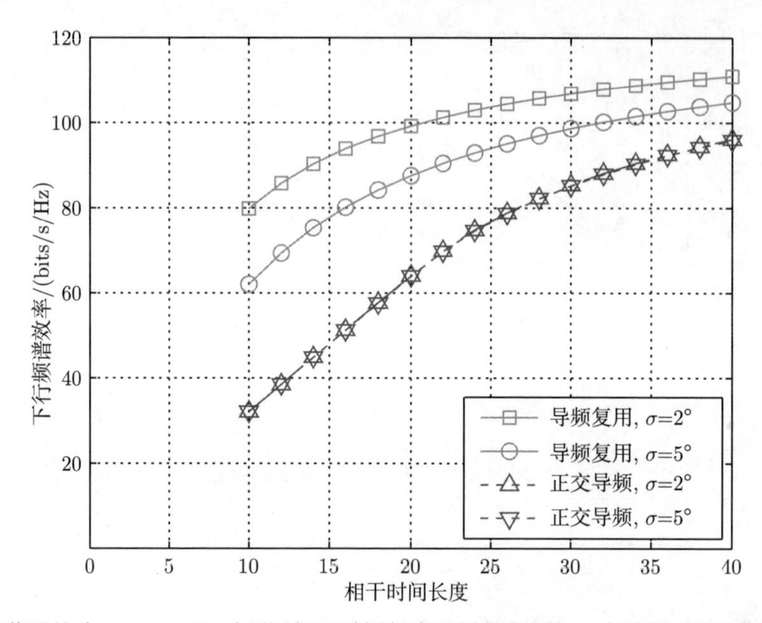

图 3.6　信噪比为 $\rho = 20$ dB 时不同相干时间长度下导频复用与正交导频下的下行净频谱效率性能对比图

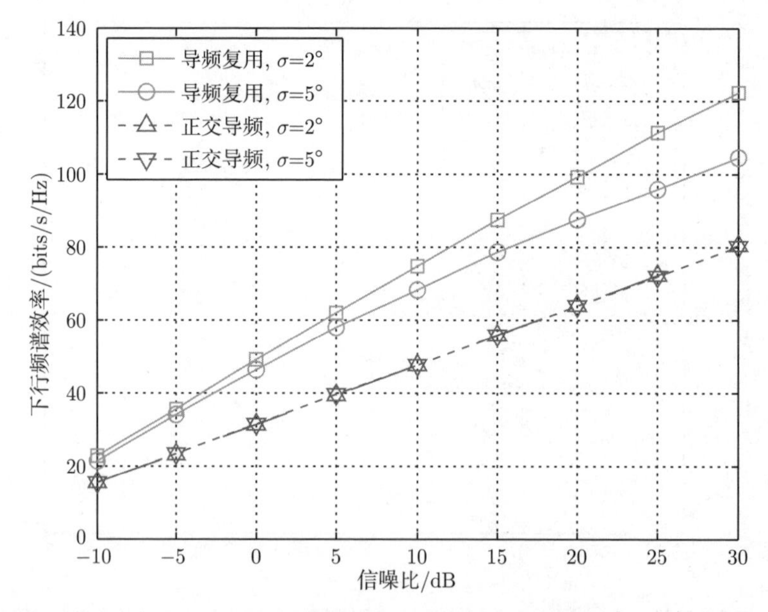

图 3.7　相干时间长度 $T = 20$ 时不同信噪比下导频复用与正交导频下的下行净频谱效率性能对比图

够达到最小值。其次，研究了考虑导频复用因素的鲁棒上下行传输，推导得到了鲁棒上行 MMSE 检测器和鲁棒下行 MMSE 预编码器的解析表达式，并证明了鲁棒传输的上下行对偶性。此外，分别研究了两种基于 MMSE 准则的导频调度设计，并提出了一种基于空间到达角区间不重叠条件的低复杂度导频调度算法。仿真结果验证了理论分析的正确性，并展示了所提出的导频复用方案相比于传统正交导频方案在净频谱效率上的显著性能增益。

3.2 角度时延域导频复用信道状态信息获取

3.2.1 基于相移可调导频的信道获取：单符号情形

基于 2.2 节的大规模 MIMO-OFDM 信道模型，本节研究基于频域相移可调导频的信道状态信息获取理论方法，具体包含信道估计与信道预测方法。本节着重研究单个 OFDM 符号情形下频域相移可调导频的设计方法，而多符号的情形则在 3.2.2 节中研究。

1. 单符号相移可调导频设计

在每一帧的上行导频段 (每一帧中第 ℓ 个符号)，所有用户同时发送各自分配到的导频信号，基站侧接收到的导频段信号在空间频率域可表示为如下形式：

$$\boldsymbol{Y}_{\ell}=\sum_{k=0}^{K-1}\boldsymbol{G}_{k,\ell}\boldsymbol{X}_{k}+\boldsymbol{Z}_{\ell}\in\mathbb{C}^{M\times N_{\mathrm{c}}} \tag{3.44}$$

式中，$[\boldsymbol{Y}_{\ell}]_{i,j}$ 表示基站侧第 i 根天线在子载波 j 上接收到的导频信号；$\boldsymbol{G}_{k,\ell}$ 为式 (2.13) 中定义的空间频率域信道响应矩阵；$\boldsymbol{X}_{k}=\operatorname{diag}(\boldsymbol{x}_{k})\in\mathbb{C}^{N_{\mathrm{c}}\times N_{\mathrm{c}}}$ 表示用户 k 发送的频域导频信号；$\boldsymbol{Z}_{\ell}$ 为上行导频段的加性高斯白噪声且噪声功率为 σ_{ztr}。

对于一给定的用户 k，其相应的单符号频域相移可调导频表达式如下：

$$\boldsymbol{X}_{k}\triangleq\underbrace{\sqrt{\sigma_{\mathrm{xtr}}}\operatorname{diag}\left(\boldsymbol{f}_{N_{\mathrm{c}},\phi_{k}}\right)}_{\triangleq\boldsymbol{D}_{\phi_{k}}}\boldsymbol{X},\quad\phi_{k}=0,1,\cdots,N_{\mathrm{c}}-1 \tag{3.45}$$

式中，$\boldsymbol{X}=\operatorname{diag}(\boldsymbol{x})\in\mathbb{C}^{N_{\mathrm{c}}\times N_{\mathrm{c}}}$ 为满足约束 $\boldsymbol{X}\boldsymbol{X}^{\mathrm{H}}=\boldsymbol{I}_{N_{\mathrm{c}}}$ 的小区内所有用户复用的基本导频信号；σ_{xtr} 表示导频信号发送功率。式 (3.45) 中给出的相移可调导频可以看作基本导频序列 $\sqrt{\sigma_{\mathrm{xtr}}}\boldsymbol{X}$ 在频域经过相移 ϕ_{k} 之后的序列。注意到式 (3.45) 中的相移可调导频与基本导频信号 $\boldsymbol{X}$ 在时域具有相同的峰均比，因此文献中已有的低峰均比序列设计可以与所提出的相移可调导频结合应用。此外，由于基本导频信号 $\boldsymbol{X}$ 可以被预先确定，仅需要存储矩阵 $\boldsymbol{X}$ 以及各用户的导频相移因子而不是整个的导频矩阵，这将大幅地降低所需的导频存储空间。

由式 (3.45) 可得，对于任意用户 $k, k' \in \mathcal{K}$，其导频互相关特性满足如下等式：

$$\boldsymbol{X}_{k'}\boldsymbol{X}_k^{\mathrm{H}} = \sigma_{\mathrm{xtr}}\boldsymbol{D}_{\phi_{k'}-\phi_k} \tag{3.46}$$

式 (3.46) 表明：不同用户的相移可调导频之间的互相关值取决于各自的导频相移因子之差。值得注意的是，对于传统的相移正交导频，不同导频的相移因子需要满足如下正交条件：对于 $\forall k' \neq k$ 均有 $|\phi_{k'} - \phi_k| \geqslant N_{\mathrm{g}}$。但是，对于本节所提出的相移可调导频，其相移因子是可以调整的，不同用户甚至可以复用相同的导频相移因子。这使得可用导频资源大幅提升，进而可以大幅地降低导频开销。

2. 基于相移可调导频的信道估计

本节研究基于相移可调导频的信道估计方法，主要考虑 MMSE 准则。直接对空间频率域信道响应矩阵 $\boldsymbol{G}_{k,\ell}$ 实施 MMSE 估计需要大维空间频率域信道协方差矩阵 $\boldsymbol{R}_k$ 的信息以及大维矩阵求逆运算，实现复杂度较高。但是，利用大规模 MIMO-OFDM 的信道特征，如果在角度时延域实施信道估计，相应的实现复杂度可以大幅降低。基站侧可以首先得到角度时延域信道响应矩阵的估计值 $\widehat{\boldsymbol{H}}_{k,\ell}$，接着利用式 (2.23) 中给出的信道在空间频率域和角度时延域之间的酉等价关系，可以得到空间频率域信道估计值为 $\widehat{\boldsymbol{G}}_{k,\ell} = \boldsymbol{V}_M\widehat{\boldsymbol{H}}_{k,\ell}\boldsymbol{F}_{N_{\mathrm{c}}\times N_{\mathrm{g}}}^{\mathrm{T}}$，而信道估计均方误差性能保持不变。因此，接下来重点研究角度时延域信道 $\boldsymbol{H}_{k,\ell}$ 的 MMSE 估计方法。

基于式 (2.23) 和式 (3.44)，基站侧接收到的导频信号可以表示为如下形式：

$$\boldsymbol{Y}_\ell = \sum_{k'=0}^{K-1}\boldsymbol{V}_M\boldsymbol{H}_{k',\ell}\boldsymbol{F}_{N_{\mathrm{c}}\times N_{\mathrm{g}}}^{\mathrm{T}}\boldsymbol{X}_{k'} + \boldsymbol{Z}_\ell \tag{3.47}$$

基站侧对接收信号 $\boldsymbol{Y}_\ell$ 实施解相关和功率归一化运算后，可得上行信道 $\boldsymbol{H}_{k,\ell}$ 的一个观测样本为

$$\begin{aligned}
\boldsymbol{Y}_{k,\ell} &= \frac{1}{\sigma_{\mathrm{xtr}}}\boldsymbol{V}_M^{\mathrm{H}}\boldsymbol{Y}_\ell\boldsymbol{X}_k^{\mathrm{H}}\boldsymbol{F}_{N_{\mathrm{c}}\times N_{\mathrm{g}}}^{*} \\
&= \frac{1}{\sigma_{\mathrm{xtr}}}\sum_{k'=0}^{K-1}\boldsymbol{H}_{k',\ell}\boldsymbol{F}_{N_{\mathrm{c}}\times N_{\mathrm{g}}}^{\mathrm{T}}\boldsymbol{X}_{k'}\boldsymbol{X}_k^{\mathrm{H}}\boldsymbol{F}_{N_{\mathrm{c}}\times N_{\mathrm{g}}}^{*} + \frac{1}{\sigma_{\mathrm{xtr}}}\boldsymbol{V}_M^{\mathrm{H}}\boldsymbol{Z}_\ell\boldsymbol{X}_k^{\mathrm{H}}\boldsymbol{F}_{N_{\mathrm{c}}\times N_{\mathrm{g}}}^{*} \\
&\overset{(\mathrm{a})}{=} \boldsymbol{H}_{k,\ell} + \underbrace{\sum_{k'\neq k}\boldsymbol{H}_{k',\ell}\boldsymbol{F}_{N_{\mathrm{c}}\times N_{\mathrm{g}}}^{\mathrm{T}}\boldsymbol{D}_{\phi_{k'}-\phi_k}\boldsymbol{F}_{N_{\mathrm{c}}\times N_{\mathrm{g}}}^{*}}_{\text{导频干扰}\triangleq\sum_{k'\neq k}\boldsymbol{H}_{k',\ell}^{\phi_{k'}-\phi_k}} \\
&\quad + \underbrace{\frac{1}{\sigma_{\mathrm{xtr}}}\boldsymbol{V}_M^{\mathrm{H}}\boldsymbol{Z}_\ell\boldsymbol{X}_k^{\mathrm{H}}\boldsymbol{F}_{N_{\mathrm{c}}\times N_{\mathrm{g}}}^{*}}_{\text{导频噪声}}
\end{aligned} \tag{3.48}$$

式中，等式 (a) 源于式 (3.46)。依据酉变换的性质，可得式 (3.48) 中的等效噪声项仍然为高斯白噪声，且噪声功率为 $\sigma_{\mathrm{ztr}}/\sigma_{\mathrm{xtr}}$。进而式 (3.48) 可以简化为如下表达形式：

$$\boldsymbol{Y}_{k,\ell}=\boldsymbol{H}_{k,\ell}+\sum_{k'\neq k}\boldsymbol{H}_{k',\ell}^{\phi_{k'}-\phi_k}+\frac{1}{\sqrt{\rho_{\mathrm{tr}}}}\boldsymbol{Z}_{\mathrm{iid}} \tag{3.49}$$

式中，$\rho_{\mathrm{tr}}\triangleq\sigma_{\mathrm{xtr}}/\sigma_{\mathrm{ztr}}$ 为导频段信噪比；$\boldsymbol{Z}_{\mathrm{iid}}\in\mathbb{C}^{M\times N_{\mathrm{g}}}$ 为元素服从 $\mathcal{CN}(0,1)$ 分布的归一化加性高斯白噪声矩阵。

注意到式 (3.48) 中定义的导频噪声项 $\boldsymbol{H}_{k',\ell}^{\phi_{k'}-\phi_k}$ 满足如下等式：

$$\begin{aligned}\boldsymbol{H}_{k',\ell}^{\phi_{k'}-\phi_k}&=\boldsymbol{H}_{k',\ell}\boldsymbol{F}_{N_{\mathrm{c}}\times N_{\mathrm{g}}}^{\mathrm{T}}\boldsymbol{D}_{\phi_{k'}-\phi_k}\boldsymbol{F}_{N_{\mathrm{c}}\times N_{\mathrm{g}}}^{*}\\&=\boldsymbol{H}_{k',\ell}\boldsymbol{I}_{N_{\mathrm{c}}\times N_{\mathrm{g}}}^{\mathrm{T}}\boldsymbol{F}_{N_{\mathrm{c}}}^{\mathrm{T}}\boldsymbol{D}_{\phi_{k'}-\phi_k}\boldsymbol{F}_{N_{\mathrm{c}}}^{*}\boldsymbol{I}_{N_{\mathrm{c}}\times N_{\mathrm{g}}}\\&\overset{(\mathrm{a})}{=}\overline{\boldsymbol{H}}_{k',\ell,(N_{\mathrm{c}})}\boldsymbol{F}_{N_{\mathrm{c}}}^{\mathrm{T}}\boldsymbol{D}_{\phi_{k'}-\phi_k}\boldsymbol{F}_{N_{\mathrm{c}}}^{*}\boldsymbol{I}_{N_{\mathrm{c}}\times N_{\mathrm{g}}}\\&\overset{(\mathrm{b})}{=}\overline{\boldsymbol{H}}_{k',\ell,(N_{\mathrm{c}})}\boldsymbol{\Pi}_{N_{\mathrm{c}}}^{\phi_{k'}-\phi_k}\boldsymbol{I}_{N_{\mathrm{c}}\times N_{\mathrm{g}}}\end{aligned} \tag{3.50}$$

式中，等式 (a) 源于式 (2.26)，等式 (b) 源于排列矩阵 $\boldsymbol{\Pi}_a^b$ 的性质。由式 (3.50) 可得，式 (3.49) 中的导频干扰项 $\boldsymbol{H}_{k',\ell}^{\phi_{k'}-\phi_k}$ 等价于扩展角度时延域信道响应矩阵 $\overline{\boldsymbol{H}}_{k',\ell,(N_{\mathrm{c}})}$ 经过时延域循环移位后的矩阵，而循环移位因子取决于相应的导频相移因子之差 $\phi_{k'}-\phi_k$。因此，矩阵 $\boldsymbol{H}_{k',\ell}^{\phi_{k'}-\phi_k}$ 的元素具有如下表达形式：

$$\left[\boldsymbol{H}_{k',\ell}^{\phi_{k'}-\phi_k}\right]_{i,j}=\begin{cases}[\boldsymbol{H}_{k',\ell}]_{i,\langle j-(\phi_{k'}-\phi_k)\rangle_{N_{\mathrm{c}}}}, & \langle j-(\phi_{k'}-\phi_k)\rangle_{N_{\mathrm{c}}}\leqslant N_{\mathrm{g}}-1\\0, & \text{其他}\end{cases} \tag{3.51}$$

由命题 2.2 可得角度时延域信道矩阵 $\boldsymbol{H}_{k',\ell}$ 的不同元素是统计不相关的。因此，导频干扰矩阵 $\boldsymbol{H}_{k',\ell}^{\phi_{k'}-\phi_k}$ 作为信道矩阵 $\boldsymbol{H}_{k',\ell}$ 经过循环移位后的矩阵，其元素仍然是统计不相关的。利用与上面类似的定义方法，可以定义导频干扰矩阵 $\boldsymbol{H}_{k',\ell}^{\phi_{k'}-\phi_k}$，其相应的功率矩阵如下：

$$\begin{aligned}\boldsymbol{\Omega}_{k'}^{\phi_{k'}-\phi_k}&\triangleq E\left\{\boldsymbol{H}_{k',\ell}^{\phi_{k'}-\phi_k}\odot\left(\boldsymbol{H}_{k',\ell}^{\phi_{k'}-\phi_k}\right)^{*}\right\}\\&=\overline{\boldsymbol{\Omega}}_{k',(N_{\mathrm{c}})}\boldsymbol{\Pi}_{N_{\mathrm{c}}}^{\phi_{k'}-\phi_k}\boldsymbol{I}_{N_{\mathrm{c}}\times N_{\mathrm{g}}}\end{aligned} \tag{3.52}$$

注意到矩阵 $\boldsymbol{\Omega}_{k'}^{\phi_{k'}-\phi_k}$ 可以看作式 (2.27) 定义的矩阵 $\overline{\boldsymbol{\Omega}}_{k',(N_{\mathrm{c}})}$ 经过循环移位 $\phi_{k'}-\phi_k$ 之后并经过列截断的矩阵。

基于式 (3.49) 中的信道观测样本 $\boldsymbol{Y}_{k,\ell}$ 以及命题 2.2 中角度时延域信道元素统计不相关性质，可以对角度时延域信道实施如下逐元素 MMSE 估计 [143]：

$$\left[\widehat{\boldsymbol{H}}_{k,\ell}\right]_{i,j}=\frac{[\boldsymbol{\Omega}_k]_{i,j}}{\sum\limits_{k'=0}^{K-1}\left[\boldsymbol{\Omega}_{k'}^{\phi_{k'}-\phi_k}\right]_{i,j}+\dfrac{1}{\rho_{\mathrm{tr}}}}[\boldsymbol{Y}_{k,\ell}]_{i,j} \tag{3.53}$$

记 $\widetilde{\boldsymbol{H}}_{k,\ell}=\boldsymbol{H}_{k,\ell}-\widehat{\boldsymbol{H}}_{k,\ell}$ 为用户 k 的角度时延域信道估计误差，那么相应的信道估计均方误差表达式为

$$\begin{aligned}\epsilon_k^{\mathrm{CE}}&\triangleq\sum_{i=0}^{M-1}\sum_{j=0}^{N_{\mathrm{g}}-1}E\left\{\left|\left[\widetilde{\boldsymbol{H}}_{k,\ell}\right]_{i,j}\right|^2\right\}\\&\overset{(\mathrm{a})}{=}\sum_{i=0}^{M-1}\sum_{j=0}^{N_{\mathrm{g}}-1}E\left\{\left|[\boldsymbol{H}_{k,\ell}]_{i,j}\right|^2-\left|\left[\widehat{\boldsymbol{H}}_{k,\ell}\right]_{i,j}\right|^2\right\}\\&=\sum_{i=0}^{M-1}\sum_{j=0}^{N_{\mathrm{g}}-1}\left\{[\boldsymbol{\Omega}_k]_{i,j}-\frac{[\boldsymbol{\Omega}_k]_{i,j}^2}{\sum\limits_{k'=0}^{K-1}\left[\boldsymbol{\Omega}_{k'}^{\phi_{k'}-\phi_k}\right]_{i,j}+\dfrac{1}{\rho_{\mathrm{tr}}}}\right\}\end{aligned} \tag{3.54}$$

式中，等式 (a) 源于 MMSE 估计的正交性原理 [143]。

定义所有用户的信道估计均方误差之和为如下表达式：

$$\epsilon^{\mathrm{CE}}\triangleq\sum_{k=0}^{K-1}\epsilon_k^{\mathrm{CE}} \tag{3.55}$$

考虑导频干扰带来的影响，基于相移可调导频的信道估计性能通常会下降。但是，通过合适的导频调度，导频干扰的影响可以彻底被消除，如以下命题所述。

命题 3.1 信道估计均方误差之和 ϵ^{CE} 的最小值如式 (3.56) 所示：

$$\begin{aligned}\epsilon^{\mathrm{CE}}&\geqslant\varepsilon^{\mathrm{CE}}\\&=\sum_{k=0}^{K-1}\sum_{i=0}^{M-1}\sum_{j=0}^{N_{\mathrm{g}}-1}\left\{[\boldsymbol{\Omega}_k]_{i,j}-\frac{[\boldsymbol{\Omega}_k]_{i,j}^2}{[\boldsymbol{\Omega}_k]_{i,j}+\dfrac{1}{\rho_{\mathrm{tr}}}}\right\}\end{aligned} \tag{3.56}$$

式中，最小值所能达到的条件为对于任意用户 $k,k'\in\mathcal{K}$ 且 $k\neq k'$，均有

$$\left(\overline{\boldsymbol{\Omega}}_{k,(N_{\mathrm{c}})}\boldsymbol{\Pi}_{N_{\mathrm{c}}}^{\phi_k}\right)\odot\left(\overline{\boldsymbol{\Omega}}_{k',(N_{\mathrm{c}})}\boldsymbol{\Pi}_{N_{\mathrm{c}}}^{\phi_{k'}}\right)=\boldsymbol{0} \tag{3.57}$$

证明 见附录 3.3.6。 ■

命题 3.1 从理论上证明了，依据式 (3.57) 中的条件实施合适的导频相移调度之后，相移可调导频能够使得信道估计均方误差之和达到最小。其物理解释如下：

由式 (3.50) 可知，频域相移导频能够使得等效信道在时延域经历相应的循环移位。如果不同用户经过移位后的等效信道在角度时延域完全不重叠，那么导频干扰的影响能够被完全消除，进而信道估计均方误差之和可以达到最小。

在许多典型传输环境中，实际无线信道在角度时延域通常都满足近似稀疏特性。对于大规模 MIMO-OFDM 信道，通常其角度时延域功率矩阵 $\boldsymbol{\Omega}_k$ 的大部分元素都趋近于零。利用此类信道近似稀疏特性并据此施以合适的导频相移调度，不同用户在角度时延域的等效信道有很大概率能满足近似不重叠条件，这表明了相移可调导频在大规模 MIMO-OFDM 无线传输中的适用性。

相移可调导频的性能与信道的稀疏程度有很大关联。考虑一个特殊场景，其中所有用户的角度时延域功率矩阵中非零列位置均相同[31,33]，且非零列的数目为 $s\,(\leqslant N_{\mathrm{g}})$。那么能够在无导频干扰情况下同时服务的最大用户数目为 $\lfloor N_{\mathrm{c}}/s \rfloor$。实际无线信道中，角度时延域信道元素仅仅为接近于零，而式 (3.57) 中的最优条件通常是不能严格满足的，此时导频调度对信道估计性能起重要影响。

注意到命题 3.1 中推导得到的最优导频条件比目前文献中已有的结果更具有一般性。对于信道稀疏特性无法获取的情形，通常假设所有的角度时延域信道元素统计特性是相同的，即角度时延域功率矩阵各元素值均相等。那么如果对于所有的用户 $k \neq k'$ 都能满足 $|\phi_k - \phi_{k'}| \geqslant N_{\mathrm{g}}$，式 (3.57) 中的最优条件显然可以达到，这是文献中广泛采用的相移正交导频[21]。对于平衰落大规模 MIMO 信道，即 $N_{\mathrm{c}} = 1$ 的情形，如果对于所有的用户 $k \neq k'$ 都满足 $\boldsymbol{\Omega}_k \odot \boldsymbol{\Omega}_{k'} = \mathbf{0}$，那么式 (3.57) 中的最优条件也可以达到。即不同用户的信道如果在角度域不重叠，那么可以复用导频，这与 3.1 节中得到的结论是吻合的。在本节中，相移可调导频利用了大规模 MIMO-OFDM 信道在角度时延域的联合稀疏特性，因此可以更有效地降低导频开销。

3. 基于相移可调导频的信道预测

上面研究了基于相移可调导频的信道估计方法。对于相移可调导频的典型应用场景，特别是高移动性场景，直接将导频段的信道估计值作为数据段信道的估计值并不总是适用的[151]。本节研究基于相移可调导频的信道预测方法，即利用接收到的导频信号实施数据段的信道预测。

大规模 MIMO-OFDM 无线传输中，基站利用每一帧中导频段接收到的信号对当前帧中的信道进行估计。如果将导频段信道估计值 $\widehat{\boldsymbol{H}}_{k,\ell}$ 直接作为数据段信道 $\boldsymbol{H}_{k,\ell+\Delta_\ell}$ 的估计值，那么对于给定的数据符号与导频符号之间的时延 Δ_ℓ，其相应的信道估计均方误差之和如式 (3.58) 所示：

$$\epsilon^{\mathrm{CE}}\left(\Delta_\ell\right) = \sum_{k=0}^{K-1} \sum_{i=0}^{M-1} \sum_{j=0}^{N_{\mathrm{g}}-1} E\left\{\left|\left[\boldsymbol{H}_{k,\ell+\Delta_\ell} - \widehat{\boldsymbol{H}}_{k,\ell}\right]_{i,j}\right|^2\right\}$$

$$= \sum_{k=0}^{K-1} \sum_{i=0}^{M-1} \sum_{j=0}^{N_{\mathrm{g}}-1} \left\{ [\boldsymbol{\Omega}_k]_{i,j} + [1 - 2\varrho_k(\Delta_\ell)] \frac{[\boldsymbol{\Omega}_k]_{i,j}^2}{\sum\limits_{k'=0}^{K-1} \left[\boldsymbol{\Omega}_{k'}^{\phi_{k'}-\phi_k}\right]_{i,j} + \dfrac{1}{\rho_{\mathrm{tr}}}} \right\} \tag{3.58}$$

在高移动性场景中，对于相对较大的时延 $|\Delta_\ell|$，信道时域相关函数满足 $\varrho_k(\Delta_\ell) \to 0$。当 $\varrho_k(\Delta_\ell) < 1/2$，即 $1 - 2\varrho_k(\Delta_\ell) > 0$ 时，可得式 (3.58) 中信道估计均方误差之和 $\epsilon^{\mathrm{CE}}(\Delta_\ell)$ 的数值比信道功率之和的数值 $\sum\limits_{k=0}^{K-1} \sum\limits_{i=0}^{M-1} \sum\limits_{j=0}^{N_{\mathrm{g}}-1} [\boldsymbol{\Omega}_k]_{i,j}$ 大，即信道估计性能无法得到保证，这使得研究基于相移可调导频的信道预测方法具有必要性。

对于信道预测，基站侧利用接收到的导频信号以及信道时域相关函数来获取数据段的信道估计值。在 MMSE 准则下，依据命题 2.2 中推导得到的大规模 MIMO-OFDM 信道在角度时延域的统计不相关特性，可得基于接收信号 $\boldsymbol{Y}_{k,\ell}$ 的角度时延域信道矩阵 $\boldsymbol{H}_{k,\ell+\Delta_\ell}$ 的逐元素估计值表达式如下：

$$\left[\widehat{\boldsymbol{H}}_{k,\ell+\Delta_\ell}\right]_{i,j} = \varrho_k(\Delta_\ell) \frac{[\boldsymbol{\Omega}_k]_{i,j}}{\sum\limits_{k'=0}^{K-1} \left[\boldsymbol{\Omega}_{k'}^{\phi_{k'}-\phi_k}\right]_{i,j} + \dfrac{1}{\rho_{\mathrm{tr}}}} [\boldsymbol{Y}_{k,\ell}]_{i,j} \tag{3.59}$$

由式 (3.53) 中的导频段信道估计值表达式可得

$$\widehat{\boldsymbol{H}}_{k,\ell+\Delta_\ell} = \varrho_k(\Delta_\ell) \widehat{\boldsymbol{H}}_{k,\ell} \tag{3.60}$$

即数据段的最优信道估计可通过对导频段的信道估计量进行插值得到，这可以进一步地降低大规模 MIMO-OFDM 信道预测的实现复杂度。类似于式 (3.55)，对于给定数据符号与导频符号之间的时延 Δ_ℓ，其相应的信道预测均方误差之和如式 (3.61) 所示：

$$\begin{aligned} \epsilon^{\mathrm{CP}}(\Delta_\ell) &\triangleq \sum_{k=0}^{K-1} \sum_{i=0}^{M-1} \sum_{j=0}^{N_{\mathrm{g}}-1} E\left\{ \left| \left[\boldsymbol{H}_{k,\ell+\Delta_\ell} - \widehat{\boldsymbol{H}}_{k,\ell+\Delta_\ell}\right]_{i,j} \right|^2 \right\} \\ &= \sum_{k=0}^{K-1} \sum_{i=0}^{M-1} \sum_{j=0}^{N_{\mathrm{g}}-1} \left\{ [\boldsymbol{\Omega}_k]_{i,j} - \varrho_k^2(\Delta_\ell) \frac{[\boldsymbol{\Omega}_k]_{i,j}^2}{\sum\limits_{k'=0}^{K-1} \left[\boldsymbol{\Omega}_{k'}^{\phi_{k'}-\phi_k}\right]_{i,j} + \dfrac{1}{\rho_{\mathrm{tr}}}} \right\} \end{aligned} \tag{3.61}$$

由式 (3.61) 可得，与信道估计情形相类似，导频干扰也会影响信道预测的性能。但是，通过合适的导频相移调度，导频干扰的影响也可以得到抑制，如以下命题所述。

命题 3.2 对于任意给定的时延 Δ_ℓ，相应的信道预测均方误差之和 $\epsilon^{\mathrm{CP}}(\Delta_\ell)$ 的最小值如式 (3.62) 所示：

$$\begin{aligned}\epsilon^{\mathrm{CP}}(\Delta_\ell) &\geqslant \varepsilon^{\mathrm{CP}}(\Delta_\ell)\\ &= \sum_{k=0}^{K-1}\sum_{i=0}^{M-1}\sum_{j=0}^{N_{\mathrm{g}}-1}\left\{[\boldsymbol{\Omega}_k]_{i,j} - \varrho_k^2(\Delta_\ell)\frac{[\boldsymbol{\Omega}_k]_{i,j}^2}{[\boldsymbol{\Omega}_k]_{i,j}+\dfrac{1}{\rho_{\mathrm{tr}}}}\right\}\end{aligned} \tag{3.62}$$

式中，最小值所能达到的条件为对于任意用户 $k,k'\in\mathcal{K}$ 且 $k\neq k'$，均有

$$\left(\overline{\boldsymbol{\Omega}}_{k,(N_{\mathrm{c}})}\boldsymbol{\Pi}_{N_{\mathrm{c}}}^{\phi_k}\right)\odot\left(\overline{\boldsymbol{\Omega}}_{k',(N_{\mathrm{c}})}\boldsymbol{\Pi}_{N_{\mathrm{c}}}^{\phi_{k'}}\right)=\mathbf{0} \tag{3.63}$$

证明 证明过程类似于命题 3.1 的证明，此处省略。 ■

4. 帧结构设计

对于 TDD 大规模 MIMO 无线传输，存在两种典型的传输帧结构设计 [152]。第一种帧结构 (后续称为 A 型帧结构) 依次由上行导频段、上行数据段和下行数据段构成，如图 3.8(a) 中所示。第二种帧结构 (后续称为 B 型帧结构) 依次由上行数据段、上行导频段和下行数据段构成，如图 3.8(b) 中所示。对于相移可调导频，由于导频长度的下降，数据段与导频段的间隔会增大。此外，相移可调导频侧重于移动性场景的应用，其中信道时域变化相对较快。因此，B 型帧结构更适合与相移可调导频组合使用。

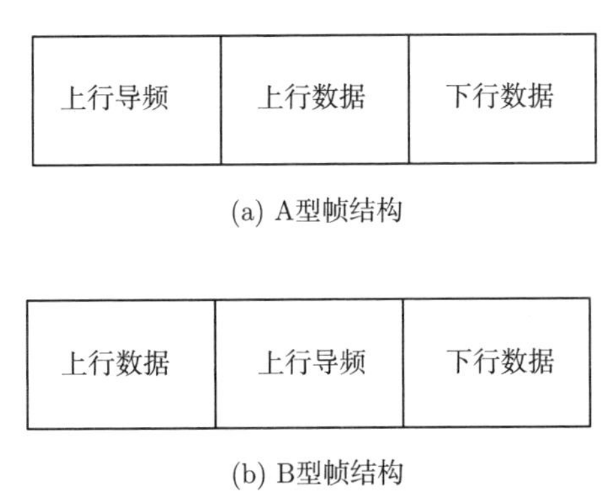

(a) A型帧结构

(b) B型帧结构

图 3.8 TDD 系统典型传输帧结构示意图

5. 相移可调导频调度算法

前面研究了基于相移可调导频的大规模 MIMO-OFDM 信道估计与信道预测理论方法，并推导得到了同时适用于信道估计与信道预测的最优导频相移需要满

足的条件。考虑到最优条件在实际场景中不是总能得到满足，因此研究导频相移调度具有必要性。导频调度可采用多种准则，例如，考虑信道估计均方误差之和最小准则的导频调度问题可陈述如下：

$$\underset{\{\phi_k:k\in\mathcal{K}\}}{\arg\min}\quad \epsilon^{\mathrm{CE}} \tag{3.64}$$

式中，信道估计均方误差之和 ϵ^{CE} 的定义见式 (3.55)。上述导频调度问题为组合优化问题，最优解通常需通过穷举搜索来获得。由于信道估计和信道预测的最优导频需要满足的条件是等价的，因此式 (3.64) 中问题的解在信道预测均方误差之和最小准则下也近似最优。

由前面推导得到的信道估计与信道预测的最优导频条件，此处提出一种低复杂度导频相移调度算法。首先，对于元素非负的矩阵 $\boldsymbol{A},\boldsymbol{B}\in\mathbb{R}^{M\times N}$，定义其矩阵重合度如下：

$$\xi\left(\boldsymbol{A},\boldsymbol{B}\right)\triangleq\frac{\left|\sum\limits_{i,j}[\boldsymbol{A}\odot\boldsymbol{B}]_{i,j}\right|}{\sqrt{\sum\limits_{i,j}[\boldsymbol{A}]_{i,j}^2}\cdot\sqrt{\sum\limits_{i,j}[\boldsymbol{B}]_{i,j}^2}} \tag{3.65}$$

由柯西–施瓦茨不等式可得，式 (3.65) 中的重叠函数满足 $0\leqslant\xi\left(\boldsymbol{A},\boldsymbol{B}\right)\leqslant 1$。当矩阵 $\boldsymbol{A}$ 为矩阵 $\boldsymbol{B}$ 乘上一个常数时，有 $\xi\left(\boldsymbol{A},\boldsymbol{B}\right)=1$。当矩阵 $\boldsymbol{A}$ 和 $\boldsymbol{B}$ 非零元素的位置互相不重叠时，有 $\xi\left(\boldsymbol{A},\boldsymbol{B}\right)=0$。在所提出的低复杂度相移可调导频调度算法中，通过预设阈值来平衡算法复杂度与信道获取性能的折中。具体来说，通过对不同用户调度各自的导频相移因子使得其相应的等效角度时延域功率矩阵的重叠度小于预设阈值 γ。预设阈值 γ 越小，信道获取性能越好，而相应的算法实现复杂度也越高。所提出的相移可调导频调度算法的具体描述见算法 3.2。

算法 3.2　相移可调导频调度算法

输入：用户集合 $\mathcal{K}$，角度时延域信道功率矩阵 $\{\boldsymbol{\Omega}_k:k\in\mathcal{K}\}$，预设导频调度阈值 γ。

输出：导频相移模式 $\{\phi_k:k\in\mathcal{K}\}$。

1: 初始化相移因子为 $\phi_0=0$，已调度用户集合为 $\mathcal{K}^{\mathrm{sch}}=\{0\}$，未调度用户集合为 $\mathcal{K}^{\mathrm{un}}=\mathcal{K}\backslash\mathcal{K}^{\mathrm{sch}}$。

2: **for** $k\in\mathcal{K}^{\mathrm{un}}$ **do**

3: 　寻找满足条件 $\xi\left(\overline{\boldsymbol{\Omega}}_{k,(N_{\mathrm{c}})}\boldsymbol{\Pi}_{N_{\mathrm{c}}}^{\phi},\sum\limits_{k'\in\mathcal{K}^{\mathrm{sch}}}\overline{\boldsymbol{\Omega}}_{k',(N_{\mathrm{c}})}\boldsymbol{\Pi}_{N_{\mathrm{c}}}^{\phi_{k'}}\right)\leqslant\gamma$ 的相移因子 ϕ。

4: 　如果步骤 3 中无法找到满足条件的相移因子 ϕ，那么设置相移因子为

$$\phi = \arg\min_{x} \ \xi\left(\overline{\boldsymbol{\Omega}}_{k,(N_\mathrm{c})}\boldsymbol{\Pi}_{N_\mathrm{c}}^{x}, \sum_{k'\in\mathcal{K}^{\mathrm{sch}}} \overline{\boldsymbol{\Omega}}_{k',(N_\mathrm{c})}\boldsymbol{\Pi}_{N_\mathrm{c}}^{\phi_{k'}}\right)$$

5: 更新变量：$\phi_k = \phi$，$\mathcal{K}^{\mathrm{sch}} \leftarrow \mathcal{K}^{\mathrm{sch}} \cup \{k\}$，$\mathcal{K}^{\mathrm{un}} \leftarrow \mathcal{K}^{\mathrm{un}} \backslash \{k\}$

6: **end for**

3.2.2 基于相移可调导频的信道获取：多符号情形

上面研究了单符号情形下基于相移可调导频的大规模 MIMO-OFDM 信道信息获取理论方法。考虑到单个符号上的导频可能无法支持足够多的用户数量，本节研究多符号情形下基于相移可调导频的信道状态信息获取理论方法。

假定每一帧中导频段为开始于该帧中第 ℓ 个符号的连续 Q 个符号。实际中，导频段长度 Q 的数值通常较小，因而可以假定信道在导频段中保持近似不变 [19-21]。进而，上行导频段中基站侧接收到的信号可表达为如下形式：

$$\begin{aligned}\boldsymbol{Y}_{\ell,(Q)} &= \sum_{k'=0}^{K-1} \boldsymbol{G}_{k',\ell}\boldsymbol{X}_{k',(Q)} + \boldsymbol{Z}_{\ell,(Q)} \\ &= \sum_{k'=0}^{K-1} \boldsymbol{V}_M \boldsymbol{H}_{k',\ell}\boldsymbol{F}_{N_\mathrm{c}\times N_\mathrm{g}}^{\mathrm{T}}\boldsymbol{X}_{k',(Q)} + \boldsymbol{Z}_{\ell,(Q)} \in \mathbb{C}^{M\times N_\mathrm{c}Q}\end{aligned} \tag{3.66}$$

式中，$\boldsymbol{Y}_{\ell,(Q)} \triangleq [\boldsymbol{Y}_\ell \quad \boldsymbol{Y}_{\ell+1} \quad \cdots \quad \boldsymbol{Y}_{\ell+Q-1}]$；$\boldsymbol{Y}_\ell \in \mathbb{C}^{M\times N_\mathrm{c}}$ 表示基站侧在第 ℓ 个符号上接收到的导频信号；$\boldsymbol{X}_{k,(Q)} \triangleq [\boldsymbol{X}_{k,0} \quad \boldsymbol{X}_{k,1} \quad \cdots \quad \boldsymbol{X}_{k,Q-1}]$ 表示导频信号；$\boldsymbol{X}_{k,q} = \mathrm{diag}(\boldsymbol{x}_{k,q}) \in \mathbb{C}^{N_\mathrm{c}\times N_\mathrm{c}}$ 表示用户 k 在导频段第 q 个符号上发送的信号；$\boldsymbol{Z}_{\ell,(Q)}$ 为加性高斯白噪声矩阵且噪声功率为 σ_{ztr}。

由式 (3.45) 可知，单符号情形下相移可调导频的最大移位因子为 $N_\mathrm{c}-1$。对于 Q 个连续符号的情形，最大的导频相移因子可扩展至 $QN_\mathrm{c}-1$。利用取模运算的性质，多符号情形下相移可调导频可按如下表达式构造：

$$\boldsymbol{X}_{k,(Q)} \triangleq \sqrt{Q}\,[\boldsymbol{U}]_{\langle\phi_k\rangle_Q,:} \otimes \boldsymbol{X}_{\lfloor\phi_k/Q\rfloor}, \quad \phi_k = 0,1,\cdots,QN_\mathrm{c}-1 \tag{3.67}$$

式中，$\boldsymbol{U}$ 为一任意 $Q\times Q$ 的酉矩阵；$\boldsymbol{X}_{\lfloor\phi_k/Q\rfloor}$ 为式 (3.45) 中定义的单符号情形下的相移可调导频。由式 (3.67) 可得如下性质：对于 $\forall k,k' \in \mathcal{K}$，均有

$$\begin{aligned}\boldsymbol{X}_{k',(Q)}\left(\boldsymbol{X}_{k,(Q)}\right)^{\mathrm{H}} &= Q\left([\boldsymbol{U}]_{\langle\phi_{k'}\rangle_Q,:} \otimes \boldsymbol{X}_{\lfloor\phi_{k'}/Q\rfloor}\right)\left([\boldsymbol{U}]_{\langle\phi_k\rangle_Q,:} \otimes \boldsymbol{X}_{\lfloor\phi_k/Q\rfloor}\right)^{\mathrm{H}} \\ &\overset{(a)}{=} Q\left([\boldsymbol{U}]_{\langle\phi_{k'}\rangle_Q,:}[\boldsymbol{U}]_{\langle\phi_k\rangle_Q,:}^{\mathrm{H}}\right) \otimes \left(\boldsymbol{X}_{\lfloor\phi_{k'}/Q\rfloor}\boldsymbol{X}_{\lfloor\phi_k/Q\rfloor}^{\mathrm{H}}\right) \\ &\overset{(b)}{=} \sigma_{\mathrm{xtr}} Q\delta\left(\langle\phi_{k'}\rangle_Q - \langle\phi_k\rangle_Q\right) \cdot \boldsymbol{D}_{\lfloor\phi_{k'}/Q\rfloor - \lfloor\phi_k/Q\rfloor}\end{aligned} \tag{3.68}$$

式中，等式 (a) 源于 Kronecker 乘积 [142] 性质 $(\boldsymbol{A}\otimes\boldsymbol{B})(\boldsymbol{C}\otimes\boldsymbol{D})=(\boldsymbol{AC})\otimes(\boldsymbol{BD})$ 以及 $(\boldsymbol{A}\otimes\boldsymbol{B})^{\mathrm{H}}=\boldsymbol{A}^{\mathrm{H}}\otimes\boldsymbol{B}^{\mathrm{H}}$，等式 (b) 源于式 (3.46)。式 (3.68) 表明，对于 Q 符号情形下的相移可调导频，其可用相移因子被分成 Q 组，而组编号取决于相应的相移因子 ϕ 对导频段长度 Q 取余后的数值。使用式 (3.68) 中构造的相移可调导频时，相应的导频干扰仅能影响相移因子位于同一组内的各用户。例如，如果有两用户的导频相移因子满足 $\langle\phi_{k'}\rangle_Q=\langle\phi_k\rangle_Q$，那么相移因子 $\phi_{k'}$ 和 ϕ_k 位于同一组内，进而用户 k' 和 k 的信道获取性能会相互影响。

基于式 (3.68) 中推导得到的多符号情形下相移可调导频的互相关特性，其相应的信道估计与信道预测过程与上面研究的单符号情形相类似，简述如下。

基站侧对式 (3.66) 中接收信号 $\boldsymbol{Y}_{\ell,(Q)}$ 实施解相关和功率归一化运算操作后，可得到导频段角度时延域上行信道 $\boldsymbol{H}_{k,\ell}$ 的一个观测样本为

$$\begin{aligned}
\boldsymbol{Y}_{k,\ell,(Q)} &- \frac{1}{\sigma_{\mathrm{xtr}}Q}\boldsymbol{V}_M^{\mathrm{H}}\boldsymbol{Y}_{\ell,(Q)}\boldsymbol{X}_{k,(Q)}^{\mathrm{H}}\boldsymbol{F}_{N_{\mathrm{c}}\times N_{\mathrm{g}}}^{*}\\
&= \frac{1}{\sigma_{\mathrm{xtr}}Q}\sum_{k'=0}^{K-1}\boldsymbol{H}_{k',\ell}\boldsymbol{F}_{N_{\mathrm{c}}\times N_{\mathrm{g}}}^{\mathrm{T}}\boldsymbol{X}_{k',(Q)}\boldsymbol{X}_{k,(Q)}^{\mathrm{H}}\boldsymbol{F}_{N_{\mathrm{c}}\times N_{\mathrm{g}}}^{*}\\
&\quad+\frac{1}{\sigma_{\mathrm{xtr}}Q}\boldsymbol{V}_M^{\mathrm{H}}\boldsymbol{Z}_{\ell,(Q)}\boldsymbol{X}_{k,(Q)}^{\mathrm{H}}\boldsymbol{F}_{N_{\mathrm{c}}\times N_{\mathrm{g}}}^{*}\\
&\overset{(a)}{=}\sum_{k'=0}^{K-1}\delta\left(\langle\phi_{k'}\rangle_Q-\langle\phi_k\rangle_Q\right)\cdot\boldsymbol{H}_{k',\ell}\boldsymbol{F}_{N_{\mathrm{c}}\times N_{\mathrm{g}}}^{\mathrm{T}}\cdot\boldsymbol{D}_{\lfloor\phi_{k'}/Q\rfloor-\lfloor\phi_k/Q\rfloor}\boldsymbol{F}_{N_{\mathrm{c}}\times N_{\mathrm{g}}}^{*}\\
&\quad+\frac{1}{\sqrt{\rho_{\mathrm{tr}}Q}}\boldsymbol{Z}_{\mathrm{iid}}\\
&\overset{(b)}{=}\boldsymbol{H}_{k,\ell}+\underbrace{\sum_{k'\neq k}\delta\left(\langle\phi_{k'}\rangle_Q-\langle\phi_k\rangle_Q\right)\cdot\boldsymbol{H}_{k',\ell}^{\lfloor\phi_{k'}/Q\rfloor-\lfloor\phi_k/Q\rfloor}}_{\text{导频干扰}}\\
&\quad+\underbrace{\frac{1}{\sqrt{\rho_{\mathrm{tr}}Q}}\boldsymbol{Z}_{\mathrm{iid}}}_{\text{导频噪声}}
\end{aligned}\tag{3.69}$$

式中，等式 (a) 源于式 (3.68)，$\rho_{\mathrm{tr}}\triangleq\sigma_{\mathrm{xtr}}/\sigma_{\mathrm{ztr}}$ 为导频段信噪比；$\boldsymbol{Z}_{\mathrm{iid}}$ 为归一化加性高斯白噪声矩阵且等效噪声功率为 1，等式 (b) 源于式 (3.50)。

基于式 (3.69) 中的信道观测样本 $\boldsymbol{Y}_{k,\ell,(Q)}$，可以对角度时延域信道 $\boldsymbol{H}_{k,\ell}$ 实施如下逐元素 MMSE 估计：

因此，$\mathcal{Y}_1,\cdots,\mathcal{Y}_t$ 为 $\mathcal{D}_n$ 值半圆分布变量。

在文献 [172] 中，Shlyakhtenko 证明了 $\boldsymbol{Y}_1,\boldsymbol{Y}_2,\cdots,\boldsymbol{Y}_t$ 在 $L^\infty[0,1]$ 上渐近自由，并且其渐近 $L^\infty[0,1]$ 值联合分布和 $\mathcal{Y}_1,\mathcal{Y}_2,\cdots,\mathcal{Y}_t$ 的渐近 $L^\infty[0,1]$ 值联合分布相同。然而，文献 [172] 中的证明是基于算子代数且很难理解。因此，在下面给出定理 4.1 并给出证明。

假设 4.1 方差 $\sigma_{ij,k}(n)$ 是一致有界的。

定义 $\psi_k[n]:\mathcal{D}_n\to\mathcal{D}_n$ 为 $\psi_k[n](\boldsymbol{\Delta}_n)=E_{\mathcal{D}_n}\{\boldsymbol{Y}_k\boldsymbol{\Delta}_n\boldsymbol{Y}_k\}$，其中 $\boldsymbol{\Delta}_n\in\mathcal{D}_n$。

假设 4.2 存在映射 $\psi_k:L^\infty[0,1]\to L^\infty[0,1]$ 使得无论何时若有依范数 $i_n(\boldsymbol{\Delta}_n)$ 收敛到 $d\in L^\infty[0,1]$，则也有 $\lim\limits_{n\to\infty}\psi_k[n](\boldsymbol{\Delta}_n)=\psi_k(d)$。

定理 4.1 让 m 为一个正整数。若假设 4.1 成立，则有

$$\begin{aligned}&\lim_{n\to\infty}i_n(E_{\mathcal{D}_n}\{\boldsymbol{Y}_{p_1}\boldsymbol{C}_1\cdots\boldsymbol{Y}_{p_{m-1}}\boldsymbol{C}_{m-1}\boldsymbol{Y}_{p_m}\}\\&-E_{\mathcal{D}_n}\{\mathcal{Y}_{p_1}\boldsymbol{C}_1\cdots\mathcal{Y}_{p_{m-1}}\boldsymbol{C}_{m-1}\mathcal{Y}_{p_m}\})=0_{L^\infty[0,1]}\end{aligned}\tag{4.20}$$

式中，$1\leqslant p_1,\cdots,p_m\leqslant t$ 且 $\boldsymbol{C}_1,\cdots,\boldsymbol{C}_{m-1}$ 为一族元素一致有界的 $n\times n$ 确定对角矩阵。进一步，如果假设 4.2 也成立，则 $\boldsymbol{Y}_1,\boldsymbol{Y}_2,\cdots,\boldsymbol{Y}_t$ 在 $L^\infty[0,1]$ 上渐近自由。

证明 见附录 4.4.1。 ■

由定理 4.1 可得，多项式 $P(\boldsymbol{Y}_1,\boldsymbol{Y}_2,\cdots,\boldsymbol{Y}_t)$ 和多项式 $P(\mathcal{Y}_1,\mathcal{Y}_2,\cdots,\mathcal{Y}_t)$ 的渐近 $L^\infty[0,1]$ 值分布相同，即有

$$\begin{aligned}&\lim_{n\to\infty}i_n(E_{\mathcal{D}_n}\{(P(\boldsymbol{Y}_1,\boldsymbol{Y}_2,\cdots,\boldsymbol{Y}_t))^k\}\\&-E_{\mathcal{D}_n}\{(P(\mathcal{Y}_1,\mathcal{Y}_2,\cdots,\mathcal{Y}_t))^k\})=0_{L^\infty[0,1]}\end{aligned}\tag{4.21}$$

下面将给出定理 4.2 来证明 $\{\boldsymbol{A}_1,\boldsymbol{A}_2,\cdots,\boldsymbol{A}_s\},\boldsymbol{Y}_1,\boldsymbol{Y}_2,\cdots,\boldsymbol{Y}_t$ 在 $L^\infty[0,1]$ 上渐近自由。此外，定理 4.2 表明

$$P_f:=P(\boldsymbol{A}_1,\boldsymbol{A}_2,\cdots,\boldsymbol{A}_s,\mathcal{Y}_1,\mathcal{Y}_2,\cdots,\mathcal{Y}_t)$$

和 P_c 的渐近 $L^\infty[0,1]$ 值分布相同。矩阵 P_f 称为 P_c 的自由确定性等同。

对于有限维随机矩阵，P_f 和 P_c 的 $\mathcal{D}_n$ 值分布的差异来自

$$\{\boldsymbol{A}_1,\boldsymbol{A}_2,\cdots,\boldsymbol{A}_s\},\boldsymbol{Y}_1,\boldsymbol{Y}_2,\cdots,\boldsymbol{Y}_t$$

偏离 $\mathcal{D}_n$ 值自由的程度以及 $\boldsymbol{Y}_1,\boldsymbol{Y}_2,\cdots,\boldsymbol{Y}_t$ 和 $\mathcal{Y}_1,\mathcal{Y}_2,\cdots,\mathcal{Y}_t$ 的 $\mathcal{D}_n$ 值分布的差异。对于大维随机矩阵，这些偏离和差异变小，并且 P_f 的 $\mathcal{D}_n$ 值分布能够很好地近似 P_c 的 $\mathcal{D}_n$ 值分布。

文献 [170] 中给出了高斯随机矩阵和确定矩阵渐近自由独立的证明。对其进行扩展，可以获得下面的定理。

假设 4.3　确定矩阵 $\boldsymbol{A}_1, \boldsymbol{A}_2, \cdots, \boldsymbol{A}_s$ 的谱范数 (spectral norms，SN) 是一致有界的。

定理 4.2　令 $\mathcal{D}_n$ 表示元素一致有界的 $n \times n$ 对角矩阵所组成的代数，$\mathcal{F}_n$ 表示由 $\boldsymbol{A}_1, \boldsymbol{A}_2, \cdots, \boldsymbol{A}_s$ 和 $\mathcal{D}_n$ 生成的代数。令 m 为一个正整数且 $\boldsymbol{C}_0, \boldsymbol{C}_1, \cdots, \boldsymbol{C}_m \in \mathcal{F}_n$ 为一族 $n \times n$ 确定矩阵。若假设 4.1 和假设 4.3 成立，则

$$\lim_{n\to\infty} i_n(E_{\mathcal{D}_n}\{\boldsymbol{C}_0\boldsymbol{Y}_{p_1}\boldsymbol{C}_1\boldsymbol{Y}_{p_2}\boldsymbol{C}_2\cdots\boldsymbol{Y}_{p_m}\boldsymbol{C}_m\} - E_{\mathcal{D}_n}\{\boldsymbol{C}_0\boldsymbol{\mathcal{Y}}_{p_1}\boldsymbol{C}_1\boldsymbol{\mathcal{Y}}_{p_2}\boldsymbol{C}_2\cdots\boldsymbol{\mathcal{Y}}_{p_m}\boldsymbol{C}_m\}) = 0_{L^\infty[0,1]} \tag{4.22}$$

式中，$1 \leqslant p_1, \cdots, p_m \leqslant t$。进一步，若假设 4.2 也成立，则 $\boldsymbol{Y}_1, \boldsymbol{Y}_2, \cdots, \boldsymbol{Y}_t$, $\mathcal{F}_n$ 为 $L^\infty[0,1]$ 上渐近自由。

证明　见附录 4.4.2。■

4.1.4　基于自由确定性等同的容量分析

本节给出香农变换和柯西变换的定义，并以文献 [170] 和 [177] 中已有模型为例，提出并详细阐述基于自由确定性等同的容量分析方法。

1. 香农变换和柯西变换

令 $\boldsymbol{H}$ 为一 $N \times M$ 随机矩阵且 $\boldsymbol{B}_N$ 表示 Gram 矩阵 $\boldsymbol{H}\boldsymbol{H}^{\mathrm{H}}$。令 $F_{\boldsymbol{B}_N}(\lambda)$ 表示 $\boldsymbol{B}_N$ 特征值的期望累积分布。矩阵 $\boldsymbol{B}_N$ 的香农变换 $\mathcal{V}_{\boldsymbol{B}_N}(x)$ 定义为 [177]

$$\mathcal{V}_{\boldsymbol{B}_N}(x) = \int_0^\infty \log\left(1 + \frac{1}{x}\lambda\right) \mathrm{d}F_{\boldsymbol{B}_N}(\lambda) \tag{4.23}$$

令 μ 为一 $\mathbb{R}$ 上的概率测度，$\mathbb{C}^+$ 表示集合 $\{z \in \mathbb{C} : \Im(z) > 0\}$，则测度 μ 的柯西变换 $G_\mu(z)$ 定义为 [170]

$$G_\mu(z) = \int_0^\infty \frac{1}{z - \lambda} \mathrm{d}\mu(\lambda) \tag{4.24}$$

式中，$z \in \mathbb{C}^+$。令 $G_{\boldsymbol{B}_N}(z)$ 表示 $F_{\boldsymbol{B}_N}(\lambda)$ 的柯西变换，则可得 $G_{\boldsymbol{B}_N}(z) = \dfrac{1}{N}E\{\mathrm{tr}((z\boldsymbol{I}_N - \boldsymbol{B}_N)^{-1})\}$。柯西变换 $G_{\boldsymbol{B}_N}(z)$ 和香农变换 $\mathcal{V}_{\boldsymbol{B}_N}(x)$ 之间的关系为 [177]

$$\mathcal{V}_{\boldsymbol{B}_N}(x) = \int_x^{+\infty} \left(\frac{1}{z} + G_{\boldsymbol{B}_N}(-z)\right) \mathrm{d}z \tag{4.25}$$

式 (4.25) 两边同时对 x 求导，可得

$$\frac{\mathrm{d}\mathcal{V}_{\boldsymbol{B}_N}(x)}{\mathrm{d}x} = -x^{-1} - G_{\boldsymbol{B}_N}(-x) \tag{4.26}$$

因此，若能找到一个对于 x 的导数为 $-x^{-1} - G_{\boldsymbol{B}_N}(-x)$ 的函数，则可以获得 $\mathcal{V}_{\boldsymbol{B}_N}(x)$。综上，若柯西变换 $G_{\boldsymbol{B}_N}(x)$ 已知，则香农变换 $\mathcal{V}_{\boldsymbol{B}_N}(x)$ 能够根据式 (4.26) 得出。

2. 基于自由确定性等同的容量分析

前面已经对自由确定性等同做了完整而详细的阐述。本节以文献中已有模型为例，提出并详细阐述基于自由确定性等同的容量分析方法。

文献 [176] 通过建立自由确定性等同重现了文献 [178] 中的结果。但是文献 [176] 中的描述的容量分析方法比较简洁并且很多步骤没有给出，不易理解。为说明如何利用自由确定性等同方法推导信道 Gram 矩阵的柯西变换的近似，下面以文献 [178] 中的模型为列，重新阐述文献 [176] 中的方法。

文献 [178] 中信道矩阵 $\boldsymbol{H}$ 由一个 $N \times M$ 确定矩阵 $\overline{\boldsymbol{H}}$ 和一个 $N \times M$ 随机矩阵 $\widetilde{\boldsymbol{H}}$ 相加构成，即 $\boldsymbol{H} = \overline{\boldsymbol{H}} + \widetilde{\boldsymbol{H}}$。其中随机矩阵 $\widetilde{\boldsymbol{H}}$ 的元素为均值为零、独立复高斯随机变量并且方差为 $E\{[\widetilde{\boldsymbol{H}}]_{ij}[\widetilde{\boldsymbol{H}}]^*_{ij}\} = \dfrac{1}{N}\sigma^2_{ij}$。

令 n 表示 $N+M$，$\boldsymbol{X}$ 为一个 $n \times n$ 矩阵，定义如下 [52]

$$\boldsymbol{X} = \begin{pmatrix} \boldsymbol{0}_N & \boldsymbol{H} \\ \boldsymbol{H}^{\mathrm{H}} & \boldsymbol{0}_M \end{pmatrix} \tag{4.27}$$

矩阵 $\boldsymbol{X}$ 的奇数阶矩为零，且有

$$\boldsymbol{X}^2 = \begin{pmatrix} \boldsymbol{H}\boldsymbol{H}^{\mathrm{H}} & \boldsymbol{0}_{N\times M} \\ \boldsymbol{0}_{M\times N} & \boldsymbol{H}^{\mathrm{H}}\boldsymbol{H} \end{pmatrix} \tag{4.28}$$

让 $\boldsymbol{\Delta}_n \in \mathcal{D}_n$ 为一个对角矩阵并满足 $\Im(\boldsymbol{\Delta}_n) \succ 0$。矩阵 $\boldsymbol{X}$ 的 $\mathcal{D}_n$ 值柯西变换 $\mathcal{G}^{\mathcal{D}_n}_{\boldsymbol{X}}(\boldsymbol{\Delta}_n)$ 为

$$\mathcal{G}^{\mathcal{D}_n}_{\boldsymbol{X}}(\boldsymbol{\Delta}_n) = E_{\mathcal{D}_n}\{(\boldsymbol{\Delta}_n - \boldsymbol{X})^{-1}\} \tag{4.29}$$

当 $\boldsymbol{\Delta}_n = z\boldsymbol{I}_n$ 和 $z \in \mathbb{C}^+$ 时，有

$$\begin{aligned}\mathcal{G}^{\mathcal{D}_n}_{\boldsymbol{X}}(z\boldsymbol{I}_n) &= E_{\mathcal{D}_n}\{(z\boldsymbol{I}_n - \boldsymbol{X})^{-1}\} \\ &= E_{\mathcal{D}_n}\left\{\begin{pmatrix} z(z^2\boldsymbol{I}_N - \boldsymbol{H}\boldsymbol{H}^{\mathrm{H}})^{-1} & \boldsymbol{H}(z^2\boldsymbol{I}_M - \boldsymbol{H}^{\mathrm{H}}\boldsymbol{H})^{-1} \\ \boldsymbol{H}^{\mathrm{H}}(z^2\boldsymbol{I}_N - \boldsymbol{H}\boldsymbol{H}^{\mathrm{H}})^{-1} & z(z^2\boldsymbol{I}_M - \boldsymbol{H}^{\mathrm{H}}\boldsymbol{H})^{-1} \end{pmatrix}\right\}\end{aligned} \tag{4.30}$$

式中，第二个等式是基于块矩阵求逆公式 [179]。从式 (4.28) 和式 (4.30) 可得，对每一个 $z, z^2 \in \mathbb{C}^+$ 有

$$\mathcal{G}^{\mathcal{D}_n}_{\boldsymbol{X}}(z\boldsymbol{I}_n) = z\mathcal{G}^{\mathcal{D}_n}_{\boldsymbol{X}^2}(z^2\boldsymbol{I}_n) \tag{4.31}$$

此外，可将 $\mathcal{G}^{\mathcal{D}_n}_{\boldsymbol{X}^2}(z\boldsymbol{I}_n)$ 表示为

$$\mathcal{G}^{\mathcal{D}_n}_{\boldsymbol{X}^2}(z\boldsymbol{I}_n) = \begin{pmatrix} \mathcal{G}^{\mathcal{D}_N}_{\boldsymbol{B}_N}(z\boldsymbol{I}_N) & \boldsymbol{0} \\ \boldsymbol{0} & \mathcal{G}^{\mathcal{D}_M}_{\boldsymbol{H}^H\boldsymbol{H}}(z\boldsymbol{I}_M) \end{pmatrix} \tag{4.32}$$

式中

$$\mathcal{G}_{\boldsymbol{B}_N}^{\mathcal{D}_N}(z\boldsymbol{I}_N) = E_{\mathcal{D}_n}\{(z\boldsymbol{I}_N - \boldsymbol{B}_N)^{-1}\}$$
$$\mathcal{G}_{\boldsymbol{H}^H\boldsymbol{H}}^{\mathcal{D}_M}(z\boldsymbol{I}_M) = E_{\mathcal{D}_M}\{(z\boldsymbol{I}_M - \boldsymbol{H}^{\mathrm{H}}\boldsymbol{H})^{-1}\}$$

因为 $G_{\boldsymbol{B}_N}(z) = \dfrac{1}{N}\mathrm{tr}(\mathcal{G}_{\boldsymbol{B}_N}^{\mathcal{D}_N}(z\boldsymbol{I}_N))$，所以已经将 $G_{\boldsymbol{B}_N}(z)$ 的计算与 $\mathcal{G}_{\boldsymbol{X}}^{\mathcal{D}_n}(z\boldsymbol{I}_n)$ 的计算联系起来。

定义 $\overline{\boldsymbol{X}}$ 和 $\widetilde{\boldsymbol{X}}$ 为

$$\overline{\boldsymbol{X}} = \begin{pmatrix} \boldsymbol{0}_N & \overline{\boldsymbol{H}} \\ \overline{\boldsymbol{H}}^{\mathrm{H}} & \boldsymbol{0}_M \end{pmatrix} \tag{4.33}$$

和

$$\widetilde{\boldsymbol{X}} = \begin{pmatrix} \boldsymbol{0}_N & \widetilde{\boldsymbol{H}} \\ \widetilde{\boldsymbol{H}}^{\mathrm{H}} & \boldsymbol{0}_M \end{pmatrix} \tag{4.34}$$

接着，可得 $\boldsymbol{X} = \overline{\boldsymbol{X}} + \widetilde{\boldsymbol{X}}$。

矩阵 $\boldsymbol{X}$ 自由确定性等同的建立如下。令 $\mathcal{A}$ 为一个酉代数，$(\mathcal{A},\phi)$ 为一个非交换概率空间且 $\widetilde{\boldsymbol{\mathcal{H}}}$ 表示一个元素取自 $\mathcal{A}$ 的 $N\times M$ 矩阵。矩阵 $\widetilde{\boldsymbol{\mathcal{H}}}$ 的元素 $[\widetilde{\boldsymbol{\mathcal{H}}}]_{ij}\in\mathcal{A}$ 为零均值且自由独立圆分布元素，并且方差为 $\phi([\widetilde{\boldsymbol{\mathcal{H}}}]_{ij}[\widetilde{\boldsymbol{\mathcal{H}}}]_{ij}^*) = \dfrac{1}{N}\sigma_{ij}^2$。让 $\boldsymbol{\mathcal{H}}$ 表示 $\overline{\boldsymbol{H}} + \widetilde{\boldsymbol{\mathcal{H}}}$，$\widetilde{\boldsymbol{\mathcal{X}}}$ 表示为

$$\widetilde{\boldsymbol{\mathcal{X}}} = \begin{pmatrix} \boldsymbol{0} & \widetilde{\boldsymbol{\mathcal{H}}} \\ \widetilde{\boldsymbol{\mathcal{H}}}^{\mathrm{H}} & \boldsymbol{0} \end{pmatrix} \tag{4.35}$$

且 $\boldsymbol{\mathcal{X}}$ 表示为

$$\boldsymbol{\mathcal{X}} = \begin{pmatrix} \boldsymbol{0} & \boldsymbol{\mathcal{H}} \\ \boldsymbol{\mathcal{H}}^{\mathrm{H}} & \boldsymbol{0} \end{pmatrix} \tag{4.36}$$

显然有，$\boldsymbol{\mathcal{X}} = \overline{\boldsymbol{X}} + \widetilde{\boldsymbol{\mathcal{X}}}$。矩阵 $\boldsymbol{\mathcal{X}}$ 是矩阵 $\boldsymbol{X}$ 的自由确定性等同。

定义 $E_{\mathcal{D}_n}: \boldsymbol{M}_n(\mathcal{A}) \to \mathcal{D}_n$ 为

$$E_{\mathcal{D}_n}\left\{\begin{pmatrix} x_{11} & x_{12} & \cdots & x_{1n} \\ x_{21} & x_{22} & \cdots & x_{2n} \\ \vdots & \vdots & & \vdots \\ x_{n1} & x_{n2} & \cdots & x_{nn} \end{pmatrix}\right\} = \begin{pmatrix} \phi(x_{11}) & 0 & \cdots & 0 \\ 0 & \phi(x_{22}) & \cdots & 0 \\ \vdots & \vdots & & \vdots \\ 0 & 0 & \cdots & \phi(x_{nn}) \end{pmatrix} \tag{4.37}$$

式中，每一个 x_{ij} 为 $(\mathcal{A},\phi)$ 中的非交换随机变量。接着有，$(\boldsymbol{M}_n(\mathcal{A}), E_{\mathcal{D}_n})$ 为一个 $\mathcal{D}_n$ 值概率空间。

从 4.1.3 节中关于自由确定性等同的讨论可得，$\mathcal{G}_{\boldsymbol{\mathcal{X}}}^{\mathcal{D}_n}(z\boldsymbol{I}_n)$ 和 $\mathcal{G}_{\boldsymbol{X}}^{\mathcal{D}_n}(z\boldsymbol{I}_n)$ 是渐近相同的。令 $\boldsymbol{\mathcal{B}}_N$ 表示 $\boldsymbol{\mathcal{H}}\boldsymbol{\mathcal{H}}^{\mathrm{H}}$。因为柯西变换 $\mathcal{G}_{\boldsymbol{\mathcal{X}}}^{\mathcal{D}_n}(z\boldsymbol{I}_n)$ 和 $\mathcal{G}_{\boldsymbol{\mathcal{B}}_N}^{\mathcal{D}_N}(z\boldsymbol{I}_N)$ 之间的关系与 $\mathcal{G}_{\boldsymbol{X}}^{\mathcal{D}_n}(z\boldsymbol{I}_n)$ 和 $\mathcal{G}_{\boldsymbol{B}_N}^{\mathcal{D}_N}(z\boldsymbol{I}_N)$ 之间的关系相同，所以可得 $\mathcal{G}_{\boldsymbol{\mathcal{B}}_N}^{\mathcal{D}_N}(z\boldsymbol{I}_N)$ 和 $\mathcal{G}_{\boldsymbol{B}_N}^{\mathcal{D}_N}(z\boldsymbol{I}_N)$ 是渐近相同的并且 $G_{\boldsymbol{\mathcal{B}}_N}(z)$ 是 $G_{\boldsymbol{B}_N}(z)$ 的确定性等同。简便起见，也称 $\boldsymbol{\mathcal{B}}_N$ 为 $\boldsymbol{B}_N$ 的自由确定性等同。下面利用算子值自由概率推导柯西变换 $G_{\boldsymbol{\mathcal{B}}_N}(z)$。

由于 $\widetilde{\boldsymbol{\mathcal{X}}}$ 的对角元及以上的元素为自由独立的，所以 $\widetilde{\boldsymbol{\mathcal{X}}}$ 为一个 R-cyclic 矩阵。从文献 [175] 中定理 8.2 可得，$\overline{\boldsymbol{X}}$ 和 $\widetilde{\boldsymbol{\mathcal{X}}}$ 是 $\mathcal{D}_n$ 上自由的。两个 $\mathcal{D}_n$ 值自由独立变量和的 $\mathcal{D}_n$ 值柯西变换的公式在式 (4.16) 中给出。应用式 (4.16)，有

$$\begin{aligned}\mathcal{G}_{\boldsymbol{\mathcal{X}}}^{\mathcal{D}_n}(z\boldsymbol{I}_n) &= \mathcal{G}_{\overline{\boldsymbol{X}}}^{\mathcal{D}_n}\Big(z\boldsymbol{I}_n - \mathcal{R}_{\widetilde{\boldsymbol{\mathcal{X}}}}^{\mathcal{D}_n}\Big(\mathcal{G}_{\boldsymbol{\mathcal{X}}}^{\mathcal{D}_n}(z\boldsymbol{I}_n)\Big)\Big)\\ &= E_{\mathcal{D}_n}\Big\{\Big(z\boldsymbol{I}_n - \mathcal{R}_{\widetilde{\boldsymbol{\mathcal{X}}}}^{\mathcal{D}_n}\Big(\mathcal{G}_{\boldsymbol{\mathcal{X}}}^{\mathcal{D}_n}(z\boldsymbol{I}_n)\Big) - \overline{\boldsymbol{X}}\Big)^{-1}\Big\}\end{aligned} \tag{4.38}$$

式中，$\mathcal{R}_{\widetilde{\boldsymbol{\mathcal{X}}}}^{\mathcal{D}_n}$ 为矩阵 $\widetilde{\boldsymbol{\mathcal{X}}}$ 的 $\mathcal{D}_n$ 值 R 变换。

令 $\eta_{\mathcal{D}_n}(\boldsymbol{C})$ 表示 $E_{\mathcal{D}_n}\{\widetilde{\boldsymbol{\mathcal{X}}}\boldsymbol{C}\widetilde{\boldsymbol{\mathcal{X}}}\}$，其中 $\boldsymbol{C} \in \mathcal{D}_n$。根据文献 [175] 中定理 7.2 可得，$\widetilde{\boldsymbol{\mathcal{X}}}$ 为 $\mathcal{D}_n$ 值半圆分布变量。因此，其 $\mathcal{D}_n$ 值 R 变换为

$$\mathcal{R}_{\widetilde{\boldsymbol{\mathcal{X}}}}^{\mathcal{D}_n}(\boldsymbol{C}) = \eta_{\mathcal{D}_n}(\boldsymbol{C}) \tag{4.39}$$

根据式 (4.38) 以及同式 (4.31) 和式 (4.32) 类似的关于 $\mathcal{G}_{\boldsymbol{\mathcal{X}}}^{\mathcal{D}_n}(z\boldsymbol{I}_n)$ 和 $\mathcal{G}_{\boldsymbol{\mathcal{X}}^2}^{\mathcal{D}_n}(z\boldsymbol{I}_n)$ 公式，可得

$$\begin{aligned}&\begin{pmatrix} z\mathcal{G}_{\boldsymbol{\mathcal{B}}_N}^{\mathcal{D}_N}(z^2\boldsymbol{I}_N) & \boldsymbol{0}\\ \boldsymbol{0} & z\mathcal{G}_{\boldsymbol{\mathcal{H}}^{\mathrm{H}}\boldsymbol{\mathcal{H}}}^{\mathcal{D}_M}(z^2\boldsymbol{I}_M)\end{pmatrix}\\ &= E_{\mathcal{D}_n}\left\{\begin{pmatrix} z\boldsymbol{I}_N - z\eta_{\mathcal{D}_N}(\mathcal{G}_{\boldsymbol{\mathcal{H}}^{\mathrm{H}}\boldsymbol{\mathcal{H}}}^{\mathcal{D}_M}(z^2\boldsymbol{I}_M)) & -\overline{\boldsymbol{H}}\\ -\overline{\boldsymbol{H}}^{\mathrm{H}} & z\boldsymbol{I}_M - z\eta_{\mathcal{D}_M}(\mathcal{G}_{\boldsymbol{\mathcal{B}}_N}^{\mathcal{D}_N}(z^2\boldsymbol{I}_N))\end{pmatrix}^{-1}\right\}\end{aligned} \tag{4.40}$$

进一步，可得

$$\begin{aligned}&z\mathcal{G}_{\boldsymbol{\mathcal{B}}_N}^{\mathcal{D}_N}(z\boldsymbol{I}_N)\\ =&E_{\mathcal{D}_N}\left\{\left(\boldsymbol{I}_N - \eta_{\mathcal{D}_N}(\mathcal{G}_{\boldsymbol{\mathcal{H}}^{\mathrm{H}}\boldsymbol{\mathcal{H}}}^{\mathcal{D}_M}(z\boldsymbol{I}_M)) - \overline{\boldsymbol{H}}\left(z\boldsymbol{I}_M - z\eta_{\mathcal{D}_M}(\mathcal{G}_{\boldsymbol{\mathcal{B}}_N}^{\mathcal{D}_N}(z\boldsymbol{I}_N))\right)^{-1}\overline{\boldsymbol{H}}^{\mathrm{H}}\right)^{-1}\right\}\end{aligned} \tag{4.41}$$

$$\begin{aligned}&z\mathcal{G}_{\boldsymbol{\mathcal{H}}^{\mathrm{H}}\boldsymbol{\mathcal{H}}}^{\mathcal{D}_M}(z\boldsymbol{I}_M)\\ =&E_{\mathcal{D}_M}\left\{\left(\boldsymbol{I}_M - \eta_{\mathcal{D}_M}(\mathcal{G}_{\boldsymbol{\mathcal{B}}_N}^{\mathcal{D}_N}(z\boldsymbol{I}_N)) - \overline{\boldsymbol{H}}^{\mathrm{H}}\left(z\boldsymbol{I}_N - z\eta_{\mathcal{D}_N}(\mathcal{G}_{\boldsymbol{\mathcal{H}}^{\mathrm{H}}\boldsymbol{\mathcal{H}}}^{\mathcal{D}_M}(z\boldsymbol{I}_M))\right)^{-1}\overline{\boldsymbol{H}}\right)^{-1}\right\}\end{aligned} \tag{4.42}$$

式中

$$\eta_{\mathcal{D}_N}(\boldsymbol{C}_1) = E_{\mathcal{D}_N}\{\widetilde{\boldsymbol{\mathcal{H}}}\boldsymbol{C}_1\widetilde{\boldsymbol{\mathcal{H}}}^{\mathrm{H}}\}, \boldsymbol{C}_1 \in \mathcal{D}_M$$
$$\eta_{\mathcal{D}_M}(\boldsymbol{C}_2) = E_{\mathcal{D}_M}\{\widetilde{\boldsymbol{\mathcal{H}}}^{\mathrm{H}}\boldsymbol{C}_2\widetilde{\boldsymbol{\mathcal{H}}}\}, \boldsymbol{C}_2 \in \mathcal{D}_N$$

式 (4.41) 和式 (4.42) 和文献 [178] 中定理 2.4 的结果相同。最终，通过 $G_{\boldsymbol{\mathcal{B}}_N}(z) = \frac{1}{N}\mathrm{tr}(\mathcal{G}_{\boldsymbol{\mathcal{B}}_N}^{\mathcal{D}_N}(z\boldsymbol{I}_N))$，可获得柯西变换 $G_{\boldsymbol{\mathcal{B}}_N}(z)$。

综上所述，自由确定性等同方法提供了推导柯西变换 $G_{\boldsymbol{B}_N}(z)$ 近似值的一个方法。该方法中一个重要的步骤是建立 $\boldsymbol{B}_N$ 的自由确定性等同 $\boldsymbol{\mathcal{B}}_N$。建立完成后，可利用算子值自由概率理论推导柯西变换 $G_{\boldsymbol{\mathcal{B}}_N}(z)$。而且，$G_{\boldsymbol{\mathcal{B}}_N}(z)$ 是 $G_{\boldsymbol{B}_N}(z)$ 的确定性等同。进一步，利用上面香农变换和柯西变换间的关系，可以推导出自由确定性等同 $\boldsymbol{\mathcal{B}}_N$ 的香农变换，进而得出信道互信息量的确定性等同。

4.2　大规模 MIMO 上行信道容量分析

4.2.1　概述

对于大规模 MIMO 上行链路，当天线数量很多时，精确的容量分析非常困难，并且可能是无法通过推导得出的。本节的目标是推导出一个精度非常高的近似容量闭式表达。文献中被广泛研究的确定性等同技术 [44]，是获得很多种 MIMO 信道的近似容量闭式表达比较成功的方法。确定性等同技术分为四类：Bai-Silverstein 方法 [45,46,54]、高斯方法 [47–49]、Replica 方法 [50,51] 和基于自由概率理论的方法 [52,53]。其中，Bai-Silverstein 方法已经被应用到多种 MIMO MAC。文献 [45] 中利用该方法研究了具有分离相关信道的 MIMO MAC 的容量。文献 [54] 将其与一般化的 Lindeberg 原理 [55] 相结合，推导了信道矩阵由相关非高斯元素组成的 MIMO MAC 的遍历输入输出互信息量。在使用 Bai-Silverstein 方法过程中，需要去“猜测”信道 Gram 矩阵 Stieltjes 变换的确定性等同形式。而复杂模型的确定性等同形式通常比较难“猜测”，所以该方法的应用受到了限制 [44]。通过使用分部积分以及 Nash-Poincare 不等式，高斯方法能够直接推导出具有复杂相关性元素的随机矩阵的确定性等同。该方法特别适合于元素为高斯变量的随机矩阵。与 Lindeberg 原理相结合，高斯方法也可被用作处理具有非高斯元素的随机矩阵。文献 [49] 中使用了高斯方法。从统计物理 [56] 发展而来的 Replica 方法，是无线通信中一个被广泛使用的方法。其同样也被应用于多用户 MIMO 上行信道。文献 [51] 使用该方法研究了具有联合相关莱斯衰落特性的多用户 MIMO 上行信道的和速率。然而，文献 [51] 中没有给出 Replica 方法正确性的严格数学证明。

和其他方法相比，基于算子值自由概率的确定性等同方法，更加直接且容易得到所需确定性等同的形式。本节使用自由确定性等同方法进行所考虑一般大规模 MIMO 模型的容量分析。自由确定性等同方法提供了一种相对比较正式的方法来获得随机矩阵柯西变换的确定性等同。通过将独立的高斯矩阵替换为由非交换变量组成并满足一定自由独立条件的矩阵，建立信道 Gram 矩阵的自由确定性等同。在所得自由确定性等同基础上，推导出所建立自由确定性等同的柯西变换和香农变换，得出信道遍历输入输出互信息量的确定性等同及和速率容量可达的最优发送协方差矩阵。

4.2.2 问题陈述

1. 系统模型

考虑一平坦衰落大规模 MIMO 系统。如图 4.1 所示，该大规模 MIMO 系统由一个基站和 K 个用户构成。基站天线阵列的天线数量为 N。第 k 用户的天线为 M_k 且 $\sum\limits_{k=1}^{K} M_k = M$。令 $\boldsymbol{x}_k$ 表示第 k 用户的 $M_k \times 1$ 发送向量。所有发送向量的协方差矩阵为

$$E\{\boldsymbol{x}_k \boldsymbol{x}_{k'}^{\mathrm{H}}\} = \begin{cases} \dfrac{P_k}{M_k}\boldsymbol{Q}_k, & k = k' \\ \mathbf{0}, & \text{其他} \end{cases} \tag{4.43}$$

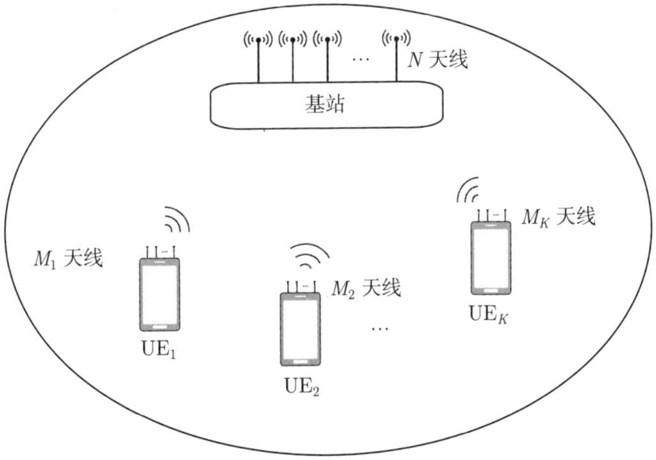

图 4.1 大规模 MIMO 系统模型

式中，P_k 是第 k 用户的总传输能量；$\boldsymbol{Q}_k$ 是一个 $M_k \times M_k$ 半正定矩阵并有约束

$\mathrm{tr}(\boldsymbol{Q}_k) \leqslant M_k$。在一个符号间隔内，基站接收信号 $\boldsymbol{y}$ 可以写为

$$\boldsymbol{y} = \sum_{k=1}^{K} \boldsymbol{H}_k \boldsymbol{x}_k + \boldsymbol{z} \tag{4.44}$$

式中，$\boldsymbol{H}_k$ 为 BS 和第 k 用户间的 $N \times M_k$ 信道矩阵；$\boldsymbol{z}$ 是一个分布为 $\mathcal{CN}(0, \sigma_z^2 \boldsymbol{I}_N)$ 的复高斯噪声向量。将信道矩阵 $\boldsymbol{H}_k$ 归一化为

$$E\{\mathrm{tr}\left(\boldsymbol{H}_k \boldsymbol{H}_k^{\mathrm{H}}\right)\} = \frac{NM_k}{M} \tag{4.45}$$

此外，$\boldsymbol{H}_k$ 的表达式为

$$\boldsymbol{H}_k = \overline{\boldsymbol{H}}_k + \widetilde{\boldsymbol{H}}_k \tag{4.46}$$

式中，$\overline{\boldsymbol{H}}_k$ 为 $N_l \times M_k$ 确定矩阵；$\widetilde{\boldsymbol{H}}_k$ 为联合相关随机矩阵，定义为 [3, 4]

$$\widetilde{\boldsymbol{H}}_k = \boldsymbol{U}_k(\boldsymbol{M}_k \odot \boldsymbol{W}_k)\boldsymbol{V}_k^{\mathrm{H}} \tag{4.47}$$

式中，$\boldsymbol{U}_k$ 和 $\boldsymbol{V}_k$ 为确定酉矩阵；$\boldsymbol{M}_k$ 为一个由非负元素组成的 $N \times M_k$ 确定矩阵；$\boldsymbol{W}_k$ 是一个元素为零均值、单位方差且独立同分布随机变量的复高斯随机矩阵。假设不同链路的信道矩阵相互独立，即当 $k \neq m$ 时有

$$E\{\widetilde{\boldsymbol{H}}_k \boldsymbol{C}_{km} \widetilde{\boldsymbol{H}}_m^{\mathrm{H}}\} = \boldsymbol{0}_{N \times N} \tag{4.48}$$

$$E\{\widetilde{\boldsymbol{H}}_k^{\mathrm{H}} \widetilde{\boldsymbol{C}}_{km} \widetilde{\boldsymbol{H}}_m\} = \boldsymbol{0}_{M_k \times M_m} \tag{4.49}$$

式中，$\boldsymbol{C}_{km} \in \mathcal{M}_{M_k \times M_n}(\mathbb{C})$；$\widetilde{\boldsymbol{C}}_{km} \in \mathcal{M}_{N \times N}(\mathbb{C})$。令 $\widetilde{\boldsymbol{W}}_k$ 表示 $\boldsymbol{M}_k \odot \boldsymbol{W}_k$。定义 $\boldsymbol{G}_k$ 为 $\boldsymbol{G}_k = \boldsymbol{M}_k \odot \boldsymbol{M}_k$。单边相关阵 $\tilde{\eta}_k(\boldsymbol{C}_k)$ 定义为

$$\begin{aligned}\tilde{\eta}_k(\boldsymbol{C}_k) &= E\{\widetilde{\boldsymbol{H}}_k \boldsymbol{C}_k \widetilde{\boldsymbol{H}}_k^{\mathrm{H}}\} \\ &= \boldsymbol{U}_k \widetilde{\boldsymbol{\Pi}}_k(\boldsymbol{C}_k) \boldsymbol{U}_k^{\mathrm{H}}\end{aligned} \tag{4.50}$$

式中，$\boldsymbol{C}_k \in \mathcal{M}_{M_k}$，$\widetilde{\boldsymbol{\Pi}}_k(\boldsymbol{C}_k)$ 是一个取值为 $N \times N$ 对角矩阵的函数，其对角元为

$$\left[\widetilde{\boldsymbol{\Pi}}_k(\boldsymbol{C}_k)\right]_{ii} = \sum_{j=1}^{M_k} [\boldsymbol{G}_k]_{ij} \left[\boldsymbol{V}_k^{\mathrm{H}} \boldsymbol{C}_k \boldsymbol{V}_k\right]_{jj} \tag{4.51}$$

相似地，另一个单边相关阵 $\eta_k(\widetilde{\boldsymbol{C}})$ 定义为

$$\eta_k(\widetilde{\boldsymbol{C}}) = E\left\{\widetilde{\boldsymbol{H}}_k^{\mathrm{H}} \widetilde{\boldsymbol{C}} \widetilde{\boldsymbol{H}}_k\right\} = \boldsymbol{V}_k \boldsymbol{\Pi}_k(\widetilde{\boldsymbol{C}}) \boldsymbol{V}_k^{\mathrm{H}} \tag{4.52}$$

式中，$\widetilde{\boldsymbol{C}} \in \mathcal{M}_N$，$\boldsymbol{\Pi}_k(\widetilde{\boldsymbol{C}})$ 为一个取值为 $M_k \times M_k$ 对角矩阵的函数并且对角元为

$$\left[\boldsymbol{\Pi}_k(\widetilde{\boldsymbol{C}})\right]_{ii} = \sum_{j=1}^{N} [\boldsymbol{G}_k]_{ji} \left[\boldsymbol{U}_k^{\mathrm{H}} \langle \widetilde{\boldsymbol{C}} \rangle_l \boldsymbol{U}_k\right]_{jj} \tag{4.53}$$

所述信道模型覆盖了许多已知信道模型。令 $\boldsymbol{J}_k$ 为一个 $N \times M_k$ 全 1 矩阵，$\boldsymbol{\Lambda}_{r,k}$ 为一个 $N \times N$ 具有非负元素的对角矩阵且 $\boldsymbol{\Lambda}_{t,k}$ 为一个 $M_k \times M_k$ 具有非负元素的对角矩阵。此外，设 $\boldsymbol{M}_k = \boldsymbol{\Lambda}_{r,k}^{1/2} \boldsymbol{J}_k \boldsymbol{\Lambda}_{t,k}^{1/2}$。接着，可得 $\widetilde{\boldsymbol{H}}_k = \boldsymbol{U}_k(\boldsymbol{\Lambda}_{r,k}^{1/2} \boldsymbol{J}_k \boldsymbol{\Lambda}_{t,k}^{1/2} \odot \boldsymbol{W}_k)\boldsymbol{V}_k^{\mathrm{H}} = \boldsymbol{U}_k \boldsymbol{\Lambda}_{r,k}^{1/2}(\boldsymbol{J}_k \odot \boldsymbol{W}_k)\boldsymbol{\Lambda}_{t,k}^{1/2}\boldsymbol{V}_k^{\mathrm{H}}$[180]。因此，每一个 $\widetilde{\boldsymbol{H}}_k$ 退化为 Kronecker 模型。

2. 问题陈述

令 $\boldsymbol{H}$ 表示 $[\boldsymbol{H}_1\ \boldsymbol{H}_2\ \cdots\ \boldsymbol{H}_K]$，本节的目标是计算信道 $\boldsymbol{H}$ 的遍历输入输出互信息量以及推导能够取得和速率容量的最优发送协方差矩阵。特别地，考虑 K 固定但 N 和 M_k 以比率 $\dfrac{M_k}{N} = \beta_k$ 趋向无穷时的大维情形且

$$0 < \min_k \liminf_N \beta_k < \max_k \limsup_N \beta_k < \infty \tag{4.54}$$

首先考虑计算遍历输入输出互信息量的问题。简便起见，假设 $\dfrac{P_k}{M_k}\boldsymbol{Q}_k = \boldsymbol{I}_{M_k}$。对于一般预编码，其结果可通过将最终表达式中 $\boldsymbol{H}_k$ 替换为 $\sqrt{\dfrac{P_k}{M_k}}\boldsymbol{H}_k\boldsymbol{Q}_k^{\frac{1}{2}}$ 得到。让 $I_{\boldsymbol{B}_N}(\sigma_z^2)$ 表示信道 $\boldsymbol{H}$ 的遍历输入输出互信息量且 $\boldsymbol{B}_N$ 表示信道 Gram 矩阵 $\boldsymbol{H}\boldsymbol{H}^{\mathrm{H}}$。在假设发送向量为高斯随机向量且协方差为单位阵且基站端接收机已知精确信道状态信息条件下，$I_{\boldsymbol{B}_N}(\sigma_z^2)$ 为 [181]

$$I_{\boldsymbol{B}_N}(\sigma_z^2) = E\left\{\log\det\left(\boldsymbol{I}_N + \frac{1}{\sigma_z^2}\boldsymbol{B}_N\right)\right\} \tag{4.55}$$

此外，有 $I_{\boldsymbol{B}_N}(\sigma_z^2) = N\mathcal{V}_{\boldsymbol{B}_N}(\sigma_z^2)$。对于所考虑信道模型，关于 $I_{\boldsymbol{B}_N}(\sigma_z^2)$ 的精确表达式是无法获得的。本节的目标是获得 $I_{\boldsymbol{B}_N}(\sigma_z^2)$ 的一个近似值。从 4.1.4 节已知，利用柯西变换 $G_{\boldsymbol{B}_N}(z)$ 可推导出香农变换 $\mathcal{V}_{\boldsymbol{B}_N}(\sigma_z^2)$ 且自由确定性等同方法可以用来推导柯西变换 $G_{\boldsymbol{B}_N}(z)$ 的近似。因此，问题变为去建立 $\boldsymbol{B}_N$ 的自由确定性等同 $\boldsymbol{\mathcal{B}}_N$ 并推导柯西变换 $G_{\boldsymbol{\mathcal{B}}_N}(z)$ 和香农变换 $\mathcal{V}_{\boldsymbol{\mathcal{B}}_N}(x)$。下面将给出此问题的结果。

为了推导和速率容量可达的最优发送协方差矩阵，考虑最大化遍历输入输出互信息量 $I_{\boldsymbol{B}_N}(\sigma_z^2)$ 问题。因为 $I_{\boldsymbol{B}_N}(\sigma_z^2) = N\mathcal{V}_{\boldsymbol{B}_N}(\sigma_z^2)$，所考虑问题可表示为

$$(\boldsymbol{Q}_1^\diamond, \boldsymbol{Q}_2^\diamond, \cdots, \boldsymbol{Q}_K^\diamond) = \underset{(\boldsymbol{Q}_1,\cdots,\boldsymbol{Q}_K)\in\mathbb{Q}}{\arg\max}\ \mathcal{V}_{\boldsymbol{B}_N}(\sigma_z^2) \tag{4.56}$$

式中，约束集 $\mathbb{Q}$ 定义为

$$\mathbb{Q} = \{(\boldsymbol{Q}_1, \boldsymbol{Q}_2, \cdots, \boldsymbol{Q}_K) : \mathrm{tr}(\boldsymbol{Q}_k) \leqslant M_k, \boldsymbol{Q}_k \succeq 0, \forall k\} \tag{4.57}$$

假设用户端没有信道状态信息，并且每一个 $\boldsymbol{Q}_k$ 由基站反馈回第 k 用户。同时，假设所有的 $\boldsymbol{Q}_k$ 是从确定矩阵 $\overline{\boldsymbol{H}}_k$、$\boldsymbol{G}_k$、$\boldsymbol{U}_k$ 和 $\boldsymbol{V}_k, 1 \leqslant k \leqslant K$ 计算而来的。

因为 $I_{\boldsymbol{B}_N}(\sigma_z^2)$ 是输入输出互信息量的期望值，式 (4.56) 中的优化问题为一个统计规划问题。与文献 [49] 和 [54] 中一样，所考虑问题也是一个凸优化问题，因此可以用基于 Monte-Carlo 方法的凸优化算法解决 [156]。进一步来说，所考虑问题可以应用 Vu-Paulraj 算法 [182]。然而，基于 Monte-Carlo 方法的凸优化算法复杂度非常高 [49]。因此，仍然需要新的方法。因为本节将推导出 $\mathcal{V}_{\boldsymbol{B}_N}(\sigma_z^2)$ 的近似 $\mathcal{V}_{\boldsymbol{\mathcal{B}}_N}(\sigma_z^2)$，所以可以将后者作为优化目标函数并将优化问题重新表示为

$$(\boldsymbol{Q}_1^\star, \boldsymbol{Q}_2^\star, \cdots, \boldsymbol{Q}_K^\star) = \mathop{\arg\max}_{(\boldsymbol{Q}_1, \cdots, \boldsymbol{Q}_K) \in \mathbb{Q}} \mathcal{V}_{\boldsymbol{\mathcal{B}}_N}(\sigma_z^2) \tag{4.58}$$

4.2.4 节将会针对此问题给出结果。

4.2.3 基于自由确定性等同的容量分析

本节给出 $\boldsymbol{B}_N$ 的自由确定性等同以及柯西变换和香农变换的确定性等同。同样，也给出最大化近似遍历输入输出互信息量问题的结果。

1. $\boldsymbol{B}_N$ 的自由确定性等同

定义矩阵 $\overline{\boldsymbol{H}}$ 为 $\overline{\boldsymbol{H}} = [\overline{\boldsymbol{H}}_1\ \overline{\boldsymbol{H}}_2\ \cdots\ \overline{\boldsymbol{H}}_K]$，矩阵 $\widetilde{\boldsymbol{H}}$ 为 $\widetilde{\boldsymbol{H}} = [\widetilde{\boldsymbol{H}}_1\ \widetilde{\boldsymbol{H}}_2\ \cdots\ \widetilde{\boldsymbol{H}}_K]$，并同式 (4.27)、式 (4.33) 和式 (4.34) 中一样，分别定义 $\boldsymbol{X}$、$\overline{\boldsymbol{X}}$ 和 $\widetilde{\boldsymbol{X}}$。

文献 [183] 中指出当将独立的长方形随机矩阵嵌入一个更大的正方形矩阵空间时，这些随机矩阵在一个子代数上是渐近自由独立的。受其启发，这里也将 $\widetilde{\boldsymbol{H}}_k$ 嵌入到更大的矩阵空间 $\boldsymbol{M}_{N\times M}(\mathcal{P})$ 中。定义 $\widehat{\boldsymbol{H}}_k$ 为

$$\widehat{\boldsymbol{H}}_k = [\mathbf{0}_{N\times M_1}\ \cdots\ \mathbf{0}_{N\times M_{k-1}}\ \widetilde{\boldsymbol{H}}_k\ \mathbf{0}_{N\times M_{k+1}}\ \cdots\ \mathbf{0}_{N\times M_K}] \tag{4.59}$$

接着，可以将 $\widetilde{\boldsymbol{X}}$ 重写为

$$\widetilde{\boldsymbol{X}} = \sum_{k=1}^{K} \widehat{\boldsymbol{X}}_k \tag{4.60}$$

式中，$\widehat{\boldsymbol{X}}_k$ 定义为

$$\widehat{\boldsymbol{X}}_k = \begin{pmatrix} \mathbf{0}_N & \widehat{\boldsymbol{H}}_k \\ \widehat{\boldsymbol{H}}_k^{\mathrm{H}} & \mathbf{0}_M \end{pmatrix} \tag{4.61}$$

与文献 [52] 中相似，将 $\widehat{\boldsymbol{X}}_k$ 重写为

$$\widehat{\boldsymbol{X}}_k = \boldsymbol{A}_k \boldsymbol{Y}_k \boldsymbol{A}_k^{\mathrm{H}} \tag{4.62}$$

式中，$\boldsymbol{Y}_k$ 和 $\boldsymbol{A}_k$ 定义为

$$\boldsymbol{Y}_k = \begin{pmatrix} \boldsymbol{0}_N & \widehat{\boldsymbol{W}}_k \\ \widehat{\boldsymbol{W}}_k^{\mathrm{H}} & \boldsymbol{0}_M \end{pmatrix} \tag{4.63}$$

且

$$\boldsymbol{A}_k = \begin{pmatrix} \boldsymbol{U}_k & \boldsymbol{0}_{N\times M} \\ \boldsymbol{0}_{M\times N} & \widehat{\boldsymbol{V}}_k \end{pmatrix} \tag{4.64}$$

式中

$$\widehat{\boldsymbol{W}}_k = [\boldsymbol{0}_{N\times M_1} \cdots \boldsymbol{0}_{N\times M_{k-1}} \widetilde{\boldsymbol{W}}_k \, \boldsymbol{0}_{N\times M_{k+1}} \cdots \boldsymbol{0}_{N\times M_K}] \tag{4.65}$$

并且

$$\widehat{\boldsymbol{V}}_k = \mathrm{diag}\left(\boldsymbol{0}_{M_1}, \cdots, \boldsymbol{0}_{M_{k-1}}, \boldsymbol{V}_k, \boldsymbol{0}_{M_{k+1}}, \cdots, \boldsymbol{0}_{M_K}\right) \tag{4.66}$$

矩阵 $\boldsymbol{X}$ 和 $\boldsymbol{B}_N$ 自由确定性等同的建立如下。令 $\mathcal{A}$ 为一酉代数，$(\mathcal{A},\phi)$ 为一个非交换概率空间且 $\boldsymbol{\mathcal{Y}}_1,\cdots,\boldsymbol{\mathcal{Y}}_K \in \boldsymbol{M}_n(\mathcal{A})$ 表示一族自伴矩阵。矩阵 $\boldsymbol{\mathcal{Y}}_k$ 的对角元 $[\boldsymbol{\mathcal{Y}}_k]_{ii}$ 为零均值的半圆分布变量，非对角元 $[\boldsymbol{\mathcal{Y}}_k]_{ij}, i\neq j$ 为零均值的圆分布变量。元素 $[\boldsymbol{\mathcal{Y}}_k]_{ij}$ 的方差为 $\phi([\boldsymbol{\mathcal{Y}}_k]_{ij}[\boldsymbol{\mathcal{Y}}_k]_{ij}^*) = E\{[\boldsymbol{Y}_k]_{ij}[\boldsymbol{Y}_k]_{ij}^*\}$。此外，$\boldsymbol{\mathcal{Y}}_k$ 的对角元及以上的元素为自由独立，并且不同 $\boldsymbol{\mathcal{Y}}_k$ 的元素也是自由独立的。接着，可得 $\phi([\boldsymbol{\mathcal{Y}}_k]_{ij}[\boldsymbol{\mathcal{Y}}_l]_{rs}) = E\{[\boldsymbol{Y}_k]_{ij}[\boldsymbol{Y}_l]_{rs}\}$，其中 $k\neq l$，$1\leqslant k,l\leqslant K$，$1\leqslant i,j,r,s\leqslant n$。

令 $\widetilde{\boldsymbol{\mathcal{X}}}$ 表示 $\sum\limits_{k=1}^{K}\widehat{\boldsymbol{\mathcal{X}}}_k$，其中 $\widehat{\boldsymbol{\mathcal{X}}}_k = \boldsymbol{A}_k\boldsymbol{\mathcal{Y}}_k\boldsymbol{A}_k^{\mathrm{H}}$。由 $\boldsymbol{\mathcal{Y}}_k$ 可得，$\widetilde{\boldsymbol{\mathcal{X}}}$ 的左上 $N\times N$ 块矩阵和右下 $M\times M$ 块矩阵都为零矩阵。因此，$\widetilde{\boldsymbol{\mathcal{X}}}$ 可重写为式 (4.35)，其中 $\widetilde{\boldsymbol{\mathcal{H}}}$ 表示 $\widetilde{\boldsymbol{\mathcal{X}}}$ 的右上 $N\times M$ 块矩阵。对于固定 n，定义映射 $E:\boldsymbol{M}_n(\mathcal{A})\to\mathcal{M}_n$ 为 $[E\{\boldsymbol{\mathcal{Y}}_k\}]_{ij} = \phi([\boldsymbol{\mathcal{Y}}_k]_{ij})$。接着，有

$$E\{\widetilde{\boldsymbol{\mathcal{X}}}\boldsymbol{C}_n\widetilde{\boldsymbol{\mathcal{X}}}\} = E\left\{\widetilde{\boldsymbol{X}}\boldsymbol{C}_n\widetilde{\boldsymbol{X}}\right\}$$

式中，$\boldsymbol{C}_n\in\mathcal{M}_n$。令 $\boldsymbol{\mathcal{H}}$ 表示 $\overline{\boldsymbol{H}}+\widetilde{\boldsymbol{\mathcal{H}}}$，$\boldsymbol{\mathcal{B}}_N$ 表示 $\boldsymbol{\mathcal{H}}\boldsymbol{\mathcal{H}}^{\mathrm{H}}$。最终，和式 (4.36) 中一样定义 $\boldsymbol{\mathcal{X}}$。在下面的假设条件下，矩阵 $\boldsymbol{\mathcal{X}}$ 和 $\boldsymbol{\mathcal{B}}_N$ 是 $\boldsymbol{X}$ 和 $\boldsymbol{B}_N$ 的自由确定性等同。

假设 4.4 矩阵 $M\boldsymbol{G}_k$ 的元素 $[M\boldsymbol{G}_k]_{ij}$ 是一致有界的。

定义 $\psi_k[n]:\mathcal{D}_n\to\mathcal{D}_n$ 为 $\psi_k[n](\boldsymbol{\Delta}_n) = E_{\mathcal{D}_n}\{\boldsymbol{Y}_k\boldsymbol{\Delta}_n\boldsymbol{Y}_k\}$，其中 $\boldsymbol{\Delta}_n\in\mathcal{D}_n$。定义 $i_n:\mathcal{D}_n\to L^\infty[0,1]$ 为 $i_n(\mathrm{diag}(d_1,d_2,\cdots,d_n)) = \sum\limits_{j=1}^{n} d_j\chi_{[\frac{j-1}{n},\frac{j}{n}]}$，其中 χ_U 为集合 U 的特征函数。

假设 4.5 存在映射 $\psi_k : L^\infty[0,1] \to L^\infty[0,1]$ 使得无论何时依范数 $i_n(\boldsymbol{\Delta}_n) \to d \in L^\infty[0,1]$，则同样有 $\lim\limits_{n\to\infty} \psi_k[n](\boldsymbol{\Delta}_n) = \psi_k(d)$。

假设 4.6 矩阵 $\overline{\boldsymbol{H}}_k\overline{\boldsymbol{H}}_k^{\mathrm{H}}$ 的谱范数是一致有界的。

为了严格地说明 $\mathcal{G}_{\boldsymbol{X}}^{\mathcal{D}_n}(z\boldsymbol{I}_n)$ 和 $\mathcal{G}_{\boldsymbol{\mathcal{X}}}^{\mathcal{D}_n}(z\boldsymbol{I}_n)$ 之间的关系，给出下面的定理。

定理 4.3 让 $\mathcal{D}_n$ 表示元素一致有界的 $n\times n$ 对角矩阵组成的代数且 $\mathcal{N}_n$ 表示由 $\boldsymbol{A}_{11},\cdots,\boldsymbol{A}_K$、$\overline{\boldsymbol{X}}$ 和 $\mathcal{D}_n$ 生成的代数。让 m 为一个正整数且 $\boldsymbol{C}_0,\boldsymbol{C}_1,\cdots,\boldsymbol{C}_m \in \mathcal{N}_n$ 为一族 $n\times n$ 确定矩阵。若假设 4.4 和假设 4.6 成立，有

$$\begin{aligned}\lim_{n\to\infty} i_n(&E_{\mathcal{D}_n}\{\boldsymbol{C}_0\boldsymbol{Y}_{p_1}\boldsymbol{C}_1\boldsymbol{Y}_{p_2}\boldsymbol{C}_2\cdots\boldsymbol{Y}_{p_m}\boldsymbol{C}_m\}\\ &- E_{\mathcal{D}_n}\{\boldsymbol{C}_0\boldsymbol{\mathcal{Y}}_{p_1}\boldsymbol{C}_1\boldsymbol{\mathcal{Y}}_{p_2}\boldsymbol{C}_2\cdots\boldsymbol{\mathcal{Y}}_{p_m}\boldsymbol{C}_m\}) = 0_{L^\infty[0,1]}\end{aligned} \tag{4.67}$$

式中，$1 \leqslant p_1,\cdots,p_m \leqslant K$ 并且 $E_{\mathcal{D}_n}\{\cdot\}$ 的定义已在式 (4.37) 中给出。进一步，若假设 4.5 也成立，则 $\boldsymbol{Y}_1,\cdots,\boldsymbol{Y}_K,\mathcal{N}_n$ 在 $L^\infty[0,1]$ 上渐近自由。

证明 从式 (4.54) 和假设 4.4 可知，$[n\boldsymbol{G}_k]_{ij}$ 是一致有界的。根据假设 4.6 有，$\overline{\boldsymbol{X}}$ 的谱范数是一致有界的。此外，矩阵 $\boldsymbol{A}_k$ 的谱范数为 1。综上所述，此定理可以视作定理 4.2 的推论。 ■

定理 4.3 表明随机矩阵 $\boldsymbol{\mathcal{X}}$ 和 $\boldsymbol{X}$ 具有同样的渐近 $L^\infty[0,1]$ 值分布。在此基础上，可得 $\mathcal{G}_{\boldsymbol{X}}^{\mathcal{D}_n}(z\boldsymbol{I}_n)$ 和 $\mathcal{G}_{\boldsymbol{\mathcal{X}}}^{\mathcal{D}_n}(z\boldsymbol{I}_n)$ 随着矩阵维度增加趋于相同，即

$$\lim_{n\to\infty} i_n\left(\mathcal{G}_{\boldsymbol{X}}^{\mathcal{D}_n}(z\boldsymbol{I}_n) - \mathcal{G}_{\boldsymbol{\mathcal{X}}}^{\mathcal{D}_n}(z\boldsymbol{I}_n)\right) = 0_{L^\infty[0,1]} \tag{4.68}$$

使用与推导式 (4.31) 相似的步骤，可得

$$\mathcal{G}_{\boldsymbol{\mathcal{X}}}^{\mathcal{D}_n}(z\boldsymbol{I}_n) = z\mathcal{G}_{\boldsymbol{\mathcal{X}}^2}^{\mathcal{D}_n}(z^2\boldsymbol{I}_n) \tag{4.69}$$

式中，$z, z^2 \in \mathbb{C}^+$。根据式 (4.31)、式 (4.68) 和式 (4.69)，可得

$$\lim_{n\to\infty} i_n\left(\mathcal{G}_{\boldsymbol{X}^2}^{\mathcal{D}_n}(z\boldsymbol{I}_n) - \mathcal{G}_{\boldsymbol{\mathcal{X}}^2}^{\mathcal{D}_n}(z\boldsymbol{I}_n)\right) = 0_{L^\infty[0,1]} \tag{4.70}$$

进一步，从式 (4.32) 和与其类似的关于 $\mathcal{G}_{\boldsymbol{\mathcal{X}}^2}^{\mathcal{D}_n}(z\boldsymbol{I}_n)$ 的式子，可以得到

$$\lim_{N\to\infty} i_N\left(\mathcal{G}_{\boldsymbol{B}_N}^{\mathcal{D}_N}(z\boldsymbol{I}_N) - \mathcal{G}_{\boldsymbol{\mathcal{B}}_N}^{\mathcal{D}_N}(z\boldsymbol{I}_N)\right) = 0_{L^\infty[0,1]} \tag{4.71}$$

最后，根据 $G_{\boldsymbol{\mathcal{B}}_N}(z) = \dfrac{1}{N}\mathrm{tr}(\mathcal{G}_{\boldsymbol{\mathcal{B}}_N}^{\mathcal{D}_N}(z\boldsymbol{I}_N))$ 和 $G_{\boldsymbol{B}_N}(z) = \dfrac{1}{N}\mathrm{tr}(\mathcal{G}_{\boldsymbol{B}_N}^{\mathcal{D}_N}(z\boldsymbol{I}_N))$，可以得到 $G_{\boldsymbol{\mathcal{B}}_N}(z)$ 为 $G_{\boldsymbol{B}_N}(z)$ 的确定性等同。

2. $G_{\boldsymbol{B}_N}(z)$ 的确定性等同

通过使用算子值自由概率理论，$G_{\boldsymbol{\mathcal{B}}_N}(z)$ 的计算变得比 $G_{\boldsymbol{B}_N}(z)$ 简单得多。令 $\mathcal{G}_{\boldsymbol{\mathcal{B}}_N}^{\mathcal{M}_N}(z\boldsymbol{I}_N) = E\{(z\boldsymbol{I}_N - \boldsymbol{\mathcal{B}}_N)^{-1}\}$。因为 $\mathcal{G}_{\boldsymbol{\mathcal{B}}_N}^{\mathcal{D}_N}(z\boldsymbol{I}_N) = E_{\mathcal{D}_N}\{\mathcal{G}_{\boldsymbol{\mathcal{B}}_N}^{\mathcal{M}_N}(z\boldsymbol{I}_N)\}$，其中

$E_{\mathcal{D}_N}\{\cdot\}$ 的定义和式 (4.37) 中一样，所以可以从 $\mathcal{G}_{\boldsymbol{\mathcal{B}}_N}^{\mathcal{M}_N}(z\boldsymbol{I}_N)$ 获得 $G_{\boldsymbol{\mathcal{B}}_N}(z)$。用 $\mathcal{D}$ 表示如下形式代数：

$$\mathcal{D}=\begin{pmatrix} \mathcal{M}_N & \mathbf{0} & \cdots & \mathbf{0} \\ \mathbf{0} & \mathcal{M}_{M_1} & \cdots & \mathbf{0} \\ \vdots & \vdots & & \vdots \\ \mathbf{0} & \mathbf{0} & \cdots & \mathcal{M}_{M_K} \end{pmatrix} \tag{4.72}$$

定义条件期望 $E_{\mathcal{D}}:\boldsymbol{M}_n(\mathcal{A})\rightarrow\mathcal{D}$ 为

$$\begin{aligned} &E_{\mathcal{D}}\left\{\begin{pmatrix} \boldsymbol{\mathcal{C}}_{11} & \boldsymbol{\mathcal{C}}_{12} & \cdots & \boldsymbol{\mathcal{C}}_{1(K+1)} \\ \boldsymbol{\mathcal{C}}_{21} & \boldsymbol{\mathcal{C}}_{22} & \cdots & \boldsymbol{\mathcal{C}}_{2(K+1)} \\ \vdots & \vdots & & \vdots \\ \boldsymbol{\mathcal{C}}_{(K+1)1} & \boldsymbol{\mathcal{C}}_{(K+1)2} & \cdots & \boldsymbol{\mathcal{C}}_{(K+1)(K+1)} \end{pmatrix}\right\} \\ &=\begin{pmatrix} E\{\boldsymbol{\mathcal{C}}_{11}\} & \mathbf{0} & \cdots & \mathbf{0} \\ \mathbf{0} & E\{\boldsymbol{\mathcal{C}}_{22}\} & \cdots & \mathbf{0} \\ \vdots & \vdots & & \vdots \\ \mathbf{0} & \mathbf{0} & \cdots & E\{\boldsymbol{\mathcal{C}}_{(K+1)(K+1)}\} \end{pmatrix} \end{aligned} \tag{4.73}$$

式中，矩阵 $\boldsymbol{\mathcal{C}}_{11}\in\boldsymbol{M}_N(\mathcal{A})$，并且当 $k=2,3,\cdots,K+1$ 时有 $\boldsymbol{\mathcal{C}}_{kk}\in\boldsymbol{M}_{M_{k-1}}(\mathcal{A})$。接着，将 $\mathcal{G}_{\boldsymbol{\mathcal{X}}^2}^{\mathcal{D}}(z\boldsymbol{I}_n)$ 写为

$$\begin{aligned} \mathcal{G}_{\boldsymbol{\mathcal{X}}^2}^{\mathcal{D}}(z\boldsymbol{I}_n) &= E_{\mathcal{D}}\left\{(z\boldsymbol{I}_n-\boldsymbol{\mathcal{X}}^2)^{-1}\right\} \\ &=\begin{pmatrix} \mathcal{G}_{\boldsymbol{\mathcal{B}}_N}^{\mathcal{M}_N}(z\boldsymbol{I}_N) & \mathbf{0} & \cdots & \mathbf{0} \\ \mathbf{0} & \mathcal{G}_1(z) & \cdots & \mathbf{0} \\ \vdots & \vdots & & \vdots \\ \mathbf{0} & \mathbf{0} & \cdots & \mathcal{G}_K(z) \end{pmatrix} \end{aligned} \tag{4.74}$$

式中，$z\in\mathbb{C}^+$，$\mathcal{G}_k(z)$ 表示 $(E\{(z\boldsymbol{I}_M-\boldsymbol{\mathcal{H}}^{\mathrm{H}}\boldsymbol{\mathcal{H}})^{-1}\})_k$，$k=1,\cdots,K$，$(\boldsymbol{A})_k$ 表示提取 $\boldsymbol{A}$ 第 $\sum\limits_{i=1}^{k-1}M_i+1$ 到第 $\sum\limits_{i=1}^{k}M_i$ 行列元素组成的子矩阵。综上所述，可通过 $\mathcal{G}_{\boldsymbol{\mathcal{X}}}^{\mathcal{D}}(z\boldsymbol{I}_n)$ 得出 $\mathcal{G}_{\boldsymbol{\mathcal{X}}^2}^{\mathcal{D}}(z\boldsymbol{I}_n)$，并进而得出 $\mathcal{G}_{\boldsymbol{\mathcal{B}}_N}^{\mathcal{M}_N}(z\boldsymbol{I}_N)$。

引理 4.1 矩阵 $\widetilde{\boldsymbol{\mathcal{X}}}$ 是 $\mathcal{D}$ 上的半圆分布变量。并且 $\widetilde{\boldsymbol{\mathcal{X}}}$ 和 $\mathcal{M}_n$ 在 $\mathcal{D}$ 上自由独立。

证明 见附录 4.4.3。 ■

因为 $\overline{\boldsymbol{X}}\in\mathcal{M}_n$，所以有 $\widetilde{\boldsymbol{\mathcal{X}}}$ 并且 $\overline{\boldsymbol{X}}$ 在 $\mathcal{D}$ 上自由独立。根据 $\boldsymbol{\mathcal{X}}=\overline{\boldsymbol{X}}+\widetilde{\boldsymbol{\mathcal{X}}}$，可以推导出 $\mathcal{G}_{\boldsymbol{\mathcal{X}}}^{\mathcal{D}}(z\boldsymbol{I}_n)$ 和 $\mathcal{G}_{\boldsymbol{\mathcal{X}}^2}^{\mathcal{D}}(z\boldsymbol{I}_n)$。进一步，可获得如下计算 $\mathcal{G}_{\boldsymbol{\mathcal{B}}_N}^{\mathcal{M}_N}(z\boldsymbol{I}_N)$ 的定理。

定理 4.4 矩阵 $\boldsymbol{\mathcal{B}}_N$ 的 $\mathcal{M}_N$ 值柯西变换 $\mathcal{G}_{\boldsymbol{\mathcal{B}}_N}^{\mathcal{M}_N}(z\boldsymbol{I}_N)$ 满足

$$\tilde{\boldsymbol{\Phi}}(z)=\boldsymbol{I}_N-\sum_{k=1}^{K}\tilde{\eta}_k(\mathcal{G}_k(z)) \tag{4.75}$$

$$\begin{aligned}\boldsymbol{\Phi}(z)=\mathrm{diag}\Big(&\boldsymbol{I}_{M_1}-\eta_1(\mathcal{G}_{\boldsymbol{\mathcal{B}}_N}^{\mathcal{M}_N}(z\boldsymbol{I}_N)),\boldsymbol{I}_{M_2}-\eta_2(\mathcal{G}_{\boldsymbol{\mathcal{B}}_N}^{\mathcal{M}_N}(z\boldsymbol{I}_N)),\cdots,\\&\boldsymbol{I}_{M_K}-\eta_K(\mathcal{G}_{\boldsymbol{\mathcal{B}}_N}^{\mathcal{M}_N}(z\boldsymbol{I}_N))\Big)\end{aligned} \tag{4.76}$$

$$\mathcal{G}_{\boldsymbol{\mathcal{B}}_N}^{\mathcal{M}_N}(z\boldsymbol{I}_N)=\left(z\tilde{\boldsymbol{\Phi}}(z)-\overline{\boldsymbol{H}}\boldsymbol{\Phi}(z)^{-1}\overline{\boldsymbol{H}}^{\mathrm{H}}\right)^{-1} \tag{4.77}$$

$$\mathcal{G}_k(z)=\left(\left(z\boldsymbol{\Phi}(z)-\overline{\boldsymbol{H}}^{\mathrm{H}}\tilde{\boldsymbol{\Phi}}(z)^{-1}\overline{\boldsymbol{H}}\right)^{-1}\right)_k \tag{4.78}$$

式中，$z\in\mathbb{C}^+$。对于每一个 z，上述迭代方程存在唯一解 $\mathcal{G}_{\boldsymbol{\mathcal{B}}_N}^{\mathcal{M}_N}(z\boldsymbol{I}_N)\in\mathbb{H}_-(\mathcal{M}_N):=\{b\in\mathcal{M}_N:\Im(b)\prec 0\}$。此外，柯西变换 $G_{\boldsymbol{\mathcal{B}}_N}(z)$ 为

$$G_{\boldsymbol{\mathcal{B}}_N}(z)=\frac{1}{N}\mathrm{tr}(\mathcal{G}_{\boldsymbol{\mathcal{B}}_N}^{\mathcal{M}_N}(z\boldsymbol{I}_N)) \tag{4.79}$$

证明 见附录 4.4.4。■

在大规模 MIMO 系统中，N 可以变得很大。在此情形下，可假设在一些天线配置下 $\boldsymbol{U}_k$ 独立于 k[14, 104, 184]，即 $\boldsymbol{U}_1=\boldsymbol{U}_2=\cdots=\boldsymbol{U}_K$。当所有的天线阵列为均匀线性阵列天线并且 N 很大时，DFT 矩阵可以很好地近似 $\boldsymbol{U}_k$[104, 184]。文献 [14] 考虑了一个更一般的基站侧天线配置，并表明随着天线数量的增加基站端不同用户的信道协方差矩阵的特征向量矩阵趋于相同。当假设 $\boldsymbol{U}_1=\boldsymbol{U}_2=\cdots=\boldsymbol{U}_k$ 成立时，可以得到一些简化结果。

3. $\mathcal{V}_{\boldsymbol{\mathcal{B}}_N}(x)$ 的确定性等同

本节利用柯西变换 $G_{\boldsymbol{\mathcal{B}}_N}(z)$ 进行香农变换 $\mathcal{V}_{\boldsymbol{\mathcal{B}}_N}(x)$ 推导。

根据式 (4.71)，可得

$$\lim_{N\to\infty}\mathcal{V}_{\boldsymbol{\mathcal{B}}_N}(x)-\mathcal{V}_{\boldsymbol{B}_N}(x)=0 \tag{4.80}$$

因此，$\mathcal{V}_{\boldsymbol{\mathcal{B}}_N}(x)$ 是 $\mathcal{V}_{\boldsymbol{B}_N}(x)$ 的确定性等同。为了推导 $\mathcal{V}_{\boldsymbol{\mathcal{B}}_N}(x)$，首先引入下面两个引理。

引理 4.2 让 $\boldsymbol{E}_k(x)$ 表示 $-x\mathcal{G}_k(-x)$ 且 $\boldsymbol{A}(x)$ 表示 $(\tilde{\boldsymbol{\Phi}}(-x)+x^{-1}\overline{\boldsymbol{H}}\boldsymbol{\Phi}(-x)^{-1}\overline{\boldsymbol{H}}^{\mathrm{H}})^{-1}$，有

$$-\mathrm{tr}\left(x^{-1}\overline{\boldsymbol{H}}^{\mathrm{H}}\boldsymbol{A}(x)\overline{\boldsymbol{H}}\frac{\mathrm{d}\boldsymbol{\Phi}(-x)^{-1}}{\mathrm{d}x}\right)=\sum_{k=1}^{K}\mathrm{tr}\left(\left(\boldsymbol{\Phi}_k(-x)^{-1}-\boldsymbol{E}_k(x)\right)\frac{\mathrm{d}\boldsymbol{\Phi}_k(-x)}{\mathrm{d}x}\right) \tag{4.81}$$

式中，$\boldsymbol{\Phi}_k(-x)=\boldsymbol{I}_{M_k}-\eta_k(\mathcal{G}_{\boldsymbol{\mathcal{B}}_N}^{\mathcal{M}_N}(-x\boldsymbol{I}_N))$。

证明 见附录 4.4.5。 ■

引理 4.3

$$\mathrm{tr}\left(\frac{\mathrm{d}(x^{-1}\boldsymbol{A}(x))}{\mathrm{d}x}\left(\tilde{\boldsymbol{\Phi}}(-x)-\boldsymbol{I}_N\right)\right)=\sum_{k=1}^{K}\mathrm{tr}\left(\frac{\mathrm{d}\boldsymbol{\Phi}_k(-x)}{\mathrm{d}x}x^{-1}\boldsymbol{E}_k(x)\right) \tag{4.82}$$

证明 见附录 4.4.6。 ■

利用引理 4.2 和引理 4.3 以及与文献 [178] 中相似的方法，可以得到下面的定理。

定理 4.5 矩阵 $\boldsymbol{\mathcal{B}}_N$ 的香农变换 $\mathcal{V}_{\boldsymbol{\mathcal{B}}_N}(x)$ 满足

$$\begin{aligned}\mathcal{V}_{\boldsymbol{\mathcal{B}}_N}(x)=&\log\det\left(\tilde{\boldsymbol{\Phi}}(-x)+x^{-1}\overline{\boldsymbol{H}}\boldsymbol{\Phi}(-x)^{-1}\overline{\boldsymbol{H}}^{\mathrm{H}}\right)+\log\det\left(\boldsymbol{\Phi}(-x)\right)\\&-\mathrm{tr}\left(x\sum_{k=1}^{K}\eta_k(\mathcal{G}_{\boldsymbol{\mathcal{B}}_N}^{\mathcal{M}_N}(-x\boldsymbol{I}_N))\mathcal{G}_k(-x)\right)\end{aligned} \tag{4.83}$$

或者等价地

$$\begin{aligned}\mathcal{V}_{\boldsymbol{\mathcal{B}}_N}(x)=&\log\det\left(\boldsymbol{\Phi}(-x)+x^{-1}\overline{\boldsymbol{H}}^{\mathrm{H}}\tilde{\boldsymbol{\Phi}}(-x)^{-1}\overline{\boldsymbol{H}}\right)+\log\det(\tilde{\boldsymbol{\Phi}}(-x))\\&-\mathrm{tr}\left(x\sum_{k=1}^{K}\tilde{\eta}_k(\mathcal{G}_k(-x))\mathcal{G}_{\boldsymbol{\mathcal{B}}_N}^{\mathcal{M}_N}(-x\boldsymbol{I}_N)\right)\end{aligned} \tag{4.84}$$

证明 见附录 4.4.7。 ■

现将计算香农变换 $\mathcal{V}_{\boldsymbol{B}_N}(\sigma_z^2)$ 的确定性等同 $\mathcal{V}_{\boldsymbol{\mathcal{B}}_N}(\sigma_z^2)$ 的计算步骤总结如下：首先，将 $\mathcal{G}_{\boldsymbol{\mathcal{B}}_N}^{\mathcal{M}_N}(-\sigma_z^2\boldsymbol{I}_N)$ 初始化为 $\boldsymbol{I}_N$ 且 $\mathcal{G}_k(-\sigma_z^2)$ 为 $\boldsymbol{I}_{M_k}$。接着，迭代式 (4.75)~式 (4.78) 直到达到所需精度。最后，根据式 (4.83) 或者式 (4.84) 计算确定性等同 $\mathcal{V}_{\boldsymbol{\mathcal{B}}_N}(\sigma_z^2)$。

4.2.4 和速率容量可达的最优发送协方差矩阵

本节考虑优化问题

$$(\boldsymbol{Q}_1^\star,\boldsymbol{Q}_2^\star,\cdots,\boldsymbol{Q}_K^\star)=\underset{(\boldsymbol{Q}_1,\cdots,\boldsymbol{Q}_K)\in\mathbb{Q}}{\arg\max}\ \mathcal{V}_{\boldsymbol{\mathcal{B}}_N}(\sigma_z^2) \tag{4.85}$$

在 4.2.3 节中，已经获得了当 $\dfrac{P_k}{M_k}\boldsymbol{Q}_k=\boldsymbol{I}_{M_k}$ 时 $\mathcal{V}_{\boldsymbol{\mathcal{B}}_N}(x)$ 的表达式。简便起见，定义 $\lambda_k=\dfrac{P_k}{M_k}$。对于一般 $\boldsymbol{Q}_k$，可通过将 $\overline{\boldsymbol{H}}_k$ 和 $\widetilde{\boldsymbol{H}}_k$ 分别替换为 $\lambda_k^{\frac{1}{2}}\overline{\boldsymbol{H}}_k\boldsymbol{Q}_k^{\frac{1}{2}}$ 和 $\lambda_k^{\frac{1}{2}}\widetilde{\boldsymbol{H}}_k\boldsymbol{Q}_k^{\frac{1}{2}}$，来获得 $\mathcal{V}_{\boldsymbol{\mathcal{B}}_N}(x)$ 的表达式。定义 $\tilde{\eta}_{Q,k}(\boldsymbol{C}_k)$ 和 $\eta_{Q,k}(\widetilde{\boldsymbol{C}})$ 为

$$\tilde{\eta}_{Q,k}(\boldsymbol{C}_k)=\lambda_k\boldsymbol{U}_k\widetilde{\boldsymbol{\Pi}}_k\left(\boldsymbol{Q}_k^{\frac{1}{2}}\boldsymbol{C}_k\boldsymbol{Q}_k^{\frac{1}{2}}\right)\boldsymbol{U}_k^{\mathrm{H}} \tag{4.86}$$

和

$$\eta_{Q,k}(\widetilde{\boldsymbol{C}}) = \lambda_k \boldsymbol{Q}_k^{\frac{1}{2}} \boldsymbol{V}_k \boldsymbol{\Pi}_k(\widetilde{\boldsymbol{C}}) \boldsymbol{V}_k^{\mathrm{H}} \boldsymbol{Q}_k^{\frac{1}{2}} \tag{4.87}$$

式 (4.86) 和式 (4.87) 的等号右边为通过将式 (4.50) 和式 (4.52) 中 $\widetilde{\boldsymbol{H}}_k$ 替换为 $\lambda_k^{\frac{1}{2}}\widetilde{\boldsymbol{H}}_k\boldsymbol{Q}_k^{\frac{1}{2}}$ 获得。令 $\overline{\boldsymbol{S}}$ 表示 $[\lambda_1^{\frac{1}{2}}\overline{\boldsymbol{H}}_1\ \lambda_2^{\frac{1}{2}}\overline{\boldsymbol{H}}_2\ \cdots\ \lambda_K^{\frac{1}{2}}\overline{\boldsymbol{H}}_K]$ 并且 $\boldsymbol{Q} = \mathrm{diag}(\boldsymbol{Q}_1, \boldsymbol{Q}_2, \cdots, \boldsymbol{Q}_K)$。接着，式 (4.83) 变为

$$\begin{aligned}\mathcal{V}_{\boldsymbol{\mathcal{B}}_N}(x) = & \log\det\left(\boldsymbol{I}_M + \boldsymbol{\Gamma}\boldsymbol{Q}\right) + \log\det\left(\tilde{\boldsymbol{\Phi}}(-x)\right) \\ & - \mathrm{tr}\left(x\sum_{k=1}^{K}\tilde{\eta}_{Q,k}(\mathcal{G}_k(-x))\mathcal{G}_{\boldsymbol{\mathcal{B}}_N}^{\mathcal{M}_N}(-x)\right)\end{aligned} \tag{4.88}$$

并且有

$$\begin{aligned}\boldsymbol{\Gamma} = \mathrm{diag}\Big(& -\eta_1(\mathcal{G}_{\boldsymbol{\mathcal{B}}_N}^{\mathcal{M}_N}(-x\boldsymbol{I}_N)), -\eta_2(\mathcal{G}_{\boldsymbol{\mathcal{B}}_N}^{\mathcal{M}_N}(-x\boldsymbol{I}_N)), \cdots, \\ & -\eta_K(\mathcal{G}_{\boldsymbol{\mathcal{B}}_N}^{\mathcal{M}_N}(-x\boldsymbol{I}_N))\Big) + x^{-1}\overline{\boldsymbol{S}}^{\mathrm{H}}\tilde{\boldsymbol{\Phi}}(-x)^{-1}\overline{\boldsymbol{S}}\end{aligned} \tag{4.89}$$

$$\tilde{\boldsymbol{\Phi}}(-x) = \boldsymbol{I}_N - \sum_{k=1}^{K}\tilde{\eta}_{Q,k}(\mathcal{G}_k(-x)) \tag{4.90}$$

$$\begin{aligned}\boldsymbol{\Phi}(-x) = \mathrm{diag}\Big(& \boldsymbol{I}_{M_1} - \eta_{Q,1}(\mathcal{G}_{\boldsymbol{\mathcal{B}}_N}^{\mathcal{M}_N}(-x\boldsymbol{I}_N)), \boldsymbol{I}_{M_2} - \eta_{Q,2}(\mathcal{G}_{\boldsymbol{\mathcal{B}}_N}^{\mathcal{M}_N}(-x\boldsymbol{I}_N)), \cdots, \\ & \boldsymbol{I}_{M_K} - \eta_{Q,K}(\mathcal{G}_{\boldsymbol{\mathcal{B}}_N}^{\mathcal{M}_N}(-x\boldsymbol{I}_N))\Big)\end{aligned} \tag{4.91}$$

$$\mathcal{G}_k(-x) = \left(\left(-x\boldsymbol{\Phi}(-x) - \boldsymbol{Q}^{\frac{1}{2}}\overline{\boldsymbol{S}}^{\mathrm{H}}\tilde{\boldsymbol{\Phi}}(-x)^{-1}\overline{\boldsymbol{S}}\boldsymbol{Q}^{\frac{1}{2}}\right)^{-1}\right)_k \tag{4.92}$$

$$\mathcal{G}_{\boldsymbol{\mathcal{B}}_N}^{\mathcal{M}_N}(-x\boldsymbol{I}_N) = \left(-x\tilde{\boldsymbol{\Phi}}(-x) - \overline{\boldsymbol{S}}\boldsymbol{Q}^{\frac{1}{2}}\boldsymbol{\Phi}(-x)^{-1}\boldsymbol{Q}^{\frac{1}{2}}\overline{\boldsymbol{S}}^{\mathrm{H}}\right)^{-1} \tag{4.93}$$

通过使用和文献 [45]、[49]、[54]、[185] 中相似的步骤，可以得到下面的定理。

定理 4.6 最优发送协方差矩阵

$$(\boldsymbol{Q}_1^\star, \boldsymbol{Q}_2^\star, \cdots, \boldsymbol{Q}_K^\star)$$

为如下标准最大化注水问题

$$\begin{aligned}& \max_{\boldsymbol{Q}_k} \log\det\left(\boldsymbol{I}_{M_k} + \boldsymbol{\Gamma}_k\boldsymbol{Q}_k\right) \\ & \text{s.t. } \mathrm{tr}\left(\boldsymbol{Q}_k\right) \leqslant M_k, \boldsymbol{Q}_k \succeq 0\end{aligned} \tag{4.94}$$

的解，其中

$$\boldsymbol{\Gamma}_k = \langle(\boldsymbol{I}_M + \boldsymbol{\Gamma}\boldsymbol{Q}_{\backslash k})^{-1}\boldsymbol{\Gamma}\rangle_k \tag{4.95}$$

$$\boldsymbol{Q}_{\backslash k} = \mathrm{diag}(\boldsymbol{Q}_1, \cdots, \boldsymbol{Q}_{k-1}, \boldsymbol{0}_{M_k}, \boldsymbol{Q}_{k+1}, \cdots, \boldsymbol{Q}_K) \tag{4.96}$$

证明 见附录 4.4.8。 ■

4.2.5 数值仿真

本节提供仿真结果来验证所提自由确定性等同方法的性能。仿真使用两个模型：随机生成的联合相关模型和 WINNER Ⅱ模型 [186]。其中，WINNER Ⅱ信道模型是基于几何学的统计信道模型，其信道参数通过信道测量获得的统计分布决定。由于联合相关模型能够很好地近似实际测量模型 [3,187]，仿真中假设 WINNER Ⅱ模型能够被联合相关模型很好地近似。简单起见，在所有的仿真中，设 $P_k = M_k$ 和 $K = 3$。SNR 定义为 SNR$=\dfrac{1}{M\sigma_z^2}$。

对于随机生成的联合相关模型，信道模型中矩阵 $\boldsymbol{M}_k$、$\boldsymbol{U}_k$ 和 $\boldsymbol{V}_k$ 是随机生成的。其中，$\boldsymbol{U}_k$ 和 $\boldsymbol{V}_k$ 分别通过对具有 i.i.d. 元素的高斯随机矩阵进行奇异值分解 (singular value decomposition，SVD) 得到，$[\boldsymbol{M}_k]_{ij}$ 首先作为取值范围为 [0 1] 的均匀分布生成，再根据式 (4.45) 进行归一化。简单起见，将所有的确定信道矩阵 $\overline{\boldsymbol{H}}_k$ 设为零矩阵。对于 WINNER Ⅱ模型，采用文献 [188] 中 MATLAB 实现中的簇延时线 (cluster delay line，CDL) 模型。并通过 DFT 将时延信道转为时频信道。仿真场景设为带有直达径的 B1(典型城市微小区) 模式。载频为 5.25 GHz。基站和用户都配置间隔为 1cm 的均匀线性阵列。其他具体参数见文献 [186]。当采用 WINNER Ⅱ模型进行仿真时，首先需要提取 $\overline{\boldsymbol{H}}_k$、$\boldsymbol{M}_k$、$\boldsymbol{U}_k$ 和 $\boldsymbol{V}_k$。

1. WINNER Ⅱ模型参数提取

用 S 表示采样的个数，$\boldsymbol{H}_k(s)$ 表示 $\boldsymbol{H}_k$ 的第 s 采样。从样本中提取每一个确定信道矩阵 $\overline{\boldsymbol{H}}_k$ 为

$$\overline{\boldsymbol{H}}_k = \frac{1}{S}\sum_{s=1}^{S}\boldsymbol{H}_k(s) \tag{4.97}$$

并且每一随机矩阵 $\widetilde{\boldsymbol{H}}_k$ 为

$$\widetilde{\boldsymbol{H}}_k(s) = \boldsymbol{H}_k(s) - \overline{\boldsymbol{H}}_k \tag{4.98}$$

接着，根据式 (4.45) 将信道矩阵 $\boldsymbol{H}_k(s)$ 归一化。进一步，从相关矩阵

$$\boldsymbol{R}_{r,k} = \frac{1}{S}\sum_{s=1}^{S}\widetilde{\boldsymbol{H}}_k(s)\widetilde{\boldsymbol{H}}_k^{\mathrm{H}}(s) \tag{4.99}$$

$$\boldsymbol{R}_{t,k} = \frac{1}{S}\sum_{s=1}^{S}\widetilde{\boldsymbol{H}}_k^{\mathrm{H}}(s)\widetilde{\boldsymbol{H}}_k(s) \tag{4.100}$$

和其对应的特征值分解 (eigenvalue decomposition，EVD)

$$\boldsymbol{R}_{r,k} = \boldsymbol{U}_k \boldsymbol{\Sigma}_{r,k} \boldsymbol{U}_k^{\mathrm{H}} \tag{4.101}$$

$$\boldsymbol{R}_{t,k} = \boldsymbol{V}_k \boldsymbol{\Sigma}_{t,k} \boldsymbol{V}_k^{\mathrm{H}} \tag{4.102}$$

可得特征向量矩阵 $\boldsymbol{U}_k$ 和 $\boldsymbol{V}_k$。最后，通过 [3]

$$\boldsymbol{G}_k = \frac{1}{S}\sum_{s=1}^{S}\left(\boldsymbol{U}_k^{\mathrm{H}}\boldsymbol{H}_k(s)\boldsymbol{V}_k\right) \odot \left(\boldsymbol{U}_k^{\mathrm{T}}\boldsymbol{H}_k^*(s)\boldsymbol{V}_k^*\right) \tag{4.103}$$

计算耦合矩阵 $\boldsymbol{G}_k = \boldsymbol{M}_k \odot \boldsymbol{M}_k$。

2. 仿真结果

首先考虑随机生成的联合相关模型并且设 $N = 64$，$M_1 = M_2 = M_3 = 4$ 且 $\boldsymbol{Q}_1 = \boldsymbol{Q}_2 = \boldsymbol{Q}_3 = \boldsymbol{I}_4$。图 4.2 呈现了此场景下遍历互信息量 $N\mathcal{V}_{\boldsymbol{B}_N}(\sigma_z^2)$ 的仿真结果以及确定性等同结果。本节中所有 $N\mathcal{V}_{\boldsymbol{B}_N}(\sigma_z^2)$ 结果为通过采用 10^4 次信道实现的 Monte-Carlo 仿真获得。如图 4.2 所示，确定性等同结果几乎和仿真结果一样。

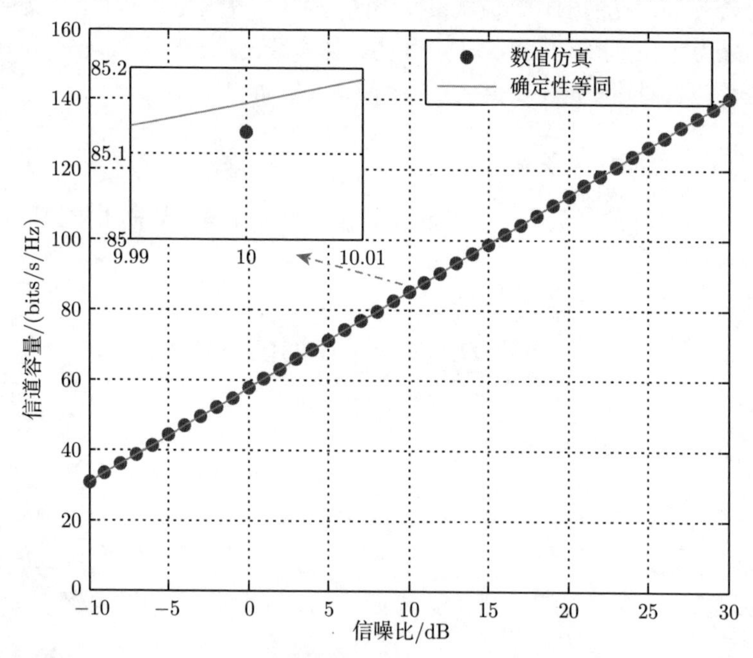

图 4.2　随机生成联合相关模型的信道遍历互信息量仿真结果和确定性等同比较

接着考虑 WINNER Ⅱ模型，并考虑两种场景 $N = 4, M_1 = M_2 = M_3 = 4$ 和 $N = 64, M_1 = M_2 = M_3 = 4$。简单起见，同样设 $\boldsymbol{Q}_1 = \boldsymbol{Q}_2 = \boldsymbol{Q}_3 = \boldsymbol{I}_4$。图 4.3 给出两种场景下遍历互信息量 $N\mathcal{V}_{\boldsymbol{B}_N}(\sigma_z^2)$ 的仿真结果以及确定性等同结果。如图 4.3 所

示，确定性等同结果和仿真结果之间的差异几乎可以忽略。为了显示所提确定性等同方法 $N\mathcal{V}_{\boldsymbol{\mathcal{B}}_N}(\sigma_z^2)$ 的计算效率，将其执行时间与 Monte-Carlo 仿真方法进行比较。表 4.1 中提供了在带有 4 GB 内存的 1.8 GHz Intel 四核 i5 处理器上 Monte-Carlo 仿真及本节所提算法的执行时间。如表 4.1 所示，本节所提算法较 Monte-Carlo 更为有效。同时，该比较表明所提确定性等同能够为系统优化提供高效的算法。

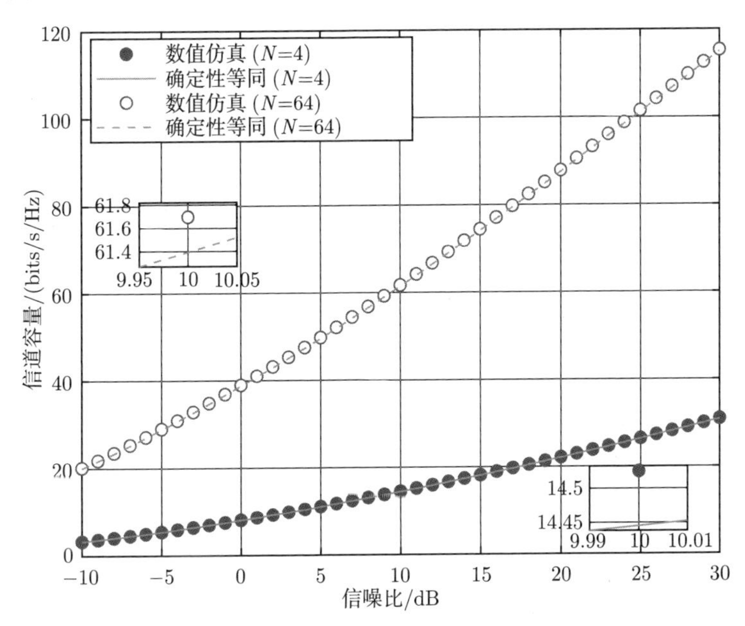

图 4.3 WINNER Ⅱ模型两种不同场景下的信道遍历互信息量仿真结果和确定性等同比较

表 4.1 基于 Monte-Carlo 和 DE 的容量分析平均执行时间比较

方法	参数		
	$N_1=N_2=4$ $M_1=M_2=M_3=4$	$N_1=N_2=64$ $M_1=M_2=M_3=4$	$N_1=N_2=64$ $M_1=M_2=M_3=8$
Monte-Carlo	9.74	12.9014	24.6753
DE	0.0269	0.3671	0.4655

为评估容量可达的最优发送协方差矩阵 $(\boldsymbol{Q}_1^\star,\boldsymbol{Q}_2^\star,\boldsymbol{Q}_3^\star)$ 的性能，同样进行了仿真验证。考虑四种场景：(a)$N=4,M_1=M_2=M_3=4$，(b)$N=32,M_1=M_2=M_3=4$，(c)$N=32,M_1=M_2=M_3=8$ 和 (d)$N=64,M_1=M_2=M_3=8$。图 4.4 画出了四种不同场景下 WINNER Ⅱ模型的结果。在图 4.2 和图 4.3 中，已经显示了遍历互信息量的确定性等同 $N\mathcal{V}_{\boldsymbol{\mathcal{B}}_N}(\sigma_z^2)$ 和仿真结果 $N\mathcal{V}_{\boldsymbol{B}_N}(\sigma_z^2)$ 几乎一样。因为 $N\mathcal{V}_{\boldsymbol{\mathcal{B}}_N}(\sigma_z^2)$ 代表了发送协方差矩阵的实际性能，所以简便起见，在图 4.4 中只画出了 $N\mathcal{V}_{\boldsymbol{\mathcal{B}}_N}(\sigma_z^2)$。图 4.4 的四幅子图中，都给出了发送协方差矩阵采用 $(\boldsymbol{Q}_1^\star,\boldsymbol{Q}_2^\star,\boldsymbol{Q}_3^\star)$

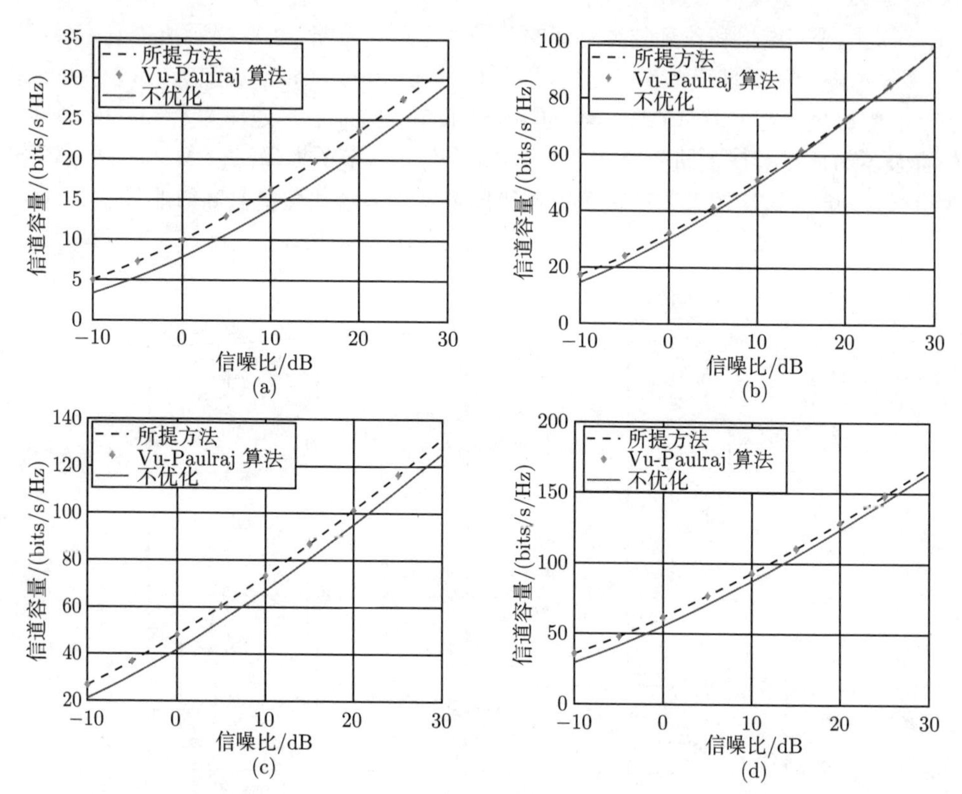

图 4.4　WINNER Ⅱ模型四种不同场景下的几种发送协方差矩阵的信道遍历互信息量比较

以及不进行优化即发送协方差矩阵采用单位阵时的遍历互信息量 $N\mathcal{V}_{\boldsymbol{B}_N}(\sigma_z^2)$。令 $(\boldsymbol{Q}_1^\diamond, \boldsymbol{Q}_2^\diamond, \boldsymbol{Q}_3^\diamond)$ 表示 Vu-Paulraj 算法的结果。所有图 4.4 的子图中也给出了发送协方差矩阵采用 $(\boldsymbol{Q}_1^\diamond, \boldsymbol{Q}_2^\diamond, \boldsymbol{Q}_3^\diamond)$ 时的结果作为比较。如图 4.4 所示，采用 $(\boldsymbol{Q}_1^\star, \boldsymbol{Q}_2^\star, \boldsymbol{Q}_3^\star)$ 和采用 $(\boldsymbol{Q}_1^\diamond, \boldsymbol{Q}_2^\diamond, \boldsymbol{Q}_3^\diamond)$ 时的结果几乎一样。进一步，可观察到当发送天线固定增加接收天线的数量时优化获得的增益会降低。同时，当接收天线固定增加发送天线的数量时优化获得的增益会增加。此现象的原因如下：若发送天线固定，则更多的接收天线意味着每一个发送天线的接收向量之间的相关性降低，因此优化获得的增益将变小。相反，若接收天线固定，则当发送天线的数量增加时，每一个发送天线的接收向量相关性将增加，因此可以观察到更大的优化增益。

4.2.6　小结

本节推导出了大规模 MIMO 上行信道遍历互信息的确定性等同及和速率容量可达的最优发送协方差矩阵。首先，将信道 Gram 矩阵表示成由独立的高斯矩阵和确定矩阵所组成的随机矩阵多项式。接着，通过将独立的高斯矩阵替换为满足一定算子值自由独立条件的算子值随机变量，建立信道 Gram 矩阵的自由确定性等同，并严格证明了该自由确定性等同和原矩阵的分布是渐近相同的。随后，利用算子值自由条件以及算子值半圆分布变量的性质，推导出所建立自由确定性等同柯西变换的闭式表达。进一步，根据柯西变换和香农变换间的关系，推导出该自由确定性等同香农变换的闭式表达。然后，得出信道遍历输入输出互信息量的确定性等同，并证明了当所考虑信道模型退化为文献中已有场景时，所得信道容量确定性等同结果和文献中已有结果一致。在所得信道互信息量确定性等同的基础上，推导出和速率容量可达的最优发送协方差矩阵。数值仿真结果表明，本节所提信道遍历输入输出互信息量确定性等同结果，不仅数值精确，而且计算高效。

4.3 大规模 MIMO 上行低复杂度多项式展开信号检测

4.3.1 概述

对于大规模 MIMO 上行链路，MMSE 检测器中由大维矩阵求逆引起的极大计算开销是一个严重的问题。而在 CDMA 系统中已经被广泛研究过的多项式展开检测器 [80–83] 提供了一个近似 MMSE 检测的低复杂度检测方案。具体而言，PE 检测器利用一个矩阵多项式来近似 MMSE 检测器中的矩阵求逆，进而降低了复杂度。对于信道 $\boldsymbol{H}$，PE 检测器所使用近似多项式的系数来自信道 Gram 矩阵 (即 $\boldsymbol{H}\boldsymbol{H}^{\mathrm{H}}$) 的经验矩。为进一步地降低 PE 检测器的复杂度，可用经验矩的确定性等同将其替代。经验矩的确定性等同独立于一个特殊的信道实现，只取决于信道的统计信息。

文献 [80] 和 [81] 利用随机矩阵理论的结果获得信道 Gram 矩阵经验矩的渐近表达式。该表达式进而被用于 CDMA 系统的 PE 检测器中矩阵多项式系数的计算。在文献 [82] 中，自由概率理论被用于频率选择信道下 CDMA 下行 PE 检测器中矩阵多项式系数的计算。而在文献 [83] 中，Stieltjes 变换方法被用来推导由具有零均值和不同方差矩阵的独立列向量组成的大维随机矩阵经验矩的渐近表达式。此外，PE 也被应用于大规模 MIMO 系统低复杂度线性预编码 [189, 190] 和低复杂度信道估计 [191]。

在研究大规模 MIMO 上行链路低复杂度 PE 检测器时，本节考虑一个具有联合相关莱斯衰落特性的大规模 MIMO 上行链路信道，并提供一个用于计算该信道 Gram 矩阵矩确定性等同的新方法。具体而言，假设用户端具有多天线，并且每一个用户和基站之间的信道为联合相关莱斯衰落信道 [4]。为推导所考虑模型信道 Gram 矩阵经验矩的确定性等同，本节使用算子值累积量 [165]。在经典概率理论中，累积量提供了矩的一种替代。使用累积量的优点在于，独立随机变量之和的 k 阶累积量是各随机变量 k 阶累积量之和 [192]。由于矩和累积量可以相互通过递归公式得出，已知累积量等价于已知矩。自由概率理论中，Voiculescu 提出了自由累积量的概念 [193]。与经典概率相似，自由独立随机变量之和的 k 阶自由累积量是各随机变量 k 阶自由累积量之和 [170]。算子值累积量较自由累积量更加一般，并可用于计算更多随机矩阵的自由累积量。

本节利用算子值自由概率的代数特性推导多项式展开检测器中所需信道 Gram 矩阵经验矩的确定性等同。通过将具有独立高斯元素的随机矩阵用具有自由独立圆分布变量的随机矩阵替换，建立信道 Gram 矩阵的自由确定性等同。本节所建立自由确定性等同为一个算子值随机变量，可使用算子值自由概率理论进行研究。具体而言，利用算子值矩和算子值累积量关系公式 [53]，分别推导出莱斯衰落和瑞利衰落信道下信道 Gram 矩阵自由确定性等同的算子值矩和标量矩的闭式表达。在此基础上，本节提出大规模 MIMO 上行低复杂度多项式展开检测器。

4.3.2　系统模型和问题陈述

本节给出所考虑大规模 MIMO 系统模型的描述，并陈述问题。

1. 系统模型

和 4.3.1 节相同，本节仍考虑如图 4.1 所示的由一个基站和 K 个用户组成的平坦衰落大规模 MIMO 系统。基站端天线数为 N，第 k 个用户天线数为 M_k，并且 $\sum\limits_{k=1}^{K} M_k = M$。让 $\boldsymbol{x}_k$ 表示第 k 个用户的 $M_k \times 1$ 发送向量。假设不同用户的发送向量 $\boldsymbol{x}_k$ 独立并且方差矩阵为 $\boldsymbol{I}_{M_k}$。在一个符号间隔内，基站的接收信号 $\boldsymbol{y}$ 可以表示为

$$\boldsymbol{y} = \sum_{k=1}^{K} \boldsymbol{H}_k \boldsymbol{x}_k + \boldsymbol{z} \tag{4.104}$$

式中，$\boldsymbol{H}_k$ 是基站和第 k 个用户间的 $N \times M_k$ 信道矩阵；$\boldsymbol{z}$ 是分布为 $\mathcal{CN}(0, \sigma_z^2 \boldsymbol{I}_N)$ 的复高斯噪声向量。信道矩阵 $\boldsymbol{H}_k$ 由一个确定性矩阵 $\overline{\boldsymbol{H}}_k$ 和一个 $N \times M_k$ 随机矩阵构成，即

$$\boldsymbol{H}_k = \overline{\boldsymbol{H}}_k + \widetilde{\boldsymbol{H}}_k \tag{4.105}$$

根据

$$E\left\{\mathrm{tr}\left(\boldsymbol{H}_k \boldsymbol{H}_k^{\mathrm{H}}\right)\right\} = \frac{N M_k}{M} \tag{4.106}$$

对信道矩阵进行归一化，该归一化确保 $\dfrac{1}{N}E\{\mathrm{tr}(\boldsymbol{H}\boldsymbol{H}^{\mathrm{H}})\} = 1$ 并且 $\dfrac{1}{N}E\{\mathrm{tr}(\boldsymbol{H}\boldsymbol{H}^{\mathrm{H}})\}$ 是一致有界的。随机矩阵 $\widetilde{\boldsymbol{H}}_k$ 是一个联合相关信道矩阵，其定义为 [3, 4]

$$\widetilde{\boldsymbol{H}}_k = \boldsymbol{U}_k (\boldsymbol{M}_k \odot \boldsymbol{W}_k) \boldsymbol{V}_k^{\mathrm{H}} \tag{4.107}$$

式中，$\boldsymbol{U}_k$ 和 $\boldsymbol{V}_k$ 为确定酉矩阵；$\boldsymbol{M}_k$ 是一个由非负元素构成的 $N \times M_k$ 确定矩阵；$\boldsymbol{W}_k$ 是一个由均值为零，方差为 $\dfrac{1}{M}$ 的独立同分布的随机变量构成的复高斯随机矩阵。更进一步，假设不同链路的信道矩阵互相独立，即当 $k \neq j$ 时，有

$$E\left\{\widetilde{\boldsymbol{H}}_k \boldsymbol{C}_{kj} \widetilde{\boldsymbol{H}}_j^{\mathrm{H}}\right\} = \boldsymbol{0}_{N\times N} \tag{4.108}$$

$$E\left\{\widetilde{\boldsymbol{H}}_k^{\mathrm{H}} \widetilde{\boldsymbol{C}}_{kj} \widetilde{\boldsymbol{H}}_j\right\} = \boldsymbol{0}_{M_k\times M_j} \tag{4.109}$$

式中，$\boldsymbol{C}_{kj} \in \mathcal{M}_{M_k\times M_j}(\mathbb{C})$ 并且 $\widetilde{\boldsymbol{C}}_{kj} \in \mathcal{M}_{N\times N}(\mathbb{C})$。让 $\widetilde{\boldsymbol{W}}_k$ 表示 $\boldsymbol{M}_k \odot \boldsymbol{W}_k$。定义 $\boldsymbol{G}_k$ 为

$$\boldsymbol{G}_k = \boldsymbol{M}_k \odot \boldsymbol{M}_k \tag{4.110}$$

令 $\boldsymbol{C}_k \in \mathcal{M}_{M_k}(\mathbb{C})$ 为一个确定矩阵且 $\tilde{\eta}_k(\boldsymbol{C}_k)$ 表示单边相关阵 $E\{\widetilde{\boldsymbol{H}}_k \boldsymbol{C}_k \widetilde{\boldsymbol{H}}_k^{\mathrm{H}}\}$。进一步，$\tilde{\eta}_k(\boldsymbol{C}_k)$ 可以表示为

$$\begin{aligned}\tilde{\eta}_k(\boldsymbol{C}_k) &= E\left\{\boldsymbol{U}_k \widetilde{\boldsymbol{W}}_k \boldsymbol{V}_k^{\mathrm{H}} \boldsymbol{C}_k \boldsymbol{V}_k \widetilde{\boldsymbol{W}}_k^{\mathrm{H}} \boldsymbol{U}_k^{\mathrm{H}}\right\} \\ &= \frac{1}{M} \boldsymbol{U}_k \widetilde{\boldsymbol{\Pi}}_k(\boldsymbol{C}_k) \boldsymbol{U}_k^{\mathrm{H}}\end{aligned} \tag{4.111}$$

式中，$\widetilde{\boldsymbol{\Pi}}_k(\boldsymbol{C}_k)$ 是一个取值为 $N \times N$ 对角矩阵的函数且对角元为

$$\left[\widetilde{\boldsymbol{\Pi}}_k(\boldsymbol{C}_k)\right]_{ii} = \sum_{j=1}^{M_k} [\boldsymbol{G}_k]_{ij} \left[\boldsymbol{V}_k^{\mathrm{H}} \boldsymbol{C}_k \boldsymbol{V}_k\right]_{jj} \tag{4.112}$$

相似地，令 $\widetilde{\boldsymbol{C}} \in \mathcal{M}_N(\mathbb{C})$ 和 $\eta_k(\widetilde{\boldsymbol{C}})$ 表示 $E\{\widetilde{\boldsymbol{H}}_k^{\mathrm{H}} \widetilde{\boldsymbol{C}} \widetilde{\boldsymbol{H}}_k\}$，可以获得

$$\eta_k(\widetilde{\boldsymbol{C}}) = \frac{1}{M} \boldsymbol{V}_k \boldsymbol{\Pi}_k(\widetilde{\boldsymbol{C}}) \boldsymbol{V}_k^{\mathrm{H}} \tag{4.113}$$

式中，$\boldsymbol{\Pi}_k(\widetilde{\boldsymbol{C}})$ 是一个取值为 $M_k \times M_k$ 对角矩阵的函数且对角元为

$$\left[\boldsymbol{\Pi}_k(\widetilde{\boldsymbol{C}})\right]_{ii} = \sum_{j=1}^{N} [\boldsymbol{G}_k]_{ji} \left[\boldsymbol{U}_k^{\mathrm{H}} \widetilde{\boldsymbol{C}} \boldsymbol{U}_k\right]_{jj} \tag{4.114}$$

当所有的用户变成小蜂窝基站时，本节所考虑信道模型也适合描述小蜂窝回传链路 [194]。具有大规模天线的基站可以给多天线小蜂窝提供灵活的回传服务。

2. 问题陈述

令 $\boldsymbol{H}$ 表示 $[\boldsymbol{H}_1\ \boldsymbol{H}_2\ \cdots\ \boldsymbol{H}_K]$ 且 $\boldsymbol{x}$ 表示 $[\boldsymbol{x}_1^{\mathrm{T}}\ \boldsymbol{x}_2^{\mathrm{T}}\ \cdots\ \boldsymbol{x}_K^{\mathrm{T}}]^{\mathrm{T}}$。MMSE 估计 $\hat{\boldsymbol{x}}_{\mathrm{MMSE}}$ 可以表示为

$$\hat{\boldsymbol{x}}_{\mathrm{MMSE}} = \left(\boldsymbol{H}^{\mathrm{H}} \boldsymbol{H} + \sigma_z^2 \boldsymbol{I}\right)^{-1} \boldsymbol{H}^{\mathrm{H}} \boldsymbol{y} \tag{4.115}$$

MMSE 检测器的计算复杂度为 $\mathcal{O}(M^3)$[195]。在大规模 MIMO 系统中，当 M 变为很大时，MMSE 检测器的计算复杂度将变得极高。利用 Cayley–Hamilton 定理，矩阵求逆 $(\boldsymbol{H}^{\mathrm{H}}\boldsymbol{H}+\sigma_z^2\boldsymbol{I})^{-1}$ 可以表示为 [196]

$$
\begin{aligned}
(\boldsymbol{H}^{\mathrm{H}}\boldsymbol{H}+\sigma_z^2\boldsymbol{I})^{-1} &= \sum_{i=1}^{M} c_i(\boldsymbol{H}^{\mathrm{H}}\boldsymbol{H}+\sigma_z^2\boldsymbol{I})^i \\
&= \sum_{i=1}^{M} b_i(\boldsymbol{H}^{\mathrm{H}}\boldsymbol{H})^i
\end{aligned}
\tag{4.116}
$$

式中，第二个等式通过二项式展开获得。通过使用如下近似公式 [196]

$$
(\boldsymbol{H}^{\mathrm{H}}\boldsymbol{H}+\sigma_z^2\boldsymbol{I})^{-1} \approx \sum_{i=1}^{L} b_{\mathrm{PE},i}^{(L)}(\boldsymbol{H}^{\mathrm{H}}\boldsymbol{H})^{i-1}
\tag{4.117}
$$

式中，$L \leqslant M$，PE 检测器降低了 MMSE 检测器的复杂度。让 $\hat{\boldsymbol{x}}_{\mathrm{PE}}^{(L)}$ 表示 L 阶 PE 检测器的输出。将由 $b_{\mathrm{PE},i}^{(L)}$ 组成的向量表示为 $\boldsymbol{b}_{\mathrm{PE}}^{(L)}$。应用 MMSE 准则，可以获得该 $L\times 1$ 系数向量 $\boldsymbol{b}_{\mathrm{PE}}^{(L)}$ 为

$$
\arg\min_{\boldsymbol{b}_{\mathrm{PE}}^{(L)}} E_{\boldsymbol{x}}\left\{\left\|\boldsymbol{x}-\sum_{i=1}^{L} b_{\mathrm{PE},i}^{(L)}(\boldsymbol{H}^{\mathrm{H}}\boldsymbol{H})^{i-1}\boldsymbol{H}^{\mathrm{H}}\boldsymbol{y}\right\|^2\right\}
\tag{4.118}
$$

让 $\boldsymbol{B}_N$ 表示信道 Gram 矩阵 $\boldsymbol{H}\boldsymbol{H}^{\mathrm{H}}$ 且 μ_m 表示其经验矩 $\dfrac{1}{N}\mathrm{tr}(\boldsymbol{B}_N^m)$。系数向量 $\boldsymbol{b}_{\mathrm{PE}}^{(L)}$ 可通过如下公式获得 [196]

$$
\boldsymbol{b}_{\mathrm{PE}}^{(L)} = \boldsymbol{\Phi}_{\mathrm{PE}}^{-1}\boldsymbol{a}_{\mathrm{PE}}
\tag{4.119}
$$

式中，$\boldsymbol{\Phi}_{\mathrm{PE}}$ 是一个 $L\times L$ 矩阵，其元素为

$$
[\boldsymbol{\Pi}_{\mathrm{PE}}]_{ij} = \mu_{i+j}+\sigma_z^2\mu_{i+j-1}
\tag{4.120}
$$

且 $\boldsymbol{a}_{\mathrm{PE}}$ 是一个 $L\times 1$ 向量，其第 i 元素为

$$
[\boldsymbol{a}_{\mathrm{PE}}]_i = \mu_i
\tag{4.121}
$$

令向量 $\boldsymbol{h}_k$ 表示信道矩阵 $\boldsymbol{H}$ 的第 k 列向量。第 k 用户的发送符号估计 $\hat{x}_{\mathrm{PE},k}^{(L)}$ 可看作向量 $\boldsymbol{y}$ 在由向量 $\{\boldsymbol{h}_k,\boldsymbol{B}_N\boldsymbol{h}_k,\cdots,\boldsymbol{B}_N^{L-1}\boldsymbol{h}_k\}$ 张成的 $\mathbb{C}^N$ 的 L 维 Krylov 子空间的投影 [83]。式 (4.117) 也表示该检测器可以进行有效的分级实现 [80, 196]。更进一步，阶数 L 不需要随着天线数 M 进行增长即可获得接近最优性能 [197]。

系数向量 $\boldsymbol{b}_{\mathrm{PE}}^{(L)}$ 在每一瞬时信道都需要通过经验矩 μ_m 进行计算。对于大规模信道 $\boldsymbol{H}$，其计算复杂度仍然非常高。然而，文献 [80]、[82]、[83] 中表明，对于很多

种信道模型，当信道 $\boldsymbol{H}$ 的天线数量变得很大时，μ_m 可以用其确定性等同 $\overline{\mu}_m$ 进行近似。确定性等同 $\overline{\mu}_m$ 独立于瞬时信道 $\boldsymbol{H}$，可以通过信道统计信息进行计算。当信道的统计信息变化远远慢于快衰落信道波动时，使用通过确定性等同 $\overline{\mu}_m$ 计算的近似系数的 PE 检测器的计算复杂度只取决于投影到 Krylov 子空间的计算复杂度，即 $\mathcal{O}(M^2)$[195]。

本节将描述一个可用于所考虑信道模型进行计算 $\overline{\mu}_m$ 的方法。特别地，本节考虑 K 固定但 N 和 M_k 保持比率 $\dfrac{M_k}{N} = \beta_k$ 趋于无穷，且

$$0 < \min_k \liminf_N \beta_k < \max_k \limsup_N \beta_k < \infty$$

简便起见，使用 $N \to \infty$ 表示上述情形。

4.3.3 基于经验矩确定性等同的低复杂度 PE 检测器

1. 经验矩与矩的关系

令 $f_N(\boldsymbol{B}_N)$ 表示矩阵 $\boldsymbol{B}_N$ 的一个函数。对于 f_N，$\boldsymbol{B}_N$ 的确定性等同为一个矩阵序列 $\boldsymbol{B}_1^\circ, \boldsymbol{B}_2^\circ, \cdots, \boldsymbol{B}_N^\circ$ 且 $\boldsymbol{B}_N^\circ \in \mathcal{M}_N(\mathbb{C})$，该矩阵满足

$$\lim_{N \to \infty} f_N(\boldsymbol{B}_N) - f_N(\boldsymbol{B}_N^\circ) \to 0 \tag{4.122}$$

式中，收敛为依概率收敛 [44]。同时，$f_N(\boldsymbol{B}_N^\circ)$ 也称作 $f_N(\boldsymbol{B}_N)$ 的确定性等同。经验矩 μ_m 的确定性等同 $\overline{\mu}_m$ 通常由如下两个步骤获得 [44]：首先，证明 $\mu_m - E\{\mu_m\}$ 当 $N \to \infty$ 依概率收敛于 0。接着，获得矩 $E\{\mu_m\}$ 的渐近结果来作为 μ_m 确定性等同 $\overline{\mu}_m$。

为证明 $\mu_m - E\{\mu_m\}$ 当 $N \to \infty$ 依概率收敛于 0，下面首先给出关于信道矩阵的一些定义和假设。令 $q_k[N](x, y) = [\boldsymbol{G}_k]_{ij}$，其中 $x \in \left[\dfrac{i-1}{N}, \dfrac{i}{N}\right]$ 且 $y \in \left[\dfrac{j-1}{M_k}, \dfrac{j}{M_k}\right]$。文献 [198] 表明，$\boldsymbol{M}_k$ 可改写为

$$\boldsymbol{M}_k = \sum_{i=1}^{L_k} \boldsymbol{r}_{ki} \boldsymbol{t}_{ki}^{\mathrm{T}} \tag{4.123}$$

式中，$\boldsymbol{r}_{ki}$ 是具有非负元素的 $N \times 1$ 向量且 $\boldsymbol{t}_{ki}$ 是具有非负元素的 $M_k \times 1$ 向量。

假设 4.7 元素 $[\boldsymbol{G}_k]_{ij}$ 是一致有界的。函数 $q_k[N](x, y)$ 收敛于函数 $q_k(x, y) \in L^\infty([0, 1]^2)$，$q_k(x, y) \geqslant 0$。若 U 是 $q_k(x, y)$ 的非连续点集合，则 $\forall x \in [0, 1], |U \cap \{(x, y) : y \in [0, 1]\}| < \infty$ 和 $\forall y \in [0, 1], |U \cap \{(x, y) : x \in [0, 1]\}| < \infty$，$U$ 是闭合的。

假设 4.8 当 $N \to \infty$ 时，L_k 为有限值。

假设 4.9 矩阵 $\overline{\boldsymbol{H}}_k \overline{\boldsymbol{H}}_k^{\mathrm{H}}$ 的谱范数是一致有界的。

让 $\overline{\boldsymbol{H}}$ 表示 $[\overline{\boldsymbol{H}}_1\ \overline{\boldsymbol{H}}_2\ \cdots\ \overline{\boldsymbol{H}}_K]$ 且 $\widetilde{\boldsymbol{H}}$ 表示 $[\widetilde{\boldsymbol{H}}_1\ \widetilde{\boldsymbol{H}}_2\ \cdots\ \widetilde{\boldsymbol{H}}_K]$。设

$$\overline{\boldsymbol{X}} = \begin{pmatrix} \mathbf{0}_N & \overline{\boldsymbol{H}} \\ \overline{\boldsymbol{H}}^{\mathrm{H}} & \mathbf{0}_M \end{pmatrix} \tag{4.124}$$

且

$$\widetilde{\boldsymbol{X}} = \begin{pmatrix} \mathbf{0}_N & \widetilde{\boldsymbol{H}} \\ \widetilde{\boldsymbol{H}}^{\mathrm{H}} & \mathbf{0}_M \end{pmatrix} \tag{4.125}$$

令 $\boldsymbol{X}$ 表示 $\overline{\boldsymbol{X}}+\widetilde{\boldsymbol{X}}$ 且 $\eta(\boldsymbol{C})$ 表示 $E\{\widetilde{\boldsymbol{X}}\boldsymbol{C}\widetilde{\boldsymbol{X}}\}$。根据式 (4.111) 和式 (4.113)，可得

$$\eta(\boldsymbol{C}) = \mathrm{diag}\left(\sum_{k=1}^{K}\tilde{\eta}_k(\langle\langle\boldsymbol{C}\rangle\rangle_k), \eta_1(\langle\boldsymbol{C}\rangle_N), \cdots, \eta_K(\langle\boldsymbol{C}\rangle_N)\right) \tag{4.126}$$

式中，符号 $\langle\boldsymbol{C}\rangle_N$ 表示通过抽取矩阵 $\boldsymbol{C}$ 第 1 行到第 N 行和第 1 列到第 N 列的元素组成的子矩阵，符号 $\langle\langle\boldsymbol{C}\rangle\rangle_k$ 表示通过抽取矩阵 $\boldsymbol{C}$ 第 $\sum\limits_{i=1}^{k-1}M_i+N+1$ 行到第 $\sum\limits_{i=1}^{k}M_i+N$ 行和第 1 列到第 N 列的元素组成的子矩阵。因为 $\boldsymbol{X}$ 的奇数阶矩为零，并且有

$$\boldsymbol{X}^2 = \begin{pmatrix} \boldsymbol{H}\boldsymbol{H}^{\mathrm{H}} & \mathbf{0}_{N\times M} \\ \mathbf{0}_{M\times N} & \boldsymbol{H}^{\mathrm{H}}\boldsymbol{H} \end{pmatrix}$$

所以矩 $E\{\mu_m\}$ 的计算可通过 $\boldsymbol{X}$ 的矩计算得出。

定理 4.7 当假设 4.7、假设 4.8 和假设 4.9 成立时，有

$$\lim_{N\to\infty}\mu_m - E\{\mu_m\} = 0 \tag{4.127}$$

证明 见附录 4.4.9。 ■

2. $E\{\mu_m\}$ 的确定性等同

本节进行所考虑模型信道 Gram 矩阵矩 $E\{\mu_m\}$ 的确定性等同的推导。令 n 表示 $N+M$。

为获得 $E\{\mu_m\}$ 的确定性等同，使用自由确定性等同方法。令 $\widehat{\boldsymbol{H}}_k$ 表示 $N\times M$ 矩阵

$$[\mathbf{0}_{N\times M_1}\ \cdots\ \mathbf{0}_{N\times M_{k-1}}\ \widetilde{\boldsymbol{H}}_k\ \mathbf{0}_{N\times M_{k+1}}\cdots\ \mathbf{0}_{N\times M_K}]$$

且 $\widetilde{\boldsymbol{X}}_k$ 表示 $(N+M)\times(N+M)$ 矩阵

$$\begin{pmatrix} \mathbf{0}_N & \widehat{\boldsymbol{H}}_k \\ \widehat{\boldsymbol{H}}_k^{\mathrm{H}} & \mathbf{0}_M \end{pmatrix}$$

可得

$$\widetilde{\boldsymbol{X}} = \sum_{k=1}^{K} \widetilde{\boldsymbol{X}}_k \tag{4.128}$$

根据 $\widetilde{\boldsymbol{H}}_k = \boldsymbol{U}_k \widetilde{\boldsymbol{W}}_k \boldsymbol{V}_k^{\mathrm{H}}$，可将 $\widetilde{\boldsymbol{X}}_k$ 改写为

$$\widetilde{\boldsymbol{X}}_k = \boldsymbol{A}_k \widehat{\boldsymbol{W}}_k \boldsymbol{A}_k^{\mathrm{H}} \tag{4.129}$$

式中

$$\widehat{\boldsymbol{W}}_k = \begin{pmatrix} \boldsymbol{0}_N & \check{\boldsymbol{W}}_k \\ \check{\boldsymbol{W}}_k^{\mathrm{H}} & \boldsymbol{0}_M \end{pmatrix} \tag{4.130}$$

$$\check{\boldsymbol{W}}_k = [\boldsymbol{0}_{N\times M_1} \ \cdots \ \boldsymbol{0}_{N\times M_{k-1}} \widetilde{\boldsymbol{W}}_k \ \boldsymbol{0}_{N\times M_{k+1}} \ \cdots \ \boldsymbol{0}_{N\times M_K}] \tag{4.131}$$

且

$$\boldsymbol{A}_k = \mathrm{diag}(\boldsymbol{U}_k, \boldsymbol{0}_{M_1}, \cdots, \boldsymbol{V}_k, \boldsymbol{0}_{M_{k+1}}, \cdots, \boldsymbol{0}_{M_K}) \tag{4.132}$$

矩阵 $\boldsymbol{X}$ 可视为如下多项式

$$P_{\boldsymbol{W}} \triangleq \overline{\boldsymbol{X}} + \sum_{k=1}^{K} \boldsymbol{A}_k \widehat{\boldsymbol{W}}_k \boldsymbol{A}_k^{\mathrm{H}} \tag{4.133}$$

当假设 4.1～ 假设 4.3 成立时，可以应用自由确定性等同方法。令 $\mathcal{A}$ 为一酉代数且 $(\mathcal{A}, E)$ 为一个非交换概率空间。将由高斯元素组成的矩阵 $\widehat{\boldsymbol{W}}_k$ 替换为 $\widehat{\boldsymbol{\mathcal{W}}}_k$，其构成方式如下：$\widehat{\boldsymbol{\mathcal{W}}}_k$ 的元素 $[\widehat{\boldsymbol{\mathcal{W}}}_k]_{ij} \in \mathcal{A}$ 为均值为零的单位圆变量且方差保持和 $\widehat{\boldsymbol{W}}_k$ 中元素相同，并且对于 $1 \leqslant k, l \leqslant K$ 和 $1 \leqslant i, j, s, t \leqslant n$，有 $E\{[\widehat{\boldsymbol{\mathcal{W}}}_k]_{ij}[\widehat{\boldsymbol{\mathcal{W}}}_l]_{st}\} = E\{[\widehat{\boldsymbol{W}}_k]_{ij}[\widehat{\boldsymbol{W}}_l]_{st}\}$。特别地有，$[\widehat{\boldsymbol{\mathcal{W}}}_k]_{ij} = [\widehat{\boldsymbol{\mathcal{W}}}_k]_{ji}^*$。对于固定 k，位于对角元及以上的 $[\widehat{\boldsymbol{\mathcal{W}}}_k]_{ij}$ 自由独立。更进一步，不同 k 的 $\widehat{\boldsymbol{\mathcal{W}}}_k$ 中的元素也自由独立。通过上面的描述可得

$$E\{\widehat{\boldsymbol{\mathcal{W}}}_k \boldsymbol{C} \widehat{\boldsymbol{\mathcal{W}}}_k\} = E\{\widehat{\boldsymbol{W}}_k \boldsymbol{C} \widehat{\boldsymbol{W}}_k\} \tag{4.134}$$

式中，$\boldsymbol{C} \in \mathcal{M}_n$。

接着，应用自由确定性等同方法并且称

$$P_{\boldsymbol{\mathcal{W}}} \triangleq \overline{\boldsymbol{X}} + \sum_{k=1}^{K} \boldsymbol{A}_k \widehat{\boldsymbol{\mathcal{W}}}_k \boldsymbol{A}_k^{\mathrm{H}} \tag{4.135}$$

为 $P_{\boldsymbol{W}}$ 的自由确定性等同。令 $\widehat{\boldsymbol{\mathcal{X}}}_k$ 表示 $\boldsymbol{A}_k\widetilde{\boldsymbol{\mathcal{W}}}_k\boldsymbol{A}_k^{\mathrm{H}}$，$\widetilde{\boldsymbol{\mathcal{X}}}$ 表示 $\sum\limits_{k=1}^{K}\widehat{\boldsymbol{\mathcal{X}}}_k$ 及 $\boldsymbol{\mathcal{X}}$ 表示多项式 $P_{\boldsymbol{\mathcal{W}}}$，可得 $\boldsymbol{\mathcal{X}}=\overline{\boldsymbol{X}}+\widetilde{\boldsymbol{\mathcal{X}}}$ 和

$$E\{\widetilde{\boldsymbol{\mathcal{X}}}\boldsymbol{C}\widetilde{\boldsymbol{\mathcal{X}}}\}=E\{\widetilde{\boldsymbol{X}}\boldsymbol{C}\widetilde{\boldsymbol{X}}\} \tag{4.136}$$

简便起见，将 $\boldsymbol{\mathcal{X}}$ 写为

$$\boldsymbol{\mathcal{X}}=\begin{pmatrix} \boldsymbol{0} & \boldsymbol{\mathcal{H}} \\ \boldsymbol{\mathcal{H}}^{\mathrm{H}} & \boldsymbol{0} \end{pmatrix} \tag{4.137}$$

更进一步，将 $\boldsymbol{\mathcal{H}}\boldsymbol{\mathcal{H}}^{\mathrm{H}}$ 表示为 $\boldsymbol{\mathcal{B}}_N$ 并且将 $\boldsymbol{\mathcal{B}}_N$ 称为 $\boldsymbol{B}_N$ 的自由确定性等同。

利用第 3 章的结果，可得柯西变换 $G_{\boldsymbol{\mathcal{B}}_N}(z)$ 为柯西变换 $G_{\boldsymbol{B}_N}(z)$ 的确定性等同，即有

$$\lim_{N\to\infty}(G_{\boldsymbol{B}_N}(z)-G_{\boldsymbol{\mathcal{B}}_N}(z))=0 \tag{4.138}$$

因此，$\boldsymbol{\mathcal{B}}_N$ 的矩也是 $\boldsymbol{B}_N$ 矩的确定性等同，即

$$\lim_{N\to\infty}E\{\mu_m\}-\overline{\mu}_m=0 \tag{4.139}$$

式中，$\overline{\mu}_m$ 表示 $\dfrac{1}{N}E\{\mathrm{tr}(\boldsymbol{\mathcal{B}}_N^m)\}$。更进一步，可从 $\mathcal{M}_N$ 值矩 $E\{\boldsymbol{\mathcal{B}}_N^m\}$ 中获得 $\overline{\mu}_m$。

引理 4.4　$\widetilde{\boldsymbol{\mathcal{X}}}$ 为 $\mathcal{M}_n$ 上的半圆分布变量。

证明　见附录 4.4.10。 ■

基于引理 4.4，可得只有二阶 $\mathcal{M}_n$ 值累积量 $\kappa_2^{\mathcal{M}_n}(\widetilde{\boldsymbol{\mathcal{X}}}\boldsymbol{C},\widetilde{\boldsymbol{\mathcal{X}}})$ 为非零矩阵。其定义为

$$\kappa_2^{\mathcal{M}_n}(\widetilde{\boldsymbol{\mathcal{X}}}\boldsymbol{C},\widetilde{\boldsymbol{\mathcal{X}}})=E\{\widetilde{\boldsymbol{\mathcal{X}}}\boldsymbol{C}\widetilde{\boldsymbol{\mathcal{X}}}\} \tag{4.140}$$

根据式 (4.136)，可得

$$\begin{aligned}\kappa_2^{\mathcal{M}_n}(\widetilde{\boldsymbol{\mathcal{X}}}\boldsymbol{C},\widetilde{\boldsymbol{\mathcal{X}}})&=E\{\widetilde{\boldsymbol{X}}\boldsymbol{C}\widetilde{\boldsymbol{X}}\}\\&=\eta(\boldsymbol{C})\end{aligned} \tag{4.141}$$

同时，根据式 (4.7) 可得 $\overline{\boldsymbol{X}}$ 的二阶和高阶 $\mathcal{M}_n$ 值累积量都为零矩阵。一阶 $\mathcal{M}_n$ 值累积量 $\kappa_1^{\mathcal{M}_n}(\overline{\boldsymbol{X}})$ 为

$$\kappa_1^{\mathcal{M}_n}(\overline{\boldsymbol{X}})=\overline{\boldsymbol{X}} \tag{4.142}$$

因为 $\overline{\boldsymbol{X}} \in \mathcal{M}_n$，可得 $\overline{\boldsymbol{X}}$ 和 $\widetilde{\boldsymbol{\mathcal{X}}}$ 是 $\mathcal{M}_n$ 值自由的。根据 $\boldsymbol{\mathcal{X}} = \overline{\boldsymbol{X}} + \widetilde{\boldsymbol{\mathcal{X}}}$，可得 $\boldsymbol{\mathcal{X}}$ 的 $\mathcal{M}_n$ 值累积量为 $\overline{\boldsymbol{X}}$ 和 $\overline{\boldsymbol{X}}$ 的 $\mathcal{M}_n$ 值累积量之和 [53]，即有

$$\begin{aligned}\kappa_1^{\mathcal{M}_n}(\boldsymbol{\mathcal{X}}) &= \kappa_1^{\mathcal{M}_n}(\overline{\boldsymbol{X}}) + \kappa_1^{\mathcal{M}_n}(\widetilde{\boldsymbol{\mathcal{X}}}) \\ &= \overline{\boldsymbol{X}} \end{aligned} \tag{4.143}$$

$$\begin{aligned}\kappa_2^{\mathcal{M}_n}(\boldsymbol{\mathcal{X}}\boldsymbol{C}, \boldsymbol{\mathcal{X}}) &= \kappa_2^{\mathcal{M}_n}(\overline{\boldsymbol{X}}\boldsymbol{C}, \overline{\boldsymbol{X}}) + \kappa_2^{\mathcal{M}_n}(\widetilde{\boldsymbol{\mathcal{X}}}\boldsymbol{C}, \widetilde{\boldsymbol{\mathcal{X}}}) \\ &= \eta(\boldsymbol{C}) \end{aligned} \tag{4.144}$$

并且所有 $\boldsymbol{\mathcal{X}}$ 的高阶 $\mathcal{M}_n$ 值累积量为零矩阵。因此，可获得计算 $E\{\boldsymbol{\mathcal{X}}^m\}$ 的方法，并进而获得计算 $\overline{\mu}_m$ 的方法。

定理 4.8 矩阵 $\boldsymbol{\mathcal{X}}$ 的 $\mathcal{M}_n$ 值矩为

$$E\{\boldsymbol{\mathcal{X}}^{2m+2}\} = \overline{\boldsymbol{X}} E\{\boldsymbol{\mathcal{X}}^{2m+1}\} + \sum_{j=0}^{m} \eta(E(\boldsymbol{\mathcal{X}}^{2j}))E\{\boldsymbol{\mathcal{X}}^{2m-2j}\} \tag{4.145}$$

$$E\{\boldsymbol{\mathcal{X}}^{2m+1}\} = \overline{\boldsymbol{X}} E\{\boldsymbol{\mathcal{X}}^{2m}\} + \sum_{j=0}^{m} \eta(E\{\boldsymbol{\mathcal{X}}^{2j}\})E\{\boldsymbol{\mathcal{X}}^{2m-2j-1}\} \tag{4.146}$$

式中，$m \in \mathbb{N}$ 且 $E\{\boldsymbol{\mathcal{X}}^0\} = \boldsymbol{I}_n$。

证明 见附录 4.4.11。 ■

矩阵 $\boldsymbol{\mathcal{X}}^2$ 可以表示为

$$\boldsymbol{\mathcal{X}}^2 = \begin{pmatrix} \boldsymbol{\mathcal{B}}_N & \boldsymbol{0}_{N\times M} \\ \boldsymbol{0}_{M\times N} & \boldsymbol{\mathcal{H}}^{\mathrm{H}}\boldsymbol{\mathcal{H}} \end{pmatrix} \tag{4.147}$$

因此，可以得到 $\overline{\mu}_m = \dfrac{1}{N}\mathrm{tr}(E\{\boldsymbol{\mathcal{B}}_N^m\}) = \dfrac{1}{N}\mathrm{tr}(\langle E\{\boldsymbol{\mathcal{X}}^{2m}\}\rangle_N)$。

现在考虑 $\overline{\boldsymbol{X}} = \boldsymbol{0}_n$ 时的情形。定义 $\mathcal{D}$ 为如下代数

$$\mathcal{D} = \mathrm{diag}\left(\mathcal{M}_N, \mathcal{M}_{M_1}, \cdots, \mathcal{M}_{M_K}\right) \tag{4.148}$$

定义条件期望 $E_{\mathcal{D}}$ 为

$$\begin{aligned} &E_{\mathcal{D}}\left\{\begin{pmatrix} \boldsymbol{C}_{11} & \boldsymbol{C}_{12} & \cdots & \boldsymbol{C}_{1(K+1)} \\ \boldsymbol{C}_{21} & \boldsymbol{C}_{22} & \cdots & \boldsymbol{C}_{2(K+1)} \\ \vdots & \vdots & & \vdots \\ \boldsymbol{C}_{(K+1)1} & \boldsymbol{C}_{(K+1)2} & \cdots & \boldsymbol{C}_{(K+1)(K+1)} \end{pmatrix}\right\} \\ &= \begin{pmatrix} E\{\boldsymbol{C}_{11}\} & \boldsymbol{0} & \cdots & \boldsymbol{0} \\ \boldsymbol{0} & E\{\boldsymbol{C}_{22}\} & \cdots & \boldsymbol{0} \\ \vdots & \vdots & & \vdots \\ \boldsymbol{0} & \boldsymbol{0} & \cdots & E\{\boldsymbol{C}_{(K+1)(K+1)}\} \end{pmatrix} \end{aligned} \tag{4.149}$$

式中，$\boldsymbol{C}_{11}$ 为一个 $N \times N$ 随机矩阵且 $\boldsymbol{C}_{kk}$ 为一个 $M_{k-1} \times M_{k-1}$ 随机矩阵，$k = 2, 3, \cdots, K+1$。易证映射 η 将 $\mathcal{D}$ 映射到自身。根据文献 [166] 中定理 3.1 可得，$\widetilde{\boldsymbol{\mathcal{X}}}$ 也是 $\mathcal{D}$ 上的半圆分布变量并且方差仍为 η。进一步，可得如下定理。

定理 4.9　令 $\overline{\boldsymbol{X}} = \boldsymbol{0}_n$。则 $\boldsymbol{\mathcal{B}}_N$ 的 $\mathcal{M}_N$ 值矩满足如下递归公式

$$E\{\boldsymbol{\mathcal{B}}_N^{m+1}\} = \sum_{j=0}^{m} \left(\sum_{k=1}^{K} \tilde{\eta}_k(\boldsymbol{S}_{jk}) \right) E\{\boldsymbol{\mathcal{B}}_N^{m-j}\} \tag{4.150}$$

$$\boldsymbol{S}_{(m+1)k} = \sum_{j=0}^{m} \eta_k \left(E\{\boldsymbol{\mathcal{B}}_N^{j}\} \right) \boldsymbol{S}_{(m-j)k}, \quad k = 1, 2, \cdots, K \tag{4.151}$$

式中，$m \in \mathbb{N}$，$E\{\boldsymbol{\mathcal{B}}_N^0\} = \boldsymbol{I}_N$ 且 $\boldsymbol{S}_{0k} = \boldsymbol{I}_{M_k}$。

证明　见附录 4.4.12。 ■

4.3.4　低复杂度 PE 检测器算法

下面，给出低复杂度 PE 检测算法 (算法 4.1) 的详细步骤。

算法 4.1　低复杂度 PE 检测算法

步骤 1：对于莱斯衰落信道，即当信道均值 $\overline{\boldsymbol{H}} \neq \boldsymbol{0}$ 时，根据式 (4.145) 和式 (4.146) 计算 $E\{\boldsymbol{\mathcal{X}}^{2m}\}$ 和 $E\{\boldsymbol{\mathcal{X}}^{2m+1}\}$，并计算 $\overline{\mu}_m = \dfrac{1}{N}\mathrm{tr}(\langle E\{\boldsymbol{\mathcal{X}}^{2m}\}\rangle_N)$，其中 $m = 1, 2, \cdots, 2L$; 对于瑞利衰落信道，即当信道均值 $\overline{\boldsymbol{H}} = \boldsymbol{0}$ 时，根据式 (4.150) 和式(4.151) 计算 $E\{\boldsymbol{\mathcal{B}}_N^{m+1}\}$ 和 $\boldsymbol{S}_{(m+1)k}$，并计算 $\overline{\mu}_m = \dfrac{1}{N}\mathrm{tr}(E\{\boldsymbol{\mathcal{B}}_N^m\})$，其中 $m = 1, 2, \cdots, 2L$。

步骤 2：定义 $L \times L$ 矩阵 $\overline{\boldsymbol{\Phi}}_{\mathrm{PE}}$ 为

$$[\overline{\boldsymbol{\Pi}}_{\mathrm{PE}}]_{ij} = \overline{\mu}_{i+j} + \sigma_z^2 \overline{\mu}_{i+j-1} \tag{4.152}$$

且 $L \times 1$ 向量 $\overline{\boldsymbol{a}}_{\mathrm{PE}}$ 为

$$[\overline{\boldsymbol{a}}_{\mathrm{PE}}]_i = \overline{\mu}_i \tag{4.153}$$

步骤 3：根据

$$\overline{\boldsymbol{b}}_{\mathrm{PE}}^{(L)} = \overline{\boldsymbol{\Phi}}_{\mathrm{PE}}^{-1} \overline{\boldsymbol{a}}_{\mathrm{PE}} \tag{4.154}$$

计算近似系数 $\overline{\boldsymbol{b}}_{\mathrm{PE}}^{(L)}$。

步骤 4：对每一个接收向量 $\boldsymbol{y}$ 和每一个信道矩阵 $\boldsymbol{H}$，L 阶低复杂度 PE 估计 $\hat{\boldsymbol{x}}_{\mathrm{LPE}}^{(L)}$ 为

$$\hat{\boldsymbol{x}}_{\mathrm{LPE}}^{(L)}=\sum_{i=1}^{L}\bar{b}_{\mathrm{PE},i}^{(L)}(\boldsymbol{H}^{\mathrm{H}}\boldsymbol{H})^{i-1}\boldsymbol{H}^{\mathrm{H}}\boldsymbol{y} \tag{4.155}$$

计算 $\bar{\boldsymbol{b}}_{\mathrm{PE}}^{(L)}$ 的复杂度主要由 $\bar{\mu}_m$ 的计算复杂度决定，后者的复杂度为 $\mathcal{O}(M^3)$。然而，$\bar{\boldsymbol{b}}_{\mathrm{PE}}^{(L)}$ 只需要在信道的统计信息变化时更新。前面已经提到，信道统计信息的变化远远慢于信道的快衰落波动。因此，计算 $\bar{\boldsymbol{b}}_{\mathrm{PE}}^{(L)}$ 的复杂度不影响所提 PE 检测器的整体复杂度。进而，本节所提 PE 检测器的复杂度取决于式 (4.155)，后者的复杂度为 $\mathcal{O}(M^2)$。作为对比，使用精确系数的 PE 检测器的复杂度取决于 $\boldsymbol{b}_{\mathrm{PE}}^{(L)}$ 的计算复杂度，因此为 $\mathcal{O}(M^3)$。

PE 检测器的 MSE 性能：L 阶 PE 检测器的均方误差 (mean-square error，MSE) 为

$$\mathrm{MSE}_{\mathrm{PE}}=E_{\boldsymbol{H},\boldsymbol{x},\boldsymbol{z}}\left\{\left\|\boldsymbol{x}-\hat{\boldsymbol{x}}_{\mathrm{PE}}^{(L)}\right\|^2\right\} \tag{4.156}$$

根据 $\hat{\boldsymbol{x}}_{\mathrm{PE}}^{(L)}=\sum\limits_{i=1}^{L}b_{\mathrm{PE},i}^{(L)}(\boldsymbol{H}^{\mathrm{H}}\boldsymbol{H})^{i-1}\boldsymbol{H}^{\mathrm{H}}\boldsymbol{y}$ 及 $\boldsymbol{y}=\boldsymbol{H}\boldsymbol{x}+\boldsymbol{z}$，可得

$$\begin{aligned}\mathrm{MSE}_{\mathrm{PE}}=&M-E_{\boldsymbol{H}}\left\{2\sum_{i=1}^{L}b_{\mathrm{PE},i}^{(L)}\mu_i+\sum_{i=1}^{L}\sum_{j=1}^{L}b_{\mathrm{PE},i}^{(L)}(\mu_{i+j}+\sigma_z^2\mu_{i+j-1})b_{\mathrm{PE},j}^{(L)}\right\}\\=&M-E_{\boldsymbol{H}}\{2\boldsymbol{a}_{\mathrm{PE}}^{\mathrm{T}}\boldsymbol{b}_{\mathrm{PE}}^{(L)}+(\boldsymbol{b}_{\mathrm{PE}}^{(L)})^{\mathrm{T}}\boldsymbol{\Pi}_{\mathrm{PE}}\boldsymbol{b}_{\mathrm{PE}}^{(L)}\}\end{aligned} \tag{4.157}$$

式中，第一个等式是因为 $E\{\boldsymbol{x}\boldsymbol{x}^{\mathrm{H}}\}=\boldsymbol{I}_M$、$E\{\boldsymbol{z}\boldsymbol{z}^{\mathrm{H}}\}=\sigma_z^2\boldsymbol{I}_N$ 和 $\mu_i=\dfrac{1}{N}\mathrm{tr}((\boldsymbol{H}^{\mathrm{H}}\boldsymbol{H})^i)$，第二个等式根据式 (4.120) 和式 (4.121) 得出。接着，根据 $\boldsymbol{b}_{\mathrm{PE}}^{(L)}=\boldsymbol{\Phi}_{\mathrm{PE}}^{-1}\boldsymbol{a}_{\mathrm{PE}}$，可得

$$\mathrm{MSE}_{\mathrm{PE}}=M-E_{\boldsymbol{H}}\{\boldsymbol{a}_{\mathrm{PE}}^{\mathrm{T}}\boldsymbol{\Phi}_{\mathrm{PE}}^{-1}\boldsymbol{a}_{\mathrm{PE}}\} \tag{4.158}$$

相似地，可得 L 阶低复杂度 PE 检测器的 MSE 为

$$\mathrm{MSE}_{\mathrm{LPE}}=M-E_{\boldsymbol{H}}\{2\boldsymbol{a}_{\mathrm{PE}}^{\mathrm{T}}\}\bar{\boldsymbol{b}}_{\mathrm{PE}}^{(L)}+(\bar{\boldsymbol{b}}_{\mathrm{PE}}^{(L)})^{\mathrm{T}}E_{\boldsymbol{H}}\{\boldsymbol{\Pi}_{\mathrm{PE}}\}\bar{\boldsymbol{b}}_{\mathrm{PE}}^{(L)} \tag{4.159}$$

4.3.5 数值仿真

本节提供仿真结果来验证 $\bar{\mu}_m$ 的近似准确度以及所提检测器的性能。信道的模型参数 $\boldsymbol{M}_k$、$\boldsymbol{U}_k$ 和 $\boldsymbol{V}_k$ 为随机生成。其中，$\boldsymbol{U}_k$ 和 $\boldsymbol{V}_k$ 分别通过对具有 i.i.d. 元

素的高斯随机矩阵进行 SVD 得到，$[\boldsymbol{M}_k]_{ij}$ 首先作为取值范围为 [0 1] 的均匀分布生成，再根据式 (4.106) 进行归一化。仿真中使用的 SNR 定义为 $\text{SNR} = \dfrac{1}{M\sigma_z^2}$。令 ρ_k 表示莱斯信道 $\boldsymbol{H}_k$ 的 K 因子 [199]。当 $\rho_k = 0$ 时，$\boldsymbol{H}$ 为一个瑞利信道。为简单起见，在所有的仿真中设 $M_1 = M_2 = \cdots = M_K$ 且 $\rho_1 = \rho_2 = \cdots = \rho_K$。

首先，给出数值结果来验证 $\overline{\mu}_m$ 的近似准确度。表 4.2 中是当 $N = 128$、$K = 12$、$M_k = 4$ 和 $\rho_k = 1$ 时确定性等同 $\overline{\mu}_m$ 结果以及 $E\{\mu_m\}$ 的仿真结果。对于该场景，$E\{\mu_m\}$ 和 $\overline{\mu}_m$ 几乎是一样的。因此，此场景下确定性等同结果非常精确。进一步，为了更好地理解 $\overline{\mu}_m$ 的近似准确度和天线数量的关系，还提供了不同场景下 $E\{\mu_m\}$ 和 $\overline{\mu}_m$ 的比值 $E\{\mu_m\}/\overline{\mu}_m$。表 4.3 中是当 $M_k = 4$ 和 $\rho_k = 1$ 时四种不同天线配置下的 $E\{\mu_m\}/\overline{\mu}_m$。为观察维度对结果精确度的影响，表 4.3 中保持基站天线和总的用户天线比值为 1 不变。从表 4.3 中可以看出，随着天线数量的增加，$\overline{\mu}_m$ 的准确度越来越高。表 4.4 中进一步地给出了 $M_k = 1$ 和 $\rho_k = 0$ 时各种天线配置下的 $E\{\mu_m\}/\overline{\mu}_m$。从表 4.4 中可以看出，随着天线数量的增加，$\overline{\mu}_m$ 的准确度同样越来越高。

表 4.2　莱斯衰落信道用户配置四天线单一场景下 $E\{\mu_m\}$ 和 $\overline{\mu}_m$ 比较

矩/阶数	$m=1$	$m=2$	$m=4$	$m=8$
$E\{\mu_m\}$	1.0001	2.0072	14.1491	1463.0
$\overline{\mu}_m$	1.0000	2.0072	14.1463	1458.4

表 4.3　莱斯衰落信道用户配置四天线不同场景下 $E\{\mu_m\}/\overline{\mu}_m$

场景/阶数	$m=1$	$m=2$	$m=4$	$m=8$
$N=4,\ K=1$	1.0027	1.0064	1.0632	1.8005
$N=8,\ K=2$	1.0022	1.0042	1.0241	1.2199
$N=16,\ K=4$	0.9999	0.9997	1.0042	1.0477
$N=32,\ K=8$	1.0001	1.0001	1.0005	1.0055

表 4.4　瑞利衰落信道用户配置单天线不同场景下 $E\{\mu_m\}/\overline{\mu}_m$

场景/阶数	$m=1$	$m=2$	$m=4$	$m=8$
$N=12,\ K=4$	0.9983	0.9970	1.0521	1.7259
$N=24,\ K=8$	1.0002	1.0008	1.0137	1.1385
$N=48,\ K=16$	1.0001	1.0002	1.0035	1.0311
$N=96,\ K=32$	1.0002	1.0003	1.0012	1.0082

接着，给出仿真结果来验证本节所提检测器的性能。图 4.5(a) 和 (b) 分别画出了当 $N = 128$，$K = 48$，$M_k = 1$，$\rho_k = 0$ 及采用 QPSK 调制时检测器误比特率 (bit error rate，BER) 和 MSE 随 SNR 变化的曲线。在图 4.5～ 图 4.8 中，MSE 已

经乘上了 $1/M$。如图 4.5 所示，当 M 很大时，本节所提 PE 检测器的性能即使在 $M_k = 1$ 时也能很好地接近使用精确系数的 PE 检测器的性能。当 $L = 1$ 时，本节所提 PE 检测器的 BER 及 MSE 性能相较于 MMSE 检测有显著的损失。随着 L 增加，本节所提 PE 检测器和 MSE 检测器的 BER 及 MSE 性能差异减小。当 $L = 4$ 时，本节所提 PE 检测器的性能已经非常接近 MSE 检测器的性能。

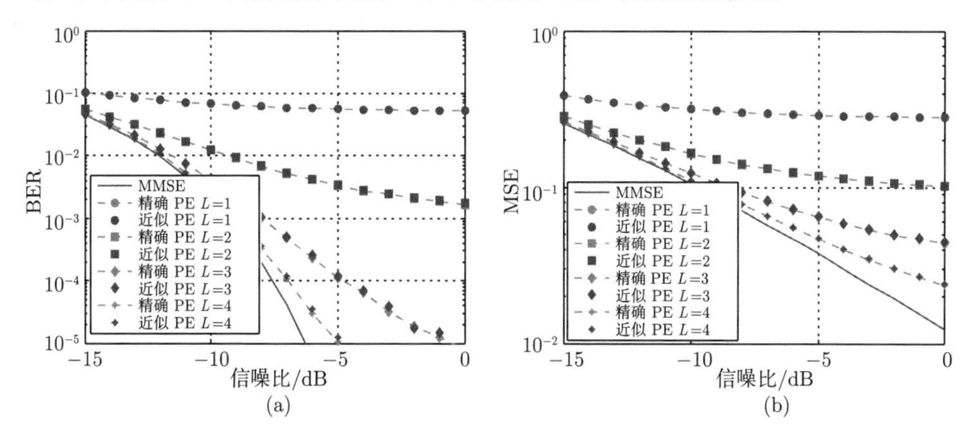

图 4.5 几种检测器在 QPSK 调制下的 BER 及 MSE 性能

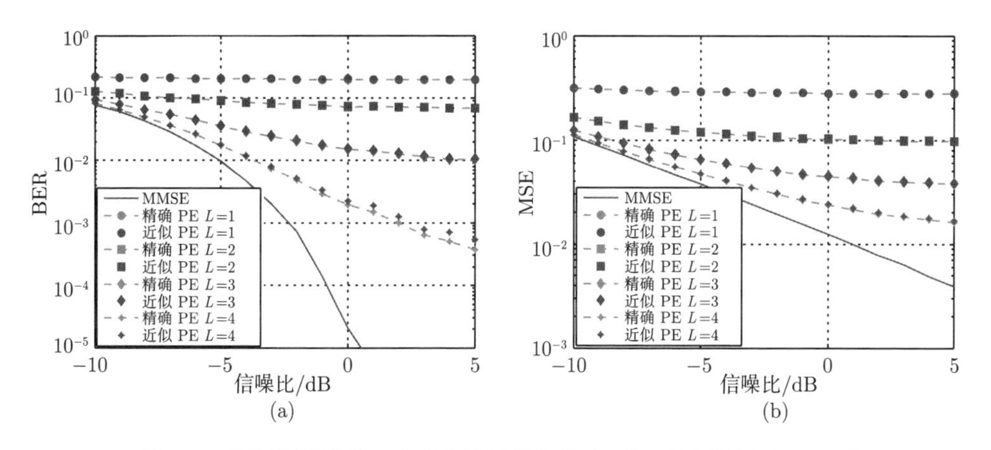

图 4.6 几种检测器在 16QAM 调制下的 BER 及 MSE 性能 ($K = 48$)

图 4.6(a) 和 (b) 分别给出了当 $N = 128$，$K = 48$，$M_k = 1$，$\rho_k = 0$ 及采用 16QAM 调制时各种检测器的 BER 和 MSE 性能。如图 4.6 所示，本节所提 PE 检测器的性能仍然能够很好地近似于使用精确系数的 PE 检测器。但是，本节所提 PE 检测器和 MMSE 检测器之间的 BER 和 MSE 性能差异增加，并且当 $L = 4$ 时差异仍然比较显著。图 4.7(a) 和 (b) 分别给出了当 $N = 128$，$K = 24$，$M_k = 1$，$\rho_k = 0$ 及采用 16QAM 调制时各种检测器的 BER 和 MSE 性能。和图 4.6 相比，图 4.7 降

低了用户数量。比较图 4.6 和图 4.7 可以发现，当 N/M 变大时，本节所提 PE 检测器可以使用较小的 L 来取得接近 MMSE 检测的 BER 和 MSE 性能。

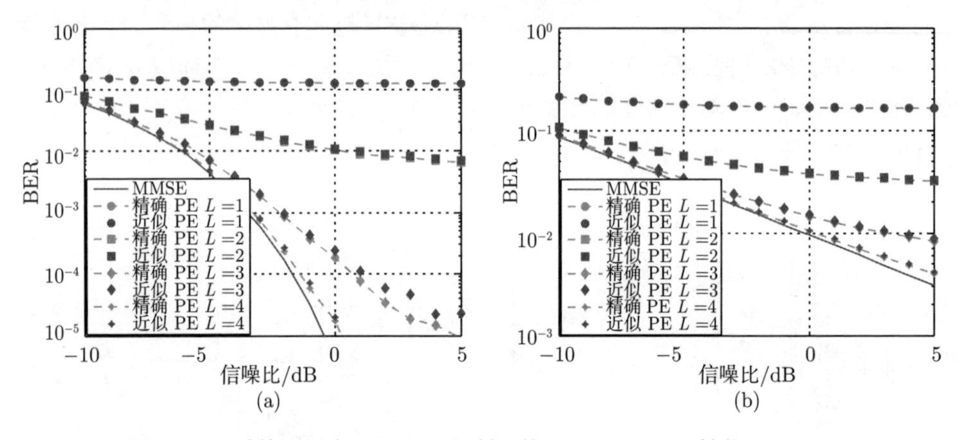

图 4.7　几种检测器在 16QAM 调制下的 BER 及 MSE 性能 ($K = 24$)

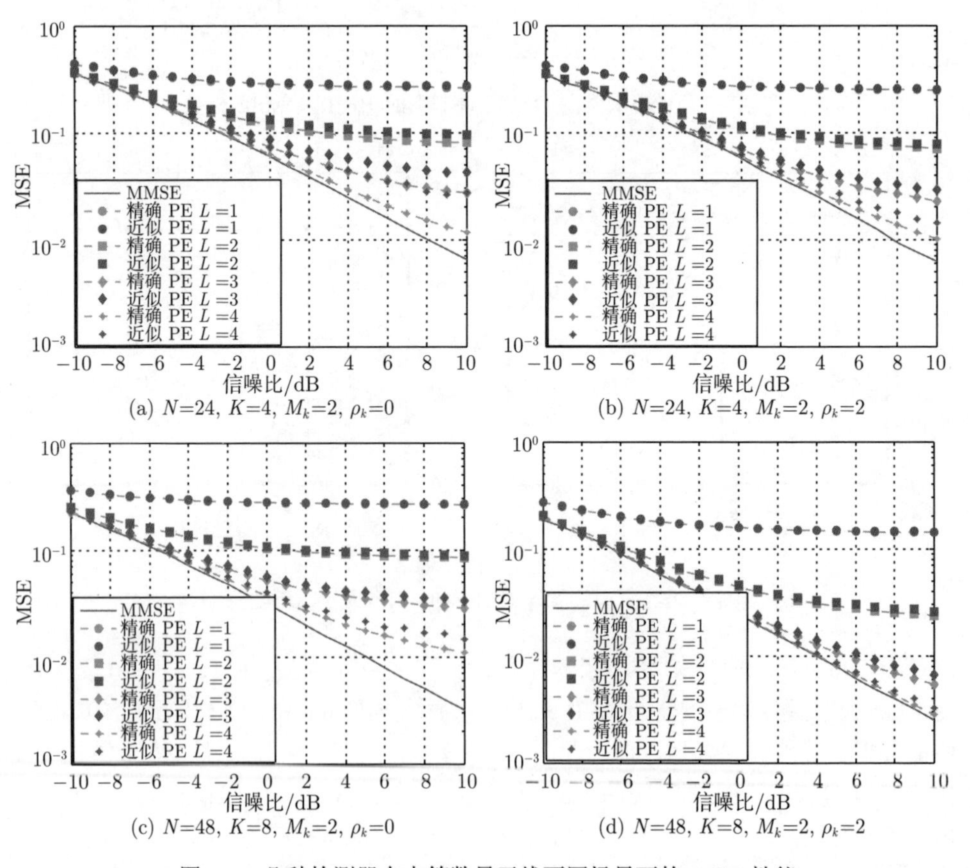

(a) N=24, K=4, M_k=2, ρ_k=0　　(b) N=24, K=4, M_k=2, ρ_k=2

(c) N=48, K=8, M_k=2, ρ_k=0　　(d) N=48, K=8, M_k=2, ρ_k=2

图 4.8　几种检测器在中等数量天线不同场景下的 MSE 性能

图 4.8 画出了四种不同场景下各种检测器的 MSE 性能。和之前仿真场景相比，图 4.8 中基站端的天线数量减少，并且用户端为 2 根天线。图 4.8(a) 显示了当 $N=24, K=4, M_k=2$ 和 $\rho_k=0$ 时的结果。从图 4.8(a) 中可以看出，在此场景下，当 $L=3$ 和 $L=4$ 时本节所提 PE 检测器的性能已经不能很好地近似采用精确系数的 PE 检测器。图 4.8(b) 给出了当 $N=24, K=4, M_k=2$ 和 $\rho_k=2$ 时的结果。比较图 4.8(a) 和 (b) 可以发现，当 ρ_k 增加时，本节所提 PE 检测器的性能更接近于使用精确系数的 PE 检测器。这是因为当 ρ_k 增加时，信道的确定部分增加，确定性等同的近似效果更好。图 4.8(c) 和 (d) 分别给出了当 $N=48, K=8, M_k=2, \rho_k=0$ 和 $N=48, K=8, M_k=2, \rho_k=2$ 时各种检测器的 MSE 性能。比较图 4.8(c) 和 (d) 也能观察到同之前相似的现象。更进一步，可以发现当天线数量增加时本节所提检测器的准确度提高。

4.3.6 小结

本节通过推导信道 Gram 矩阵经验矩的确定性等同，提出了大规模 MIMO 上行低复杂度多项式展开检测器。首先，利用算子值自由概率理论，严格证明了信道 Gram 矩阵经验矩和矩是渐近相同的，并推导出信道 Gram 矩阵的自由确定性等同。所得自由确定性等同可看作一些满足算子值自由条件的随机变量之和，并且其矩为原 Gram 矩阵矩的确定性等同。随后，根据算子值自由随机变量之和的性质以及算子值矩和算子值累积量之间的关系公式，推导出莱斯衰落信道下信道 Gram 矩阵自由确定性等同的算子值矩和标量矩的闭式表达。进一步，推导出信道退化为瑞利衰落信道时所提自由确定性等同算子值矩和标量矩的较简单闭式表达。在此基础上，本节提出了低复杂度多项式展开检测器，并推导出该检测器的 MSE 性能。数值仿真结果表明，本节所提检测器可取得接近 MMSE 检测器的性能。

4.4 附　录

4.4.1 定理 4.1 的证明

文献 [170] 中给出了高斯随机矩阵之间的渐近自由证明。将其进行扩展，可得到下面的结果。

首先证明当 $p_1=p_2=\cdots=p_m=k$ 时的特殊情形，即

$$\begin{aligned}\lim_{n\to\infty} i_n(&E_{\mathcal{D}_n}\{\boldsymbol{Y}_k\boldsymbol{C}_1\cdots\boldsymbol{Y}_k\boldsymbol{C}_{m-1}\boldsymbol{Y}_k\}\\&-E_{\mathcal{D}_n}\{\boldsymbol{\mathcal{Y}}_k\boldsymbol{C}_1\cdots\boldsymbol{\mathcal{Y}}_k\boldsymbol{C}_{m-1}\boldsymbol{\mathcal{Y}}_k\})=0_{L^\infty[0,1]}\end{aligned}\tag{4.160}$$

式中，第一项 $\mathcal{D}_n$ 值矩 $E_{\mathcal{D}_n}\{\boldsymbol{Y}_k\boldsymbol{C}_1\cdots\boldsymbol{Y}_k\boldsymbol{C}_{m-1}\boldsymbol{Y}_k\}$ 展开为

$$\begin{aligned}
&E_{\mathcal{D}_n}\{\boldsymbol{Y}_k\boldsymbol{C}_1\cdots\boldsymbol{Y}_k\boldsymbol{C}_{m-1}\boldsymbol{Y}_k\}\\
&=\sum_{i_1,\cdots,i_m=1}^{n}E\{[\boldsymbol{Y}_k]_{i_1i_2}[\boldsymbol{C}_1]_{i_2i_2}\cdots[\boldsymbol{Y}_k]_{i_{m-1}i_m}[\boldsymbol{C}_{m-1}]_{i_mi_m}[\boldsymbol{Y}_k]_{i_mi_1}\}\boldsymbol{P}_{i_1}\\
&=\sum_{i_1,\cdots,i_m=1}^{n}E\{[\boldsymbol{Y}_k]_{i_1i_2}\cdots[\boldsymbol{Y}_k]_{i_{m-1}i_m}[\boldsymbol{Y}_k]_{i_mi_1}\}[\boldsymbol{C}_1]_{i_2i_2}\cdots[\boldsymbol{C}_{m-1}]_{i_mi_m}\boldsymbol{P}_{i_1}
\end{aligned}\tag{4.161}$$

根据文献 [170] 中定理 22.3 给出的 Wick 公式，有

$$E\{[\boldsymbol{Y}_k]_{i_1i_2}\cdots[\boldsymbol{Y}_k]_{i_{m-1}i_m}[\boldsymbol{Y}_k]_{i_mi_1}\}=\sum_{\pi\in\mathcal{P}_2(m)}\prod_{(r,s)\in\pi}E\{[\boldsymbol{Y}_k]_{i_ri_{\gamma(r)}}[\boldsymbol{Y}_k]_{i_si_{\gamma(s)}}\}\tag{4.162}$$

式中，$\mathcal{P}_2(m)$ 表示 $S(m)$ 中的对划分组成的集合，并且 γ 为 $S(m)$ 中的一个循环排列，其定义为 $\gamma(i)=i+1 \mod m$。接着，将式 (4.161) 重写为

$$\begin{aligned}
&E_{\mathcal{D}_n}\{\boldsymbol{Y}_k\boldsymbol{C}_1\cdots\boldsymbol{Y}_k\boldsymbol{C}_{m-1}\boldsymbol{Y}_k\}\\
&=\sum_{i_1,\cdots,i_m=1}^{n}\sum_{\pi\in\mathcal{P}_2(m)}\left(\prod_{(r,s)\in\pi}E\{[\boldsymbol{Y}_k]_{i_ri_{\gamma(r)}}[\boldsymbol{Y}_k]_{i_si_{\gamma(s)}}\}\right)[\boldsymbol{C}_1]_{i_2i_2}\cdots[\boldsymbol{C}_{m-1}]_{i_mi_m}\boldsymbol{P}_{i_1}\\
&=\sum_{\pi\in NC_2(m)}\sum_{i_1,\cdots,i_m=1}^{n}\left(\prod_{(r,s)\in\pi}E\{[\boldsymbol{Y}_k]_{i_ri_{\gamma(r)}}[\boldsymbol{Y}_k]_{i_si_{\gamma(s)}}\}\right)[\boldsymbol{C}_1]_{i_2i_2}\cdots[\boldsymbol{C}_{m-1}]_{i_mi_m}\boldsymbol{P}_{i_1}\\
&\quad+\sum_{\substack{\pi\in\mathcal{P}_2(m)\\ \pi\notin NC_2(m)}}\sum_{i_1,\cdots,i_m=1}^{n}\left(\prod_{(r,s)\in\pi}E\{[\boldsymbol{Y}_k]_{i_ri_{\gamma(r)}}[\boldsymbol{Y}_k]_{i_si_{\gamma(s)}}\}\right)[\boldsymbol{C}_1]_{i_2i_2}\cdots[\boldsymbol{C}_{m-1}]_{i_mi_m}\boldsymbol{P}_{i_1}
\end{aligned}\tag{4.163}$$

式中，$NC_2(m)\subset\mathcal{P}_2(m)$ 表示 $S(m)$ 中所有非交错对划分组成的集合。同时，$\mathcal{D}_n$ 值矩 $E_{\mathcal{D}_n}\{\boldsymbol{\mathcal{Y}}_k\boldsymbol{C}_1\cdots\boldsymbol{\mathcal{Y}}_k\boldsymbol{C}_{m-1}\boldsymbol{\mathcal{Y}}_k\}$ 可展开为

$$\begin{aligned}
&E_{\mathcal{D}_n}\{\boldsymbol{\mathcal{Y}}_k\boldsymbol{C}_1\cdots\boldsymbol{\mathcal{Y}}_k\boldsymbol{C}_{m-1}\boldsymbol{\mathcal{Y}}_k\}\\
&=\sum_{i_1,\cdots,i_m=1}^{n}\phi([\boldsymbol{\mathcal{Y}}_k]_{i_1i_2}[\boldsymbol{C}_1]_{i_2i_2}\cdots[\boldsymbol{\mathcal{Y}}_k]_{i_{m-1}i_m}[\boldsymbol{C}_{m-1}]_{i_mi_m}[\boldsymbol{\mathcal{Y}}_k]_{i_mi_1})\boldsymbol{P}_{i_1}\\
&=\sum_{i_1,\cdots,i_m=1}^{n}\phi([\boldsymbol{\mathcal{Y}}_k]_{i_1i_2}\cdots[\boldsymbol{\mathcal{Y}}_k]_{i_{m-1}i_m}[\boldsymbol{\mathcal{Y}}_k]_{i_mi_1})[\boldsymbol{C}_1]_{i_2i_2}\cdots[\boldsymbol{C}_{m-1}]_{i_mi_m}\boldsymbol{P}_{i_1}
\end{aligned}\tag{4.164}$$

由于 $\mathcal{Y}_k$ 中的元素为一族半圆分布和圆分布变量，根据文献 [170] 中式 (8.8) 和式 (8.9)，可得

$$\begin{aligned}
&\phi([\mathcal{Y}_k]_{i_1 i_2}\cdots[\mathcal{Y}_k]_{i_{m-1}i_m}[\mathcal{Y}_k]_{i_m i_1}) \\
&=\sum_{\pi\in \mathrm{NC}_2(m)}\kappa_\pi^{\mathbb{C}}([\mathcal{Y}_k]_{i_1 i_2},\cdots,[\mathcal{Y}_k]_{i_{m-1}i_m},[\mathcal{Y}_k]_{i_m i_1}) \\
&=\sum_{\pi\in \mathrm{NC}_2(m)}\prod_{(r,s)\in\pi}\phi([\mathcal{Y}_k]_{i_r i_{\gamma(r)}}[\mathcal{Y}_k]_{i_s i_{\gamma(s)}})
\end{aligned} \tag{4.165}$$

接着，将式 (4.164) 重写为

$$\begin{aligned}
&E_{\mathcal{D}_n}\{\mathcal{Y}_k\boldsymbol{C}_1\cdots\mathcal{Y}_k\boldsymbol{C}_{m-1}\mathcal{Y}_k\} \\
&=\sum_{\pi\in \mathrm{NC}_2(m)}\sum_{i_1,\cdots,i_m=1}^{n}\left(\prod_{(r,s)\in\pi}\phi([\mathcal{Y}_k]_{i_r i_{\gamma(r)}}[\mathcal{Y}_k]_{i_s i_{\gamma(s)}})\right) \\
&\quad\cdot[\boldsymbol{C}_1]_{i_2 i_2}\cdots[\boldsymbol{C}_{m-1}]_{i_m i_m}\boldsymbol{P}_{i_1}
\end{aligned} \tag{4.166}$$

若 m 为奇数，显然有集合 $\mathcal{P}_2(m)$ 和集合 $NC_2(m)$ 都是空集。因此，当 m 为奇数时 $E_{\mathcal{D}_n}\{\boldsymbol{Y}_k\boldsymbol{C}_1\cdots\boldsymbol{Y}_k\boldsymbol{C}_{m-1}\boldsymbol{Y}_k\}$ 和 $E_{\mathcal{D}_n}\{\mathcal{Y}_k\boldsymbol{C}_1\cdots\mathcal{Y}_k\boldsymbol{C}_{m-1}\mathcal{Y}_k\}$ 为零矩阵。所以剩下的证明只考虑 m 为偶数。

根据 $\phi([\mathcal{Y}_k]_{i_r j_r}[\mathcal{Y}_k]_{i_s j_s})=E\{[\boldsymbol{Y}_k]_{i_r j_r}[\boldsymbol{Y}_k]_{i_s j_s}\}$ 以及式 (4.163) 和式 (4.166)，可得式 (4.160) 成立等价于当 $n\to\infty$ 时

$$\begin{aligned}
&i_n\left(\sum_{\substack{\pi\in\mathcal{P}_2(m)\\ \pi\notin \mathrm{NC}_2(m)}}\sum_{i_1,\cdots,i_m=1}^{n}\left(\prod_{(r,s)\in\pi}E\left\{[\boldsymbol{Y}_k]_{i_r i_{\gamma(r)}}[\boldsymbol{Y}_k]_{i_s i_{\gamma(s)}}\right\}\right)\right. \\
&\quad\left.\cdot[\boldsymbol{C}_1]_{i_2 i_2}\cdots[\boldsymbol{C}_{m-1}]_{i_m i_m}\boldsymbol{P}_{i_1}\right)
\end{aligned} \tag{4.167}$$

消失。令 $(r,s)\in\pi$ 表示 $\pi(r)=s$ 和 $\pi(s)=r$。应用式 (4.18)，可得

$$\begin{aligned}
&\sum_{\substack{\pi\in\mathcal{P}_2(m)\\ \pi\notin \mathrm{NC}_2(m)}}\sum_{i_1,\cdots,i_m=1}^{n}\left(\prod_{(r,s)\in\pi}E\{[\boldsymbol{Y}_k]_{i_r i_{\gamma(r)}}[\boldsymbol{Y}_k]_{i_s i_{\gamma(s)}}\}\right)[\boldsymbol{C}_1]_{i_2 i_2}\cdots[\boldsymbol{C}_{m-1}]_{i_m i_m}\boldsymbol{P}_{i_1} \\
&=n^{-\frac{m}{2}}\sum_{\substack{\pi\in\mathcal{P}_2(m)\\ \pi\notin \mathrm{NC}_2(m)}}\sum_{i_1,\cdots,i_m=1}^{n}\left(\prod_{(r,s)\in\pi}\sigma_{i_r i_{\gamma(r)},k}(n)\sigma_{i_s i_{\gamma(s)},k}(n)\delta_{i_r i_{\gamma(s)}}\delta_{i_s i_{\gamma(r)}}\right) \\
&\quad\cdot[\boldsymbol{C}_1]_{i_2 i_2}\cdots[\boldsymbol{C}_{m-1}]_{i_m i_m}\boldsymbol{P}_{i_1}
\end{aligned}$$

$$= n^{-\frac{m}{2}} \sum_{\substack{\pi \in \mathcal{P}_2(m) \\ \pi \notin \mathrm{NC}_2(m)}} \sum_{i_1,\cdots,i_m=1}^{n} \left(\prod_{r=1}^{m} \sigma_{i_r i_{\gamma(r)},k}(n) \delta_{i_r i_{\gamma\pi(r)}} \right) [\boldsymbol{C}_1]_{i_2 i_2} \cdots [\boldsymbol{C}_{m-1}]_{i_m i_m} \boldsymbol{P}_{i_1}$$

$$= n^{-\frac{m}{2}} \sum_{\substack{\pi \in \mathcal{P}_2(m) \\ \pi \notin \mathrm{NC}_2(m)}} \sum_{i_1,\cdots,i_m=1}^{n} \left(\prod_{r=1}^{m} \delta_{i_r i_{\gamma\pi(r)}} \right) \left(\prod_{r=1}^{m} \sigma_{i_r i_{\gamma(r)},k}(n) \right)$$

$$\cdot [\boldsymbol{C}_1]_{i_2 i_2} \cdots [\boldsymbol{C}_{m-1}]_{i_m i_m} \boldsymbol{P}_{i_1} \tag{4.168}$$

式中，$\gamma\pi$ 表示排列 γ 和 π 的乘积。$\gamma\pi$ 也定义为两个排列的复合函数，即 $\gamma\pi(r)$ 表示 $\gamma(\pi(r))$。根据三角不等式，有

$$\left| n^{-\frac{m}{2}} \sum_{i_2,\cdots,i_m=1}^{n} \left(\prod_{r=1}^{m} \delta_{i_r i_{\gamma\pi(r)}} \right) \left(\prod_{r=1}^{m} \sigma_{i_r i_{\gamma(r)},k}(n) \right) [\boldsymbol{C}_1]_{i_2 i_2} \cdots [\boldsymbol{C}_{m-1}]_{i_m i_m} \right|$$

$$\leqslant n^{-\frac{m}{2}} \sum_{i_2,\cdots,i_m=1}^{n} \left(\prod_{r=1}^{m} \delta_{i_r i_{\gamma\pi(r)}} \right) \left(\prod_{r=1}^{m} \sigma_{i_r i_{\gamma(r)},k}(n) \right) \left| [\boldsymbol{C}_1]_{i_2 i_2} \cdots [\boldsymbol{C}_{m-1}]_{i_m i_m} \right| \tag{4.169}$$

式中，i_1 是固定的。因为 $\boldsymbol{C}_1, \cdots, \boldsymbol{C}_{m-1}$ 的元素和 $\sigma_{ij,k}(n)$ 是一致有界的，所以肯定存在一个正实数 c_0 使得

$$\left| n^{-\frac{m}{2}} \sum_{i_2,\cdots,i_m=1}^{n} \left(\prod_{r=1}^{m} \delta_{i_r i_{\gamma\pi(r)}} \right) \left(\prod_{r=1}^{m} \sigma_{i_r i_{\gamma(r)},k}(n) \right) [\boldsymbol{C}_1]_{i_2 i_2} \cdots [\boldsymbol{C}_{m-1}]_{i_m i_m} \right|$$

$$\leqslant c_0 n^{-\frac{m}{2}} \sum_{i_2,\cdots,i_m=1}^{n} \left(\prod_{r=1}^{m} \delta_{i_r i_{\gamma\pi(r)}} \right) \tag{4.170}$$

文献 [170] 第 365 页指出

$$\sum_{i_1,i_2,\cdots,i_m=1}^{n} \left(\prod_{r=1}^{m} \delta_{i_r i_{\gamma\pi(r)}} \right) = n^{\#(\gamma\pi)} \tag{4.171}$$

式中，$\#(\gamma\pi)$ 是排列 $\gamma\pi$ 中的循环 (cycle) 个数。式 (4.171) 的解释如下：对于 $\gamma\pi$ 中每一个循环，循环上数相同并且可为 $1, \cdots, n$ 中任意一个，并且不同的循环上的数是互相独立的。相似地，可以得到

$$\sum_{i_2,\cdots,i_m=1}^{n} \left(\prod_{r=1}^{m} \delta_{i_r i_{\gamma\pi(r)}} \right) = n^{\#(\gamma\pi)-1} \tag{4.172}$$

因为包含 i_1 的循环的值已经固定。若划分 $\pi \in \mathcal{P}_2(m)$，则如文献 [170] 中定理 22.12

后说明所示，有 $\#(\gamma\pi)-1-\dfrac{m}{2}=-2g$，其中 $g\geqslant 0$。该结果来自文献 [200] 中命题 4.2。若划分 $\pi\in \mathrm{NC}_2(m)$，则有 $g=0$[170]。进一步，对于划分 $\pi\in\mathcal{P}_2(m)$ 和 $\pi\notin \mathrm{NC}_2(m)$，有 $\#(\gamma\pi)-1-\dfrac{m}{2}\leqslant -2$。因此不等式 (4.170) 小于等于号右边正比于 n^{-2} 并且当 $n\to\infty$ 时其小于等于号左边消失。进一步，式 (4.168) 同样也消失。至此，完成了对式 (4.160) 的证明。

接着，证明一般情形，即

$$\lim_{n\to\infty} i_n(E_{\mathcal{D}_n}\{\boldsymbol{Y}_{p_1}\boldsymbol{C}_1\cdots\boldsymbol{Y}_{p_{m-1}}\boldsymbol{C}_{m-1}\boldsymbol{Y}_{p_m}\}\\ -E_{\mathcal{D}_n}\{\boldsymbol{\mathcal{Y}}_{p_1}\boldsymbol{C}_1\cdots\boldsymbol{\mathcal{Y}}_{p_{m-1}}\boldsymbol{C}_{m-1}\boldsymbol{\mathcal{Y}}_{p_m}\})=0_{L^\infty[0,1]} \tag{4.173}$$

将 $\mathcal{D}_n$ 值矩 $E_{\mathcal{D}_n}\{\boldsymbol{Y}_{p_1}\boldsymbol{C}_1\cdots\boldsymbol{Y}_{p_{m-1}}\boldsymbol{C}_{m-1}\boldsymbol{Y}_{p_m}\}$ 展开为

$$\begin{aligned}&E_{\mathcal{D}_n}\{\boldsymbol{Y}_{p_1}\boldsymbol{C}_1\cdots\boldsymbol{Y}_{p_{m-1}}\boldsymbol{C}_{m-1}\boldsymbol{Y}_{p_m}\}\\ &=\sum_{\pi\in\mathrm{NC}_2(m)}\sum_{i_1,\cdots,i_m=1}^{n}\prod_{(r,s)\in\pi}E\{[\boldsymbol{Y}_{p_r}]_{i_ri_{\gamma(r)}}[\boldsymbol{Y}_{p_s}]_{i_si_{\gamma(s)}}\}[\boldsymbol{C}_1]_{i_2i_2}\cdots[\boldsymbol{C}_{m-1}]_{i_mi_m}\boldsymbol{P}_{i_1}\\ &\quad+\sum_{\substack{\pi\in\mathcal{P}_2(m)\\ \pi\notin\mathrm{NC}_2(m)}}\sum_{i_1,\cdots,i_m=1}^{n}\prod_{(r,s)\in\pi}E\{[\boldsymbol{Y}_{p_r}]_{i_ri_{\gamma(r)}}[\boldsymbol{Y}_{p_s}]_{i_si_{\gamma(s)}}\}[\boldsymbol{C}_1]_{i_2i_2}\cdots[\boldsymbol{C}_{m-1}]_{i_mi_m}\boldsymbol{P}_{i_1}\end{aligned} \tag{4.174}$$

证明式 (4.173) 等价于证明式 (4.174) 当 $n\to\infty$ 时等号右边第二项消失。接着，根据式 (4.18)，可得

$$\begin{aligned}&\sum_{\substack{\pi\in\mathcal{P}_2(m)\\ \pi\notin\mathrm{NC}_2(m)}}\sum_{i_1,\cdots,i_m=1}^{n}\left(\prod_{(r,s)\in\pi}E\{[\boldsymbol{Y}_{p_r}]_{i_ri_{\gamma(r)}}[\boldsymbol{Y}_{p_s}]_{i_si_{\gamma(s)}}\}\right)[\boldsymbol{C}_1]_{i_2i_2}\cdots[\boldsymbol{C}_{m-1}]_{i_mi_m}\boldsymbol{P}_{i_1}\\ &=n^{-\frac{m}{2}}\sum_{\substack{\pi\in\mathcal{P}_2(m)\\ \pi\notin\mathrm{NC}_2(m)}}\sum_{i_1,\cdots,i_m=1}^{n}\left(\prod_{(r,s)\in\pi}\sigma_{i_ri_{\gamma(r)},p_r}(n)\sigma_{i_si_{\gamma(s)},p_s}(n)\delta_{i_ri_{\gamma(s)}}\delta_{i_si_{\gamma(r)}}\delta_{p_rp_s}\right)\\ &\quad\cdot[\boldsymbol{C}_1]_{i_2i_2}\cdots[\boldsymbol{C}_{m-1}]_{i_mi_m}\boldsymbol{P}_{i_1}\end{aligned} \tag{4.175}$$

式 (4.175) 和式 (4.168) 相似，唯一的不同在于存在多出来的因子 $\delta_{p_rp_s}$。这仅仅表明需要给划分 π 再增加一个条件。文献 [170] 中命题 22.22 的证明已经处理过类似的情况。定义 $\mathcal{P}_2^{(p)}(m)$ 和 $\mathrm{NC}_2^{(p)}(m)$ 为

$$\mathcal{P}_2^{(p)}(m)=\{\pi\in\mathcal{P}_2(m):p_r=p_{\pi(r)}\ \forall r=1,\cdots,m\}$$

和

$$\mathrm{NC}_2^{(p)}(m) = \{\pi \in \mathrm{NC}_2(m) : p_r = p_{\pi(r)}\ \forall r = 1, \cdots, m\}$$

接着，式 (4.175) 变为

$$\sum_{\substack{\pi \in \mathcal{P}_2(m) \\ \pi \notin \mathrm{NC}_2(m)}} \sum_{i_1,\cdots,i_m=1}^{n} \left(\prod_{(r,s)\in\pi} E\{[\boldsymbol{Y}_{p_r}]_{i_r i_{\gamma(r)}} [\boldsymbol{Y}_{p_s}]_{i_s i_{\gamma(s)}}\} \right) [\boldsymbol{C}_1]_{i_2 i_2} \cdots [\boldsymbol{C}_{m-1}]_{i_m i_m} \boldsymbol{P}_{i_1}$$
$$= n^{-\frac{m}{2}} \sum_{\substack{\pi \in \mathcal{P}_2^{(p)}(m) \\ \pi \notin \mathrm{NC}_2^{(p)}(m)}} \sum_{i_1,\cdots,i_m=1}^{n} \left(\prod_{r=1}^{m} \sigma_{i_r i_{\gamma(r)}, p_r}(n) \delta_{i_r i_{\gamma\pi(r)}} \right) [\boldsymbol{C}_1]_{i_2 i_2} \cdots [\boldsymbol{C}_{m-1}]_{i_m i_m} \boldsymbol{P}_{i_1} \tag{4.176}$$

对于所有的划分 $\pi \in \mathcal{P}_2^{(p)}(m) \backslash \mathrm{NC}_2^{(p)}(m)$，仍然有 $\#(\gamma\pi) - 1 - \dfrac{m}{2} \leqslant -2$。比较式 (4.168) 和式 (4.176)，可以得出当 $n \to \infty$ 时式 (4.176) 消失。因此，式 (4.173) 成立。

因为 $\boldsymbol{\mathcal{Y}}_1, \boldsymbol{\mathcal{Y}}_2, \cdots, \boldsymbol{\mathcal{Y}}_t$ 为 $\mathcal{D}_n$ 值半圆分布变量并且在 $\mathcal{D}_n$ 上自由，所以它们的渐近 $L^\infty[0,1]$ 值联合分布存在并只取决于 $\psi_k, 1 \leqslant k \leqslant t$。又因为渐近 $L^\infty[0,1]$ 值联合矩

$$\lim_{n\to\infty} i_n(E_{\mathcal{D}_n}\{\boldsymbol{Y}_{p_1} \boldsymbol{C}_1 \cdots \boldsymbol{Y}_{p_{m-1}} \boldsymbol{C}_{m-1} \boldsymbol{Y}_{p_m}\})$$

包含了随机矩阵 $\boldsymbol{Y}_1, \boldsymbol{Y}_2, \cdots, \boldsymbol{Y}_t$ 渐近 $L^\infty[0,1]$ 值联合分布的所有信息，所以从式 (4.173) 可以得出 $\boldsymbol{Y}_1, \boldsymbol{Y}_2, \cdots, \boldsymbol{Y}_t$ 和 $\boldsymbol{\mathcal{Y}}_1, \boldsymbol{\mathcal{Y}}_2, \cdots, \boldsymbol{\mathcal{Y}}_t$ 的渐近 $L^\infty[0,1]$ 值联合分布是相同的。最终有，$\boldsymbol{Y}_1, \boldsymbol{Y}_2, \cdots, \boldsymbol{Y}_t$ 在 $L^\infty[0,1]$ 上渐近自由。

4.4.2　定理 4.2 的证明

先证明当 $p_1 = p_2 = \cdots = p_m = k$ 时的特殊情形，即

$$\lim_{n\to\infty} i_n(E_{\mathcal{D}_n}\{\boldsymbol{C}_0 \boldsymbol{Y}_k \boldsymbol{C}_1 \boldsymbol{Y}_k \boldsymbol{C}_2 \cdots \boldsymbol{Y}_k \boldsymbol{C}_m\} - E_{\mathcal{D}_n}\{\boldsymbol{C}_0 \boldsymbol{\mathcal{Y}}_k \boldsymbol{C}_1 \boldsymbol{\mathcal{Y}}_k \boldsymbol{C}_2 \cdots \boldsymbol{\mathcal{Y}}_k \boldsymbol{C}_m\}) = 0_{L^\infty[0,1]} \tag{4.177}$$

使用与定理 4.1 证明中推导式 (4.163) 和式 (4.166) 相似的步骤，可得

$$E_{\mathcal{D}_n}\{\boldsymbol{C}_0 \boldsymbol{Y}_k \boldsymbol{C}_1 \boldsymbol{Y}_k \boldsymbol{C}_2 \cdots \boldsymbol{Y}_k \boldsymbol{C}_m\}$$
$$= \sum_{\pi \in \mathrm{NC}_2(m)} \sum_{\substack{i_1,\cdots,i_m \\ j_0,j_1,\cdots,j_m=1}}^{n} \left(\prod_{(r,s)\in\pi} E\{[\boldsymbol{Y}_k]_{i_r j_r} [\boldsymbol{Y}_k]_{i_s j_s}\} \right)$$
$$\cdot [\boldsymbol{C}_0]_{j_0 i_1} \cdots [\boldsymbol{C}_{m-1}]_{j_{m-1} i_m} [\boldsymbol{C}_m]_{j_m j_0} \boldsymbol{P}_{j_0}$$

$$+\sum_{\substack{\pi\in\mathcal{P}_2(m)\\ \pi\notin\mathrm{NC}_2(m)}}\sum_{\substack{i_1,\cdots,i_m\\ j_0,j_1,\cdots,j_m=1}}^{n}\left(\prod_{(r,s)\in\pi}E\{[\boldsymbol{Y}_k]_{i_rj_r}[\boldsymbol{Y}_k]_{i_sj_s}\}\right)$$

$$\cdot[\boldsymbol{C}_0]_{j_0i_1}\cdots[\boldsymbol{C}_{m-1}]_{j_{m-1}i_m}[\boldsymbol{C}_m]_{j_mj_0}\boldsymbol{P}_{j_0} \tag{4.178}$$

和

$$E_{\mathcal{D}_n}\{\boldsymbol{C}_0\boldsymbol{\mathcal{Y}}_k\boldsymbol{C}_1\boldsymbol{\mathcal{Y}}_k\boldsymbol{C}_2\cdots\boldsymbol{\mathcal{Y}}_k\boldsymbol{C}_m\}$$

$$=\sum_{\pi\in\mathrm{NC}_2(m)}\sum_{\substack{i_1,\cdots,i_m\\ j_0,j_1,\cdots,j_m=1}}^{n}\left(\prod_{(r,s)\in\pi}\phi([\boldsymbol{\mathcal{Y}}_k]_{i_rj_r}[\boldsymbol{\mathcal{Y}}_k]_{i_sj_s})\right)$$

$$\cdot[\boldsymbol{C}_0]_{j_0i_1}\cdots[\boldsymbol{C}_{m-1}]_{j_{m-1}i_m}[\boldsymbol{C}_m]_{j_mj_0}\boldsymbol{P}_{j_0} \tag{4.179}$$

进一步，当 m 为奇数时有

$$E_{\mathcal{D}_n}\{\boldsymbol{C}_0\boldsymbol{Y}_k\boldsymbol{C}_1\boldsymbol{Y}_k\boldsymbol{C}_2\cdots\boldsymbol{Y}_k\boldsymbol{C}_m\}$$

和

$$E_{\mathcal{D}_n}\{\boldsymbol{C}_0\boldsymbol{\mathcal{Y}}_k\boldsymbol{C}_1\boldsymbol{\mathcal{Y}}_k\boldsymbol{C}_2\cdots\boldsymbol{\mathcal{Y}}_k\boldsymbol{C}_m\}$$

等于零矩阵。因此，在余下的证明中只需假设 m 为偶数。

根据 $\phi([\boldsymbol{\mathcal{Y}}_k]_{i_rj_r}[\boldsymbol{\mathcal{Y}}_k]_{i_sj_s}) = E\{[\boldsymbol{Y}_k]_{i_rj_r}[\boldsymbol{Y}_k]_{i_sj_s}\}$、式 (4.178) 和式 (4.179)，式 (4.177) 等价于当 $n\to\infty$ 时

$$i_n\left(\sum_{\substack{\pi\in\mathcal{P}_2(m)\\ \pi\notin\mathrm{NC}_2(m)}}\sum_{\substack{i_1,\cdots,i_m\\ j_0,j_1,\cdots,j_m=1}}^{n}\left(\prod_{(r,s)\in\pi}E\{[\boldsymbol{Y}_k]_{i_rj_r}[\boldsymbol{Y}_k]_{i_sj_s}\}\right)\right.$$

$$\left.\cdot[\boldsymbol{C}_0]_{j_0i_1}\cdots[\boldsymbol{C}_{m-1}]_{j_{m-1}i_m}[\boldsymbol{C}_m]_{j_mj_0}\boldsymbol{P}_{j_0}\right)$$

消失。根据式 (4.18)，可得

$$\sum_{\substack{\pi\in\mathcal{P}_2(m)\\ \pi\notin\mathrm{NC}_2(m)}}\sum_{\substack{i_1,\cdots,i_m\\ j_0,j_1,\cdots,j_m=1}}^{n}\left(\prod_{(r,s)\in\pi}E\{[\boldsymbol{Y}_k]_{i_rj_r}[\boldsymbol{Y}_k]_{i_sj_s}\}\right)$$

$$\cdot[\boldsymbol{C}_0]_{j_0i_1}\cdots[\boldsymbol{C}_{m-1}]_{j_{m-1}i_m}[\boldsymbol{C}_m]_{j_mj_0}\boldsymbol{P}_{j_0}$$

$$=n^{-\frac{m}{2}}\sum_{\substack{\pi\in\mathcal{P}_2(m)\\ \pi\notin\mathrm{NC}_2(m)}}\sum_{\substack{i_1,\cdots,i_m\\ j_0,j_1,\cdots,j_m=1}}^{n}\left(\prod_{(r,s)\in\pi}\sigma_{i_rj_r,k}(n)\sigma_{i_sj_s,k}(n)\delta_{i_rj_s}\delta_{i_sj_r}\right)$$

$$\cdot[\boldsymbol{C}_0]_{j_0i_1}\cdots[\boldsymbol{C}_{m-1}]_{j_{m-1}i_m}[\boldsymbol{C}_m]_{j_mj_0}\boldsymbol{P}_{j_0}$$

$$= n^{-\frac{m}{2}} \sum_{\substack{\pi\in\mathcal{P}_2(m)\\ \pi\notin \mathrm{NC}_2(m)}} \sum_{\substack{i_1,\cdots,i_m\\ j_0,j_1,\cdots,j_m=1}}^{n} \left(\prod_{r=1}^{m}\sigma_{i_rj_r,k}(n)\delta_{i_rj_{\pi(r)}}\right)$$

$$\cdot [\boldsymbol{C}_0]_{j_0i_1}\cdots[\boldsymbol{C}_{m-1}]_{j_{m-1}i_m}[\boldsymbol{C}_m]_{j_mj_0}\boldsymbol{P}_{j_0}$$

$$= n^{-\frac{m}{2}} \sum_{\substack{\pi\in\mathcal{P}_2(m)\\ \pi\notin \mathrm{NC}_2(m)}} \sum_{j_0,j_1,\cdots,j_m=1}^{n} \left(\prod_{r=1}^{m}\sigma_{j_{\pi(r)}j_r,k}(n)\right)[\boldsymbol{C}_0]_{j_0j_{\pi\gamma(m)}}[\boldsymbol{C}_1]_{j_1j_{\pi\gamma(1)}}$$

$$\cdots[\boldsymbol{C}_{m-1}]_{j_{m-1}j_{\pi\gamma(m-1)}}[\boldsymbol{C}_m]_{j_mj_0}\boldsymbol{P}_{j_0} \tag{4.180}$$

因为 $\boldsymbol{C}_0,\boldsymbol{C}_1,\cdots,\boldsymbol{C}_m$ 不是对角矩阵，所以式 (4.180) 不同于定理 4.1 证明中的式 (4.168)。因此，用于证明式 (4.168) 消失的方法不再适用于本证明。接下来提出一个方法来证明当 $n\to\infty$ 时式 (4.180) 消失。

若所有 $\sigma_{i_rj_r,k}(n)=1$，则式 (4.180) 变为

$$\sum_{\substack{\pi\in\mathcal{P}_2(m)\\ \pi\notin \mathrm{NC}_2(m)}} \sum_{\substack{i_1,\cdots,i_m\\ j_0,j_1,\cdots,j_m=1}}^{n} \left(\prod_{(r,s)\in\pi} E\{[\boldsymbol{Y}_k]_{i_rj_r}[\boldsymbol{Y}_k]_{i_sj_s}\}\right)$$

$$\cdot [\boldsymbol{C}_0]_{j_0i_1}\cdots[\boldsymbol{C}_{m-1}]_{j_{m-1}i_m}[\boldsymbol{C}_m]_{j_mj_0}\boldsymbol{P}_{j_0}$$

$$= n^{-\frac{m}{2}} \sum_{\substack{\pi\in\mathcal{P}_2(m)\\ \pi\notin \mathrm{NC}_2(m)}} \sum_{j_0,j_1,\cdots,j_m=1}^{n} [\boldsymbol{C}_0]_{j_0j_{\pi\gamma(m)}}[\boldsymbol{C}_1]_{j_1j_{\pi\gamma(1)}}$$

$$\cdots[\boldsymbol{C}_{m-1}]_{j_{m-1}j_{\pi\gamma(m-1)}}[\boldsymbol{C}_m]_{j_mj_0}\boldsymbol{P}_{j_0} \tag{4.181}$$

令 $\rho_1,\rho_2,\cdots,\rho_u$ 为 $\pi\gamma$ 中的循环且 $\mathrm{tr}_{\pi\gamma}(\boldsymbol{C}_1,\cdots,\boldsymbol{C}_m)$ 定义为

$$\mathrm{tr}_{\pi\gamma}(\boldsymbol{C}_1,\cdots,\boldsymbol{C}_m)=\mathrm{tr}_{\rho_1}(\boldsymbol{C}_1,\cdots,\boldsymbol{C}_m)\mathrm{tr}_{\rho_2}(\boldsymbol{C}_1,\cdots,\boldsymbol{C}_m)\cdots\mathrm{tr}_{\rho_u}(\boldsymbol{C}_1,\cdots\boldsymbol{C}_m) \tag{4.182}$$

式中

$$\mathrm{tr}_{\rho_i}(\boldsymbol{C}_1,\cdots,\boldsymbol{C}_m)=\frac{1}{n}\mathrm{tr}(\boldsymbol{C}_{v_1}\boldsymbol{C}_{v_2}\cdots\boldsymbol{C}_{v_a})$$

其中，$\rho_i=(v_1,v_2,\cdots,v_a)$。文献 [170] 中引理 22.31 表明

$$\sum_{j_1,\cdots,j_m=1}^{n}[\boldsymbol{C}_1]_{j_1j_{\pi\gamma(1)}}\cdots[\boldsymbol{C}_{m-1}]_{j_{m-1}j_{\pi\gamma(m-1)}}[\boldsymbol{C}_m]_{j_mj_{\pi\gamma(m)}}=n^{\#(\pi\gamma)}\mathrm{tr}_{\pi\gamma}(\boldsymbol{C}_1,\cdots,\boldsymbol{C}_m) \tag{4.183}$$

举例来说，令 $m=8$ 且 $\pi=(1,4)(3,6)(2,7)(5,8)$，则

$$\pi\gamma(1) = \pi(\gamma(1)) = \pi(2) = 7$$
$$\pi\gamma(2) = \pi(\gamma(2)) = \pi(3) = 6$$
$$\vdots$$
$$\pi\gamma(8) = \pi(\gamma(8)) = \pi(1) = 4$$

进而获得 $\pi\gamma = (4,8)(1,7,5,3)(2,6)$，$\#(\pi\gamma) = 3$ 和

$$\begin{aligned}
&\sum_{j_1,\cdots,j_8=1}^{n} [\boldsymbol{C}_1]_{j_1j_7}[\boldsymbol{C}_2]_{j_2j_6}[\boldsymbol{C}_3]_{j_3j_1}[\boldsymbol{C}_4]_{j_4j_8}[\boldsymbol{C}_5]_{j_5j_3}[\boldsymbol{C}_6]_{j_6j_2}[\boldsymbol{C}_7]_{j_7j_5}[\boldsymbol{C}_8]_{j_8j_4} \\
&= \sum_{j_1,j_3,j_5,j_7=1}^{n} [\boldsymbol{C}_1]_{j_1j_7}[\boldsymbol{C}_7]_{j_7j_5}[\boldsymbol{C}_5]_{j_5j_3}[\boldsymbol{C}_3]_{j_3j_1} \\
&\quad \sum_{j_2,j_6=1}^{n} [\boldsymbol{C}_2]_{j_2j_6}[\boldsymbol{C}_6]_{j_6j_2} \sum_{j_4,j_8=1}^{n} [\boldsymbol{C}_4]_{j_4j_8}[\boldsymbol{C}_8]_{j_8j_4} \\
&= n^3 \frac{1}{n}\mathrm{tr}(\boldsymbol{C}_4\boldsymbol{C}_8)\frac{1}{n}\mathrm{tr}(\boldsymbol{C}_1\boldsymbol{C}_7\boldsymbol{C}_5\boldsymbol{C}_3)\frac{1}{n}\mathrm{tr}(\boldsymbol{C}_2\boldsymbol{C}_6) \\
&= n^{\#(\pi\gamma)}\mathrm{tr}_{\pi\gamma}(\boldsymbol{C}_1,\cdots,\boldsymbol{C}_8)
\end{aligned} \tag{4.184}$$

根据文献 [170] 中注记 23.8 和命题 23.11，可得 $\#(\pi\gamma) = \#(\gamma\pi)$。不失一般性，令 $\rho_1 = (w_1, w_2, \cdots, w_b)$ 为 $\pi\gamma$ 的包含 m 的循环且 $w_b = m$。让 α 表示排列 $\rho_2 \cup \cdots \cup \rho_u$。接着，得到一个与式 (4.183) 相似的结果，即

$$\begin{aligned}
&n^{-\frac{m}{2}} \sum_{j_1,\cdots,j_m=1}^{n} [\boldsymbol{C}_0]_{j_0j_{\pi\gamma(m)}}[\boldsymbol{C}_1]_{j_1j_{\pi\gamma(1)}}\cdots[\boldsymbol{C}_{m-1}]_{j_{m-1}j_{\pi\gamma(m-1)}}[\boldsymbol{C}_m]_{j_mj_0} \\
&= n^{\#(\gamma\pi-\frac{m}{2}-1)}\mathrm{tr}_\alpha(\boldsymbol{C}_1,\cdots,\boldsymbol{C}_m)[\boldsymbol{C}_0\boldsymbol{C}_{w_1}\cdots\boldsymbol{C}_{w_b}]_{j_0j_0}
\end{aligned} \tag{4.185}$$

根据关于 $\boldsymbol{C}_0, \boldsymbol{C}_1, \cdots, \boldsymbol{C}_m$ 的假设，所有

$$\mathrm{tr}_\alpha(\boldsymbol{C}_1,\cdots,\boldsymbol{C}_m)[\boldsymbol{C}_0\boldsymbol{C}_{w_1}\cdots\boldsymbol{C}_{w_b}]_{j_0j_0}$$

的极限存在。对于每一个交错的对划分 π，可得 $\#(\gamma\pi) - 1 - \dfrac{m}{2} \leqslant -2$。因此式 (4.181) 等号右边项阶数为 n^{-2}，进而当 $n \to \infty$ 时其等号右边项消失。

对于一般 $\sigma_{i_rj_r,k}(n)$，

$$\begin{aligned}
&n^{-\frac{m}{2}} \sum_{j_1,\cdots,j_m=1}^{n} \left(\prod_{r=1}^{m} \sigma_{j_{\pi(r)}j_r,k}(n)\right) [\boldsymbol{C}_0]_{j_0j_{\pi\gamma(m)}}[\boldsymbol{C}_1]_{j_1j_{\pi\gamma(1)}} \\
&\cdots[\boldsymbol{C}_{m-1}]_{j_{m-1}j_{\pi\gamma(m-1)}}[\boldsymbol{C}_m]_{j_mj_0}
\end{aligned} \tag{4.186}$$

仍然是与式 (4.185) 的形式相似。举例来说，令 $\pi=(1,4)(2,6)(3,7)(5,8)$，$m=8$ 且 $\pi\gamma=(4,8)(1,6,3)(2,7,5)$，则可得

$$
\begin{aligned}
&n^{-4}\sum_{j_1,\cdots,j_8=1}^{n}\left(\prod_{r=1}^{8}\sigma_{j_{\pi(r)}j_r,k}(n)\right)[\boldsymbol{C}_0]_{j_0j_{\pi\gamma(8)}}[\boldsymbol{C}_1]_{j_1j_{\pi\gamma(1)}}\cdots[\boldsymbol{C}_{m-1}]_{j_7j_{\pi\gamma(7)}}[\boldsymbol{C}_m]_{j_8j_0}\\
&=n^{-4}\sum_{j_1,\cdots,j_8=1}^{n}([\boldsymbol{C}_3]_{j_3j_1}[\boldsymbol{\Lambda}_{j_4}]_{j_1j_1}[\boldsymbol{C}_1]_{j_1j_6}[\boldsymbol{\Lambda}_{j_2}]_{j_6j_6}[\boldsymbol{C}_6]_{j_6j_3})\\
&\quad\cdot([\boldsymbol{C}_2]_{j_2j_7}[\boldsymbol{\Lambda}_{j_3}]_{j_7j_7}[\boldsymbol{C}_7]_{j_7j_5}[\boldsymbol{\Lambda}_{j_8}]_{j_5j_5}[\boldsymbol{C}_5]_{j_5j_2})([\boldsymbol{C}_0]_{j_0j_4}[\boldsymbol{C}_4]_{j_4j_8}[\boldsymbol{C}_8]_{j_8j_0})\\
&=n^{-4}\sum_{j_0,j_2,j_3,j_4,j_8=1}^{n}([\boldsymbol{C}_3\boldsymbol{\Lambda}_{j_4}\boldsymbol{C}_1\boldsymbol{\Lambda}_{j_2}\boldsymbol{C}_6]_{j_3j_3})([\boldsymbol{C}_2\boldsymbol{\Lambda}_{j_3}\boldsymbol{C}_7\boldsymbol{\Lambda}_{j_8}\boldsymbol{C}_5]_{j_2j_2})\\
&\quad\cdot([\boldsymbol{C}_0]_{j_0j_4}[\boldsymbol{C}_4]_{j_4j_8}[\boldsymbol{C}_8]_{j_8j_0})\\
&=n^{-2}\sum_{j_2,j_3=1}^{n}\frac{1}{n^2}[\boldsymbol{C}_0\boldsymbol{\Xi}_{j_2j_3}\boldsymbol{C}_4\boldsymbol{\Sigma}_{j_2j_3}\boldsymbol{C}_8]_{j_0j_0}
\end{aligned}\tag{4.187}
$$

式中

$$
\begin{aligned}
&\boldsymbol{\Lambda}_{j_r}=\mathrm{diag}\left(\sigma^2_{1j_r,k}(n),\sigma^2_{2j_r,k}(n),\cdots,\sigma^2_{nj_r,k}(n)\right)\\
&\boldsymbol{\Xi}_{j_2j_3}=\mathrm{diag}\left([\boldsymbol{C}_3\boldsymbol{\Lambda}_1\boldsymbol{C}_1\boldsymbol{\Lambda}_{j_2}\boldsymbol{C}_6]_{j_3j_3},[\boldsymbol{C}_3\boldsymbol{\Lambda}_2\boldsymbol{C}_1\boldsymbol{\Lambda}_{j_2}\boldsymbol{C}_6]_{j_3j_3},\cdots,[\boldsymbol{C}_3\boldsymbol{\Lambda}_n\boldsymbol{C}_1\boldsymbol{\Lambda}_{j_2}\boldsymbol{C}_6]_{j_3j_3}\right)\\
&\boldsymbol{\Sigma}_{j_2j_3}=\mathrm{diag}\left([\boldsymbol{C}_2\boldsymbol{\Lambda}_{j_3}\boldsymbol{C}_7\boldsymbol{\Lambda}_1\boldsymbol{C}_5]_{j_2j_2},[\boldsymbol{C}_2\boldsymbol{\Lambda}_{j_3}\boldsymbol{C}_7\boldsymbol{\Lambda}_2\boldsymbol{C}_5]_{j_2j_2},\cdots,[\boldsymbol{C}_2\boldsymbol{\Lambda}_{j_3}\boldsymbol{C}_7\boldsymbol{\Lambda}_n\boldsymbol{C}_5]_{j_2j_2}\right)
\end{aligned}
$$

因此，式 (4.186) 的阶数依然为 $n^{\#(\gamma\pi)-1-\frac{m}{2}}$。进一步，式 (4.181) 等号左边项的阶数为 n^{-2}。至此，已经证明了式 (4.177) 成立。

接着，进行更一般情形的证明，即

$$
\begin{aligned}
&\lim_{n\to\infty}i_n(E_{\mathcal{D}_n}\{\boldsymbol{C}_0\boldsymbol{Y}_{p_1}\boldsymbol{C}_1\boldsymbol{Y}_{p_2}\boldsymbol{C}_2\cdots\boldsymbol{Y}_{p_m}\boldsymbol{C}_m\}\\
&-E_{\mathcal{D}_n}\{\boldsymbol{C}_0\boldsymbol{\mathcal{Y}}_{p_1}\boldsymbol{C}_1\boldsymbol{\mathcal{Y}}_{p_2}\boldsymbol{C}_2\cdots\boldsymbol{\mathcal{Y}}_{p_m}\boldsymbol{C}_m\})=0_{L^\infty[0,1]}
\end{aligned}\tag{4.188}
$$

式 (4.188) 的证明和定理 4.1 证明中式 (4.173) 相似，为了简便起见，在此处省略。

首先，因为 $\mathcal{M}_n,\boldsymbol{\mathcal{Y}}_1,\boldsymbol{\mathcal{Y}}_2,\cdots,\boldsymbol{\mathcal{Y}}_t$ 在 $\mathcal{D}_n$ 上自由独立并且有 $\mathcal{F}_n\subset\mathcal{M}_n$，所以 $\mathcal{F}_n,\boldsymbol{\mathcal{Y}}_1,\boldsymbol{\mathcal{Y}}_2,\cdots,\boldsymbol{\mathcal{Y}}_t$ 在 $\mathcal{D}_n$ 上自由独立。进一步，因为随机矩阵 $\boldsymbol{\mathcal{Y}}_1,\boldsymbol{\mathcal{Y}}_2,\cdots,\boldsymbol{\mathcal{Y}}_t$ 都是 $\mathcal{D}_n$ 值半圆分布变量，所以 $\mathcal{F}_n,\boldsymbol{\mathcal{Y}}_1,\boldsymbol{\mathcal{Y}}_2,\cdots,\boldsymbol{\mathcal{Y}}_t$ 的渐近 $L^\infty[0,1]$ 值联合分布只取决于 ψ_k 和 $\mathcal{F}_n$ 中元素的渐近 $L^\infty[0,1]$ 值联合分布。根据前面所述以及 $\mathcal{F}_n$ 中元素的谱范数是一致有界的，可得 $\mathcal{F}_n,\boldsymbol{\mathcal{Y}}_1,\boldsymbol{\mathcal{Y}}_2,\cdots,\boldsymbol{\mathcal{Y}}_t$ 的渐近 $L^\infty[0,1]$ 值联合分布存在。因为渐近 $L^\infty[0,1]$ 值联合矩

$$
\lim_{n\to\infty}i_n(E_{\mathcal{D}_n}\{\boldsymbol{C}_0\boldsymbol{Y}_{p_1}\boldsymbol{C}_1\cdots\boldsymbol{Y}_{p_{m-1}}\boldsymbol{C}_{m-1}\boldsymbol{Y}_{p_m}\boldsymbol{C}_m\})
$$

已经包含了 $\mathcal{F}_n, \boldsymbol{Y}_1, \boldsymbol{Y}_2, \cdots, \boldsymbol{Y}_t$ 渐近 $L^{\infty}[0,1]$ 值联合分布的所有信息，所以根据式 (4.188) 可得 $\mathcal{F}_n, \boldsymbol{Y}_1, \boldsymbol{Y}_2, \cdots, \boldsymbol{Y}_t$ 和 $\mathcal{F}_n, \boldsymbol{\mathcal{Y}}_1, \boldsymbol{\mathcal{Y}}_2, \cdots, \boldsymbol{\mathcal{Y}}_t$ 的渐近 $L^{\infty}[0,1]$ 值联合分布相同。最终，有 $\mathcal{F}_n, \boldsymbol{Y}_1, \boldsymbol{Y}_2, \cdots, \boldsymbol{Y}_t$ 在 $L^{\infty}[0,1]$ 上渐近自由。

4.4.3 引理 4.1 的证明

根据文献 [175] 中定义 2.9，可得 $\boldsymbol{\mathcal{Y}}_1, \cdots, \boldsymbol{\mathcal{Y}}_K$ 为一 R-cyclic 族矩阵。利用文献 [175] 中定理 8.2，可得 $\mathcal{M}_n, \boldsymbol{\mathcal{Y}}_1, \cdots, \boldsymbol{\mathcal{Y}}_K$ 为 $\mathcal{D}_n$ 上自由独立。$\widehat{\boldsymbol{\mathcal{X}}}_1, \cdots, \widehat{\boldsymbol{\mathcal{X}}}_K$ 的联合 $\mathcal{M}_n$- 值累积量由式 (4.189) 给出

$$
\begin{aligned}
&\kappa_t^{\mathcal{M}_n}(\widehat{\boldsymbol{\mathcal{X}}}_{i_1}\boldsymbol{C}_1, \widehat{\boldsymbol{\mathcal{X}}}_{i_2}\boldsymbol{C}_2, \cdots, \widehat{\boldsymbol{\mathcal{X}}}_{i_t}) \\
&= \kappa_t^{\mathcal{M}_n}(\boldsymbol{A}_{i_1}\boldsymbol{\mathcal{Y}}_{i_1}\boldsymbol{A}_{i_1}^{\mathrm{H}}\boldsymbol{C}_1, \boldsymbol{A}_{i_2}\boldsymbol{\mathcal{Y}}_{i_2}\boldsymbol{A}_{i_2}^{\mathrm{H}}\boldsymbol{C}_2, \cdots, \boldsymbol{A}_{i_t}\boldsymbol{\mathcal{Y}}_{i_t}\boldsymbol{A}_{i_t}^{\mathrm{H}}) \\
&= \boldsymbol{A}_{i_1}\kappa_t^{\mathcal{M}_n}(\boldsymbol{\mathcal{Y}}_{i_1}\boldsymbol{A}_{i_1}^{\mathrm{H}}\boldsymbol{C}_1\boldsymbol{A}_{i_2}, \boldsymbol{\mathcal{Y}}_{i_2}\boldsymbol{A}_{i_2}^{\mathrm{H}}\boldsymbol{C}_2\boldsymbol{A}_{i_3}, \cdots, \boldsymbol{\mathcal{Y}}_{i_t})\boldsymbol{A}_{i_t}^{\mathrm{H}} \\
&= \boldsymbol{A}_{i_1}\kappa_t^{\mathcal{D}_n}(\boldsymbol{\mathcal{Y}}_{i_1}E_{\mathcal{D}_n}\{\boldsymbol{A}_{i_1}^{\mathrm{H}}\boldsymbol{C}_1\boldsymbol{A}_{i_2}\}, \boldsymbol{\mathcal{Y}}_{i_2}E_{\mathcal{D}_n}\{\boldsymbol{A}_{i_2}^{\mathrm{H}}\boldsymbol{C}_2\boldsymbol{A}_{i_3}\}, \cdots, \boldsymbol{\mathcal{Y}}_{i_t})\boldsymbol{A}_{i_t}^{\mathrm{H}}
\end{aligned}
\tag{4.189}
$$

式中，$1 \leqslant i_t \leqslant K$, $\boldsymbol{C}_1, \boldsymbol{C}_2, \cdots, \boldsymbol{C}_t \in \mathcal{M}_n$，最后一个等式是基于文献 [166] 中的定理 3.6，该定理要求 $\mathcal{M}_n$ 和 $\{\boldsymbol{\mathcal{Y}}_1, \cdots, \boldsymbol{\mathcal{Y}}_K\}$ 是 $\mathcal{D}_n$ 上自由的。因为 $\kappa_t^{\mathcal{D}_n} \in \mathcal{D}_n$，可得

$$
\kappa_t^{\mathcal{M}_n}(\widehat{\boldsymbol{\mathcal{X}}}_{i_1}\boldsymbol{C}_1, \widehat{\boldsymbol{\mathcal{X}}}_{i_2}\boldsymbol{C}_2, \cdots, \widehat{\boldsymbol{\mathcal{X}}}_{i_t}) \in \mathcal{D}
$$

利用文献 [166] 中定理 3.1 和上式，可得 $\widehat{\boldsymbol{\mathcal{X}}}_1, \cdots, \widehat{\boldsymbol{\mathcal{X}}}_K$ 的 $\mathcal{D}$-值累积量是其 $\mathcal{M}_n$-值累积量在 $\mathcal{D}$ 上的映射。进一步，可得

$$
\begin{aligned}
&\kappa_t^{\mathcal{D}}(\widehat{\boldsymbol{\mathcal{X}}}_{i_1}\boldsymbol{C}_1, \widehat{\boldsymbol{\mathcal{X}}}_{i_2}\boldsymbol{C}_2, \cdots, \widehat{\boldsymbol{\mathcal{X}}}_{i_t}) \\
&= \kappa_t^{\mathcal{M}_n}(\widehat{\boldsymbol{\mathcal{X}}}_{i_1}\boldsymbol{C}_1, \widehat{\boldsymbol{\mathcal{X}}}_{i_2}\boldsymbol{C}_2, \cdots, \widehat{\boldsymbol{\mathcal{X}}}_{i_t}) \\
&= \boldsymbol{A}_{i_1}\kappa_t^{\mathcal{D}_n}(\boldsymbol{\mathcal{Y}}_{i_1}E_{\mathcal{D}_n}\{\boldsymbol{A}_{i_1}^{\mathrm{H}}\boldsymbol{C}_1\boldsymbol{A}_{i_2}\}, \boldsymbol{\mathcal{Y}}_{i_2}E_{\mathcal{D}_n}\{\boldsymbol{A}_{i_2}^{\mathrm{H}}\boldsymbol{C}_2\boldsymbol{A}_{i_3}\}, \cdots, \boldsymbol{\mathcal{Y}}_{i_t})\boldsymbol{A}_{i_t}^{\mathrm{H}}
\end{aligned}
\tag{4.190}
$$

式中，$\boldsymbol{C}_1, \boldsymbol{C}_2, \cdots, \boldsymbol{C}_t \in \mathcal{D}$。因为 $\boldsymbol{\mathcal{Y}}_1, \cdots, \boldsymbol{\mathcal{Y}}_K$ 在 $\mathcal{D}_n$ 上自由独立，并且除 $i_1 = i_2 = \cdots = i_t$ 外，都有

$$
\kappa_t^{\mathcal{D}_n}(\boldsymbol{\mathcal{Y}}_{i_1}E_{\mathcal{D}_n}\{\boldsymbol{A}_{i_1}^{\mathrm{H}}\boldsymbol{C}_1\boldsymbol{A}_{i_2}\}, \boldsymbol{\mathcal{Y}}_{i_2}E_{\mathcal{D}_n}\{\boldsymbol{A}_{i_2}^{\mathrm{H}}\boldsymbol{C}_2\boldsymbol{A}_{i_3}\}, \cdots, \boldsymbol{\mathcal{Y}}_{i_t}) = \boldsymbol{0}_n \tag{4.191}
$$

所以 $\widehat{\boldsymbol{\mathcal{X}}}_1, \cdots, \widehat{\boldsymbol{\mathcal{X}}}_K$ 在 $\mathcal{D}$ 上自由。更进一步，因为每一个 $\boldsymbol{\mathcal{Y}}_i$ 都是 $\mathcal{D}_n$ 上的半圆元素，并且若 $t \neq 2$ 肯定有

$$
\kappa_t^{\mathcal{D}_n}(\boldsymbol{\mathcal{Y}}_i E_{\mathcal{D}_n}\{\boldsymbol{A}_i^{\mathrm{H}}\boldsymbol{C}_1\boldsymbol{A}_i\}, \boldsymbol{\mathcal{Y}}_i E_{\mathcal{D}_n}\{\boldsymbol{A}_i^{\mathrm{H}}\boldsymbol{C}_2\boldsymbol{A}_i\}, \cdots, \boldsymbol{\mathcal{Y}}_i) = \boldsymbol{0}_n \tag{4.192}
$$

式 (4.192) 表明每一个 $\widehat{\boldsymbol{\mathcal{X}}}_k$ 同样也是 $\mathcal{D}$ 上半圆元素。因为 $\widehat{\boldsymbol{\mathcal{X}}}_1, \cdots, \widehat{\boldsymbol{\mathcal{X}}}_K$ 在 $\mathcal{D}$ 上自由，可得 $\widetilde{\boldsymbol{\mathcal{X}}}$ 是 $\mathcal{D}$- 值半圆的。

根据式 (4.189)，可得

$$\begin{aligned}&\kappa_t^{\mathcal{M}_n}(\widehat{\boldsymbol{\mathcal{X}}}_{i_1}\boldsymbol{C}_1,\widehat{\boldsymbol{\mathcal{X}}}_{i_2}\boldsymbol{C}_2,\cdots,\widehat{\boldsymbol{\mathcal{X}}}_{i_t})\\&=E_{\mathcal{D}}\{\kappa_t^{\mathcal{M}_n}(\widehat{\boldsymbol{\mathcal{X}}}_{i_1}E_{\mathcal{D}}\{\boldsymbol{C}_1\},\widehat{\boldsymbol{\mathcal{X}}}_{i_2}E_{\mathcal{D}}\{\boldsymbol{C}_2\},\cdots,\widehat{\boldsymbol{\mathcal{X}}}_{i_t})\}\end{aligned}\tag{4.193}$$

利用文献 [166] 中定理 3.5，可以得到 $\widehat{\boldsymbol{\mathcal{X}}}_1,\cdots,\widehat{\boldsymbol{\mathcal{X}}}_K$ 和 $\mathcal{M}_n$ 在 $\mathcal{D}$ 上自由独立。最终可得 $\widetilde{\boldsymbol{\mathcal{X}}}$ 和 $\mathcal{M}_n$ 在 $\mathcal{D}$ 上自由独立。

4.4.4　定理 4.4 的证明

引理 4.1 表明 $\widetilde{\boldsymbol{\mathcal{X}}}$ 和 $\overline{\boldsymbol{X}}$ 是 $\mathcal{D}$ 上自由独立的。又因为 $\boldsymbol{\mathcal{X}}=\overline{\boldsymbol{X}}+\widetilde{\boldsymbol{\mathcal{X}}}$，所以可以应用式 (4.16) 并得到

$$\begin{aligned}\mathcal{G}_{\boldsymbol{\mathcal{X}}}^{\mathcal{D}}(z\boldsymbol{I}_n)=&\mathcal{G}_{\overline{\boldsymbol{X}}}^{\mathcal{D}}\left(z\boldsymbol{I}_n-\mathcal{R}_{\widetilde{\boldsymbol{\mathcal{X}}}}^{\mathcal{D}}\left(\mathcal{G}_{\boldsymbol{\mathcal{X}}}^{\mathcal{D}}(z\boldsymbol{I}_n)\right)\right)\\=&E_{\mathcal{D}}\left\{\left(z\boldsymbol{I}_n-\mathcal{R}_{\widetilde{\boldsymbol{\mathcal{X}}}}^{\mathcal{D}}\left(\mathcal{G}_{\boldsymbol{\mathcal{X}}}^{\mathcal{D}}(z\boldsymbol{I}_n)\right)-\overline{\boldsymbol{X}}\right)^{-1}\right\}\end{aligned}\tag{4.194}$$

根据 $\boldsymbol{\mathcal{X}}=\boldsymbol{\mathcal{X}}^{\mathrm{H}}$ 和

$$\mathcal{G}_{\boldsymbol{\mathcal{X}}}^{\mathcal{D}}(z\boldsymbol{I}_n)=E_{\mathcal{D}}\{(z\boldsymbol{I}_n-\boldsymbol{\mathcal{X}})^{-1}\}\tag{4.195}$$

可得

$$\begin{aligned}\Im(\mathcal{G}_{\boldsymbol{\mathcal{X}}}^{\mathcal{D}}(z\boldsymbol{I}_n))&=\frac{1}{2i}\left(\mathcal{G}_{\boldsymbol{\mathcal{X}}}^{\mathcal{D}}(z\boldsymbol{I}_n)-\left(\mathcal{G}_{\boldsymbol{\mathcal{X}}}^{\mathcal{D}}(z\boldsymbol{I}_n)\right)^{\mathrm{H}}\right)\\&=\frac{1}{2i}E_{\mathcal{D}}\left\{(z\boldsymbol{I}_n-\boldsymbol{\mathcal{X}})^{-1}-(z^*\boldsymbol{I}_n-\boldsymbol{\mathcal{X}})^{-1}\right\}\\&=-\Im(z)E_{\mathcal{D}}\left\{(z\boldsymbol{I}_n-\boldsymbol{\mathcal{X}})^{-1}(z^*\boldsymbol{I}_n-\boldsymbol{\mathcal{X}})^{-1}\right\}\end{aligned}\tag{4.196}$$

显然 $E\{(z\boldsymbol{I}_n-\boldsymbol{\mathcal{X}})^{-1}(z^*\boldsymbol{I}_n-\boldsymbol{\mathcal{X}})^{-1}\}$ 是正定的。对角块矩阵 $E_{\mathcal{D}}\{(z\boldsymbol{I}_n-\boldsymbol{\mathcal{X}})^{-1}(z^*\boldsymbol{I}_n-\boldsymbol{\mathcal{X}})^{-1}\}$ 的每一对角块都是 $E\{(z\boldsymbol{I}_n-\boldsymbol{\mathcal{X}})^{-1}(z^*\boldsymbol{I}_n-\boldsymbol{\mathcal{X}})^{-1}\}$ 的主子矩阵。根据文献 [201] 中定理 3.4 可知，对角块矩阵 $E_{\mathcal{D}}\{(z\boldsymbol{I}_n-\boldsymbol{\mathcal{X}})^{-1}(z^*\boldsymbol{I}_n-\boldsymbol{\mathcal{X}})^{-1}\}$ 的每一个对角块都是正定的。因此，可以得到 $\Im(\mathcal{G}_{\boldsymbol{\mathcal{X}}}^{\mathcal{D}}(z\boldsymbol{I}_n))\prec 0$，其中 $z\in\mathbb{C}^+$。这表明 $\mathcal{G}_{\boldsymbol{\mathcal{X}}}^{\mathcal{D}}(z\boldsymbol{I}_n)$ 应该是式 (4.194) 满足条件 $\Im(\mathcal{G}_{\boldsymbol{\mathcal{X}}}^{\mathcal{D}}(z\boldsymbol{I}_n))\prec 0$ 时的解。接下来，将证明式只有唯一满足 $\Im(\mathcal{G}_{\boldsymbol{\mathcal{X}}}^{\mathcal{D}}(z\boldsymbol{I}_n))\prec 0$ 条件的解。将 $\mathcal{G}_{\boldsymbol{\mathcal{X}}}^{\mathcal{D}}(z\boldsymbol{I}_n)$ 替换为 $-i\boldsymbol{W}$，有 $\Re(\boldsymbol{W})\succ 0$。接着，式 (4.194) 变为

$$\begin{aligned}\boldsymbol{W}=&iE_{\mathcal{D}}\left\{\left(z\boldsymbol{I}_n-\mathcal{R}_{\widetilde{\boldsymbol{\mathcal{X}}}}^{\mathcal{D}}(-i\boldsymbol{W})-\overline{\boldsymbol{X}}\right)^{-1}\right\}\\=&E_{\mathcal{D}}\left\{\left(\boldsymbol{V}+\mathcal{R}_{\widetilde{\boldsymbol{\mathcal{X}}}}^{\mathcal{D}}(\boldsymbol{W})\right)^{-1}\right\}\\=&E_{\mathcal{D}}\{\mathfrak{F}_{\boldsymbol{V}}(\boldsymbol{W})\}\end{aligned}\tag{4.197}$$

式中，$\boldsymbol{V}=-iz\boldsymbol{I}_n+i\overline{\boldsymbol{X}}$。因为 $z\in\mathbb{C}^+$ 并且 $\overline{\boldsymbol{X}}$ 为 Hermitian 矩阵，所以存在 $\epsilon>0$ 使得 $\Re(\boldsymbol{V})\succeq\epsilon\boldsymbol{I}_n$。

令 $\mathcal{M}_{n+}$ 表示 $\{\boldsymbol{W}\in\mathcal{M}_n:\Re(\boldsymbol{W})\succeq\epsilon\boldsymbol{I}$ 对于一些$\epsilon>0\}$。定义 $R_a=\{\boldsymbol{W}\in\mathcal{M}_{n+}:\|\boldsymbol{W}\|\leqslant a\}$，其中 $a>0$。根据文献 [202] 中命题 3.2 可知，$\mathfrak{F}_{\boldsymbol{V}}$ 是确切定义的，$\|\mathfrak{F}_{\boldsymbol{V}}(\boldsymbol{W})\|\leqslant\|\Re(\boldsymbol{V})^{-1}\|$，且当满足条件 $\boldsymbol{V}\in\mathcal{M}_{n+}$ 和 $\|\Re(\boldsymbol{V})^{-1}\|<a$ 时 $\mathfrak{F}_{\boldsymbol{V}}$ 严格地将 R_a 映射到自身。进一步，应用 Earle-Hamilton 定点定理[203]，可以证明文献 [202] 中定理 2.1 所给出结果，即方程 $\boldsymbol{W}=\mathfrak{F}_{\boldsymbol{V}}(\boldsymbol{W})$ 存在唯一解 $\boldsymbol{W}\in\mathcal{M}_{n+}$ 并且该解是任意 $\boldsymbol{W}_0\in\mathcal{M}_{n+}$ 进行 $\boldsymbol{W}_n=\mathfrak{F}_{\boldsymbol{V}}^n(\boldsymbol{W}_0)$ 迭代的极限。

下面对文献 [202] 中证明进行扩展。首先定义 $R_b=\{\boldsymbol{W}\in\mathcal{M}_{n+}\cap\mathcal{D}:\|\boldsymbol{W}\|\leqslant b\}$，其中 $b>0$。利用文献 [202] 的命题 3.2，有 $\|\mathfrak{F}_{\boldsymbol{V}}(\boldsymbol{W})\|\leqslant\|\Re(\boldsymbol{V})^{-1}\|$ 和 $\Re(\mathfrak{F}_{\boldsymbol{V}}(\boldsymbol{W}))\succeq\epsilon\boldsymbol{I}$，对于一些 $\epsilon>0$ 和 $\boldsymbol{W}\in R_b$。因为 $\|E_{\mathcal{D}}\{\mathfrak{F}_{\boldsymbol{V}}(\boldsymbol{W})\}\|\leqslant\|\mathfrak{F}_{\boldsymbol{V}}(\boldsymbol{W})\|$，所以有 $\|E_{\mathcal{D}}\{\mathfrak{F}_{\boldsymbol{V}}(\boldsymbol{W})\}\|\leqslant\|\Re(\boldsymbol{V})^{-1}\|$。又因为 $E_{\mathcal{D}}\{\mathfrak{F}_{\boldsymbol{V}}(\boldsymbol{W})\}$ 的每一个对角块为 $\mathfrak{F}_{\boldsymbol{V}}(\boldsymbol{W})$ 的主子矩阵，所以根据文献 [204] 中定理 1 得到 $\lambda_{\min}(\mathfrak{F}_{\boldsymbol{V}}(\boldsymbol{W}))\leqslant\lambda_{\min}(E_{\mathcal{D}}\{\mathfrak{F}_{\boldsymbol{V}}(\boldsymbol{W})\})$。因此，可以得到对于 $\epsilon>0$ 有 $\Re(E_{\mathcal{D}}\{\mathfrak{F}_{\boldsymbol{V}}(\boldsymbol{W})\})\succeq\epsilon\boldsymbol{I}$，且当满足条件 $\boldsymbol{V}\in\mathcal{M}_{n+}\cap\mathcal{D}$ 和 $\|\Re(\boldsymbol{V})^{-1}\|<b$ 时 $E_{\mathcal{D}}\circ\mathfrak{F}_{\boldsymbol{V}}$ 严格地将 R_b 映射到自身。应用 Earle-Hamilton 定点定理，可得方程 $\boldsymbol{W}=E_{\mathcal{D}}\{\mathfrak{F}_{\boldsymbol{V}}(\boldsymbol{W})\}$ 存在唯一解 $\boldsymbol{W}\in\mathcal{M}_{n+}\cap\mathcal{D}$ 并且该解是任意 $\boldsymbol{W}_0\in\mathcal{M}_{n+}\cap\mathcal{D}$ 进行 $\boldsymbol{W}_n=(E_{\mathcal{D}}\circ\mathfrak{F}_{\boldsymbol{V}})^n(\boldsymbol{W}_0)$ 迭代的极限。

利用和推导式 (4.31) 相似步骤，可得

$$\mathcal{G}_{\boldsymbol{\mathcal{X}}}^{\mathcal{D}}(z\boldsymbol{I}_n)=z\mathcal{G}_{\boldsymbol{\mathcal{X}}^2}^{\mathcal{D}}(z^2\boldsymbol{I}_n) \tag{4.198}$$

式中，$z,z^2\in\mathbb{C}^+$。接着，将式 (4.194) 中 $\mathcal{G}_{\boldsymbol{\mathcal{X}}}^{\mathcal{D}}(z\boldsymbol{I}_n)$ 替换为 $z\mathcal{G}_{\boldsymbol{\mathcal{X}}}^{\mathcal{D}}(z^2\boldsymbol{I}_n)$，有

$$z\mathcal{G}_{\boldsymbol{\mathcal{X}}^2}^{\mathcal{D}}(z^2\boldsymbol{I}_n)=E_{\mathcal{D}}\left\{\left(z\boldsymbol{I}_n-\mathcal{R}_{\widetilde{\boldsymbol{\mathcal{X}}}}^{\mathcal{D}}\left(z\mathcal{G}_{\boldsymbol{\mathcal{X}}^2}^{\mathcal{D}}(z^2\boldsymbol{I}_n)\right)-\overline{\boldsymbol{X}}\right)^{-1}\right\} \tag{4.199}$$

进一步，可以得到 $\Im(z^{-1}\mathcal{G}_{\boldsymbol{\mathcal{X}}}^{\mathcal{D}}(z\boldsymbol{I}_n))\prec 0$ 其中 $z,z^2\in\mathbb{C}^+$。因此，当 $z,z^2\in\mathbb{C}^+$ 时，具有 $\Im(\mathcal{G}_{\boldsymbol{\mathcal{X}}^2}^{\mathcal{D}}(z^2\boldsymbol{I}_n))\prec 0$ 性质的 $z\mathcal{G}_{\boldsymbol{\mathcal{X}}^2}^{\mathcal{D}}(z^2\boldsymbol{I}_n)$ 由式 (4.199) 唯一确定。

根据引理 4.1，有 $\widetilde{\boldsymbol{\mathcal{X}}}$ 为 $\mathcal{D}$ 上半圆分布变量。因此，可得

$$\begin{aligned}\mathcal{R}_{\widetilde{\boldsymbol{\mathcal{X}}}}^{\mathcal{D}}(\boldsymbol{C})=&E_{\mathcal{D}}\{\widetilde{\boldsymbol{\mathcal{X}}}\boldsymbol{C}\widetilde{\boldsymbol{\mathcal{X}}}\}=E_{\mathcal{D}}\{\widetilde{\boldsymbol{X}}\boldsymbol{C}\widetilde{\boldsymbol{X}}\}\\ =&\begin{pmatrix}\sum\limits_{k=1}^{K}\tilde{\eta}_k(\boldsymbol{C}_k) & \boldsymbol{0} & \cdots & \boldsymbol{0}\\ \boldsymbol{0} & \eta_1(\widetilde{\boldsymbol{C}}) & \cdots & \boldsymbol{0}\\ \vdots & \vdots & & \vdots\\ \boldsymbol{0} & \boldsymbol{0} & \cdots & \eta_K(\widetilde{\boldsymbol{C}})\end{pmatrix}\end{aligned} \tag{4.200}$$

式中，常数矩阵 $\boldsymbol{C} = \mathrm{diag}(\widetilde{\boldsymbol{C}}, \boldsymbol{C}_1, \cdots, \boldsymbol{C}_K)$，$\widetilde{\boldsymbol{C}} \in \mathcal{M}_N$ 且 $\boldsymbol{C}_k \in \mathcal{M}_{M_k}$。接着，根据式 (4.74) 和式 (4.200)，式 (4.199) 变为

$$\begin{pmatrix} z\mathcal{G}_{\boldsymbol{\mathcal{B}}_N}^{\mathcal{M}_N}(z^2\boldsymbol{I}_N) & \boldsymbol{0} & \cdots & \boldsymbol{0} \\ \boldsymbol{0} & z\mathcal{G}_1(z^2) & \dots & \boldsymbol{0} \\ \vdots & \vdots & & \vdots \\ \boldsymbol{0} & \boldsymbol{0} & \dots & z\mathcal{G}_K(z^2) \end{pmatrix}$$
$$= E_{\mathcal{D}}\left\{\begin{pmatrix} z\tilde{\boldsymbol{\Phi}}(z^2) & -\overline{\boldsymbol{H}}_1 & \cdots & -\overline{\boldsymbol{H}}_K \\ -\overline{\boldsymbol{H}}_1^{\mathrm{H}} & z\boldsymbol{\Phi}_1(z^2) & \dots & \boldsymbol{0} \\ \vdots & \vdots & & \vdots \\ -\overline{\boldsymbol{H}}_K^{\mathrm{H}} & \boldsymbol{0} & \dots & z\boldsymbol{\Phi}_K(z^2) \end{pmatrix}^{-1}\right\} \tag{4.201}$$

式中

$$\tilde{\boldsymbol{\Phi}}(z^2) = \boldsymbol{I}_N - \sum_{k=1}^{K} \tilde{\eta}_k(\mathcal{G}_k(z^2)) \tag{4.202}$$

$$\boldsymbol{\Phi}_k(z^2) = \boldsymbol{I}_{M_k} - \eta_k(\mathcal{G}_{\boldsymbol{\mathcal{B}}_N}^{\mathcal{M}_N}(z^2\boldsymbol{I}_N)) \tag{4.203}$$

根据块矩阵求逆公式 [179]

$$\begin{pmatrix} \boldsymbol{A}_1 & \boldsymbol{A}_{12} \\ \boldsymbol{A}_{21} & \boldsymbol{A}_{22} \end{pmatrix}^{-1} = \begin{pmatrix} \boldsymbol{C}_1^{-1} & -\boldsymbol{A}_1^{-1}\boldsymbol{A}_{12}\boldsymbol{C}_2^{-1} \\ -\boldsymbol{C}_2^{-1}\boldsymbol{A}_{21}\boldsymbol{A}_1^{-1} & \boldsymbol{C}_2^{-1} \end{pmatrix} \tag{4.204}$$

式中，$\boldsymbol{C}_1 = \boldsymbol{A}_1 - \boldsymbol{A}_{12}\boldsymbol{A}_{22}^{-1}\boldsymbol{A}_{21}$ 并且 $\boldsymbol{C}_2 = \boldsymbol{A}_{22} - \boldsymbol{A}_{21}\boldsymbol{A}_{11}^{-1}\boldsymbol{A}_{12}$，式 (4.201) 可以拆分为

$$z\mathcal{G}_{\boldsymbol{\mathcal{B}}_N}^{\mathcal{M}_N}(z^2\boldsymbol{I}_N) = \left(z\tilde{\boldsymbol{\Phi}}(z^2) - \overline{\boldsymbol{H}}\left(z\boldsymbol{\Phi}(z^2)\right)^{-1}\overline{\boldsymbol{H}}^{\mathrm{H}}\right)^{-1} \tag{4.205}$$

和

$$z\mathcal{G}_k(z^2) = \left(\left(z\boldsymbol{\Phi}(z^2) - \overline{\boldsymbol{H}}^{\mathrm{H}}\left(z\tilde{\boldsymbol{\Phi}}(z^2)\right)^{-1}\overline{\boldsymbol{H}}\right)^{-1}\right)_k \tag{4.206}$$

式中

$$\boldsymbol{\Phi}(z^2) = \mathrm{diag}\left(\boldsymbol{\Phi}_1(z^2), \boldsymbol{\Phi}_2(z^2), \cdots, \boldsymbol{\Phi}_K(z^2)\right) \tag{4.207}$$

进一步，可得式 (4.205) 和式 (4.206) 等价于

$$\mathcal{G}_{\boldsymbol{\mathcal{B}}_N}^{\mathcal{M}_N}(z\boldsymbol{I}_N) = \left(z\tilde{\boldsymbol{\Phi}}(z) - \overline{\boldsymbol{H}}\boldsymbol{\Phi}(z)^{-1}\overline{\boldsymbol{H}}^{\mathrm{H}}\right)^{-1} \tag{4.208}$$

和

$$\mathcal{G}_k(z) = \left((z\boldsymbol{\Phi}(z) - \overline{\boldsymbol{H}}^{\mathrm{H}}\tilde{\boldsymbol{\Phi}}(z)^{-1}\overline{\boldsymbol{H}})^{-1}\right)_k \tag{4.209}$$

因为上述解具有性质 $\Im(\mathcal{G}_{\boldsymbol{\mathcal{X}}^2}^{\mathcal{D}}(z\boldsymbol{I}_n)) \prec 0$，$z \in \mathbb{C}^+$，并且矩阵 $\mathcal{G}_{\boldsymbol{\mathcal{B}}_N}^{\mathcal{M}_N}(z\boldsymbol{I}_N)$ 是矩阵 $\mathcal{G}_{\boldsymbol{\mathcal{X}}^2}^{\mathcal{D}}(z\boldsymbol{I}_n)$ 的主子矩阵，利用文献 [201] 中定理 3.4 可得 $\Im(\mathcal{G}_{\boldsymbol{\mathcal{B}}_N}^{\mathcal{M}_N}(z\boldsymbol{I}_N)) \prec 0$，$z \in \mathbb{C}^+$。

4.4.5 引理 4.2 的证明

令 $\boldsymbol{\mathcal{E}}(x)$ 表示

$$\left(\boldsymbol{\Phi}(-x) + x^{-1}\overline{\boldsymbol{H}}^{\mathrm{H}}\tilde{\boldsymbol{\Phi}}(-x)^{-1}\overline{\boldsymbol{H}}\right)^{-1}$$

由 $\boldsymbol{E}_k(x) = -x\mathcal{G}_k(-x)$，可得

$$\begin{aligned}&\sum_{k=1}^{K}\mathrm{tr}\left(\left(\boldsymbol{\Phi}_k(-x)^{-1} - \boldsymbol{E}_k(x)\right)\frac{\mathrm{d}\boldsymbol{\Phi}_k(-x)}{\mathrm{d}x}\right)\\&= \mathrm{tr}\left(\left(\boldsymbol{\Phi}(-x)^{-1} - \boldsymbol{\mathcal{E}}(x)\right)\frac{\mathrm{d}\boldsymbol{\Phi}(-x)}{\mathrm{d}x}\right)\end{aligned} \tag{4.210}$$

利用 Woodbury identity [205] 和 $\boldsymbol{A}(x) = (\tilde{\boldsymbol{\Phi}}(-x) + x^{-1}\overline{\boldsymbol{H}}\boldsymbol{\Phi}(-x)^{-1}\overline{\boldsymbol{H}}^{\mathrm{H}})^{-1}$，将 $\boldsymbol{\mathcal{E}}(x)$ 重写为

$$\boldsymbol{\mathcal{E}}(x) = \boldsymbol{\Phi}(-x)^{-1} - x^{-1}\boldsymbol{\Phi}(-x)^{-1}\overline{\boldsymbol{H}}^{\mathrm{H}}\boldsymbol{A}(x)\overline{\boldsymbol{H}}\boldsymbol{\Phi}(-x)^{-1} \tag{4.211}$$

进一步可得

$$\begin{aligned}&\sum_{k=1}^{K}\mathrm{tr}\left(\left(\boldsymbol{\Phi}_k(-x)^{-1} - \boldsymbol{E}_k(x)\right)\frac{\mathrm{d}\boldsymbol{\Phi}_k(-x)}{\mathrm{d}x}\right)\\&= \mathrm{tr}\left(\boldsymbol{\Phi}(-x)^{-1}x^{-1}\overline{\boldsymbol{H}}^{\mathrm{H}}\boldsymbol{A}(x)\overline{\boldsymbol{H}}\boldsymbol{\Phi}(-x)^{-1}\frac{\mathrm{d}\boldsymbol{\Phi}(-x)}{\mathrm{d}x}\right)\\&= \mathrm{tr}\left(x^{-1}\overline{\boldsymbol{H}}^{\mathrm{H}}\boldsymbol{A}(x)\overline{\boldsymbol{H}}\boldsymbol{\Phi}(-x)^{-1}\frac{\mathrm{d}\boldsymbol{\Phi}(-x)}{\mathrm{d}x}\boldsymbol{\Phi}(-x)^{-1}\right)\\&\quad - \mathrm{tr}\left(x^{-1}\overline{\boldsymbol{H}}^{\mathrm{H}}\boldsymbol{A}(x)\overline{\boldsymbol{H}}\frac{\mathrm{d}\boldsymbol{\Phi}(-x)^{-1}}{\mathrm{d}x}\right)\end{aligned} \tag{4.212}$$

4.4.6 引理 4.3 的证明

根据

$$\begin{aligned}\boldsymbol{\Phi}_k(-x) - \boldsymbol{I}_{M_k} &= -\eta_k(\mathcal{G}_{\boldsymbol{\mathcal{B}}_N}^{\mathcal{M}_N}(-x\boldsymbol{I}_N))\\&= \eta_k(x^{-1}\boldsymbol{A}(x))\end{aligned} \tag{4.213}$$

可得

$$\frac{\mathrm{d}\boldsymbol{\Phi}_k(-x)}{\mathrm{d}x} = \eta_k\left(\frac{\mathrm{d}x^{-1}\boldsymbol{A}(x)}{\mathrm{d}x}\right) \tag{4.214}$$

接着从 $\tilde{\boldsymbol{\Phi}}(-x) - \boldsymbol{I}_N = \sum\limits_{k=1}^{K}\tilde{\eta}_k(\mathcal{G}_k(-x))$ 可得

$$\begin{aligned}\mathrm{tr}\left(\frac{\mathrm{d}x^{-1}\boldsymbol{A}(x)}{\mathrm{d}x}\left(\tilde{\boldsymbol{\Phi}}(-x) - \boldsymbol{I}_N\right)\right) &= -\mathrm{tr}\left(\frac{\mathrm{d}x^{-1}\boldsymbol{A}(x)}{\mathrm{d}x}\sum_{k=1}^{K}\tilde{\eta}_k(\mathcal{G}_k(-x))\right)\\ &= \mathrm{tr}\left(\frac{\mathrm{d}x^{-1}\boldsymbol{A}(x)}{\mathrm{d}x}\sum_{k=1}^{K}\tilde{\eta}_k(x^{-1}\boldsymbol{E}_k(x))\right)\\ &= \sum_{k=1}^{K}\mathrm{tr}\left(\eta_k\left(\frac{\mathrm{d}x^{-1}\boldsymbol{A}(x)}{\mathrm{d}x}\right)x^{-1}\boldsymbol{E}_k(x)\right)\end{aligned} \tag{4.215}$$

式中，最后一个等式是根据

$$\begin{aligned}\mathrm{tr}(\boldsymbol{A}_1\tilde{\eta}_k(\boldsymbol{A}_2)) =&\mathrm{tr}(E\{\boldsymbol{A}_1\widetilde{\boldsymbol{H}}_k\boldsymbol{A}_2\widetilde{\boldsymbol{H}}_k^{\mathrm{H}}\})\\ =&\mathrm{tr}(E\{\widetilde{\boldsymbol{H}}_k^{\mathrm{H}}\boldsymbol{A}_1\widetilde{\boldsymbol{H}}_k\boldsymbol{A}_2\})\\ =&\mathrm{tr}(\eta_k(\boldsymbol{A}_1)\boldsymbol{A}_2)\end{aligned} \tag{4.216}$$

得出的。根据式 (4.214)，最终可得

$$\mathrm{tr}\left(\frac{\mathrm{d}x^{-1}\boldsymbol{A}(x)}{\mathrm{d}x}\left(\tilde{\boldsymbol{\Phi}}(-x) - \boldsymbol{I}_N\right)\right) = \sum_{k=1}^{K}\mathrm{tr}\left(\frac{\mathrm{d}\boldsymbol{\Phi}_k(-x)}{\mathrm{d}x}x^{-1}\boldsymbol{E}_k(x)\right) \tag{4.217}$$

4.4.7　定理 4.5 的证明

定义 $J(x)$ 为

$$J(x) = -x^{-1} - G_{\boldsymbol{\mathcal{B}}_N}(-x) = -x^{-1}\mathrm{tr}(\boldsymbol{A}(x)\boldsymbol{B}(x)) \tag{4.218}$$

式中，$\boldsymbol{B}(x)$ 表示 $\tilde{\boldsymbol{\Phi}}(-x) + x^{-1}\overline{\boldsymbol{H}}\boldsymbol{\Phi}(-x)^{-1}\overline{\boldsymbol{H}}^{\mathrm{H}} - \boldsymbol{I}_N$。简便起见，将 $J(x)$ 重写为

$$J(x) = J_1(x) + J_2(x) \tag{4.219}$$

式中，$J_1(x)$ 和 $J_2(x)$ 定义为

$$J_1(x) = -\frac{1}{x}\mathrm{tr}\left(\boldsymbol{A}(x)\left(\tilde{\boldsymbol{\Phi}}(-x) - \boldsymbol{I}_N\right)\right) \tag{4.220}$$

和

$$J_2(x) = -\frac{1}{x^2}\mathrm{tr}\left(\boldsymbol{A}(x)\overline{\boldsymbol{H}}\boldsymbol{\Phi}(-x)^{-1}\overline{\boldsymbol{H}}^{\mathrm{H}}\right) \tag{4.221}$$

将 $\mathrm{tr}(-\boldsymbol{A}(x)(\tilde{\boldsymbol{\Phi}}(-x)-\boldsymbol{I}_N))$ 对 x 求导，可得

$$\begin{aligned}&\frac{\mathrm{d}}{\mathrm{d}x}\mathrm{tr}\left(x\boldsymbol{I}_N - x^{-1}\boldsymbol{A}(x)\left(\tilde{\boldsymbol{\Phi}}(-x)-\boldsymbol{I}_N\right)\right)\\&= J_1(x)+K(x)-x\mathrm{tr}\left(\frac{\mathrm{d}x^{-1}\boldsymbol{A}(x)}{\mathrm{d}x}\left(\tilde{\boldsymbol{\Phi}}(-x)-\boldsymbol{I}_N\right)\right)\end{aligned} \tag{4.222}$$

式中，$K(x)$ 定义为

$$K(x) = -\mathrm{tr}\left(\boldsymbol{A}(x)\frac{\mathrm{d}\tilde{\boldsymbol{\Phi}}(-x)}{\mathrm{d}x}\right) \tag{4.223}$$

根据引理 4.3，式 (4.222) 变为

$$\begin{aligned}&\frac{\mathrm{d}}{\mathrm{d}x}\mathrm{tr}\left(-\boldsymbol{A}(x)\left(\tilde{\boldsymbol{\Phi}}(-x)-\boldsymbol{I}_N\right)\right)\\&= J_1(x)+K(x)-\sum_{k=1}^{K}\mathrm{tr}\left(\frac{\mathrm{d}\boldsymbol{\Phi}_k(-x)}{\mathrm{d}x}\boldsymbol{E}_k(x)\right)\end{aligned} \tag{4.224}$$

定义 $L(x)$ 为

$$L(x) = -\sum_{k=1}^{K}\mathrm{tr}\left(\frac{\mathrm{d}\boldsymbol{\Phi}_k(-x)}{\mathrm{d}x}\boldsymbol{E}_k(x)\right) \tag{4.225}$$

可得

$$\frac{\mathrm{d}}{\mathrm{d}x}\mathrm{tr}\left(-\boldsymbol{A}(x)\left(\tilde{\boldsymbol{\Phi}}(-x)-\boldsymbol{I}_N\right)\right) = J_1(x)+K(x)+L(x) \tag{4.226}$$

对于一个取值为矩阵的函数 $\boldsymbol{F}(x)$，有

$$\frac{\mathrm{d}}{\mathrm{d}x}\log\det(\boldsymbol{F}(x)) = \mathrm{tr}\left(\boldsymbol{F}(x)^{-1}\frac{\mathrm{d}\boldsymbol{F}(x)}{\mathrm{d}x}\right) \tag{4.227}$$

当 $\boldsymbol{F}(x) = \tilde{\boldsymbol{\Phi}}(-x) + x^{-1}\overline{\boldsymbol{H}}\boldsymbol{\Phi}(-x)^{-1}\overline{\boldsymbol{H}}^{\mathrm{H}}$ 时，可得

$$\begin{aligned}&\frac{\mathrm{d}}{\mathrm{d}x}\log\det\left(\tilde{\boldsymbol{\Phi}}(-x)+x^{-1}\overline{\boldsymbol{H}}\boldsymbol{\Phi}(-x)^{-1}\overline{\boldsymbol{H}}^{\mathrm{H}}\right)\\&= \mathrm{tr}\left(\boldsymbol{A}(x)\frac{\mathrm{d}\boldsymbol{B}(x)}{\mathrm{d}x}\right)\\&= \mathrm{tr}\left(\boldsymbol{A}(x)\frac{\mathrm{d}\tilde{\boldsymbol{\Phi}}(-x)}{\mathrm{d}x}\right)+\mathrm{tr}\left(\boldsymbol{A}(x)\frac{\mathrm{d}x^{-1}\overline{\boldsymbol{H}}\boldsymbol{\Phi}(-x)^{-1}\overline{\boldsymbol{H}}^{\mathrm{H}}}{\mathrm{d}x}\right)\\&= -K(x)+J_2(x)+x^{-1}\mathrm{tr}\left(\boldsymbol{A}(x)\frac{\mathrm{d}\overline{\boldsymbol{H}}\boldsymbol{\Phi}(-x)^{-1}\overline{\boldsymbol{H}}^{\mathrm{H}}}{\mathrm{d}x}\right)\end{aligned} \tag{4.228}$$

根据引理 4.2，式 (4.228) 变为

$$\begin{aligned}&\frac{\mathrm{d}}{\mathrm{d}x}\log\det\left(\tilde{\boldsymbol{\Phi}}(-x)+x^{-1}\overline{\boldsymbol{H}}\boldsymbol{\Phi}(-x)^{-1}\overline{\boldsymbol{H}}^{\mathrm{H}}\right)\\&=-K(x)+J_2(x)-\sum_{k=1}^{K}\mathrm{tr}\left(\left(\boldsymbol{\Phi}_k(-x)^{-1}-\boldsymbol{E}_k(x)\right)\frac{\mathrm{d}\boldsymbol{\Phi}_k(-x)}{\mathrm{d}x}\right)\\&=-K(x)+J_2(x)-L(x)-\sum_{k=1}^{K}\mathrm{tr}\left(\left(\boldsymbol{\Phi}_k(-x)^{-1}\right)\frac{\mathrm{d}\boldsymbol{\Phi}_k(-x)}{\mathrm{d}x}\right)\end{aligned}\tag{4.229}$$

从式 (4.226)、式 (4.229) 和

$$\frac{\mathrm{d}}{\mathrm{d}x}\log\det(\boldsymbol{\Phi}(-x))=\sum_{k=1}^{K}\mathrm{tr}\left(\boldsymbol{\Phi}_k(-x)^{-1}\frac{\mathrm{d}\boldsymbol{\Phi}_k(-x)}{\mathrm{d}x}\right)\tag{4.230}$$

可得

$$\begin{aligned}J(x)=&\frac{\mathrm{d}}{\mathrm{d}x}\log\det\left(\tilde{\boldsymbol{\Phi}}(-x)+x^{-1}\overline{\boldsymbol{H}}\boldsymbol{\Phi}(-x)^{-1}\overline{\boldsymbol{H}}^{\mathrm{H}}\right)\\&+\frac{\mathrm{d}}{\mathrm{d}x}\log\det(\boldsymbol{\Phi}(-x))-\frac{\mathrm{d}}{\mathrm{d}x}\mathrm{tr}\left(\boldsymbol{A}(x)\left(\tilde{\boldsymbol{\Phi}}(-x)-\boldsymbol{I}_N\right)\right)\end{aligned}\tag{4.231}$$

因为当 $x\to\infty$ 时有 $\mathcal{V}_{\boldsymbol{\mathcal{B}}_N}(x)\to 0$，香农变换 $\mathcal{V}_{\boldsymbol{\mathcal{B}}_N}(x)$ 可通过

$$\begin{aligned}\mathcal{V}_{\boldsymbol{\mathcal{B}}_N}(x)=&\log\det\left(\tilde{\boldsymbol{\Phi}}(-x)+x^{-1}\overline{\boldsymbol{H}}\boldsymbol{\Phi}(-x)^{-1}\overline{\boldsymbol{H}}^{\mathrm{H}}\right)\\&+\log\det(\boldsymbol{\Phi}(-x))-\mathrm{tr}\left(\boldsymbol{A}(x)\left(\tilde{\boldsymbol{\Phi}}(-x)-\boldsymbol{I}_N\right)\right)\end{aligned}\tag{4.232}$$

获得。进一步，易得

$$\begin{aligned}&\mathrm{tr}\left(\boldsymbol{A}(x)\left(\tilde{\boldsymbol{\Phi}}(-x)-\boldsymbol{I}_N\right)\right)\\&=\mathrm{tr}\left(x\sum_{k=1}^{K}\eta_k(\mathcal{G}_{\boldsymbol{\mathcal{B}}_N}^{\mathcal{M}_N}(-x\boldsymbol{I}_N))\mathcal{G}_k(-x)\right)\end{aligned}\tag{4.233}$$

最终，可得香农变换 $\mathcal{V}_{\boldsymbol{\mathcal{B}}_N}(x)$ 为

$$\begin{aligned}\mathcal{V}_{\boldsymbol{\mathcal{B}}_N}(x)=&\log\det\left(\tilde{\boldsymbol{\Phi}}(-x)+x^{-1}\overline{\boldsymbol{H}}\boldsymbol{\Phi}(-x)^{-1}\overline{\boldsymbol{H}}^{\mathrm{H}}\right)\\&+\log\det(\boldsymbol{\Phi}(-x))-\mathrm{tr}\left(x\sum_{k=1}^{K}\eta_k(\mathcal{G}_{\boldsymbol{\mathcal{B}}_N}^{\mathcal{M}_N}(-x\boldsymbol{I}_N))\mathcal{G}_k(-x)\right)\end{aligned}\tag{4.234}$$

4.4.8 定理 4.6 的证明

关于函数 $-\mathcal{V}_{\boldsymbol{\mathcal{B}}_N}(x)$ 对 $\boldsymbol{Q}$ 的严格凸性的证明类似于文献 [48] 中定理 3 和文献 [185] 中定理 4，因此在此处省略。定义优化问题 (4.85) 的 Lagrangian 函数为

$$\mathcal{L}(\boldsymbol{Q},\boldsymbol{\Upsilon},\boldsymbol{\mu})=\mathcal{V}_{\boldsymbol{\mathcal{B}}_N}(x)+\mathrm{tr}\left(\sum_{k=1}^{K}\boldsymbol{\Upsilon}_k\boldsymbol{Q}_k\right)+\sum_{k=1}^{K}\mu_k(M_k-\mathrm{tr}(\boldsymbol{Q}_K))\tag{4.235}$$

式中，$\boldsymbol{\Upsilon} \triangleq \{\boldsymbol{\Upsilon}_k \succeq 0\}$ 且 $\boldsymbol{\mu} \triangleq \{\mu_k \geqslant 0\}$ 是问题约束对应的 Lagrange 乘子。和文献 [49]、[45] 和 [185] 中相似，将 $\mathcal{V}_{\boldsymbol{\mathcal{B}}_N}(x)$ 对于 $\boldsymbol{Q}_k$ 的导数重写为

$$\begin{aligned}\frac{\partial \mathcal{V}_{\boldsymbol{\mathcal{B}}_N}(x)}{\partial \boldsymbol{Q}_k} = & \frac{\partial \log\det(\boldsymbol{I}_M + \boldsymbol{\Gamma}\boldsymbol{Q})}{\partial \boldsymbol{Q}_k} \\ & + \sum_{ij} \frac{\partial \mathcal{V}_{\boldsymbol{\mathcal{B}}_N(x)}}{\partial \left[\mathcal{G}_{\boldsymbol{\mathcal{B}}_N}^{\mathcal{M}_N}(-x\boldsymbol{I}_N)\right]_{ij}} \frac{\partial \left[\mathcal{G}_{\boldsymbol{\mathcal{B}}_N}^{\mathcal{M}_N}(-x\boldsymbol{I}_N)\right]_{ij}}{\partial \boldsymbol{Q}_k} \\ & + \sum_{ij} \frac{\partial \mathcal{V}_{\boldsymbol{\mathcal{B}}_N}(x)}{\partial [\tilde{\eta}_{Q,k}(\mathcal{G}_k(-x))]_{ij}} \frac{\partial [\tilde{\eta}_{Q,k}(\mathcal{G}_k(-x))]_{ij}}{\partial \boldsymbol{Q}_k}\end{aligned} \tag{4.236}$$

式中

$$\frac{\partial \log\det(\boldsymbol{I}_M + \boldsymbol{\Gamma}\boldsymbol{Q})}{\partial \boldsymbol{Q}_k} = \left((\boldsymbol{I}_M + \boldsymbol{\Gamma}\boldsymbol{Q})^{-1}\boldsymbol{\Gamma}\right)_k \tag{4.237}$$

进一步可得

$$\begin{aligned}& \frac{\partial \mathcal{V}_{\boldsymbol{\mathcal{B}}_N}}{\partial \left[\mathcal{G}_{\boldsymbol{\mathcal{B}}_N}^{\mathcal{M}_N}(-x\boldsymbol{I}_N)\right]_{ij}} \\ & = \operatorname{tr}\left(\left(\boldsymbol{\Phi}(-x) + x^{-1}\boldsymbol{Q}^{\frac{1}{2}}\overline{\boldsymbol{S}}^{\mathrm{H}}\tilde{\boldsymbol{\Phi}}(-x)^{-1}\overline{\boldsymbol{S}}\boldsymbol{Q}^{\frac{1}{2}}\right)^{-1} \frac{\partial \boldsymbol{\Phi}(-x)}{\partial \left[\mathcal{G}_{\boldsymbol{\mathcal{B}}_N}^{\mathcal{M}_N}(-x\boldsymbol{I}_N)\right]_{ij}}\right) \\ & \quad - \operatorname{tr}\left(x\sum_{k=1}^{K}\tilde{\eta}_{Q,k}(\mathcal{G}_k(-x)) \frac{\partial \mathcal{G}_{\boldsymbol{\mathcal{B}}_N}^{\mathcal{M}_N}(-x\boldsymbol{I}_N)}{\partial \left[\mathcal{G}_{\boldsymbol{\mathcal{B}}_N}^{\mathcal{M}_N}(-x\boldsymbol{I}_N)\right]_{ij}}\right) \\ & = 0\end{aligned} \tag{4.238}$$

$$\begin{aligned}& \frac{\partial \mathcal{V}_{\boldsymbol{\mathcal{B}}_N}}{\partial [\tilde{\eta}_{Q,k}(\mathcal{G}_k(-x))]_{ij}} \\ & = \operatorname{tr}\left(\left(\boldsymbol{\Phi}(-x) + x^{-1}\boldsymbol{Q}^{\frac{1}{2}}\overline{\boldsymbol{S}}^{\mathrm{H}}\tilde{\boldsymbol{\Phi}}(-x)^{-1}\overline{\boldsymbol{S}}\boldsymbol{Q}^{\frac{1}{2}}\right)^{-1} \frac{\partial x^{-1}\boldsymbol{Q}^{\frac{1}{2}}\overline{\boldsymbol{S}}^{\mathrm{H}}\tilde{\boldsymbol{\Phi}}(-x)^{-1}\overline{\boldsymbol{S}}\boldsymbol{Q}^{\frac{1}{2}}}{\partial [\tilde{\eta}_{Q,k}(\mathcal{G}_k(-x))]_{ij}}\right) \\ & \quad + \operatorname{tr}\left(\tilde{\boldsymbol{\Phi}}(-x)^{-1}\frac{\partial \tilde{\boldsymbol{\Phi}}(-x)}{\partial [\tilde{\eta}_{Q,k}(\mathcal{G}_k(-x))]_{ij}}\right) \\ & \quad - \operatorname{tr}\left(x\frac{\partial \tilde{\eta}_{Q,k}(\mathcal{G}_k(-x))}{\partial [\tilde{\eta}_{Q,k}(\mathcal{G}_k(-x))]_{ij}}\mathcal{G}_{\boldsymbol{\mathcal{B}}_N}^{\mathcal{M}_N}(-x\boldsymbol{I}_N)\right) \\ & = 0\end{aligned} \tag{4.239}$$

现在问题变得和文献 [49] 中一样。因此，余下的证明在此处省略。

4.4.9 定理 4.7 的证明

证明 $\lim\limits_{N\to\infty}\mu_m - E\{\mu_m\} = 0$ 等价于证明

$$\lim_{N\to\infty} E\left\{\left|\mu_m - E\{\mu_m\}\right|^2\right\} = 0 \tag{4.240}$$

因为 $\dfrac{1}{n}\mathrm{tr}(\boldsymbol{X}^{2m}) = \dfrac{2N\mu_m}{n}$，所以式 (4.240) 变为

$$\lim_{n\to\infty}\left(\frac{1}{n^2}E\left\{\mathrm{tr}(\boldsymbol{X}^{2m})\mathrm{tr}(\boldsymbol{X}^{2m})\right\} - \frac{1}{n^2}E\left\{\mathrm{tr}(\boldsymbol{X}^{2m})\right\}E\left\{\mathrm{tr}(\boldsymbol{X}^{2m})\right\}\right) = 0 \tag{4.241}$$

令 $\boldsymbol{\varLambda}_{ki}^{1/2} = \mathrm{diag}(\boldsymbol{r}_{ki})$，$\boldsymbol{\varXi}_{ki}^{1/2} = \mathrm{diag}(\boldsymbol{t}_{ki})$ 且 $\boldsymbol{J}_k$ 为一个 $N \times M_k$ 全 1 矩阵，可得 $\boldsymbol{M}_k = \sum\limits_{i=1}^{L_k}\boldsymbol{\varLambda}_{ki}^{1/2}\boldsymbol{J}_k\boldsymbol{\varXi}_{ki}^{1/2}$ 以及

$$\begin{aligned}\widetilde{\boldsymbol{H}}_k &= \sum_{i=1}^{L_k}\boldsymbol{U}_k(\boldsymbol{\varLambda}_{ki}^{1/2}\boldsymbol{J}_k\boldsymbol{\varXi}_{ki}^{1/2}\odot\boldsymbol{W}_k)\boldsymbol{V}_k^{\mathrm{H}} \\ &= \sum_{i=1}^{L_k}\boldsymbol{U}_k\boldsymbol{\varLambda}_{ki}^{1/2}(\boldsymbol{J}_k\odot\boldsymbol{W}_k)\boldsymbol{\varXi}_{ki}^{1/2}\boldsymbol{V}_k^{\mathrm{H}}\end{aligned} \tag{4.242}$$

让 $\boldsymbol{R}_{ki}$ 表示 $\boldsymbol{U}_k\boldsymbol{\varLambda}_{ki}\boldsymbol{U}_k^{\mathrm{H}}/\mathrm{tr}(\boldsymbol{\varXi}_{ki})$ 且 $\boldsymbol{T}_{ki}$ 表示 $\boldsymbol{V}_k\boldsymbol{\varXi}_{ki}\boldsymbol{V}_k^{\mathrm{H}}/\mathrm{tr}(\boldsymbol{\varLambda}_{ki})$。根据 $\boldsymbol{J}_k\odot\boldsymbol{W}_k = \boldsymbol{W}_k$，可得

$$\widetilde{\boldsymbol{H}}_k = \sum_{i=1}^{L_k}\boldsymbol{R}_{ki}^{1/2}\boldsymbol{W}_k\boldsymbol{T}_{ki}^{1/2} \tag{4.243}$$

接着，将 $\widetilde{\boldsymbol{X}}_k$ 重写为

$$\widetilde{\boldsymbol{X}}_k = \sum_{i=1}^{L_k}(\widetilde{\boldsymbol{R}}_{ki}\boldsymbol{W}\widetilde{\boldsymbol{T}}_{ki} + \widetilde{\boldsymbol{T}}_{ki}\boldsymbol{W}\widetilde{\boldsymbol{R}}_{ki}) \tag{4.244}$$

式中，$\boldsymbol{W}$ 是一个具有独立同分布零均值方差为 $\dfrac{1}{M}$ 的元素组成的 $n\times n$ 复 Hermitian 高斯随机矩阵且

$$\widetilde{\boldsymbol{R}}_{ki} = \mathrm{diag}\left(\boldsymbol{R}_{ki}^{1/2}, \boldsymbol{0}_{M_1}, \cdots, \boldsymbol{0}_{M_k}, \boldsymbol{0}_{M_{k+1}}, \cdots\right) \tag{4.245}$$

$$\widetilde{\boldsymbol{T}}_{ki} = \mathrm{diag}\left(\boldsymbol{0}_N, \boldsymbol{0}_{M_1}, \cdots, \boldsymbol{T}_{ki}^{1/2}, \boldsymbol{0}_{M_{k+1}}, \cdots\right) \tag{4.246}$$

更进一步，将 $\boldsymbol{X}$ 重写为

$$\boldsymbol{X} = \overline{\boldsymbol{X}} + \sum_{k=1}^{K}\sum_{i=1}^{L_k}(\widetilde{\boldsymbol{R}}_{ki}\boldsymbol{W}\widetilde{\boldsymbol{T}}_{ki} + \widetilde{\boldsymbol{T}}_{ki}\boldsymbol{W}\widetilde{\boldsymbol{R}}_{ki}) \tag{4.247}$$

因此，矩阵 $\boldsymbol{X}^{2m}$ 可以看作一族形式为 $\boldsymbol{D}_{a_0}\boldsymbol{W}\boldsymbol{D}_{a_1}\cdots\boldsymbol{W}\boldsymbol{D}_{a_p}$ 的矩阵之和，其中矩阵 $\boldsymbol{D}_{a_j}$ 由 $\overline{\boldsymbol{X}}$、$\widetilde{\boldsymbol{R}}_{ki}$ 和 $\widetilde{\boldsymbol{T}}_{ki}$ 构成。通过之间的陈述，可得证明 $\lim\limits_{N\to\infty}\mu_m-E\{\mu_m\}=0$ 等价于证明

$$\lim_{n\to\infty}\frac{1}{n^2}E\{\mathrm{tr}(\boldsymbol{D}_{a_0}\boldsymbol{W}\boldsymbol{D}_{a_1}\cdots\boldsymbol{W}\boldsymbol{D}_{a_p})\mathrm{tr}(\boldsymbol{D}_{b_0}\boldsymbol{W}\boldsymbol{D}_{b_1}\cdots\boldsymbol{W}\boldsymbol{D}_{b_q})\}$$
$$-\frac{1}{n^2}E\{\mathrm{tr}(\boldsymbol{D}_{a_0}\boldsymbol{W}\boldsymbol{D}_{a_1}\cdots\boldsymbol{W}\boldsymbol{D}_{a_p})\}E\{\mathrm{tr}(\boldsymbol{D}_{b_0}\boldsymbol{W}\boldsymbol{D}_{b_1}\cdots\boldsymbol{W}\boldsymbol{D}_{b_q})\}=0 \tag{4.248}$$

式中，$\boldsymbol{D}_{b_j}$ 也同样由 $\overline{\boldsymbol{X}}$、$\widetilde{\boldsymbol{R}}_{ki}$ 和 $\widetilde{\boldsymbol{T}}_{ki}$ 构成。不失一般性，可以省略 $\boldsymbol{D}_{a_0}$ 和 $\boldsymbol{D}_{b_0}$，式 (4.248) 变为

$$\lim_{n\to\infty}\frac{1}{n^2}E\{\mathrm{tr}(\boldsymbol{W}\boldsymbol{D}_{a_1}\cdots\boldsymbol{W}\boldsymbol{D}_{a_p})\mathrm{tr}(\boldsymbol{W}\boldsymbol{D}_{b_1}\cdots\boldsymbol{W}\boldsymbol{D}_{b_q})\}$$
$$-\frac{1}{n^2}E\{\mathrm{tr}(\boldsymbol{W}\boldsymbol{D}_{a_1}\cdots\boldsymbol{W}\boldsymbol{D}_{a_p})\}E\{\mathrm{tr}(\boldsymbol{W}\boldsymbol{D}_{b_1}\cdots\boldsymbol{W}\boldsymbol{D}_{b_q})\}=0 \tag{4.249}$$

式 (4.249) 中第一项展开为

$$n^{-2}E\{\mathrm{tr}(\boldsymbol{W}\boldsymbol{D}_{a_1}\cdots\boldsymbol{W}\boldsymbol{D}_{a_p})\mathrm{tr}(\boldsymbol{W}\boldsymbol{D}_{b_1}\cdots\boldsymbol{W}\boldsymbol{D}_{b_q})\}$$
$$=\sum_{\substack{i_1,\cdots,i_{p+q}\\ j_1,\cdots,j_{p+q}=1}}^{n}E\{[\boldsymbol{W}]_{i_1j_1}\cdots[\boldsymbol{W}]_{i_{p+q}j_{p+q}}\}[\boldsymbol{D}_{a_1}]_{j_1i_2}\cdots[\boldsymbol{D}_{a_{p-1}}]_{j_{p-1}i_p}[\boldsymbol{D}_{a_p}]_{j_pi_1}$$
$$\cdot[\boldsymbol{D}_{b_1}]_{j_{p+1}i_{p+2}}\cdots[\boldsymbol{D}_{b_{q-1}}]_{j_{p+q-1}i_{p+q}}[\boldsymbol{D}_{b_q}]_{j_{p+q}i_{p+1}} \tag{4.250}$$

根据文献 [170] 中定理 22.3 给出的 Wick 公式，可得

$$E\{[\boldsymbol{W}]_{i_1j_1}\cdots[\boldsymbol{W}]_{i_{p+q}j_{p+q}}\}=\sum_{\pi\in\mathcal{P}_2(p+q)}\prod_{(u,v)\in\pi}E\{[\boldsymbol{W}]_{i_uj_u}[\boldsymbol{W}]_{i_vj_v}\} \tag{4.251}$$

式中，$\mathcal{P}_2(p+q)$ 表示对分化的集合。接着，式 (4.250) 变为

$$n^{-2}E\{\mathrm{tr}(\boldsymbol{W}\boldsymbol{D}_{a_1}\cdots\boldsymbol{W}\boldsymbol{D}_{a_p})\mathrm{tr}(\boldsymbol{W}\boldsymbol{D}_{b_1}\cdots\boldsymbol{W}\boldsymbol{D}_{b_q})\}$$
$$=n^{-2}\sum_{\substack{i_1,\cdots,i_{p+q}\\ j_1,\cdots,j_{p+q}=1}}^{n}\sum_{\pi\in\mathcal{P}_2(p+q)}\prod_{(u,v)\in\pi}E\{[\boldsymbol{W}]_{i_uj_u}[\boldsymbol{W}]_{i_vj_v}\}[\boldsymbol{D}_{a_1}]_{j_1i_2}\cdots[\boldsymbol{D}_{a_{p-1}}]_{j_{p-1}i_p}$$
$$\cdot[\boldsymbol{D}_{a_p}]_{j_pi_1}[\boldsymbol{D}_{b_1}]_{j_{p+1}i_{p+2}}\cdots[\boldsymbol{D}_{b_{q-1}}]_{j_{p+q-1}i_{p+q}}[\boldsymbol{D}_{b_q}]_{j_{p+q}i_{p+1}} \tag{4.252}$$

同时，式 (4.248) 中第二项可展开为

$$n^{-2}E\{\mathrm{tr}(\boldsymbol{W}\boldsymbol{D}_{a_1}\cdots\boldsymbol{W}\boldsymbol{D}_{a_p})\}E\{\mathrm{tr}(\boldsymbol{W}\boldsymbol{D}_{b_1}\cdots\boldsymbol{W}\boldsymbol{D}_{b_q})\}$$
$$=n^{-2}\sum_{\substack{i_1,\cdots,i_{p+q}\\ j_1,\cdots,j_{p+q}=1}}^{n}\sum_{\pi\in\mathcal{P}_2(p)\vee\mathcal{P}_2(q)}\prod_{(u,v)\in\pi}E\{[\boldsymbol{W}]_{i_uj_u}[\boldsymbol{W}]_{i_vj_v}\}[\boldsymbol{D}_{a_1}]_{j_1i_2}\cdots[\boldsymbol{D}_{a_{p-1}}]_{j_{p-1}i_p}$$
$$\cdot[\boldsymbol{D}_{a_p}]_{j_pi_1}[\boldsymbol{D}_{b_1}]_{j_{p+1}i_{p+2}}\cdots[\boldsymbol{D}_{b_{q-1}}]_{j_{p+q-1}i_{p+q}}[\boldsymbol{D}_{b_q}]_{j_{p+q}i_{p+1}} \tag{4.253}$$

因此，可得

$$
\begin{aligned}
&n^{-2}E\{\mathrm{tr}(\boldsymbol{W}\boldsymbol{D}_{a_1}\cdots\boldsymbol{W}\boldsymbol{D}_{a_p})\mathrm{tr}(\boldsymbol{W}\boldsymbol{D}_{b_1}\cdots\boldsymbol{W}\boldsymbol{D}_{b_q})\}\\
&-n^{-2}E\{\mathrm{tr}(\boldsymbol{W}\boldsymbol{D}_{a_1}\cdots\boldsymbol{W}\boldsymbol{D}_{a_p})\}E\{\mathrm{tr}(\boldsymbol{W}\boldsymbol{D}_{b_1}\cdots\boldsymbol{W}\boldsymbol{D}_{b_q})\}\\
=&n^{-2}\sum_{\substack{i_1,\cdots,i_{p+q}\\ j_1,\cdots,j_{p+q}=1}}^{n}\sum_{\substack{\pi\notin\mathcal{P}_2(p)\vee\mathcal{P}_2(q)\\ \pi\in\mathcal{P}_2(p+q)}}\prod_{(u,v)\in\pi}E\{[\boldsymbol{W}]_{i_uj_u}[\boldsymbol{W}]_{i_vj_v}\}[\boldsymbol{D}_{a_1}]_{j_1i_2}\cdots[\boldsymbol{D}_{a_{p-1}}]_{j_{p-1}i_p}\\
&\cdot[\boldsymbol{D}_{a_p}]_{j_pi_1}[\boldsymbol{D}_{b_1}]_{j_{p+1}i_{p+2}}\cdots[\boldsymbol{D}_{b_{q-1}}]_{j_{p+q-1}i_{p+q}}[\boldsymbol{D}_{b_q}]_{j_{p+q}i_{p+1}}\\
=&n^{-2}M^{-(p+q)/2}\sum_{\substack{i_1,\cdots,i_{p+q}\\ j_1,\cdots,j_{p+q}=1}}^{n}\sum_{\substack{\pi\notin\mathcal{P}_2(p)\vee\mathcal{P}_2(q)\\ \pi\in\mathcal{P}_2(p+q)}}\prod_{(u,v)\in\pi}\delta_{i_uj_v}\delta_{i_vj_u}[\boldsymbol{D}_{a_1}]_{j_1i_2}\cdots[\boldsymbol{D}_{a_{p-1}}]_{j_{p-1}i_p}\\
&\cdot[\boldsymbol{D}_{a_p}]_{j_pi_1}[\boldsymbol{D}_{b_1}]_{j_{p+1}i_{p+2}}\cdots[\boldsymbol{D}_{b_{q-1}}]_{j_{p+q-1}i_{p+q}}[\boldsymbol{D}_{b_q}]_{j_{p+q}i_{p+1}}\\
=&n^{-2}M^{-(p+q)/2}\sum_{\substack{i_1,\cdots,i_{p+q}\\ j_1,\cdots,j_{p+q}=1}}^{n}\sum_{\substack{\pi\notin\mathcal{P}_2(p)\vee\mathcal{P}_2(q)\\ \pi\in\mathcal{P}_2(p+q)}}\prod_{u=1}^{p+q}\delta_{i_uj_{\pi(u)}}[\boldsymbol{D}_{a_1}]_{j_1i_{\gamma(1)}}\cdots[\boldsymbol{D}_{a_{p-1}}]_{j_{p-1}i_{\gamma(p-1)}}\\
&\cdot[\boldsymbol{D}_{a_p}]_{j_pi_{\gamma(p)}}[\boldsymbol{D}_{b_1}]_{j_{p+1}i_{\gamma(p+1)}}\cdots[\boldsymbol{D}_{b_{q-1}}]_{j_{p+q-1}i_{\gamma(p+q-1)}}[\boldsymbol{D}_{b_q}]_{j_{p+q}i_{\gamma(p+q)}}
\end{aligned}\tag{4.254}
$$

式中，$\gamma=\gamma_1\gamma_2$，$\gamma_1\triangleq(1,2,\cdots,p)$ 和 $\gamma_2\triangleq(p+1,p+2,\cdots,p+q)$ 为两个循环排列，第二个等式是因为 $E\{[\boldsymbol{W}]_{i_uj_u}[\boldsymbol{W}]_{i_vj_v}\}=\dfrac{1}{M}\delta_{i_uj_v}\delta_{i_vj_u}$。令 a_{p+i} 表示 b_i，式 (4.254) 变为

$$
\begin{aligned}
&n^{-2}(E\{\mathrm{tr}(\boldsymbol{W}\boldsymbol{D}_{a_1}\cdots\boldsymbol{W}\boldsymbol{D}_{a_p})\mathrm{tr}(\boldsymbol{W}\boldsymbol{D}_{a_{p+1}}\cdots\boldsymbol{W}\boldsymbol{D}_{a_{p+q}})\}\\
&-E\{\mathrm{tr}(\boldsymbol{W}\boldsymbol{D}_{a_1}\cdots\boldsymbol{W}\boldsymbol{D}_{a_p})\}E\{\mathrm{tr}(\boldsymbol{W}\boldsymbol{D}_{a_{p+1}}\cdots\boldsymbol{W}\boldsymbol{D}_{a_{p+q}})\})\\
=&n^{-2}M^{-(p+q)/2}\sum_{j_1,\cdots,j_{p+q}=1}^{n}\sum_{\substack{\pi\notin\mathcal{P}_2(p)\vee\mathcal{P}_2(q)\\ \pi\in\mathcal{P}_2(p+q)}}[\boldsymbol{D}_{a_1}]_{j_1j_{\pi\gamma(1)}}\\
&\cdots[\boldsymbol{D}_{a_{p+q-1}}]_{j_{p+q-1}j_{\pi\gamma(p+q-1)}}[\boldsymbol{D}_{a_{p+q}}]_{j_{p+q}j_{\pi\gamma(p+q)}}
\end{aligned}\tag{4.255}
$$

让 α 表示 $\pi\gamma$。令 $\alpha=(1,3,5,7)(2,4)(6,8)$ 及 $p=q=4$，可得

$$
\begin{aligned}
&\sum_{j_1,\cdots,j_8=1}^{n}[\boldsymbol{D}_{a_1}]_{j_1j_{\alpha(1)}}[\boldsymbol{D}_{a_2}]_{j_2j_{\alpha(2)}}\cdots[\boldsymbol{D}_{a_8}]_{j_8j_{\alpha(8)}}\\
=&\sum_{j_1,\cdots,j_8=1}^{n}[\boldsymbol{D}_{a_1}]_{j_1j_3}[\boldsymbol{D}_{a_3}]_{j_3j_5}[\boldsymbol{D}_{a_5}]_{j_5j_7}[\boldsymbol{D}_{a_7}]_{j_7j_1}[\boldsymbol{D}_{a_2}]_{j_2j_4}[\boldsymbol{D}_{a_4}]_{j_4j_2}[\boldsymbol{D}_{a_6}]_{j_6j_8}[\boldsymbol{D}_{a_8}]_{j_8j_6}\\
=&n^3\frac{1}{n}\mathrm{tr}(\boldsymbol{D}_{a_2}\boldsymbol{D}_{a_4})\frac{1}{n}\mathrm{tr}(\boldsymbol{D}_{a_1}\boldsymbol{D}_{a_3}\boldsymbol{D}_{a_5}\boldsymbol{D}_{a_7})\frac{1}{n}\mathrm{tr}(\boldsymbol{D}_{a_6}\boldsymbol{D}_{a_8})
\end{aligned}\tag{4.256}
$$

定义 $V_1, V_2, \cdots, V_r$ 为 α 中的块且 $\mathrm{tr}_\alpha(\boldsymbol{D}_{a_1}\boldsymbol{D}_{a_2}\cdots\boldsymbol{D}_{a_{p+q}})$ 为

$$\mathrm{tr}_\alpha(\boldsymbol{D}_{a_1}\boldsymbol{D}_{a_2}\cdots\boldsymbol{D}_{a_{p+q}}) = \frac{1}{n}\mathrm{tr}(\boldsymbol{D}_{a_{V_1(1)}}\cdots\boldsymbol{D}_{a_{V_1(l_1)}})\cdots\frac{1}{n}\mathrm{tr}(\boldsymbol{D}_{a_{V_r(1)}}\cdots\boldsymbol{D}_{a_{V_r(l_r)}}) \tag{4.257}$$

式中，l_i 是块 V_i 中的元素个数。文献 [170] 中引理 22.31 显示

$$\sum_{j_1,\cdots,j_{p+q}=1}^{n}[\boldsymbol{D}_{a_1}]_{j_1 j_{\pi\gamma(1)}}\cdots[\boldsymbol{D}_{a_{p+q}}]_{j_{p+q}j_{\pi\gamma(p+q)}} = n^{\#(\pi\gamma)}\mathrm{tr}_{\pi\gamma}(\boldsymbol{D}_{a_1}\boldsymbol{D}_{a_2}\cdots\boldsymbol{D}_{a_{p+q}}) \tag{4.258}$$

因此，可得

$$\begin{aligned}
&n^{-2}(E\{\mathrm{tr}(\boldsymbol{W}\boldsymbol{D}_{a_1}\cdots\boldsymbol{W}\boldsymbol{D}_{a_p})\mathrm{tr}(\boldsymbol{W}\boldsymbol{D}_{a_{p+1}}\cdots\boldsymbol{W}\boldsymbol{D}_{a_{p+q}})\} \\
&\quad - E\{\mathrm{tr}(\boldsymbol{W}\boldsymbol{D}_{a_1}\cdots\boldsymbol{W}\boldsymbol{D}_{a_p})\}E\{\mathrm{tr}(\boldsymbol{W}\boldsymbol{D}_{a_{p+1}}\cdots\boldsymbol{W}\boldsymbol{D}_{a_{p+q}})\}) \\
&= \sum_{\pi\notin\mathcal{P}_2(p)\vee\mathcal{P}_2(q),\pi\in\mathcal{P}_2(p+q)} n^{\#(\pi\gamma)-2}M^{-(p+q)/2}\mathrm{tr}_{\pi\gamma}(\boldsymbol{D}_{a_1}\boldsymbol{D}_{a_2}\cdots\boldsymbol{D}_{a_{p+q}})
\end{aligned} \tag{4.259}$$

根据假设 4.7 和假设 4.9 可得，$\mathrm{tr}_{\pi\gamma}(\boldsymbol{D}_{a_1}\boldsymbol{D}_{a_2}\cdots\boldsymbol{D}_{a_{p+q}})$ 是有界的。因为 π 是满足 $\pi\notin\mathcal{P}_2(p)\vee\mathcal{P}_2(q)$ 和 $\pi\in\mathcal{P}_2(p+q)$ 的一个划分，根据文献 [206] 中定义 3.7 可知，π 是 (p,q)- 连通的。令 $\#(\pi)$ 表示 π 中循环的个数。文献 [206] 中定理 6.1 显示

$$\#(\pi)+\#(\pi^{-1}\gamma)\leqslant p+q \tag{4.260}$$

因为 π 是一个对划分，可得 $\pi^{-1}=\pi$ 且 $\#(\pi)=(p+q)/2$。更进一步，可得 $\#(\pi\gamma)\leqslant(p+q)/2$。因此式 (4.259) 等号右边正比于 n^{-2} 且当 $n\to\infty$ 时消失。证毕。

4.4.10 引理 4.4 的证明

根据文献 [175] 中定义 2.9，易得 $\widetilde{\boldsymbol{\mathcal{W}}}_1, \widetilde{\boldsymbol{\mathcal{W}}}_2, \cdots, \widetilde{\boldsymbol{\mathcal{W}}}_K$ 为一 R-cyclic 族矩阵。接着应用文献 [175] 中定理 8.2，有 $\mathcal{M}_n, \widetilde{\boldsymbol{\mathcal{W}}}_1, \widetilde{\boldsymbol{\mathcal{W}}}_2, \cdots, \widetilde{\boldsymbol{\mathcal{W}}}_K$ 在 $\mathcal{D}_n$ 上自由独立。接着，可得 $\widehat{\boldsymbol{\mathcal{X}}}_1, \widehat{\boldsymbol{\mathcal{X}}}_2, \cdots, \widehat{\boldsymbol{\mathcal{X}}}_K$ 的联合 $\mathcal{M}_n$ 值矩为

$$\begin{aligned}
&\kappa_t^{\mathcal{M}_n}(\widehat{\boldsymbol{\mathcal{X}}}_{i_1}\boldsymbol{D}_1, \widehat{\boldsymbol{\mathcal{X}}}_{i_2}\boldsymbol{D}_2, \cdots, \widehat{\boldsymbol{\mathcal{X}}}_{i_t}) \\
&= \kappa_t^{\mathcal{M}_n}(\boldsymbol{A}_{i_1}\widetilde{\boldsymbol{\mathcal{W}}}_{i_1}\boldsymbol{A}_{i_1}^{\mathrm{H}}\boldsymbol{D}_1, \boldsymbol{A}_{i_2}\widetilde{\boldsymbol{\mathcal{W}}}_{i_2}\boldsymbol{A}_{i_2}^{\mathrm{H}}\boldsymbol{D}_2, \cdots, \boldsymbol{A}_{i_t}\widetilde{\boldsymbol{\mathcal{W}}}_{i_t}\boldsymbol{A}_{i_t}^{\mathrm{H}}) \\
&= \boldsymbol{A}_{i_1}\kappa_t^{\mathcal{M}_n}(\widetilde{\boldsymbol{\mathcal{W}}}_{i_1}\boldsymbol{A}_{i_1}^{\mathrm{H}}\boldsymbol{D}_1\boldsymbol{A}_{i_2}, \widetilde{\boldsymbol{\mathcal{W}}}_{i_2}\boldsymbol{A}_{i_2}^{\mathrm{H}}\boldsymbol{D}_2\boldsymbol{A}_{i_3}, \cdots, \widetilde{\boldsymbol{\mathcal{W}}}_{i_t})\boldsymbol{A}_{i_t}^{\mathrm{H}} \\
&= \boldsymbol{A}_{i_1}\kappa_t^{\mathcal{D}_n}(\widetilde{\boldsymbol{\mathcal{W}}}_{i_1}E_{\mathcal{D}_n}\{\boldsymbol{A}_{i_1}^{\mathrm{H}}\boldsymbol{D}_1\boldsymbol{A}_{i_2}\}, \widetilde{\boldsymbol{\mathcal{W}}}_{i_2}E_{\mathcal{D}_n}\{\boldsymbol{A}_{i_2}^{\mathrm{H}}\boldsymbol{D}_2\boldsymbol{A}_{i_3}\}, \cdots, \widetilde{\boldsymbol{\mathcal{W}}}_{i_t})\boldsymbol{A}_{i_t}^{\mathrm{H}}
\end{aligned} \tag{4.261}$$

式中，$1 \leqslant i_t \leqslant K$，$\boldsymbol{D}_1, \boldsymbol{D}_2, \cdots, \boldsymbol{D}_{t-1} \in \mathcal{M}_n$，最后一个等式是根据文献 [166] 中定理 3.6 得出的，该定理要求 $\mathcal{M}_n$，$\widetilde{\boldsymbol{\mathcal{W}}}_1, \widetilde{\boldsymbol{\mathcal{W}}}_2, \cdots, \widetilde{\boldsymbol{\mathcal{W}}}_K$ 在 $\mathcal{D}_n$ 上自由独立。因为 $\widetilde{\boldsymbol{\mathcal{W}}}_1, \widetilde{\boldsymbol{\mathcal{W}}}_2, \cdots, \widetilde{\boldsymbol{\mathcal{W}}}_K$ 在 $\mathcal{D}_n$ 上自由独立，可得

$$\kappa_t^{\mathcal{D}_n}(\widetilde{\boldsymbol{\mathcal{W}}}_{i_1} E_{\mathcal{D}_n}\{\boldsymbol{A}_{i_1}^{\mathrm{H}} \boldsymbol{D}_1 \boldsymbol{A}_{i_2}\}, \widetilde{\boldsymbol{\mathcal{W}}}_{i_2} E_{\mathcal{D}_n}\{\boldsymbol{A}_{i_2}^{\mathrm{H}} \boldsymbol{D}_2 \boldsymbol{A}_{i_3}\}, \cdots, \widetilde{\boldsymbol{\mathcal{W}}}_{i_t}) = \boldsymbol{0}_n \tag{4.262}$$

除非 $i_1 = i_2 = \cdots = i_t$。因此，$\widehat{\boldsymbol{\mathcal{X}}}_1, \widehat{\boldsymbol{\mathcal{X}}}_2, \cdots, \widehat{\boldsymbol{\mathcal{X}}}_K$ 为 $\mathcal{M}_n$ 值自由独立。此外，因为每一个 $\widetilde{\boldsymbol{\mathcal{W}}}_k$ 为 $\mathcal{D}_n$ 值半圆分布变量，可得

$$\kappa_t^{\mathcal{D}_n}(\widetilde{\boldsymbol{\mathcal{W}}}_i E_{\mathcal{D}_n}\{\boldsymbol{A}_i^{\mathrm{H}} \boldsymbol{C}_1 \boldsymbol{A}_i\}, \widetilde{\boldsymbol{\mathcal{W}}}_i E_{\mathcal{D}_n}\{\boldsymbol{A}_i^{\mathrm{H}} \boldsymbol{C}_2 \boldsymbol{A}_i\}, \cdots, \widetilde{\boldsymbol{\mathcal{W}}}_i) = \boldsymbol{0}_n \tag{4.263}$$

除非 $t = 2$。式 (4.263) 意味着每一个 $\widehat{\boldsymbol{\mathcal{X}}}_k$ 也是 $\mathcal{M}_n$ 值半圆分布变量。更进一步，因为 $\widehat{\boldsymbol{\mathcal{X}}}_1, \widehat{\boldsymbol{\mathcal{X}}}_1, \cdots, \widehat{\boldsymbol{\mathcal{X}}}_K$ 在 $\mathcal{M}_n$ 上自由独立，可得 $\widetilde{\boldsymbol{\mathcal{X}}}$ 为 $\mathcal{M}_n$ 上的半圆分布变量。

4.4.11 定理 4.8 的证明

令 $\pi = \{V_1, V_2, \cdots, V_r\}$ 为 $\mathrm{NC}(n)$ 中的一个划分。已知仅仅 $\boldsymbol{\mathcal{X}}$ 的一阶和二阶 $\mathcal{M}_n$ 值累积量为非零矩阵。根据式 (4.6) 和式 (4.7) 可得，若存在 i 使得 $|V_i| > 2$，则 $\kappa_\pi^{\mathcal{M}_n}(\boldsymbol{\mathcal{X}}, \boldsymbol{\mathcal{X}}, \cdots, \boldsymbol{\mathcal{X}}) = \boldsymbol{0}_n$。定义集合 $NC_{\leqslant 2}(n)$ 为 $\{\pi \in \mathrm{NC}(n) : \pi = \{V_1, V_2, \cdots, V_r\} \text{ with } |V_i| \leqslant 2\}$。根据式 (4.6)，可得

$$E\{\boldsymbol{\mathcal{X}}^n\} = \sum_{\pi \in \mathrm{NC}_{\leqslant 2}(n)} \kappa_\pi^{\mathcal{M}_n}(\boldsymbol{\mathcal{X}}, \boldsymbol{\mathcal{X}}, \cdots, \boldsymbol{\mathcal{X}}) \tag{4.264}$$

举例来说，$\boldsymbol{\mathcal{X}}$ 的前三阶 $\mathcal{M}_n$ 值累积量为

$$E\{\boldsymbol{\mathcal{X}}\} = \kappa_1^{\mathcal{M}_n}(\boldsymbol{\mathcal{X}}) = \overline{\boldsymbol{X}} \tag{4.265}$$

$$E\{\boldsymbol{\mathcal{X}}^2\} = \kappa_2^{\mathcal{M}_n}(\boldsymbol{\mathcal{X}}, \boldsymbol{\mathcal{X}}) + \kappa_1^{\mathcal{M}_n}(\boldsymbol{\mathcal{X}})\kappa_1^{\mathcal{M}_n}(\boldsymbol{\mathcal{X}}) \tag{4.266}$$

$$\begin{aligned} E\{\boldsymbol{\mathcal{X}}^3\} =& \kappa_1^{\mathcal{M}_n}(\boldsymbol{\mathcal{X}})\kappa_2^{\mathcal{M}_n}(\boldsymbol{\mathcal{X}}, \boldsymbol{\mathcal{X}}) + \kappa_1^{\mathcal{M}_n}(\boldsymbol{\mathcal{X}})\kappa_1^{\mathcal{M}_n}(\boldsymbol{\mathcal{X}})\kappa_1(\boldsymbol{\mathcal{X}}) \\ &+ \kappa_2^{\mathcal{M}_n}(\boldsymbol{\mathcal{X}}, \boldsymbol{\mathcal{X}})\kappa_1^{\mathcal{M}_n}(\boldsymbol{\mathcal{X}}) + \kappa_2^{\mathcal{M}_n}(\boldsymbol{\mathcal{X}}\kappa_1^{\mathcal{M}_n}(\boldsymbol{\mathcal{X}}), \boldsymbol{\mathcal{X}}) \\ =& \kappa_1^{\mathcal{M}_n}(\boldsymbol{\mathcal{X}})E\{\boldsymbol{\mathcal{X}}^2\} + \kappa_2^{\mathcal{M}_n}(\boldsymbol{\mathcal{X}}, \boldsymbol{\mathcal{X}})E\{\boldsymbol{\mathcal{X}}\} + \kappa_2^{\mathcal{M}_n}(\boldsymbol{\mathcal{X}}E\{\boldsymbol{\mathcal{X}}\}, \boldsymbol{\mathcal{X}}) \end{aligned} \tag{4.267}$$

易证，$\kappa_2^{\mathcal{M}_n}(\boldsymbol{\mathcal{X}}E\{\boldsymbol{\mathcal{X}}\}, \boldsymbol{\mathcal{X}})$ 为一个零矩阵。因此，可得

$$E(\boldsymbol{\mathcal{X}}^3) = \kappa_1^{\mathcal{M}_n}(\boldsymbol{\mathcal{X}})E\{\boldsymbol{\mathcal{X}}^2\} + \kappa_2^{\mathcal{M}_n}(\boldsymbol{\mathcal{X}}, \boldsymbol{\mathcal{X}})E\{\boldsymbol{\mathcal{X}}\} \tag{4.268}$$

相似地，$E\{\boldsymbol{\mathcal{X}}^4\}$ 可写为

$$\begin{aligned} E\{\boldsymbol{\mathcal{X}}^4\} =& \kappa_1^{\mathcal{M}_n}(\boldsymbol{\mathcal{X}})\kappa_1^{\mathcal{M}_n}(\boldsymbol{\mathcal{X}})\kappa_2^{\mathcal{M}_n}(\boldsymbol{\mathcal{X}}, \boldsymbol{\mathcal{X}}) + \kappa_1^{\mathcal{M}_n}(\boldsymbol{\mathcal{X}})\kappa_1^{\mathcal{M}_n}(\boldsymbol{\mathcal{X}})\kappa_1^{\mathcal{M}_n}(\boldsymbol{\mathcal{X}})\kappa_1^{\mathcal{M}_n}(\boldsymbol{\mathcal{X}}) \\ &+ \kappa_1^{\mathcal{M}_n}(\boldsymbol{\mathcal{X}})\kappa_2^{\mathcal{M}_n}(\boldsymbol{\mathcal{X}}\kappa_1^{\mathcal{M}_n}(\boldsymbol{\mathcal{X}}), \boldsymbol{\mathcal{X}}) + \kappa_1^{\mathcal{M}_n}(\boldsymbol{\mathcal{X}})\kappa_2^{\mathcal{M}_n}(\boldsymbol{\mathcal{X}}, \boldsymbol{\mathcal{X}})\kappa_1^{\mathcal{M}_n}(\boldsymbol{\mathcal{X}}) \\ &+ \kappa_2^{\mathcal{M}_n}(\boldsymbol{\mathcal{X}}, \boldsymbol{\mathcal{X}})\kappa_2^{\mathcal{M}_n}(\boldsymbol{\mathcal{X}}, \boldsymbol{\mathcal{X}}) + \kappa_2^{\mathcal{M}_n}(\boldsymbol{\mathcal{X}}, \boldsymbol{\mathcal{X}})\kappa_1^{\mathcal{M}_n}(\boldsymbol{\mathcal{X}})\kappa_1^{\mathcal{M}_n}(\boldsymbol{\mathcal{X}}) \\ =& \kappa_1^{\mathcal{M}_n}(\boldsymbol{\mathcal{X}})E\{\boldsymbol{\mathcal{X}}^3\} + \kappa_2^{\mathcal{M}_n}(\boldsymbol{\mathcal{X}}, \boldsymbol{\mathcal{X}})E\{\boldsymbol{\mathcal{X}}^2\} \end{aligned} \tag{4.269}$$

现在考虑一般的 $E\{\boldsymbol{\mathcal{X}}^{2m+2}\}$。定义 π_{1i} 如下：当 $i=1$ 时有 $\pi_{1i}=\{1\}$，当 $i=2,3,\cdots,2m+2$ 时有 $\pi_{1i}=\{1,i\}$。定义 $\mathrm{NC}_{\leqslant 2}(-1)$ 和 $\mathrm{NC}_{\leqslant 2}(0)$ 为空集。让 U_i 表示如下集合：

$$\{\pi_i=\mathrm{ins}(1,\pi_{2i}\to\pi_{1i})\cup\pi_{3i}:\pi_{2i}\in\mathrm{NC}_{\leqslant 2}(i-2)\text{和 }\pi_{3i}\in\mathrm{NC}_{\leqslant 2}(2m+2-i)\}$$

若 $\pi_{1i}=\{1\}$ 或者 $\{1,2\}$，则有 $\pi_i=\pi_{1i}\cup\pi_{3i}$。为了便于理解，图 4.9 给出了以上划分的说明。

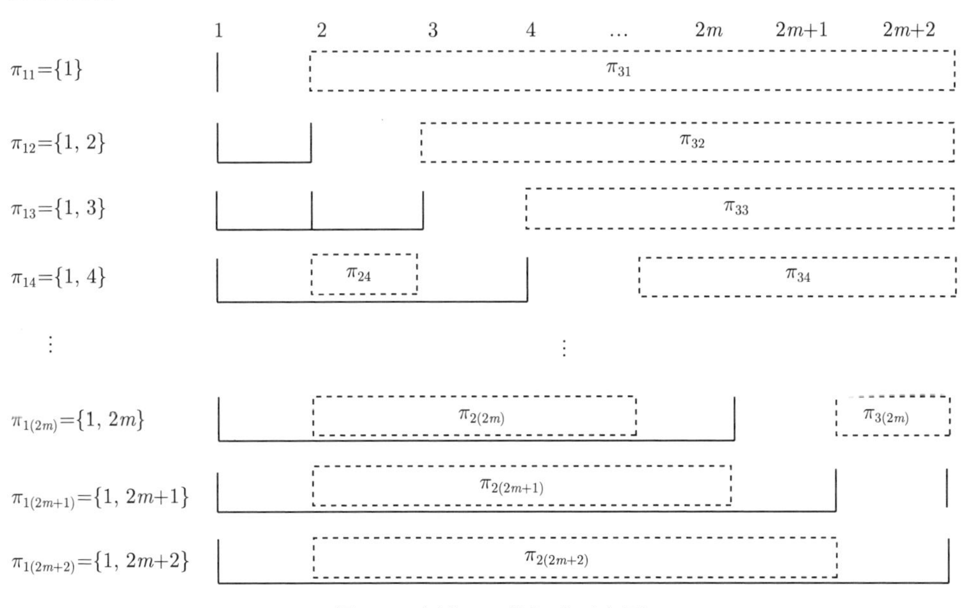

图 4.9 划分 π_i 的组成示意图

进一步，可得 $\mathrm{NC}_{\leqslant 2}(2m+2)=\bigcup_{i=1}^{2m+2}U_i$ 且当 $i\neq j$ 时有 $U_i\cap U_j=\varnothing$。接着，可得

$$\begin{aligned}
E\{\boldsymbol{\mathcal{X}}^{2m+2}\}=&\sum_{i=1}^{2m+2}\sum_{\pi\in U_i}\kappa_{\pi}^{\mathcal{M}_n}(\boldsymbol{\mathcal{X}},\boldsymbol{\mathcal{X}},\cdots,\boldsymbol{\mathcal{X}})\\
=&\kappa_1^{\mathcal{M}_n}(\boldsymbol{\mathcal{X}})\sum_{\pi_{3i}\in\mathrm{NC}_{\leqslant 2}(2m+1)}\kappa_{\pi_{3i}}^{\mathcal{M}_n}(\boldsymbol{\mathcal{X}},\boldsymbol{\mathcal{X}},\cdots,\boldsymbol{\mathcal{X}})\\
&+\sum_{i=2}^{2m+2}\kappa_2^{\mathcal{M}_n}(\boldsymbol{\mathcal{X}}\sum_{\pi_{2i}\in\mathrm{NC}_{\leqslant 2}(i-2)}\kappa_{\pi_{2i}}^{\mathcal{M}_n}(\boldsymbol{\mathcal{X}},\boldsymbol{\mathcal{X}},\cdots,\boldsymbol{\mathcal{X}}),\boldsymbol{\mathcal{X}})\\
&\times\sum_{\pi_{3i}\in\mathrm{NC}_{\leqslant 2}(2m+2-i)}\kappa_{\pi_{3i}}^{\mathcal{M}_n}(\boldsymbol{\mathcal{X}},\boldsymbol{\mathcal{X}},\cdots,\boldsymbol{\mathcal{X}})
\end{aligned}\tag{4.270}$$

将式 (4.264) 代入式 (4.270)，有

$$
\begin{aligned}
E\{\boldsymbol{\mathcal{X}}^{2m+2}\} = &\ \kappa_1^{\mathcal{M}_n}(\boldsymbol{\mathcal{X}})E\{\boldsymbol{\mathcal{X}}^{2m+1}\} \\
&+ \sum_{i=2}^{2m+2} \kappa_2^{\mathcal{M}_n}(\boldsymbol{\mathcal{X}}E\{\boldsymbol{\mathcal{X}}^{i-2}\}, \boldsymbol{\mathcal{X}})E\{\boldsymbol{\mathcal{X}}^{2m+2-i}\}
\end{aligned} \tag{4.271}
$$

因为 $\kappa_2^{\mathcal{M}_n}(\boldsymbol{\mathcal{X}}\boldsymbol{C}, \boldsymbol{\mathcal{X}}) = \eta(\boldsymbol{C})$，所以当 i 为奇数时有 $\kappa_2^{\mathcal{M}_n}(\boldsymbol{\mathcal{X}}E\{\boldsymbol{\mathcal{X}}^{i-2}\}, \boldsymbol{\mathcal{X}})$ 为零矩阵。更进一步，可得式 (4.145)。式 (4.146) 的证明过程相似，为简洁起见，在此处省略。

4.4.12 定理 4.9 的证明

因为 $\boldsymbol{\mathcal{X}}$ 为 $\mathcal{D}$ 上的半圆分布变量，所以有 [166]

$$
\mathcal{R}_{\boldsymbol{\mathcal{X}}}^{\mathcal{D}}(\boldsymbol{C}) = E_{\mathcal{D}}\{\boldsymbol{\mathcal{X}}\boldsymbol{C}\boldsymbol{\mathcal{X}}\} = \eta(\boldsymbol{C}) \tag{4.272}
$$

式中，$\mathcal{R}_{\boldsymbol{\mathcal{X}}}^{\mathcal{D}}(\boldsymbol{C})$ 表示 $\boldsymbol{\mathcal{X}}$ 的 $\mathcal{D}$ 值 R 变换，$\boldsymbol{C} = \mathrm{diag}(\widetilde{\boldsymbol{C}}, \boldsymbol{C}_1, \cdots, \boldsymbol{C}_K)$，$\widetilde{\boldsymbol{C}} \in \mathcal{M}_N$ 且 $\boldsymbol{C}_k \in \mathcal{M}_{M_k}$。接着，可得 $\boldsymbol{\mathcal{X}}^{2m+2}$ 的 $\mathcal{D}$ 值矩由如下递推公式给出 [207]

$$
E_{\mathcal{D}}\{\boldsymbol{\mathcal{X}}^{2m+2}\} = \sum_{j=0}^{m} \eta(E_{\mathcal{D}}\{\boldsymbol{\mathcal{X}}^{2j}\})E_{\mathcal{D}}\{\boldsymbol{\mathcal{X}}^{2m-2j}\} \tag{4.273}
$$

从 $\boldsymbol{\mathcal{X}}^{2m}$ 和 $\boldsymbol{\mathcal{B}}_N^m$ 之间的关系，即

$$
\boldsymbol{\mathcal{X}}^{2m} = \begin{pmatrix} \boldsymbol{\mathcal{B}}_N^m & 0 \\ 0 & (\boldsymbol{\mathcal{H}}^{\mathrm{H}}\boldsymbol{\mathcal{H}})^m \end{pmatrix} \tag{4.274}
$$

可得

$$
E_{\mathcal{D}}\{\boldsymbol{\mathcal{X}}^{2m}\} = \begin{pmatrix} E\{\boldsymbol{\mathcal{B}}_N^m\} & 0 & \cdots & 0 \\ 0 & \boldsymbol{S}_{m1} & \cdots & 0 \\ \vdots & \vdots & & \vdots \\ 0 & 0 & \cdots & \boldsymbol{S}_{mK} \end{pmatrix} \tag{4.275}
$$

进一步可得式 (4.150) 和式 (4.151)，其中初始值为 $E\{\boldsymbol{\mathcal{B}}_N^0\} = \boldsymbol{I}_N$ 和 $\boldsymbol{S}_{0k} = \boldsymbol{I}_{M_k}$。

第 5 章　大规模 MIMO 下行传输

大规模 MIMO 传输方法直接影响大规模 MIMO 系统的性能。基于瞬时信道信息的传输方法依赖于完美信道状态信息获取。在 FDD 系统、用户终端存在移动性等场景中，基站侧配置大规模天线阵列显著地增加基站侧获取完美信道状态信息的难度。本章以大规模 MIMO 信道特性为基础，论述基站侧利用统计信道状态信息或者非完美信道状态信息的传输理论方法 [43, 99, 208, 209]。本章内容安排如下：5.1 节论述单小区大规模 MIMO 波束分多址传输理论方法，5.2 节论述多小区大规模 MIMO BDMA 传输最优功率分配理论方法，5.3 节论述逐波束时频同步的毫米波/太赫兹大规模 MIMO 波束分多址传输理论方法，5.4 节论述大规模 MIMO 下行鲁棒预编码传输理论方法。

5.1　大规模 MIMO 波束分多址传输

5.1.1　概述

本节针对大规模 MIMO 系统，提出波束分多址传输理论方法。考虑宽带大规模 MIMO 系统，基站侧配置大量天线阵列，使用相同的时频资源与多个用户通信，用户侧配置多天线。基于大规模 MIMO 波束域信道模型，推导了下行传输遍历可达和速率的闭式上界。该上界仅与信道发送端相关阵以及基站发送信号协方差矩阵有关，且在中低信噪比条件下，该上界可以逼近遍历和速率的准确值。基于遍历和速率的上界，分析了最优下行传输，推导了渐近最优发送信号协方差矩阵的特征向量和特征值满足的充分必要条件。受该条件的启发，本节提出逼近最优性能的 BDMA 传输方法，将大规模多用户 MIMO 信道分解为多个小规模单用户 MIMO 信道。BDMA 传输方法在波束域中实施，包括：① 获取信道能量耦合矩阵；② 用户调度和波束分配；③ 上下行传输。在步骤③上下行传输中包括发送导频信号进行信道估计以及利用信道信息进行相干接收。本节揭示在最小二乘 (least square，LS) 信道估计下最优导频需要满足的条件，并提出利用 ZC 序列最小化均方误差的导频生成方法。

5.1.2　信道模型及其空间特性

考虑 FDD 单小区大规模 MIMO 无线通信系统，其中基站侧配置 M 根天线，小区中包含 K 个均匀随机分布的用户终端，每个用户终端配置 N 根天线。考虑块衰落信道模型，即信道矩阵在相干时间内保持不变，不同相干时间块之间相互独立且服从某种随机过程。

考虑物理信道模型，其描述发送天线到接收天线的物理传播过程。假设基站与第 k 个用户之间存在 P 条物理传播路径，基站到第 k 个用户的第 p 条路径的信道增益为 $a_{p,k}$，基站侧发送角度为 $\varphi_{p,k}$，用户侧接收角度为 $\theta_{p,k}$。则基站到第 k 个用户的第 p 条路径的下行信道矩阵 $\boldsymbol{H}_{T,p,k}^{d} \in \mathbb{C}^{N\times M}$ 可以表示为 [114]

$$\boldsymbol{H}_{T,p,k}^{d} = a_{p,k}\mathrm{e}^{-\mathrm{j}2\pi d_{p,k}/\lambda_c}\boldsymbol{e}_r(\theta_{p,k})\boldsymbol{e}_t^{\mathrm{H}}(\varphi_{p,k}) \tag{5.1}$$

式中，上标 d 表示下行传输；$d_{p,k}$ 为第 1 根发送天线到第 1 根接收天线沿着路径 p 的物理距离；λ_c 为载波波长。另外，$\boldsymbol{e}_r(\theta) \in \mathbb{C}^{N\times 1}$ 为用户侧天线阵列关于到达角 (angle of arrival，AoA)θ 的响应向量，满足 $\|\boldsymbol{e}_r(\theta)\|_2 = 1$；$\boldsymbol{e}_t(\varphi) \in \mathbb{C}^{M\times 1}$ 为基站侧天线阵列关于发送角度 (angle of departure，AoD)φ 的响应向量，满足 $\|\boldsymbol{e}_t(\varphi)\|_2 = 1$。对于宽带信道，采用 OFDM 调制，则第 k 个用户在第 ℓ 个子载波上的信道频域响应矩阵可以表示为

$$\boldsymbol{H}_{k,\ell}^{d} = \sum_{p=1}^{P} a_{p,k}\mathrm{e}^{-\mathrm{j}2\pi d_{p,k}/\lambda_c}\boldsymbol{e}_r(\theta_{p,k})\boldsymbol{e}_t^{\mathrm{H}}(\varphi_{p,k})\mathrm{e}^{-\mathrm{j}2\pi\ell\tau_{p,k}} \tag{5.2}$$

式中，$\tau_{p,k}$ 为第 p 条路径的传输时延。上行物理信道与下行物理信道除了载波频率以及初始相位不同外，其他小尺度参数 $(\theta_{p,k}, \varphi_{p,k}, \tau_{p,k})$ 均相同 [153]，因而可以类似地获得上行信道矩阵。本节主要以下行信道为例，上行信道特性可以进行类似地分析。

假设用户距离基站较远，则相位 $2\pi d_{p,k}/\lambda_c$ 在区间 $[0, 2\pi]$ 上独立均匀分布，因而有

$$E\left\{a_{p,k}\mathrm{e}^{-\mathrm{j}2\pi d_{p,k}/\lambda_c}\right\} = 0 \tag{5.3}$$

$$E\left\{a_{p,k}\mathrm{e}^{-\mathrm{j}2\pi d_{p,k}/\lambda_c}\left(a_{p',k'}\mathrm{e}^{-\mathrm{j}2\pi d_{p',k'}/\lambda_c}\right)^*\right\} = \beta_{p,k}\delta(p-p', k-k') \tag{5.4}$$

式中，$\beta_{p,k} = E\left\{|a_{p,k}|^2\right\}$ 为第 p 条路径的信道增益。

当基站侧天线数量趋于无穷大时，不同 AoD 的响应向量渐近正交 [119]，即

$$\lim_{M\to\infty} \boldsymbol{e}_t^{\mathrm{H}}(\varphi)\boldsymbol{e}_t(\eta) = \delta(\varphi - \eta) \tag{5.5}$$

用户终端侧，当采样角度 $\theta_{n,k}$ 满足条件①：

$$\boldsymbol{e}_r^{\mathrm{H}}(\theta_{n,k})\boldsymbol{e}_r(\theta_{n',k}) = \delta(n - n') \tag{5.6}$$

① $\theta_{n,k}$ 为接收信号的角度采样。当响应向量相互正交时，基站可以分辨出这些正交方向。均匀线性天线阵列可以对 $\sin(\theta_{n,k})$ 进行均匀采样，即 $\sin(\theta_{n,k}) = n/N$，这是一种典型的空间角度采样方式 [5]。

可以将信道矩阵式 (5.2) 重新表示为

$$\begin{aligned}\boldsymbol{H}_{k,\ell}^{d} &= \sum_{n=1}^{N}\sum_{m=1}^{M}\left[\tilde{\boldsymbol{H}}_{k,\ell}^{d}\right]_{n,m}\boldsymbol{e}_r(\theta_{n,k})\boldsymbol{e}_t^{\mathrm{H}}(\varphi_m)\\ &= \boldsymbol{U}_k\tilde{\boldsymbol{H}}_{k,\ell}^{d}\boldsymbol{V}^{\mathrm{H}}\end{aligned} \tag{5.7}$$

式中，$\boldsymbol{V} = [\boldsymbol{e}_t(\varphi_1), \boldsymbol{e}_t(\varphi_2), \cdots, \boldsymbol{e}_t(\varphi_M)] \in \mathbb{C}^{M\times M}$；$\boldsymbol{U}_k = [\boldsymbol{e}_r(\theta_{1,k}), \boldsymbol{e}_r(\theta_{2,k}), \cdots, \boldsymbol{e}_r(\theta_{N,k})] \in \mathbb{C}^{N\times N}$ 是一个酉矩阵。当基站侧天线数 M 趋于无穷大，$\boldsymbol{V}$ 渐近趋于酉矩阵时，$\tilde{\boldsymbol{H}}_{k,\ell}^{d}$ 称为波束域信道矩阵，其每个 AoD 对应的一个方向称为一个波束。采用文献 [5] 中的方法，可以得到如下的采样近似：

$$\left[\tilde{\boldsymbol{H}}_{k,\ell}^{d}\right]_{n,m} \approx \sum_{p\in\mathcal{S}_{r,n}\bigcap\mathcal{S}_{t,m}} a_{p,k}\mathrm{e}^{-\mathrm{j}2\pi d_{p,k}/\lambda_c}\mathrm{e}^{-\mathrm{j}2\pi\ell\tau_{p,k}} \tag{5.8}$$

式中，$\mathcal{S}_{r,n}$ 表示接收角度最靠近采样角度 $\theta_{n,k}$ 的路径集合；$\mathcal{S}_{t,m}$ 表示发送角度最靠近采样角度 φ_m 的路径集合。当基站侧天线数 M 趋于无穷大时，波束域信道增益可以表示为

$$\begin{aligned}\left|\left[\tilde{\boldsymbol{H}}_{k,\ell}^{d}\right]_{n,m}\right|^2 &\approx \left|\sum_{p=1}^{P} a_{p,k}\boldsymbol{e}_r^{\mathrm{H}}(\theta_{n,k})\boldsymbol{e}_r(\theta_{p,k})\boldsymbol{e}_t^{\mathrm{H}}(\varphi_{p,k})\mathrm{e}_t(\varphi_m)\mathrm{e}^{-\mathrm{j}2\pi\ell\tau_{p,k}}\right|^2\\ &\to \begin{cases}\left|a_{p,k}\boldsymbol{e}_r^{\mathrm{H}}(\theta_{n,k})\boldsymbol{e}_r(\theta_{p,k})\right|^2, & \varphi_{p,k}\to\varphi_m, M\to\infty\\ 0, & \varphi_{p,k}\neq\varphi_m\end{cases}\end{aligned} \tag{5.9}$$

从式 (5.9) 可以看出，随着基站侧天线数增大，波束域信道增益逐渐独立于子载波。此外，在波束域信道矩阵中，不同位置的元素表示不同发送方向到不同接收方向上的信道增益，因而可以利用不同波束对不同方向的信号进行区分。而在空间域信道模型中，信道矩阵是所有路径信号的叠加，无法区分不同路径的信号。

基站到第 k 个用户的信道在基站侧的协方差矩阵为

$$\boldsymbol{R}_{t,k,\ell} \to \boldsymbol{V}\tilde{\boldsymbol{R}}_{t,k}\boldsymbol{V}^{\mathrm{H}}, \quad M\to\infty \tag{5.10}$$

式中，$\tilde{\boldsymbol{R}}_{t,k} = \mathrm{diag}\left(\sum_{p\in\mathcal{S}_{t,1}}\beta_{p,k}, \cdots, \sum_{p\in\mathcal{S}_{t,M}}\beta_{p,k}\right)$ 为基站侧波束域发送协方差矩阵。式 (5.10) 是一个渐近结果，当 M 充分大时，发送信道协方差矩阵可以近似为

$$\boldsymbol{R}_{t,k,\ell} \approx \boldsymbol{V}\tilde{\boldsymbol{R}}_{t,k}\boldsymbol{V}^{\mathrm{H}} \tag{5.11}$$

容易得到，$\boldsymbol{R}_{t,k,\ell}$ 不随子载波变化，即每个子载波上的发送信道协方差矩阵相同 [115, 210]。当基站侧天线数 M 趋于无穷大时，$\boldsymbol{V}$ 渐近趋于酉矩阵，其可按照

如下方法构造：$\varphi_m = \vartheta(m/M), m = 0,1,\cdots,M$，其中，$\vartheta(\cdot)$ 是一个在区间 $[0,1]$ 上严格单调递增的连续函数 [14]。当天线阵列为均匀线性阵列且天线间距为半波长时，$\varphi_m = \vartheta(m/M) = \arcsin\left(\dfrac{2m}{M}-1\right)$。此时，$\boldsymbol{V}$ 是离散 DFT 矩阵 $\boldsymbol{F}_M \in \mathbb{C}^{M\times M}$ ($[\boldsymbol{F}_M]_{i,m} = \mathrm{e}^{-\mathrm{j}2\pi im/M}/\sqrt{M}$) [92]。另外，基站到第 k 个用户的信道在用户侧的协方差矩阵为

$$\boldsymbol{R}_{r,k,\ell} = \boldsymbol{U}_k \tilde{\boldsymbol{R}}_{r,k} \boldsymbol{U}_k^{\mathrm{H}} \tag{5.12}$$

式中，$\tilde{\boldsymbol{R}}_{r,k} = \mathrm{diag}\left(\sum\limits_{p\in\mathcal{S}_{r,1}} \beta_{p,k},\cdots,\sum\limits_{p\in\mathcal{S}_{r,N}} \beta_{p,k}\right)$ 是用户侧波束域接收协方差矩阵。不失一般性，假设用户侧天线互不相关，即式 (5.11) 中 $\boldsymbol{U}_k = \boldsymbol{I}$，因而 $\boldsymbol{R}_{r,k,\ell} = \tilde{\boldsymbol{R}}_{r,k}$。

定义特征模式信道耦合矩阵 [3] 为

$$\boldsymbol{\Omega}_{k,\ell}^d = E\left\{\tilde{\boldsymbol{H}}_{k,\ell}^d \odot (\tilde{\boldsymbol{H}}_{k,\ell}^d)^*\right\} \tag{5.13}$$

式中，第 (n,m) 个元素表示从基站第 m 个发送特征方向到用户第 n 个接收方向的平均耦合能量。同样，信道耦合矩阵 $\boldsymbol{\Omega}_{k,\ell}^d$ 与子载波无关，因而省略下标 ℓ。本节考虑基站侧仅知统计信道状态信息 (即信道能量耦合矩阵) 的情况，因而最优发送策略在每个子载波上相同。另外，在 TDD 和 FDD 系统中，上行信道和下行信道的统计信道信息是互易的 [122, 211]，

$$\boldsymbol{\Omega}_{k,\ell}^d = (\boldsymbol{\Omega}_{k,\ell}^u)^{\mathrm{T}} = \boldsymbol{\Omega}_k \tag{5.14}$$

式中，上标 u 表示上行。由式 (5.8) 可知，$\boldsymbol{\Omega}_k$ 的第 (n,m) 个元素可以近似为 $[\boldsymbol{\Omega}_k]_{n,m} \approx \sum\limits_{p\in\mathcal{S}_{r,n}\bigcap\mathcal{S}_{t,m}} \beta_{p,k}$。

5.1.3 基于和速率上界的下行最优传输

本节讨论下行传输，基站配置 M 根发送天线，同时服务 K 个用户，每个用户配置 N 根接收天线。考虑基站仅获得各个用户的信道能量耦合矩阵，每个用户估计各自信道的瞬时信道状态信息以及干扰噪声的协方差矩阵。在该假设下，分析下行传输的和速率，推导遍历可达和速率的上界，并提出最大化和速率上界的充分必要条件。

1. 遍历可达和速率上界

第 k 个用户在第 ℓ 个子载波上的接收信号可以表示为

$$\boldsymbol{y}_{k,\ell}^d = \boldsymbol{H}_{k,\ell}^d \boldsymbol{x}_{k,\ell}^d + \boldsymbol{n}_{k,\ell}' \tag{5.15}$$

式中，$\boldsymbol{x}_{k,\ell}^d \in \mathbb{C}^{M\times 1}$ 为下行传输中基站发送给第 k 个用户的信号，其协方差矩阵为 $\boldsymbol{Q}_{k,\ell}^d = E\left\{\boldsymbol{x}_{k,\ell}^d\left(\boldsymbol{x}_{k,\ell}^d\right)^{\mathrm{H}}\right\}$，$\boldsymbol{n}'_{k,\ell} = \sum\limits_{i=1,i\neq k}^{K}\boldsymbol{H}_{k,\ell}^d\boldsymbol{x}_{i,\ell}^d + \boldsymbol{n}_{k,\ell}$ 表示瞬时干扰与噪声之和，$\sum\limits_{i=1,i\neq k}^{K}\boldsymbol{H}_{k,\ell}^d\boldsymbol{x}_{i,\ell}^d$ 表示用户间干扰，$\boldsymbol{n}_{k,\ell}$ 是 $N\times 1$ 复高斯噪声向量 $\boldsymbol{n}_{k,\ell}\sim\mathcal{CN}(\boldsymbol{0},\boldsymbol{I}_N)$。

假设第 k 个用户利用信道估计获得了瞬时信道矩阵 $\boldsymbol{H}_{k,\ell}^d$ 以及瞬时干扰噪声协方差矩阵 $\boldsymbol{K}_{k,\ell} = E_{n,x}\{\boldsymbol{n}'_{k,\ell}\boldsymbol{n}'^{\mathrm{H}}_{k,\ell}\} = \boldsymbol{I} + \boldsymbol{H}_{k,\ell}^d\left(\sum\limits_{i=1,i\neq k}\boldsymbol{Q}_{i,\ell}^d\right)\left(\boldsymbol{H}_{k,\ell}^d\right)^{\mathrm{H}}$。当基站采用线性预编码，且用户侧将干扰噪声当作协方差为 $\boldsymbol{K}_{k,\ell}$ 的高斯噪声 [150] 时，可以推导出遍历可达速率 [88] 为

$$\begin{aligned}
R_{k,\ell} &= E\left\{\log\det\left(\boldsymbol{I} + \boldsymbol{K}_{k,\ell}^{-1}\boldsymbol{H}_{k,\ell}^d\boldsymbol{Q}_{k,\ell}^d\left(\boldsymbol{H}_{k,\ell}^d\right)^{\mathrm{H}}\right)\right\} \\
&= E\left\{\log\det\left(\boldsymbol{K}_{k,\ell} + \boldsymbol{H}_{k,\ell}^d\boldsymbol{Q}_{k,\ell}^d\left(\boldsymbol{H}_{k,\ell}^d\right)^{\mathrm{H}}\right)\right\} - E\left\{\log\det\left(\boldsymbol{K}_{k,\ell}\right)\right\}
\end{aligned} \tag{5.16}$$

将 $\boldsymbol{K}_{k,\ell}$ 的表达式代入式 (5.16) 的速率 $R_{k,\ell}$ 可以得到

$$\begin{aligned}
R_{k,\ell} =& E\left\{\log\det\left(\left(\sum_{i=1}^{K}\boldsymbol{Q}_{i,\ell}^d\right)\left(\boldsymbol{H}_{k,\ell}^d\right)^{\mathrm{H}}\boldsymbol{H}_{k,\ell}^d + \boldsymbol{I}\right)\right. \\
&\left. - \log\det\left(\left(\sum_{i\neq k}^{K}\boldsymbol{Q}_{i,\ell}^d\right)\left(\boldsymbol{H}_{k,\ell}^d\right)^{\mathrm{H}}\boldsymbol{H}_{k,\ell}^d + \boldsymbol{I}\right)\right\}
\end{aligned} \tag{5.17}$$

则 K 个用户的遍历可达和速率为

$$R_{\mathrm{sum},\ell} = \sum_{k=1}^{K} R_{k,\ell} \tag{5.18}$$

该和速率与已有文献 [9] 和 [150] 中的结果不同。这是因为文献 [9] 假设接收端仅有信道分布信息，并没有瞬时信道信息，而文献 [150] 中假设接收端拥有干扰和噪声的统计协方差矩阵。本节考虑接收端拥有瞬时信道信息以及干扰和噪声的瞬时协方差矩阵。

一般情况下，推导和速率的闭式结果是非常困难的，因而需要利用 Monte-Carlo 仿真计算遍历可达和速率的准确结果。同时，和速率式 (5.18) 是一个关于 $\boldsymbol{Q}_{i,\ell}^d$ 的非凹函数，因而求解最大化和速率的最优输入协方差矩阵 $\boldsymbol{Q}_{i,\ell}^d$ 是极其困难的。考虑计算和速率的上界，首先给出如下引理。

引理 5.1 若 $M\times M$ 半正定矩阵 $\boldsymbol{A},\boldsymbol{B},\boldsymbol{C},\boldsymbol{D}$ 满足 $\boldsymbol{A}\succeq\boldsymbol{B}$ 且 $\boldsymbol{C}\succeq\boldsymbol{D}$，则排序特征值满足 $\mathrm{eig}(\boldsymbol{AC}) \geqslant \mathrm{eig}(\boldsymbol{BD})$。

证明 见附录 5.5.1。 ■

引理 5.2 令 $\boldsymbol{A}, \boldsymbol{B}$ 为 $M \times M$ 半正定矩阵满足 $\boldsymbol{A} - \boldsymbol{B} \succeq \boldsymbol{0}$。定义矩阵函数

$$f(\boldsymbol{X}) = \log\det(\boldsymbol{I} + \boldsymbol{A}\boldsymbol{X}) - \log\det(\boldsymbol{I} + \boldsymbol{B}\boldsymbol{X}) \tag{5.19}$$

则 $f(\boldsymbol{X})$ 在 $\boldsymbol{X} \succeq \boldsymbol{0}$ 范围内关于 $\boldsymbol{X}$ 是凹函数。

证明 见附录 5.5.2。 ■

根据上述引理，和速率的上界满足以下定理。

定理 5.1 遍历可达和速率式 (5.18) 的上界为

$$\begin{aligned} R_{\mathrm{sum},\ell} \leqslant \sum_{k=1}^{K} \Bigg(& \log\det\left(\left(\sum_{i=1}^{K} \boldsymbol{Q}_{i,\ell}^{d} \right) \boldsymbol{R}_{t,k,\ell} + \boldsymbol{I} \right) \\ & - \log\det\left(\left(\sum_{i=1, i\neq k}^{K} \boldsymbol{Q}_{i,\ell}^{d} \right) \boldsymbol{R}_{t,k,\ell} + \boldsymbol{I} \right) \Bigg) \triangleq R_{\mathrm{ub},\ell} \end{aligned} \tag{5.20}$$

证明 根据引理 5.2 可知和速率关于矩阵 $\left(\boldsymbol{H}_{k,\ell}^{d}\right)^{\mathrm{H}} \boldsymbol{H}_{k,\ell}^{d}$ 是凹函数。由凹函数的性质可以得到式 (5.20) 为和速率的上界。 ■

在上述证明中，利用 Jensen 不等式 [4, 212] 获得上界式 (5.20)。一般情况下，对于两个相减的项同时利用 Jensen 不等式不能得到原问题的上界。然而，这里可以证明当满足引理 5.2 的条件时，矩阵函数式 (5.19) 是一个凹函数，因而利用 Jensen 不等式可以得到一个严格的理论上界。文献 [213] 首次证明了当 $\boldsymbol{A}, \boldsymbol{B} \succ \boldsymbol{0}$ 时，可以得到上界的结果。本节进一步拓展了文献 [213] 中的条件，得到更具普适性的结论。

在本节考虑的信道模型下，和速率式 (5.18) 没有闭式结果。定理 5.1 得到了 MU-MIMO 下行传输可达和速率上界的闭式结果。从和速率上界结果中可以看出，和速率的上界仅与发送信号协方差矩阵 $\boldsymbol{Q}_{i,\ell}^{d}$ 以及发送端信道相关阵 $\boldsymbol{R}_{t,i,\ell}$ 有关。利用和速率上界可以快速有效地估计系统性能，无须 Monte-Carlo 仿真，因而可以显著地降低发送信号设计的复杂度。下面考虑利用和速率上界式 (5.20) 来优化发送信号协方差矩阵 $\boldsymbol{Q}_{i,\ell}^{d}$。

2. 基于和速率上界的最优传输

利用定理 5.1 得到的和速率上界，考虑最优下行传输。主要目标是优化发送信号协方差矩阵 $\boldsymbol{Q}_{i,\ell}^{d}$ 最大化和速率上界，该问题可以表达为

$$\left\{ \begin{array}{ll} \displaystyle\max_{\boldsymbol{Q}_{1,\ell}^{d}, \boldsymbol{Q}_{2,\ell}^{d}, \cdots, \boldsymbol{Q}_{K,\ell}^{d}} & R_{\mathrm{ub},\ell} \\ \mathrm{s.t.} & \mathrm{tr}\left(\sum\limits_{k=1}^{K} \boldsymbol{Q}_{k,\ell}^{d} \right) \leqslant P \end{array} \right. \tag{5.21}$$

式中，P 是总功率约束。将发送信号协方差矩阵 $\boldsymbol{Q}_{k,\ell}^{d}$ 进行特征值分解可以得到 $\boldsymbol{Q}_{k,\ell}^{d}=\boldsymbol{\Phi}_{k,\ell}\boldsymbol{\Lambda}_{k,\ell}\boldsymbol{\Phi}_{k,\ell}^{\mathrm{H}}$，其中，$\boldsymbol{\Phi}_{k,\ell}$ 为酉矩阵，其每一列对应一个特征向量；$\boldsymbol{\Lambda}_{k,\ell}$ 为对角阵，其对角线元素为特征向量对应的特征值。特征向量和特征值都有相应的物理含义：特征向量表示发送信号的方向，特征值表示相应发送方向上的发送功率。

下面讨论发送信号协方差矩阵 $\boldsymbol{Q}_{k,\ell}^{d}$ 的特征向量以及特征值。一般 MU-MIMO 系统中，和速率上界并不是关于 $\boldsymbol{Q}_{k,\ell}^{d}$ 的凹函数，且不同用户信道协方差矩阵的特征向量不同。因此，尽管文献 [214] 研究了单用户 MIMO (single-user MIMO，SU-MIMO) 系统的最优发送信号协方差矩阵设计，MU-MIMO 系统的最优发送信号协方差矩阵设计还是非常困难的。幸运的是，随着基站侧天线数的增加，不同用户的信道相关阵的特征矩阵趋于同一个酉矩阵。在分析最优发送信号协方差矩阵之前，先给出如下引理。

引理 5.3 对于任意 $M\times M$ 矩阵 $\boldsymbol{Q}\succeq\boldsymbol{0}$，以及 $M\times M$ 对角阵 $\boldsymbol{A}\succeq\boldsymbol{B}\succeq\boldsymbol{0}$，有

$$\boldsymbol{A}\left(\boldsymbol{I}+\boldsymbol{A}\boldsymbol{Q}\boldsymbol{A}\right)^{-1}\boldsymbol{A}\succeq\boldsymbol{B}\left(\boldsymbol{I}+\boldsymbol{B}\boldsymbol{Q}\boldsymbol{B}\right)^{-1}\boldsymbol{B} \tag{5.22}$$

证明 见附录 5.5.3。 ■

引理 5.4 令 $\boldsymbol{A}_k,\boldsymbol{B}_k\ (k=1,2,\cdots,K)$ 为 $M\times M$ 半正定矩阵，$\boldsymbol{B}_k$ 为对角阵。构造 $\boldsymbol{A}=\sum\limits_{k=1}^{K}\boldsymbol{A}_k$，对角阵 $\tilde{\boldsymbol{A}}=\boldsymbol{A}\odot\boldsymbol{I}_M$，以及对角阵 $\tilde{\boldsymbol{A}}_k$，其对角线元素为

$$\left[\tilde{\boldsymbol{A}}_k\right]_{i,i}=\begin{cases}\left[\tilde{\boldsymbol{A}}\right]_{i,i}, & k=\arg\max\limits_{j}\left\{\left[\boldsymbol{B}_j\right]_{i,i}\right\}\\ 0, & k\neq\arg\max\limits_{j}\left\{\left[\boldsymbol{B}_j\right]_{i,i}\right\}\end{cases} \tag{5.23}$$

则有如下不等式成立

$$\begin{aligned}&\sum_{k}\left(\log\det\left(\boldsymbol{I}+\boldsymbol{A}\boldsymbol{B}_k\right)-\log\det\left(\boldsymbol{I}+\left(\boldsymbol{A}-\boldsymbol{A}_k\right)\boldsymbol{B}_k\right)\right)\\ \leqslant&\sum_{k}\left(\log\det\left(\boldsymbol{I}+\tilde{\boldsymbol{A}}\boldsymbol{B}_k\right)-\log\det\left(\boldsymbol{I}+\left(\tilde{\boldsymbol{A}}-\tilde{\boldsymbol{A}}_k\right)\boldsymbol{B}_k\right)\right)\end{aligned} \tag{5.24}$$

证明 见附录 5.5.4。 ■

利用上述引理，可以得到最优发送协方差矩阵的渐近条件，如下定理所述。

定理 5.2 最大化和速率上界的最优发送协方差矩阵满足渐近条件：发送协方差矩阵 $\boldsymbol{Q}_{k,\ell}^{d}$ 的特征向量矩阵趋于酉矩阵 $\boldsymbol{V}$，即

$$\boldsymbol{\Phi}_{k,\ell}\to\boldsymbol{V} \tag{5.25}$$

特征值矩阵满足

$$[\boldsymbol{\Lambda}_{k,\ell}]_{m,m} = 0, \quad k \neq \arg\max_{i} \left\{ [\tilde{\boldsymbol{R}}_{t,i}]_{m,m} \right\} \tag{5.26}$$

证明　由式 (5.10)，可以重新表达式 (5.20) 的和速率上界为

$$\begin{aligned} R_{\mathrm{ub},\ell} \to \sum_{k=1}^{K} \Bigg(& \log\det\left(\boldsymbol{V}^{\mathrm{H}} \left(\sum_{i=1}^{K} \boldsymbol{Q}_{i,\ell}^{d} \right) \boldsymbol{V} \tilde{\boldsymbol{R}}_{t,k} + \boldsymbol{I} \right) \\ & - \log\det\left(\boldsymbol{V}^{\mathrm{H}} \left(\sum_{i=1, i\neq k}^{K} \boldsymbol{Q}_{i,\ell}^{d} \right) \boldsymbol{V} \tilde{\boldsymbol{R}}_{t,k} + \boldsymbol{I} \right) \Bigg) \end{aligned} \tag{5.27}$$

利用引理 5.4，当 $\boldsymbol{V}^{\mathrm{H}} \left(\sum\limits_{i=1}^{K} \boldsymbol{Q}_{k,\ell}^{d} \right) \boldsymbol{V}$ 和 $\boldsymbol{V}^{\mathrm{H}} \left(\sum\limits_{i=1, i\neq k}^{K} \boldsymbol{Q}_{i,\ell}^{d} \right) \boldsymbol{V}$ 为对角阵时，和速率上界 $R_{\mathrm{ub},\ell}$值大于非对角阵的情况。因此，$\boldsymbol{Q}_{k,\ell}^{d}$ 的特征矩阵趋于 $\boldsymbol{V}$。另外，由引理 5.4，最优发送协方差矩阵 $\boldsymbol{Q}_{k,\ell}^{d}$ 的特征值满足对于任意 $k \neq \arg\max\limits_{i} \left\{ [\tilde{\boldsymbol{R}}_{t,i}]_{m,m} \right\}$，有 $[\boldsymbol{\Lambda}_{k,\ell}]_{m,m} = 0$。 ■

从式 (5.25) 中可以看出，最优发送协方差矩阵的特征矩阵 $\boldsymbol{\Phi}_{k,\ell}$ 为信道发送相关阵的特征矩阵 $\boldsymbol{V}$，且独立于用户和子载波。另外，从式 (5.26) 中可以看出，最优发送策略是每个波束只发送波束增益最强用户的信号，一个波束最多发送一个用户的信号，不同用户的发送波束互不重叠。尽管上述发送协方差矩阵的设计是基于最大化和速率上界的准则，其结果在某些特例下与已有文献中的结果相吻合。在 SU-MIMO 情况下，发送端仅有统计信道信息时，容量可达最优发送协方差矩阵的特征矩阵为信道发送相关阵的特征矩阵 [4, 214]。

在波束域传输中，第 k 个用户在第 ℓ 个子载波上的接收信号可以表示为

$$\tilde{\boldsymbol{y}}_{k,\ell}^{d} = \tilde{\boldsymbol{H}}_{k,\ell}^{d} \tilde{\boldsymbol{x}}_{k,\ell}^{d} + \sum_{i=1, i\neq k}^{K} \tilde{\boldsymbol{H}}_{k,\ell}^{d} \tilde{\boldsymbol{x}}_{i,\ell}^{d} + \tilde{\boldsymbol{n}}_{k,\ell} \tag{5.28}$$

式中，$\tilde{\boldsymbol{x}}_{k,\ell}^{d} = \boldsymbol{V}^{\mathrm{H}} \boldsymbol{x}_{k,\ell}^{d}$、$\tilde{\boldsymbol{y}}_{k,\ell}^{d} = \boldsymbol{y}_{k,\ell}^{d}$ 为波束域发送和接收信号；$\tilde{\boldsymbol{n}}_{k,\ell}$ 为波束域中高斯噪声。将矩阵 $\boldsymbol{\Lambda}_{i,\ell}$ 中对角线非零元素索引记为波束集合

$$\mathcal{B}_i = \left\{ b_i^{(1)}, b_i^{(2)}, \cdots, b_i^{(B_i)} \right\} \tag{5.29}$$

式中，$b_i^{(j)}$ 表示第 i 个用户的第 j 个波束索引；$B_i = |\mathcal{B}_i|$ 表示波束集合 $\mathcal{B}_i$ 中元素个数。选择 $\boldsymbol{\Lambda}_{i,\ell}$ 和 $\tilde{\boldsymbol{x}}_{k,\ell}^{d}$ 中的非零元素，分别记为 $\tilde{\boldsymbol{\Lambda}}_{i,\ell} = [\boldsymbol{\Lambda}_{i,\ell}]_{\mathcal{B}_i}^{\mathcal{B}_i} \in \mathbb{R}^{B_i \times B_i}$ 和 $\tilde{\boldsymbol{s}}_{k,\ell}^{d} = [\tilde{\boldsymbol{x}}_{k,\ell}^{d}]^{\mathcal{B}_k} \in \mathbb{C}^{B_k \times 1}$。则波束域接收信号模型 (5.28) 可以简化为

$$\tilde{\boldsymbol{y}}_{k,\ell}^{d} = [\tilde{\boldsymbol{H}}_{k,\ell}^{d}]_{\mathcal{B}_k} \tilde{\boldsymbol{s}}_{k,\ell}^{d} + \sum_{i=1, i\neq k}^{K} [\tilde{\boldsymbol{H}}_{k,\ell}^{d}]_{\mathcal{B}_i} \tilde{\boldsymbol{s}}_{i,\ell}^{d} + \tilde{\boldsymbol{n}}_{k,\ell} \tag{5.30}$$

式中，$[\boldsymbol{H}]_{\mathcal{B}}$ 表示由矩阵 $\boldsymbol{H}$ 中集合 $\mathcal{B}$ 对应的列向量构成的子矩阵；$[\boldsymbol{H}]^{\mathcal{B}}$ 表示由矩阵 $\boldsymbol{H}$ 中集合 $\mathcal{B}$ 对应的行向量构成的子矩阵。系统和速率上界可以表示为

$$R_{\mathrm{ub},\ell} \to \sum_{k=1}^{K}\left(\log\det\left(\left(\sum_{i=1}^{K}\boldsymbol{\Lambda}_{i,l}\right)\tilde{\boldsymbol{R}}_{t,k}+\boldsymbol{I}\right)-\log\det\left(\left(\sum_{i=1,i\neq k}^{K}\boldsymbol{\Lambda}_{i,l}\right)\tilde{\boldsymbol{R}}_{t,k}+\boldsymbol{I}\right)\right) \tag{5.31}$$

由于 $\boldsymbol{\Lambda}_{i,l}$ 和 $\tilde{\boldsymbol{R}}_{t,k}$ 均为对角阵，上界式 (5.31) 可以进一步简化为

$$R_{\mathrm{ub},\ell} \to \sum_{k=1}^{K}\log\det\left(\tilde{\boldsymbol{\Lambda}}_{k,l}[\tilde{\boldsymbol{R}}_{t,k}]_{\mathcal{B}_k}^{\mathcal{B}_k}+\boldsymbol{I}_{B_k}\right) \tag{5.32}$$

式 (5.32) 为波束域传输的和速率上界。与式 (5.20) 不同，式 (5.32) 的上界关于 $\tilde{\boldsymbol{\Lambda}}_{k,l}$ 是凹函数，因而可以容易计算最优功率分配。该问题可以表述为

$$\begin{cases}\max_{\tilde{\boldsymbol{\Lambda}}_{k,l}} & \sum_{k=1}^{K}\log\det\left(\tilde{\boldsymbol{\Lambda}}_{k,l}[\tilde{\boldsymbol{R}}_{t,k}]_{\mathcal{B}_k}^{\mathcal{B}_k}+\boldsymbol{I}_{B_k}\right)\\ \text{s.t.} & \sum_{k=1}^{K}\mathrm{tr}\left(\tilde{\boldsymbol{\Lambda}}_{k,l}\right)\leqslant P\end{cases} \tag{5.33}$$

$$\tilde{\boldsymbol{\Lambda}}_{k,l}\succeq\boldsymbol{0} \tag{5.34}$$

式 (5.33) 是一个标准的凸优化问题，利用 KKT 条件可以得到如下注水解 [156]

$$\left[\tilde{\boldsymbol{\Lambda}}_{k,l}\right]_{i,i}=\max\left\{0,\frac{1}{\nu}-\frac{1}{\left[[\tilde{\boldsymbol{R}}_{t,k}]_{\mathcal{B}_k}^{\mathcal{B}_k}\right]_{i,i}}\right\} \tag{5.35}$$

式中，ν 是 Lagrange 乘子满足条件

$$\sum_{k=1}^{K}\sum_{i}\left\{0,\frac{1}{\nu}-\frac{1}{\left[[\tilde{\boldsymbol{R}}_{t,k}]_{\mathcal{B}_k}^{\mathcal{B}_k}\right]_{i,i}}\right\}=P \tag{5.36}$$

利用注水算法 [215] 可以得到最优功率分配。

5.1.4 波束分多址传输

定理 5.2 表明在最大化和速率上界的准则下波束域传输的最优性。在波束域传输中，最优的发送策略是一个波束最多发送一个用户的信号。对于远场散射条件，每个用户在基站侧的角度扩展较小，波束域信道中非零元素集中在小部分波束上。基于这些特性，本节提出 MU-MIMO 系统中基站仅利用统计信道信息的 BDMA 传输方法。图 5.1 展示了完整的传输过程，具体包括如下主要步骤。

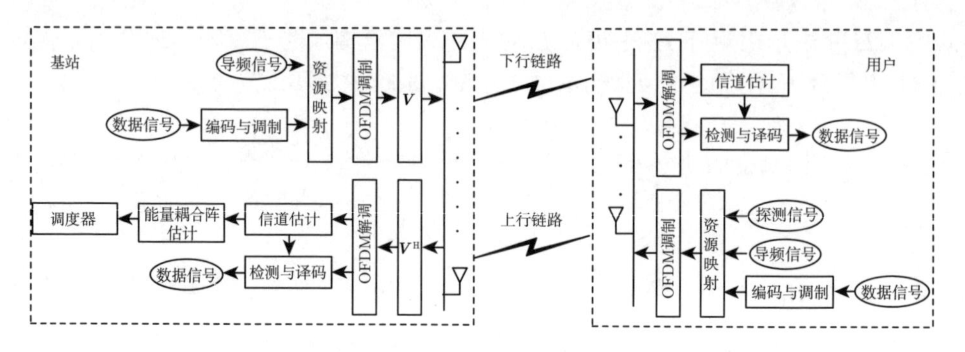

图 5.1　BDMA 传输方法系统框图

(1) 基站估计各用户的信道能量耦合矩阵。信道能量耦合矩阵的估计包括两个步骤：首先在上行传输中，不同用户在不同的子载波上发送探测信号；然后，基站根据接收到的探测信号估计各用户信道的瞬时信道信息，并根据式 (5.13) 计算能量耦合矩阵。由于统计信道信息比瞬时信道信息变化慢，因此信道能量耦合矩阵的估计并不需要所有时刻的信道样本，探测信号的开销远小于估计瞬时信道信息的导频开销。

(2) 基站根据各用户的信道能量耦合矩阵进行用户调度，用户调度的准则是最大化系统和速率上界，需要满足不同用户分配的波束集合互不重叠的条件。用户调度之后，基站侧的波束被划分出不同的波束集合，不同的波束集合与不同的用户进行通信，从而将大规模 MU-MIMO 链路分解为多个小规模 SU-MIMO 链路。

(3) 上下行传输包括导频训练和数据传输两个部分。在导频训练过程中，由于基站利用不同的波束区分不同用户，不同用户的上下行导频序列不需要相互正交。根据选择的用户数，设计最优的导频序列最小化信道估计误差。在上下行数据传输过程中，接收端估计降维的信道矩阵以及干扰噪声协方差矩阵，并利用信道估计结果，采用迭代软输入软输出检测和译码。

BDMA 传输方法适用于基站侧仅知统计信道信息的 FDD 系统。同时，该方法也可以应用于基站无法获得瞬时信道信息的 TDD 系统，例如，用户高移动性场景。下面将阐述 BDMA 传输方法的具体过程。

1. 信道能量耦合矩阵获取

本节提出信道能量耦合矩阵的估计方法。该方法基于信道能量耦合矩阵独立于子载波，且在 TDD 和 FDD 系统中，上行信道和下行信道的统计特性是互易的 [122, 211]。

考虑宽带系统，经过 OFDM 调制后，共有 L 个子载波，令 $\mathcal{L}=\{1,2,\cdots,L\}$ 表示 OFDM 子载波集合。不同天线在不同的子载波上发送探测信号，第 k 个用户第

n 个天线发送探测信号的子载波集合为 $\mathcal{L}_{n,k}=\{\ell_i|\ell_i=(k-1)N+n+(i-1)NK, i=1,2,\cdots,N_{\mathcal{S}}\}$，其中，$i$ 为样本索引，$N_{\mathcal{S}}$ 为每个天线总样本个数。假设 $L\geqslant N_{\mathcal{S}}NK$，剩余的 $L-N_{\mathcal{S}}NK$ 个子载波未使用。

在每个统计周期的开始，每根天线在其对应的子载波集合上发送探测信号。基站接收的信号为

$$\tilde{\boldsymbol{y}}_{n,k,\ell}^{u}=\tilde{\boldsymbol{h}}_{n,k,\ell}^{u}\tilde{x}_{\ell}^{u}+\tilde{\boldsymbol{n}}_{\ell} \tag{5.37}$$

式中，$\tilde{x}_{\ell}^{u}$ 表示第 ℓ 个子载波上发送的探测信号；$\tilde{\boldsymbol{h}}_{n,k,\ell}^{u}\in\mathbb{C}^{M\times 1}$ 表示第 k 个用户第 n 根天线到基站侧所有波束的波束域信道。由于不同天线使用不同的子载波，$\tilde{x}_{\ell}^{u}$ 可以是任意已知的信号，满足功率约束 $E\{\tilde{x}_{\ell}^{u}(\tilde{x}_{\ell}^{u})^{*}\}=P_s$。$\tilde{\boldsymbol{h}}_{n,k,\ell}^{u}$ 的 LS 估计为

$$\hat{\boldsymbol{h}}_{n,k,\ell}^{u}=\frac{1}{\tilde{x}_{\ell}^{u}}\tilde{\boldsymbol{y}}_{n,k,\ell}^{u} \tag{5.38}$$

重构第 k 个用户的信道矩阵

$$\hat{\boldsymbol{H}}_{k,\ell}^{u}=\left[\hat{\boldsymbol{h}}_{1,k,\ell}^{u},\hat{\boldsymbol{h}}_{2,k,\ell+1}^{u},\cdots,\hat{\boldsymbol{h}}_{N,k,\ell+N-1}^{u}\right]\in\mathbb{C}^{M\times N} \tag{5.39}$$

则第 k 个用户的信道能量耦合矩阵为

$$\hat{\boldsymbol{\Omega}}_{k}^{\mathrm{T}}=\frac{1}{N_{\mathcal{S}}}\sum_{\ell\in\mathcal{L}_{1,k}}(\hat{\boldsymbol{H}}_{k,\ell}^{u})^{*}\odot\hat{\boldsymbol{H}}_{k,\ell}^{u} \tag{5.40}$$

2. *用户调度*

令 $\mathcal{U}$ 表示选择用户的集合，$\mathcal{B}_k$ 为第 k 个用户的波束集合。当用户没有被选择时，该集合为空集。考虑用户调度以及波束分配问题，在每个波束上采用等功率分配，该问题可以表述为

$$[\mathcal{U},\mathcal{B}_1,\mathcal{B}_2,\cdots,\mathcal{B}_K]=\arg\max R_{\mathrm{ub},\ell} \tag{5.41}$$

$$\text{s.t.}\quad \boldsymbol{\Lambda}_{k,\ell}^{d}=\frac{P}{\sum\limits_{i=1}^{K}|\mathcal{B}_i|}\boldsymbol{I}_{|\mathcal{B}_k|}$$

$$\mathcal{B}_i\bigcap\mathcal{B}_j=\varnothing,\quad i\neq j \tag{5.42}$$

问题 (5.41) 是一个组合优化问题，可以通过穷举搜索或启发式算法搜索结果。本节利用定理 5.2 中的最优性条件给出一个低复杂度搜索算法。令 $r_{k,m}$ 为第 k 个用户第 m 个波束增益

$$r_{k,m}=\sum_{n=1}^{N}\left[\hat{\boldsymbol{\Omega}}_{k}^{\mathrm{T}}\right]_{n,m} \tag{5.43}$$

第 m 个波束上增益最大的用户索引以及对应的波束增益分别表示为

$$b_m = \arg\max_k r_{k,m} \tag{5.44}$$

和

$$r_m = \max_k r_{k,m} \tag{5.45}$$

则优化问题 (5.41) 可以重新表达为

$$\begin{aligned}[\mathcal{U}, \mathcal{B}_1, \mathcal{B}_2, \cdots, \mathcal{B}_K] = \arg\max \sum_{k \in \mathcal{U}} \sum_{m \in \mathcal{B}_k} \log\left(1 + \frac{P}{B_S} r_m\right) \\ \text{s.t.} \quad \mathcal{B}_k \subseteq \{m | b_m = k\} \\ \mathcal{B}_i \bigcap \mathcal{B}_j = \varnothing, \quad i \neq j\end{aligned} \tag{5.46}$$

式中，$B_S = \sum\limits_{k \in \mathcal{U}} |\mathcal{B}_k|$ 表示所有选择的波束个数。根据问题 (5.46)，这里提出一种低复杂度的用户调度和波束分配算法。

算法 5.1 提供了一种搜索用户以及波束分配的算法。该算法的复杂度仅为 $\mathcal{O}(K)$，其与小区中的用户数呈线性关系。仿真部分将比较算法 5.1 与遗传算法 [216] 的性能，验证该用户调度算法逼近最优性能。

算法 5.1 用户调度算法

输入: 信道能量耦合矩阵 $\hat{\boldsymbol{\Omega}}_k$。

输出: 调度用户集合 $\mathcal{U}$，各用户的波束集合 $\mathcal{B}_k$。

1: 计算波束增益 $r_{k,m}$，并根据式 (5.43) 和式 (5.44) 选择各波束上信道增益最强的用户 b_m。

2: 初始化 $i = 1$，$R_{\text{sum}} = 0$，$\mathcal{B}_k = \emptyset$，以及剩余波束集合 $\mathcal{B}_r = \mathcal{B}$。

3: **for do** $i \leqslant M$

4: 在剩余波束集合中选择最强的波束 $m' = \arg\max\limits_{m \in \mathcal{B}_r} r_m$，令 $\mathcal{B}'_{b_m} = \mathcal{B}_{b_m} \bigcup \{m'\}$，$\mathcal{U}' = \mathcal{U} \bigcup \{b_m\}$，并根据式 (5.46) 计算 R_i。

5: 如果 $R_i > R_{\text{sum}}$ 且 $i < M$，更新 $R_{\text{sum}} = R_i$，$\mathcal{B}_{b_m} = \mathcal{B}'_{b_m}$，$\mathcal{B}_r = \mathcal{B}_r \backslash \{m'\}$，$\mathcal{U} = \mathcal{U}'$，$i = i + 1$，返回步骤 4；否则，继续步骤 6。

6: $\mathcal{U}$ 为选择用户的集合，$\mathcal{B}_k$ 为第 k 个用户选择的波束集合。

7: **end for**

---

3. 导频设计与信道估计

用户调度之后，基站选择 K_S 个用户使用相同的时频资源进行通信。在上行导频训练阶段，所有用户发送导频序列，基站根据接收到的导频信号进行信道估计，获得瞬时信道信息；在下行导频训练阶段，基站在波束集合 $\mathcal{B}_k$ 上发送第 k 个用户的导频序列，用户根据接收到的导频信号估计信道信息。这里以下行导频序列设计为例，上行导频序列可以采用类似的方法生成。

令 $\tilde{\boldsymbol{x}}_{k,\ell}^{(p)}$ 表示基站在第 ℓ 个子载波上利用波束集合 $\mathcal{B}_k$ 向第 k 个用户发送的导频序列，则第 k 个用户的接收信号可以表示为

$$\tilde{\boldsymbol{y}}_{k,\ell}^d = [\tilde{\boldsymbol{H}}_{k,\ell}^d]_{\mathcal{B}_k} \tilde{\boldsymbol{x}}_{k,\ell}^{(p)} + \sum_{i=1, i\neq k}^{K_S} [\tilde{\boldsymbol{H}}_{k,\ell}^d]_{\mathcal{B}_i} \tilde{\boldsymbol{x}}_{i,\ell}^{(p)} + \tilde{\boldsymbol{n}}_{k,\ell} \tag{5.47}$$

令 $\tilde{\boldsymbol{Y}}_k^d = \left[\tilde{\boldsymbol{y}}_{k,1}^d, \tilde{\boldsymbol{y}}_{k,2}^d, \cdots, \tilde{\boldsymbol{y}}_{k,L}^d\right] \in \mathbb{C}^{N\times L}$，则式 (5.47) 可以重新表达为矩阵形式

$$\tilde{\boldsymbol{Y}}_k^d = \sum_{i=1}^{K_S} [\tilde{\boldsymbol{H}}_k^d]_{\mathcal{B}_i} \tilde{\boldsymbol{X}}_i^{(p)} + \tilde{\boldsymbol{N}}_k \tag{5.48}$$

式中，$[\tilde{\boldsymbol{H}}_k^d]_{\mathcal{B}_i} = [[\tilde{\boldsymbol{H}}_{k,1}^d]_{\mathcal{B}_i}, [\tilde{\boldsymbol{H}}_{k,2}^d]_{\mathcal{B}_i}, \cdots, [\tilde{\boldsymbol{H}}_{k,L}^d]_{\mathcal{B}_i}] \in \mathbb{C}^{N\times B_i L}$，$\tilde{\boldsymbol{N}}_k^d = [\tilde{\boldsymbol{n}}_{k,1}^d, \tilde{\boldsymbol{n}}_{k,2}^d, \cdots, \tilde{\boldsymbol{n}}_{k,L}^d] \in \mathbb{C}^{N\times L}$，以及

$$\tilde{\boldsymbol{X}}_i^{(p)} = \begin{bmatrix} \tilde{\boldsymbol{x}}_{i,1}^{(p)} & \boldsymbol{0} & \cdots & \boldsymbol{0} \\ \boldsymbol{0} & \tilde{\boldsymbol{x}}_{i,2}^{(p)} & \cdots & \boldsymbol{0} \\ \vdots & \vdots & & \vdots \\ \boldsymbol{0} & \boldsymbol{0} & \cdots & \tilde{\boldsymbol{x}}_{i,L}^{(p)} \end{bmatrix} \in \mathbb{C}^{B_i L\times L} \tag{5.49}$$

信道参数 $[\tilde{\boldsymbol{H}}_k^d]_{\mathcal{B}_i}$ 是由时域信道参数决定的，即

$$[\tilde{\boldsymbol{H}}_k^d]_{\mathcal{B}_i} = [\tilde{\boldsymbol{H}}_{T,k}^d]_{\mathcal{B}_i} \left[\boldsymbol{I}_{B_i P}\ \boldsymbol{0}_{B_i P\times B_i(L-P)}\right] \left(\sqrt{L}\boldsymbol{F}_L \otimes \boldsymbol{I}_{B_i}\right) \tag{5.50}$$

式中，$[\tilde{\boldsymbol{H}}_{T,k}^d]_{\mathcal{B}_i} = \left[[\tilde{\boldsymbol{H}}_{T,1,k}^d]_{\mathcal{B}_i}, [\tilde{\boldsymbol{H}}_{T,2,k}^d]_{\mathcal{B}_i}, \cdots, [\tilde{\boldsymbol{H}}_{T,P,k}^d]_{\mathcal{B}_i}\right] \in \mathbb{C}^{N\times B_i P}$。由于时域信道参数个数往往远小于频域信道参数个数，下面考虑时域信道参数的估计。

第 k 个用户的接收信号式 (5.48) 可以利用时域信道参数表达为

$$\tilde{\boldsymbol{Y}}_k^d = \sum_{i=1}^{K_S} [\tilde{\boldsymbol{H}}_{T,k}^d]_{\mathcal{B}_i} \left[\boldsymbol{I}_{B_i P}\ \boldsymbol{0}_{B_i P\times B_i(L-P)}\right] \left(\sqrt{L}\boldsymbol{F}_L \otimes \boldsymbol{I}_{B_i}\right) \tilde{\boldsymbol{X}}_i^{(p)} + \tilde{\boldsymbol{N}}_k \tag{5.51}$$

令 $\boldsymbol{T}_i = \left[\boldsymbol{I}_{B_i P}\ \boldsymbol{0}_{B_i P\times B_i(L-P)}\right] \left(\sqrt{L}\boldsymbol{F}_L \otimes \boldsymbol{I}_{B_i}\right) \tilde{\boldsymbol{X}}_i^{(p)}$，$\tilde{\boldsymbol{R}}_{ab}^{(p)} = \boldsymbol{T}_a \boldsymbol{T}_b^{\mathrm{H}}$，则信道参数 $[\tilde{\boldsymbol{H}}_{T,k}^d]_{\mathcal{B}_k}$ 的 LS 估计为

$$[\hat{\boldsymbol{H}}_{T,k}^d]_{\mathcal{B}_k} = \tilde{\boldsymbol{Y}}_k^d \boldsymbol{T}_k^{\mathrm{H}} \left(\tilde{\boldsymbol{R}}_{kk}^{(p)}\right)^{-1} \tag{5.52}$$

则第 k 个用户的信道估计误差为

$$\mathrm{MSE}_k = N\mathrm{tr}\left(\left(\tilde{\boldsymbol{R}}_{kk}^{(p)}\right)^{-1}\right) + \sum_{i=1,i\neq k}^{K_S} \mathrm{tr}\left(\boldsymbol{K}_i^{(k)}\tilde{\boldsymbol{R}}_{ik}^{(p)}\left(\tilde{\boldsymbol{R}}_{kk}^{(p)}\right)^{-2}\left(\tilde{\boldsymbol{R}}_{ik}^{(p)}\right)^{\mathrm{H}}\right) \tag{5.53}$$

式中，$\boldsymbol{K}_i^{(k)} = E\left\{\left([\tilde{\boldsymbol{H}}_{T,k}^d]_{\mathcal{B}_i}\right)^{\mathrm{H}}[\tilde{\boldsymbol{H}}_{T,k}^d]_{\mathcal{B}_i}\right\}$。对于所有的 $\boldsymbol{K}_i^{(k)}$ 最小化信道估计误差式 (5.53)，该问题可以表述为

$$\tilde{\boldsymbol{R}}_{ik}^{(p)} = \arg\min_{\tilde{\boldsymbol{R}}_{ik}^{(p)}}\left\{\max_{\boldsymbol{K}_i^{(k)}}\mathrm{MSE_k}\right\} \tag{5.54}$$

利用文献 [217] 中的方法可以得到如下结论。

定理 5.3 第 k 个用户信道估计误差 MSE 的下界为

$$\max_{\boldsymbol{K}_i^{(k)}}\mathrm{MSE}_k \geqslant NB_kP + \frac{B_kP}{L} \tag{5.55}$$

式中，等号成立的条件为 $\tilde{\boldsymbol{R}}_{kk}^{(p)} = \boldsymbol{I}_{B_kP}$ 且对于任意 $1 \leqslant b \leqslant B_iP$，有 $\sum\limits_{a=1}^{B_kP}\left|[\tilde{\boldsymbol{R}}_{ik}^{(p)}]_{ba}\right|^2 = \dfrac{B_kP}{L}$ 成立。

定理 5.3 表明最优导频序列需要满足完美的自相关特性且互相关满足 Welch 界。在已知的序列中，ZC 序列是满足 Welch 界的数量最多的序列集合 [217]。另外，为了满足时域信号的 Toeplitz 结构，令 $\tilde{\boldsymbol{X}}_i = \boldsymbol{T}_i\boldsymbol{F}_L^{\mathrm{H}}$，其第 $(B_ip+b,l)(p=0,1,\cdots,P-1,b=1,2,\cdots,B_i,l=1,2,\cdots,L)$ 个元素为

$$\left[\tilde{\boldsymbol{X}}_i\right]_{B_ip+b,l} = \left[\boldsymbol{a}_{r_i}^L\right]_{((l-p+(b-1)P))_L} \tag{5.56}$$

式中，$\boldsymbol{a}_{r_i}^L$ 是长度为 N 根指数为 r_i 的 ZC 序列；$((\cdot))_L$ 表示取模 L 的运算。则导频序列 $\tilde{\boldsymbol{X}}_i^{(p)}$ 可以表达为

$$\tilde{\boldsymbol{X}}_i^{(p)} = \frac{1}{\sqrt{L}}\left(\boldsymbol{F}_L^{\mathrm{H}}\otimes\boldsymbol{I}_{B_i}\right)\begin{bmatrix}\tilde{\boldsymbol{X}}_i\\ \boldsymbol{0}_{B_i(L-P)\times L}\end{bmatrix}\boldsymbol{F}_L \tag{5.57}$$

根据式 (5.50) 可以计算频域信道参数 $[\hat{\boldsymbol{H}}_{k,\ell}^d]_{\mathcal{B}_k}$。获得频域信道参数 $[\hat{\boldsymbol{H}}_{k,\ell}^d]_{\mathcal{B}_k}$ 之后，可以计算瞬时协方差矩阵 $\boldsymbol{K}_{k,\ell}^d$ 为

$$\hat{\boldsymbol{K}}_{k,\ell,1}^d = \left(\tilde{\boldsymbol{y}}_{k,\ell}^d - [\hat{\boldsymbol{H}}_{k,\ell}^d]_{\mathcal{B}_k}\tilde{\boldsymbol{x}}_{k,\ell}^{(p)}\right)\left(\tilde{\boldsymbol{y}}_{k,\ell}^d - [\hat{\boldsymbol{H}}_{k,\ell}^d]_{\mathcal{B}_k}\tilde{\boldsymbol{x}}_{k,\ell}^{(p)}\right)^{\mathrm{H}} \tag{5.58}$$

一般情况下，样本协方差估计的性能较差，由于干扰是一个滑动平均随机过程，采用文献 [218] 中的方法进行修正，可以得到修正的估计结果为

$$\hat{\boldsymbol{K}}_{k,\ell,2}^d = \sum_{l=-P}^{P}\frac{P+1-|l|}{P+1}\left(\frac{1}{L}\sum_{\ell=0}^{L-1}\hat{\boldsymbol{K}}_{k,\ell,1}^d\mathrm{e}^{\mathrm{j}2\pi\ell l/L}\right)\mathrm{e}^{-\mathrm{j}2\pi\ell l/L} \tag{5.59}$$

加权系数 $\dfrac{P+1-|l|}{P+1}$ 使得协方差估计 $\hat{\boldsymbol{K}}^{d}_{k,\ell,2}$ 是一个有偏估计，然而该系数能保证估计结果 $\hat{\boldsymbol{K}}^{d}_{k,\ell,2}$ 是一个正定矩阵。

5.1.5 数值仿真

本节通过数值仿真展示提出的 BDMA 传输的系统性能。仿真基于 3GPP 空间信道模型 (spatial channel model，SCM)[219]，考虑郊区宏蜂窝场景，基站配置 $M=128$ 根天线，小区中共有 $K=20$ 个用户均匀随机分布，每个用户配置 $N=8$ 根天线。基站侧采用均匀线性阵列 (uniform linear array，ULA) 天线，天线间距为 0.5λ。对于宽带信道，采用 OFDM 调制，共有 $L=2048$ 个子载波，$N_{\mathcal{S}}=12$ 个样本用来估计信道能量耦合矩阵。仿真中没有考虑路径损耗以及阴影衰落，仅测试了非直达径 (non line of sight，NLoS) 情况。

图 5.2 展示了利用式 (5.20) 的算法 5.1 逼近最优的性能。仿真中首先计算了采用式 (5.35) 功率分配的性能，比较用户调度和功率分配的结果。可以看出，采用功率分配带来的速率提升微乎其微，基本与采用等功率的用户调度结果相同。另外，比较了和速率上界的闭式结果式 (5.20) 与 Monte-Carlo 仿真结果，在中低信噪比区域，和速率上界可以较好地逼近和速率准确值。同时，仿真中将用户调度结果与遗传算法 [216] 结果进行对比。遗传算法是一个启发式搜索算法，利用

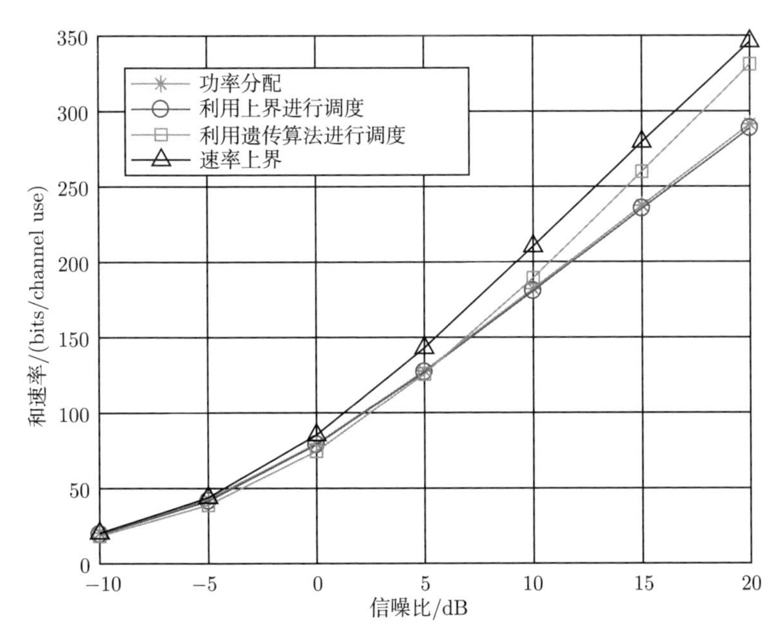

图 5.2 利用上界用户调度性能与遗传算法性能比较

遗传算法最大化系统和速率 $R_{\mathrm{sum},\ell}$。从图 5.2 中可以看出，在中低信噪比区域，算法 5.1 的性能基本与遗传算法相同，尽管最大化和速率上界在高信噪比区域有一点性能损失，算法 5.1 极大程度地降低了系统复杂度，其复杂度仅为 $O(K)$，与用户个数呈线性关系，远小于遗传算法的复杂度。

图 5.3 比较了 BDMA 可达净和速率与利用瞬时信道信息的 WMMSE 算法 [9] 的净和速率。WMMSE 算法中需要获得瞬时信道信息，因而考虑 TDD 系统，利用上行信道和下行信道的互易性，通过上行导频训练估计瞬时信道信息。本节提出的 BDMA 方法考虑小区中共有 5 个用户，每个用户配置 8 根天线；WMMSE 方法考虑两种配置，一种与 BDMA 方法场景相同，另一种为小区中有 40 个用户，每个用户配置单天线。假设信道是块衰落，在一帧 7 个 OFDM 符号时间内信道保持不变。在上述设置中，本节提出的 BDMA 方法采用 5.1.4 节提出的导频方法，导频开销仅为 1/7。然而 WMMSE 算法中，需要的导频长度为 3[6]，因而其导频开销为 3/7。这里不考虑信道估计误差，比较这两种方法的可达净和速率，净和速率为 $R_{\mathrm{net},\ell}=(1-\eta)R_{\mathrm{sum},\ell}$，其中，$\eta$ 为导频开销。用户侧没有瞬时信道信息的情况下，WMMSE 方法可达和速率可以通过文献 [9] 中方法计算得到。仿真结果表明在考虑导频开销的情况下，BDMA 方法的性能略好于第二种配置条件下 WMMSE 方法的性能，而在第一种配置条件下，WMMSE 算法的可达净和速率有严重的性能损失，远小于 BDMA 方法，这主要是由于用户侧没有瞬时信道信息，不能对接收的信号进行联合处理。

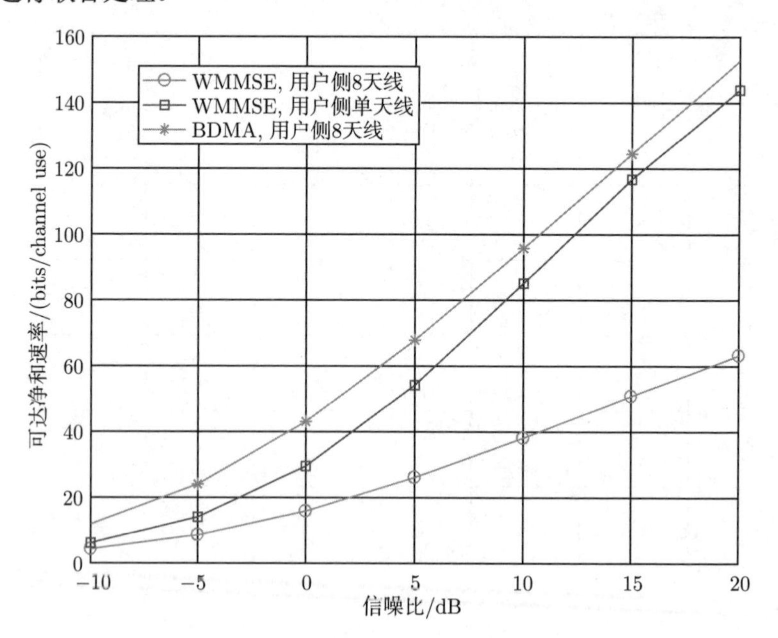

图 5.3　BDMA 传输方法与利用瞬时信道信息的 WMMSE 算法性能比较

为进一步地展示 BDMA 传输方法的性能，仿真考虑链路传输中信道估计误差 (MSE) 和误比特率 (BER) 的性能。通过用户调度，选择可以使用相同时频资源的 5 个用户。图 5.4 比较了利用式 (5.57) 提出的导频设计方法的信道估计误差 MSE 的性能与不同用户采用相同导频序列的 MSE 性能。相比于使用相同的导频序列，本节提出的导频信号可以显著地改善信道估计的 MSE 性能。性能差距随着信噪比的增加而增大，验证了即使导频序列长度不是质数，本节提出的导频序列仍可以提供更好的信道估计性能。

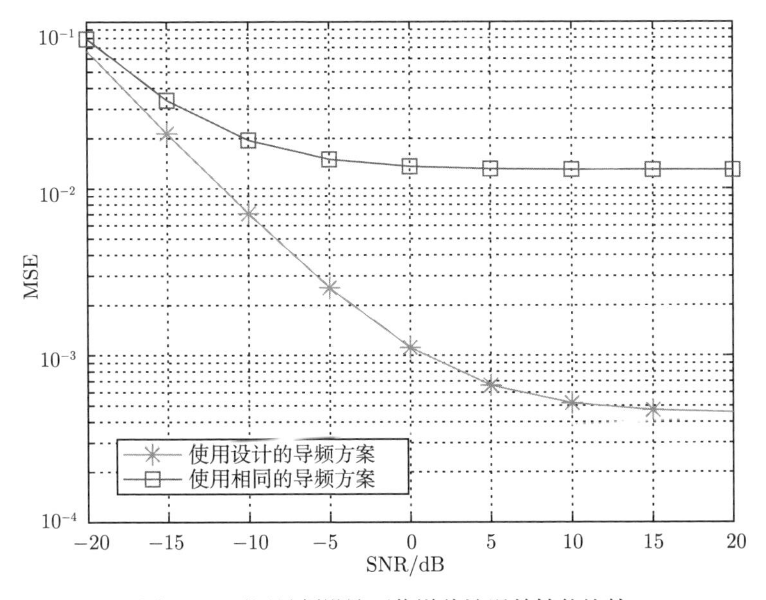

图 5.4 不同导频设计下信道估计误差性能比较

随后我们仿真了有编码系统的 BER 性能，采用 MMSE 迭代接收机 [63]，以及 Turbo 编码，码率为 0.5。图 5.5 展示了在 QPSK、16QAM 以及 64QAM 调制下采用不同导频序列进行信道估计的译码后 BER 性能，同时与已知准确的信道信息的情况进行对比。

对于 QPSK 调制，使用相同的导频序列与本节所提出的导频信号的 BER 性能基本相同，都可以很好地逼近已知准确信道信息的情况。对于 16QAM 调制，本节所提出的导频信号的 BER 依然可以逼近准确信道信息的情况，当 BER 为 10^{-3} 时，相比于使用相同的导频序列有约 1 dB 的性能提升。对于 64QAM 调制，本节提出的导频信号的 BER 可以较好地逼近准确信道信息的情况。相反，使用相同的导频序列带来的用户间干扰使得其 BER 在较高值的地方出现了错误平台。这意味着存在使用相同的导频序列不能工作于 64QAM 调制的情况。

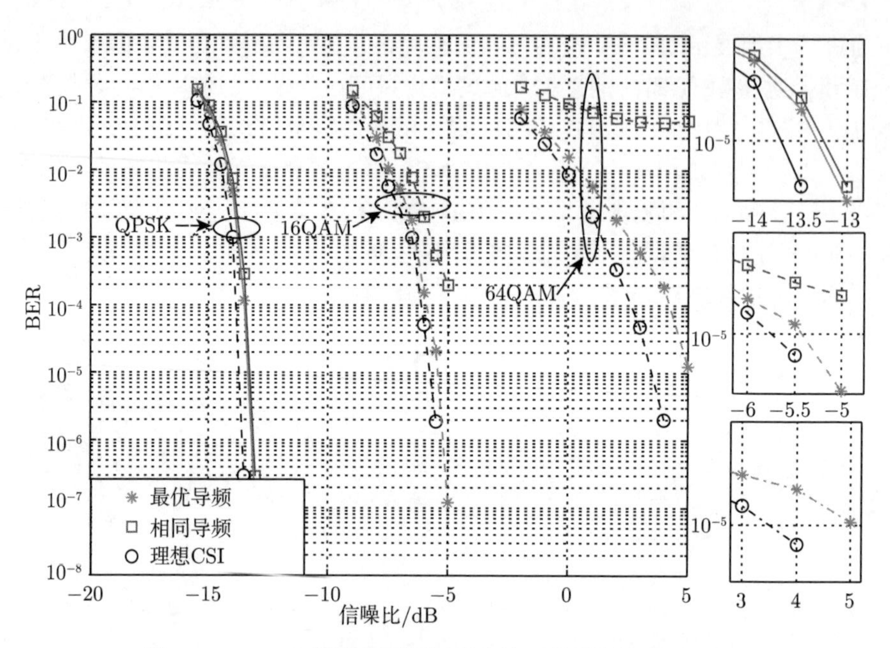

图 5.5 BDMA 传输在不同调制方法下的误比特率 (BER)

5.1.6 小结

本节研究了基站侧仅拥有统计信道信息时，用户端配置多天线的大规模 MIMO 多用户下行传输。首先本节提出了波束域信道模型，揭示出在波束域中信道增益的频率平坦特性。基于该模型，推导了下行传输遍历可达和速率的上界，并在最大化和速率上界的准则下，推导了最优发送信号协方差矩阵的充分必要条件。该条件反映出波束域传输的最优性以及最优传输中不同用户的传输波束互不重叠。在此基础上本节提出了 BDMA 传输方法，以及对于 FDD 大规模 MIMO 系统实现的新框架结构。通过用户调度，并为各用户分配互不重叠的波束，将多用户大规模 MIMO 链路分解为多个单用户小规模 MIMO 链路，从而显著地降低信道估计的导频开销以及收发机设计的复杂度。在 BDMA 传输中，推导了 LS 信道估计下最小化信道估计误差的最优导频设计，并利用 ZC 序列生成最优导频信号。数值仿真结果验证了本节提出的 BDMA 传输具有逼近最优的性能。

5.2 多小区大规模 MIMO BDMA 传输功率分配

5.2.1 概述

本节将 5.1 节单小区 BDMA 传输拓展到多小区大规模 MIMO 系统，重点研究波束域传输中功率分配问题。本节主要贡献包括提出最大化和速率准则下最优功率分配的正交性条件，以及功率分配的迭代算法。考虑一般的联合相关 MIMO 信道模型，用户端配置多天线的场景。随着基站侧天线数增加，不同用户的信道发送协方差矩阵的特征矩阵趋于同一酉矩阵，且与用户无关 [14, 25]。在该信道模型下，本节研究波束域传输中基站侧仅知统计信道信息的功率分配问题。该优化问题需要最大化两个凹函数之差，其全局最优解通常较难获得。文献 [220] 和 [221] 提出了分支定界算法求解 d.c. 问题，该算法的计算复杂度较大。首先从理论上得到最优功率分配需要满足的正交性条件，该条件揭示出最优功率分配需要满足不同用户分配的波束互不重叠，即 BDMA 传输是最优的。随后，利用 CCCP [222–224]，本节提出快速有效的迭代算法来求解功率分配问题，并利用和速率的确定性等同表达，提出基于确定性等同的功率分配算法，降低和速率的计算复杂度。这两种功率分配算法均可收敛到满足正交性条件的解。数值仿真验证迭代算法的快速收敛性以及逼近最优解的性能。

5.2.2 系统模型

考虑多小区大规模 MIMO 下行传输系统，共有 L 个小区，每个小区有一个基站，配置 M 根发送天线，每个小区中有 K 个用户均匀随机分布，每个用户配置 N 根接收天线。令向量 $\boldsymbol{x}_{k,\ell} \in \mathbb{C}^{M\times 1}$ 表示第 ℓ 个基站发送给第 k 个用户的信号，矩阵 $\boldsymbol{H}_{k,j,\ell} \in \mathbb{C}^{N\times M}$ 表示第 ℓ 个基站到第 j 个小区第 k 个用户的信道。则第 j 个小区中第 k 个用户的接收向量 $\boldsymbol{y}_{k,j} \in \mathbb{C}^{N\times 1}$ 为

$$\boldsymbol{y}_{k,j} = \sum_{\ell} \boldsymbol{H}_{k,j,\ell}\boldsymbol{x}_{\ell} + \boldsymbol{n}_{k,j} \tag{5.60}$$

式中，$\boldsymbol{x}_{\ell} = \sum\limits_{k} \boldsymbol{x}_{k,\ell}$ 为第 ℓ 个基站的发送信号向量，满足功率约束条件

$$E\left\{\mathrm{tr}\left(\boldsymbol{x}_{\ell}\boldsymbol{x}_{\ell}^{\mathrm{H}}\right)\right\} \leqslant P_{\ell} \tag{5.61}$$

式中，P_{ℓ} 为第 ℓ 个基站的功率约束；$\boldsymbol{n}_{k,j} \in \mathbb{C}^{N\times 1}$ 为循环对称复高斯噪声，均值为 0；协方差矩阵为 $E\left\{\boldsymbol{n}_{k,j}\boldsymbol{n}_{k,j}^{\mathrm{H}}\right\} = \boldsymbol{I}_N$。不失一般性，假设单位噪声方差。

考虑联合相关 MIMO 信道模型 [3, 4]，信道矩阵 $\boldsymbol{H}_{k,j,\ell}$ 可以表示为

$$\boldsymbol{H}_{k,j,\ell} = \boldsymbol{U}_{k,j,\ell}\tilde{\boldsymbol{H}}_{k,j,\ell}\boldsymbol{V}_{k,j,\ell}^{\mathrm{H}} \tag{5.62}$$

式中，$\boldsymbol{U}_{k,j,\ell} \in \mathbb{C}^{N\times N}$ 和 $\boldsymbol{V}_{k,j,\ell} \in \mathbb{C}^{M\times M}$ 是确定的酉矩阵；$\tilde{\boldsymbol{H}}_{k,j,\ell} \in \mathbb{C}^{N\times M}$ 是随机矩阵，其各元素相互独立，且均值为 0。在大规模 MIMO 系统中，随着基站侧天线数趋于无穷，基站侧酉矩阵 $\boldsymbol{V}_{k,j,\ell}$ 趋于同一矩阵 $\boldsymbol{V}$[14, 99, 119]，即

$$\boldsymbol{V}_{k,j,\ell} \to \boldsymbol{V}, \quad M \to \infty \tag{5.63}$$

矩阵 $\boldsymbol{V}$ 独立于用户，仅与基站侧天线阵列的拓扑结构有关。考虑一种特例情况，当基站侧配置均匀线性阵列时，矩阵 $\boldsymbol{V}$ 为 DFT 矩阵 [92]。另外，由于发送端信道状态信息对于多用户 MIMO 系统性能有显著影响，本节重点研究基站侧发送信号功率分配问题，为简单起见，假设仅存在发送相关性 [88](即 $\boldsymbol{U}_{k,j,\ell}=\boldsymbol{I}$)。则波束域信道矩阵 [99] 可以表达为

$$\tilde{\boldsymbol{H}}_{k,j,\ell}=\boldsymbol{H}_{k,j,\ell}\boldsymbol{V}_{k,j,\ell} \tag{5.64}$$

定义特征模式信道耦合矩阵 [4] 为

$$\boldsymbol{\Omega}_{k,j,\ell}=E\left\{\tilde{\boldsymbol{H}}_{k,j,\ell}\odot\tilde{\boldsymbol{H}}^{*}_{k,j,\ell}\right\} \tag{5.65}$$

波束域信道发送和接收协方差矩阵可以分别表达为

$$\tilde{\boldsymbol{R}}_{t,k,j,\ell}=E\left\{\tilde{\boldsymbol{H}}^{\mathrm{H}}_{k,j,\ell}\tilde{\boldsymbol{H}}_{k,j,\ell}\right\}=\boldsymbol{\Lambda}_{t,k,j,\ell} \tag{5.66}$$

$$\tilde{\boldsymbol{R}}_{r,k,j,\ell}=E\left\{\tilde{\boldsymbol{H}}_{k,j,\ell}\tilde{\boldsymbol{H}}^{\mathrm{H}}_{k,j,\ell}\right\}=\boldsymbol{\Lambda}_{r,k,j,\ell} \tag{5.67}$$

对角阵 $\boldsymbol{\Lambda}_{t,k,j,\ell}$ 和 $\boldsymbol{\Lambda}_{r,k,j,\ell}$ 的对角线元素为 $[\boldsymbol{\Lambda}_{t,k,j,\ell}]_{m,m}=\sum\limits_{n=1}^{N}[\boldsymbol{\Omega}_{k,j,\ell}]_{n,m}$ 以及 $[\boldsymbol{\Lambda}_{r,k,j,\ell}]_{n,n}=\sum\limits_{m=1}^{M}[\boldsymbol{\Omega}_{k,j,\ell}]_{n,m}$。

5.1 节单小区大规模 MIMO 系统中，BDMA 传输方法可以最大化系统和速率上界，利用注水算法进行功率分配。本节重点考虑波束域传输，研究最大化系统和速率的功率分配方法。在波束域传输中，接收信号可以重新表达为

$$\begin{aligned}\boldsymbol{y}_{k,j}&=\sum_{\ell}\boldsymbol{H}_{k,j,\ell}\boldsymbol{V}\tilde{\boldsymbol{x}}_{\ell}+\boldsymbol{n}_{k,j}\\&=\sum_{\ell}\tilde{\boldsymbol{H}}_{k,j,\ell}\tilde{\boldsymbol{x}}_{\ell}+\boldsymbol{n}_{k,j}\\&=\tilde{\boldsymbol{H}}_{k,j,j}\tilde{\boldsymbol{x}}_{k,j}+\sum_{(k',\ell)\neq(k,j)}\tilde{\boldsymbol{H}}_{k,j,\ell}\tilde{\boldsymbol{x}}_{k',\ell}+\boldsymbol{n}_{k,j}\end{aligned} \tag{5.68}$$

式中，$\tilde{\boldsymbol{x}}_{\ell}=\boldsymbol{V}^{\mathrm{H}}\boldsymbol{x}_{\ell}$，$\tilde{\boldsymbol{x}}_{k,j}=\boldsymbol{V}^{\mathrm{H}}\boldsymbol{x}_{k,j}$ 以及 $\tilde{\boldsymbol{x}}_{k',\ell}=\boldsymbol{V}^{\mathrm{H}}\boldsymbol{x}_{k',\ell}$ 为波束域发送信号。向第 j (或 ℓ) 个小区的第 k 个用户发送信号 $\tilde{\boldsymbol{x}}_{k,j}$ (或 $\tilde{\boldsymbol{x}}_{k,\ell}$) 的协方差矩阵为 $\boldsymbol{\Lambda}_{k,j}=E\{\tilde{\boldsymbol{x}}_{k,j}\tilde{\boldsymbol{x}}^{\mathrm{H}}_{k,j}\}$ (或 $\boldsymbol{\Lambda}_{k,\ell}=E\{\tilde{\boldsymbol{x}}_{k,\ell}\tilde{\boldsymbol{x}}^{\mathrm{H}}_{k,\ell}\}$)。协方差矩阵为对角阵，第 ℓ 个小区发送信号协方差之和为 $\mathrm{tr}(\boldsymbol{\Lambda}_{\ell})=\mathrm{tr}\left(\sum\limits_{k}\boldsymbol{\Lambda}_{k,\ell}\right)\leqslant P_{\ell}$。

假设基站仅拥有所有用户终端的信道耦合矩阵 $\boldsymbol{\Omega}_{k,j,\ell}$，每个下行用户终端接收机拥有其瞬时信道状态信息，以及干扰噪声协方差矩阵。当用户终端将干扰噪声

$\sum_{(k',\ell)\neq(k,j)} \tilde{\boldsymbol{H}}_{k,j,\ell}\tilde{\boldsymbol{x}}_{k',\ell} + \boldsymbol{n}_{k,j}$ 当作相同协方差的高斯噪声 [7] 时，可以得到如下遍历和速率 [88, 225]

$$
\begin{aligned}
R_{\text{sum}} =& E\Bigg\{ \sum_{k,j} \Bigg(\log\det \Bigg(\boldsymbol{I} + \sum_{\ell} \tilde{\boldsymbol{H}}_{k,j,\ell}\boldsymbol{\Lambda}_{\ell}\tilde{\boldsymbol{H}}_{k,j,\ell}^{\mathrm{H}} \Bigg) \\
& - \log\det \Bigg(\boldsymbol{I} + \sum_{\ell} \tilde{\boldsymbol{H}}_{k,j,\ell}\boldsymbol{\Lambda}_{\ell\backslash(k,j)}\tilde{\boldsymbol{H}}_{k,j,\ell}^{\mathrm{H}} \Bigg) \Bigg) \Bigg\}
\end{aligned} \tag{5.69}
$$

式中，

$$
\boldsymbol{\Lambda}_{\ell\backslash(k,j)} = \begin{cases} \boldsymbol{\Lambda}_{\ell}, & \ell \neq j \\ \boldsymbol{\Lambda}_{\ell} - \boldsymbol{\Lambda}_{k,j}, & \ell = j \end{cases} \tag{5.70}
$$

本节主要目标是设计功率分配矩阵 $\boldsymbol{\Lambda}_{1,1},\cdots,\boldsymbol{\Lambda}_{K,L}$ 最大化和速率式 (5.69)。该问题可以表达为

$$
\left\{
\begin{aligned}
&\max_{\boldsymbol{\Lambda}_{1,1},\cdots,\boldsymbol{\Lambda}_{K,L}} && R_{\text{sum}} \\
&\text{s.t.} && \operatorname{tr}(\boldsymbol{\Lambda}_{\ell}) \leqslant P_{\ell},\ \ell = 1,2,\cdots,L \\
& && \boldsymbol{\Lambda}_{k,\ell} \succeq \boldsymbol{b}
\end{aligned}
\right. \tag{5.71}
$$

5.2.3 最大化和速率的功率分配设计

单小区大规模 MIMO 波束域传输中，不同用户的功率分配矩阵相互正交 [99]，该正交性在最大化和速率上界的准则下是最优的。 本节将考虑和速率优化问题 (5.71) 的最优性条件。

1. 最优功率分配的正交性条件

令 $\boldsymbol{\Lambda}_{k,j} = \boldsymbol{B}_{k,j}\boldsymbol{\Lambda}_{j}$，其中，$\boldsymbol{B}_{k,j}$ 为辅助对角阵满足 $\sum\limits_{k}\boldsymbol{B}_{k,j} = \boldsymbol{I}$，且 $\boldsymbol{B}_{k,j} \succeq \boldsymbol{0}$。将其代入式 (5.71)，可以得到如下等价问题：

$$
\begin{aligned}
\max_{\boldsymbol{\Lambda}_{1},\cdots,\boldsymbol{\Lambda}_{L}} \max_{\boldsymbol{B}_{1,1},\cdots,\boldsymbol{B}_{K,L}} \quad & E\Bigg\{ \sum_{k,j} \log\det \Bigg(\boldsymbol{I} + \sum_{\ell} \tilde{\boldsymbol{H}}_{k,j,\ell}\boldsymbol{\Lambda}_{\ell}\tilde{\boldsymbol{H}}_{k,j,\ell}^{\mathrm{H}} \Bigg) \Bigg\} \\
- E\Bigg\{ \sum_{k,j} \log\det & \Bigg(\boldsymbol{I} + \sum_{\ell} \tilde{\boldsymbol{H}}_{k,j,\ell}\boldsymbol{\Lambda}_{\ell}\tilde{\boldsymbol{H}}_{k,j,\ell}^{\mathrm{H}} - \tilde{\boldsymbol{H}}_{k,j,j}\boldsymbol{B}_{k,j}\boldsymbol{\Lambda}_{j}\tilde{\boldsymbol{H}}_{k,j,j}^{\mathrm{H}} \Bigg) \Bigg\} \\
\text{s.t.} \quad & \operatorname{tr}(\boldsymbol{\Lambda}_{\ell}) \leqslant P_{\ell} \\
& \sum_{k} \boldsymbol{B}_{k,j} = \boldsymbol{I} \\
& \boldsymbol{\Lambda}_{\ell}, \boldsymbol{B}_{k,j} \succeq \boldsymbol{0}
\end{aligned} \tag{5.72}
$$

注意到式 (5.72) 中第一项与矩阵 $\boldsymbol{B}_{k,j}$ 无关，因而问题 (5.72) 重新表达为

$$
\begin{aligned}
&\max_{\boldsymbol{\Lambda}_1,\cdots,\boldsymbol{\Lambda}_L} E\left\{\sum_{k,j}\log\det\left(\boldsymbol{I}+\sum_{\ell}\tilde{\boldsymbol{H}}_{k,j,\ell}\boldsymbol{\Lambda}_\ell\tilde{\boldsymbol{H}}_{k,j,\ell}^{\mathrm{H}}\right)\right\} \\
&-\min_{\boldsymbol{B}_{1,1},\cdots,\boldsymbol{B}_{K,L}} E\left\{\sum_{k,j}\log\det\left(\boldsymbol{I}+\sum_{\ell}\tilde{\boldsymbol{H}}_{k,j,\ell}\boldsymbol{\Lambda}_\ell\tilde{\boldsymbol{H}}_{k,j,\ell}^{\mathrm{H}}-\tilde{\boldsymbol{H}}_{k,j,j}\boldsymbol{B}_{k,j}\boldsymbol{\Lambda}_j\tilde{\boldsymbol{H}}_{k,j,j}^{\mathrm{H}}\right)\right\} \\
&\text{s.t.}\quad \mathrm{tr}(\boldsymbol{\Lambda}_\ell)\leqslant P_\ell \\
&\qquad\ \sum_k \boldsymbol{B}_{k,j}=\boldsymbol{I} \\
&\qquad\ \boldsymbol{\Lambda}_\ell,\boldsymbol{B}_{k,j}\succeq \boldsymbol{0}
\end{aligned} \tag{5.73}
$$

问题 (5.73) 的最优功率分配满足如下条件。

定理 5.4 最优发送功率分配满足: 不同用户的传输波束互不重叠 (相互正交)，即功率分配问题 (5.71) 的解满足条件: 对于小区 j 中任意两个用户 k 和 $k'(k\neq k')$，有

$$
\boldsymbol{\Lambda}_{k,j}\boldsymbol{\Lambda}_{k',j}=\boldsymbol{0} \tag{5.74}
$$

证明 见附录 5.5.5。 ■

最优功率分配条件 (5.74) 等价于对于用户 k 和 k'，有 $\boldsymbol{B}_{k,j}\boldsymbol{B}_{k',j}=\boldsymbol{0}$，其中，$\boldsymbol{B}_{k,j}$ 表示波束分配结果。矩阵 $\boldsymbol{B}_{k,j}$ 的对角线元素为 0 或者 1，非零 (单位) 元素的位置表示其对应的波束分配给第 j 个小区中的第 k 个用户。定理 5.4 中不同用户的发送波束互不重叠 (相互正交)，表明用户可以在波束域中区分，因此 BDMA 传输可以最大化系统和速率。一般情况下，功率分配没有闭式表达结果。下面将采用 CCCP 进行功率分配。

2. 凹凸过程 (CCCP)

为获得满足上述正交性条件的结果，首先介绍 CCCP 过程求解功率分配问题。令 $\boldsymbol{\Lambda}=\mathrm{blkdiag}(\boldsymbol{\Lambda}_{1,1},\cdots,\boldsymbol{\Lambda}_{K,L})\in\mathbb{C}^{MKL\times MKL}$ 为对角阵。记对角阵 $\boldsymbol{E}_i$ 和 $\boldsymbol{E}_{k,i}$ 分别为

$$
\boldsymbol{E}_i=\mathrm{diag}\left(\boldsymbol{0}_{1\times(i-1)KM}\ \boldsymbol{1}_{1\times KM}\ \boldsymbol{0}_{1\times(L-i)KM}\right) \tag{5.75}
$$

$$
\boldsymbol{E}_{k,i}=\mathrm{diag}\left(\boldsymbol{0}_{1\times((i-1)K+k-1)M}\ \boldsymbol{1}_{1\times M}\ \boldsymbol{0}_{1\times((L-i)K+K-k)M}\right) \tag{5.76}
$$

定义

$$\tilde{f}(\boldsymbol{\Lambda}) = E\left\{\sum_{k,j} \log\det\left(\boldsymbol{I} + \tilde{\boldsymbol{H}}_{k,j}\boldsymbol{\Lambda}\tilde{\boldsymbol{H}}_{k,j}^{\mathrm{H}}\right)\right\} \tag{5.77}$$

$$\tilde{g}(\boldsymbol{\Lambda}) = E\left\{\sum_{k,j} \log\det\left(\boldsymbol{I} + \tilde{\boldsymbol{H}}_{k,j}'\boldsymbol{\Lambda}\tilde{\boldsymbol{H}}_{k,j}'^{\mathrm{H}}\right)\right\} \tag{5.78}$$

式中，

$$\tilde{\boldsymbol{H}}_{k,j} = \mathbf{1}_{1\times KL} * \left[\begin{array}{cccc} \tilde{\boldsymbol{H}}_{k,j,1} & \tilde{\boldsymbol{H}}_{k,j,2} & \cdots & \tilde{\boldsymbol{H}}_{k,j,L} \end{array}\right] \tag{5.79}$$

$$\tilde{\boldsymbol{H}}_{k,j}' = \tilde{\boldsymbol{H}}_{k,j}\left(\boldsymbol{I} - \boldsymbol{E}_{k,j}\right) \in \mathbb{C}^{N\times MKL} \tag{5.80}$$

运算符 $*$ 表示 Khatri-Rao 乘积，其定义为 $\boldsymbol{A} * \boldsymbol{B} = (\boldsymbol{A}_{ij} \otimes \boldsymbol{B}_{ij})_{ij}$[226]，其中，$\boldsymbol{A}_{ij}$ 表示第 (i,j) 块子矩阵。向量 $\mathbf{1}_{1\times KL}$ 由 L 个 $\mathbf{1}_{1\times K}$ 子向量构成。等式 (5.79) 表示矩阵 $\tilde{\boldsymbol{H}}_{k,j}$ 是由子矩阵 $\tilde{\boldsymbol{H}}_{k,j,\ell}$ 重复 K 次且按行排列构成的。矩阵 $\tilde{\boldsymbol{H}}_{k,j}$ 和 $\tilde{\boldsymbol{H}}_{k,j}'$ 的区别在于矩阵 $\tilde{\boldsymbol{H}}_{k,j}'$ 的第 $((j-1)K+k)$ 个子矩阵为 $\mathbf{0}_{N\times M}$。利用这些定义，遍历可达和速率可以重新表达为

$$R_{\mathrm{sum}} = \tilde{f}(\boldsymbol{\Lambda}) - \tilde{g}(\boldsymbol{\Lambda}) \tag{5.81}$$

则最大化和速率的功率分配问题可以表达为

$$\left\{\begin{array}{ll} \max\limits_{\boldsymbol{\Lambda}} & \tilde{f}(\boldsymbol{\Lambda}) - \tilde{g}(\boldsymbol{\Lambda}) \\ \text{s.t.} & \operatorname{tr}\left(\boldsymbol{\Lambda}\boldsymbol{E}_\ell\right) \leqslant P_\ell, \quad \ell = 1,2,\cdots,L \\ & \boldsymbol{\Lambda} \succeq \mathbf{0} \end{array}\right. \tag{5.82}$$

由于函数 $\tilde{f}(\boldsymbol{\Lambda})$ 和 $\tilde{g}(\boldsymbol{\Lambda})$ 关于 $\boldsymbol{\Lambda}$ 是凹函数，目标函数 $\tilde{f}(\boldsymbol{\Lambda}) - \tilde{g}(\boldsymbol{\Lambda})$ 是两个凹函数之差。为求解该问题，可以利用 CCCP 过程。CCCP 过程是一种优化算法，其在迭代过程中每一步求解凸优化问题

$$\left\{\begin{array}{ll} \boldsymbol{\Lambda}^{(i+1)} = & \arg\max\limits_{\boldsymbol{\Lambda}} \tilde{f}(\boldsymbol{\Lambda}) - \operatorname{tr}\left\{\left(\frac{\partial}{\partial\boldsymbol{\Lambda}}\tilde{g}(\boldsymbol{\Lambda}^{(i)})\right)^{\mathrm{T}}\boldsymbol{\Lambda}\right\} \\ \text{s.t.} & \operatorname{tr}\left(\boldsymbol{\Lambda}\boldsymbol{E}_\ell\right) \leqslant P_\ell, \quad \ell = 1,2,\cdots,L \\ & \boldsymbol{\Lambda} \succeq \mathbf{0} \end{array}\right. \tag{5.83}$$

从凸优化问题 (5.83) 中可以看出，CCCP 过程利用凹函数 $\tilde{g}$ 在上一次迭代结果的线性展开进行近似，从而使得优化问题 $\tilde{f}(\boldsymbol{\Lambda}) - \operatorname{tr}\left\{\dfrac{\partial}{\partial\boldsymbol{\Lambda}}\tilde{g}(\boldsymbol{\Lambda}^{(i)})\boldsymbol{\Lambda}\right\}$ 关于 $\boldsymbol{\Lambda}$ 是凹函数。因此，通过求解一系列凸优化问题 (5.83) 获得 d.c. 问题 (5.82) 的结果。5.2.4 节将具体讨论 CCCP 算法以及利用 CCCP 算法求解问题 (5.83) 的解的性质。

5.2.4　功率分配算法

本节将研究功率分配问题的有效迭代算法。首先，提出基于 CCCP 的迭代算法；进而，为降低和速率的计算复杂度，推导和速率的确定性等同，并提出基于确定性等同的功率分配算法。

1. 基于 CCCP 的功率分配

首先考虑利用 CCCP 过程求解功率分配问题最大化系统和速率。为了求解凸优化问题 (5.83)，计算函数 $\tilde{g}(\boldsymbol{\Lambda}^{(i)})$ 关于 $\boldsymbol{\Lambda}$ 的导数为

$$\frac{\partial}{\partial \boldsymbol{\Lambda}}\tilde{g}(\boldsymbol{\Lambda}^{(i)}) = E\left\{\sum_{k,j}\tilde{\boldsymbol{H}}_{k,j}^{'\mathrm{H}}\left(\boldsymbol{I}+\tilde{\boldsymbol{H}}_{k,j}^{'}\boldsymbol{\Lambda}^{(i)}\tilde{\boldsymbol{H}}_{k,j}^{'\mathrm{H}}\right)^{-1}\tilde{\boldsymbol{H}}_{k,j}^{'}\right\}^{\mathrm{T}} \tag{5.84}$$

将上述导数代入问题 (5.83)，可以得到迭代问题

$$\begin{aligned}\boldsymbol{\Lambda}^{(i+1)} =& \arg\max_{\boldsymbol{\Lambda}} \tilde{f}(\boldsymbol{\Lambda}) - \mathrm{tr}E\left\{\sum_{k,j}\tilde{\boldsymbol{H}}_{k,j}^{'\mathrm{H}}\left(\boldsymbol{I}+\tilde{\boldsymbol{H}}_{k,j}^{'}\boldsymbol{\Lambda}^{(i)}\tilde{\boldsymbol{H}}_{k,j}^{'\mathrm{H}}\right)^{-1}\tilde{\boldsymbol{H}}_{k,j}^{'}\boldsymbol{\Lambda}\right\}\\ \text{s.t.}\quad & \mathrm{tr}\left(\boldsymbol{\Lambda}\boldsymbol{E}_{\ell}\right)\leqslant P_{\ell},\quad \ell=1,2,\cdots,L\\ & \boldsymbol{\Lambda}\succeq \boldsymbol{0}\end{aligned} \tag{5.85}$$

算法 5.2 给出了利用 CCCP 过程求解问题 (5.82) 的具体过程。下面将分析算法 5.2 算法收敛解的性质。

算法 5.2　基于 CCCP 的功率分配算法

输入：信道样本 $\tilde{\boldsymbol{H}}_{k,j}$。
输出：功率分配矩阵 $\boldsymbol{\Lambda}$。
1: 初始化 $\boldsymbol{\Lambda}^{(0)}$，设置 $i=0$(迭代次数)，计算和速率 $R_{\mathrm{sum}}(\boldsymbol{\Lambda}^{(0)})=\tilde{f}(\boldsymbol{\Lambda}^{(0)})-\tilde{g}(\boldsymbol{\Lambda}^{(0)})$。
2: **repeat**
3: 根据式 (5.84) 计算导数 $\dfrac{\partial}{\partial \boldsymbol{\Lambda}}\tilde{g}(\boldsymbol{\Lambda}^{(i)})$。
4: 求解凸优化问题 (5.85) 获得 $\boldsymbol{\Lambda}^{(i+1)}$。
5: 设置 $i=i+1$，并根据式 (5.81) 计算 $R_{\mathrm{sum}}(\boldsymbol{\Lambda}^{(i)})$。
6: **until** $|R_{\mathrm{sum}}(\boldsymbol{\Lambda}^{(i)})-R_{\mathrm{sum}}(\boldsymbol{\Lambda}^{(i-1)})|\leqslant \epsilon$。

定理 5.5　令 $\{\boldsymbol{\Lambda}^{(i)}\}_{i=0}^{\infty}$ 表示利用式 (5.85) 获得的解序列，则所有的极限点 $\{\boldsymbol{\Lambda}^{(i)}\}_{i=0}^{\infty}$ 为原 d.c. 问题 (5.82) 的稳定点。另外，有

$$\lim_{i\to\infty}(\tilde{f}(\boldsymbol{\Lambda}^{(i)})-\tilde{g}(\boldsymbol{\Lambda}^{(i)}))=\tilde{f}(\boldsymbol{\Lambda}^{*})-\tilde{g}(\boldsymbol{\Lambda}^{*}) \tag{5.86}$$

式中，$\boldsymbol{\Lambda}^*$ 为问题 (5.82) 的一个稳定点。

证明 见附录 5.5.6。 ■

定理 5.5 表明算法 5.2 可以收敛到原 d.c. 问题的稳定点。需要注意的是尽管算法 5.2 可以收敛到原问题的稳定解，但并不能保证可以得到全局最优解。下面将分析算法 5.2 获得的结果满足正交性条件 (5.74)。

定理 5.6 通过迭代式 (5.85) 得到的稳定点 $\boldsymbol{\Lambda}^*$ 满足条件

$$\boldsymbol{\Lambda}_{k,j}^* \boldsymbol{\Lambda}_{k',j}^* = \mathbf{0}, \quad (k,j) \neq (k',j) \tag{5.87}$$

证明 见附录 5.5.7。 ■

上述两个定理表明利用算法 5.2 可以得到 d.c. 优化问题的稳定解，且该解满足最优功率分配的正交性条件。这意味着利用算法 5.2 有可能获得最优功率分配。数值仿真中，可以看出算法 5.2 可以快速收敛到逼近最优解的结果。

2. 利用确定性等同的低复杂度功率分配算法

基于 CCCP 的功率分配算法提供了求解 d.c. 优化问题 (5.82) 的基本方法。然而，计算函数 $\tilde{f}(\boldsymbol{\Lambda})$ 以及 $\dfrac{\partial}{\partial \boldsymbol{\Lambda}}\tilde{g}(\boldsymbol{\Lambda}^{(i)})$ 时需要进行求期望的运算，在没有闭式表达的情况下，利用 Monte-Carlo 方法计算 $\tilde{f}(\boldsymbol{\Lambda})$ 以及 $\dfrac{\partial}{\partial \boldsymbol{\Lambda}}\tilde{g}(\boldsymbol{\Lambda}^{(i)})$ 的计算量巨大。为了找到有效的功率分配算法，下面将计算 $\tilde{f}(\boldsymbol{\Lambda})$ 以及 $\dfrac{\partial}{\partial \boldsymbol{\Lambda}}\tilde{g}(\boldsymbol{\Lambda}^{(i)})$ 的确定性等同，并提出基于确定性等同的功率分配算法。

定义 $\mathcal{I}_{c_{k,j}}$ 为

$$\mathcal{I}_{c_{k,j}}(\boldsymbol{\Lambda}_1, \cdots, \boldsymbol{\Lambda}_L) = E\left\{ \log\det\left(\boldsymbol{I} + \sum_{\ell} \tilde{\boldsymbol{H}}_{k,j,\ell} \boldsymbol{\Lambda}_\ell \tilde{\boldsymbol{H}}_{k,j,\ell}^{\mathrm{H}} \right) \right\} \tag{5.88}$$

利用 $\mathcal{I}_{c_{k,j}}$ 的定义，遍历可达和速率可以重新表达为

$$R_{\mathrm{sum}} = \sum_{k,j} \mathcal{I}_{c_{k,j}}(\boldsymbol{\Lambda}_1, \cdots, \boldsymbol{\Lambda}_L) - \sum_{k,j} \mathcal{I}_{c_{k,j}}\left(\boldsymbol{\Lambda}_1, \cdots, \boldsymbol{\Lambda}_{j\setminus(k,j)}, \cdots, \boldsymbol{\Lambda}_L\right) \tag{5.89}$$

利用文献 [158] 中的方法，计算 $\mathcal{I}_{k,j}(\boldsymbol{\Lambda}_1, \cdots, \boldsymbol{\Lambda}_L)$ 的闭式确定性等同表达为

$$\mathcal{V}_{k,j}(\boldsymbol{\Lambda}_1, \cdots, \boldsymbol{\Lambda}_L) = \log\det(\boldsymbol{\Phi}_{k,j}) + \log\det\left(\tilde{\boldsymbol{\Phi}}_{k,j}\right) - \mathrm{tr}\left(\boldsymbol{I} - \left(\tilde{\boldsymbol{\Phi}}_{k,j}\right)^{-1}\right) \tag{5.90}$$

式中，

$$\boldsymbol{\Phi}_{k,j} = \mathrm{blkdiag}\left(\left\{ \boldsymbol{I} + \eta_{\boldsymbol{\Lambda},k,j,\ell}\left((\tilde{\boldsymbol{\Phi}}_{k,j})^{-1} \right) \right\}_{\forall \ell}\right) \tag{5.91}$$

$\tilde{\boldsymbol{\Phi}}_{k,j}$ 通过如下等式迭代求解：

$$\tilde{\boldsymbol{\Phi}}_{k,j} = \boldsymbol{I} + \sum_{\ell} \tilde{\eta}_{\boldsymbol{\Lambda},k,j,\ell} \left(\boldsymbol{I} + \eta_{\boldsymbol{\Lambda},k,j,\ell} \left(\tilde{\boldsymbol{\Phi}}_{k,j} \right)^{-1} \right)^{-1} \tag{5.92}$$

另外，$\eta_{\boldsymbol{\Lambda},k,j,\ell}(\boldsymbol{D})$ 以及 $\tilde{\eta}_{\boldsymbol{\Lambda},k,j,\ell}(\boldsymbol{D})$ 为对角阵，其对角线元素分别为

$$\left[\eta_{\boldsymbol{\Lambda},k,j,\ell}(\boldsymbol{D})\right]_{m,m} = \sum_{n=1}^{N} \left[\boldsymbol{D}\boldsymbol{\Omega}_{k,j,\ell}\boldsymbol{\Lambda}_{\ell}\right]_{n,m} \tag{5.93}$$

$$\left[\tilde{\eta}_{\boldsymbol{\Lambda},k,j,\ell}(\boldsymbol{D})\right]_{n,n} = \sum_{m=1}^{M} \left[\boldsymbol{\Omega}_{k,j,\ell}\boldsymbol{D}\boldsymbol{\Lambda}_{\ell}\right]_{n,m} \tag{5.94}$$

注意到确定性等同 $\mathcal{V}_{k,j}(\boldsymbol{\Lambda}_1,\cdots,\boldsymbol{\Lambda}_L)$ 完全由单边相关阵 $\eta_{\boldsymbol{\Lambda},k,j,\ell}(\boldsymbol{D})$ 以及 $\tilde{\eta}_{\boldsymbol{\Lambda},k,j,\ell}(\boldsymbol{D})$ 决定，而单边相关阵仅与统计信道信息有关，因此，确定性等同仅与统计信道信息有关，可以通过快速计算得到。利用上述结果，计算和速率的确定性等同为

$$R_{\mathrm{de}} = \sum_{k,j} \mathcal{V}_{k,j}(\boldsymbol{\Lambda}_1,\cdots,\boldsymbol{\Lambda}_L) - \sum_{k,j} \mathcal{V}_{k,j}\left(\boldsymbol{\Lambda}_1,\cdots,\boldsymbol{\Lambda}_{j\backslash(k,j)},\cdots,\boldsymbol{\Lambda}_L\right) \tag{5.95}$$

接下来，考虑最大化和速率的确定性等同问题，其可以表达为

$$\begin{aligned} &\max_{\boldsymbol{\Lambda}_{1,1},\cdots,\boldsymbol{\Lambda}_{K,L}} \quad R_{\mathrm{de}} \\ &\begin{cases} \text{s.t.} \quad \operatorname{tr}(\boldsymbol{\Lambda}_{\ell}) \leqslant P_{\ell},\ \ell = 1,2,\cdots,L \\ \boldsymbol{\Lambda}_{k,j} \succeq \boldsymbol{0} \end{cases} \end{aligned} \tag{5.96}$$

在求解上述问题之前，需要考虑函数 $\mathcal{V}_{k,j}(\boldsymbol{\Lambda}_1,\ \boldsymbol{\Lambda}_2,\cdots,\boldsymbol{\Lambda}_L)$ 关于 $\{\boldsymbol{\Lambda}_1,\cdots,\boldsymbol{\Lambda}_L\}$ 的凹凸性问题。由文献 [48] 可知，确定性等同 $\mathcal{V}_{k,j}(\boldsymbol{\Lambda}_1,\cdots,\boldsymbol{\Lambda}_L)$ 关于 $\{\boldsymbol{\Lambda}_1,\cdots,\boldsymbol{\Lambda}_L\}$ 是严格凹函数。因此，可以利用 CCCP 过程迭代求解如下一系列凸优化问题得到问题 (5.96) 的解：

$$\begin{aligned} &\left[\boldsymbol{\Lambda}_{1,1}^{(i+1)},\cdots,\boldsymbol{\Lambda}_{K,L}^{(i+1)}\right] \\ &= \arg\max_{\boldsymbol{\Lambda}} \sum_{k,j} \mathcal{V}_{k,j}(\boldsymbol{\Lambda}_1,\cdots,\boldsymbol{\Lambda}_L) \\ &\quad - \sum_{a,b}\sum_{k,j} \operatorname{tr}\left\{ \left(\frac{\partial}{\partial \boldsymbol{\Lambda}_{a,b}} \mathcal{V}_{k,j}\left(\boldsymbol{\Lambda}_1^{(i)},\cdots,\boldsymbol{\Lambda}_{j\backslash(k,j)}^{(i)},\cdots,\boldsymbol{\Lambda}_L^{(i)}\right)\right)^{\mathrm{T}} \boldsymbol{\Lambda}_{a,b} \right\} \\ &\text{s.t.}\ \operatorname{tr}(\boldsymbol{\Lambda}_{\ell}) \leqslant P_{\ell},\ \ell = 1,2,\cdots,L \\ &\quad \boldsymbol{\Lambda}_{k,j} \succeq \boldsymbol{0} \end{aligned} \tag{5.97}$$

定义

$$\boldsymbol{D}_{k,j}^{(i)} = \sum_{(a,b)\neq(k,j)} \left(\left(\boldsymbol{I} + \boldsymbol{\Gamma}_{a,b,j}^{(i)} \boldsymbol{\Lambda}_{j\backslash(a,b)}^{(i)} \right)^{-1} \boldsymbol{\Gamma}_{a,b,j}^{(i)} \right) \tag{5.98}$$

$$\boldsymbol{\Gamma}_{k,j,\ell}^{(i)} = \eta_{\boldsymbol{I},k,j,\ell} \left(\tilde{\boldsymbol{\Phi}}_{k,j}^{-1} \right) \tag{5.99}$$

且对角阵 $\boldsymbol{\Gamma}_{k,j,\ell}^{(i)}$、$\boldsymbol{\Lambda}_{k,\ell}^{(i+1)}$ 以及 $\boldsymbol{D}_{k,\ell}^{(i)}$ 的第 m 个对角线元素记为 $\gamma_{k,j,\ell,m}^{(i)}$、$\lambda_{k,\ell,m}^{(i+1)}$ 以及 $d_{k,\ell,m}^{(i)}$。利用 KKT 条件以及文献 [49] 和 [158] 中类似的方法，可以得到如下结果。

定理 5.7 问题 (5.97) 的解满足条件：

$$\boldsymbol{\Lambda}_{k,\ell}^{(i+1)} \boldsymbol{\Lambda}_{k',\ell}^{(i+1)} = \boldsymbol{0}, \quad (k,\ell) \neq (k',\ell) \tag{5.100}$$

矩阵 $\boldsymbol{\Lambda}_{k,\ell}^{(i+1)}$ 的第 m 个对角线元素可以表达为

$$\lambda_{k,\ell,m}^{(i+1)} = \begin{cases} (x_{\ell,m})^+, & k = \arg\min\limits_{k'} d_{k',\ell,m}^{(i)} \\ 0, & k \neq \arg\min\limits_{k'} d_{k',\ell,m}^{(i)} \end{cases} \tag{5.101}$$

式中，$(x)^+ = \max(x,0)$，且 $x_{\ell,m}$ 是如下分式方程的解：

$$\varphi_{\ell,m}(x_{\ell,m}) = \sum_{k,j} \frac{\gamma_{k,j,\ell,m}^{(i)}}{1 + \gamma_{k,j,\ell,m}^{(i)} x_{\ell,m}} - b_\ell - d_{\ell,m}^{(i)} = 0 \tag{5.102}$$

$d_{\ell,m}^{(i)} = \min_{k'} d_{k',\ell,m}^{(i)}$，辅助变量 b_ℓ 使得功率分配结果满足功率约束条件 $\sum\limits_{k,m} \lambda_{k,\ell,m}^{(i+1)} = P_\ell$。

证明 见附录 5.5.8。 ■

功率分配结果式 (5.101) 与注水算法的结果类似。区别在于，由于存在多用户，式 (5.102) 的左边是所有用户的求和项，因而，不能显式给出该分式方程的闭式解。对于 $L=1, K=1$(单小区单用户) 的特例情况，该解可以表达为 $\lambda_m^{(i+1)} = \left[b^{-1} - (\gamma_m^{(i)})^{-1} \right]^+$。算法 5.3 给出了基于确定性等同的功率分配的具体步骤，其中，广义注水算法由算法 5.4 给出。

与算法 5.2 相似，利用 CCCP 迭代结果单调递增的性质，可以证明算法 5.3 的收敛性。注意到确定性等同结果基本与 Monte-Carlo 仿真结果一致[49, 158]。因此，基于确定性等同的功率分配可以逼近基于 CCCP 的功率分配结果。另外，在算法 5.3中存在两层迭代，一层迭代计算 $\tilde{\boldsymbol{\Phi}}$，另一层迭代计算 $\boldsymbol{\Lambda}$。数值仿真结果表明两层迭代都可以快速收敛，因而算法复杂度低。

算法 5.3 基于确定性等同的功率分配算法

输入：信道能量耦合矩阵 $\boldsymbol{\Omega}_{k,j,\ell}$。

输出：功率分配矩阵 $\boldsymbol{\Lambda}_{k,j}$。

1: 初始化 $\left\{\boldsymbol{\Lambda}_{1,1}^{(0)},\cdots,\boldsymbol{\Lambda}_{K,L}^{(0)}\right\}$，设置 $i=0$(迭代次数)。
2: **repeat**
3: 　初始化 $u=0$ 以及 $\tilde{\boldsymbol{\Phi}}_{k,j}^{(u)}$
4: 　**repeat**
5: 　　计算

$$\tilde{\boldsymbol{\Phi}}_{k,j}^{(u+1)}=\boldsymbol{I}+\sum_{\ell}\tilde{\eta}_{\boldsymbol{\Lambda},k,j,\ell}\left(\boldsymbol{I}+\eta_{\boldsymbol{\Lambda},k,j,\ell}\left(\tilde{\boldsymbol{\Phi}}_{k,j}^{(u)}\right)^{-1}\right)^{-1}$$

6: 　　设置 $u=u+1$。
7: 　**until** $\left|\tilde{\boldsymbol{\Phi}}_{k,j}^{(u)}-\tilde{\boldsymbol{\Phi}}_{k,j}^{(u-1)}\right|\leqslant\epsilon$
8: 　计算 $\boldsymbol{\Gamma}_{k,j,\ell}^{(i)}=\eta_{\boldsymbol{I},k,j,\ell}\left(\tilde{\boldsymbol{\Phi}}_{k,j}^{-1}\right)$ 以及

$$\boldsymbol{D}_{k,j}^{(i)}=\sum_{(a,b)\neq(k,j)}\left(\left(\boldsymbol{I}+\boldsymbol{\Gamma}_{a,b,j}^{(i)}\boldsymbol{\Lambda}_{j\backslash(a,b)}^{(i)}\right)^{-1}\boldsymbol{\Gamma}_{a,b,j}^{(i)}\right)$$

9: 　**for** $\ell=1$ to L **do**
10: 　利用算法 5.4 获得最优 $x_{\ell,m}^{(i+1)}$。
11: 　根据式 (5.101) 计算 $\lambda_{k,\ell,m}^{(i+1)}$。
12: 　**end for**
13: 　设置 $i=i+1$，并根据式 (5.95) 计算 $R_{\text{de}}^{(i)}$。
14: **until** $|R_{\text{de}}^{(i)}-R_{\text{de}}^{(i-1)}|\leqslant\epsilon$。

算法 5.4　广义注水算法

输入：确定性等同 $\boldsymbol{\Gamma}_{k,j,\ell}$ 和 $\boldsymbol{D}_{k,j}$。
输出：注水解 $x_{\ell,m}$。
1: 初始化 $b_{\ell}^{(0)}=\min_m\sum_{k,j}\frac{\gamma_{k,j,\ell,m}^{(i)}}{1+\gamma_{k,j,\ell,m}^{(i)}x_{\ell,m}}-d_{\ell,m}^{(i)}$。
2: **repeat**
3: 　**for** $m=1$ to M **do**
4: 　　**repeat**
5: 根据式 (5.102) 计算 $\varphi_{\ell,m}(\bar{x}_{\ell,m}^{(w)})$，通过下式计算 $\varphi'_{\ell,m}(\bar{x}_{\ell,m}^{(w)})$ 为

$$\varphi'_{\ell,m}(\bar{x}_{\ell,m}^{(w)})=-\sum_{k,j}\frac{(\gamma_{k,j,\ell,m}^{(i)})^2}{(1+\gamma_{k,j,\ell,m}^{(i)}\bar{x}_{\ell,m}^{(w)})^2}$$

6: 计算 $\bar{x}_{\ell,m}$ 为

$$\bar{x}_{\ell,m}^{(w+1)} = \bar{x}_{\ell,m}^{(w)} - \varphi_{\ell,m}(\bar{x}_{\ell,m}^{(w)})/\varphi'_{\ell,m}(\bar{x}_{\ell,m}^{(w)})$$

7: **until** $|\bar{x}_{\ell,m}^{(w+1)} - \bar{x}_{\ell,m}^{(w)}| \leqslant \epsilon$。

8: **end for**

9: 更新 $x_{\ell,m}^{(i+1)} = \bar{x}_{\ell,m}^{(w+1)}$，并计算 $p_{\text{tot}} = \sum_m (x_{\ell,m}^{(i+1)})^+$。

10: 当 $P < p_{\text{tot}}$，设置步长为

$$\Delta b = \min_m \left\{ \varphi_{\ell,m}(x_{\ell,m}^{(i+1)} + (P - p_{\text{tot}})/M) - \varphi_{\ell,m}(x_{\ell,m}^{(i+1)}) \right\}$$

当 $P > p_{\text{tot}}$，设置步长为

$$\Delta b = \max_m \left\{ \varphi_{\ell,m}(x_{\ell,m}^{(i+1)} + (P - p_{\text{tot}})/M) - \varphi_{\ell,m}(x_{\ell,m}^{(i+1)}) \right\}$$

11: 更新 $b_\ell^{(u+1)} = b_\ell^{(u)} + \Delta b$。

12: **until** $|p_{\text{tot}} - P_\ell| \leqslant \epsilon$。

定理 5.8 令 $\{b_\ell^{(u)}\}_{u=0}^{\infty}$ 表示算法 5.4 生成的序列，则序列 $\{b_\ell^{(u)}\}_{u=0}^{\infty}$ 收敛。因此，算法 5.4 收敛。

证明 见附录 5.5.9。 ■

算法 5.4 是一个广义注水算法。由于分式方程中存在所有用户的求和项，利用牛顿方法 [227] 可以找到方程根的近似解。对于单小区单用户的特例情况，将牛顿方法替换为方程的闭式解，算法 5.4 退化为标准的注水算法。

最后，考虑算法 5.3 和算法 5.4 的计算复杂度。在算法 5.4 中，利用牛顿法求解分式方程，如果设置解的精度为 g 位，则牛顿法收敛需要 $\log g$ 次迭代 [227]。因此，算法 5.4 中一次迭代的复杂度为 $\mathcal{O}(M \log g)$。对于外层关于 b_ℓ 的迭代，数值仿真中表明其可以快速收敛。算法 5.3 中，关于 $\tilde{\boldsymbol{\Phi}}$ 和 $\boldsymbol{\Lambda}$ 的迭代可以快速收敛，因而算法的复杂度为 $\mathcal{O}(KL + ML \log g)$。

5.2.5 数值仿真

本节通过数值仿真展示提出的 BDMA 功率分配算法的性能。仿真中，信道采用 WINNER II 信道模型 [188, 228]，该模型是基于几何位置的随机信道模型。由于联合相关信道模型是对于测量信道的一种较好的近似，因而这里假设联合相关信道模型也可以较好地近似 WINNER II 信道模型。

仿真场景考虑有 $L = 2$ 个小区，每个小区有一个基站，基站侧配置 $M = 128$ 根发射天线。每个小区均匀随机分布 $K = 10$ 个用户终端，每个用户终端侧配置

$N = 8$ 根接收天线。对于 WINNER Ⅱ信道模型，考虑 C1(郊区) 仿真场景以及 NLoS 传播环境。基站侧和用户终端侧的天线阵列均配置 ULA，因而，可以利用 DFT 变换将信道变换到波束域。仿真中没有考虑路径损耗以及阴影衰落的影响。为了区分本小区用户和邻小区用户，将邻小区用户信道参数乘以幅度因子 $\beta^{1/2}$，其默认值为 $\beta = 0.3$。由于 WINNER Ⅱ信道是宽带信道模型，利用 OFDM 技术将宽带信道划分为并行的子载波信道。

图 5.2 比较了算法 5.2 和算法 5.3 的性能，并将其与遗传算法 [216] 的性能进行对比，遗传算法是计算数学中用于解决最优化的搜索算法。这里计算每个小区的平均和速率，其可以表达为

$$R_{\text{sum,1cell}} = R_{\text{sum}}/L \tag{5.103}$$

从图 5.6 中，可以看出这三种算法的性能基本相同。因此，算法 5.2 和算法 5.3 都可以有效地收敛到逼近最优解的性能。

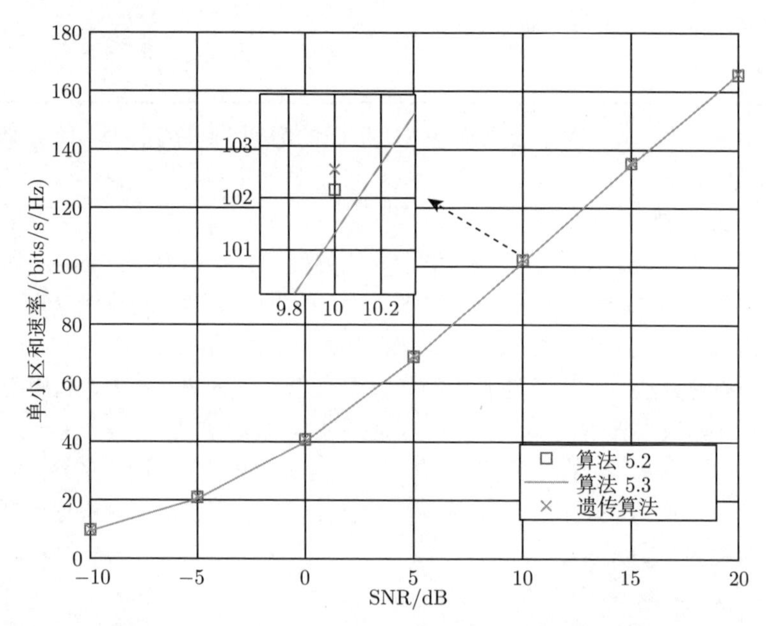

图 5.6 算法 5.2、算法 5.3 以及遗传算法性能比较

图 5.7 展示了算法 5.2 和算法 5.3 的收敛性能。设置信噪比 SNR 分别为 −10 dB、0 dB 以及 20 dB。在低信噪比区域，两种算法的第一次迭代都可以收敛到逼近最优的结果。在高信噪比区域，两种算法仅需要几次 (例如，5 次) 迭代就可以得到逼近最优的性能。从上述结果中可以看出两种算法都可以很快收敛，一般情况下，仅需要几次迭代就可以得到逼近最优的结果。

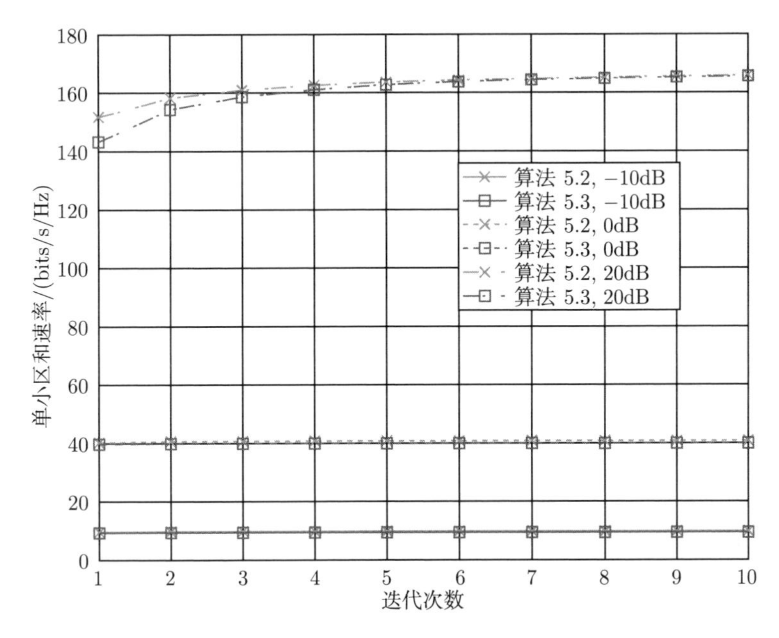

图 5.7 功率分配算法的收敛性

图 5.8 比较了互信息的确定性等同式 (5.95) 结果以及 Monte-Carlo 数值仿真结果。仿真中设置小区间信道衰落因子 β 分别为 0.1、0.3 和 0.5 的情况。图 5.8

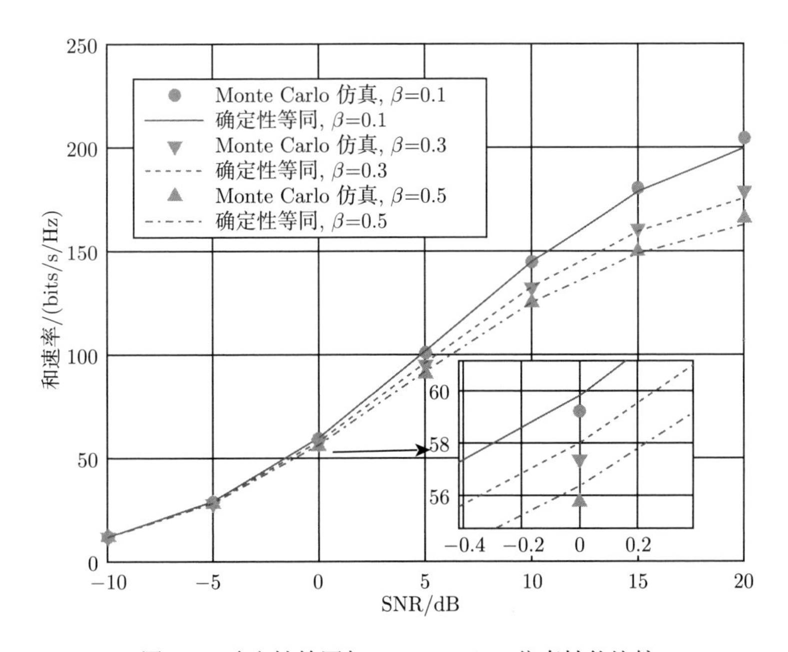

图 5.8 确定性等同与 Monte-Carlo 仿真性能比较

中，确定性等同结果与 Monte-Carlo 数值仿真结果一致。因而，基于确定性等同的功率分配算法可以实现逼近基于 CCCP 的最大化和速率的功率分配结果。另外，确定性等同的推导是基于联合相关信道模型，该结果也表明 WINNER II 信道模型可以较好地吻合联合相关信道模型。

图 5.9 展示了确定性等同计算中式 (5.92) 迭代计算 $\tilde{\boldsymbol{\Phi}}$ 的收敛性。这里，设置信噪比分别为 −10 dB、0 dB、10 dB 以及 20 dB。计算确定性等同的迭代在几步迭代内都可以快速收敛。实际上，在迭代 1~2 次内，$\log\det(\tilde{\boldsymbol{\Phi}})$ 的值都可以接近最后的收敛值。

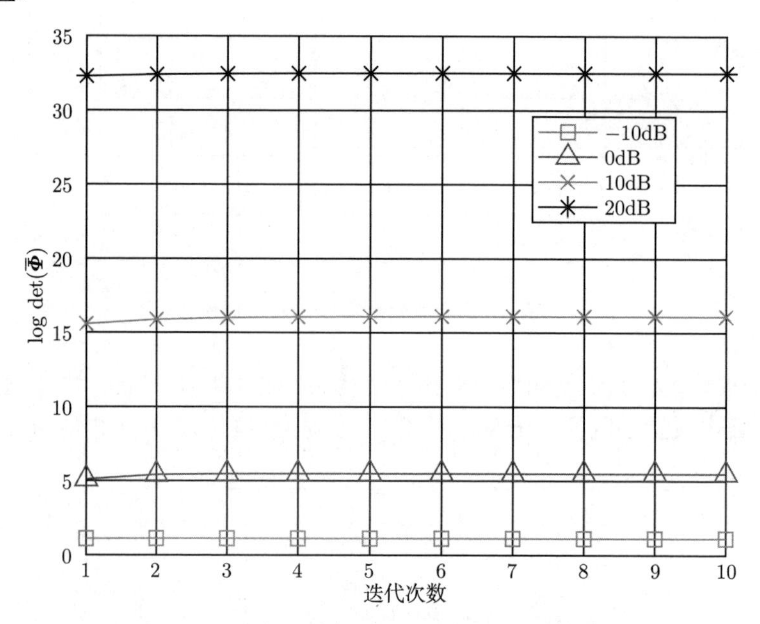

图 5.9　确定性等同计算中迭代过程的收敛性

图 5.10 展示了算法 5.4 的收敛性。在低信噪比 (−10 dB) 时，算法 5.4 中参数 b_ℓ 的迭代需要 10 次可以收敛到接近最终结果，当信噪比增加到 0 dB 时，迭代 4~6 次参数 b_ℓ 就可以逼近最后结果，当信噪比增加到 10 dB 以上时，仅需 1~2 次迭代就可以收敛。总体而言，算法 5.4 可以在少数几步迭代后收敛，因而，算法 5.4 可以快速有效地搜索到注水结果。另外，算法 5.4 的收敛性依赖于步长 b_ℓ 的选取，选择合适的步长可以进一步地加快算法的收敛性。

最后，图 5.11 比较了功率分配算法 5.3 与文献 [99] 中最大化系统和速率上界的功率分配的性能。这里，考虑单小区场景。在低信噪比区域，最大化和速率上界的性能逼近最大化和速率的最优功率分配性能。在高信噪比区域，尤其在 20 dB 时，最大化和速率上界相比于最大化和速率有大约 2 dB 的性能损失。

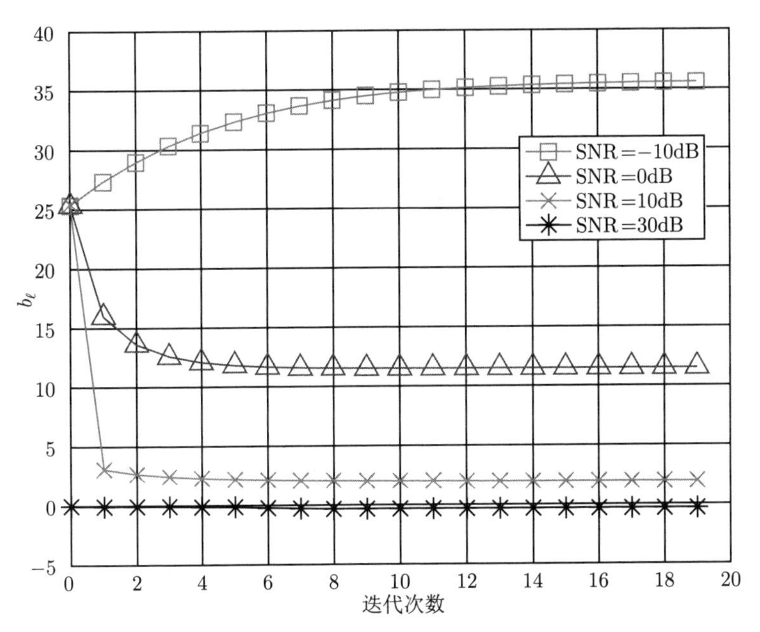

图 5.10 算法 5.4 的迭代过程收敛性

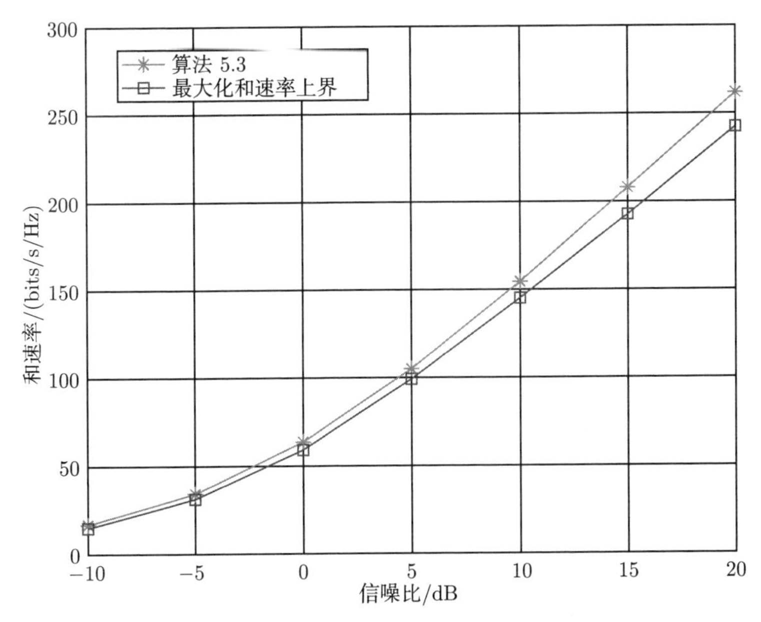

图 5.11 算法 5.3 与最大化和速率上界的性能比较

5.2.6 小结

本节将 BDMA 传输拓展到多小区大规模 MIMO 无线通信系统，提出了波束域传输中最优功率分配理论方法。在基站侧配置大规模天线阵列，用户终端侧配置多天线的场景中，考虑基站仅知统计信道信息，而用户终端拥有瞬时信道信息以及干扰噪声协方差矩阵的情况。随着基站侧天线数增加，不同用户的信道发送端协方差矩阵的特征矩阵趋于同一个酉矩阵，独立于用户终端。基于该信道模型，首先理论上得到最优功率分配需要满足的正交性条件，不同用户的发送波束互不重叠，该结果表明 BDMA 传输的最优性。随后，本节提出了两种功率分配算法：基于 CCCP 功率分配算法以及基于确定性等同的功率分配算法。利用和速率的确定性等同可以有效地减少功率分配算法的计算复杂度。这两种算法都可以收敛到满足正交性条件的结果。数值仿真结果表明这两种算法都可以获得逼近最优功率分配的性能，且算法的迭代次数较少，通常几步迭代就可以收敛到最后结果。

5.3 逐波束同步毫米波/太赫兹大规模 MIMO 传输

5.3.1 逐波束时频同步

基于 2.3 节推导得到的波束域信道特征，本节提出逐波束时频同步以降低 MIMO 信道在时间和频率上的扩散。本节首先研究下行逐波束同步，然后对上行逐波束同步进行讨论。

1. 下行传输模型

考虑采用 OFDM 调制的毫米波/太赫兹大规模 MIMO 无线通信系统，其子载波数目和循环前缀长度分别为 N_{us} 和 N_{cp}。记系统采样时间间隔为 T_{s}，那么 OFDM 有效符号长度和循环前缀时间长度分别为 $T_{\mathrm{us}} = N_{\mathrm{us}}T_{\mathrm{s}}$ 和 $T_{\mathrm{cp}} = N_{\mathrm{cp}}T_{\mathrm{s}}$，并且包含循环前缀的 OFDM 符号总长度为 $T_{\mathrm{sym}} = T_{\mathrm{us}} + T_{\mathrm{cp}}$。令 $\left\{\overline{\boldsymbol{x}}_{\ell,n}^{\mathrm{dl}}\right\}_{n=0}^{N_{\mathrm{us}}-1}$ 为第 ℓ 个下行 OFDM 传输块中的波束域传输符号，那么下行发送信号 $\overline{\boldsymbol{x}}_{\ell}^{\mathrm{dl}}(t) \in \mathbb{C}^{M\times 1}$ 可以表示为 [229]

$$\overline{\boldsymbol{x}}_{\ell}^{\mathrm{dl}}(t) = \sum_{n=0}^{N_{\mathrm{us}}-1} \overline{\boldsymbol{x}}_{\ell,n}^{\mathrm{dl}} \cdot \exp\left\{\bar{\jmath}2\pi\frac{n}{T_{\mathrm{us}}}t\right\},\ -T_{\mathrm{cp}} \leqslant t < T_{\mathrm{us}} \tag{5.104}$$

相应的用户 u 在第 ℓ 个传输块中时刻 t 接收到的信号 (此处为了表达简洁而忽略传输噪声和可能的符号间干扰) 可表示为

$$\overline{\boldsymbol{y}}_{u,\ell}^{\mathrm{dl}}(t) = \int_{-\infty}^{\infty} \overline{\boldsymbol{G}}_{u}^{\mathrm{dl}}(\ell T_{\mathrm{sym}} + t, \tau) \cdot \overline{\boldsymbol{x}}_{\ell}^{\mathrm{dl}}(t-\tau)\,\mathrm{d}\tau \in \mathbb{C}^{K\times 1} \tag{5.105}$$

式中，$\overline{\boldsymbol{G}}_u^{\mathrm{dl}}(t,\tau)$ 为式 (2.44) 中定义的下行波束域信道冲激响应矩阵。利用天线域信道与波束域信道之间的酉等价关系，式 (5.105) 中的波束域传输模型可以直接变换为天线域传输模型，表达式如下：

$$\boldsymbol{y}_{u,\ell}^{\mathrm{dl}}(t)=\int_{-\infty}^{\infty}\boldsymbol{G}_u^{\mathrm{dl}}(\ell T_{\mathrm{sym}}+t,\tau)\cdot\boldsymbol{x}_\ell^{\mathrm{dl}}(t-\tau)\,\mathrm{d}\tau\in\mathbb{C}^{K\times 1} \tag{5.106}$$

式中，$\boldsymbol{y}_{u,\ell}^{\mathrm{dl}}(t)=\boldsymbol{V}_K\overline{\boldsymbol{y}}_{u,\ell}^{\mathrm{dl}}(t)$ 为用户 u 的天线域下行接收信号；$\boldsymbol{x}_\ell^{\mathrm{dl}}(t)=\boldsymbol{V}_M^*\overline{\boldsymbol{x}}_\ell^{\mathrm{dl}}(t)$ 为基站侧天线域发送信号；$\boldsymbol{G}_u^{\mathrm{dl}}(t,\tau)=\boldsymbol{V}_K\overline{\boldsymbol{G}}_u^{\mathrm{dl}}(t,\tau)\boldsymbol{V}_M^{\mathrm{T}}$ 为下行天线域信道冲激响应矩阵。本节侧重于波束域传输设计，因此采用式 (5.105) 中的传输模型以利于表达简洁。

基于上述传输模型，进一步研究由信道扩散导致的接收信号相对于发送信号的扩展特性。由式 (2.44) 和式 (5.105) 可得，用户 u 在 ℓ 个 OFDM 传输块时刻 t 中第 k 个波束上的接收信号表达式如下：

$$\begin{aligned}\left[\overline{\boldsymbol{y}}_{u,\ell}^{\mathrm{dl}}(t)\right]_k&=\sum_{m=0}^{M-1}\int_{-\infty}^{\infty}\left[\overline{\boldsymbol{G}}_u^{\mathrm{dl}}(\ell T_{\mathrm{sym}}+t,\tau)\right]_{k,m}\cdot\left[\overline{\boldsymbol{x}}_\ell^{\mathrm{dl}}(t-\tau)\right]_m\mathrm{d}\tau\\&=\sum_{m=0}^{M-1}\int_{\theta_m}^{\theta_{m+1}}\int_{\phi_k}^{\phi_{k+1}}\sqrt{S_u(\phi,\theta)}\cdot\exp\left\{\bar{\jmath}\zeta_{\mathrm{dl}}(\phi,\theta)\right\}\\&\quad\cdot\exp\left\{\bar{\jmath}2\pi(\ell T_{\mathrm{sym}}+t)\nu_u(\phi)\right\}\cdot\left[\overline{\boldsymbol{x}}_\ell^{\mathrm{dl}}(t-\tau_u(\phi,\theta))\right]_m\mathrm{d}\phi\mathrm{d}\theta\end{aligned} \tag{5.107}$$

由式 (5.107) 可知，波束域接收信号 $\left[\overline{\boldsymbol{y}}_{u,\ell}^{\mathrm{dl}}(t)\right]_k$ 相对于发送信号 $\overline{\boldsymbol{x}}_\ell^{\mathrm{dl}}(t)$ 将会经历时间偏移 (也称为时延)，相应的最小和最大时间偏移量 [136] 分别为 $\tau_{u,k}^{\min}$ 和 $\tau_{u,k}^{\max}$，其具体表达式如下：

$$\tau_{u,k}^{\min}=\min_m\min_{\substack{\phi\in[\phi_k,\phi_{k+1}]\\\theta\in[\theta_m,\theta_{m+1}]}}\tau_u(\phi,\theta)=\min_{\substack{\phi\in[\phi_k,\phi_{k+1}]\\\theta\in[\theta_0,\theta_M]}}\tau_u(\phi,\theta) \tag{5.108}$$

$$\tau_{u,k}^{\max}=\max_m\max_{\substack{\phi\in[\phi_k,\phi_{k+1}]\\\theta\in[\theta_m,\theta_{m+1}]}}\tau_u(\phi,\theta)=\max_{\substack{\phi\in[\phi_k,\phi_{k+1}]\\\theta\in[\theta_0,\theta_M]}}\tau_u(\phi,\theta) \tag{5.109}$$

与此同时，接收信号 $\left[\overline{\boldsymbol{y}}_{u,\ell}^{\mathrm{dl}}(t)\right]_k$ 相对于发送信号 $\overline{\boldsymbol{x}}_\ell^{\mathrm{dl}}(t)$ 将会经历多普勒频偏，相应的最小和最大多普勒频偏量 [136] 分别为 $\nu_{u,k}^{\min}$ 和 $\nu_{u,k}^{\max}$，其具体表达式如下：

$$\nu_{u,k}^{\min}=\min_{\phi\in[\phi_k,\phi_{k+1}]}\nu_u(\phi)=\left(\frac{2k}{K}-1\right)\nu_u \tag{5.110}$$

$$\nu_{u,k}^{\max}=\max_{\phi\in[\phi_k,\phi_{k+1}]}\nu_u(\phi)=\left(\frac{2(k+1)}{K}-1\right)\nu_u \tag{5.111}$$

为了便于后续讨论，此处定义用户 u 在所有波束上接收信号相对于发送信号的最小与最大的时间偏移 (时延) 和多普勒频偏分别如下：

$$\tau_u^{\min} = \min_k \left\{\tau_{u,k}^{\min}\right\} \tag{5.112}$$

$$\tau_u^{\max} = \max_k \left\{\tau_{u,k}^{\max}\right\} \tag{5.113}$$

$$\nu_u^{\min} = \min_k \left\{\nu_{u,k}^{\min}\right\} = -\nu_u \tag{5.114}$$

$$\nu_u^{\max} = \max_k \left\{\nu_{u,k}^{\max}\right\} = \nu_u \tag{5.115}$$

2. 下行逐波束同步

基于 OFDM 调制的宽带传输系统性能对时延和频率偏移较为敏感，因此必须对传输信号实施时频同步以补偿信号的时频偏移。具体而言，需要通过时频同步使得传输信号的最小时间偏移和中心频率偏移对齐至零 [229]。目前文献中对于 MIMO 系统而言，传输信号的时频同步通常在天线域实施。当对天线域接收信号 $\boldsymbol{y}_{u,\ell}^{\mathrm{dl}}(t)$ 实施时频同步，相应的同步参数①分别为 $\tau_u^{\mathrm{syn}} = \tau_u^{\min}$ 和 $\nu_u^{\mathrm{syn}} = \left(\nu_u^{\min} + \nu_u^{\max}\right)/2$，同步后的天线域接收信号可表示为

$$\boldsymbol{y}_{u,\ell}^{\mathrm{dl,joi}}(t) = \boldsymbol{y}_{u,\ell}^{\mathrm{dl}}\left(t + \tau_u^{\mathrm{syn}}\right) \cdot \exp\left\{-\bar{\jmath}2\pi\left(\ell T_{\mathrm{sym}} + t + \tau_u^{\mathrm{syn}}\right)\nu_u^{\mathrm{syn}}\right\} \tag{5.116}$$

相应的波束域接收信号为

$$\overline{\boldsymbol{y}}_{u,\ell}^{\mathrm{dl,joi}}(t) = \overline{\boldsymbol{y}}_{u,\ell}^{\mathrm{dl}}\left(t + \tau_u^{\mathrm{syn}}\right) \cdot \exp\left\{-\bar{\jmath}2\pi\left(\ell T_{\mathrm{sym}} + t + \tau_u^{\mathrm{syn}}\right)\nu_u^{\mathrm{syn}}\right\} \tag{5.117}$$

同步后的信号 $\overline{\boldsymbol{y}}_{u,\ell}^{\mathrm{dl,joi}}(t)$ 相对于发送信号 $\overline{\boldsymbol{x}}_{\ell}^{\mathrm{dl}}(t)$ 的时延扩展和多普勒频率扩展分别为

$$\Delta_{\tau_u}^{\mathrm{joi}} = \tau_u^{\max} - \tau_u^{\min} \tag{5.118}$$

$$\Delta_{\nu_u}^{\mathrm{joi}} = \frac{\nu_u^{\max} - \nu_u^{\min}}{2} = \nu_u = f_{\mathrm{c}}\frac{v_u}{c} \tag{5.119}$$

式中，物理量 $\Delta_{\tau_u}^{\mathrm{joi}}$ 和 $\Delta_{\nu_u}^{\mathrm{joi}}$ 通常称为信道等效时延扩展和多普勒频率扩展 [114, 136]，其对实际 OFDM 无线传输系统设计具有重要的影响。通常，循环前缀和 OFDM 符号长度需要满足如下设计约束 [229]：$\max\limits_u\left\{\Delta_{\tau_u}^{\mathrm{joi}}\right\} \leqslant T_{\mathrm{cp}} \leqslant T_{\mathrm{us}} \ll 1/\max\limits_u\left\{\Delta_{\nu_u}^{\mathrm{joi}}\right\}$。

由式 (5.119) 可得，对于给定的移动速度 v_u，等效信道多普勒频率扩展 $\Delta_{\nu_u}^{\mathrm{joi}}$ 随着载频 f_{c} 线性增长。因此，为了支持相同的用户终端移动性，毫米波/太赫兹系统

① 注意到时间同步参数 τ_u^{syn} 和频率同步参数 ν_u^{syn} 取决于信道长时慢变统计参数，因此可以通过采用适当的同步序列设计 [104, 230] 来获取。

中的 OFDM 符号长度相比于传统低频段系统将会大幅缩小，这将导致大量的循环前缀开销。

针对上述毫米波/太赫兹宽带大规模 MIMO 系统的实现瓶颈，本节提出一种逐波束时频同步方法，具体为对每个波束上的传输信号分别实施同步。该方法源于前面推导得到的大规模 MIMO 波束域信道特征。具体而言，大规模天线阵列能够通过窄波束实现对无线信道在角度域的精细化分，而每个波束所覆盖的角度范围相对较窄。如前面所述，信道路径传播时延和多普勒频偏与传播方向是密切相关的。因此，在不同收发波束对之间的传输信号将会经历各自不同的时频偏移，而其各自的时延扩展和多普勒频率扩展相对较小。如果这些时频偏移能够在不同波束上分别进行校正，那么所有接收波束上的传输信号相对于发送信号的总时频扩展将会被有效降低，且其数值将不大于所有波束上传输信号的最大时延扩展和多普勒频率扩展。

以波束 k 上的接收信号 $\left[\overline{\boldsymbol{y}}_{u,\ell}^{\mathrm{dl}}(t)\right]_k$ 为例，当对其实施时频同步且同步参数分别为 $\tau_{u,k}^{\mathrm{syn}}=\tau_{u,k}^{\min}$ 和 $\nu_{u,k}^{\mathrm{syn}}=\left(\nu_{u,k}^{\min}+\nu_{u,k}^{\max}\right)/2$ 时，同步后的信号可表示为

$$\overline{y}_{u,\ell,k}^{\mathrm{dl,per}}(t)=\left[\overline{\boldsymbol{y}}_{u,\ell}^{\mathrm{dl}}\left(t+\tau_{u,k}^{\mathrm{syn}}\right)\right]_k\cdot\exp\left\{-\bar{\jmath}2\pi\left(\ell T_{\mathrm{sym}}+t+\tau_{u,k}^{\mathrm{syn}}\right)\nu_{u,k}^{\mathrm{syn}}\right\}\tag{5.120}$$

将不同接收波束上同步后的信号记为如下向量：

$$\overline{\boldsymbol{y}}_{u,\ell}^{\mathrm{dl,per}}(t)=\left[\overline{y}_{u,\ell,0}^{\mathrm{dl,per}}(t)\quad \overline{y}_{u,\ell,1}^{\mathrm{dl,per}}(t)\quad\cdots\quad \overline{y}_{u,\ell,K-1}^{\mathrm{dl,per}}(t)\right]^{\mathrm{T}}\in\mathbb{C}^{K\times 1}\tag{5.121}$$

那么同步后的信号向量 $\overline{\boldsymbol{y}}_{u,\ell}^{\mathrm{dl,per}}(t)$ 相对于发送信号向量 $\overline{\boldsymbol{x}}_{\ell}^{\mathrm{dl}}(t)$ 的等效时延扩展和多普勒频率扩展分别为

$$\Delta_{\tau_u}^{\mathrm{per}}=\max_k\ \left\{\tau_{u,k}^{\max}-\tau_{u,k}^{\min}\right\}\tag{5.122}$$

$$\Delta_{\nu_u}^{\mathrm{per}}=\max_k\left\{\frac{\nu_{u,k}^{\max}-\nu_{u,k}^{\min}}{2}\right\}\overset{(\mathrm{a})}{=}\frac{\nu_u}{K}\tag{5.123}$$

式中，等式 (a) 源于式 (5.110) 和式 (5.111)。由此可得如下关于逐波束时频同步后信道等效时延扩展和多普勒频率扩展的特性。

命题 5.1 逐波束同步后的信道等效时延扩展 $\Delta_{\tau_u}^{\mathrm{per}}$ 和多普勒频率扩展 $\Delta_{\nu_u}^{\mathrm{per}}$ 相比于传统天线域同步后的信道时延扩展和多普勒频率扩展满足如下特性：

$$\Delta_{\tau_u}^{\mathrm{per}}\leqslant\Delta_{\tau_u}^{\mathrm{joi}}\tag{5.124}$$

$$\Delta_{\nu_u}^{\mathrm{per}}=\frac{\Delta_{\nu_u}^{\mathrm{joi}}}{K}\tag{5.125}$$

证明　不等式 (5.124) 的证明如下：

$$\Delta_{\tau_u}^{\mathrm{per}}=\max_k\left\{\tau_{u,k}^{\max}-\tau_{u,k}^{\min}\right\}\leqslant\max_k\left\{\tau_{u,k}^{\max}\right\}-\min_k\left\{\tau_{u,k}^{\min}\right\}\overset{(\mathrm{a})}{=}\Delta_{\tau_u}^{\mathrm{joi}}\tag{5.126}$$

式中，等式 (a) 源于式 (5.118)。等式 (5.125) 的证明可由式 (5.119) 和式 (5.123) 直接得到。证毕。■

由 命题 5.1 可得，相比于式 (5.116) 中的天线域同步方法，本节所提出的逐波束同步方法能够有效地降低信道的时延扩展和多普勒频率扩展。具体而言，在天线数目较多的情形下，信道的等效多普勒频率扩展可以被降低 K 倍，其中 K 为用户侧配备的天线数目。同时，信道的等效时延扩展也可以被降低。由于缺乏对传播路径时延函数 $\tau_u(\phi,\theta)$ 的明确物理特性建模，时延扩展降低的定量结果较难精确描述。

如果将毫米波/太赫兹信道的聚类特性 [210, 231] 考虑进来，逐波束同步后的信道等效时延扩展仍然将被大幅降低。此处以文献 [232] 和 [233] 中广泛采用的单环模型为例，其中用户周围均匀地围绕一圈散射体，而散射体围成的环的半径为 r_u。那么对于给定的到达方向 ϕ，相应的信道传播路径时延 [233] 为 $\tau_u^{\mathrm{oner}}(\phi,\theta)\triangleq r_u/c\times[1+\sin(\phi)]$。由式 (5.118) 和式 (5.122) 可得，采用天线域同步和逐波束同步后的等效信道时延扩展分别为

$$\Delta_{\tau_u}^{\mathrm{oner,joi}}=\frac{2r_u}{c}\tag{5.127}$$

$$\Delta_{\tau_u}^{\mathrm{oner,per}}=\frac{2r_u}{Kc}=\frac{\Delta_{\tau_u}^{\mathrm{oner,joi}}}{K}\tag{5.128}$$

因此，对于单环模型场景，逐波束同步相对于天线域同步仍然能够显著地降低信道时延扩展，且缩减因子为用户侧天线数目。

命题 5.1 中的结果可用于简化毫米波/太赫兹宽带大规模 MIMO 系统的传输设计并进而提高传输性能。具体而言，尽管信道最大多普勒频偏 ν_u 随着载频提升而线性增长，在相同天线孔径下用户侧可配备的天线数目 K 也随着载频提升而线性增长。因此，假定一固定的天线孔径，采用逐波束同步之后的信道等效多普勒频率扩展将不随着载频提升而明显变化，这将显著地改善毫米波/太赫兹信道中的多普勒效应。此外，采用逐波束同步之后的信道等效时延扩展将会被显著地降低，因此系统所需循环前缀开销将会大幅度减小。

利用上述逐波束时频同步方法，即使是在具有高移动性的毫米波/太赫兹系统中，OFDM 的循环前缀和符号长度仍然可以被设置为满足如下约束：$\max\limits_u\left\{\Delta_{\tau_u}^{\mathrm{per}}\right\}\leqslant T_{\mathrm{cp}}\leqslant T_{\mathrm{us}}\ll 1/\max\limits_u\left\{\Delta_{\nu_u}^{\mathrm{per}}\right\}$。进而用户 u 第 k 个波束在第 ℓ 个传输块第 n 个子载

波上的解调信号可表示为如下形式 [229]：

$$
\begin{aligned}
\left[\overline{\boldsymbol{y}}_{u,\ell,n}^{\mathrm{dl}}\right]_k &= \frac{1}{T_{\mathrm{us}}}\int_0^{T_{\mathrm{us}}}\left[\overline{\boldsymbol{y}}_{u,\ell}^{\mathrm{dl,per}}(t)\right]_k\cdot\exp\left\{-\bar{\jmath}2\pi\frac{n}{T_{\mathrm{us}}}t\right\}\mathrm{d}t\\
&\overset{(a)}{=}\frac{1}{T_{\mathrm{us}}}\int_0^{T_{\mathrm{us}}}\left[\overline{\boldsymbol{y}}_{u,\ell}^{\mathrm{dl}}\left(t+\tau_{u,k}^{\mathrm{syn}}\right)\right]_k\cdot\exp\left\{-\bar{\jmath}2\pi\left(\ell T_{\mathrm{sym}}+t+\tau_{u,k}^{\mathrm{syn}}\right)\nu_{u,k}^{\mathrm{syn}}\right\}\\
&\qquad\cdot\exp\left\{-\bar{\jmath}2\pi\frac{n}{T_{\mathrm{us}}}t\right\}\mathrm{d}t\\
&\overset{(b)}{=}\sum_{m=0}^{M-1}\frac{1}{T_{\mathrm{us}}}\int_0^{T_{\mathrm{us}}}\int_{\theta_m}^{\theta_{m+1}}\int_{\phi_k}^{\phi_{k+1}}\sqrt{S_u(\phi,\theta)}\cdot\exp\left\{\bar{\jmath}\zeta_{\mathrm{dl}}(\phi,\theta)\right\}\\
&\qquad\cdot\exp\left\{\bar{\jmath}2\pi\left(\ell T_{\mathrm{sym}}+t+\tau_{u,k}^{\mathrm{syn}}\right)\left(\nu_u(\phi)-\nu_{u,k}^{\mathrm{syn}}\right)\right\}\\
&\qquad\cdot\left[\overline{\boldsymbol{x}}_{\ell}^{\mathrm{dl}}\left(t-\left(\tau_u(\phi,\theta)-\tau_{u,k}^{\mathrm{syn}}\right)\right)\right]_m\cdot\exp\left\{-\bar{\jmath}2\pi\frac{n}{T_{\mathrm{us}}}t\right\}\mathrm{d}\phi\mathrm{d}\theta\mathrm{d}t\\
&\overset{(c)}{\simeq}\sum_{m=0}^{M-1}\frac{1}{T_{\mathrm{us}}}\int_0^{T_{\mathrm{us}}}\int_{\theta_m}^{\theta_{m+1}}\int_{\phi_k}^{\phi_{k+1}}\sqrt{S_u(\phi,\theta)}\cdot\exp\left\{\bar{\jmath}\zeta_{\mathrm{dl}}(\phi,\theta)\right\}\\
&\qquad\cdot\exp\left\{\bar{\jmath}2\pi\left(\ell T_{\mathrm{sym}}+\tau_{u,k}^{\mathrm{syn}}\right)\left(\nu_u(\phi)-\nu_{u,k}^{\mathrm{syn}}\right)\right\}\\
&\qquad\cdot\left[\overline{\boldsymbol{x}}_{\ell}^{\mathrm{dl}}\left(t-\left(\tau_u(\phi,\theta)-\tau_{u,k}^{\mathrm{syn}}\right)\right)\right]_m\cdot\exp\left\{-\bar{\jmath}2\pi\frac{n}{T_{\mathrm{us}}}t\right\}\mathrm{d}\phi\mathrm{d}\theta\mathrm{d}t\\
&\overset{(d)}{=}\sum_{m=0}^{M-1}\left[\overline{\boldsymbol{G}}_{u,\ell,n}^{\mathrm{dl,per}}\right]_{k,m}\left[\overline{\boldsymbol{x}}_{\ell,n}^{\mathrm{dl}}\right]_m
\end{aligned}
\tag{5.129}
$$

式中，等式 (a) 源于式 (5.120)，等式 (b) 源于式 (5.107)，等式 (c) 中的近似式源于当 $0\leqslant t\leqslant T_{\mathrm{us}}$ 时，有 $t\left(\nu_u(\phi)-\nu_{u,k}^{\mathrm{syn}}\right)\ll 1$，等式 (d) 源于式 (5.104)，其中 $\overline{\boldsymbol{G}}_{u,\ell,n}^{\mathrm{dl,per}}$ 表示逐波束同步后基站侧与用户 u 之间在第 ℓ 个传输块第 n 个子载波上的下行波束域频域信道响应，其表达式如下：

$$
\begin{aligned}
\left[\overline{\boldsymbol{G}}_{u,\ell,n}^{\mathrm{dl,per}}\right]_{k,m} \triangleq &\int_{\theta_m}^{\theta_{m+1}}\int_{\phi_k}^{\phi_{k+1}}\sqrt{S_u(\phi,\theta)}\cdot\exp\left\{\bar{\jmath}\zeta_{\mathrm{dl}}(\phi,\theta)\right\}\\
&\cdot\exp\left\{\bar{\jmath}2\pi\left(\ell T_{\mathrm{sym}}+\tau_{u,k}^{\mathrm{syn}}\right)\left(\nu_u(\phi)-\nu_{u,k}^{\mathrm{syn}}\right)\right\}\\
&\cdot\exp\left\{-\bar{\jmath}2\pi\frac{n}{T_{\mathrm{us}}}\left(\tau_u(\phi,\theta)-\tau_{u,k}^{\mathrm{syn}}\right)\right\}\mathrm{d}\phi\mathrm{d}\theta
\end{aligned}
\tag{5.130}
$$

因此，基于 OFDM 调制的毫米波/太赫兹宽带大规模 MIMO 下行传输模型仍然可以用如下逐子载波的形式进行表达：

$$
\overline{\boldsymbol{y}}_{u,\ell,n}^{\mathrm{dl}}=\overline{\boldsymbol{G}}_{u,\ell,n}^{\mathrm{dl,per}}\overline{\boldsymbol{x}}_{\ell,n}^{\mathrm{dl}}\in\mathbb{C}^{K\times 1},\qquad n=0,1,\cdots,N_{\mathrm{us}}-1 \tag{5.131}
$$

注意到如果采用式 (5.116) 中的天线域同步方法，在毫米波/太赫兹系统中将很难选择合适的循环前缀长度和 OFDM 符号长度以满足前述无线 OFDM 参数设计约束，此时 OFDM 传输模型中将需要考虑载波间干扰和符号间干扰 [229]。

3. 上行逐波束同步

上面研究了下行逐波束同步方法，本节利用上下行物理信道参数的互易性来研究上行逐波束同步。令 $\left\{\overline{\boldsymbol{x}}_{u,\ell,n}^{\mathrm{ul}}\right\}_{n=0}^{N_{\mathrm{us}}-1}$ 为第 ℓ 个传输块中用户 u 的波束域上行传输符号，那么上行发送信号 $\overline{\boldsymbol{x}}_{u,\ell}^{\mathrm{ul}}(t)\in\mathbb{C}^{K\times 1}$ 可表示为

$$\overline{\boldsymbol{x}}_{u,\ell}^{\mathrm{ul}}(t)=\sum_{n=0}^{N_{\mathrm{us}}-1}\overline{\boldsymbol{x}}_{u,\ell,n}^{\mathrm{ul}}\cdot\exp\left\{\bar{\jmath}2\pi\frac{n}{T_{\mathrm{us}}}t\right\},\ -T_{\mathrm{cp}}\leqslant t<T_{\mathrm{us}} \tag{5.132}$$

由于上行传输中基站侧的接收信号为不同用户发送信号的叠加，因此考虑在用户侧实施上行逐波束同步。具体而言，对上行发送信号 $\left[\overline{\boldsymbol{x}}_{u,\ell}^{\mathrm{ul}}(t)\right]_k$ 施以逐波束时频同步，相应的同步参数分别为 $\tau_{u,k}^{\mathrm{syn}}=\tau_{u,k}^{\min}$ 和 $\nu_{u,k}^{\mathrm{syn}}=\left(\nu_{u,k}^{\min}+\nu_{u,k}^{\max}\right)/2$，那么同步后的上行发送信号可表示为

$$\overline{x}_{u,\ell,k}^{\mathrm{ul,per}}(t)=\left[\overline{\boldsymbol{x}}_{u,\ell}^{\mathrm{ul}}\left(t+\tau_{u,k}^{\mathrm{syn}}\right)\right]_k\cdot\exp\left\{-\bar{\jmath}2\pi\left(\ell T_{\mathrm{sym}}+t+\tau_{u,k}^{\mathrm{syn}}\right)\nu_{u,k}^{\mathrm{syn}}\right\} \tag{5.133}$$

相应的基站侧在第 ℓ 个传输块中时刻 t 接收到的波束域信号 (此处为了表达简洁而忽略传输噪声) 可表示为

$$\left[\overline{\boldsymbol{y}}_{\ell}^{\mathrm{ul}}(t)\right]_m=\sum_{u=0}^{U-1}\sum_{k=0}^{K-1}\int_{-\infty}^{\infty}\left[\overline{\boldsymbol{G}}_u^{\mathrm{ul}}\left(\ell T_{\mathrm{sym}}+t,\tau\right)\right]_{m,k}\cdot\overline{x}_{u,\ell,k}^{\mathrm{ul,per}}(t-\tau)\,\mathrm{d}\tau \tag{5.134}$$

式中，矩阵 $\overline{\boldsymbol{G}}_u^{\mathrm{ul}}(t,\tau)$ 定义见式 (2.48)。

与下行情形相类似，上行逐波束同步也能够有效地降低信道时延扩展和多普勒频率扩展。因此，基站侧第 m 个波束在第 ℓ 个传输块第 n 个子载波上的 OFDM 解调信号可以表示为 [229]

$$\left[\overline{\boldsymbol{y}}_{\ell,n}^{\mathrm{ul}}\right]_m=\sum_{u=0}^{U-1}\sum_{k=0}^{K-1}\left[\overline{\boldsymbol{G}}_{u,\ell,n}^{\mathrm{ul,per}}\right]_{m,k}\left[\overline{\boldsymbol{x}}_{u,\ell,n}^{\mathrm{ul}}\right]_k \tag{5.135}$$

式中，$\overline{\boldsymbol{G}}_{u,\ell,n}^{\mathrm{ul,per}}$ 表示逐波束同步后基站侧与用户 u 在第 ℓ 个传输块第 n 个子载波上的上行波束域频域信道响应，其表达式如下：

$$\begin{aligned}\left[\overline{\boldsymbol{G}}_{u,\ell,n}^{\mathrm{ul,per}}\right]_{m,k}\triangleq&\int_{\theta_m}^{\theta_{m+1}}\int_{\phi_k}^{\phi_{k+1}}\sqrt{S_u(\phi,\theta)}\cdot\exp\left\{\bar{\jmath}\zeta_{\mathrm{ul}}(\phi,\theta)\right\}\\&\cdot\exp\left\{\bar{\jmath}2\pi\left(\ell T_{\mathrm{sym}}+\tau_{u,k}^{\mathrm{syn}}\right)\left(\nu_u(\phi)-\nu_{u,k}^{\mathrm{syn}}\right)\right\}\\&\cdot\exp\left\{-\bar{\jmath}2\pi\frac{n}{T_{\mathrm{us}}}\left(\tau_u(\phi,\theta)-\tau_{u,k}^{\mathrm{syn}}\right)\right\}\mathrm{d}\phi\mathrm{d}\theta\end{aligned} \tag{5.136}$$

因此，基于 OFDM 调制的毫米波/太赫兹宽带大规模 MIMO 上行传输模型可以用如下逐子载波的形式进行表达：

$$\overline{\boldsymbol{y}}_{\ell,n}^{\mathrm{ul}}=\sum_{u=0}^{U-1}\overline{\boldsymbol{G}}_{u,\ell,n}^{\mathrm{ul,per}}\overline{\boldsymbol{x}}_{u,\ell,n}^{\mathrm{ul}}\in\mathbb{C}^{M\times 1},\qquad n=0,1,\cdots,N_{\mathrm{us}}-1 \tag{5.137}$$

4. 同步后波束域信道统计特征

本节研究同步后波束域信道的统计特征。由式 (5.130) 和式 (5.136) 可得，同步后波束域信道元素满足如下不相关特性：

$$E\left\{\left[\overline{\boldsymbol{G}}_{u,\ell,n}^{\mathrm{dl,per}}\right]_{k,m}\left[\overline{\boldsymbol{G}}_{u,\ell,n}^{\mathrm{dl,per}}\right]_{k',m'}^{*}\right\}=[\boldsymbol{\Omega}_u]_{k,m}\cdot\delta\left(k-k'\right)\delta\left(m-m'\right) \tag{5.138}$$

$$E\left\{\left[\overline{\boldsymbol{G}}_{u,\ell,n}^{\mathrm{ul,per}}\right]_{m,k}\left[\overline{\boldsymbol{G}}_{u,\ell,n}^{\mathrm{ul,per}}\right]_{m',k'}^{*}\right\}=[\boldsymbol{\Omega}_u]_{k,m}\cdot\delta\left(k-k'\right)\delta\left(m-m'\right) \tag{5.139}$$

式中，$\boldsymbol{\Omega}_u$ 为波束域信道功率矩阵，其定义见式 (2.43)。由大数定律，可以假定波束域信道元素服从高斯分布，即 $\left[\overline{\boldsymbol{G}}_{u,\ell,n}^{\mathrm{dl,per}}\right]_{k,m}\sim\mathcal{CN}\left(0,[\boldsymbol{\Omega}_u]_{k,m}\right)$ 并且 $\left[\overline{\boldsymbol{G}}_{u,\ell,n}^{\mathrm{ul,per}}\right]_{m,k}\sim\mathcal{CN}\left(0,[\boldsymbol{\Omega}_u]_{k,m}\right)$。此外，为了便于后续波束域传输设计，对于给定用户 u，分别定义基站侧第 m 个波束上以及用户侧第 k 个波束上的信道范数平方如下：

$$\omega_{u,m}^{\mathrm{bs}}\triangleq\sum_{k=0}^{K-1}[\boldsymbol{\Omega}_u]_{k,m},\ m=0,1,\cdots,M-1 \tag{5.140}$$

$$\omega_{u,k}^{\mathrm{ut}}\triangleq\sum_{m=0}^{M-1}[\boldsymbol{\Omega}_u]_{k,m},\ k=0,1,\cdots,K-1 \tag{5.141}$$

5.3.2 逐波束同步的波束分多址传输

利用上节提出的逐波束时频同步方法，在相同移动速度下毫米波/太赫兹信道的等效多普勒频率扩展与传统低频段上的频率扩展相类似，而等效时延扩展可以被显著降低。逐波束同步方法可以应用于所有的毫米波/太赫兹大规模 MIMO 传输中，本节着重研究基于逐波束同步的毫米波/太赫兹大规模 MIMO 波束分多址传输。

1. 下行波束分多址传输

首先对下行大规模 MIMO 波束分多址传输 [99] 进行概述。由式 (5.131) 可得第 ℓ 个传输块中的下行波束域传输模型如下：

$$\overline{\boldsymbol{y}}_{u,\ell}^{\mathrm{dl}}=\overline{\boldsymbol{G}}_{u,\ell}^{\mathrm{dl,per}}\overline{\boldsymbol{x}}_{u,\ell}^{\mathrm{dl}}+\overline{\boldsymbol{G}}_{u,\ell}^{\mathrm{dl,per}}\sum_{u'\neq u}\overline{\boldsymbol{x}}_{u',\ell}^{\mathrm{dl}}+\overline{\boldsymbol{z}}_{u,\ell}^{\mathrm{dl}}\in\mathbb{C}^{K\times 1} \tag{5.142}$$

式中，为了表达简洁而省略了子载波标号，$\boldsymbol{z}_{u,\ell}^{\mathrm{dl}}$ 为下行噪声，其分布特性为 $\mathcal{CN}\left(\mathbf{0},\sigma^{\mathrm{dl}}\boldsymbol{I}_K\right)$；$\overline{\boldsymbol{x}}_{\ell}^{\mathrm{dl}}=\sum\limits_{u=0}^{U-1}\overline{\boldsymbol{x}}_{u,\ell}^{\mathrm{dl}}$ 为下行波束域发送信号；$\overline{\boldsymbol{x}}_{u,\ell}^{\mathrm{dl}}$ 为用户 u 的发送信号。假定不同用户的发送信号是统计不相关的，且记 $\overline{\boldsymbol{Q}}_u^{\mathrm{dl}}=E\left\{\overline{\boldsymbol{x}}_{u,\ell}^{\mathrm{dl}}\left(\overline{\boldsymbol{x}}_{u,\ell}^{\mathrm{dl}}\right)^{\mathrm{H}}\right\}\in\mathbb{C}^{M\times M}$ 为用户 u 的下行波束域发送协方差矩阵。

假定用户侧分别能够获取各自的下行瞬时信道信息①而基站侧能够获取所有用户的统计信道信息，那么相应的下行遍历可达和速率表达式如下 [88, 99]：

$$R^{\mathrm{dl}}=\sum_{u=0}^{U-1}E\left\{\log_2\frac{\det\left(\sigma^{\mathrm{dl}}\boldsymbol{I}+\sum\limits_{u'=0}^{U-1}\overline{\boldsymbol{G}}_{u,\ell}^{\mathrm{dl,per}}\overline{\boldsymbol{Q}}_{u'}^{\mathrm{dl}}\left(\overline{\boldsymbol{G}}_{u,\ell}^{\mathrm{dl,per}}\right)^{\mathrm{H}}\right)}{\det\left(\sigma^{\mathrm{dl}}\boldsymbol{I}+\sum\limits_{u'\neq u}\overline{\boldsymbol{G}}_{u,\ell}^{\mathrm{dl,per}}\overline{\boldsymbol{Q}}_{u'}^{\mathrm{dl}}\left(\overline{\boldsymbol{G}}_{u,\ell}^{\mathrm{dl,per}}\right)^{\mathrm{H}}\right)}\right\}\tag{5.143}$$

式中，期望运算为对信道样本遍历得到。基于式 (5.143) 中的下行遍历可达和速率表达式以及式 (5.138) 中的波束域信道元素统计不相关特性，文献 [99] 在最大化下行遍历可达和速率 R^{dl} 的准则下研究了下行发送协方差矩阵的设计。具体而言，记用户 u 的发送协方差矩阵的特征值分解表达式为 $\overline{\boldsymbol{Q}}_u^{\mathrm{dl}}=\overline{\boldsymbol{U}}_u^{\mathrm{dl}}\mathrm{diag}\left(\boldsymbol{\lambda}_u^{\mathrm{dl}}\right)\left(\overline{\boldsymbol{U}}_u^{\mathrm{dl}}\right)^{\mathrm{H}}$，其中矩阵 $\overline{\boldsymbol{U}}_u^{\mathrm{dl}}$ 的不同列向量为 $\overline{\boldsymbol{Q}}_u^{\mathrm{dl}}$ 的特征向量，向量 $\boldsymbol{\lambda}_u^{\mathrm{dl}}$ 的不同元素为 $\overline{\boldsymbol{Q}}_u^{\mathrm{dl}}$ 的特征值。那么下行波束域发送协方差矩阵满足如下结构特征：

$$\overline{\boldsymbol{U}}_u^{\mathrm{dl}}=\boldsymbol{I},\ \forall u\tag{5.144}$$

$$\left(\boldsymbol{\lambda}_u^{\mathrm{dl}}\right)^{\mathrm{T}}\boldsymbol{\lambda}_{u'}^{\mathrm{dl}}=0,\ \forall u\neq u'\tag{5.145}$$

上述关于下行波束域发送协方差矩阵的结构具有明确的物理意义，具体而言，$\overline{\boldsymbol{U}}_u^{\mathrm{dl}}=\boldsymbol{I}$ 表明下行信号应该在波束域实施传输，而对于 $u\neq u'$ 要求满足 $\left(\boldsymbol{\lambda}_u^{\mathrm{dl}}\right)^T\boldsymbol{\lambda}_{u'}^{\mathrm{dl}}=0$ 则表明一个下行基站侧波束最多只能被分配给一个用户。因此，寻找下行波束域发送协方差矩阵等价于为不同用户调度互相不重叠的基站侧波束集合并同时在调度波束间实施功率分配。由于在不同子信道间实施等功率分配通常具有近似最优的性能 [234]，因此可以侧重研究不同用户的波束调度问题。

基于上述下行波束域发送协方差矩阵结构，文献 [99] 提出了一种波束分多址传输方法，即不同用户通过互相不重叠的基站侧波束集合实施多址通信。本节研究下行多用户波束调度问题。分别记 $\mathcal{B}_u^{\mathrm{dl,bs}}$ 和 $\mathcal{B}_u^{\mathrm{dl,ut}}$ 为用户 u 的下行发送和接收波束集合，P^{dl} 为下行发送总功率。那么在波束间等功率分配的情形下，式 (5.143) 中

① 实施逐波束同步后的信道等效多普勒频率扩展被显著降低，因此通过不同用户间导频复用可以以合理的导频开销使得用户侧获取较为准确的下行瞬时信道信息 [99]。

的下行遍历可达和速率可以表达为如下形式：

$$R^{\mathrm{dl,epa}} = \sum_{u=0}^{U-1} R_u^{\mathrm{dl,epa}} \tag{5.146}$$

式中

$$\begin{aligned} &R_u^{\mathrm{dl,epa}} \\ =&E\left\{\log_2 \frac{\det\left(\boldsymbol{I} + \frac{\frac{P^{\mathrm{dl}}}{\sigma^{\mathrm{dl}}}}{\sum_{u'=0}^{U-1}\left|\mathcal{B}_{u'}^{\mathrm{dl,bs}}\right|} \sum_{u''=0}^{U-1} \left[\overline{\boldsymbol{G}}_{u,\ell}^{\mathrm{dl,per}}\right]_{\mathcal{B}_u^{\mathrm{dl,ut}},\mathcal{B}_{u''}^{\mathrm{dl,bs}}} \left[\overline{\boldsymbol{G}}_{u,\ell}^{\mathrm{dl,per}}\right]_{\mathcal{B}_u^{\mathrm{dl,ut}},\mathcal{B}_{u''}^{\mathrm{dl,bs}}}^{\mathrm{H}}\right)}{\det\left(\boldsymbol{I} + \frac{\frac{P^{\mathrm{dl}}}{\sigma^{\mathrm{dl}}}}{\sum_{u'=0}^{U-1}\left|\mathcal{B}_{u'}^{\mathrm{dl,bs}}\right|} \sum_{u''\neq u} \left[\overline{\boldsymbol{G}}_{u,\ell}^{\mathrm{dl,per}}\right]_{\mathcal{B}_u^{\mathrm{dl,ut}},\mathcal{B}_{u''}^{\mathrm{dl,bs}}} \left[\overline{\boldsymbol{G}}_{u,\ell}^{\mathrm{dl,per}}\right]_{\mathcal{B}_u^{\mathrm{dl,ut}},\mathcal{B}_{u''}^{\mathrm{dl,bs}}}^{\mathrm{H}}\right)}\right\} \end{aligned} \tag{5.147}$$

为用户 u 的下行遍历可达和速率。

考虑到毫米波/太赫兹大规模 MIMO 传输的实际物理约束，相应的下行波束调度问题陈述如下：

$$\underset{\left\{\mathcal{B}_u^{\mathrm{dl,bs}},\mathcal{B}_u^{\mathrm{dl,ut}}:u\in\mathcal{U}\right\}}{\text{maximize}} \quad R^{\mathrm{dl,epa}} \tag{5.148a}$$

$$\text{s.t.} \quad \mathcal{B}_u^{\mathrm{dl,bs}} \cap \mathcal{B}_{u'}^{\mathrm{dl,bs}} = \varnothing,\ \forall u \neq u' \tag{5.148b}$$

$$\left|\mathcal{B}_u^{\mathrm{dl,bs}}\right| \leqslant B_u^{\mathrm{dl,bs}},\ \forall u \tag{5.148c}$$

$$\left|\mathcal{B}_u^{\mathrm{dl,ut}}\right| \leqslant B_u^{\mathrm{dl,ut}},\ \forall u \tag{5.148d}$$

$$\sum_{u=0}^{U-1}\left|\mathcal{B}_u^{\mathrm{dl,bs}}\right| \leqslant B^{\mathrm{dl,bs}} \tag{5.148e}$$

式中，$B_u^{\mathrm{dl,bs}}$、$B_u^{\mathrm{dl,ut}}$ 和 $B^{\mathrm{dl,bs}}$ 分别为用户 u 的最大允许下行发送、接收波束数目和基站侧下行所允许的最大波束数目。注意到通过调整所允许的波束数目可以控制毫米波/太赫兹大规模 MIMO 传输所需的射频链路数目。

问题 (5.143) 中的目标函数 $R^{\mathrm{dl,epa}}$ 包含求期望运算，且波束调度为组合优化问题。因此，问题 (5.148) 的求解对于具有大量天线和用户数目的毫米波/太赫兹大规模 MIMO 通信系统而言较为困难，其最优解通常只能通过复杂度较高的穷举搜索来获得。为了以较低的实现复杂度获取问题 (5.148) 的一个可行解，此处提供一个基于信道平均范数的贪婪波束调度算法。该算法受文献 [99] 启发，不同点在于此算法考虑了实际波束数目限制的约束条件。算法实现思想如下：在暂时激活所有用户侧波束的情形下，基站侧首先基于式 (5.140) 中定义的信道基站侧平均范数 $\omega_{u,m}^{\mathrm{bs}}$ 的排序来实施对不同用户的发送波束调度。紧接着，依据式 (5.141) 中定义的用户侧信道平均范数 $\omega_{u,k}^{\mathrm{ut}}$ 的排序来实施用户侧的接收波束调度。具体的贪婪波束调度算法描述见算法 5.5。

算法 5.5 下行贪婪波束调度算法

输入：用户集合 $\mathcal{U}$，波束域信道功率矩阵 $\{\boldsymbol{\Omega}_u : u \in \mathcal{U}\}$。

输出：下行波束调度模式 $\{\mathcal{B}_u^{\mathrm{dl,bs}}, \mathcal{B}_u^{\mathrm{dl,ut}} : u \in \mathcal{U}\}$。

1: 对于所有用户 u，初始化基站侧波束调度集合为 $\mathcal{B}_u^{\mathrm{dl,bs}} = \varnothing$，已遍历波束集合为 $\mathcal{B}_u^{\mathrm{sel,bs}} = \varnothing$，未调度波束集合为 $\mathcal{B}^{\mathrm{uns,bs}} = \{0, 1, \cdots, M-1\}$，$R = 0$。

2: 对于所有用户 u，设置 $\mathcal{B}_u^{\mathrm{dl,ut}} = \{0, 1, \cdots, K-1\}$。

3: **while** $u \leqslant U-1$ 且 $\left|\mathcal{B}^{\mathrm{uns,bs}}\right| > M - B^{\mathrm{dl,bs}}$ **do**。

4: 选择发送波束 $m' = \underset{m \in \mathcal{B}^{\mathrm{uns,bs}} \setminus \mathcal{B}_u^{\mathrm{sel,bs}}}{\arg\max} \ \omega_{u,m}^{\mathrm{bs}}$，设置 $\mathcal{B}_u^{\mathrm{sel,bs}} \leftarrow \mathcal{B}_u^{\mathrm{sel,bs}} \cup \{m'\}$，更新 $\mathcal{B}_u^{\mathrm{dl,bs}} \leftarrow \mathcal{B}_u^{\mathrm{dl,bs}} \cup \{m'\}$，利用式 (5.146) 计算速率：$R_{\mathrm{temp}} = R^{\mathrm{dl,epa}}$。

5: **if** $R_{\mathrm{temp}} > R$ **then**

6: 更新速率值为 $R = R_{\mathrm{temp}}$，未调度波束集合为 $\mathcal{B}^{\mathrm{uns,bs}} \leftarrow \mathcal{B}^{\mathrm{uns,bs}} \setminus \{m'\}$。

7: **else**

8: 更新基站侧波束调度集合为 $\mathcal{B}_u^{\mathrm{dl,bs}} \leftarrow \mathcal{B}_u^{\mathrm{dl,bs}} \setminus \{m'\}$。

9: **end if**

10: **if** $\left|\mathcal{B}_u^{\mathrm{dl,bs}}\right| \geqslant B_u^{\mathrm{dl,bs}}$ 或 $\left|\mathcal{B}_u^{\mathrm{sel,bs}}\right| \geqslant \left|\mathcal{B}^{\mathrm{uns,bs}}\right|$ **then**

11: 更新用户标号为 $u \leftarrow u + 1$。

12: **end if**

13: **end while**

14: 对于所有用户 u，设置用户侧波束调度集合为 $\mathcal{B}_u^{\mathrm{dl,ut}} = \varnothing$，用户侧未调度波束集合为 $\mathcal{B}_u^{\mathrm{uns,ut}} = \{0, 1, \cdots, K-1\}$，初始化变量：$u = 0$，$R = 0$。

15: **while** $u \leqslant U - 1$ **do**

16: 选择接收波束 $k' = \underset{k \in \mathcal{B}_u^{\mathrm{uns,ut}}}{\arg\max} \ \omega_{u,k}^{\mathrm{ut}}$，设置 $\mathcal{B}_u^{\mathrm{uns,ut}} \leftarrow \mathcal{B}_u^{\mathrm{uns,ut}} \setminus \{k'\}$，更新 $\mathcal{B}_u^{\mathrm{dl,ut}} \leftarrow \mathcal{B}_u^{\mathrm{dl,ut}} \cup \{k'\}$，利用式 (5.146) 计算速率：$R_{\mathrm{temp}} = R^{\mathrm{dl,epa}}$。

17: **if** $R_{\mathrm{temp}} > R$ **then**

18: 更新速率值为 $R = R_{\mathrm{temp}}$。

19: **else**

20: 更新用户侧波束调度集合为 $\mathcal{B}_u^{\text{dl,ut}} \leftarrow \mathcal{B}_u^{\text{dl,ut}} \backslash \{k'\}$。
21: **end if**
22: **if** $\left|\mathcal{B}_u^{\text{dl,ut}}\right| \geqslant B_u^{\text{dl,ut}}$ 或 $\left|\mathcal{B}_u^{\text{uns,ut}}\right| \leqslant 0$ **then**
23: 更新用户标号为 $u \leftarrow u+1$。
24: **end if**
25: **end while**

2. 上行波束分多址传输

上面研究了基于逐波束同步的下行波束分多址传输，本节着重研究基于逐波束同步的上行波束分多址传输。对于上行波束分多址，不同用户通过互相不重叠的基站侧接收波束实现多址传输，相应的上行检测在各用户分配的接收波束上分别进行，与传统的多用户检测相比可以大幅地降低上行检测的实现复杂度。

记上行波束分多址传输中用户 u 分配到的基站侧波束集合为 $\mathcal{B}_u^{\text{ul,bs}}$，那么由式 (5.137) 可得，在第 ℓ 个传输块中基站侧在用户 u 分配波束集合上的接收信号表达式为

$$\begin{aligned}\overline{\boldsymbol{y}}_{u,\ell}^{\text{ul}} &- \left[\overline{\boldsymbol{y}}_{\ell}^{\text{ul}}\right]_{\mathcal{B}_u^{\text{ul,bs}}} \\ &= \left[\overline{\boldsymbol{G}}_{u,\ell}^{\text{ul,per}}\right]_{\mathcal{B}_u^{\text{ul,bs}},:} \overline{\boldsymbol{x}}_{u,\ell}^{\text{ul}} + \sum_{u'\neq u}\left[\overline{\boldsymbol{G}}_{u',\ell}^{\text{ul,per}}\right]_{\mathcal{B}_u^{\text{ul,bs}},:} \overline{\boldsymbol{x}}_{u',\ell}^{\text{ul}} + \left[\overline{\boldsymbol{z}}_{\ell}^{\text{ul}}\right]_{\mathcal{B}_u^{\text{ul,bs}}} \in \mathbb{C}^{\left|\mathcal{B}_u^{\text{ul,bs}}\right|\times 1}\end{aligned} \tag{5.149}$$

式中，为了表达简洁而省略了子载波标号，$\overline{\boldsymbol{z}}_{\ell}^{\text{ul}}$ 为上行传输噪声，其分布特性为 $\mathcal{CN}\left(\boldsymbol{0}, \sigma^{\text{ul}}\boldsymbol{I}_M\right)$；$\overline{\boldsymbol{x}}_{u,\ell}^{\text{ul}}$ 为用户 u 的上行波束域发送信号。

与下行波束分多址传输类似，上行波束分多址传输中所有用户的信号传输均在波束域实施，即上行波束域发送协方差矩阵为对角矩阵。此处侧重研究上行波束调度问题，并假定在各用户所调度的上行发送波束间实施等功率分配 [234]。

假定用户侧分别能够获取各自的统计信道信息而基站侧能够获取各用户在其调度波束上的上行瞬时信道信息①，相应的等功率分配情形下的上行遍历可达和速率表达式如下：

$$R^{\text{ul,epa}} = \sum_{u=0}^{U-1} R_u^{\text{ul,epa}} \tag{5.150}$$

① 实施逐波束同步后的信道等效多普勒频率扩展被显著降低，因此通过用户间导频复用可以使得基站侧获取较为准确的上行瞬时信道信息。相应的上行导频开销仅随着用户侧调度波束数目线性增长，而该数目在毫米波/太赫兹大规模 MIMO 系统中通常远小于用户侧天线数目。

式中

$$R_u^{\mathrm{ul,epa}} = E\left\{\log_2 \frac{\det\left(\boldsymbol{I} + \sum_{u'=0}^{U-1} \frac{\frac{P_{u'}^{\mathrm{ul}}}{\sigma^{\mathrm{ul}}}}{\left|\mathcal{B}_{u'}^{\mathrm{ul,ut}}\right|} \left[\overline{\boldsymbol{G}}_{u',\ell}^{\mathrm{ul,per}}\right]_{\mathcal{B}_u^{\mathrm{ul,bs}},\mathcal{B}_{u'}^{\mathrm{ul,ut}}} \left[\overline{\boldsymbol{G}}_{u',\ell}^{\mathrm{ul,per}}\right]_{\mathcal{B}_u^{\mathrm{ul,bs}},\mathcal{B}_{u'}^{\mathrm{ul,ut}}}^{\mathrm{H}}\right)}{\det\left(\boldsymbol{I} + \sum_{u'\neq u} \frac{\frac{P_{u'}^{\mathrm{ul}}}{\sigma^{\mathrm{ul}}}}{\left|\mathcal{B}_{u'}^{\mathrm{ul,ut}}\right|} \left[\overline{\boldsymbol{G}}_{u',\ell}^{\mathrm{ul,per}}\right]_{\mathcal{B}_u^{\mathrm{ul,bs}},\mathcal{B}_{u'}^{\mathrm{ul,ut}}} \left[\overline{\boldsymbol{G}}_{u',\ell}^{\mathrm{ul,per}}\right]_{\mathcal{B}_u^{\mathrm{ul,bs}},\mathcal{B}_{u'}^{\mathrm{ul,ut}}}^{\mathrm{H}}\right)}\right\} \tag{5.151}$$

用户 u 的上行遍历可达和速率；$\mathcal{B}_u^{\mathrm{ul,ut}}$ 为用户 u 的上行发送波束调度集合；P_u^{ul} 为用户 u 的上行发送总功率。相应的上行波束调度问题陈述如下：

$$\underset{\left\{\mathcal{B}_u^{\mathrm{ul,bs}},\mathcal{B}_u^{\mathrm{ul,ut}}:u\in\mathcal{U}\right\}}{\text{maximize}} \quad R^{\mathrm{ul,epa}} \tag{5.152a}$$

$$\text{s.t.} \quad \mathcal{B}_u^{\mathrm{ul,bs}} \cap \mathcal{B}_{u'}^{\mathrm{ul,bs}} = \varnothing,\ \forall u \neq u' \tag{5.152b}$$

$$\left|\mathcal{B}_u^{\mathrm{ul,bs}}\right| \leqslant B_u^{\mathrm{ul,bs}},\ \forall u \tag{5.152c}$$

$$\left|\mathcal{B}_u^{\mathrm{ul,ut}}\right| \leqslant B_u^{\mathrm{ul,ut}},\ \forall u \tag{5.152d}$$

$$\sum_{u=0}^{U-1} \left|\mathcal{B}_u^{\mathrm{ul,bs}}\right| \leqslant B^{\mathrm{ul,bs}} \tag{5.152e}$$

式中，$B_u^{\mathrm{ul,bs}}$、$B_u^{\mathrm{ul,ut}}$ 和 $B^{\mathrm{ul,bs}}$ 分别为用户 u 的最大允许上行接收、发送波束数目和基站侧上行传输所允许的最大波束数目。

式 (5.152) 中的上行波束调度问题与式 (5.148) 中的下行波束调度问题结构相类似。因此，通过对下行波束调度算法中目标函数的改变和适当的算法调整，基于信道平均范数的贪婪上行波束调度算法也可以类似地得到。此处为了行文简洁而略去了上行调度算法的实现细节。

5.3.3 数值仿真

本节中给出仿真结果来评估毫米波/太赫兹大规模 MIMO 波束分多址传输架构下逐波束时频同步的性能。仿真中选取 30 GHz 和 300 GHz 两种典型毫米波/太赫兹工作频点。对于 30 GHz 和 300 GHz 载频，基站侧分别配置天线数目为 128 和 256 的半波长均匀线阵。用户数目设置为 $U = 20$。系统 OFDM 参数设置如下：子载波数目为 $N_{\mathrm{us}} = 2048$，循环前缀长度为 $N_{\mathrm{cp}} = 144$，子载波间隔为 75 kHz。仿真中信道生成采用目前毫米波传输文献 [231] 中普遍使用的方法。仿真中不考虑信道路径损耗和阴影衰落，且仅考虑无直达径传播场景。此外，不同用户具有相同的信道时延扩展和角度扩展，且信道时延扩展和每一径角度扩展 [235] 值分别为 0.77 μs 和 2°。波束分多址传输中各用户的最大允许调度波束数目为 6，基站侧最大允许的总波束调度数目为 40，波束调度采用算法 5.5 中列出的贪婪算法以降低实现复杂度。采用文献 [99] 中的导频复用方案，接收端各用户链路分别依据调度波束上接收到的导频信号实施 LS 信道估计。

基于上述设置，评估传统天线域同步 (仿真图中标注为 Antenna) 和本节所提出的逐波束同步 (仿真图中标注为 Beam) 对导频段信道估计性能的影响，此外，选取加性高斯白噪声信道 (仿真图中标注为 Ideal) 的信道估计性能作为仿真对比基准。图 5.12 中给出了 30 GHz 载频下，用户侧配置 32 天线半波长均匀线阵时的信道估计性能。仿真结果表明，本节所提出的逐波束时频同步相对于传统天线域同步能够提升信道估计性能。在多普勒扩展受限的高移动性以及高信噪比场景下，逐波束同步的性能增益尤为明显。图 5.13 中给出了 300 GHz 载频下，用户侧配置 128 天线半波长均匀线阵时的信道估计性能。仿真结果与 30 GHz 载频仿真结果相类似。此外，由于 300 GHz 载频下多普勒效应的加剧，逐波束同步相对于天线域同步的性能增益更为显著。

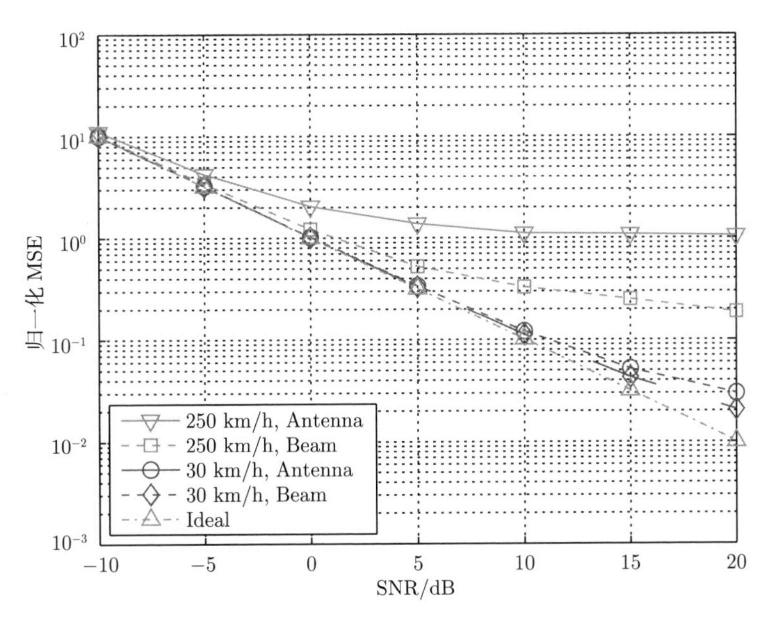

图 5.12 载频为 30 GHz，用户侧天线数目为 32 时各种典型移动速度下基于天线域同步与逐波束同步的导频段信道估计性能对比图

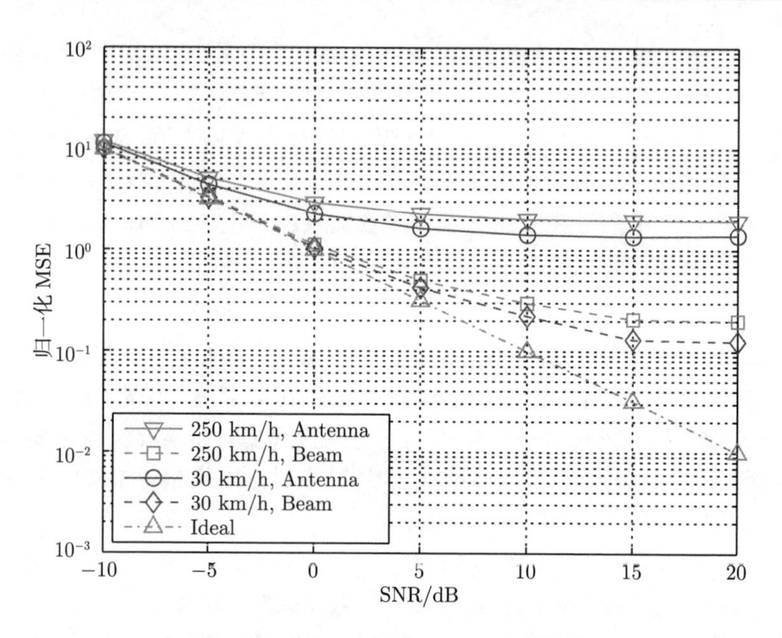

图 5.13 载频为 300 GHz，用户侧天线数目为 128 时各种典型移动速度下基于天线域同步与逐波束同步的导频段信道估计性能对比图

图 5.14 中给出了 30 GHz 载频，250 km/h 移动速度下在用户侧配置不同天线数目 K 时的信道估计性能。仿真结果表明，传统天线域同步后的信道估计性能不随着天线数目的变化而明显变化，而逐波束同步后的信道估计性能随着用户侧配置天线数目的增大而提升，且在多普勒扩展受限的高信噪比场景下增益较为明显。这与 命题 5.1 的结论是一致的。图 5.15 中给出了 300 GHz 载频，250 km/h 移动速度下在用户侧配置不同天线数目 K 时的信道估计性能，仿真结果与 30 GHz 载频下的结果类似。

图 5.16 中给出了 30 GHz 载频下，用户侧配置 32 天线半波长均匀线阵时基于天线域同步和逐波束同步下采用 QPSK 调制的平均误比特率性能对比。仿真结果表明，在波束分多址传输框架下，本节所提出的逐波束同步相比传统的天线域同步在典型移动速度下均能够显著地提升无线传输 BER 性能。图 5.17 中给出了 300 GHz 载频下，用户侧配置 128 天线半波长均匀线阵时基于天线域同步和逐波束同步下采用 QPSK 调制的平均 BER 性能对比。仿真结果表明，在 300 GHz 载频，30 km/h 以上的移动速度下，本节所提出的逐波束同步仍然能够提供可靠的无线传输性能，而传统的天线域同步方法已无法可靠工作。上述仿真结果均表明了本节所提出的逐波束同步方法能够显著地提升对毫米波/太赫兹信道下用户终端移动性的支持。

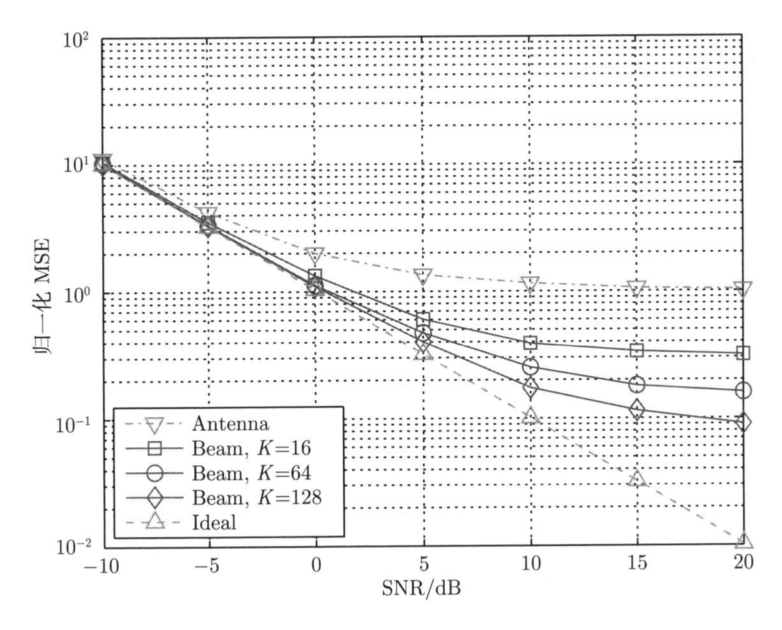

图 5.14 载频为 30 GHz，移动速度为 250 km/h 时各种用户侧配置天线数目下基于天线域同步与逐波束同步的导频段信道估计性能对比图

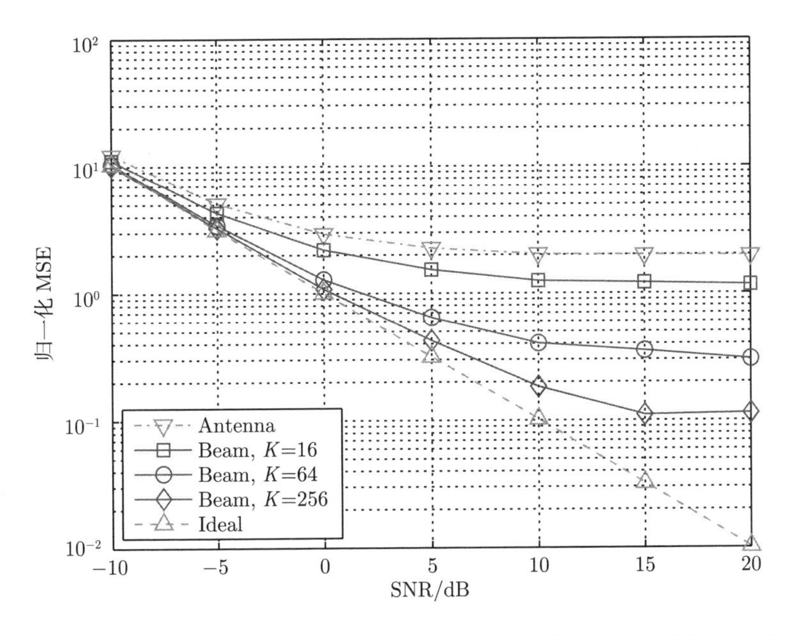

图 5.15 载频为 300 GHz，移动速度为 250 km/h 时各种用户侧配置天线数目下基于天线域同步与逐波束同步的导频段信道估计性能对比图

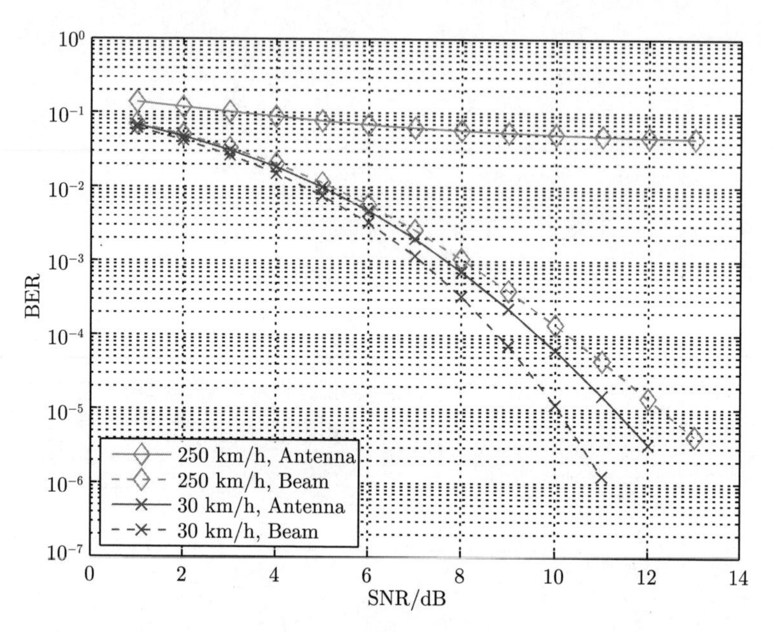

图 5.16　载频为 30 GHz 时基于天线域同步与逐波束同步下采用 QPSK 调制的 BER 性能对比图

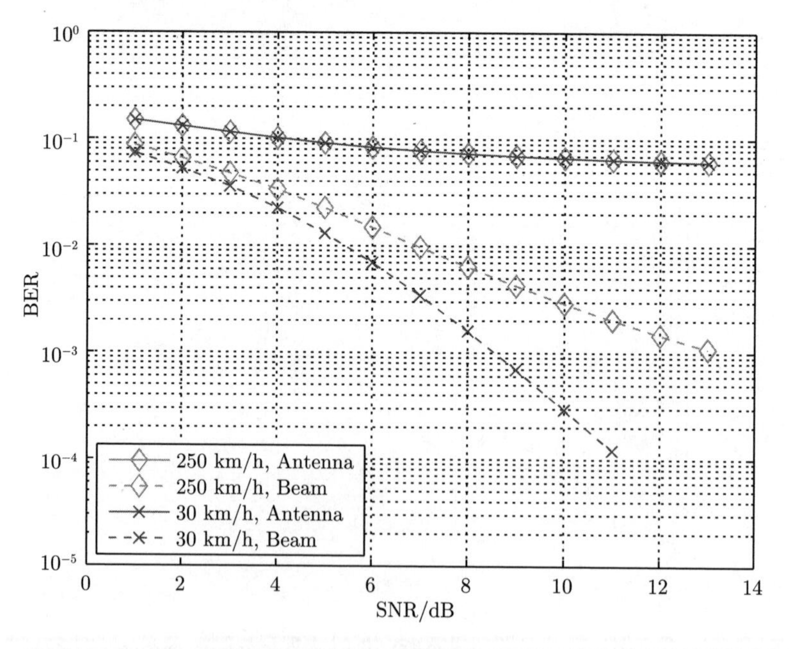

图 5.17　载频为 300 GHz 时基于天线域同步与逐波束同步下采用 QPSK 调制的 BER 性能对比图

5.3.4　小结

本节针对高移动性下毫米波/太赫兹大规模 MIMO 无线通信系统提出了一种基于逐波束时频同步的波束分多址传输理论方法。首先，基于大规模 MIMO 波束域物理信道模型，证明了当基站侧与用户侧配置天线数目均足够大时，波束域信道元素包络趋于不随时间和频率起伏。基于这一波束域信道特征，本节提出了一种逐波束时频同步方法，从理论上证明了该方法相比传统的天线域同步方法能够同时减小信道的时延扩展和多普勒频率扩展，且缩减因子近似等于用户端天线数目。利用本节所提出的逐波束同步方法能够有效地缓解毫米波/太赫兹信道下严重的多普勒效应，并能减小系统循环前缀开销。最后，将本节所提出的逐波束同步方法应用于大规模 MIMO 波束分多址传输中，研究了基站侧与用户端射频链路数目受限情形下的波束调度问题，并提出了一种基于波束域信道统计特征的贪婪波束调度算法。典型移动场景下的数值仿真结果表明，在波束分多址传输框架下，本节所提出的逐波束同步方法相比传统的天线域同步方法能够显著地降低波束域信道的多径效应和多普勒效应，提升其导频复用信道估计性能和无线传输性能，进而提升对毫米波/太赫兹信道下用户终端移动性的支持。

5.4　大规模 MIMO 下行鲁棒预编码传输方法

5.4.1　概述

大规模 MIMO 下行链路高效传输是大规模 MIMO 应用中的一个关键问题。文献中常用的衡量大规模 MIMO 下行链路性能的指标是加权遍历和速率。为降低用户间干扰以及提升加权遍历和速率性能，在基站端需要合理设计各用户线性预编码矩阵。如何设计预编码则取决于基站端能获得的信道状态信息。当基站端具有完美信道状态信息时，迭代 WMMSE[88–91] 方法是文献中一个被广泛使用的预编码方法，并且能够收敛到最大化加权和速率优化问题的局部最优解。当基站侧具有仅包含信道方差信息的统计信道状态信息时，有直接针对大规模 MIMO 系统的 BDMA 传输方法 [99] 和 JSDM 方法 [92]。在 BDMA 传输方法中，基站通过多个不同的波束同时服务多个用户。在 JSDM 方法中，具有相似信道协方差特征空间的用户被分为同一组。当所有用户的信道都为准静态时，迭代 WMMSE 方法可以被用来设计大规模 MIMO 下行链路的预编码。相反，当所有用户的移动速度较快时，则可以使用 BDMA 传输和 JSDM 方法。

实际大规模 MIMO 系统中，由于信道估计误差、信道变化以及其他因素的影响，通常基站侧不能获得完美的信道状态信息。进一步，不同的用户通常具有不同的移动速度。因此，实际中上述两类方法都很可能无法使用。因此，人们自然要问，是否存在一个统一的对于非完美信道状态信息鲁棒的大规模 MIMO 链路下行线性预编码方法 [209]。本节的目标就是回答这个重要问题。考虑一个大规模 MIMO 下行链路，其基站可获得的关于每一用户的先验信道状态信息可以表示为一个仅具有信道方差信息的联合相关模型。经过信道估计，可将基站能获得的关于每一个用户的后验信道状态信息建模为具有信道均值和方差信息的联合相关模型。假设用户端可获得具有各自预编码域等效信道矩阵的完美信道状态信息。将每一个用户的总干扰噪声视作高斯噪声，并假设已知其协方差矩阵。本节预编码设计的目标是最大化所考虑下行链路的期望加权和速率。

本节提出利用 MM 算法 [236,237] 来解决最大化期望加权和速率问题。MM 算法原理是将一个复杂优化问题转化为迭代优化一个简单问题 [236]，是文献中常用的获得复杂优化问题局部最优点的方法。首先，受统计 WMMSE 方法启发，可以获得目标函数的凸二次型 minorizing 函数，进而可以应用 MM 算法。本节所获得替代问题的最优解需要根据建立的信道后验统计模型来求多个随机矩阵的期望值。然后，为计算出最优解，应用自由确定性等同方法 [158] 获得所需随机矩阵期望的确定性等同。最后，根据所获得的随机矩阵期望近似，推导出基于确定性等同的鲁棒线性预编码设计算法。

5.4.2 系统模型和问题陈述

1. 系统模型

考虑一块平坦衰落大规模 MIMO 系统，其信道在 T 个符号间隔内保持不变。该系统由一个基站和 K 个用户构成。基站的天线数量为 M_t。第 k 个用户的天线数为 M_k 且 $\sum_{k=1}^{K} M_k = M_r$。将时间资源分为若干时隙，每一个时隙包括 N_b 块。本节中所考虑大规模 MIMO 系统工作于 TDD 模式。所得结果可以很容易地应用于 FDD 模型。简便起见，假设只存在上行训练阶段和下行传输阶段。在每一个时隙中，只在第一块传输上行导频序列。第 2 至第 N_b 块则用于下行传输。上行训练序列的长度为块的长度，即 T 个符号间隔。进一步，对于不同的上行发送天线使用互相正交的序列 ($M_r \leqslant T$)。图 5.18 中画出了本节所用时隙结构。

假设系统信道为平稳信道且每一个子信道可以表示为联合相关信道模型 [4]。具体来说，基站和第 K 个用户间在第 m 时隙第 n 块上的信道有如下结构：

$$\boldsymbol{H}_{k,m,n} = \boldsymbol{U}_k(\boldsymbol{M}_k \odot \boldsymbol{W}_{k,m,n})\boldsymbol{V}_k^{\mathrm{H}} \tag{5.153}$$

式中，$\boldsymbol{U}_k$ 和 $\boldsymbol{V}_k$ 为确定酉矩阵；$\boldsymbol{M}_k$ 为一个由非负元素组成的 $M_k \times M_t$ 确定矩阵；$\boldsymbol{W}_{k,m,n}$ 为一个由独立同分布、零均值、单位方差复高斯随机变量元素组成的矩阵。在大规模 MIMO 系统里，M_t 可以变得非常大。此时，$\boldsymbol{V}_k$ 可以假设为不

依赖于 k，即所有用户的 $\boldsymbol{V}_k$ 相同。本节假设基站端配备均匀线性天线阵列并且天线数量 M_t 非常大。在这种场景下，每一个用户的 $\boldsymbol{V}_k$ 可以近似为一 DFT 矩阵[14, 99, 184]。综上所述，式 (5.153) 中的信道模型可以重写为

$$\boldsymbol{H}_{k,m,n} = \boldsymbol{U}_k(\boldsymbol{M}_k \odot \boldsymbol{W}_{k,m,n})\boldsymbol{V}_{M_t}^{\mathrm{H}} \tag{5.154}$$

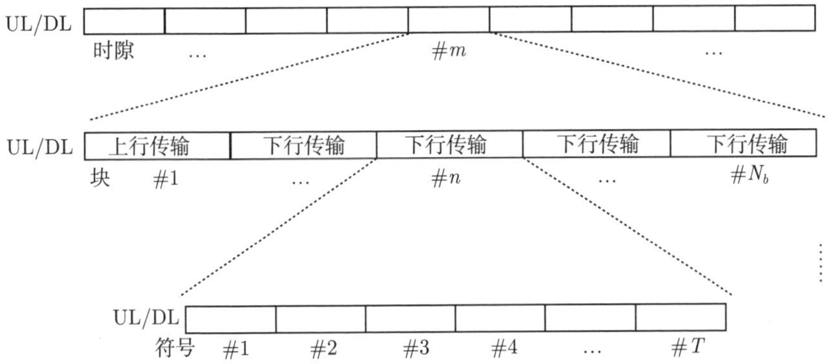

图 5.18 时隙结构

式中，$\boldsymbol{V}_{M_t}$ 表示一个 $M_t \times M_t$ 维 DFT 矩阵。式 (5.154) 中信道模型可以看作信道估计前信道的先验 (a priori) 模型。和文献 [238]～[240] 中一样，将信道在块与块之间的时间演变用一阶 Gauss-Markov 随机模型表示为

$$\boldsymbol{H}_{k,m,n+1} = \alpha_k \boldsymbol{H}_{k,m,n} + \sqrt{1-\alpha_k^2}\boldsymbol{U}_k(\boldsymbol{M}_k \odot \boldsymbol{W}_{k,m,n+1})\boldsymbol{V}_{M_t}^{\mathrm{H}} \tag{5.155}$$

式中，α_k 是和用户移动速度有关的时间相关系数。文献 [239] 给出了一个常用的基于 Jakes 自相关模型的 α_k 的计算方法，即 $\alpha_k = J_0(2\pi v_k f_c T/c)$，其中 $J_0(\cdot)$ 表示第一类零阶 Bessel 函数，v_k 表示第 k 个用户的移动速度，f_c 表示载波频率，c 为光速。

定义信道耦合矩阵 $\boldsymbol{\Omega}_k$ 为 $\boldsymbol{\Omega}_k = \boldsymbol{M}_k \odot \boldsymbol{M}_k$，并假设基站端通过信道测量获得 $\boldsymbol{U}_k$ 和 $\boldsymbol{\Omega}_k$。通过信道互易性，可从接收到的上行导频符号中获得下行传输信道的信道状态信息 [8]。

令 $\boldsymbol{Y}_{m,1}^{\mathrm{BS}} \in \mathbb{C}^{M_t \times T}$ 表示基站在时隙 m 第一块上的接收矩阵。可以将其写为

$$\boldsymbol{Y}_{m,1}^{\mathrm{BS}} = \sum_{k=1}^{K} \boldsymbol{H}_{k,m,1}^{\mathrm{T}} \boldsymbol{X}_{k,m,1}^{\mathrm{UE}} + \boldsymbol{Z}_{m,1}^{\mathrm{BS}} \tag{5.156}$$

式中，$\boldsymbol{X}_{k,m,1}^{\mathrm{UE}} \in \mathbb{C}^{M_k \times T}$ 表示第 k 个用户在时隙 m 上第一块内的上行导频矩阵；$\boldsymbol{Z}_{m,1}^{\mathrm{BS}} \in \mathbb{C}^{M_t \times T}$ 表示上行接收噪声随机矩阵，其元素为均值为零、方差为 σ_{BS}^2 且独立同分布的复高斯随机变量。

接下来，将基站侧给定 $\boldsymbol{Y}_{m,1}^{\mathrm{BS}}$ 时每一个用户的后验信道状态信息建模为包含信道均值和方差信息的联合相关模型。将接收矩阵 $\boldsymbol{Y}_{m,1}^{\mathrm{BS}}$ 向量化，可得

$$\mathrm{vec}(\boldsymbol{Y}_{m,1}^{\mathrm{BS}}) = \sum_{k=1}^{K}\left((\boldsymbol{X}_{k,m,1}^{\mathrm{UE}})^{\mathrm{T}} \otimes \boldsymbol{I}_{M_t}\right)\mathrm{vec}(\boldsymbol{H}_{k,m,1}^{\mathrm{T}}) + \mathrm{vec}(\boldsymbol{Z}_{m,1}^{\mathrm{BS}}) \tag{5.157}$$

令 $\boldsymbol{K}_{k,m,1}$ 表示 $\mathrm{vec}(\boldsymbol{H}_{k,m,1}^{\mathrm{T}})$ 的协方差矩阵。由式 (5.154)，接着可得

$$\begin{aligned}\boldsymbol{K}_{k,m,1} &= E\left\{\mathrm{vec}(\boldsymbol{H}_{k,m,1}^{\mathrm{T}})\mathrm{vec}(\boldsymbol{H}_{k,m,1}^{\mathrm{T}})^{\mathrm{H}}\right\} \\ &= (\boldsymbol{U}_k \otimes \boldsymbol{V}_{M_t}^{*})\mathrm{diag}(\mathrm{vec}(\boldsymbol{\Omega}_k^{\mathrm{T}}))(\boldsymbol{U}_k^{\mathrm{H}} \otimes \boldsymbol{V}_{M_t}^{\mathrm{T}})\end{aligned} \tag{5.158}$$

令 $\hat{\boldsymbol{H}}_{k,m,n}^{\mathrm{T}}$ 表示给定 $\boldsymbol{Y}_{m,1}^{\mathrm{BS}}$ 时 $\boldsymbol{H}_{k,m,n}^{\mathrm{T}}$ 的 MMSE 估计，则 $\hat{\boldsymbol{H}}_{k,m,n}$ 为 $\boldsymbol{H}_{k,m,n}^{\mathrm{T}}$ 在给定 $\boldsymbol{Y}_{m,1}^{\mathrm{BS}}$ 时的条件均值，即

$$\hat{\boldsymbol{H}}_{k,m,n}^{\mathrm{T}} = E\left\{\boldsymbol{H}_{k,m,n}^{\mathrm{T}}|\boldsymbol{Y}_{m,1}^{\mathrm{BS}}\right\} \tag{5.159}$$

根据式 (5.154)、式 (5.155) 和式 (5.157)，接着可得

$$\begin{aligned}&\mathrm{vec}(\hat{\boldsymbol{H}}_{k,m,n}^{\mathrm{T}}) \\ =&\alpha_k^{n-1}\boldsymbol{K}_{k,m,1}\left((\boldsymbol{X}_{k,m,1}^{\mathrm{UE}})^{*} \otimes \boldsymbol{I}_{M_t}\right) \\ &\left(\sum_{k=1}^{K}\left((\boldsymbol{X}_{k,m,1}^{\mathrm{UE}})^{\mathrm{T}} \otimes \boldsymbol{I}_{M_t}\right)\boldsymbol{K}_{k,m,1}\left((\boldsymbol{X}_{k,m,1}^{\mathrm{UE}})^{*} \otimes \boldsymbol{I}_{M_t}\right) + \sigma_{\mathrm{BS}}^2\boldsymbol{I}\right)^{-1}\mathrm{vec}(\boldsymbol{Y}_{m,1}^{\mathrm{BS}})\end{aligned} \tag{5.160}$$

由于分配给不同发送天线的导频序列互相正交，可得 $\boldsymbol{X}_{k,m,1}^{\mathrm{UE}}(\boldsymbol{X}_{k,m,1}^{\mathrm{UE}})^{\mathrm{H}} = \boldsymbol{I}_{M_k}$ 和 $\boldsymbol{X}_{l,m,1}^{\mathrm{UE}}(\boldsymbol{X}_{k,m,1}^{\mathrm{UE}})^{\mathrm{H}} = \boldsymbol{0}$，$l \neq k$。利用上述条件，可以将式 (5.160) 重写为

$$\mathrm{vec}(\hat{\boldsymbol{H}}_{k,m,n}^{\mathrm{T}}) = \alpha_k^{n-1}\left(\boldsymbol{K}_{k,m,1} + \sigma_{\mathrm{BS}}^2\boldsymbol{I}\right)^{-1}\boldsymbol{K}_{k,m,1}\left((\boldsymbol{X}_{k,m,1}^{\mathrm{UE}})^{*} \otimes \boldsymbol{I}_{M_t}\right)\mathrm{vec}(\boldsymbol{Y}_{m,1}^{\mathrm{BS}}) \tag{5.161}$$

将式 (5.158) 代入式 (5.161)，可得

$$\begin{aligned}\mathrm{vec}(\hat{\boldsymbol{H}}_{k,m,n}^{\mathrm{T}}) =&\alpha_k^{n-1}(\boldsymbol{U}_k \otimes \boldsymbol{V}_{M_t}^{*})\left(\mathrm{diag}(\mathrm{vec}(\boldsymbol{\Omega}_k^{\mathrm{T}})) + \sigma_{\mathrm{BS}}^2\boldsymbol{I}\right)^{-1}\mathrm{diag}(\mathrm{vec}(\boldsymbol{\Omega}_k^{\mathrm{T}})) \\ &\left(\boldsymbol{U}_k^{\mathrm{H}}(\boldsymbol{X}_{k,m,1}^{\mathrm{UE}})^{*} \otimes \boldsymbol{V}_{M_t}^{\mathrm{T}}\right)\mathrm{vec}(\boldsymbol{Y}_{m,1}^{\mathrm{BS}})\end{aligned} \tag{5.162}$$

令 $\boldsymbol{\Delta}_k$ 表示一矩阵，其元素定义为

$$[\boldsymbol{\Delta}_k]_{i,j} = \frac{[\boldsymbol{M}_k]_{i,j}^2}{[\boldsymbol{M}_k]_{i,j}^2 + \sigma_{\mathrm{BS}}^2} \tag{5.163}$$

接着，将式 (5.162) 重新表达为

$$\mathrm{vec}(\hat{\boldsymbol{H}}_{k,m,n}^{\mathrm{T}}) = \alpha_k^{n-1}(\boldsymbol{U}_k \otimes \boldsymbol{V}_{M_t}^*)\mathrm{diag}(\mathrm{vec}(\boldsymbol{\Delta}_k^{\mathrm{T}}))\left(\boldsymbol{U}_k^{\mathrm{H}}(\boldsymbol{X}_{k,m,1}^{\mathrm{UE}})^* \otimes \boldsymbol{V}_{M_t}^{\mathrm{T}}\right)\mathrm{vec}(\boldsymbol{Y}_{m,1}^{\mathrm{BS}}) \tag{5.164}$$

式 (5.157) 和式 (5.164)，可得随机向量 $\mathrm{vec}(\boldsymbol{H}_{k,m,n}^{\mathrm{T}})$ 在给定 $\boldsymbol{Y}_{m,1}^{\mathrm{BS}}$ 时的后验分布为一个多元高斯分布，其方差矩阵为

$$\begin{aligned}&E\left\{(\mathrm{vec}(\boldsymbol{H}_{k,m,n}^{\mathrm{T}}) - \mathrm{vec}(\hat{\boldsymbol{H}}_{k,m,n}^{\mathrm{T}}))(\mathrm{vec}(\boldsymbol{H}_{k,m,n}^{\mathrm{T}}) - \mathrm{vec}(\hat{\boldsymbol{H}}_{k,m,n}^{T}))^{\mathrm{H}}|\boldsymbol{Y}_{m,1}^{\mathrm{BS}}\right\}\\&=(\boldsymbol{U}_k \otimes \boldsymbol{V}_{M_t}^*)\mathrm{diag}(\mathrm{vec}(\boldsymbol{\varXi}_{k,m,n}^{\mathrm{T}} \odot \boldsymbol{\varXi}_{k,m,n}^{\mathrm{T}}))(\boldsymbol{U}_k^{\mathrm{H}} \otimes \boldsymbol{V}_{M_t}^{\mathrm{T}})\end{aligned} \tag{5.165}$$

式中，矩阵 $\boldsymbol{\varXi}_{k,m,n} \in \mathbb{C}^{M_k \times M_t}$ 中元素为

$$[\boldsymbol{\varXi}_{k,m,n}]_{i,j}^2 = [\boldsymbol{M}_k]_{i,j}^2 - \alpha^{2(n-1)}\ \frac{[\boldsymbol{M}_k]_{i,j}^4}{[\boldsymbol{M}_k]_{i,j}^2 + \sigma_{\mathrm{BS}}^2} \tag{5.166}$$

最后，可得给定 $\boldsymbol{Y}_{m,1}^{\mathrm{BS}}$ 时 $\boldsymbol{H}_{k,m,n}$ 的后验 (a posteriori) 模型为

$$\boldsymbol{H}_{k,m,n} = \hat{\boldsymbol{H}}_{k,m,n} + \boldsymbol{U}_k(\boldsymbol{\varXi}_{k,m,n} \odot \boldsymbol{W}_{k,m,n})\boldsymbol{V}_{M_t}^{\mathrm{H}} \tag{5.167}$$

式中，$\boldsymbol{W}_{k,m,n}$ 为一个由独立同分布、零均值、单位方差复高斯随机变量元素组成的矩阵，$\hat{\boldsymbol{H}}_{k,m,n}$ 由式 (5.164) 给出，为

$$\hat{\boldsymbol{H}}_{k,m,n} = \alpha_k^{n-1}\boldsymbol{U}_k(\boldsymbol{\Delta}_k \odot \boldsymbol{U}_k^{\mathrm{H}}(\boldsymbol{X}_{k,m,1}^{\mathrm{UE}})^*(\boldsymbol{Y}_{m,1}^{\mathrm{BS}})^{\mathrm{T}}\boldsymbol{V}_{M_t})\boldsymbol{V}_{M_t}^{\mathrm{H}} \tag{5.168}$$

式 (5.167) 表示，基站侧可获得的每一个用户的非完美信道状态信息可以建模为包含信道均值和方差信息的联合相关模型，并且该模型包含了信道估计误差、信道变化和空间相关的影响。进一步，式 (5.167) 中描述的后验模型为不同移动场景下大规模 MIMO 系统基站侧可获得的非完美信道状态信息的一般模型。当 α_k 非常接近 1 时，其适于用户准静止时的通信场景。当 α_k 变得非常小时，其适于用户移动速度非常快的通信场景。进一步，此情形下 $\hat{\boldsymbol{H}}_{k,m,n}$ 变为接近零，并且式 (5.167) 中的后验模型和式 (5.154) 中的先验模型的差别变得非常小。根据用户不同的移动速度将 α_k 设为不同的值，本节所建立后验模型可以用来描述大规模 MIMO 多种典型移动通信场景下的信道模型。

2. 问题陈述

考虑时隙 m 上的下行传输。令 $\boldsymbol{x}_{k,m,n}$ 表示时隙 m 第 n 块上第 k 个用户的 $M_k \times 1$ 发送向量，其协方差矩阵为单位阵。在时隙 m 第 n 块上一个符号间隔内，第 k 个用户的接收信号 $\boldsymbol{y}_{k,m,n}$ 可以表示为

$$\boldsymbol{y}_{k,m,n} = \boldsymbol{H}_{k,m,n}\boldsymbol{P}_{k,m,n}\boldsymbol{x}_{k,m,n} + \boldsymbol{H}_{k,m,n}\sum_{l \neq k}^{K}\boldsymbol{P}_{l,m,n}\boldsymbol{x}_{l,m,n} + \boldsymbol{z}_{k,m,n} \tag{5.169}$$

式中，$\boldsymbol{P}_{k,m,n}$ 是第 k 个用户的 $M_t \times d_k$ 预编码矩阵；$\boldsymbol{z}_{k,m,n}$ 是一个分布为 $\mathcal{CN}(0, \sigma_z^2 \boldsymbol{I}_{M_k})$ 的复高斯随机噪声向量。

和 BDMA 传输 [99] 中一样，假设用户端从下行预编码域导频中获得具有各自等效信道矩阵 $\boldsymbol{H}_{k,m,n}\boldsymbol{P}_{k,m,n}$ 的完美信道状态信息。将每一个用户的总干扰噪声 $\boldsymbol{z}'_{k,m,n} = \boldsymbol{H}_{k,m,n} \sum\limits_{l \neq k}^{K} \boldsymbol{P}_{l,m,n}\boldsymbol{x}_{l,m,n} + \boldsymbol{z}_{k,m,n}$ 视作高斯噪声。令 $\boldsymbol{R}_{k,m,n}$ 表示 $\boldsymbol{z}'_{k,m,n}$ 的协方差矩阵，有

$$\boldsymbol{R}_{k,m,n} = \sigma_z^2 \boldsymbol{I}_{M_k} + \sum_{l \neq k}^{K} E_{\boldsymbol{H}_{k,m,n}} \left\{ \boldsymbol{H}_{k,m,n}\boldsymbol{P}_{l,m,n}\boldsymbol{P}_{l,m,n}^{\mathrm{H}}\boldsymbol{H}_{k,m,n}^{\mathrm{H}} \right\} \tag{5.170}$$

式中，期望函数 $E_{\boldsymbol{H}_{k,m,n}}\{\cdot\}$ 表示基于用户端长时统计信息对 $\boldsymbol{H}_{k,m,n}$ 的期望函数。根据信道互易性，用户端的长时统计信道信息和式 (5.154) 中给出的基站端长时统计信道信息一致。因此，期望函数 $E_{\boldsymbol{H}_{k,m,n}}\{\cdot\}$ 可以根据式 (5.154) 进行计算。假设第 k 个用户已知 $\boldsymbol{R}_{k,m,n}$，此时第 k 用户遍历速率可以表示为

$$\begin{aligned}
\mathcal{R}_{k,m,n} =& E_{\boldsymbol{H}_{k,m,n}|\boldsymbol{Y}_{m,1}^{\mathrm{BS}}} \left\{ \log\det\left(\boldsymbol{R}_{k,m,n} + \boldsymbol{H}_{k,m,n}\boldsymbol{P}_{k,m,n}\boldsymbol{P}_{k,m,n}^{\mathrm{H}}\boldsymbol{H}_{k,m,n}^{\mathrm{H}} \right) \right\} \\
& - \log\det\left(\boldsymbol{R}_{k,m,n}\right) \\
=& E_{\boldsymbol{H}_{k,m,n}|\boldsymbol{Y}_{m,1}^{\mathrm{BS}}} \left\{ \log\det\left(\boldsymbol{I}_{M_k} + \boldsymbol{R}_{k,m,n}^{-1}\boldsymbol{H}_{k,m,n}\boldsymbol{P}_{k,m,n}\boldsymbol{P}_{k,m,n}^{\mathrm{H}}\boldsymbol{H}_{k,m,n}^{\mathrm{H}} \right) \right\}
\end{aligned} \tag{5.171}$$

式中，$E_{\boldsymbol{H}_{k,m,n}|\boldsymbol{Y}_{m,1}^{\mathrm{BS}}}\{\cdot\}$ 表示根据式 (5.167) 中后验模型得出的对于 $\boldsymbol{H}_{k,m,n}$ 的条件期望函数。本节的目的是设计预编码矩阵 $\boldsymbol{P}_{1,m,n}, \boldsymbol{P}_{2,m,n}, \cdots, \boldsymbol{P}_{K,m,n}$ 使其最大化加权遍历和速率，即求解优化问题

$$\begin{cases}
(\boldsymbol{P}_{1,m,n}^{\diamond}, \boldsymbol{P}_{2,m,n}^{\diamond}, \cdots, \boldsymbol{P}_{K,m,n}^{\diamond}) = \underset{\boldsymbol{P}_{1,m,n},\cdots,\boldsymbol{P}_{K,m,n}}{\arg\max} \displaystyle\sum_{k=1}^{K} w_k \mathcal{R}_{k,m,n} \\
\text{s.t.} \displaystyle\sum_{k=1}^{K} \mathrm{tr}\boldsymbol{P}_{k,m,n}\boldsymbol{P}_{k,m,n}^{\mathrm{H}} \leqslant P
\end{cases} \tag{5.172}$$

式中，w_k 是第 k 用户的加权因子；P 为总功率约束。

5.4.3 基于确定性等同的鲁棒线性预编码设计

1. 用于预编码设计的 MM 算法

所有用户的加权和速率的期望值 $\sum\limits_{k=1}^{K} w_k \mathcal{R}_{k,m,n}$ 是关于预编码矩阵

$$\boldsymbol{P}_{1,m,n}, \boldsymbol{P}_{2,m,n}, \cdots, \boldsymbol{P}_{K,m,n} \tag{5.173}$$

极其复杂的函数，因此直接求解极其困难。下面将使用 MM 算法来找寻优化问题 (5.172) 的局部最优解。

令 $\boldsymbol{P}_{1,m,n}^{(d)},\boldsymbol{P}_{2,m,n}^{(d)},\cdots,\boldsymbol{P}_{K,m,n}^{(d)}$ 表示一族具有固定值的预编码矩阵，令 f 表示优化问题 (5.172) 的目标函数 $\sum\limits_{k=1}^{K} w_k\mathcal{R}_{k,m,n}$，并令

$$g(\boldsymbol{P}_{1,m,n},\boldsymbol{P}_{2,m,n},\cdots,\boldsymbol{P}_{K,m,n}|\boldsymbol{P}_{1,m,n}^{(d)},\boldsymbol{P}_{2,m,n}^{(d)},\cdots,\boldsymbol{P}_{K,m,n}^{(d)}) \tag{5.174}$$

表示预编码矩阵 $\boldsymbol{P}_{1,m,n},\boldsymbol{P}_{2,m,n},\cdots,\boldsymbol{P}_{K,m,n}$ 的实值函数，该函数的定义依赖于

$$\boldsymbol{P}_{1,m,n}^{(d)},\boldsymbol{P}_{2,m,n}^{(d)},\cdots,\boldsymbol{P}_{K,m,n}^{(d)} \tag{5.175}$$

若函数 g 满足条件

$$g(\boldsymbol{P}_{1,m,n},\boldsymbol{P}_{2,m,n},\cdots,\boldsymbol{P}_{K,m,n}) \leqslant f(\boldsymbol{P}_{1,m,n},\boldsymbol{P}_{2,m,n},\cdots,\boldsymbol{P}_{K,m,n}) \tag{5.176}$$

$$g(\boldsymbol{P}_{1,m,n}^{(d)},\boldsymbol{P}_{2,m,n}^{(d)},\cdots,\boldsymbol{P}_{K,m,n}^{(d)}) = f(\boldsymbol{P}_{1,m,n}^{(d)},\boldsymbol{P}_{2,m,n}^{(d)},\cdots,\boldsymbol{P}_{K,m,n}^{(d)}) \tag{5.177}$$

则称其为在 $\boldsymbol{P}_{1,m,n}^{(d)},\boldsymbol{P}_{2,m,n}^{(d)},\cdots,\boldsymbol{P}_{K,m,n}^{(d)}$ 点上目标函数 f 的 minorize 函数 [236]。当 g 和 f 都是关于 $\boldsymbol{P}_{k,m,n}$ 连续可导时，条件 (5.176) 和条件 (5.177) 确保

$$\left.\frac{\partial g}{\partial \boldsymbol{P}_{k,m,n}^{*}}\right|_{\boldsymbol{P}_{k,m,n}=\boldsymbol{P}_{k,m,n}^{(d)}} = \left.\frac{\partial f}{\partial \boldsymbol{P}_{k,m,n}^{*}}\right|_{\boldsymbol{P}_{k,m,n}=\boldsymbol{P}_{k,m,n}^{(d)}} \tag{5.178}$$

对于所考虑优化问题，MM 算法的关键是获得目标函数在任一点上的替代 minorizing 函数。当获得一个目标函数好的 minorizing 函数 g 时，将利用其替换目标函数 f 进行最大化求解。令 $\boldsymbol{P}_{1,m,n}^{(d+1)},\boldsymbol{P}_{2,m,n}^{(d+1)},\cdots,\boldsymbol{P}_{K,m,n}^{(d+1)}$ 表示替代函数

$$g(\boldsymbol{P}_{1,m,n},\boldsymbol{P}_{2,m,n},\cdots,\boldsymbol{P}_{K,m,n}|\boldsymbol{P}_{1,m,n}^{(d)},\boldsymbol{P}_{2,m,n}^{(d)},\cdots,\boldsymbol{P}_{K,m,n}^{(d)}) \tag{5.179}$$

满足约束条件时的最大值点。容易验证

$$f(\boldsymbol{P}_{1,m,n}^{(d+1)},\boldsymbol{P}_{2,m,n}^{(d+1)},\cdots,\boldsymbol{P}_{K,m,n}^{(d+1)}) \geqslant f(\boldsymbol{P}_{1,m,n}^{(d)},\boldsymbol{P}_{2,m,n}^{(d)},\cdots,\boldsymbol{P}_{K,m,n}^{(d)}) \tag{5.180}$$

令 $\boldsymbol{P}_{1,m,n}^{(d)},\boldsymbol{P}_{2,m,n}^{(d)},\cdots,\boldsymbol{P}_{K,m,n}^{(d)}$ 表示一次迭代搜索中当前迭代预编码取值，而

$$\boldsymbol{P}_{1,m,n}^{(d+1)},\boldsymbol{P}_{2,m,n}^{(d+1)},\cdots,\boldsymbol{P}_{K,m,n}^{(d+1)} \tag{5.181}$$

为下一次迭代预编码取值，可得一个预编码矩阵序列。根据式 (5.178) 和式 (5.180) 可得，此序列将收敛于原函数 f 的局部最大值。序列收敛的证明取决于条件 (5.176) 和条件 (5.177)。文献 [236] 和 [237] 中已经给出 MM 算法收敛的详细证明，此处省略。

简便起见，定义

$$\eta_{k,m,n}^{\text{pri}}\left(\tilde{\boldsymbol{C}}\right) = E_{\boldsymbol{H}_{k,m,n}}\left\{\boldsymbol{H}_{k,m,n}\tilde{\boldsymbol{C}}\boldsymbol{H}_{k,m,n}^{\text{H}}\right\} \tag{5.182}$$

$$\tilde{\eta}_{k,m,n}^{\text{pri}}\left(\boldsymbol{C}\right) = E_{\boldsymbol{H}_{k,m,n}}\left\{\boldsymbol{H}_{k,m,n}^{\text{H}}\boldsymbol{C}\boldsymbol{H}_{k,m,n}\right\} \tag{5.183}$$

式中，$\tilde{\boldsymbol{C}} \in \mathbb{C}^{M_t \times M_t}$ 且 $\boldsymbol{C} \in \mathbb{C}^{M_k \times M_k}$。令 $\boldsymbol{R}_{k,m,n}^{(d)}$ 定义为

$$\boldsymbol{R}_{k,m,n}^{(d)} = \sigma_z^2 \boldsymbol{I}_{M_k} + \sum_{l \neq k}^{K} \eta_{k,m,n}^{\text{pri}}\left(\boldsymbol{P}_{l,m,n}^{(d)}(\boldsymbol{P}_{l,m,n}^{(d)})^{\text{H}}\right) \tag{5.184}$$

令 $\boldsymbol{E}_{k,m,n}$ 和 $\boldsymbol{E}_{k,m,n}^{(d)}$ 定义为

$$\boldsymbol{E}_{k,m,n} = \left(\boldsymbol{I}_{d_k} + \boldsymbol{P}_{k,m,n}^{\text{H}}\boldsymbol{H}_{k,m,n}^{\text{H}}\boldsymbol{R}_{k,m,n}^{-1}\boldsymbol{H}_{k,m,n}\boldsymbol{P}_{k,m,n}\right)^{-1} \tag{5.185}$$

和

$$\boldsymbol{E}_{k,m,n}^{(d)} = \left(\boldsymbol{I}_{d_k} + (\boldsymbol{P}_{k,m,n}^{(d)})^{\text{H}}\boldsymbol{H}_{k,m,n}^{\text{H}}(\boldsymbol{R}_{k,m,n}^{(d)})^{-1}\boldsymbol{H}_{k,m,n}\boldsymbol{P}_{k,m,n}^{(d)}\right)^{-1} \tag{5.186}$$

接着，第 k 个用户的速率均值 $\mathcal{R}_{k,m,n}$ 可以重写为

$$\mathcal{R}_{k,m,n} = E\left\{\log\det\left(\boldsymbol{E}_{k,m,n}^{-1}\right)\right\} \tag{5.187}$$

定义

$$\check{\boldsymbol{R}}_{k,m,n}^{(d)} = \boldsymbol{R}_{k,m,n}^{(d)} + \boldsymbol{H}_{k,m,n}\boldsymbol{P}_{k,m,n}^{(d)}(\boldsymbol{P}_{k,m,n}^{(d)})^{\text{H}}\boldsymbol{H}_{k,m,n}^{\text{H}} \tag{5.188}$$

下面定理将给出所考虑优化问题目标函数的一个 minorizing 函数。

定理 5.9 令 g_1 为一实值函数，其定义为

$$\begin{aligned} g_1 = &\sum_{k=1}^{K} w_k c_{k,m}^{(d)} + \sum_{k=1}^{K} w_k \text{tr}(\boldsymbol{A}_{k,m,n}^{(d)})^{\text{H}}\boldsymbol{P}_{k,m,n} + \sum_{k=1}^{K} w_k \text{tr}\left(\boldsymbol{A}_{k,m,n}^{(d)}\boldsymbol{P}_{k,m,n}^{\text{H}}\right) \\ &- \sum_{k=1}^{K} \text{tr}\left(\boldsymbol{D}_{k,m,n}^{(d)}\boldsymbol{P}_{k,m,n}\boldsymbol{P}_{k,m,n}^{\text{H}}\right) \end{aligned} \tag{5.189}$$

式中，$c_{k,m}^{(d)}$ 为一个常数，定义为

$$\begin{aligned} &c_{k,m,n}^{(d)} \\ =&E\left\{\log\det\left(\boldsymbol{E}_{k,m,m}^{(d)}\right)^{-1}\right\} + d_k - E\left\{\text{tr}\left(\boldsymbol{E}_{k,m,m}^{(d)}\right)^{-1}\right\} \\ &- \sigma_z^2 E\left\{\text{tr}\left((\boldsymbol{P}_{k,m,n}^{(d)})^{\text{H}}\boldsymbol{H}_{k,m,n}^{\text{H}}\left(\boldsymbol{R}_{k,m,n}^{(d)}\right)^{-1}\left(\boldsymbol{R}_{k,m,n}^{(d)}\right)^{-1}\boldsymbol{H}_{k,m,n}\boldsymbol{P}_{k,m,n}^{(d)}\boldsymbol{E}_{k,m,n}^{(d)}\right)\right\} \end{aligned} \tag{5.190}$$

且有

$$\boldsymbol{A}_{k,m,n}^{(d)} = E_{\boldsymbol{H}_{k,m,n}|\boldsymbol{Y}_{m,1}^{\mathrm{BS}}}\left\{\boldsymbol{H}_{k,m,n}^{\mathrm{H}}\left(\boldsymbol{R}_{k,m,n}^{(d)}\right)^{-1}\boldsymbol{H}_{k,m,n}\right\}\boldsymbol{P}_{k,m,n}^{(d)} \tag{5.191}$$

$$\begin{aligned}\boldsymbol{B}_{k,m,n}^{(d)} =& E_{\boldsymbol{H}_{k,m,n}|\boldsymbol{Y}_{m,1}^{\mathrm{BS}}}\left\{\boldsymbol{H}_{k,m,n}^{\mathrm{H}}\left(\boldsymbol{R}_{k,m,n}^{(d)}\right)^{-1}\boldsymbol{H}_{k,m,n}\right\}\\ &- E_{\boldsymbol{H}_{k,m,n}|\boldsymbol{Y}_{m,1}^{\mathrm{BS}}}\left\{\boldsymbol{H}_{k,m,n}^{\mathrm{H}}\left(\check{\boldsymbol{R}}_{k,m,n}^{(d)}\right)^{-1}\boldsymbol{H}_{k,m,n}\right\}\end{aligned} \tag{5.192}$$

$$\boldsymbol{C}_{k,m,n}^{(d)} = \tilde{\eta}_{k,m,n}^{\mathrm{pri}}\left(\left(\boldsymbol{R}_{k,m,n}^{(d)}\right)^{-1}\right) - \tilde{\eta}_{k,m,n}^{\mathrm{pri}}\left(E_{\boldsymbol{H}_{k,m,n}|\boldsymbol{Y}_{m,1}^{\mathrm{BS}}}\left\{\left(\check{\boldsymbol{R}}_{k,m,n}^{(d)}\right)^{-1}\right\}\right) \tag{5.193}$$

$$\boldsymbol{D}_{k,m,n}^{(d)} = w_k\boldsymbol{B}_{k,m,n}^{(d)} + \sum_{l\neq k}^{K} w_l\boldsymbol{C}_{l,m,n}^{(d)} \tag{5.194}$$

则其为 f 在 $\boldsymbol{P}_{1,m,n}^{(d)},\boldsymbol{P}_{2,m,n}^{(d)},\cdots,\boldsymbol{P}_{K,m,n}^{(d)}$ 点上的一个 minorizing 函数。

证明 见附录 5.5.10。 ■

利用定理中给出的 minorizing 函数，可得预编码矩阵的迭代公式为

$$\begin{aligned}\boldsymbol{P}_{1,m,n}^{(d+1)},\boldsymbol{P}_{2,m,n}^{(d+1)},\cdots,\boldsymbol{P}_{K,m,n}^{(d+1)} = &\underset{\boldsymbol{P}_{1,m,n},\cdots,\boldsymbol{P}_{K,m,n}}{\arg\max}\ g_1\\ &\mathrm{s.t.}\ \sum_{k=1}^{K}\mathrm{tr}\left(\boldsymbol{P}_{k,m,n}\boldsymbol{P}_{k,m,n}^{\mathrm{H}}\right)\leqslant P\end{aligned} \tag{5.195}$$

式 (5.195) 中给出的预编码矩阵序列的极限点是原优化问题 (5.172) 的一个局部最大值点。进一步，式 (5.195) 中的优化问题为预编码矩阵的一个凹二次型函数。其最优解可以通过 Lagrange 乘子法获得。定义 Lagrangian 函数为

$$\begin{aligned}&\mathcal{L}(\mu,\boldsymbol{P}_{1,m,n},\boldsymbol{P}_{2,m,n},\cdots,\boldsymbol{P}_{K,m,n})\\ =& -g_1+\mu\left(\sum_{k=1}^{K}\boldsymbol{P}_{k,m,n}\boldsymbol{P}_{k,m,n}^{\mathrm{H}}-P\right)\\ =& -\sum_{k=1}^{K}w_kc_{k,m}^{(d)}-\sum_{k=1}^{K}w_k\mathrm{tr}\left((\boldsymbol{A}_{k,m,n}^{(d)})^{\mathrm{H}}\boldsymbol{P}_{k,m,n}\right)-\sum_{k=1}^{K}w_k\mathrm{tr}\left(\boldsymbol{A}_{k,m,n}^{(d)}\boldsymbol{P}_{k,m,n}^{\mathrm{H}}\right)\\ &+\sum_{k=1}^{K}\mathrm{tr}\left(\boldsymbol{D}_{k,m,n}^{(d)}\boldsymbol{P}_{k,m,n}\boldsymbol{P}_{k,m,n}^{\mathrm{H}}\right)+\mu\left(\sum_{k=1}^{K}\mathrm{tr}\left(\boldsymbol{P}_{k,m,n}\boldsymbol{P}_{k,m,n}^{\mathrm{H}}\right)-P\right)\end{aligned} \tag{5.196}$$

式中，$\mu\geqslant 0$ 为 Lagrange 乘子。从式 (5.196) 的一阶最优条件可得

$$\boldsymbol{P}_{k,m,n}^{(d+1)} = (\boldsymbol{D}_{k,m,n}^{(d)}+\mu^{\star}\boldsymbol{I}_{M_t})^{-1}(w_k\boldsymbol{A}_{k,m,n}^{(d)}) \tag{5.197}$$

和文献 [89] 中相似，函数 $\sum_{k=1}^{K}\mathrm{tr}\left(\boldsymbol{P}_{k,m,n}\boldsymbol{P}_{k,m,n}^{\mathrm{H}}\right)$ 为 μ 的单调减函数。因此，若 $\mu^{\star}=0$ 且 $\sum_{k=1}^{K}\mathrm{tr}\left(\boldsymbol{P}_{k,m,n}^{(d+1)}(\boldsymbol{P}_{k,m,n}^{(d+1)})^{\mathrm{H}}\right)\leqslant P$，则已经得到最优解为 $\boldsymbol{P}_{k,m,n}^{(d+1)}=(\boldsymbol{D}_{k,m,n}^{(d)})^{-1}w_k\boldsymbol{A}_{k,m,n}^{(d)}$。否则，则需要通过二分法来获得 $\mu^{\star}$ 的取值。

为计算式 (5.197) 中的最优值，需要根据式 (5.191)~ 式 (5.193) 去计算 $\boldsymbol{A}_{k,m,n}^{(d)}$、$\boldsymbol{B}_{k,m,n}^{(d)}$ 和 $\boldsymbol{C}_{k,m,n}^{(d)}$。前面所提公式中的 $E_{\boldsymbol{H}_{k,m,n}|\boldsymbol{Y}_{m,1}^{\mathrm{BS}}}\{\cdot\}$ 函数需要根据信道 $\boldsymbol{H}_{k,m,n}$ 的后验模型，即 $\boldsymbol{H}_{k,m,n}=\hat{\boldsymbol{H}}_{k,m,n}+\boldsymbol{U}_k(\boldsymbol{\Xi}_{k,m,n}\odot\boldsymbol{W}_{k,m,n})\boldsymbol{V}_{M_t}^{\mathrm{H}}$ 来计算。令 $\tilde{\boldsymbol{H}}_{k,m,n}$ 表示 $\boldsymbol{U}_k(\boldsymbol{\Xi}_{k,m,n}\odot\boldsymbol{W}_{k,m,n})\boldsymbol{V}_{M_t}^{\mathrm{H}}$。定义

$$\eta_{k,m,n}^{\mathrm{post}}\left(\tilde{\boldsymbol{C}}\right)=E_{\tilde{\boldsymbol{H}}_{k,m,n}}\left\{\tilde{\boldsymbol{H}}_{k,m,n}\tilde{\boldsymbol{C}}\tilde{\boldsymbol{H}}_{k,m,n}^{\mathrm{H}}\right\} \tag{5.198}$$

$$\tilde{\eta}_{k,m,n}^{\mathrm{post}}\left(\boldsymbol{C}\right)=E_{\tilde{\boldsymbol{H}}_{k,m,n}}\left\{\tilde{\boldsymbol{H}}_{k,m,n}^{\mathrm{H}}\boldsymbol{C}\tilde{\boldsymbol{H}}_{k,m,n}\right\} \tag{5.199}$$

接着，可得

$$E_{\boldsymbol{H}_{k,m,n}|\boldsymbol{Y}_{m,1}^{\mathrm{BS}}}\left\{\boldsymbol{H}_{k,m,n}\tilde{\boldsymbol{C}}\boldsymbol{H}_{k,m,n}^{\mathrm{H}}\right\}=\hat{\boldsymbol{H}}_{k,m,n}\tilde{\boldsymbol{C}}\hat{\boldsymbol{H}}_{k,m,n}^{\mathrm{H}}+\eta_{k,m,n}^{\mathrm{post}}\left(\tilde{\boldsymbol{C}}\right) \tag{5.200}$$

$$E_{\boldsymbol{H}_{k,m,n}|\boldsymbol{Y}_{m,1}^{\mathrm{BS}}}\left\{\boldsymbol{H}_{k,m,n}^{\mathrm{H}}\boldsymbol{C}\boldsymbol{H}_{k,m,n}\right\}=\hat{\boldsymbol{H}}_{k,m,n}^{\mathrm{H}}\boldsymbol{C}\hat{\boldsymbol{H}}_{k,m,n}+\tilde{\eta}_{k,m,n}^{\mathrm{post}}\left(\boldsymbol{C}\right) \tag{5.201}$$

根据式 (5.191) 和式 (5.200)，可得 $\boldsymbol{A}_{k,m,n}^{(d)}$ 为

$$\boldsymbol{A}_{k,m,n}^{(d)}=\hat{\boldsymbol{H}}_{k,m,n}^{\mathrm{H}}\left(\boldsymbol{R}_{k,m,n}^{(d)}\right)^{-1}\hat{\boldsymbol{H}}_{k,m,n}\boldsymbol{P}_{k,m,n}^{(d)}+\tilde{\eta}_{k,m,n}^{\mathrm{post}}\left(\left(\boldsymbol{R}_{k,m,n}^{(d)}\right)^{-1}\right)\boldsymbol{P}_{k,m,n}^{(d)} \tag{5.202}$$

根据式 (5.192) 可得，$\boldsymbol{B}_{k,m,n}^{(d)}$ 第一部分可以利用与 $\boldsymbol{A}_{k,m,n}^{(d)}$ 相似的方法计算出来。然而，$\boldsymbol{B}_{k,m,n}^{(d)}$ 第二部分非常复杂，很难获得一个闭式表达。此外，$\boldsymbol{C}_{k,m,n}^{(d)}$ 的计算也同样没有闭式表达。下面将通过确定性等同方法给出 $\boldsymbol{B}_{k,m,n}^{(d)}$ 和 $\boldsymbol{C}_{k,m,n}^{(d)}$ 的近似。

2. 基于确定性等同的鲁棒线性预编码设计

从式 (5.192) 和式 (5.193) 中，可以观察出 $\boldsymbol{B}_{k,m,n}^{(d)}$ 和 $\boldsymbol{C}_{k,m,n}^{(d)}$ 与 $\mathcal{R}_{k,m,n}$ 关于 $\boldsymbol{P}_{k,m,n}\boldsymbol{P}_{k,m,n}^{\mathrm{H}}$ 和 $\boldsymbol{P}_{l,m,n}\boldsymbol{P}_{l,m,n}^{\mathrm{H}}$，$l\neq k$ 的导数密切相关。因此为了推导 $\boldsymbol{B}_{k,m,n}^{(d)}$ 和 $\boldsymbol{C}_{k,m,n}^{(d)}$ 的确定性等同，首先需要获得 $\mathcal{R}_{k,m,n}$ 的确定性等同。式 (5.167) 中给出的信道模型为一个具有非零均值的联合相关模型。对于此类模型，第 4 章已经通过建立信道 Gram 矩阵的自由确定性等同，推导了 $\mathcal{R}_{k,m,n}$ 的确定性等同。利用第 4 章中的结果，可得如下引理。

引理 5.5 第 k 用户速率均值 $\mathcal{R}_{k,m,n}$ 的确定性等同为

$$\begin{aligned}\overline{\mathcal{R}}_{k,m,n}=&\log\det\left(\boldsymbol{I}_{M_t}+\boldsymbol{\Gamma}_{k,m,n}\boldsymbol{P}_{k,m,n}\boldsymbol{P}_{k,m,n}^{\mathrm{H}}\right)+\log\det\left(\tilde{\boldsymbol{\Phi}}_{k,m,n}\right)\\&-\mathrm{tr}\left(\eta_{k,m,n}^{\mathrm{post}}\left(\boldsymbol{P}_{k,m,n}\mathcal{G}_{k,m,n}\boldsymbol{P}_{k,m,n}^{\mathrm{H}}\right)\boldsymbol{R}_{k,m,n}^{-1/2}\tilde{\mathcal{G}}_{k,m,n}\boldsymbol{R}_{k,m,n}^{-1/2}\right)\end{aligned} \tag{5.203}$$

或者

$$\begin{aligned}\overline{\mathcal{R}}_{k,m,n} =& \log\det\left(\boldsymbol{I}_{M_k}+\tilde{\boldsymbol{\Gamma}}_{k,m,n}\boldsymbol{R}_{k,m,n}^{-1}\right)+\log\det\left(\boldsymbol{\Phi}_{k,m,n}\right)\\&-\operatorname{tr}\left(\eta_{k,m,n}^{\text{post}}\left(\boldsymbol{P}_{k,m,n}\mathcal{G}_{k,m,n}\boldsymbol{P}_{k,m,n}^{\text{H}}\right)\boldsymbol{R}_{k,m,n}^{-1/2}\tilde{\mathcal{G}}_{k,m,n}\boldsymbol{R}_{k,m,n}^{-1/2}\right)\end{aligned} \tag{5.204}$$

式中，$\boldsymbol{\Gamma}_{k,m,n}$ 和 $\tilde{\boldsymbol{\Gamma}}_{k,m,n}$ 为

$$\boldsymbol{\Gamma}_{k,m,n}=\tilde{\eta}_{k,m,n}^{\text{post}}\left(\boldsymbol{R}_{k,m,n}^{-1/2}\tilde{\mathcal{G}}_{k,m,n}\boldsymbol{R}_{k,m,n}^{-1/2}\right)+\hat{\boldsymbol{H}}_{k,m,n}^{\text{H}}\boldsymbol{R}_{k,m,n}^{-1/2}\tilde{\boldsymbol{\Phi}}_{k,m,n}^{-1}\boldsymbol{R}_{k,m,n}^{-1/2}\hat{\boldsymbol{H}}_{k,m,n} \tag{5.205}$$

$$\tilde{\boldsymbol{\Gamma}}_{k,m,n}=\eta_{k,m,n}^{\text{post}}\left(\boldsymbol{P}_{k,m,n}\mathcal{G}_{k,m,n}\boldsymbol{P}_{k,m,n}^{\text{H}}\right)+\hat{\boldsymbol{H}}_{k,m,n}\boldsymbol{P}_{k,m,n}\boldsymbol{\Phi}_{k,m,n}^{-1}\boldsymbol{P}_{k,m,n}^{\text{H}}\hat{\boldsymbol{H}}_{k,m,n}^{\text{H}} \tag{5.206}$$

并且 $\tilde{\boldsymbol{\Phi}}_{k,m,n}$、$\boldsymbol{\Phi}_{k,m,n}$、$\mathcal{G}_{k,m,n}$ 和 $\tilde{\mathcal{G}}_{k,m,n}$ 通过迭代方程

$$\tilde{\boldsymbol{\Phi}}_{k,m,n}=\boldsymbol{I}_{M_k}+\boldsymbol{R}_{k,m,n}^{-1/2}\eta_{k,m,n}^{\text{post}}\left(\boldsymbol{P}_{k,m,n}\mathcal{G}_{k,m,n}\boldsymbol{P}_{k,m,n}^{\text{H}}\right)\boldsymbol{R}_{k,m,n}^{-1/2} \tag{5.207}$$

$$\boldsymbol{\Phi}_{k,m,n}=\boldsymbol{I}_{d_k}+\boldsymbol{P}_{k,m,n}^{\text{H}}\tilde{\eta}_{k,m,n}^{\text{post}}\left(\boldsymbol{R}_{k,m,n}^{-1/2}\tilde{\mathcal{G}}_{k,m,n}\boldsymbol{R}_{k,m,n}^{-1/2}\right)\boldsymbol{P}_{k,m,n} \tag{5.208}$$

$$\mathcal{G}_{k,m,n}=\left(\boldsymbol{\Phi}_{k,m,n}+\boldsymbol{P}_{k,m,n}^{\text{H}}\hat{\boldsymbol{H}}_{k,m,n}^{\text{H}}\boldsymbol{R}_{k,m,n}^{-1/2}\tilde{\boldsymbol{\Phi}}_{k,m,n}^{-1}\boldsymbol{R}_{k,m,n}^{-1/2}\hat{\boldsymbol{H}}_{k,m,n}\boldsymbol{P}_{k,m,n}\right)^{-1} \tag{5.209}$$

$$\tilde{\mathcal{G}}_{k,m,n}=\left(\tilde{\boldsymbol{\Phi}}_{k,m,n}+\boldsymbol{R}_{k,m,n}^{-1/2}\hat{\boldsymbol{H}}_{k,m,n}\boldsymbol{P}_{k,m,n}\boldsymbol{\Phi}_{k,m,n}^{-1}\boldsymbol{P}_{k,m,n}^{\text{H}}\hat{\boldsymbol{H}}_{k,m,n}^{\text{H}}\boldsymbol{R}_{k,m,n}^{-1/2}\right)^{-1} \tag{5.210}$$

求出。

证明 该引理是第 4 章中定理 4.5 的一个推论，简洁起见，证明在此处省略。■

引理 5.5 中式 (5.203) 和式 (5.204) 给出了 $\mathcal{R}_{k,m,n}$ 的两个确定性等同。根据所得确定性等同进一步可得 $\overline{\mathcal{R}}_{k,m,n}$ 关于 $\boldsymbol{P}_{k,m,n}\boldsymbol{P}_{k,m,n}^{\text{H}}$ 和 $\boldsymbol{P}_{l,m,n}\boldsymbol{P}_{l,m,n}^{\text{H}}$，$l\neq k$ 的导数。最终，从所得导数中可得由如下定理中所示 $\boldsymbol{B}_{k,m,n}^{(d)}$ 和 $\boldsymbol{C}_{k,m,n}^{(d)}$ 的确定性等同。

定理 5.10 矩阵 $\boldsymbol{B}_{k,m,n}^{(d)}$ 和 $\boldsymbol{C}_{k,m,n}^{(d)}$ 的确定性等同为

$$\begin{aligned}\overline{\boldsymbol{B}}_{k,m,n}^{(d)} =& \hat{\boldsymbol{H}}_{k,m,n}^{\text{H}}\left(\boldsymbol{R}_{k,m,n}^{(d)}\right)^{-1}\hat{\boldsymbol{H}}_{k,m,n}+\tilde{\eta}_{k,m,n}^{\text{post}}\left(\boldsymbol{R}_{k,m,n}^{(d)}\right)^{-1}\\&-\left(\boldsymbol{I}_{M_t}+\boldsymbol{\Gamma}_{k,m,n}\boldsymbol{P}_{k,m,n}^{(d)}(\boldsymbol{P}_{k,m,n}^{(d)})^{\text{H}}\right)^{-1}\boldsymbol{\Gamma}_{k,m,n}\end{aligned} \tag{5.211}$$

和

$$\overline{\boldsymbol{C}}_{k,m,n}^{(d)}=\tilde{\eta}_{k,m,n}^{\text{pri}}\left(\boldsymbol{R}_{k,m,n}^{(d)}\right)^{-1}-\tilde{\eta}_{k,m,n}^{\text{pri}}\left(\boldsymbol{R}_{k,m,n}^{(d)}+\tilde{\boldsymbol{\Gamma}}_{k,m,n}\right)^{-1} \tag{5.212}$$

证明 见附录 5.5.11。■

获得定理 5.10 中给出的 $\boldsymbol{B}_{k,m,n}^{(d)}$ 和 $\boldsymbol{C}_{k,m,n}^{(d)}$ 的确定性等同后，可以将式 (5.197) 中使用 minorizing 函数 g_1 进行迭代的步骤替换为

$$\boldsymbol{P}_{k,m,n}^{(d+1)} = (\overline{\boldsymbol{D}}_{k,m,n}^{(d)} + \mu^\star \boldsymbol{I}_{M_t})^{-1}(w_k \boldsymbol{A}_{k,m,n}^{(d)}) \tag{5.213}$$

式中

$$\overline{\boldsymbol{D}}_{k,m,n}^{(d)} = w_k \overline{\boldsymbol{B}}_{k,m,n}^{(d)} + \sum_{l \neq k}^{K} w_l \overline{\boldsymbol{C}}_{l,m,n}^{(d)} \tag{5.214}$$

下面在算法 5.6 中给出利用 minorizing 函数 g_1 进行鲁棒线性预编码设计的算法。

对于很大的 M_t，算法 5.6 的计算复杂度取决于其中 $M_t \times M_t$ 矩阵求逆的个数。观察算法 5.6，可得每一个 $\overline{\boldsymbol{B}}_{k,m,n}^{(d)}$ 需要一个 $M_t \times M_t$ 矩阵求逆 $\left(\boldsymbol{I}_{M_t} + \boldsymbol{\Gamma}_{k,m,n} \boldsymbol{P}_{k,m,n}^{(d)} (\boldsymbol{P}_{k,m,n}^{(d)})^{\mathrm{H}}\right)^{-1}$ 且每一 $\boldsymbol{P}_{k,m,n}^{(d+1)}$ 需要一个 $M_t \times M_t$ 矩阵求逆 $(\overline{\boldsymbol{D}}_{k,m,n}^{(d)} + \mu^\star \boldsymbol{I}_{M_t})^{-1}$。因此，所需 $M_t \times M_t$ 矩阵求逆的个数为 $2K$。

算法 5.6　基于 minorizing 函数 g_1 的鲁棒线性预编码设计

步骤 1：设 $d = 0$。随机生成一组预编码矩阵 $\boldsymbol{P}_{1,m,n}^{(d)}, \boldsymbol{P}_{2,m,n}^{(d)}, \cdots, \boldsymbol{P}_{K,m,n}^{(d)}$，并将其进行归一化以满足 $\sum\limits_{k=1}^{K} \mathrm{tr}\left(\boldsymbol{P}_{k,m,n}\boldsymbol{P}_{k,m,n}^{\mathrm{H}}\right) = P$。

步骤 2：根据

$$\boldsymbol{R}_{k,m,n}^{(d)} = \sigma_z^2 \boldsymbol{I}_{M_t} + \sum_{l \neq k}^{K} \eta_{k,m,n}^{\mathrm{pri}} \left(\boldsymbol{P}_{l,m,n}^{(d)} (\boldsymbol{P}_{l,m,n}^{(d)})^{\mathrm{H}}\right)$$

计算 $\boldsymbol{R}_{k,m,n}^{(d)}$。

步骤 3：根据引理 5.5 计算 $\boldsymbol{\Gamma}_{k,m,n}$ 和 $\tilde{\boldsymbol{\Gamma}}_{k,m,n}$。

步骤 4：根据式 (5.202)、式 (5.211) 和式 (5.212) 计算 $\boldsymbol{A}_{k,m,n}^{(d)}$、$\overline{\boldsymbol{B}}_{k,m,n}^{(d)}$ 和 $\overline{\boldsymbol{C}}_{k,m,n}^{(d)}$。

步骤 5：更新 $\boldsymbol{P}_{k,m,n}^{(d+1)}$ 为

$$\boldsymbol{P}_{k,m,n}^{(d+1)} = (\overline{\boldsymbol{D}}_{k,m,n}^{(d)} + \mu^\star \boldsymbol{I}_{M_t})^{-1}(w_k \boldsymbol{A}_{k,m,n}^{(d)})$$

式中

$$\overline{\boldsymbol{D}}_{k,m,n}^{(d)} = w_k \overline{\boldsymbol{B}}_{k,m,n}^{(d)} + \sum_{l \neq k}^{K} w_l \overline{\boldsymbol{C}}_{l,m,n}^{(d)}$$

设 $d = d + 1$。

重复步骤 2 到步骤 5 直到收敛或者达到一个预设目标。

5.4.4 低复杂度鲁棒线性预编码设计

本节提出两种用于鲁棒线性预编码设计的低复杂度算法。第一种算法基于由 g_1 进行变形而来的替代 minorizing 函数。第二种算法则用于 $\hat{\boldsymbol{H}}_{k,m,n}=\mathbf{0}$ 时的特殊情形。

首先，研究第一种低复杂度算法。前面已经讲过，算法 5.6 一次迭代的计算复杂度主要取决于 $2K$ 个大维矩阵求逆。其中，前 K 个大维矩阵求逆可以通过将其重写为

$$\begin{aligned}&\left(\boldsymbol{I}_{M_t}+\boldsymbol{\Gamma}_{k,m,n}\boldsymbol{P}_{k,m,n}^{(d)}(\boldsymbol{P}_{k,m,n}^{(d)})^{\mathrm{H}}\right)^{-1}\boldsymbol{\Gamma}_{k,m,n}\\&=\boldsymbol{\Gamma}_{k,m,n}-\boldsymbol{\Gamma}_{k,m,n}\boldsymbol{P}_{k,m,n}^{(d)}(\boldsymbol{P}_{k,m,n}^{(d)})^{\mathrm{H}}\left(\boldsymbol{I}_{M_t}+\boldsymbol{\Gamma}_{k,m,n}\boldsymbol{P}_{k,m,n}^{(d)}(\boldsymbol{P}_{k,m,n}^{(d)})^{\mathrm{H}}\right)^{-1}\boldsymbol{\Gamma}_{k,m,n}\\&=\boldsymbol{\Gamma}_{k,m,n}-\boldsymbol{\Gamma}_{k,m,n}\boldsymbol{P}_{k,m,n}^{(d)}\left(\boldsymbol{I}_{d_k}+(\boldsymbol{P}_{k,m,n}^{(d)})^{\mathrm{H}}\boldsymbol{\Gamma}_{k,m,n}\boldsymbol{P}_{k,m,n}^{(d)}\right)^{-1}(\boldsymbol{P}_{k,m,n}^{(d)})^{\mathrm{H}}\boldsymbol{\Gamma}_{k,m,n}\end{aligned}\tag{5.215}$$

而避免掉，其中第二个等式是根据矩阵求逆引理得出的。基于此，$\overline{\boldsymbol{B}}_{k,m,n}^{(d)}$ 的计算变为

$$\begin{aligned}\overline{\boldsymbol{B}}_{k,m,n}^{(d)}=&\hat{\boldsymbol{H}}_{k,m,n}^{\mathrm{H}}\left(\boldsymbol{R}_{k,m,n}^{(d)}\right)^{-1}\hat{\boldsymbol{H}}_{k,m,n}+\tilde{\eta}_{k,m,n}^{\mathrm{post}}\left(\boldsymbol{R}_{k,m,n}^{(d)}\right)^{-1}-\boldsymbol{\Gamma}_{k,m,n}\\&+\boldsymbol{\Gamma}_{k,m,n}\boldsymbol{P}_{k,m,n}^{(d)}\left(\boldsymbol{I}_{d_k}+(\boldsymbol{P}_{k,m,n}^{(d)})^{\mathrm{H}}\boldsymbol{\Gamma}_{k,m,n}\boldsymbol{P}_{k,m,n}^{(d)}\right)^{-1}(\boldsymbol{P}_{k,m,n}^{(d)})^{\mathrm{H}}\boldsymbol{\Gamma}_{k,m,n}\end{aligned}\tag{5.216}$$

后 K 个 $M_t\times M_t$ 矩阵求逆 $(\overline{\boldsymbol{D}}_{k,m,n}^{(d)}+\mu^{\star}\boldsymbol{I}_{M_t})^{-1}$，则可以减少为一个 $M_t\times M_t$ 矩阵求逆。为了达到此目的，下面定理中给出由 minorizing 函数 g_1 修改而来的另一个 minorizing 函数。

定理 5.11 定义 g_2 为一满足

$$\begin{aligned}g_2=&c_m+\sum_{k=1}^{K}\mathrm{tr}\left((w_k\boldsymbol{A}_{k,m,n}^{(d)}+\boldsymbol{F}_{k,m,n}^{(d)}\boldsymbol{P}_{k,m,n}^{(d)})^{\mathrm{H}}\boldsymbol{P}_{k,m,n}\right)\\&+\sum_{k=1}^{K}\mathrm{tr}\left((w_k\boldsymbol{A}_{k,m,n}^{(d)}+\boldsymbol{F}_{k,m,n}^{(d)}\boldsymbol{P}_{k,m,n}^{(d)})\boldsymbol{P}_{k,m,n}^{\mathrm{H}}\right)\\&-\sum_{k=1}^{K}\mathrm{tr}\left((\boldsymbol{D}_{k,m,n}^{(d)}+\boldsymbol{F}_{k,m,n}^{(d)})\boldsymbol{P}_{k,m,n}\boldsymbol{P}_{k,m,n}^{\mathrm{H}}\right)\end{aligned}\tag{5.217}$$

条件的函数，其中 $\boldsymbol{F}_{k,m,n}^{(d)}$ 为一个正半定矩阵且

$$c_m=\sum_{k=1}^{K}w_kc_{k,m}^{(d)}-\sum_{k=1}^{K}\mathrm{tr}\left(\boldsymbol{F}_{k,m,n}^{(d)}\boldsymbol{P}_{k,m,n}^{(d)}(\boldsymbol{P}_{k,m,n}^{(d)})^{\mathrm{H}}\right)\tag{5.218}$$

则其同样也是 f 在点 $\boldsymbol{P}_{1,m,n}^{(d)}, \boldsymbol{P}_{2,m,n}^{(d)}, \cdots, \boldsymbol{P}_{K,m,n}^{(d)}$ 上的一个 minorizing 函数。

证明 见附录 5.5.12。 ■

根据定理 5.11 中给出的 minorizing 函数 g_2 去搜索局部最优值点的方法和使用 g_1 的方法类似。简便起见，这里直接给出 g_2 对应的最优解为

$$\boldsymbol{P}_{k,m,n}^{(d+1)} = (\boldsymbol{D}_{k,m,n}^{(d)} + \boldsymbol{F}_{k,m,n}^{(d)} + \mu \boldsymbol{I}_{M_t})^{-1}(w_k \boldsymbol{A}_{k,m,n}^{(d)} + \boldsymbol{F}_{k,m,n}^{(d)} \boldsymbol{P}_{k,m,n}^{(d)}) \tag{5.219}$$

利用 minorizing 函数 g_2 可以降低替代优化问题解的复杂度。定义 $\boldsymbol{F}_{k,m,n}^{(d)}$ 为

$$\boldsymbol{F}_{k,m,n}^{(d)} = w_k \boldsymbol{C}_{k,m,n}^{(d)} + \sum_{l \neq k}^{K} w_l \boldsymbol{B}_{l,m,n}^{(d)} \tag{5.220}$$

由 $\boldsymbol{D}_{k,m,n}^{(d)} = w_k \boldsymbol{B}_{k,m,n}^{(d)} + \sum\limits_{l \neq k}^{K} w_l \boldsymbol{C}_{l,m,n}^{(d)}$，可得

$$\boldsymbol{D}_{k,m,n}^{(d)} + \boldsymbol{F}_{k,m,n}^{(d)} = \sum_{k=1}^{K} w_k (\boldsymbol{B}_{k,m,n}^{(d)} + \boldsymbol{C}_{k,m,n}^{(d)}) \tag{5.221}$$

对于所有 k 式 (5.221) 结果相同，因此一次迭代只需要进行一次 $M_t \times M_t$ 矩阵求逆 $(\boldsymbol{D}_{k,m,n}^{(d)} + \boldsymbol{F}_{k,m,n}^{(d)} + \mu \boldsymbol{I}_{M_t})^{-1}$。简便起见，定义

$$\boldsymbol{D}_{m,n}^{(d)} = \sum_{k=1}^{K} w_k (\boldsymbol{B}_{k,m,n}^{(d)} + \boldsymbol{C}_{k,m,n}^{(d)}) \tag{5.222}$$

根据式 (5.211) 和式 (5.212)，可得 $\boldsymbol{D}_{m,n}^{(d)}$ 和 $\boldsymbol{F}_{k,m,n}^{(d)}$ 的确定性等同为

$$\overline{\boldsymbol{D}}_{m,n}^{(d)} = \sum_{k=1}^{K} w_k (\overline{\boldsymbol{B}}_{k,m,n}^{(d)} + \overline{\boldsymbol{C}}_{k,m,n}^{(d)}) \tag{5.223}$$

$$\overline{\boldsymbol{F}}_{k,m,n}^{(d)} = w_k \overline{\boldsymbol{C}}_{k,m,n}^{(d)} + \sum_{l \neq k}^{K} w_l \overline{\boldsymbol{B}}_{l,m,n}^{(d)} \tag{5.224}$$

下面给出利用 minorizing 函数 g_2 进行鲁棒线性预编码设计的算法。

算法 5.7 基于 minorizing 函数 g_2 的鲁棒线性预编码设计

步骤 1：设 $d = 0$。随机生成一组预编码矩阵 $\boldsymbol{P}_{1,m,n}^{(d)}, \boldsymbol{P}_{2,m,n}^{(d)}, \cdots, \boldsymbol{P}_{K,m,n}^{(d)}$，并将其进行归一化以满足 $\sum\limits_{k=1}^{K} \operatorname{tr}\left(\boldsymbol{P}_{k,m,n} \boldsymbol{P}_{k,m,n}^{\mathrm{H}}\right) = P$。

步骤 2：根据

$$\boldsymbol{R}_{k,m,n}^{(d)} = \sigma_z^2 \boldsymbol{I}_{M_t} + \sum_{l \neq k}^{K} \eta_{k,m,n}^{\mathrm{pri}} \left(\boldsymbol{P}_{l,m,n}^{(d)} (\boldsymbol{P}_{l,m,n}^{(d)})^{\mathrm{H}}\right)$$

计算 $\boldsymbol{R}_{k,m,n}^{(d)}$。

步骤 3: 根据引理 5.5 计算 $\boldsymbol{\Gamma}_{k,m,n}$ 和 $\tilde{\boldsymbol{\Gamma}}_{k,m,n}$。

步骤 4: 根据式 (5.202)、式 (5.216)、式 (5.212) 和式 (5.224) 计算鲁棒预编码设计所需矩阵 $\boldsymbol{A}_{k,m,n}^{(d)}$、$\overline{\boldsymbol{B}}_{k,m,n}^{(d)}$、$\overline{\boldsymbol{C}}_{k,m,n}^{(d)}$ 和 $\overline{\boldsymbol{F}}_{k,m,n}^{(d)}$。

步骤 5: 更新 $\boldsymbol{P}_{k,m,n}^{(d+1)}$ 为

$$\boldsymbol{P}_{k,m,n}^{(d+1)} = (\overline{\boldsymbol{D}}_{m,n}^{(d)} + \mu^{\star}\boldsymbol{I}_{M_t})^{-1}(w_k\boldsymbol{A}_{k,m,n}^{(d)} + \overline{\boldsymbol{F}}_{k,m,n}^{(d)}\boldsymbol{P}_{k,m,n}^{(d)})$$

式中

$$\overline{\boldsymbol{D}}_{m,n}^{(d)} = \sum_{k=1}^{K} w_k(\overline{\boldsymbol{B}}_{k,m,n}^{(d)} + \overline{\boldsymbol{C}}_{k,m,n}^{(d)})$$

设 $d = d+1$。

重复步骤 2 到步骤 5 直到收敛或者达到一个预设目标。

对于算法 5.7，一次迭代只需要进行一次 $M_t \times M_t$ 矩阵求逆。因此，和算法 5.6 相比，在 M_t 很大时，算法 5.7 的复杂度降低。

下面给出另一种特殊情形下的低复杂度算法。当信道的后验模型 $\boldsymbol{H}_{k,m,n} = \hat{\boldsymbol{H}}_{k,m,n} + \boldsymbol{U}_k(\boldsymbol{\Xi}_{k,m,n} \odot \boldsymbol{W}_{k,m,n})\boldsymbol{V}_{M_t}^{\mathrm{H}}$ 均值为零时，即 $\hat{\boldsymbol{H}}_{k,m,n} = \boldsymbol{0}$ 时，后验模型退化为先验模型 $\boldsymbol{H}_{k,m,n} = \boldsymbol{U}_k(\boldsymbol{M}_k \odot \boldsymbol{W}_{k,m,n})\boldsymbol{V}_{M_t}^{\mathrm{H}}$。在此情形下，可得

$$\boldsymbol{\Lambda}_{k,m,n}^{(d)} = \tilde{\eta}_{k,m,n}^{\mathrm{pri}}\left(\boldsymbol{R}_{k,m,n}^{(d)}\right)^{-1}\boldsymbol{P}_{k,m,n}^{(d)} \tag{5.225}$$

$$\begin{aligned}\overline{\boldsymbol{B}}_{k,m,n}^{(d)} =& \tilde{\eta}_{k,m,n}^{\mathrm{pri}}\left(\boldsymbol{R}_{k,m,n}^{(d)}\right)^{-1} - \boldsymbol{\Gamma}_{k,m,n} \\ &+ \boldsymbol{\Gamma}_{k,m,n}\boldsymbol{P}_{k,m,n}^{(d)}\left(\boldsymbol{I}_{d_k} + (\boldsymbol{P}_{k,m,n}^{(d)})^{\mathrm{H}}\boldsymbol{\Gamma}_{k,m,n}\boldsymbol{P}_{k,m,n}^{(d)}\right)^{-1}(\boldsymbol{P}_{k,m,n}^{(d)})^{\mathrm{H}}\boldsymbol{\Gamma}_{k,m,n}\end{aligned} \tag{5.226}$$

进一步，可得 $\boldsymbol{\Gamma}_{k,m,n}$ 和 $\tilde{\boldsymbol{\Gamma}}_{k,m,n}$ 变为

$$\boldsymbol{\Gamma}_{k,m,n} = -\tilde{\eta}_{k,m,n}^{\mathrm{pri}}\left(\boldsymbol{R}_{k,m,n}^{-1/2}\tilde{\mathcal{G}}_{k,m,n}\boldsymbol{R}_{k,m,n}^{-1/2}\right) \tag{5.227}$$

$$\tilde{\boldsymbol{\Gamma}}_{k,m,n} = -\eta_{k,m,n}^{\mathrm{pri}}\left(\boldsymbol{P}_{k,m,n}\mathcal{G}_{k,m,n}\boldsymbol{P}_{k,m,n}^{\mathrm{H}}\right) \tag{5.228}$$

且 $\tilde{\boldsymbol{\Phi}}_{k,m,n}$、$\boldsymbol{\Phi}_{k,m,n}$、$\mathcal{G}_{k,m,n}$ 和 $\tilde{\mathcal{G}}_{k,m,n}$ 的迭代方程变为

$$\tilde{\boldsymbol{\Phi}}_{k,m,n} = \boldsymbol{I}_{M_k} - \boldsymbol{R}_{k,m,n}^{-1/2}\eta_{k,m,n}^{\mathrm{pri}}\left(\boldsymbol{P}_{k,m,n}\mathcal{G}_{k,m,n}\boldsymbol{P}_{k,m,n}^{\mathrm{H}}\right)\boldsymbol{R}_{k,m,n}^{-1/2} \tag{5.229}$$

$$\boldsymbol{\Phi}_{k,m,n} = \boldsymbol{I}_{d_k} - \boldsymbol{P}_{k,m,n}^{\mathrm{H}}\tilde{\eta}_{k,m,n}^{\mathrm{pri}}\left(\boldsymbol{R}_{k,m,n}^{-1/2}\tilde{\mathcal{G}}_{k,m,n}\boldsymbol{R}_{k,m,n}^{-1/2}\right)\boldsymbol{P}_{k,m,n} \tag{5.230}$$

$$\mathcal{G}_{k,m,n} = (\boldsymbol{\Phi}_{k,m,n})^{-1} \tag{5.231}$$

$$\tilde{\mathcal{G}}_{k,m,n} = \left(\tilde{\boldsymbol{\Phi}}_{k,m,n}\right)^{-1} \tag{5.232}$$

将式 (5.229) 和式 (5.232) 代入式 (5.227)，可得

$$\boldsymbol{\Gamma}_{k,m,n} = \tilde{\eta}^{\mathrm{pri}}_{k,m,n}\left(\boldsymbol{R}^{(d)}_{k,m,n} + \tilde{\boldsymbol{\Gamma}}_{k,m,n}\right)^{-1} \tag{5.233}$$

接着有

$$\overline{\boldsymbol{C}}^{(d)}_{k,m,n} = \tilde{\eta}^{\mathrm{pri}}_{k,m,n}\left(\boldsymbol{R}^{(d)}_{k,m,n}\right)^{-1} - \boldsymbol{\Gamma}_{k,m,n} \tag{5.234}$$

令 $\boldsymbol{\Lambda}_{k,m,n}\left(\tilde{\boldsymbol{C}}\right)$ 和 $\tilde{\boldsymbol{\Lambda}}_{k,m,n}\left(\boldsymbol{C}\right)$ 为两个取值为对角阵的函数，定义为

$$\left[\boldsymbol{\Lambda}_{k,m,n}\left(\tilde{\boldsymbol{C}}\right)\right]_{ii} = \sum_{j=1}^{M_t}\left[\boldsymbol{\Omega}_k\right]_{ij}\left[\boldsymbol{V}^{\mathrm{H}}_{M_t}\tilde{\boldsymbol{C}}\boldsymbol{V}_{M_t}\right]_{jj} \tag{5.235}$$

$$\left[\tilde{\boldsymbol{\Lambda}}_{k,m,n}\left(\boldsymbol{C}\right)\right]_{ii} = \sum_{j=1}^{M_k}\left[\boldsymbol{\Omega}_k\right]_{ji}\left[\boldsymbol{U}^{\mathrm{H}}_{k}\boldsymbol{C}\boldsymbol{U}_{k}\right]_{jj} \tag{5.236}$$

接着，可得

$$\eta^{\mathrm{pri}}_{k,m,n}\left(\tilde{\boldsymbol{C}}\right) = \boldsymbol{U}_k\boldsymbol{\Lambda}_{k,m,n}\left(\tilde{\boldsymbol{C}}\right)\boldsymbol{U}^{\mathrm{H}}_k \tag{5.237}$$

$$\tilde{\eta}^{\mathrm{pri}}_{k,m,n}\left(\boldsymbol{C}\right) = \boldsymbol{V}_{M_t}\tilde{\boldsymbol{\Lambda}}_{k,m,n}\left(\boldsymbol{C}\right)\boldsymbol{V}^{\mathrm{H}}_{M_t} \tag{5.238}$$

从算法 5.6 和算法 5.7 中，可观察出当 $\hat{\boldsymbol{H}}_{k,m,n} = \boldsymbol{0}$ 时，$\boldsymbol{P}^{(d)}_{k,m,n}$ 的左奇异向量矩阵一旦为 $\boldsymbol{V}_{M_t}$ 右乘一个置换 (permutation) 矩阵，则其将一直保持不变。因此，可得 $\boldsymbol{V}_{M_t}$ 右乘一个置换矩阵一定为某些优化问题静态点上 $\boldsymbol{P}_{k,m,n}$ 的左奇异向量矩阵。下面将证明该结论对于所有优化问题静态点都成立。

令 $\overline{f}(\boldsymbol{P}_{1,m,n}, \boldsymbol{P}_{2,m,n}, \cdots, \boldsymbol{P}_{K,m,n})$ 表示 $\sum\limits_{k=1}^{K} w_k\overline{\mathcal{R}}_{k,m,n}$。根据引理 5.5，可得 $\overline{f}$ 为 f 的确定性等同。将 $\boldsymbol{\Gamma}_{k,m,n}$ 写为

$$\boldsymbol{\Gamma}_{k,m,n} = \boldsymbol{V}_{M_t}\boldsymbol{\Sigma}^2_{k,m,n}\boldsymbol{V}^{\mathrm{H}}_{M_t} \tag{5.239}$$

式中，$\boldsymbol{\Sigma}^2_{k,m,n}$ 为一个对角阵，其取值取决于 $\boldsymbol{P}_{1,m,n}, \boldsymbol{P}_{2,m,n}, \cdots, \boldsymbol{P}_{K,m,n}$。进一步，可得如下定理。

定理 5.12　假设 $\hat{\boldsymbol{H}}_{k,m,n} = \boldsymbol{0}$，则优化问题

$$\begin{cases} \max\limits_{\boldsymbol{P}_{1,m,n},\cdots,\boldsymbol{P}_{K,m,n}} \overline{f}(\boldsymbol{P}_{1,m,n}, \boldsymbol{P}_{2,m,n}, \cdots, \boldsymbol{P}_{K,m,n}) \\ \text{s.t.} \quad \sum\limits_{k=1}^{K} \mathrm{tr}\left(\boldsymbol{P}_{k,m,n}\boldsymbol{P}^{\mathrm{H}}_{k,m,n}\right) \leqslant P \end{cases} \tag{5.240}$$

的静态点上线性预编码左奇异矩阵可写为

$$\boldsymbol{U}_{\boldsymbol{P}_k,m,n} = \boldsymbol{V}_{M_t}\boldsymbol{\Pi}_{k,m,n} \tag{5.241}$$

式中，$\boldsymbol{\Pi}_{k,m,n}$ 表示一个置换矩阵。

证明　见附录 5.5.13。■

定理 5.12 证明了当 $\hat{\boldsymbol{H}}_{k,m,n}=\boldsymbol{0}$ 且优化问题 (5.172) 目标函数被其确定性等同取代时波束域传输的最优性。利用定理 5.12，可将最优预编码写为

$$\boldsymbol{P}_{k,m,n}=\boldsymbol{V}_{M_t}\boldsymbol{\Pi}_{k,m,n}\boldsymbol{J}_{k,m,n}\boldsymbol{V}_{k,m}^{\mathrm{H}} \tag{5.242}$$

式中，$\boldsymbol{J}_{k,m,n}$ 为一个只有主对角元为非零元素的矩形对角阵；$\boldsymbol{V}_{k,m}^{\mathrm{H}}$ 为任意一个 $d_k\times d_k$ 酉矩阵。因为 $\boldsymbol{V}_{k,m}^{\mathrm{H}}$ 不影响加权遍历和速率的取值，所以其可以为任意一个酉矩阵。简便起见，令 $\boldsymbol{V}_{k,m}^{\mathrm{H}}=\boldsymbol{I}_{d_k}$。接着，最优预编码可以重写为

$$\boldsymbol{P}_{k,m,n}=\boldsymbol{V}_{M_t}\boldsymbol{\Pi}_{k,m,n}\boldsymbol{J}_{k,m,n} \tag{5.243}$$

为了获得一个较算法 5.7 复杂度更低的算法，将每一个 $\boldsymbol{\Pi}_{k,m,n}$ 设为一个固定置换矩阵。令 $\boldsymbol{a}_k$ 为一个 $M_t\times 1$ 行向量，定义为

$$[\boldsymbol{a}_k]_j=\sum_{i=1}^{M_k}[\boldsymbol{\Omega}_k]_{ij} \tag{5.244}$$

算法 5.8　当 $\hat{\boldsymbol{H}}_{k,m,n}=\boldsymbol{0}$ 时基于 minorizing 函数 g_2 的鲁棒线性预编码设计

步骤 1：设 $d=0$。将所有 $\boldsymbol{J}_{k,m,n}^{(d)}$ 的主对角元设为 1，并将其进行归一化以满足 $\sum\limits_{k=1}^{K}\operatorname{tr}\left(\boldsymbol{J}_{k,m,n}^{(d)}(\boldsymbol{J}_{k,m,n}^{(d)})^{\mathrm{H}}\right)=P$。

步骤 2：根据

$$\boldsymbol{R}_{k,m,n}^{(d)}=\sigma_z^2\boldsymbol{I}_{M_t}+\sum_{l\neq k}^{K}\eta_{k,m,n}^{\mathrm{pri}}\left(\boldsymbol{V}_{M_t}\boldsymbol{\Pi}_{l,m,n}\boldsymbol{J}_{l,m,n}^{(d)}(\boldsymbol{J}_{l,m,n}^{(d)})^{\mathrm{H}}\boldsymbol{\Pi}_{l,m,n}\boldsymbol{V}_{M_t}^{\mathrm{H}}\right)$$

计算 $\boldsymbol{R}_{k,m,n}^{(d)}$。

步骤 3：根据式 (5.227) 和式 (5.228) 计算 $\boldsymbol{\Gamma}_{k,m,n}$ 和 $\tilde{\boldsymbol{\Gamma}}_{k,m,n}$。

步骤 4：根据

$$\begin{aligned}
\boldsymbol{A}_{k,m,n}^{(d)}&=\tilde{\boldsymbol{\Lambda}}_{k,m,n}\left(\boldsymbol{R}_{k,m,n}^{(d)}\right)^{-1}\boldsymbol{J}_{k,m,n}^{(d)}\\
\boldsymbol{\Lambda}_{\overline{\boldsymbol{B}}_{k,m,n}^{(d)}}&=\tilde{\boldsymbol{\Lambda}}_{k,m,n}\left(\boldsymbol{R}_{k,m,n}^{(d)}\right)^{-1}-\boldsymbol{\Sigma}_{k,m,n}^2+\boldsymbol{\Sigma}_{k,m,n}^2\boldsymbol{\Pi}_{k,m,n}\boldsymbol{J}_{k,m,n}^{(d)}\\
&\quad\cdot\left(\boldsymbol{I}_{d_k}+(\boldsymbol{J}_{k,m,n}^{(d)})^{\mathrm{H}}\boldsymbol{\Pi}_{k,m,n}^{\mathrm{T}}\boldsymbol{\Sigma}_{k,m,n}^2\boldsymbol{\Pi}_{k,m,n}\boldsymbol{J}_{k,m,n}^{(d)}\right)^{-1}\\
&\quad\cdot(\boldsymbol{J}_{k,m,n}^{(d)})^{\mathrm{H}}\boldsymbol{\Pi}_{k,m,n}^{\mathrm{T}}\boldsymbol{\Sigma}_{k,m,n}^2\\
\boldsymbol{\Lambda}_{\overline{\boldsymbol{C}}_{k,m,n}^{(d)}}&=\tilde{\boldsymbol{\Lambda}}_{k,m,n}\left(\boldsymbol{R}_{k,m,n}^{(d)}\right)^{-1}-\boldsymbol{\Sigma}_{k,m,n}^2
\end{aligned}$$

$$\boldsymbol{\Lambda}_{\overline{\boldsymbol{F}}_{k,m,n}^{(d)}}=w_k\boldsymbol{\Lambda}_{\overline{\boldsymbol{C}}_{k,m,n}^{(d)}}+\sum_{l\neq k}^{K}w_l\boldsymbol{\Lambda}_{\overline{\boldsymbol{B}}_{l,m,n}^{(d)}}$$

计算 $\boldsymbol{A}_{k,m,n}^{(d)}$、$\boldsymbol{\Lambda}_{\overline{\boldsymbol{B}}_{k,m,n}^{(d)}}$、$\boldsymbol{\Lambda}_{\overline{\boldsymbol{C}}_{k,m,n}^{(d)}}$ 和 $\boldsymbol{\Lambda}_{\overline{\boldsymbol{F}}_{k,m,n}^{(d)}}$。

步骤 5： 更新 $\boldsymbol{J}_{k,m,n}^{(d+1)}$ 为

$$\boldsymbol{J}_{k,m,n}^{(d+1)}=(\boldsymbol{\Lambda}_{\overline{\boldsymbol{D}}_{m,n}^{(d)}}+\mu^\star\boldsymbol{I}_{M_t})^{-1}(w_k\boldsymbol{A}_{k,m,n}^{(d)}+\overline{\boldsymbol{F}}_{k,m,n}^{(d)}\boldsymbol{J}_{k,m,n}^{(d)})$$

式中

$$\boldsymbol{\Lambda}_{\overline{\boldsymbol{D}}_{m,n}^{(d)}}=\sum_{k=1}^{K}w_k(\boldsymbol{\Lambda}_{\overline{\boldsymbol{B}}_{k,m,n}^{(d)}}+\boldsymbol{\Lambda}_{\overline{\boldsymbol{C}}_{k,m,n}^{(d)}})$$

设 $d=d+1$。

重复步骤 2 到步骤 5 直到收敛或者达到一个预设目标。所得最优预编码为 $\boldsymbol{P}_{k,m,n}^\star=\boldsymbol{V}_{M_t}\boldsymbol{\Pi}_{k,m,n}\boldsymbol{J}_{k,m,n}^\star$。

将置换矩阵 $\boldsymbol{\Pi}_{k,m,n}$ 设为能够满足 $\boldsymbol{a}_k\boldsymbol{\Pi}_{k,m,n}$ 中元素从大到小排序。因为 $\boldsymbol{P}_{k,m,n}=\boldsymbol{V}_{M_t}\boldsymbol{\Pi}_{k,m,n}\boldsymbol{J}_{k,m,n}\boldsymbol{V}_{k,m}^{\mathrm{H}}$ 中其他矩阵都为固定矩阵，所以需要优化的只有 $\boldsymbol{J}_{k,m,n}$。将带有固定置换矩阵的最优预编码结构和条件 $\hat{\boldsymbol{H}}_{k,m,n}=\boldsymbol{0}$ 代入算法 5.7，可得如算法 5.8 中具有更低复杂度的新算法。

算法 5.8 中已经利用了置换矩阵和对角阵的可交换性对一些公式进行了简化。由于 $\boldsymbol{\Lambda}_{\overline{\boldsymbol{D}}_{m,n}^{(d)}}$ 为一个对角阵，所以算法 5.8 中的 $M_t\times M_t$ 矩阵求逆 $(\boldsymbol{\Lambda}_{\overline{\boldsymbol{D}}_{m,n}^{(d)}}+\mu^\star\boldsymbol{I}_{M_t})^{-1}$ 可以只需对于 $(\boldsymbol{\Lambda}_{\overline{\boldsymbol{D}}_{m,n}^{(d)}}+\mu^\star\boldsymbol{I}_{M_t})^{-1}$ 矩阵每一个对角元分别求逆。因此，当 $\hat{\boldsymbol{H}}_{k,m,n}=\boldsymbol{0}$ 时，鲁棒线性预编码设计变得更为简单。

5.4.5　数值仿真

本节提供仿真结果来验证所提基于确定性等同的鲁棒线性预编码设计方法的性能。统计信道信息 $\boldsymbol{U}_k$ 和 $\boldsymbol{\Omega}_k$ 由 3GPP SCM 信道模型 [241] 生成。基站和用户端的天线都配置间隔为半波长的均匀线性阵列。仿真模型不考虑阴影损耗和路径损失。信道场景设为 urban_marco。小区中的用户为随机均匀分布。在所有仿真中，设 $P=1$，$w_k=1$，$d_k=M_k$ 和 $N_b=100$。所有用户的 M_k 设为相同。简便起见，设 $\sigma_{\mathrm{BS}}^2=\sigma_z^2$。信噪比定义为 SNR$=\dfrac{1}{\sigma_z^2}$。

首先通过仿真来验证本节所提算法的性能。考虑一个配置为 $M_t=128$、$M_k=4$ 和 $K=10$ 的大规模 MIMO 下行链路。表 5.1 给出了各用户的 α_k 取值。前 5 个用户 α_k 取值为 0.999，表示它们的信道处于准静止状态。后 5 个用户 α_k 为 0.9，表示它们处于缓慢移动中。简便起见，将此仿真场景称做场景一。图 5.19 给出了本节

所提三种算法在场景一下的平均和速率性能。从图 5.19 中可以看出，本节所提三种算法的平均和速率随着信噪比线性增长。进一步可以看出，算法 5.6 和算法 5.7 的性能仍然几乎一样。和前两种算法相比，算法 5.8 有一定的性能损失，并且损失随着信噪比逐渐增大。当 SNR= 20dB 时，算法 5.8 性能损失接近 18%。这是因为算法 5.8 是为统计信道状态信息均值为零时设计的，所以在此场景没有充分地利用基站端能获得的统计信道状态信息。为了验证确定性等同的精度，图 5.19 中同样给出了平均和速率的确定性等同结果。从图 5.19 中可以看出，算法 5.6 和算法 5.7 的确定性等同结果非常精确，几乎和仿真结果一致。对于算法 5.8，则可以观察到确定性等同结果和仿真结果存在一定的偏离。这是因为算法 5.8 所用的统计信道状态信息和实际基站可获得的统计信道状态信息不完全匹配。

表 5.1 鲁棒预编码方法仿真场景一各用户 α_k 取值

$\alpha_1 - \alpha_5$	$\alpha_6 - \alpha_{10}$
0.999	0.9

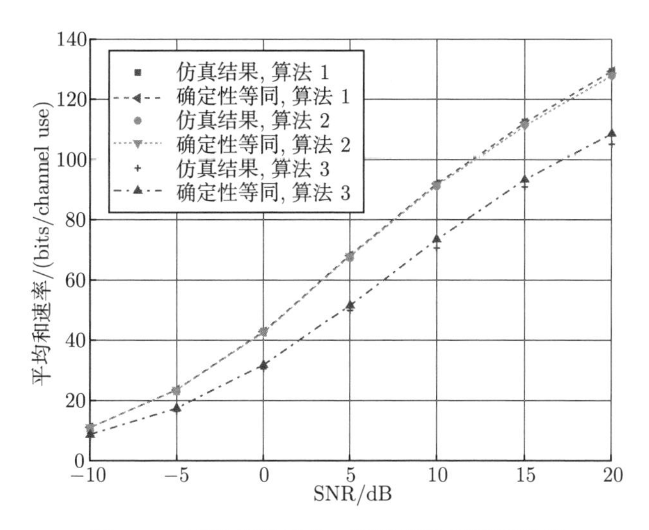

图 5.19 三种算法场景一下的平均和速率性能

接着，研究当存在高速移动用户时三种算法的性能。保持配置 $M_t = 128$、$M_k = 4$ 和 $K = 10$ 不变，将各用户的 α_k 取值改为如表 5.2 所示。简便起见，将此仿真场景称为场景二。图 5.20 给出了本节所提三种算法在场景二下的平均和速率性能。从图 5.20 中可以看出，三种算法的平均和速率仍然随着信噪比线性增长，并且算法 5.6 和算法 5.7 的性能仍然几乎一样。进一步，与前两种算法相比，算法 5.8 的性能损失变小。当 SNR= 20dB 时，算法 5.8 性能损失小于 10%。这是因为此场景下算法 5.8 所用的统计信道状态信息和实际基站可获得的统计信道状态信息的差异变小。为了验证确定性等同的精度，图 5.20 中也给出了三种算法平均和速率的确定性等同结果。从图 5.20 中可以看出，此场景下三种算法的确定性等同结果都非常精确。

表 5.2　鲁棒预编码方法仿真场景二各用户 α_k 取值

α_1,α_2	α_3,α_4	α_5,α_6	α_7,α_8	α_9,α_{10}
0.999	0.9	0.5	0.1	0

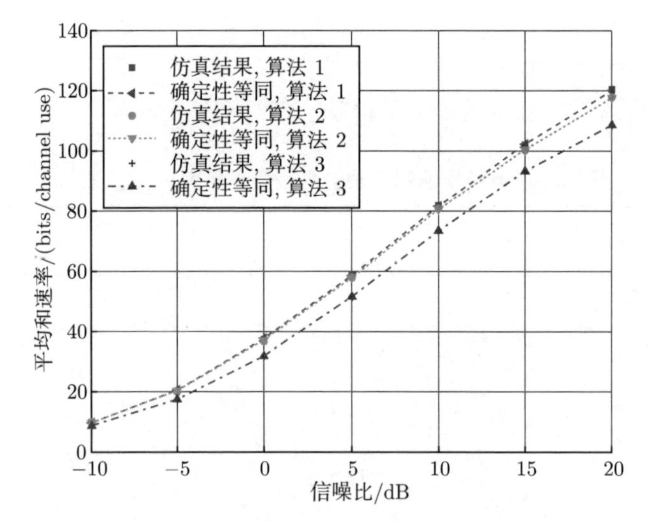

图 5.20　三种算法场景二下的平均和速率性能

接着研究本节所提三种算法的收敛性。考虑大规模 MIMO 下行链路和之前相同，配置仍然为 $M_t=128$、$M_k=4$ 和 $K=10$，并且 α_k 值仍然如表 5.2 所示。在本节所提各种算法的描述中已经介绍过，算法 5.6 和算法 5.7 采用随机初始值，而算法 5.8 的初始值为固定值。图 5.21 画出了所考虑大规模 MIMO 下行链路中三种算法在第 2 块上位于不同 SNR 下的收敛性能。从图 5.21 中可以看出，当 SNR= 0 dB 时所有算法都很快收敛，所需的迭代次数小于 10 次。进一步，可以看出随着 SNR 增加三种算法需要进行更多次迭代来收敛。当 SNR = 20 dB 时，算法 5.6 收敛需要 50 次迭代，而算法 5.7 和算法 5.8 则需要 80 次才迭代。

最后，研究算法 5.7 在用户配置单天线情况下的性能。当所有用户都配置单天线时，一个被广泛使用的线性预编码是 RZF 预编码。当基站获得的信道状态信息为非完美时，RZF 预编码可进一步地扩展为鲁棒 RZF 预编码。为了验证算法 5.7 的平均和速率性能，将其和鲁棒 RZF 预编码的和速率性能进行比较。考虑一个发送天线数为 $M_t=128$ 和用户数为 $K=20$ 且配置单天线的大规模 MIMO 下行链路。各用户所采用的 α_k 取值如表 5.3 所示。图 5.22 画出了算法 5.7 和鲁棒 RZF

算法在所考虑链路下的平均和速率。如图 5.22 所示，三种不同情形下算法 5.7 的性能都优于鲁棒 RZF 预编码。进一步，可以观察到性能增益在低 SNR 时较小，但是随着 SNR 增加逐渐变得显著。这表明和鲁棒 RZF 预编码相比，算法 5.7 能够更有效地抑制用户间干扰。

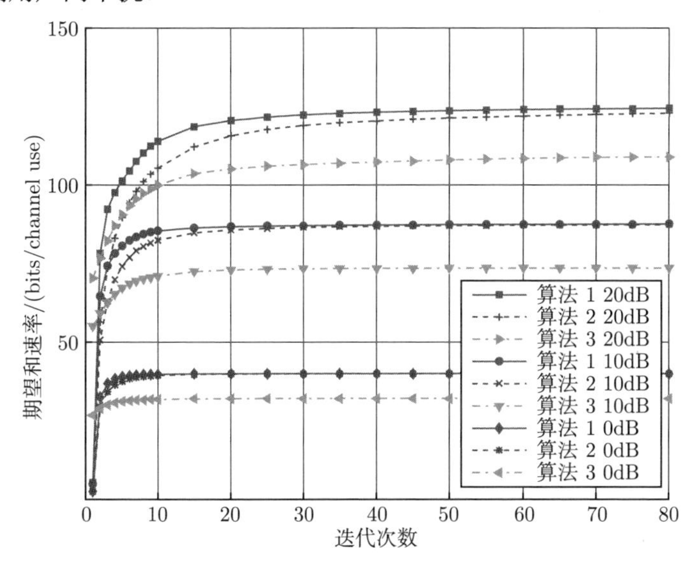

图 5.21 三种算法的收敛性能

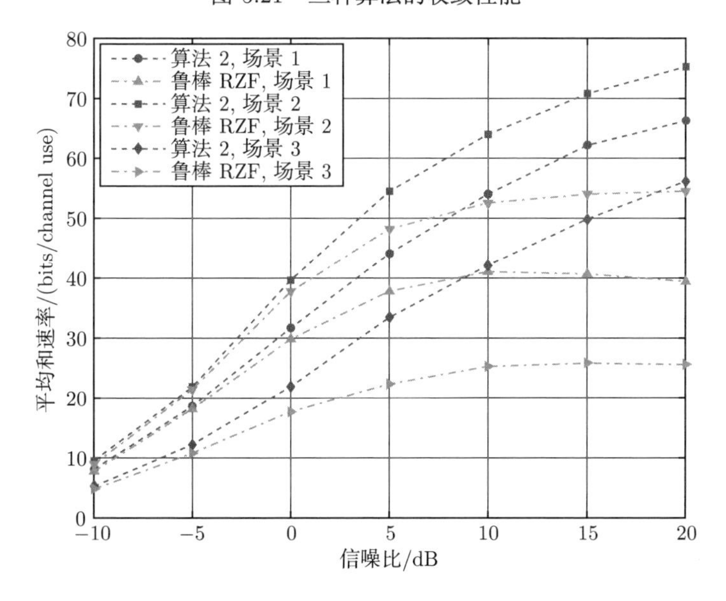

图 5.22 算法 5.7 和鲁棒 RZF 预编码的平均和速率性能比较

表 5.3 鲁棒预编码方法仿真场景三各用户 α_k 取值

	$\alpha_1-\alpha_4$	$\alpha_5-\alpha_8$	α_9,α_{10}	α_{11},α_{12}	$\alpha_{13}-\alpha_{16}$	$\alpha_{17}-\alpha_{20}$
场景 1	0.999	0.999	0.999	0.999	0.999	0.999
场景 2	0.999	0.999	0.999	0.9	0.9	0.9
场景 3	0.999	0.9	0.5	0.5	0.1	0

5.4.6 小结

本节提出了适于典型移动通信场景的大规模 MIMO 下行鲁棒传输理论方法。首先，建立适于典型移动通信场景的大规模 MIMO 下行系统模型。其中，基站端可获得的各用户信道状态信息为非完美信道状态信息，具体来说，可建模为已知信道均值和方差信息的联合相关模型。接着，本节提出了适于所建立系统模型下的鲁棒传输理论方法。所考虑预编码设计问题采用最大化加权遍历和速率准则。随后，根据 MM 算法，将原复杂非凸优化预编码设计问题转化为迭代求解二次型优化问题，该替代问题的解可收敛到原优化问题的局部最优点。接着，本节引入自由确定性等同方法，推导出所得二次型问题最优闭式解所需矩阵期望的确定性等同，提出了基于确定性等同的线性预编码设计算法。在此基础上，本节提出了两种低复杂度算法，分别用于一般情形和统计信道状态信息均值为零时的情形。此外，还证明了当信道均值为零时波束域传输的最优性。数值仿真结果表明，本节所提鲁棒线性预编码设计方法和其低复杂实现方法能取得高频谱效率。

5.5 附 录

5.5.1 引理 5.1 的证明

由于 $\boldsymbol{C}\succeq\boldsymbol{D}$，$\boldsymbol{B}\succeq\boldsymbol{0}$，有 $\boldsymbol{B}^{1/2}\boldsymbol{C}\boldsymbol{B}^{1/2}\succeq\boldsymbol{B}^{1/2}\boldsymbol{D}\boldsymbol{B}^{1/2}$，因而排序特征值满足

$$\mathrm{eig}(\boldsymbol{C}^{1/2}\boldsymbol{B}\boldsymbol{C}^{1/2})\geqslant\mathrm{eig}(\boldsymbol{D}^{1/2}\boldsymbol{B}\boldsymbol{D}^{1/2})\tag{5.245}$$

因此，存在酉矩阵 $\boldsymbol{U}$，满足 $\boldsymbol{U}\boldsymbol{C}^{1/2}\boldsymbol{B}\boldsymbol{C}^{1/2}\boldsymbol{U}^{\mathrm{H}}\succeq\boldsymbol{D}^{1/2}\boldsymbol{B}\boldsymbol{D}^{1/2}$ [142]。另外，由于 $\boldsymbol{A}\succeq\boldsymbol{B}$，有 $\boldsymbol{U}\boldsymbol{C}^{1/2}\boldsymbol{A}\boldsymbol{C}^{1/2}\boldsymbol{U}^{\mathrm{H}}\succeq\boldsymbol{U}\boldsymbol{C}^{1/2}\boldsymbol{B}\boldsymbol{C}^{1/2}\boldsymbol{U}^{\mathrm{H}}$。因此，有如下结果成立

$$\begin{aligned}\mathrm{eig}(\boldsymbol{A}\boldsymbol{C})&=\mathrm{eig}(\boldsymbol{U}\boldsymbol{C}^{1/2}\boldsymbol{A}\boldsymbol{C}^{1/2}\boldsymbol{U}^{\mathrm{H}})\\&\geqslant\mathrm{eig}(\boldsymbol{D}^{1/2}\boldsymbol{B}\boldsymbol{D}^{1/2})\\&=\mathrm{eig}(\boldsymbol{B}\boldsymbol{D})\end{aligned}\tag{5.246}$$

5.5.2 引理 5.2 的证明

由于 $\boldsymbol{A}\succeq\boldsymbol{0}$ 以及 $\boldsymbol{B}\succeq\boldsymbol{0}$，矩阵 $\boldsymbol{A}$ 和 $\boldsymbol{B}$ 可以分解为 $\boldsymbol{A}=\tilde{\boldsymbol{A}}^{\mathrm{H}}\tilde{\boldsymbol{A}}$，$\boldsymbol{B}=\tilde{\boldsymbol{B}}^{\mathrm{H}}\tilde{\boldsymbol{B}}$。通过考虑任意线性组合 $\boldsymbol{X}=\boldsymbol{Z}+t\boldsymbol{V}$，其中，$\boldsymbol{Z},\boldsymbol{V}\in\boldsymbol{S}^n$，可以证明矩阵函数的凹

性。定义 $g(t)=f(\boldsymbol{Z}+t\boldsymbol{V})$，其中，$f(\boldsymbol{X})$ 由式 (5.19) 定义，限定 t 的取值范围使得 $\boldsymbol{Z}+t\boldsymbol{V}\succeq\boldsymbol{0}$。函数 $g(t)$ 可以表达为

$$\begin{aligned}
g(t)&=\log\det(\boldsymbol{I}+\tilde{\boldsymbol{A}}(\boldsymbol{Z}+t\boldsymbol{V})\tilde{\boldsymbol{A}}^{\mathrm{H}})-\log\det(\boldsymbol{I}+\tilde{\boldsymbol{B}}(\boldsymbol{Z}+t\boldsymbol{V})\tilde{\boldsymbol{B}}^{\mathrm{H}})\\
&=\log\det(\boldsymbol{I}+(\boldsymbol{I}+\tilde{\boldsymbol{A}}\boldsymbol{Z}\tilde{\boldsymbol{A}}^{\mathrm{H}})^{-1/2}t\tilde{\boldsymbol{A}}\boldsymbol{V}\tilde{\boldsymbol{A}}^{\mathrm{H}}(\boldsymbol{I}+\tilde{\boldsymbol{A}}\boldsymbol{Z}\tilde{\boldsymbol{A}}^{\mathrm{H}})^{-1/2})\\
&\quad-(\log\det(\boldsymbol{I}+(\boldsymbol{I}+\tilde{\boldsymbol{B}}\boldsymbol{Z}\tilde{\boldsymbol{B}}^{\mathrm{H}})^{-1/2}t\tilde{\boldsymbol{B}}\boldsymbol{V}\tilde{\boldsymbol{B}}^{\mathrm{H}}(\boldsymbol{I}+\tilde{\boldsymbol{B}}\boldsymbol{Z}\tilde{\boldsymbol{B}}^{\mathrm{H}})^{-1/2})\\
&\quad+\log\det(\boldsymbol{I}+\tilde{\boldsymbol{A}}\boldsymbol{Z}\tilde{\boldsymbol{A}}^{\mathrm{H}})-\log\det(\boldsymbol{I}+\tilde{\boldsymbol{B}}\boldsymbol{Z}\tilde{\boldsymbol{B}}^{\mathrm{H}}))\\
&=\sum_{i=1}^{N}\log(1+t\lambda_i)-\sum_{i=1}^{N}\log(1+t\xi_i)+\log\det(\boldsymbol{I}+\tilde{\boldsymbol{A}}\boldsymbol{Z}\tilde{\boldsymbol{A}}^{\mathrm{H}})\\
&\quad-\log\det(\boldsymbol{I}+\tilde{\boldsymbol{B}}\boldsymbol{Z}\tilde{\boldsymbol{B}}^{\mathrm{H}})
\end{aligned}\tag{5.247}$$

式中，λ_i 是矩阵 $(\boldsymbol{I}+\tilde{\boldsymbol{A}}\boldsymbol{Z}\tilde{\boldsymbol{A}}^{\mathrm{H}})^{-1/2}\tilde{\boldsymbol{A}}\boldsymbol{V}\tilde{\boldsymbol{A}}^{\mathrm{H}}(\boldsymbol{I}+\tilde{\boldsymbol{A}}\boldsymbol{Z}\tilde{\boldsymbol{A}}^{\mathrm{H}})^{-1/2}$ 的第 i 个排序特征值，ξ_i 是矩阵 $(\boldsymbol{I}+\tilde{\boldsymbol{B}}\boldsymbol{Z}\tilde{\boldsymbol{B}}^{\mathrm{H}})^{-1/2}\tilde{\boldsymbol{B}}\boldsymbol{V}\tilde{\boldsymbol{B}}^{\mathrm{H}}(\boldsymbol{I}+\tilde{\boldsymbol{B}}\boldsymbol{Z}\tilde{\boldsymbol{B}}^{\mathrm{H}})^{-1/2}$ 的第 i 个排序特征值。计算函数 $g(t)$ 关于 t 的二阶导数为

$$\begin{aligned}
g''(t)&=\sum_{i=1}^{N}\left(\frac{\xi_i^2}{(1+t\xi_i)^2}-\frac{\lambda_i^2}{(1+t\lambda_i)^2}\right)\\
&=\sum_{i=1}^{N}\left(\frac{(\xi_i-\lambda_i)(\xi_i+\lambda_i+2t\xi_i\lambda_i)}{(1+t\xi_i)^2(1+t\lambda_i)^2}\right)
\end{aligned}\tag{5.248}$$

t 的定义域由 $\{t|\boldsymbol{Z}+t\boldsymbol{V}\succeq\boldsymbol{0}\}$ 给出，其可以重新表达为 $\boldsymbol{I}+t\boldsymbol{Z}^{-1/2}\boldsymbol{V}\boldsymbol{Z}^{-1/2}\succeq\boldsymbol{0}$。令 $\{\alpha_i\}=\mathrm{eig}(\boldsymbol{Z}^{-1/2}\boldsymbol{V}\boldsymbol{Z}^{-1/2})=\mathrm{eig}(\boldsymbol{V}\boldsymbol{Z}^{-1})$ 为矩阵 $\boldsymbol{Z}^{-1/2}\boldsymbol{V}\boldsymbol{Z}^{-1/2}$ 的特征值，则 t 满足 $1+\alpha_i t\geqslant 0$。另外，利用矩阵求逆引理，有

$$(\boldsymbol{Z}^{-1}+\tilde{\boldsymbol{A}}^{\mathrm{H}}\tilde{\boldsymbol{A}})^{-1}=\boldsymbol{Z}-\boldsymbol{Z}\tilde{\boldsymbol{A}}^{\mathrm{H}}(\boldsymbol{I}+\tilde{\boldsymbol{A}}\boldsymbol{Z}\tilde{\boldsymbol{A}}^{\mathrm{H}})^{-1}\tilde{\boldsymbol{A}}\boldsymbol{Z}\tag{5.249}$$

则

$$\begin{aligned}
\{\lambda_i\}&=\mathrm{eig}(\boldsymbol{V}\tilde{\boldsymbol{A}}^{\mathrm{H}}(\boldsymbol{I}+\tilde{\boldsymbol{A}}\boldsymbol{Z}\tilde{\boldsymbol{A}}^{\mathrm{H}})^{-1}\tilde{\boldsymbol{A}})\\
&=\mathrm{eig}(\boldsymbol{V}(\boldsymbol{Z}^{-1}-\boldsymbol{Z}^{-1}(\boldsymbol{Z}^{-1}+\boldsymbol{A})^{-1}\boldsymbol{Z}^{-1}))
\end{aligned}\tag{5.250}$$

相似地，可以得到

$$\{\xi_i\}=\mathrm{eig}(\boldsymbol{V}(\boldsymbol{Z}^{-1}-\boldsymbol{Z}^{-1}(\boldsymbol{Z}^{-1}+\boldsymbol{B})^{-1}\boldsymbol{Z}^{-1}))\tag{5.251}$$

并且，上述矩阵有如下关系

$$\begin{aligned}
\boldsymbol{Z}^{-1}&\succeq\boldsymbol{Z}^{-1}-\boldsymbol{Z}^{-1}(\boldsymbol{Z}^{-1}+\boldsymbol{A})^{-1}\boldsymbol{Z}^{-1}\\
&\succeq\boldsymbol{Z}^{-1}-\boldsymbol{Z}^{-1}(\boldsymbol{Z}^{-1}+\boldsymbol{B})^{-1}\boldsymbol{Z}^{-1}\succeq\boldsymbol{0}
\end{aligned}\tag{5.252}$$

令 (μ,ν,ζ) 表示矩阵 $\boldsymbol{V}$ 的惯性指数，记为 $\text{In}(\boldsymbol{V})=(\mu,\nu,\zeta)$，其中，矩阵 $\boldsymbol{V}$ 有 μ 个正实部特征值，ν 个负实部特征值，以及 ζ 个纯虚数特征值。令

$$\text{In}(\boldsymbol{V}\boldsymbol{Z}^{-1})=(\mu_1,\nu_1,\zeta_1) \tag{5.253}$$

$$\text{In}(\boldsymbol{V}(\boldsymbol{Z}^{-1}-\boldsymbol{Z}^{-1}(\boldsymbol{Z}^{-1}+\boldsymbol{A})^{-1}\boldsymbol{Z}^{-1}))=(\mu_2,\nu_2,\zeta_2) \tag{5.254}$$

$$\text{In}(\boldsymbol{V}(\boldsymbol{Z}^{-1}-\boldsymbol{Z}^{-1}(\boldsymbol{Z}^{-1}+\boldsymbol{B})^{-1}\boldsymbol{Z}^{-1}))=(\mu_3,\nu_3,\zeta_3) \tag{5.255}$$

由文献 [242]，可以得到

$$\mu_1\leqslant\mu,\mu_2\leqslant\mu,\mu_3\leqslant\mu \tag{5.256}$$

$$\nu_1\leqslant\nu,\nu_2\leqslant\nu,\nu_3\leqslant\nu \tag{5.257}$$

令矩阵 $\boldsymbol{V}$ 的第 i 个排序特征值为 γ_i。当 $\gamma_i>0$ 时，如果 $\alpha_i<0$，则对于任意 $j>i$，有 $\alpha_j<0$，其与 $\nu_1\leqslant\nu$ 矛盾。因此，$\alpha_i\geqslant 0$ 成立。相似地，当 $\gamma_i>0$ 时，有 $\lambda_i\geqslant 0$ 以及 $\xi_i\geqslant 0$ 成立。当 $\gamma_i<0$，如果 $\alpha_i>0$，对于任意 $j<i$，有 $\alpha_j>0$，其与 $\mu_1\leqslant\mu$ 矛盾。因此，$\alpha_i\leqslant 0$ 成立。相似地，可以得到 $\lambda_i\leqslant 0$ 以及 $\xi_i\leqslant 0$。当 $\gamma_i=0$，由于 $\mu_1\leqslant\mu,\nu_1\leqslant\nu$，因此有 $\alpha_i=0$，$\lambda_i=\xi_i=0$ 成立。对于排序特征值，仅有两种情况：$\alpha_i,\lambda_i,\xi_i\geqslant 0$ 和 $\alpha_i,\lambda_i,\xi_i\leqslant 0$。同时，

$$\{\alpha_i^2\}=\text{eig}(\boldsymbol{V}\boldsymbol{Z}^{-1}\boldsymbol{V}\boldsymbol{Z}^{-1}) \tag{5.258}$$

$$\{\lambda_i^2\}=\text{eig}\left(\boldsymbol{V}(\boldsymbol{Z}^{-1}-\boldsymbol{Z}^{-1}(\boldsymbol{Z}^{-1}+\boldsymbol{A})^{-1}\boldsymbol{Z}^{-1})\boldsymbol{V}(\boldsymbol{Z}^{-1}-\boldsymbol{Z}^{-1}(\boldsymbol{Z}^{-1}+\boldsymbol{A})^{-1}\boldsymbol{Z}^{-1})\right) \tag{5.259}$$

$$\{\xi_i^2\}=\text{eig}\left(\boldsymbol{V}(\boldsymbol{Z}^{-1}-\boldsymbol{Z}^{-1}(\boldsymbol{Z}^{-1}+\boldsymbol{B})^{-1}\boldsymbol{Z}^{-1})\boldsymbol{V}(\boldsymbol{Z}^{-1}-\boldsymbol{Z}^{-1}(\boldsymbol{Z}^{-1}+\boldsymbol{B})^{-1}\boldsymbol{Z}^{-1})\right) \tag{5.260}$$

利用引理 5.1，可以得到 $\{\alpha_i^2\}\geqslant\{\lambda_i^2\}\geqslant\{\xi_i^2\}$。

当 $\{\alpha_i\}\geqslant\{\lambda_i\}\geqslant\{\xi_i\}\geqslant 0$ 或者 $\{\alpha_i\}\leqslant\{\lambda_i\}\leqslant\{\xi_i\}\leqslant 0$ 时，由于 $1+t\alpha_i\geqslant 0$，因而可以得到

$$(\xi_i-\lambda_i)(\xi_i+\lambda_i+2t\xi_i\lambda_i)\leqslant 0 \tag{5.261}$$

由于 $g''(t)\leqslant 0$，因此函数 $f(\boldsymbol{X})$ 关于 $\boldsymbol{X}$ 是凹函数。

5.5.3　引理 5.3 的证明

当 $\boldsymbol{B}=\boldsymbol{0}$ 时，式 (5.22) 显然成立。当 $\boldsymbol{B}\neq\boldsymbol{0}$ 时，矩阵 $\boldsymbol{B}$ 可以表示为

$$\boldsymbol{B}=\boldsymbol{P}\left[\begin{array}{cc}\boldsymbol{B}_1 & \boldsymbol{0}\\ \boldsymbol{0} & \boldsymbol{0}\end{array}\right]\boldsymbol{P}^{\text{H}} \tag{5.262}$$

式中，$\boldsymbol{B}_1 \succ \boldsymbol{0}$ 是一个对角阵，包含矩阵 $\boldsymbol{B}$ 的非零元素，$\boldsymbol{P}$ 是相应的置换矩阵。相似地，矩阵 $\boldsymbol{A}$ 可以表达为

$$\boldsymbol{A} = \boldsymbol{P} \begin{bmatrix} \boldsymbol{A}_1 & \boldsymbol{0} \\ \boldsymbol{0} & \boldsymbol{A}_2 \end{bmatrix} \boldsymbol{P}^{\mathrm{H}} \tag{5.263}$$

式中，矩阵 $\boldsymbol{A}_1$ 是满秩矩阵，并且有 $\boldsymbol{A}_1 \succeq \boldsymbol{B}_1$ 以及 $\boldsymbol{A}_2 \succeq \boldsymbol{0}$。将式 (5.262) 和式 (5.263) 代入式 (5.22) 可以得到

$$\begin{aligned} &\begin{bmatrix} \boldsymbol{A}_1 & \boldsymbol{0} \\ \boldsymbol{0} & \boldsymbol{A}_2 \end{bmatrix} \left(\boldsymbol{I} + \begin{bmatrix} \boldsymbol{A}_1 & \boldsymbol{0} \\ \boldsymbol{0} & \boldsymbol{A}_2 \end{bmatrix} \underline{\boldsymbol{Q}} \begin{bmatrix} \boldsymbol{A}_1 & \boldsymbol{0} \\ \boldsymbol{0} & \boldsymbol{A}_2 \end{bmatrix} \right)^{-1} \begin{bmatrix} \boldsymbol{A}_1 & \boldsymbol{0} \\ \boldsymbol{0} & \boldsymbol{A}_2 \end{bmatrix} \\ \succeq &\begin{bmatrix} \boldsymbol{B}_1 & \boldsymbol{0} \\ \boldsymbol{0} & \boldsymbol{0} \end{bmatrix} \left(\boldsymbol{I} + \begin{bmatrix} \boldsymbol{B}_1 & \boldsymbol{0} \\ \boldsymbol{0} & \boldsymbol{0} \end{bmatrix} \underline{\boldsymbol{Q}} \begin{bmatrix} \boldsymbol{B}_1 & \boldsymbol{0} \\ \boldsymbol{0} & \boldsymbol{0} \end{bmatrix} \right)^{-1} \begin{bmatrix} \boldsymbol{B}_1 & \boldsymbol{0} \\ \boldsymbol{0} & \boldsymbol{0} \end{bmatrix} \end{aligned} \tag{5.264}$$

式中，$\underline{\boldsymbol{Q}} = \boldsymbol{P}^{\mathrm{H}}\boldsymbol{Q}\boldsymbol{P}$。下面将证明式 (5.264) 成立。令

$$\underline{\boldsymbol{Q}} = \begin{bmatrix} \boldsymbol{Q}_{11} & \boldsymbol{Q}_{12} \\ \boldsymbol{Q}_{21} & \boldsymbol{Q}_{22} \end{bmatrix} \tag{5.265}$$

利用矩阵求逆引理，可以将式 (5.264) 的右边重新表达为

$$\begin{bmatrix} \boldsymbol{B}_1 & \boldsymbol{0} \\ \boldsymbol{0} & \boldsymbol{0} \end{bmatrix} \left(\boldsymbol{I} + \begin{bmatrix} \boldsymbol{B}_1 & \boldsymbol{0} \\ \boldsymbol{0} & \boldsymbol{0} \end{bmatrix} \underline{\boldsymbol{Q}} \begin{bmatrix} \boldsymbol{B}_1 & \boldsymbol{0} \\ \boldsymbol{0} & \boldsymbol{0} \end{bmatrix} \right)^{-1} \begin{bmatrix} \boldsymbol{B}_1 & \boldsymbol{0} \\ \boldsymbol{0} & \boldsymbol{0} \end{bmatrix} = \begin{bmatrix} (\boldsymbol{B}_1^{-2} + \underline{\boldsymbol{Q}})^{-1} & \boldsymbol{0} \\ \boldsymbol{0} & \boldsymbol{0} \end{bmatrix} \tag{5.266}$$

式 (5.264) 的左边可以表达为

$$\begin{aligned} &\begin{bmatrix} \boldsymbol{A}_1 & \boldsymbol{0} \\ \boldsymbol{0} & \boldsymbol{A}_2 \end{bmatrix} \left(\boldsymbol{I} + \begin{bmatrix} \boldsymbol{A}_1 & \boldsymbol{0} \\ \boldsymbol{0} & \boldsymbol{A}_2 \end{bmatrix} \underline{\boldsymbol{Q}} \begin{bmatrix} \boldsymbol{A}_1 & \boldsymbol{0} \\ \boldsymbol{0} & \boldsymbol{A}_2 \end{bmatrix} \right)^{-1} \begin{bmatrix} \boldsymbol{A}_1 & \boldsymbol{0} \\ \boldsymbol{0} & \boldsymbol{A}_2 \end{bmatrix} \\ = &\begin{bmatrix} \boldsymbol{A}_1 & \boldsymbol{0} \\ \boldsymbol{0} & \boldsymbol{A}_2 \end{bmatrix} \begin{bmatrix} \boldsymbol{I} + \boldsymbol{A}_1\boldsymbol{Q}_{11}\boldsymbol{A}_1 & \boldsymbol{A}_1\boldsymbol{Q}_{12}\boldsymbol{A}_2 \\ \boldsymbol{A}_2\boldsymbol{Q}_{21}\boldsymbol{A}_1 & \boldsymbol{I} + \boldsymbol{A}_2\boldsymbol{Q}_{22}\boldsymbol{A}_2 \end{bmatrix}^{-1} \begin{bmatrix} \boldsymbol{A}_1 & \boldsymbol{0} \\ \boldsymbol{0} & \boldsymbol{A}_2 \end{bmatrix} \end{aligned} \tag{5.267}$$

为了简化表达，令

$$\begin{bmatrix} \boldsymbol{I} + \boldsymbol{A}_1\boldsymbol{Q}_{11}\boldsymbol{A}_1 & \boldsymbol{A}_1\boldsymbol{Q}_{12}\boldsymbol{A}_2 \\ \boldsymbol{A}_2\boldsymbol{Q}_{21}\boldsymbol{A}_1 & \boldsymbol{I} + \boldsymbol{A}_2\boldsymbol{Q}_{22}\boldsymbol{A}_2 \end{bmatrix} = \boldsymbol{M} = \begin{bmatrix} \boldsymbol{M}_{11} & \boldsymbol{M}_{12} \\ \boldsymbol{M}_{21} & \boldsymbol{M}_{22} \end{bmatrix} \tag{5.268}$$

利用分块矩阵求逆公式可以得到

$$\boldsymbol{M}^{-1} = \begin{bmatrix} \boldsymbol{M}_{11}^{-1} & \boldsymbol{0} \\ \boldsymbol{0} & \boldsymbol{0} \end{bmatrix} + \begin{bmatrix} -\boldsymbol{M}_{11}^{-1}\boldsymbol{M}_{12} \\ \boldsymbol{I} \end{bmatrix} \boldsymbol{J}^{-1} \begin{bmatrix} -\boldsymbol{M}_{21}\boldsymbol{M}_{11}^{-1} & \boldsymbol{I} \end{bmatrix} \tag{5.269}$$

式中，$\boldsymbol{J}$ 表示矩阵 $\boldsymbol{M}$ 关于分块矩阵 $\boldsymbol{M}_{11}$ 的 Schur 补 [243]，其可以表达为

$$\boldsymbol{J}=\boldsymbol{M}_{22}-\boldsymbol{M}_{21}\boldsymbol{M}_{11}^{-1}\boldsymbol{M}_{12} \tag{5.270}$$

令

$$\widetilde{\boldsymbol{M}}=\begin{bmatrix}-\boldsymbol{M}_{11}^{-1}\boldsymbol{M}_{12}\\ \boldsymbol{I}\end{bmatrix}\boldsymbol{J}^{-1}\begin{bmatrix}-\boldsymbol{M}_{21}\boldsymbol{M}_{11}^{-1} & \boldsymbol{I}\end{bmatrix} \tag{5.271}$$

因而，式 (5.264) 的左边可以进一步表达为

$$\begin{aligned}&\begin{bmatrix}\boldsymbol{A}_1 & \boldsymbol{0}\\ \boldsymbol{0} & \boldsymbol{A}_2\end{bmatrix}\left(\begin{bmatrix}\boldsymbol{M}_{11}^{-1} & \boldsymbol{0}\\ \boldsymbol{0} & \boldsymbol{0}\end{bmatrix}+\widetilde{\boldsymbol{M}}\right)\begin{bmatrix}\boldsymbol{A}_1 & \boldsymbol{0}\\ \boldsymbol{0} & \boldsymbol{A}_2\end{bmatrix}\\ =&\begin{bmatrix}\left(\boldsymbol{A}_1^{-2}+\boldsymbol{Q}_{11}\right)^{-1} & \boldsymbol{0}\\ \boldsymbol{0} & \boldsymbol{0}\end{bmatrix}+\begin{bmatrix}\boldsymbol{A}_1 & \boldsymbol{0}\\ \boldsymbol{0} & \boldsymbol{A}_2\end{bmatrix}\widetilde{\boldsymbol{M}}\begin{bmatrix}\boldsymbol{A}_1 & \boldsymbol{0}\\ \boldsymbol{0} & \boldsymbol{A}_2\end{bmatrix}\end{aligned} \tag{5.272}$$

若 $\boldsymbol{M}\succ\boldsymbol{0}$，则 $\boldsymbol{J}\succ\boldsymbol{0}$ 以及 $\tilde{\boldsymbol{M}}\succ\boldsymbol{0}$ 成立。另外，由于 $\left(\boldsymbol{A}_1^{-2}+\boldsymbol{Q}_{11}\right)^{-1}\succeq\left(\boldsymbol{B}_1^{-2}+\boldsymbol{Q}_{11}\right)^{-1}$，式 (5.264) 成立。

5.5.4 引理 5.4 的证明

定义对角阵 $\boldsymbol{B}$，其对角线元素为 $[\boldsymbol{B}]_{i,i}=\max\limits_{k}\left\{[\boldsymbol{B}_k]_{i,i}\right\}$。由于矩阵 $\tilde{\boldsymbol{A}}$、$\tilde{\boldsymbol{A}}_k$ 以及 $\boldsymbol{B}_k$ 是对角阵，且对于 $k\neq k'$，$\tilde{\boldsymbol{A}}_k\tilde{\boldsymbol{A}}_{k'}=\boldsymbol{0}$，因而可以有

$$\begin{aligned}&\prod_k\left(\boldsymbol{I}+\tilde{\boldsymbol{A}}\boldsymbol{B}_k-\tilde{\boldsymbol{A}}_k\boldsymbol{B}_k\right)\\ =&\prod_k\left(\boldsymbol{I}+\tilde{\boldsymbol{A}}\boldsymbol{B}_k\right)-\sum_k\tilde{\boldsymbol{A}}_k\boldsymbol{B}_k\left(\prod_{j\neq k}\left(\boldsymbol{I}+\tilde{\boldsymbol{A}}\boldsymbol{B}_j\right)\right)\end{aligned} \tag{5.273}$$

则可以计算式 (5.24) 的右边为

$$\begin{aligned}&\sum_k\left(\log\det\left(\boldsymbol{I}+\tilde{\boldsymbol{A}}\boldsymbol{B}_k\right)-\log\det\left(\boldsymbol{I}+\left(\tilde{\boldsymbol{A}}-\tilde{\boldsymbol{A}}_k\right)\boldsymbol{B}_k\right)\right)\\ =&\left(\sum_k\log\det\left(\boldsymbol{I}+\tilde{\boldsymbol{A}}\boldsymbol{B}_k\right)\right)-\log\det\left(\prod_k\left(\boldsymbol{I}+\tilde{\boldsymbol{A}}\boldsymbol{B}_k\right)\right.\\ &\left.-\sum_k\tilde{\boldsymbol{A}}_k\boldsymbol{B}_k\left(\prod_{j\neq k}\left(\boldsymbol{I}+\tilde{\boldsymbol{A}}\boldsymbol{B}_j\right)\right)\right)\\ =&\log\det\left(\boldsymbol{I}+\tilde{\boldsymbol{A}}\boldsymbol{B}\right)\end{aligned} \tag{5.274}$$

另外，有

$$\begin{aligned}
&\log\det\left(\boldsymbol{I}+\boldsymbol{A}\boldsymbol{B}_k\right)-\log\det\left(\boldsymbol{I}+\left(\boldsymbol{A}-\boldsymbol{A}_k\right)\boldsymbol{B}_k\right)\\
=&\log\det\left(\boldsymbol{I}+\boldsymbol{B}_k^{1/2}\mathbf{A}\mathbf{B}_k^{1/2}\right)-\log\det\left(\boldsymbol{I}+\boldsymbol{B}_k^{1/2}\mathbf{A}\mathbf{B}_k^{1/2}-\boldsymbol{B}_k^{1/2}\boldsymbol{A}_k\boldsymbol{B}_k^{1/2}\right)\\
=&-\log\det\left(\boldsymbol{I}-\boldsymbol{A}_k^{1/2}\boldsymbol{B}_k^{1/2}\left(\boldsymbol{I}+\boldsymbol{B}_k^{1/2}\mathbf{A}\mathbf{B}_k^{1/2}\right)^{-1}\boldsymbol{B}_k^{1/2}\boldsymbol{A}_k^{1/2}\right)\\
\leqslant&-\log\det\left(\boldsymbol{I}-\boldsymbol{A}_k^{1/2}\boldsymbol{B}^{1/2}\left(\boldsymbol{I}+\boldsymbol{B}^{1/2}\boldsymbol{A}\boldsymbol{B}^{1/2}\right)^{-1}\boldsymbol{B}^{1/2}\boldsymbol{A}_k^{1/2}\right)
\end{aligned}\tag{5.275}$$

式 (5.275) 中最后一个不等式可由引理 5.3 得到。进一步计算式 (5.24) 的左边为

$$\begin{aligned}
&\sum_k\left(\log\det\left(\boldsymbol{I}+\boldsymbol{A}\boldsymbol{B}_k\right)-\log\det\left(\boldsymbol{I}+\left(\boldsymbol{A}-\boldsymbol{A}_k\right)\boldsymbol{B}_k\right)\right)\\
\leqslant&-\sum_k\log\det\left(\boldsymbol{I}-\boldsymbol{B}^{1/2}\left(\boldsymbol{I}+\boldsymbol{B}^{1/2}\boldsymbol{A}\boldsymbol{B}^{1/2}\right)^{-1}\boldsymbol{B}^{1/2}\boldsymbol{A}_k\right)\\
=&-\log\det\left(\prod_k\left(\boldsymbol{I}-\boldsymbol{B}^{1/2}\left(\boldsymbol{I}+\boldsymbol{B}^{1/2}\boldsymbol{A}\boldsymbol{B}^{1/2}\right)^{-1}\boldsymbol{B}^{1/2}\boldsymbol{A}_k\right)\right)\\
\leqslant&-\log\det\left(\boldsymbol{I}-\sum_k\boldsymbol{B}^{1/2}\left(\boldsymbol{I}+\boldsymbol{B}^{1/2}\boldsymbol{A}\boldsymbol{B}^{1/2}\right)^{-1}\boldsymbol{B}^{1/2}\boldsymbol{A}_k\right)
\end{aligned}\tag{5.276}$$

式中，最后一个不等式可以利用下面的结论得到：对于任意半正定矩阵 $\boldsymbol{A}$ 和 $\boldsymbol{B}$ 满足 $\boldsymbol{I}-\boldsymbol{A}-\boldsymbol{B}\succeq\boldsymbol{0}$ 时，有 $\log\det\left(\boldsymbol{I}-\boldsymbol{A}-\boldsymbol{B}\right)\leqslant\log\det\left(\boldsymbol{I}-\boldsymbol{A}\right)+\log\det\left(\boldsymbol{I}-\boldsymbol{B}\right)$。利用矩阵求逆引理，可以得到

$$\boldsymbol{I}-\sum_k\boldsymbol{B}^{1/2}\left(\boldsymbol{I}+\boldsymbol{B}^{1/2}\boldsymbol{A}\boldsymbol{B}^{1/2}\right)^{-1}\boldsymbol{B}^{1/2}\boldsymbol{A}_k=\left(\boldsymbol{I}+\boldsymbol{B}^{1/2}\boldsymbol{A}\boldsymbol{B}^{1/2}\right)^{-1}\tag{5.277}$$

因而，有

$$\begin{aligned}
&\sum_k\left(\log\det\left(\boldsymbol{I}+\boldsymbol{A}\boldsymbol{B}_k\right)-\log\det\left(\boldsymbol{I}+\left(\boldsymbol{A}-\boldsymbol{A}_k\right)\boldsymbol{B}_k\right)\right)\\
\leqslant&\log\det\left(\boldsymbol{I}+\boldsymbol{A}\boldsymbol{B}\right)\\
\leqslant&\log\det\left(\boldsymbol{I}+\tilde{\boldsymbol{A}}\boldsymbol{B}\right)
\end{aligned}\tag{5.278}$$

式中，最后一个不等式由 Hadamard 不等式可以得到。

5.5.5 定理 5.4 的证明

由于优化问题 (5.73) 等价于问题 (5.71)，因此只需证明优化问题 (5.73)。在问题 (5.73) 中，第一项与 $\boldsymbol{B}_{k,j}$ 无关，仅与 $\boldsymbol{\Lambda}_j$ 有关，因此考虑关于 $\boldsymbol{B}_{k,j}$ 的内层优化

问题

$$
\begin{aligned}
[\boldsymbol{B}_{1,1}^*, \cdots, \boldsymbol{B}_{K,L}^*] = & \arg \min_{\boldsymbol{B}_{1,1},\cdots,\boldsymbol{B}_{K,L}} E\left\{ \sum_{k,j} \log\det\left(\boldsymbol{I} + \sum_{\ell} \tilde{\boldsymbol{H}}_{k,j,\ell}\boldsymbol{\Lambda}_\ell \tilde{\boldsymbol{H}}_{k,j,\ell}^{\mathrm{H}} \right.\right. \\
& \left.\left. - \tilde{\boldsymbol{H}}_{k,j,j}\boldsymbol{B}_{k,j}\boldsymbol{\Lambda}_j \tilde{\boldsymbol{H}}_{k,j,j}^{\mathrm{H}}\right)\right\} \\
& \text{s.t. } \sum_k \boldsymbol{B}_{k,j} = \boldsymbol{I} \\
& \quad\ \ \boldsymbol{B}_{k,j} \succeq \boldsymbol{0}
\end{aligned} \tag{5.279}
$$

首先，讨论目标函数 (5.279) 关于 $\boldsymbol{B}$ 的凹凸性。由于函数 $\log\det(\cdot)$ 是凹函数，因而，对于任意 $0 \leqslant \theta \leqslant 1$ 以及 $\boldsymbol{B}_{k,j}^{(1)}$ 和 $\boldsymbol{B}_{k,j}^{(2)}$，有如下关系

$$
\begin{aligned}
& \log\det\left(\boldsymbol{I} + \sum_{\ell} \tilde{\boldsymbol{H}}_{k,j,\ell}\boldsymbol{\Lambda}_\ell \tilde{\boldsymbol{H}}_{k,j,\ell}^{\mathrm{H}} - \tilde{\boldsymbol{H}}_{k,j,j}\left(\theta\boldsymbol{B}_{k,j}^{(1)} + (1-\theta)\boldsymbol{B}_{k,j}^{(2)}\right)\boldsymbol{\Lambda}_j \tilde{\boldsymbol{H}}_{k,j,j}^{\mathrm{H}}\right) \\
= & \log\det\left(\theta\left(\boldsymbol{I} + \sum_{\ell} \tilde{\boldsymbol{H}}_{k,j,\ell}\boldsymbol{\Lambda}_\ell \tilde{\boldsymbol{H}}_{k,j,\ell}^{\mathrm{H}} - \tilde{\boldsymbol{H}}_{k,j,j}\boldsymbol{B}_{k,j}^{(1)}\boldsymbol{\Lambda}_j \tilde{\boldsymbol{H}}_{k,j,j}^{\mathrm{H}}\right)\right. \\
& \left. +(1-\theta)\left(\boldsymbol{I} + \sum_{\ell} \tilde{\boldsymbol{H}}_{k,j,\ell}\boldsymbol{\Lambda}_\ell \tilde{\boldsymbol{H}}_{k,j,\ell}^{\mathrm{H}} - \tilde{\boldsymbol{H}}_{k,j,j}\boldsymbol{B}_{k,j}^{(2)}\boldsymbol{\Lambda}_j \tilde{\boldsymbol{H}}_{k,j,j}^{\mathrm{H}}\right)\right) \\
\geqslant & \theta\log\det\left(\boldsymbol{I} + \sum_{\ell} \tilde{\boldsymbol{H}}_{k,j,\ell}\boldsymbol{\Lambda}_\ell \tilde{\boldsymbol{H}}_{k,j,\ell}^{\mathrm{H}} - \tilde{\boldsymbol{H}}_{k,j,j}\boldsymbol{B}_{k,j}^{(1)}\boldsymbol{\Lambda}_j \tilde{\boldsymbol{H}}_{k,j,j}^{\mathrm{H}}\right) \\
& + (1-\theta)\log\det\left(\boldsymbol{I} + \sum_{\ell} \tilde{\boldsymbol{H}}_{k,j,\ell}\boldsymbol{\Lambda}_\ell \tilde{\boldsymbol{H}}_{k,j,\ell}^{\mathrm{H}} - \tilde{\boldsymbol{H}}_{k,j,j}\boldsymbol{B}_{k,j}^{(2)}\boldsymbol{\Lambda}_j \tilde{\boldsymbol{H}}_{k,j,j}^{\mathrm{H}}\right)
\end{aligned} \tag{5.280}
$$

因此，函数 $\log\det(\boldsymbol{I} + \sum\limits_{\ell} \tilde{\boldsymbol{H}}_{k,j,\ell}\boldsymbol{\Lambda}_\ell \tilde{\boldsymbol{H}}_{k,j,\ell}^{\mathrm{H}} - \tilde{\boldsymbol{H}}_{k,j,j}\boldsymbol{B}_{k,j}\boldsymbol{\Lambda}_j \tilde{\boldsymbol{H}}_{k,j,j}^{\mathrm{H}})$ 是关于 $\boldsymbol{B}_{k,j}$ 的凹函数。

令对角阵 $\boldsymbol{A}_{k,j}$ 是对应不等式约束条件 $\boldsymbol{B}_{k,j} \succeq \boldsymbol{b}$ 的 Lagrange 乘子，以及 $\boldsymbol{B}_j$ 是对应等式约束条件 $\sum\limits_k \boldsymbol{B}_{k,j} = \boldsymbol{I}$ 的 Lagrange 乘子，则优化问题的代价函数可以表达为

$$
\begin{aligned}
\mathcal{L} = & E\left\{\sum_{k,j}\log\det\left(\boldsymbol{I} + \sum_{\ell} \tilde{\boldsymbol{H}}_{k,j,\ell}\boldsymbol{\Lambda}_\ell \tilde{\boldsymbol{H}}_{k,j,\ell}^{\mathrm{H}} - \tilde{\boldsymbol{H}}_{k,j,j}\boldsymbol{B}_{k,j}\boldsymbol{\Lambda}_j \tilde{\boldsymbol{H}}_{k,j,j}^{\mathrm{H}}\right)\right. \\
& \left. - \sum_{k,j}\mathrm{tr}(\boldsymbol{A}_{k,j}\boldsymbol{B}_{k,j}) + \sum_j \mathrm{tr}\left(\boldsymbol{B}_j\left(\sum_k \boldsymbol{B}_{k,j} - \boldsymbol{I}\right)\right)\right\}
\end{aligned} \tag{5.281}
$$

定义 $\boldsymbol{C}_{a,b}$ 为

$$\begin{aligned}
&\boldsymbol{C}_{a,b}\\
=&E\left\{\frac{\partial}{\partial \boldsymbol{B}_{a,b}}\sum_{k,j}\log\det\left(\boldsymbol{I}+\sum_{\ell}\tilde{\boldsymbol{H}}_{k,j,\ell}\boldsymbol{\Lambda}_{\ell}\tilde{\boldsymbol{H}}_{k,j,\ell}^{\mathrm{H}}-\tilde{\boldsymbol{H}}_{k,j,j}\boldsymbol{B}_{k,j}\boldsymbol{\Lambda}_{j}\tilde{\boldsymbol{H}}_{k,j,j}^{\mathrm{H}}\right)\right\}^{\mathrm{T}}\\
=&-E\left\{\boldsymbol{\Lambda}_{b}\tilde{\boldsymbol{H}}_{a,b,b}^{\mathrm{H}}\left(\boldsymbol{I}+\sum_{\ell}\tilde{\boldsymbol{H}}_{a,b,\ell}\boldsymbol{\Lambda}_{\ell}\tilde{\boldsymbol{H}}_{a,b,\ell}^{\mathrm{H}}-\tilde{\boldsymbol{H}}_{a,b,b}\boldsymbol{B}_{a,b}\boldsymbol{\Lambda}_{b}\tilde{\boldsymbol{H}}_{a,b,b}^{\mathrm{H}}\right)^{-1}\tilde{\boldsymbol{H}}_{a,b,b}\right\}\odot\boldsymbol{I}
\end{aligned} \tag{5.282}$$

式中，运算 $\boldsymbol{A}\odot\boldsymbol{I}$ 表示选取矩阵 $\boldsymbol{A}$ 对角线元素构成的对角阵。由于矩阵 $\boldsymbol{C}_{a,b}$ 是关于对角阵 $\boldsymbol{B}_{a,b}$ 求导的结果，因而矩阵 $\boldsymbol{C}_{a,b}$ 也是一个对角阵。利用 Karush-Kuhn-Tucker(KKT) 条件，可以得到最优的 $\boldsymbol{B}_{k,j}$、$\boldsymbol{A}_{k,j}$ 以及 $\boldsymbol{B}_{j}$ 满足

$$\left(\frac{\partial\mathcal{L}}{\partial\boldsymbol{B}_{k,j}}\right)^{\mathrm{T}}=\boldsymbol{C}_{k,j}-\boldsymbol{A}_{k,j}+\boldsymbol{B}_{j}=\boldsymbol{0} \tag{5.283}$$

$$\sum_{k}\boldsymbol{B}_{k,j}-\boldsymbol{I}=\boldsymbol{0} \tag{5.284}$$

$$\boldsymbol{B}_{k,j}\succeq\boldsymbol{0} \tag{5.285}$$

$$\boldsymbol{A}_{k,j}\boldsymbol{B}_{k,j}=\boldsymbol{0} \tag{5.286}$$

$$\boldsymbol{A}_{k,j}\succeq\boldsymbol{0} \tag{5.287}$$

对于小区 j 中的用户 k 和用户 k'，将最优条件 (5.283) 乘以 $\boldsymbol{B}_{k,j}\boldsymbol{B}_{k',j}$ 可以得到

$$\boldsymbol{C}_{k,j}\boldsymbol{B}_{k,j}\boldsymbol{B}_{k',j}-\boldsymbol{A}_{k,j}\boldsymbol{B}_{k,j}\boldsymbol{B}_{k',j}+\boldsymbol{B}_{j}\boldsymbol{B}_{k,j}\boldsymbol{B}_{k',j}=\boldsymbol{0} \tag{5.288}$$

$$\boldsymbol{C}_{k',j}\boldsymbol{B}_{k,j}\boldsymbol{B}_{k',j}-\boldsymbol{A}_{k',j}\boldsymbol{B}_{k,j}\boldsymbol{B}_{k',j}+\boldsymbol{B}_{j}\boldsymbol{B}_{k,j}\boldsymbol{B}_{k',j}=\boldsymbol{0} \tag{5.289}$$

由于条件 (5.286)，将等式 (5.288) 和等式 (5.289) 相减，可以得到

$$\boldsymbol{C}_{k,j}\boldsymbol{B}_{k,j}\boldsymbol{B}_{k',j}=\boldsymbol{C}_{k',j}\boldsymbol{B}_{k,j}\boldsymbol{B}_{k',j} \tag{5.290}$$

注意到矩阵 $\boldsymbol{C}_{k,j}$、$\boldsymbol{B}_{k,j}$、$\boldsymbol{C}_{k',j}$ 以及 $\boldsymbol{B}_{k',j}$ 是对角阵，式 (5.290) 成立的条件是当且仅当第 m 个对角线元素满足

$$[\boldsymbol{C}_{k,j}]_{m,m}=[\boldsymbol{C}_{k',j}]_{m,m} \tag{5.291}$$

或者

$$[\boldsymbol{B}_{k,j}]_{m,m}[\boldsymbol{B}_{k',j}]_{m,m}=\boldsymbol{0} \tag{5.292}$$

对于 $\boldsymbol{C}_{k,j} = \boldsymbol{C}_{k',j}$ 的情况，令 $\boldsymbol{B}_{k,j} + \boldsymbol{B}_{k',j} = \boldsymbol{B}_{kk',j}$，可以有

$$\begin{aligned}
&\psi(\boldsymbol{B}_{k,j}) \\
=&E\left\{ \log\det\left(\boldsymbol{I} + \sum_{\ell} \tilde{\boldsymbol{H}}_{k,j,\ell}\boldsymbol{\Lambda}_{\ell}\tilde{\boldsymbol{H}}_{k,j,\ell}^{\mathrm{H}} - \tilde{\boldsymbol{H}}_{k,j,j}\boldsymbol{B}_{k,j}\boldsymbol{\Lambda}_{j}\tilde{\boldsymbol{H}}_{k,j,j}^{\mathrm{H}} \right) \right\} \\
&+ E\left\{ \log\det\left(\boldsymbol{I} + \sum_{\ell} \tilde{\boldsymbol{H}}_{k',j,\ell}\boldsymbol{\Lambda}_{\ell}\tilde{\boldsymbol{H}}_{k',j,\ell}^{\mathrm{H}} - \tilde{\boldsymbol{H}}_{k',j,j}(\boldsymbol{B}_{kk',j} - \boldsymbol{B}_{k,j})\boldsymbol{\Lambda}_{j}\tilde{\boldsymbol{H}}_{k',j,j}^{\mathrm{H}} \right) \right\}
\end{aligned} \tag{5.293}$$

由于函数 $\psi(\boldsymbol{B}_{k,j})$ 关于 $\boldsymbol{B}_{k,j}$ 是凹函数，则 $\psi(\boldsymbol{B}_{k,j})$ 关于 $\boldsymbol{B}_{k,j}$ 的导数为

$$\frac{\partial\psi(\boldsymbol{B}_{k,j})}{\partial\boldsymbol{B}_{k,j}} = (\boldsymbol{C}_{k,j})^{\mathrm{T}} - (\boldsymbol{C}_{k',j})^{\mathrm{T}} = \boldsymbol{0} \tag{5.294}$$

这意味着使得 $\boldsymbol{C}_{k,j} = \boldsymbol{C}_{k',j}$ 成立的 $\boldsymbol{B}_{k,j}$ 最大化函数 $\psi(\boldsymbol{B}_{k,j})$ 值。因此，问题 (5.279) 的解满足条件 $\boldsymbol{B}_{k,j}\boldsymbol{B}_{k',j} = \boldsymbol{0}$。

另外，对于任意 $\{\boldsymbol{\Lambda}_1, \cdots, \boldsymbol{\Lambda}_L\}$，问题 (5.279) 的解应当满足条件 $\boldsymbol{B}_{k,j}\boldsymbol{B}_{k',j} = \boldsymbol{0}$。因此，原问题 (5.72) 的解满足条件 $\boldsymbol{B}_{k,j}\boldsymbol{B}_{k',j} = \boldsymbol{0}$，即功率分配矩阵 $\boldsymbol{\Lambda}_{k,j}$ 满足条件 $\boldsymbol{\Lambda}_{k,j}\boldsymbol{\Lambda}_{k',j} = \boldsymbol{0}$。

5.5.6　定理 5.5 的证明

由于函数 $\tilde{g}(\boldsymbol{\Lambda})$ 是关于 $\boldsymbol{\Lambda}$ 的凹函数，对于第 i 次和第 $(i+1)$ 次迭代结果 $\boldsymbol{\Lambda}^{(i)}$ 和 $\boldsymbol{\Lambda}^{(i+1)}$，有如下关系：

$$\begin{aligned}
&\tilde{f}(\boldsymbol{\Lambda}^{(i+1)}) - \tilde{g}(\boldsymbol{\Lambda}^{(i+1)}) \\
\geqslant&\tilde{f}(\boldsymbol{\Lambda}^{(i+1)}) - \mathrm{tr}\left\{ \left(\frac{\partial}{\partial\boldsymbol{\Lambda}}\tilde{g}(\boldsymbol{\Lambda}^{(i)}) \right)^{\mathrm{T}} \left(\boldsymbol{\Lambda}^{(i+1)} - \boldsymbol{\Lambda}^{(i)} \right) \right\} - \tilde{g}(\boldsymbol{\Lambda}^{(i)}) &(5.295)\\
\geqslant&\tilde{f}(\boldsymbol{\Lambda}^{(i)}) - \mathrm{tr}\left\{ \left(\frac{\partial}{\partial\boldsymbol{\Lambda}}\tilde{g}(\boldsymbol{\Lambda}^{(i)}) \right)^{\mathrm{T}} \left(\boldsymbol{\Lambda}^{(i)} - \boldsymbol{\Lambda}^{(i)} \right) \right\} - \tilde{g}(\boldsymbol{\Lambda}^{(i)}) &(5.296)\\
=&\tilde{f}(\boldsymbol{\Lambda}^{(i)}) - \tilde{g}(\boldsymbol{\Lambda}^{(i)}) &(5.297)
\end{aligned}$$

利用函数 $\tilde{g}(\boldsymbol{\Lambda})$ 是凹函数的性质可以得到不等式 (5.295)，另外，由于 Lambda 是优化问题 (5.85) 的最优解，因此不等式 (5.296) 成立。因此，迭代得到的目标函数结果是单调且有界的。另外，$\boldsymbol{\Lambda}$ 的定义域为 $\mathcal{D} \triangleq \{\boldsymbol{\Lambda} : \boldsymbol{\Lambda} \succeq \boldsymbol{b}, \mathrm{tr}(\boldsymbol{\Lambda}\boldsymbol{E}_{\ell}) \leqslant P_{\ell}, \ell = 1, 2, \cdots, L\}$，其是一个有界的闭集，因而利用文献 [224] 中的定理 4，可以得到

$$\lim_{i\to\infty} \tilde{f}(\boldsymbol{\Lambda}^{(i)}) - \tilde{g}(\boldsymbol{\Lambda}^{(i)}) = \tilde{f}(\boldsymbol{\Lambda}^{*}) - \tilde{g}(\boldsymbol{\Lambda}^{*}) \tag{5.298}$$

式中，$\boldsymbol{\Lambda}^*$ 是 CCCP 生成的稳定点。则存在 Lagrange 乘子 $\{\eta_\ell\}_{\ell=1}^L$ 和 $\boldsymbol{B}$ 使得如下 KKT 条件成立

$$\left\{\begin{array}{l}\dfrac{\partial}{\partial \boldsymbol{\Lambda}}\tilde{f}(\boldsymbol{\Lambda}^*)-\dfrac{\partial}{\partial \boldsymbol{\Lambda}}\tilde{g}(\boldsymbol{\Lambda}^*)-\sum\limits_\ell \eta_\ell \boldsymbol{E}_\ell+\boldsymbol{B}=\boldsymbol{0}\\ \operatorname{tr}\left(\boldsymbol{\Lambda}^*\boldsymbol{E}_\ell\right)\leqslant P_\ell,\ \ell=1,2,\cdots,L\\ \eta_\ell\geqslant 0, \eta_\ell\left(\operatorname{tr}\left(\boldsymbol{\Lambda}^*\boldsymbol{E}_\ell\right)-P_\ell\right)=0\\ \boldsymbol{B}\succeq \boldsymbol{0}, \operatorname{tr}\left(\boldsymbol{B}\boldsymbol{\Lambda}^*\right)=0\end{array}\right. \tag{5.299}$$

由于 KKT 条件 (5.299) 就是问题 (5.82) 的 KKT 条件，因此，$\boldsymbol{\Lambda}^*$ 是问题 (5.82) 的稳定点。

5.5.7 定理 5.6 的证明

令对角阵 $\boldsymbol{A}_{k,j}$ 和 η_ℓ 为 Lagrange 乘子，则优化设计的代价函数可以表示为

$$\begin{aligned}\mathcal{L}=&E\left\{\sum_{k,j}\left(\log\det\left(\boldsymbol{I}+\sum_{k',\ell}\tilde{\boldsymbol{H}}_{k,j,\ell}\boldsymbol{\Lambda}_{k',\ell}\tilde{\boldsymbol{H}}_{k,j,\ell}^{\mathrm{H}}\right)\right.\right.\\&\left.\left.-\log\det\left(\boldsymbol{I}+\sum_{(k',\ell)\neq(k,j)}\tilde{\boldsymbol{H}}_{k,j,\ell}\boldsymbol{\Lambda}_{k',\ell}\tilde{\boldsymbol{H}}_{k,j,\ell}^{\mathrm{H}}\right)\right)\right\}\\&+\sum_{k,\ell}\operatorname{tr}\left(\boldsymbol{A}_{k,\ell}\boldsymbol{\Lambda}_{k,\ell}\right)-\sum_{\ell}\eta_\ell\left(\operatorname{tr}\left(\sum_{k=1}^K\boldsymbol{\Lambda}_{k,\ell}\right)-P_\ell\right)\end{aligned} \tag{5.300}$$

最优的 $\boldsymbol{\Lambda}_{k,\ell}$、$\boldsymbol{A}_{k,\ell}$ 以及 η_ℓ 满足如下 KKT 条件

$$\begin{aligned}&\left(\frac{\partial\mathcal{L}}{\partial\boldsymbol{\Lambda}_{a,b}}\right)^{\mathrm{T}}\\=&E\left\{\sum_{k,j}\tilde{\boldsymbol{H}}_{k,j,b}^{\mathrm{H}}\left(\boldsymbol{I}+\sum_{k',\ell}\tilde{\boldsymbol{H}}_{k,j,\ell}\boldsymbol{\Lambda}_{k',\ell}\tilde{\boldsymbol{H}}_{k,j,\ell}^{\mathrm{H}}\right)^{-1}\tilde{\boldsymbol{H}}_{k,j,b}\right\}\\&-E\left\{\sum_{(k,j)\neq(a,b)}\tilde{\boldsymbol{H}}_{k,j,b}^{\mathrm{H}}\left(\boldsymbol{I}+\sum_{(k',\ell)\neq(k,j)}\tilde{\boldsymbol{H}}_{k,j,\ell}\boldsymbol{\Lambda}_{k',\ell}\tilde{\boldsymbol{H}}_{k,j,\ell}^{\mathrm{H}}\right)^{-1}\tilde{\boldsymbol{H}}_{k,j,b}\right\}\odot\boldsymbol{I}\\&+\boldsymbol{A}_{a,b}-\eta_b\boldsymbol{I}=\boldsymbol{0}\end{aligned} \tag{5.301}$$

$$\boldsymbol{A}_{a,b}\boldsymbol{\Lambda}_{a,b}=\boldsymbol{0},\quad \eta_b\left(\operatorname{tr}\left(\sum_{k=1}^K\boldsymbol{\Lambda}_{k,b}\right)-P_b\right)=0 \tag{5.302}$$

$$\boldsymbol{A}_{a,b}\succeq\boldsymbol{0},\quad \eta_b\geqslant 0,\quad a=1,2,\cdots,K, b=1,2,\cdots,L \tag{5.303}$$

比较第 (a,b) 个 (第 b 个小区的第 a 个用户) 和第 (a',b) 个用户 (第 b 个小区的第

a' 个用户) 的条件式 (5.301)，将两式相减可以得到

$$\begin{aligned}&\boldsymbol{A}_{a,b}+E\left\{\tilde{\boldsymbol{H}}_{a,b,b}^{\mathrm{H}}\left(\boldsymbol{I}+\sum_{(k',\ell)\neq(a,b)}\tilde{\boldsymbol{H}}_{a,b,\ell}\boldsymbol{\Lambda}_{k',\ell}\tilde{\boldsymbol{H}}_{a,b,\ell}^{\mathrm{H}}\right)^{-1}\tilde{\boldsymbol{H}}_{a,b,b}\right\}\odot\boldsymbol{I}\\&=\boldsymbol{A}_{a',b}+E\left\{\tilde{\boldsymbol{H}}_{a',b,b}^{\mathrm{H}}\left(\boldsymbol{I}+\sum_{(k',\ell)\neq(a',b)}\tilde{\boldsymbol{H}}_{a',b,\ell}\boldsymbol{\Lambda}_{k',\ell}\tilde{\boldsymbol{H}}_{a',b,\ell}^{\mathrm{H}}\right)^{-1}\tilde{\boldsymbol{H}}_{a',b,b}\right\}\odot\boldsymbol{I}\end{aligned}\tag{5.304}$$

将式 (5.304) 两边乘以 $\boldsymbol{\Lambda}_{a,b}\boldsymbol{\Lambda}_{a',b}$，由于 $\boldsymbol{A}_{a,b}\boldsymbol{\Lambda}_{a,b}\boldsymbol{\Lambda}_{a',b}=\boldsymbol{A}_{a',b}\boldsymbol{\Lambda}_{a,b}\boldsymbol{\Lambda}_{a',b}=\boldsymbol{0}$，可以得到

$$\begin{aligned}&E\left\{\tilde{\boldsymbol{H}}_{a,b,b}^{\mathrm{H}}\left(\boldsymbol{I}+\sum_{(k',\ell)\neq(a,b)}\tilde{\boldsymbol{H}}_{a,b,\ell}\boldsymbol{\Lambda}_{k',\ell}\tilde{\boldsymbol{H}}_{a,b,\ell}^{\mathrm{H}}\right)^{-1}\tilde{\boldsymbol{H}}_{a,b,b}\boldsymbol{\Lambda}_{a,b}\boldsymbol{\Lambda}_{a',b}\right\}\odot\boldsymbol{I}\\&=E\left\{\tilde{\boldsymbol{H}}_{a',b,b}^{\mathrm{H}}\left(\boldsymbol{I}+\sum_{(k',\ell)\neq(a',b)}\tilde{\boldsymbol{H}}_{a',b,\ell}\boldsymbol{\Lambda}_{k',\ell}\tilde{\boldsymbol{H}}_{a',b,\ell}^{\mathrm{H}}\right)^{-1}\tilde{\boldsymbol{H}}_{a',b,b}\boldsymbol{\Lambda}_{a,b}\boldsymbol{\Lambda}_{a',b}\right\}\odot\boldsymbol{I}\end{aligned}\tag{5.305}$$

利用附录 5.5.5 中相似的方法，可以得到凹函数问题 (5.83) 的最小值满足 $\boldsymbol{\Lambda}_{a,b}\boldsymbol{\Lambda}_{a',b}=\boldsymbol{0}$。

5.5.8 定理 5.7 的证明

优化问题 (5.97) 的 Lagrangian 函数可以表达为

$$\begin{aligned}\mathcal{L}=&\sum_{k,j}\mathcal{V}_{k,j}\left(\boldsymbol{\Lambda}_1,\cdots,\boldsymbol{\Lambda}_L\right)\\&-\sum_{k',j'}\sum_{k,j}\mathrm{tr}\left\{\boldsymbol{\Lambda}_{k',j'}\left(\frac{\partial}{\partial\boldsymbol{\Lambda}_{k',j'}}\mathcal{V}_{k,j}\left(\boldsymbol{\Lambda}_1^{(i)},\cdots,\boldsymbol{\Lambda}_{\ell\backslash(k,j)}^{(i)},\cdots,\boldsymbol{\Lambda}_L^{(i)}\right)\right)^{\mathrm{T}}\right\}\\&+\sum_{k,\ell}\mathrm{tr}\left(\boldsymbol{A}_{k,\ell}\boldsymbol{\Lambda}_{k,\ell}\right)-\sum_{\ell}\eta_\ell\left(\mathrm{tr}\left(\sum_{k=1}^{K}\boldsymbol{\Lambda}_{k,\ell}\right)-P_\ell\right)\end{aligned}\tag{5.306}$$

式中，$\{\boldsymbol{A}_{k,\ell}\succeq\boldsymbol{b}\}$ 和 $\{\eta_\ell\geqslant 0\}$ 为相应的 Lagrange 乘子。利用文献 [49] 和 [158] 中的方法，计算函数 $\mathcal{V}_{k,j}\left(\boldsymbol{\Lambda}_1,\cdots,\boldsymbol{\Lambda}_L\right)$ 关于 $\boldsymbol{\Lambda}_{a,b}$ 的导数为

$$\frac{\partial\mathcal{V}_{k,j}\left(\boldsymbol{\Lambda}_1,\cdots,\boldsymbol{\Lambda}_L\right)}{\partial\boldsymbol{\Lambda}_{a,b}}=\left(\left(\boldsymbol{I}+\eta_{\boldsymbol{I},k,j,b}\left(\boldsymbol{\Phi}_{k,j}^{-1}\right)\boldsymbol{\Lambda}_b\right)^{-1}\eta_{\boldsymbol{I},k,j,b}\left(\boldsymbol{\Phi}_{k,j}^{-1}\right)\right)^{\mathrm{T}}\tag{5.307}$$

由于函数 $\mathcal{V}_{k,j}\left(\boldsymbol{\Lambda}_1,\cdots,\boldsymbol{\Lambda}_L\right)$ 是关于 $\left(\boldsymbol{\Lambda}_1,\cdots,\boldsymbol{\Lambda}_L\right)$ 的严格凹函数，则问题 (5.97) 的

KKT 条件可以表达为

$$\frac{\partial \mathcal{L}}{\partial \boldsymbol{\Lambda}_{a,b}} = \mathbf{0} \tag{5.308}$$

$$\operatorname{tr}\left(\boldsymbol{A}_{k,\ell}\boldsymbol{\Lambda}_{k,\ell}\right) = 0, \quad \boldsymbol{A}_{k,\ell} \succeq \mathbf{0}, \boldsymbol{\Lambda}_{k,\ell} \succeq \mathbf{0} \tag{5.309}$$

$$\eta_\ell \left(\operatorname{tr}\left(\sum_{k=1}^{K} \boldsymbol{\Lambda}_{k,\ell}\right) - P_\ell\right) = 0, \quad \eta_\ell \geqslant 0 \tag{5.310}$$

由于问题 (5.97) 是满足 Slater 条件，可以通过求解 KKT 条件获得最优解 $\boldsymbol{\Lambda}_{k,j}$。将式 (5.307) 代入式 (5.308)，KKT 条件 (5.308) 可以重新表达为

$$\begin{aligned}&\sum_{k,j}\left(\boldsymbol{I} + \eta_{\boldsymbol{I},k,j,b}\left(\boldsymbol{\Phi}_{k,j}^{-1}\right)\boldsymbol{\Lambda}_b\right)^{-1}\eta_{\boldsymbol{I},k,j,b}\left(\boldsymbol{\Phi}_{k,j}^{-1}\right)\\&-\sum_{(k,j)\neq(a,b)}\left(\boldsymbol{I} + \eta_{\boldsymbol{I},k,j,b}\left(\boldsymbol{\Phi}_{k,j}^{-1}\right)\boldsymbol{\Lambda}_{b\backslash(k,j)}^{(i)}\right)^{-1}\eta_{\boldsymbol{I},k,j,b}\left(\boldsymbol{\Phi}_{k,j}^{-1}\right) + \boldsymbol{A}_{a,b} - \eta_b \boldsymbol{I} = \mathbf{0}\end{aligned} \tag{5.311}$$

因此，KKT 条件 (5.308)~(5.310) 等价于如下等价优化问题的 KKT 条件

$$\begin{aligned}\left[\boldsymbol{\Lambda}_{1,1}^{(i+1)}, \cdots, \boldsymbol{\Lambda}_{K,L}^{(i+1)}\right] = &\arg\max_{\boldsymbol{\Lambda}} \sum_{k,j}\sum_{\ell} \log\det\left(\boldsymbol{I} + \boldsymbol{\Gamma}_{k,j,\ell}^{(i)}\boldsymbol{\Lambda}_\ell\right) - \sum_{k,j}\operatorname{tr}\left(\boldsymbol{D}_{k,j}^{(i)}\boldsymbol{\Lambda}_{k,j}\right)\\ \text{s.t.} \quad & \operatorname{tr}\left(\boldsymbol{\Lambda}_\ell\right) \leqslant P_\ell, \ \forall \ell = 1, 2, \cdots, L\\ & \boldsymbol{\Lambda}_{k,j} \succeq \mathbf{0}\end{aligned} \tag{5.312}$$

式中，

$$\boldsymbol{\Gamma}_{k,j,\ell}^{(i)} = \eta_{\boldsymbol{I},k,j,\ell}\left(\tilde{\boldsymbol{\Phi}}_{k,j}^{-1}\right) \tag{5.313}$$

$$\boldsymbol{D}_{k,j}^{(i)} = \sum_{(a,b)\neq(k,j)}\left(\boldsymbol{I} + \eta_{\boldsymbol{I},a,b,j}\left(\tilde{\boldsymbol{\Phi}}_{a,b}^{-1}\right)\boldsymbol{\Lambda}_{j\backslash(a,b)}^{(i)}\right)^{-1}\eta_{\boldsymbol{I},a,b,j}\left(\tilde{\boldsymbol{\Phi}}_{a,b}^{-1}\right) \tag{5.314}$$

在优化问题 (5.312) 中，对于任意固定的功率分配 $\{\boldsymbol{\Lambda}_1, \boldsymbol{\Lambda}_2, \cdots, \boldsymbol{\Lambda}_L\}$，式 (5.312) 式中第一项 $\sum\limits_{k,j}\sum\limits_{\ell}\log\det\left(\boldsymbol{I} + \boldsymbol{\Gamma}_{k,j,\ell}^{(i)}\boldsymbol{\Lambda}_\ell\right)$ 是恒定的，不与单个用户的功率分配结果有关。因此，可以构造如下子问题

$$\begin{aligned}&\min \sum_{k,j}\operatorname{tr}\left(\boldsymbol{D}_{k,j}^{(i)}\boldsymbol{\Lambda}_{k,j}\right)\\&\text{s.t.} \ \sum_{k}\boldsymbol{\Lambda}_{k,j} = \boldsymbol{\Lambda}_j, \quad j = 1, 2, \cdots, L\\&\qquad \boldsymbol{\Lambda}_{k,j} \succeq \mathbf{0}\end{aligned} \tag{5.315}$$

这是一个典型的凸优化问题，可以获得如下解

$$[\boldsymbol{\Lambda}_{k,j}]_{m,m}=\begin{cases}[\boldsymbol{\Lambda}_j]_{m,m}, & k=\arg\min_k[\boldsymbol{D}_{k,j}^{(i)}]_{m,m}\\ 0, & k\neq\arg\min_k[\boldsymbol{D}_{k,j}^{(i)}]_{m,m}\end{cases} \tag{5.316}$$

显然，解 (式 (5.316)) 满足定理 5.4 中的正交性条件，即问题 (5.97) 的解满足

$$\boldsymbol{\Lambda}_{k,\ell}^{(i+1)}\boldsymbol{\Lambda}_{k',\ell}^{(i+1)}=\mathbf{0} \tag{5.317}$$

定义 $\boldsymbol{D}_j^{(i)}$ 为

$$[\boldsymbol{D}_j^{(i)}]_{m,m}=[\boldsymbol{D}_{k,j}^{(i)}]_{m,m},\quad k=\arg\min_k[\boldsymbol{D}_{k,j}^{(i)}]_{m,m} \tag{5.318}$$

问题 (5.312) 可以重新表达为

$$\begin{aligned}\left[\boldsymbol{\Lambda}_1^{(i+1)},\cdots,\boldsymbol{\Lambda}_L^{(i+1)}\right]=&\arg\max_{\boldsymbol{\Lambda}}\sum_{k,j}\sum_{\ell}\log\det\left(\boldsymbol{I}+\boldsymbol{\Gamma}_{k,j,\ell}^{(i)}\boldsymbol{\Lambda}_\ell\right)-\sum_{\ell}\mathrm{tr}\left(\boldsymbol{D}_\ell^{(i)}\boldsymbol{\Lambda}_\ell\right)\\ \text{s.t.}\quad & \mathrm{tr}\left(\boldsymbol{\Lambda}_\ell\right)\leqslant P_\ell,\ \forall\ell=1,2,\cdots,L\\ & \boldsymbol{\Lambda}_\ell\succeq\mathbf{0}\end{aligned} \tag{5.319}$$

利用 KKT 条件，可以获得问题 (5.319) 的解为

$$\begin{cases}\displaystyle\sum_{k,j}\frac{\gamma_{k,j,\ell,m}^{(i)}}{1+\gamma_{k,j,\ell,m}^{(i)}\lambda_{\ell,m}^{(i+1)}}=b_\ell+d_{\ell,m}^{(i)}, & \displaystyle b_\ell<\sum_{k,j}\gamma_{k,j,\ell,m}^{(i)}-d_{\ell,m}^{(i)}\\ \lambda_{\ell,m}^{(i+1)}=0, & \displaystyle b_\ell\geqslant\sum_{k,j}\gamma_{k,j,\ell,m}^{(i)}-d_{\ell,m}^{(i)}\end{cases} \tag{5.320}$$

式中，$\lambda_{\ell,m}^{(i+1)}$、$\gamma_{k,j,\ell,m}^{(i)}$ 和 $d_{\ell,m}^{(i)}$ 是矩阵 $\boldsymbol{\Lambda}_{\ell,m}^{(i+1)}$、$\boldsymbol{\Gamma}_{k,j,\ell,m}^{(i)}$ 以及 $\boldsymbol{D}_{\ell,m}^{(i)}$ 的第 m 个对角线元素；b_ℓ 为辅助变量满足功率约束条件 $\sum\limits_m\lambda_{\ell,m}=P_\ell$。

5.5.9　定理 5.8 的证明

假设最优注水解为 $x_{\ell,m}^*$，且最优的 b_ℓ 为 b_ℓ^*。为了证明收敛性，需要证明生成的序列是单调且有界的。这意味着更新的 $b_\ell^{(u+1)}$ 需要满足：对于 $b_\ell^{(u)}\geqslant b_\ell^*$ 的情况，有 $b_\ell^{(u)}\geqslant b_\ell^{(u+1)}\geqslant b_\ell^*$，对于 $b_\ell^{(u)}\leqslant b_\ell^*$ 的情况，有 $b_\ell^{(u)}\leqslant b_\ell^{(u+1)}\leqslant b_\ell^*$。

首先考虑 $b_\ell^{(u)}\geqslant b_\ell^*$ 的情况，x 和 b 的关系可以表达为

$$\sum_{k,j}\frac{\gamma_{k,j,\ell,m}}{1+\gamma_{k,j,\ell,m}x_{\ell,m}^{(u)}}-d_{\ell,m}=b_\ell^{(u)} \tag{5.321}$$

$$\sum_{k,j}\frac{\gamma_{k,j,\ell,m}}{1+\gamma_{k,j,\ell,m}x_{\ell,m}^*}-d_{\ell,m}=b_\ell^* \tag{5.322}$$

总发送功率 p_{tot} 和功率约束 P 分别为

$$p_{\text{tot}} = \sum_{m} (x_{\ell,m}^{(u)})^{+} \tag{5.323}$$

和

$$P = \sum_{m} (x_{\ell,m}^{*})^{+} \tag{5.324}$$

由于 x 与 b 呈反比例关系，因而，总功率 p_{tot} 小于功率约束 P，即 $(P - p_{\text{tot}}) \geqslant 0$。因此，有 $\varphi_{\ell,m}(x_{\ell,m} + (P - p_{\text{tot}})/M) \leqslant \varphi_{\ell,m}(x_{\ell,m})$ 和 $b_{\ell}^{(u+1)} \leqslant b_{\ell}^{(u)}$。

对于 $P > p_{\text{tot}}$ 的情况，令

$$b_{\ell,m}^{(u)} = \sum_{k,j} \frac{\gamma_{k,j,\ell,m}}{1 + \gamma_{k,j,\ell,m}(x_{\ell,m}^{(u)} + (P - p_{\text{tot}})/M)} - d_{\ell,m} \tag{5.325}$$

则有 $b_{\ell,m}^{(u)} < b_{\ell}^{(u)}$ 成立。设置步长为

$$\begin{aligned}\Delta b &= \max_{m} \left\{ \varphi_{\ell,m}(x_{\ell,m}^{(i+1)} + (P - p_{\text{tot}})/M) - \varphi_{\ell,m}(x_{\ell,m}^{(i+1)}) \right\} \\ &= \max_{m} \left\{ b_{\ell,m}^{(u)} - b_{\ell}^{(u)} \right\}\end{aligned} \tag{5.326}$$

则有

$$b_{\ell,m}^{(u)} \leqslant b_{\ell}^{(u)} + \Delta b = b_{\ell}^{(u+1)} \tag{5.327}$$

以及

$$x_{\ell,m}^{(u+1)} - x_{\ell,m}^{(u)} \leqslant (P - p_{\text{tot}})/M \tag{5.328}$$

因此，更新的总发送功率 $\sum_{m}(x_{\ell,m}^{(u+1)})^{+}$ 依然小于功率约束 P。利用 x 与 b 的反比例关系，有 $b_{\ell}^{(u+1)} \geqslant b_{\ell}^{*}$。

对于 $b_{\ell}^{(u)} \leqslant b_{\ell}^{*}$ 的情况，可以相似地证明更新的 $b_{\ell}^{(u+1)}$ 满足 $b_{\ell}^{(u)} \leqslant b_{\ell}^{(u+1)} \leqslant b_{\ell}^{*}$。

5.5.10 定理 5.9 的证明

简洁起见，在证明中省略期望函数 $E\{\cdot\}$ 下标。第 k 个用户的速率均值 $E\{\log\det(\boldsymbol{E}_{k,m,n}^{-1})\}$ 为 $\boldsymbol{E}_{k,m,n}$ 在 $\boldsymbol{S}_{++}^{n}$ 上的凸函数。利用凸函数的一阶条件 [156]，可得

$$\begin{aligned}&E\left\{\log\det\left(\boldsymbol{E}_{k,m,n}^{-1}\right)\right\} \\ \geqslant &E\left\{\log\ \det\left(\boldsymbol{E}_{k,m,n}^{(d)}\right)^{-1}\right\} - E\left\{\operatorname{tr}\left(\left(\boldsymbol{E}_{k,m,n}^{(d)}\right)^{-1}(\boldsymbol{E}_{k,m,n} - \boldsymbol{E}_{k,m,n}^{(d)})\right)\right\} \\ = &E\left\{\log\ \det\left(\boldsymbol{E}_{k,m,n}^{(d)}\right)^{-1}\right\} + \operatorname{tr}\boldsymbol{I}_{d_k} - E\left\{\operatorname{tr}\left(\left(\boldsymbol{E}_{k,m,n}^{(d)}\right)^{-1}\boldsymbol{E}_{k,m,n}\right)\right\}\end{aligned} \tag{5.329}$$

式中，$\boldsymbol{E}_{k,m,n}^{(d)}$ 定义为

$$\boldsymbol{E}_{k,m,n}^{(d)} = \left(\boldsymbol{I}_{d_k} + (\boldsymbol{P}_{k,m,n}^{(d)})^{\mathrm{H}} \boldsymbol{H}_{k,m,n}^{\mathrm{H}} \boldsymbol{R}_{k,m,n}^{-1} \boldsymbol{H}_{k,m,n} \boldsymbol{P}_{k,m,n}^{(d)}\right)^{-1} \tag{5.330}$$

式 (5.329) 中等号右边第一项和第二项为常数，第三项

$$-E\left\{\mathrm{tr}\left(\left(\boldsymbol{E}_{k,m,n}^{(d)}\right)^{-1} \boldsymbol{E}_{k,m,n}\right)\right\}$$

仍然不是关于预编码矩阵的一个简单函数。令 $\boldsymbol{G}_{k,m,n}^{\mathrm{H}}$ 表示第 k 用户的线性接收机。第 k 用户的估计 $\hat{\boldsymbol{x}}_{k,m,n} = \boldsymbol{G}_{k,m,n}^{\mathrm{H}} \boldsymbol{y}_{k,m,n}$ 的 MSE 矩阵 $\boldsymbol{\Theta}_{k,m,n}$ 可以表示为

$$\begin{aligned}\boldsymbol{\Theta}_{k,m,n} =& E\left\{(\hat{\boldsymbol{x}}_{k,m,n} - \boldsymbol{x}_{k,m,n})(\hat{\boldsymbol{x}}_{k,m,n} - \boldsymbol{x}_{k,m,n})^{\mathrm{H}}\right\} \\ =& (\boldsymbol{I}_{d_k} - \boldsymbol{G}_{k,m,n}^{\mathrm{H}} \boldsymbol{H}_{k,m,n} \boldsymbol{P}_{k,m,n})(\boldsymbol{I}_{d_k} - \boldsymbol{G}_{k,m,n}^{\mathrm{H}} \boldsymbol{H}_{k,m,n} \boldsymbol{P}_{k,m,n})^{\mathrm{H}} \\ & + \boldsymbol{G}_{k,m,n}^{\mathrm{H}} \sum_{l \neq k}^{K} \eta_{k,m,n}^{\mathrm{pri}} \left(\boldsymbol{P}_{l,m,n} \boldsymbol{P}_{l,m,n}^{\mathrm{H}}\right) \boldsymbol{G}_{k,m,n} + \sigma_z^2 \boldsymbol{G}_{k,m,n}^{\mathrm{H}} \boldsymbol{G}_{k,m,n}\end{aligned} \tag{5.331}$$

观察式 (5.331)，可以看出函数 $\mathrm{tr}((\boldsymbol{E}_{k,m,n}^{(d)})^{-1} \boldsymbol{\Theta}_{k,m,n})$ 为 $\boldsymbol{G}_{k,m,n}$ 的凸函数。进一步，可以得出其全局最小值点 $(\boldsymbol{G}_{k,m,n}^{\star})^{\mathrm{H}}$ 为线性 MMSE 接收机，即

$$(\boldsymbol{G}_{k,m,n}^{\star})^{\mathrm{H}} = \boldsymbol{P}_{k,m,n}^{\mathrm{H}} \boldsymbol{H}_{k,m,n}^{\mathrm{H}} \left(\boldsymbol{R}_{k,m,n} + \boldsymbol{H}_{k,m,n} \boldsymbol{P}_{k,m,n} \boldsymbol{P}_{k,m,n}^{\mathrm{H}} \boldsymbol{H}_{k,m,n}^{\mathrm{H}}\right)^{-1} \tag{5.332}$$

将 $\boldsymbol{G}_{k,m,n}^{\star}$ 代入式 (5.331)，可得 $\boldsymbol{\Theta}_{k,m,n}(\boldsymbol{G}_{k,m,n}^{\star}) = \boldsymbol{E}_{k,m,n}$。因此，对于任意 $\boldsymbol{G}_{k,m,n}$，都有

$$E\left\{\mathrm{tr}\left(\left(\boldsymbol{E}_{k,m,n}^{(d)}\right)^{-1} \boldsymbol{E}_{k,m,n}\right)\right\} \leqslant E\left\{\mathrm{tr}\left(\left(\boldsymbol{E}_{k,m,n}^{(d)}\right)^{-1} \boldsymbol{\Theta}_{k,m,n}\right)\right\} \tag{5.333}$$

根据式 (5.329) 和式 (5.333)，可得

$$\begin{aligned}E\left\{\log\det\left(\boldsymbol{E}_{k,m,n}^{-1}\right)\right\} \geqslant & E\left\{\log\ \det\left(\boldsymbol{E}_{k,m,n}^{(d)}\right)^{-1}\right\} \\ & + d_k - E\left\{\mathrm{tr}\left(\left(\boldsymbol{E}_{k,m,n}^{(d)}\right)^{-1} \boldsymbol{\Theta}_{k,m,n}\right)\right\}\end{aligned} \tag{5.334}$$

进一步，为使得不等式 (5.334) 在 $\boldsymbol{P}_{1,m,n}^{(d)}, \cdots, \boldsymbol{P}_{K,m,n}^{(d)}$ 时取等号，设 $\boldsymbol{G}_{k,m,n} = \boldsymbol{G}_{k,m,n}^{(d)}$，其定义为

$$(\boldsymbol{G}_{k,m,n}^{(d)})^{\mathrm{H}} = (\boldsymbol{P}_{k,m,n}^{(d)})^{\mathrm{H}} \boldsymbol{H}_{k,m,n}^{\mathrm{H}} \left(\boldsymbol{R}_{k,m,n}^{(d)} + \boldsymbol{H}_{k,m,n} \boldsymbol{P}_{k,m,n}^{(d)} (\boldsymbol{P}_{k,m,n}^{(d)})^{\mathrm{H}} \boldsymbol{H}_{k,m,n}^{\mathrm{H}}\right)^{-1} \tag{5.335}$$

当 $\boldsymbol{G}_{k,m,n}=\boldsymbol{G}_{k,m,n}^{(d)}$ 时有

$$
\begin{aligned}
&-E\left\{\operatorname{tr}\left(\left(\boldsymbol{E}_{k,m,n}^{(d)}\right)^{-1}\boldsymbol{\Theta}_{k,m,n}\right)\right\}\\
=&-E\left\{\operatorname{tr}\left(\left(\boldsymbol{E}_{k,m,n}^{(d)}\right)^{-1}\right)\right\}-\sigma_z^2E\left\{\operatorname{tr}\left(\left(\boldsymbol{E}_{k,m,n}^{(d)}\right)^{-1}(\boldsymbol{G}_{k,m,n}^{(d)})^{\mathrm{H}}\boldsymbol{G}_{k,m,n}^{(d)}\right)\right\}\\
&+E\left\{\operatorname{tr}\left(\left(\boldsymbol{E}_{k,m,n}^{(d)}\right)^{-1}(\boldsymbol{G}_{k,m,n}^{(d)})^{\mathrm{H}}\boldsymbol{H}_{k,m,n}\boldsymbol{P}_{k,m,n}\right)\right\}\\
&+E\left\{\operatorname{tr}\left(\left(\boldsymbol{E}_{k,m,n}^{(d)}\right)^{-1}\boldsymbol{P}_{k,m,n}^{\mathrm{H}}\boldsymbol{H}_{k,m,n}^{\mathrm{H}}\boldsymbol{G}_{k,m,n}^{(d)}\right)\right\}\\
&-E\left\{\operatorname{tr}\left(\boldsymbol{H}_{k,m,n}^{\mathrm{H}}\boldsymbol{G}_{k,m,n}^{(d)}\left(\boldsymbol{E}_{k,m,n}^{(d)}\right)^{-1}(\boldsymbol{G}_{k,m,n}^{(d)})^{\mathrm{H}}\boldsymbol{H}_{k,m,n}\boldsymbol{P}_{k,m,n}\boldsymbol{P}_{k,m,n}^{\mathrm{H}}\right)\right\}\\
&-E\left\{\operatorname{tr}\left(\boldsymbol{G}_{k,m,n}^{(d)}\left(\boldsymbol{E}_{k,m,n}^{(d)}\right)^{-1}(\boldsymbol{G}_{k,m,n}^{(d)})^{\mathrm{H}}\sum_{l\neq k}^{K}\eta_{k,m,n}^{\mathrm{pri}}\left(\boldsymbol{P}_{l,m,n}\boldsymbol{P}_{l,m,n}^{\mathrm{H}}\right)\right)\right\}
\end{aligned}
\tag{5.336}
$$

式 (5.336) 中等号右手边最后一项可被重写为

$$
\begin{aligned}
&E\left\{\operatorname{tr}\left(\boldsymbol{G}_{k,m,n}^{(d)}\left(\boldsymbol{E}_{k,m,n}^{(d)}\right)^{-1}(\boldsymbol{G}_{k,m,n}^{(d)})^{\mathrm{H}}\sum_{l\neq k}^{K}\eta_{k,m,n}^{\mathrm{pri}}\left(\boldsymbol{P}_{l,m,n}\boldsymbol{P}_{l,m,n}^{\mathrm{H}}\right)\right)\right\}\\
=&\operatorname{tr}\left(\tilde{\eta}_{k,m,n}^{\mathrm{pri}}\left(E\left\{\boldsymbol{G}_{k,m,n}^{(d)}\left(\boldsymbol{E}_{k,m,n}^{(d)}\right)^{-1}(\boldsymbol{G}_{k,m,n}^{(d)})^{\mathrm{H}}\right\}\right)\sum_{l\neq k}^{K}\boldsymbol{P}_{l,m,n}\boldsymbol{P}_{l,m,n}^{\mathrm{H}}\right)
\end{aligned}
\tag{5.337}
$$

定义 $c_{k,m}^{(d)}$、$\boldsymbol{A}_{k,m,n}^{(d)}$、$\boldsymbol{B}_{k,m,n}^{(d)}$ 和 $\boldsymbol{C}_{k,m,n}^{(d)}$ 为

$$
\begin{aligned}
c_{k,m}^{(d)}=&E\left\{\log\ \det\left(\boldsymbol{E}_{k,m,n}^{(d)}\right)^{-1}\right\}+\operatorname{tr}(\boldsymbol{I}_{d_k})-E\left\{\operatorname{tr}\left(\left(\boldsymbol{E}_{k,m,n}^{(d)}\right)^{-1}\right)\right\}\\
&-\sigma_z^2E\left\{\operatorname{tr}\left(\left(\boldsymbol{E}_{k,m,n}^{(d)}\right)^{-1}(\boldsymbol{G}_{k,m,n}^{(d)})^{\mathrm{H}}\boldsymbol{G}_{k,m,n}^{(d)}\right)\right\}
\end{aligned}
\tag{5.338}
$$

$$
(\boldsymbol{A}_{k,m,n}^{(d)})^{\mathrm{H}}=E\left\{\left(\boldsymbol{E}_{k,m,n}^{(d)}\right)^{-1}(\boldsymbol{G}_{k,m,n}^{(d)})^{\mathrm{H}}\boldsymbol{H}_{k,m,n}\right\}\tag{5.339}
$$

$$
\boldsymbol{B}_{k,m,n}^{(d)}=E\left\{\boldsymbol{H}_{k,m,n}^{\mathrm{H}}\boldsymbol{G}_{k,m,n}^{(d)}\left(\boldsymbol{E}_{k,m,n}^{(d)}\right)^{-1}(\boldsymbol{G}_{k,m,n}^{(d)})^{\mathrm{H}}\boldsymbol{H}_{k,m,n}\right\}\tag{5.340}
$$

$$
\boldsymbol{C}_{k,m,n}^{(d)}=\tilde{\eta}_{k,m,n}^{\mathrm{pri}}\left(E\left\{\boldsymbol{G}_{k,m,n}^{(d)}\left(\boldsymbol{E}_{k,m,n}^{(d)}\right)^{-1}(\boldsymbol{G}_{k,m,n}^{(d)})^{\mathrm{H}}\right\}\right)\tag{5.341}
$$

将式 (5.334)、式 (5.336) 和式 (5.338) 代入式 (5.341)，可得

$$
\begin{aligned}
E\left\{\log\ \det\left(\boldsymbol{E}_{k,m,n}^{-1}\right)\right\}\geqslant&\, c_{k,m}^{(d)}+\operatorname{tr}\left((\boldsymbol{A}_{k,m,n}^{(d)})^{\mathrm{H}}\boldsymbol{P}_{k,m,n}\right)+\operatorname{tr}\left(\boldsymbol{A}_{k,m,n}^{(d)}\boldsymbol{P}_{k,m,n}^{\mathrm{H}}\right)\\
&-\operatorname{tr}\left(\boldsymbol{B}_{k,m,n}^{(d)}\boldsymbol{P}_{k,m,n}\boldsymbol{P}_{k,m,n}^{\mathrm{H}}+\boldsymbol{C}_{k,m,n}^{(d)}\sum_{l\neq k}^{K}\boldsymbol{P}_{l,m,n}\boldsymbol{P}_{l,m,n}^{\mathrm{H}}\right)
\end{aligned}
\tag{5.342}
$$

进一步，有

$$
\begin{aligned}
&E\left\{\log\det(\boldsymbol{E}_{k,m,n}^{(d)})^{-1}\right\}\\
=&c_{k,m}^{(d)}+\mathrm{tr}\Big((\boldsymbol{A}_{k,m,n}^{(d)})^{\mathrm{H}}\boldsymbol{P}_{k,m,n}^{(d)}\Big)+\mathrm{tr}\Big(\boldsymbol{A}_{k,m,n}^{(d)}(\boldsymbol{P}_{k,m,n}^{(d)})^{\mathrm{H}}\Big)\\
&-\mathrm{tr}\left(\boldsymbol{B}_{k,m,n}^{(d)}\boldsymbol{P}_{k,m,n}^{(d)}(\boldsymbol{P}_{k,m,n}^{(d)})^{\mathrm{H}}+\boldsymbol{C}_{k,m,n}^{(d)}\sum_{l\neq k}^{K}\boldsymbol{P}_{l,m,n}^{(d)}(\boldsymbol{P}_{l,m,n}^{(d)})^{\mathrm{H}}\right)
\end{aligned}\tag{5.343}
$$

将 $\boldsymbol{G}_{k,m,n}^{(d)}$ 的表达式代入式 (5.338)，并将 $\boldsymbol{E}_{k,m,n}^{(d)}$ 和 $\boldsymbol{G}_{k,m,n}^{(d)}$ 的表达式代入式 (5.339)∼ 式 (5.341)，可得如式 (5.190)∼ 式 (5.193) 中所示 $c_{k,m,n}^{(d)}$、$(\boldsymbol{A}_{k,m,n}^{(d)})^{\mathrm{H}}$、$\boldsymbol{B}_{k,m,n}^{(d)}$ 和 $\boldsymbol{C}_{k,m,n}^{(d)}$ 的表达式。详细过程如下。将式 (5.330) 和式 (5.335) 代入式 (5.339)，可得

$$
\begin{aligned}
&(\boldsymbol{A}_{k,m,n}^{(d)})^{\mathrm{H}}\\
=&E\left\{\left(\boldsymbol{E}_{k,m,n}^{(d)}\right)^{-1}(\boldsymbol{G}_{k,m,n}^{(d)})^{\mathrm{H}}\boldsymbol{H}_{k,m,n}\right\}\\
=&E\left\{\left(\boldsymbol{I}_{d_k}+(\boldsymbol{P}_{k,m,n}^{(d)})^{\mathrm{H}}\boldsymbol{H}_{k,m,n}^{\mathrm{H}}\left(\boldsymbol{R}_{k,m,n}^{(d)}\right)^{-1}\boldsymbol{H}_{k,m,n}\boldsymbol{P}_{k,m,n}^{(d)}\right)\right.\\
&\left.\cdot(\boldsymbol{P}_{k,m,n}^{(d)})^{\mathrm{H}}\boldsymbol{H}_{k,m,n}^{\mathrm{H}}\left(\check{\boldsymbol{R}}_{k,m,n}^{(d)}\right)^{-1}\boldsymbol{H}_{k,m,n}\right\}\\
=&E\left\{(\boldsymbol{P}_{k,m,n}^{(d)})^{\mathrm{H}}\boldsymbol{H}_{k,m,n}^{\mathrm{H}}\left(\check{\boldsymbol{R}}_{k,m,n}^{(d)}\right)^{-1}\boldsymbol{H}_{k,m,n}\right\}\\
&+E\left\{(\boldsymbol{P}_{k,m,n}^{(d)})^{\mathrm{H}}\boldsymbol{H}_{k,m,n}^{\mathrm{H}}\left(\boldsymbol{R}_{k,m,n}^{(d)}\right)^{-1}(\check{\boldsymbol{R}}_{k,m,n}^{(d)}-\boldsymbol{R}_{k,m,n}^{(d)})\left(\check{\boldsymbol{R}}_{k,m,n}^{(d)}\right)^{-1}\boldsymbol{H}_{k,m,n}\right\}
\end{aligned}\tag{5.344}
$$

式中，等号右边第二项可以重新表达为

$$
\begin{aligned}
&E\left\{(\boldsymbol{P}_{k,m,n}^{(d)})^{\mathrm{H}}\boldsymbol{H}_{k,m,n}^{\mathrm{H}}\left(\boldsymbol{R}_{k,m,n}^{(d)}\right)^{-1}(\check{\boldsymbol{R}}_{k,m,n}^{(d)}-\boldsymbol{R}_{k,m,n}^{(d)})\left(\check{\boldsymbol{R}}_{k,m,n}^{(d)}\right)^{-1}\boldsymbol{H}_{k,m,n}\right\}\\
=&E\left\{(\boldsymbol{P}_{k,m,n}^{(d)})^{\mathrm{H}}\boldsymbol{H}_{k,m,n}^{\mathrm{H}}\left(\boldsymbol{R}_{k,m,n}^{(d)}\right)^{-1}\boldsymbol{H}_{k,m,n}\right\}\\
&-E\left\{(\boldsymbol{P}_{k,m,n}^{(d)})^{\mathrm{H}}\boldsymbol{H}_{k,m,n}^{\mathrm{H}}\left(\check{\boldsymbol{R}}_{k,m,n}^{(d)}\right)^{-1}\boldsymbol{H}_{k,m,n}\right\}
\end{aligned}\tag{5.345}
$$

根据式 (5.344) 和式 (5.345)，可得

$$
\boldsymbol{A}_{k,m,n}^{(d)}=E\left\{\boldsymbol{H}_{k,m,n}^{\mathrm{H}}\left(\boldsymbol{R}_{k,m,n}^{(d)}\right)^{-1}\boldsymbol{H}_{k,m,n}\right\}\boldsymbol{P}_{k,m,n}^{(d)}\tag{5.346}
$$

和

$$
\left(\boldsymbol{E}_{k,m,n}^{(d)}\right)^{-1}(\boldsymbol{G}_{k,m,n}^{(d)})^{\mathrm{H}}=(\boldsymbol{P}_{k,m,n}^{(d)})^{\mathrm{H}}\boldsymbol{H}_{k,m,n}^{\mathrm{H}}\left(\boldsymbol{R}_{k,m,n}^{(d)}\right)^{-1}\tag{5.347}
$$

根据式 (5.340) 和式 (5.347)，可得

$$\begin{aligned}\boldsymbol{B}_{k,m,n}^{(d)} &= E\left\{\boldsymbol{H}_{k,m,n}^{\mathrm{H}}\boldsymbol{G}_{k,m,n}^{(d)}\left(\boldsymbol{E}_{k,m,n}^{(d)}\right)^{-1}(\boldsymbol{G}_{k,m,n}^{(d)})^{\mathrm{H}}\boldsymbol{H}_{k,m,n}\right\} \\ &= E\left\{\boldsymbol{H}_{k,m,n}^{\mathrm{H}}\boldsymbol{G}_{k,m,n}^{(d)}(\boldsymbol{P}_{k,m,n}^{(d)})^{\mathrm{H}}\boldsymbol{H}_{k,m,n}^{\mathrm{H}}\left(\boldsymbol{R}_{k,m,n}^{(d)}\right)^{-1}\boldsymbol{H}_{k,m,n}\right\}\end{aligned} \tag{5.348}$$

将式 (5.335) 代入式 (5.348)，可得

$$\begin{aligned}&\boldsymbol{B}_{k,m,n}^{(d)} \\ =&E\left\{\boldsymbol{H}_{k,m,n}^{\mathrm{H}}\left(\check{\boldsymbol{R}}_{k,m,n}^{(d)}\right)^{-1}\boldsymbol{H}_{k,m,n}\boldsymbol{P}_{k,m,n}^{(d)}(\boldsymbol{P}_{k,m,n}^{(d)})^{\mathrm{H}}\boldsymbol{H}_{k,m,n}^{\mathrm{H}}\left(\boldsymbol{R}_{k,m,n}^{(d)}\right)^{-1}\boldsymbol{H}_{k,m,n}\right\}\end{aligned} \tag{5.349}$$

式 (5.349) 中等号右边和式 (5.345) 中等号左边相似。因此，有

$$\begin{aligned}\boldsymbol{B}_{k,m,n}^{(d)} =&E\left\{\boldsymbol{H}_{k,m,n}^{\mathrm{H}}\left(\boldsymbol{R}_{k,m,n}^{(d)}\right)^{-1}\boldsymbol{H}_{k,m,n}\right\} \\ &- E\left\{\boldsymbol{H}_{k,m,n}^{\mathrm{H}}\left(\check{\boldsymbol{R}}_{k,m,n}^{(d)}\right)^{-1}\boldsymbol{H}_{k,m,n}\right\}\end{aligned} \tag{5.350}$$

类似地，可以获得如式 (5.190) 和式 (5.193) 中所示 $c_{k,m,n}^{(d)}$ 和 $\boldsymbol{C}_{k,m,n}^{(d)}$ 的表达式。

前面已经给出，目标函数 f 可写为

$$f(\boldsymbol{P}_{1,m,n},\boldsymbol{P}_{2,m,n},\cdots,\boldsymbol{P}_{K,m,n}) = \sum_{k=1}^{K} w_k E\left\{\log\det(\boldsymbol{E}_{k,m,n}^{(d)})^{-1}\right\} \tag{5.351}$$

根据式 (5.351)～ 式 (5.343)，可得式 (5.189) 中定义的函数 g_1 为目标函数的 minorizing 函数。

5.5.11 定理 5.10 的证明

根据式 (5.203)，可得 $\overline{\mathcal{R}}_{k,m,n}$ 对于 $\boldsymbol{P}_{k,m,n}\boldsymbol{P}_{k,m,n}^{\mathrm{H}}$ 的导数为

$$\begin{aligned}&\frac{\partial\overline{\mathcal{R}}_{k,m,n}}{\partial(\boldsymbol{P}_{k,m,n}\boldsymbol{P}_{k,m,n}^{\mathrm{H}})} \\ =&(\boldsymbol{I}_{M_t}+\boldsymbol{\Gamma}_{k,m,n}\boldsymbol{P}_{k,m,n}\boldsymbol{P}_{k,m,n}^{\mathrm{H}})^{-1}\boldsymbol{\Gamma}_{k,m,n} \\ &+\sum_{i,j}\frac{\partial\overline{\mathcal{R}}_{k,m,n}}{\partial[\eta_{k,m,n}^{\mathrm{post}}\left(\boldsymbol{P}_{k,m,n}\mathcal{G}_{k,m,n}\boldsymbol{P}_{k,m,n}^{\mathrm{H}}\right)]_{ij}}\frac{\partial[\eta_{k,m,n}^{\mathrm{post}}\left(\boldsymbol{P}_{k,m,n}\mathcal{G}_{k,m,n}\boldsymbol{P}_{k,m,n}^{\mathrm{H}}\right)]_{ij}}{\partial(\boldsymbol{P}_{k,m,n}\boldsymbol{P}_{k,m,n}^{\mathrm{H}})} \\ &+\sum_{i,j}\frac{\partial\overline{\mathcal{R}}_{k,m,n}}{\partial[\tilde{\mathcal{G}}_{k,m,n}]_{ij}}\frac{\partial[\tilde{\mathcal{G}}_{k,m,n}]_{ij}}{\partial(\boldsymbol{P}_{k,m,n}\boldsymbol{P}_{k,m,n}^{\mathrm{H}})}\end{aligned} \tag{5.352}$$

利用和第 4 章中定理 4.6 相似的方法，可得

$$\frac{\partial\overline{\mathcal{R}}_{k,m,n}}{\partial[\eta_{k,m,n}^{\text{post}}\left(\boldsymbol{P}_{k,m,n}\mathcal{G}_{k,m,n}\boldsymbol{P}_{k,m,n}^{\text{H}}\right)]_{ij}}=0 \tag{5.353}$$

$$\frac{\partial\overline{\mathcal{R}}_{k,m,n}}{\partial[\tilde{\mathcal{G}}_{k,m,n}]_{ij}}=0 \tag{5.354}$$

因此，有

$$\left.\frac{\partial\overline{\mathcal{R}}_{k,m,n}}{\partial(\boldsymbol{P}_{k,m,n}\boldsymbol{P}_{k,m,n}^{\text{H}})}\right|_{\boldsymbol{P}_{k,m,n}=\boldsymbol{P}_{k,m,n}^{(d)}}=(\boldsymbol{I}_{M_t}+\boldsymbol{\varGamma}_{k,m,n}\boldsymbol{P}_{k,m,n}^{(d)}(\boldsymbol{P}_{k,m,n}^{(d)})^{\text{H}})^{-1}\boldsymbol{\varGamma}_{k,m,n} \tag{5.355}$$

根据式 (5.171)，可得 $\mathcal{R}_{k,m,n}$ 对于 $\boldsymbol{P}_{k,m,n}\boldsymbol{P}_{k,m,n}^{\text{H}}$ 的导数为

$$\begin{aligned}&\left.\frac{\partial\mathcal{R}_{k,m,n}}{\partial(\boldsymbol{P}_{k,m,n}\boldsymbol{P}_{k,m,n}^{\text{H}})}\right|_{\boldsymbol{P}_{k,m,n}=\boldsymbol{P}_{k,m,n}^{(d)}}\\&=E_{\boldsymbol{H}_{k,m,n}|\boldsymbol{Y}_{m,1}^{\text{BS}}}\left\{\boldsymbol{H}_{k,m,n}^{\text{H}}\left(\check{\boldsymbol{R}}_{k,m,n}^{(d)}\right)^{-1}\boldsymbol{H}_{k,m,n}\right\}\end{aligned} \tag{5.356}$$

根据引理 5.5，可知 $\overline{\mathcal{R}}_{k,m,n}$ 是 $\mathcal{R}_{k,m,n}$ 的确定性等同。进一步，根据式 (5.355) 和式 (5.356)，可得 $(\boldsymbol{I}_{M_t}+\boldsymbol{\varGamma}_{k,m,n}\boldsymbol{P}_{k,m,n}^{(d)}(\boldsymbol{P}_{k,m,n}^{(d)})^{\text{H}})^{-1}\boldsymbol{\varGamma}_{k,m,n}$ 是

$$E_{\boldsymbol{H}_{k,m,n}|\boldsymbol{Y}_{m,1}^{\text{BS}}}\left\{\boldsymbol{H}_{k,m,n}^{\text{H}}\left(\check{\boldsymbol{R}}_{k,m,n}^{(d)}\right)^{-1}\boldsymbol{H}_{k,m,n}\right\} \tag{5.357}$$

的确定性等同。进一步，根据前面中已经给出的

$$\begin{aligned}\boldsymbol{B}_{k,m,n}^{(d)}=&E_{\boldsymbol{H}_{k,m,n}|\boldsymbol{Y}_{m,1}^{\text{BS}}}\left\{\boldsymbol{H}_{k,m,n}^{\text{H}}\left(\boldsymbol{R}_{k,m,n}^{(d)}\right)^{-1}\boldsymbol{H}_{k,m,n}\right\}\\&-E_{\boldsymbol{H}_{k,m,n}|\boldsymbol{Y}_{m,1}^{\text{BS}}}\left\{\boldsymbol{H}_{k,m,n}^{\text{H}}\left(\check{\boldsymbol{R}}_{k,m,n}^{(d)}\right)^{-1}\boldsymbol{H}_{k,m,n}\right\}\end{aligned} \tag{5.358}$$

可得式 (5.211) 中给出的 $\overline{\boldsymbol{B}}_{k,m,n}^{(d)}$ 为 $\boldsymbol{B}_{k,m,n}^{(d)}$ 的确定性等同。

和 $\overline{\mathcal{R}}_{k,m,n}$ 对于 $\boldsymbol{P}_{k,m,n}\boldsymbol{P}_{k,m,n}^{\text{H}}$ 的导数相似，可从式 (5.204) 中获得 $\overline{\mathcal{R}}_{k,m,n}$ 对于 $\boldsymbol{R}_{k,m,n}$ 的导数为

$$\frac{\partial\overline{\mathcal{R}}_{k,m,n}}{\partial\boldsymbol{R}_{k,m,n}}=-\boldsymbol{R}_{k,m,n}^{-1}(\boldsymbol{I}_{M_t}+\tilde{\boldsymbol{\varGamma}}_{k,m,n}\boldsymbol{R}_{k,m,n}^{-1})^{-1}\tilde{\boldsymbol{\varGamma}}_{k,m,n}\boldsymbol{R}_{k,m,n}^{-1} \tag{5.359}$$

利用链式法则，可从 $\frac{\partial \overline{\mathcal{R}}_{k,m,n}}{\partial \boldsymbol{R}_{k,m,n}}$ 中获得函数 $\overline{\mathcal{R}}_{k,m,n}$ 对于 $\boldsymbol{P}_{l,m,n}\boldsymbol{P}_{l,m,n}^{\mathrm{H}}$，$l \neq k$ 的导数。使用文献 [244] 中引理 4 或者文献 [245] 中定理 2，可得

$$
\begin{aligned}
&\left.\frac{\partial \overline{\mathcal{R}}_{k,m,n}}{\partial (\boldsymbol{P}_{l,m,n}\boldsymbol{P}_{l,m,n}^{\mathrm{H}})}\right|_{\boldsymbol{P}_{l,m,n}=\boldsymbol{P}_{l,m,n}^{(d)}} \\
=&-\tilde{\eta}_{k,m,n}^{\mathrm{pri}}\left(\left(\boldsymbol{R}_{k,m,n}^{(d)}\right)^{-1}\left(\boldsymbol{I}_{M_k}+\tilde{\boldsymbol{\Gamma}}_{k,m,n}\left(\boldsymbol{R}_{k,m,n}^{(d)}\right)^{-1}\right)^{-1}\tilde{\boldsymbol{\Gamma}}_{k,m,n}\left(\boldsymbol{R}_{k,m,n}^{(d)}\right)^{-1}\right) \\
=&\tilde{\eta}_{k,m,n}^{\mathrm{pri}}\left((\boldsymbol{R}_{k,m,n}^{(d)}+\tilde{\boldsymbol{\Gamma}}_{k,m,n})^{-1}\right)-\tilde{\eta}_{k,m,n}^{\mathrm{pri}}\left(\boldsymbol{R}_{k,m,n}^{(d)}\right)^{-1} \\
=&-\overline{\boldsymbol{C}}_{k,m,n}^{(d)}
\end{aligned} \tag{5.360}
$$

根据式 (5.171) 和链式法则，易得

$$
\begin{aligned}
&\left.\frac{\partial \mathcal{R}_{k,m,n}}{\partial (\boldsymbol{P}_{l,m,n}\boldsymbol{P}_{l,m,n}^{\mathrm{H}})}\right|_{\boldsymbol{P}_{l,m,n}=\boldsymbol{P}_{l,m,n}^{(d)}} \\
=&\tilde{\eta}_{k,m,n}^{\mathrm{pri}}\left(E_{\boldsymbol{H}_{k,m,n}|\boldsymbol{Y}_{m,1}^{\mathrm{BS}}}\left\{\left(\check{\boldsymbol{R}}_{k,m,n}^{(d)}\right)^{-1}\right\}\right)-\tilde{\eta}_{k,m,n}^{\mathrm{pri}}\left(\boldsymbol{R}_{k,m,n}^{(d)}\right)^{-1} \\
=&-\boldsymbol{C}_{k,m,n}^{(d)}
\end{aligned} \tag{5.361}
$$

根据引理 5.5，式 (5.360) 和式 (5.361)，可得 $\overline{\boldsymbol{C}}_{k,m,n}^{(d)}$ 是 $\boldsymbol{C}_{k,m,n}^{(d)}$ 的确定性等同。因此，式 (5.212) 成立。

5.5.12 定理 5.11 的证明

将定理 5.9 中提供的 minorizing 函数重写为

$$
\begin{aligned}
g_1=&\sum_{k=1}^{K}w_k c_{k,m}^{(d)}+\sum_{k=1}^{K}w_k\mathrm{tr}\left((\boldsymbol{A}_{k,m,n}^{(d)})^{\mathrm{H}}\boldsymbol{P}_{k,m,n}\right)+\sum_{k=1}^{K}w_k\mathrm{tr}\left(\boldsymbol{A}_{k,m,n}^{(d)}\boldsymbol{P}_{k,m,n}^{\mathrm{H}}\right) \\
&-\sum_{k=1}^{K}\mathrm{tr}\left((\boldsymbol{D}_{k,m,n}^{(d)}+\boldsymbol{F}_{k,m,n}^{(d)})\boldsymbol{P}_{k,m,n}\boldsymbol{P}_{k,m,n}^{\mathrm{H}}\right)+\sum_{k=1}^{K}\mathrm{tr}\left(\boldsymbol{F}_{k,m,n}^{(d)}\boldsymbol{P}_{k,m,n}\boldsymbol{P}_{k,m,n}^{\mathrm{H}}\right)
\end{aligned} \tag{5.362}
$$

式 (5.362) 中等号右边第四项是关于 $\boldsymbol{P}_{1,m,n},\boldsymbol{P}_{2,m,n},\cdots,\boldsymbol{P}_{K,m,n}$ 的凸二次型函数。

利用凸函数的一阶条件，可得

$$\begin{aligned}&\sum_{k=1}^{K}\operatorname{tr}\left(\boldsymbol{F}_{k,m,n}^{(d)}\boldsymbol{P}_{k,m,n}\boldsymbol{P}_{k,m,n}^{\mathrm{H}}\right)\\ \geqslant&\sum_{k=1}^{K}\operatorname{tr}\left(\boldsymbol{F}_{k,m,n}^{(d)}\boldsymbol{P}_{k,m,n}^{(d)}(\boldsymbol{P}_{k,m,n}^{(d)})^{\mathrm{H}}\right)+\sum_{k=1}^{K}\operatorname{tr}\left(\boldsymbol{F}_{k,m,n}^{(d)}(\boldsymbol{P}_{k,m,n}-\boldsymbol{P}_{k,m,n}^{(d)})(\boldsymbol{P}_{k,m,n}^{(d)})^{\mathrm{H}}\right)\\ &+\sum_{k=1}^{K}\operatorname{tr}\left(\boldsymbol{F}_{k,m,n}^{(d)}\boldsymbol{P}_{k,m,n}^{(d)}(\boldsymbol{P}_{k,m,n}-\boldsymbol{P}_{k,m,n}^{(d)})^{\mathrm{H}}\right)\end{aligned}\tag{5.363}$$

根据式 (5.362) 和式 (5.363)，可得

$$\begin{aligned}g_1\geqslant&\sum_{k=1}^{K}w_kc_{k,m}^{(d)}-\sum_{k=1}^{K}\operatorname{tr}\left(\boldsymbol{F}_{k,m,n}^{(d)}\boldsymbol{P}_{k,m,n}^{(d)}(\boldsymbol{P}_{k,m,n}^{(d)})^{\mathrm{H}}\right)\\ &+\sum_{k=1}^{K}\operatorname{tr}\left((w_k\boldsymbol{A}_{k,m,n}^{(d)}+\boldsymbol{F}_{k,m,n}^{(d)}\boldsymbol{P}_{k,m,n}^{(d)})^{\mathrm{H}}\boldsymbol{P}_{k,m,n}\right)\\ &+\sum_{k=1}^{K}\operatorname{tr}\left((w_k\boldsymbol{A}_{k,m,n}^{(d)}+\boldsymbol{F}_{k,m,n}^{(d)}\boldsymbol{P}_{k,m,n}^{(d)})\boldsymbol{P}_{k,m,n}^{\mathrm{H}}\right)\\ &-\sum_{k=1}^{K}\operatorname{tr}\left((\boldsymbol{D}_{k,m,n}^{(d)}+\boldsymbol{F}_{k,m,n}^{(d)})\boldsymbol{P}_{k,m,n}\boldsymbol{P}_{k,m,n}^{\mathrm{H}}\right)\end{aligned}\tag{5.364}$$

定义 c_m 为

$$c_m=\sum_{k=1}^{K}w_kc_{k,m}^{(d)}-\sum_{k=1}^{K}\operatorname{tr}\left(\boldsymbol{F}_{k,m,n}^{(d)}\boldsymbol{P}_{k,m,n}^{(d)}(\boldsymbol{P}_{k,m,n}^{(d)})^{\mathrm{H}}\right)\tag{5.365}$$

且根据式 (5.362) 定义 g_2。从式 (5.364)，可得

$$g_2(\boldsymbol{P}_{1,m,n},\boldsymbol{P}_{2,m,n},\cdots,\boldsymbol{P}_{K,m,n})\leqslant g_1(\boldsymbol{P}_{1,m,n},\boldsymbol{P}_{2,m,n},\cdots,\boldsymbol{P}_{K,m,n})\tag{5.366}$$

进一步，易验证

$$g_2(\boldsymbol{P}_{1,m,n}^{(d)},\boldsymbol{P}_{2,m,n}^{(d)},\cdots,\boldsymbol{P}_{K,m,n}^{(d)})=g_1(\boldsymbol{P}_{1,m,n}^{(d)},\boldsymbol{P}_{2,m,n}^{(d)},\cdots,\boldsymbol{P}_{K,m,n}^{(d)})\tag{5.367}$$

因此，g_2 同样也是目标函数的 minorizing 函数。

5.5.13　定理 5.12 的证明

根据式 (5.171)，可得

$$\frac{\partial\overline{\mathcal{R}}_{k,m,n}}{\partial(\boldsymbol{P}_{k,m,n}^{*})}=(\boldsymbol{I}_{M_t}+\boldsymbol{\Gamma}_{k,m,n}\boldsymbol{P}_{k,m,n}\boldsymbol{P}_{k,m,n}^{\mathrm{H}})^{-1}\boldsymbol{\Gamma}_{k,m,n}\boldsymbol{P}_{k,m,n}\tag{5.368}$$

和

$$\frac{\partial \overline{\mathcal{R}}_{l,m,n}}{\partial(\boldsymbol{P}_{k,m,n}^{*})} = -\tilde{\eta}_{l,m,n}^{\text{pri}}\left(\boldsymbol{R}_{l,m,n}^{-1} - (\boldsymbol{R}_{l,m,n} + \tilde{\boldsymbol{\Gamma}}_{l,m,n})^{-1}\right)\boldsymbol{P}_{k,m,n} \tag{5.369}$$

因为 $\overline{f}(\boldsymbol{P}_{1,m,n}, \boldsymbol{P}_{2,m,n}, \cdots, \boldsymbol{P}_{K,m,n})$ 表示 $\sum\limits_{k=1}^{K} w_k \overline{\mathcal{R}}_{k,m,n}$，所以有

$$\begin{aligned}
&\frac{\partial \overline{f}(\boldsymbol{P}_{1,m,n}, \boldsymbol{P}_{2,m,n}, \cdots, \boldsymbol{P}_{K,m,n})}{\partial(\boldsymbol{P}_{k,m,n}^{*})} \\
=&(\boldsymbol{I}_{M_t} + \boldsymbol{\Gamma}_{k,m,n}\boldsymbol{P}_{k,m,n}\boldsymbol{P}_{k,m,n}^{\text{H}})^{-1}\boldsymbol{\Gamma}_{k,m,n}\boldsymbol{P}_{k,m,n} \\
&- \tilde{\eta}_{l,m,n}^{\text{pri}}\left(\sum_{l\neq k}^{K}\boldsymbol{R}_{l,m,n}^{-1}(\boldsymbol{I}_{M_t} + \tilde{\boldsymbol{\Gamma}}_{l,m,n}\boldsymbol{R}_{l,m,n}^{-1})^{-1}\tilde{\boldsymbol{\Gamma}}_{l,m,n}\boldsymbol{R}_{l,m,n}^{-1}\right)\boldsymbol{P}_{k,m,n}
\end{aligned} \tag{5.370}$$

定义 Lagrangian 函数为

$$\begin{aligned}
&\mathcal{L}(\mu, \boldsymbol{P}_{1,m,n}, \boldsymbol{P}_{2,m,n}, \cdots, \boldsymbol{P}_{K,m,n}) \\
=&-\overline{f}(\boldsymbol{P}_{1,m,n}, \boldsymbol{P}_{2,m,n}, \cdots, \boldsymbol{P}_{K,m,n}) + \mu\left(\sum_{k=1}^{K}\boldsymbol{P}_{k,m,n}\boldsymbol{P}_{k,m,n}^{\text{H}} - P\right)
\end{aligned} \tag{5.371}$$

根据式 (5.371) 的一阶条件，可得

$$\begin{aligned}
&-w_k(\boldsymbol{I}_{M_t} + \boldsymbol{\Gamma}_{k,m,n}\boldsymbol{P}_{k,m,n}\boldsymbol{P}_{k,m,n}^{\text{H}})^{-1}\boldsymbol{\Gamma}_{k,m,n}\boldsymbol{P}_{k,m,n} \\
&+\sum_{l\neq k}^{K} w_l \tilde{\eta}_{l,m,n}^{\text{pri}}\left(\boldsymbol{R}_{l,m,n}^{-1} - (\boldsymbol{R}_{l,m,n} + \tilde{\boldsymbol{\Gamma}}_{l,m,n})^{-1}\right)\boldsymbol{P}_{k,m,n} + \mu\boldsymbol{P}_{k,m,n} = \boldsymbol{0}
\end{aligned} \tag{5.372}$$

根据式 (5.238)，可得

$$\sum_{l\neq k}^{K} w_l \tilde{\eta}_{l,m,n}^{\text{pri}}\left(\boldsymbol{R}_{l,m,n}^{-1} - (\boldsymbol{R}_{l,m,n} + \tilde{\boldsymbol{\Gamma}}_{l,m,n})^{-1}\right) = \boldsymbol{V}_{M_t}\tilde{\boldsymbol{\Sigma}}_{k,m,n}^{2}\boldsymbol{V}_{M_t}^{\text{H}} \tag{5.373}$$

式中，$\tilde{\boldsymbol{\Sigma}}_{k,m,n}^{2}$ 为一个对角阵且其取值决定于 $\boldsymbol{P}_{1,m,n}, \boldsymbol{P}_{2,m,n}, \cdots, \boldsymbol{P}_{K,m,n}$。接着，式 (5.372) 中一阶条件变为

$$\begin{aligned}
&w_k(\boldsymbol{I}_{M_t} + \boldsymbol{\Gamma}_{k,m,n}\boldsymbol{P}_{k,m,n}\boldsymbol{P}_{k,m,n}^{\text{H}})^{-1}\boldsymbol{\Gamma}_{k,m,n}\boldsymbol{P}_{k,m,n} \\
=&\boldsymbol{V}_{M_t}\tilde{\boldsymbol{\Sigma}}_{k,m,n}^{2}\boldsymbol{V}_{M_t}^{\text{H}}\boldsymbol{P}_{k,m,n} + \mu\boldsymbol{P}_{k,m,n}
\end{aligned} \tag{5.374}$$

当 $\hat{\boldsymbol{H}}_{k,m,n} = \boldsymbol{0}$ 时，有

$$\boldsymbol{\Gamma}_{k,m,n} = \boldsymbol{V}_{M_t}\boldsymbol{\Sigma}_{k,m,n}^{2}\boldsymbol{V}_{M_t}^{\text{H}} \tag{5.375}$$

定义 $\boldsymbol{T}_{k,m,n} = \mu \boldsymbol{I}_{M_t} + \boldsymbol{V}_{M_t} \tilde{\boldsymbol{\Sigma}}_{k,m,n}^2 \boldsymbol{V}_{M_t}^{\mathrm{H}}$、$\boldsymbol{\Gamma}'_{k,m,n} = \boldsymbol{T}_{k,m,n}^{-1/2} \boldsymbol{\Gamma}_{k,m,n} \boldsymbol{T}_{k,m,n}^{-1/2}$ 和 $\boldsymbol{P}'_{k,m,n} = \boldsymbol{T}_{k,m,n}^{1/2} \boldsymbol{P}_{k,m,n}$。接着，式 (5.374) 中条件变为

$$w_k \boldsymbol{\Gamma}'_{k,m,n} \boldsymbol{P}'_{k,m,n} (\boldsymbol{I}_{M_t} + (\boldsymbol{P}'_{k,m,n})^{\mathrm{H}} \boldsymbol{\Gamma}'_{k,m,n} \boldsymbol{P}'_{k,m,n})^{-1} = \boldsymbol{P}'_{k,m,n} \tag{5.376}$$

接着有

$$w_k \boldsymbol{\Gamma}'_{k,m,n} \boldsymbol{P}'_{k,m,n} = \boldsymbol{P}'_{k,m,n} (\boldsymbol{I}_{M_t} + (\boldsymbol{P}'_{k,m,n})^{\mathrm{H}} \boldsymbol{\Gamma}'_{k,m,n} \boldsymbol{P}'_{k,m,n}) \tag{5.377}$$

将式 (5.377) 中等号两端同时右乘 $(\boldsymbol{P}'_{k,m,n})^{\mathrm{H}}$，可得

$$w_k \boldsymbol{\Gamma}'_{k,m,n} \boldsymbol{P}'_{k,m,n} (\boldsymbol{P}'_{k,m,n})^{\mathrm{H}} = \boldsymbol{P}'_{k,m,n} (\boldsymbol{I}_{M_t} + (\boldsymbol{P}'_{k,m,n})^{\mathrm{H}} \boldsymbol{\Gamma}'_{k,m,n} \boldsymbol{P}'_{k,m,n}) (\boldsymbol{P}'_{k,m,n})^{\mathrm{H}} \tag{5.378}$$

综上，可得 $\boldsymbol{\Gamma}'_{k,m,n} \boldsymbol{P}'_{k,m,n} (\boldsymbol{P}'_{k,m,n})^{\mathrm{H}} = \boldsymbol{P}'_{k,m,n} (\boldsymbol{P}'_{k,m,n})^{\mathrm{H}} \boldsymbol{\Gamma}'_{k,m,n}$。这表明 $\boldsymbol{P}'_{k,m,n} (\boldsymbol{P}'_{k,m,n})^{\mathrm{H}}$ 和 $\boldsymbol{\Gamma}'_{k,m,n}$ 是可交换的。根据文献 [246] 的定理 9-33，可得 $\boldsymbol{P}'_{k,m,n} (\boldsymbol{P}'_{k,m,n})^{\mathrm{H}}$ 和 $\boldsymbol{\Gamma}'_{k,m,n}$ 的特征向量相同。根据 $\boldsymbol{\Gamma}'_{k,m,n} = \boldsymbol{T}_{k,m,n}^{-1/2} \boldsymbol{\Gamma}_{k,m,n} \boldsymbol{T}_{k,m,n}^{-1/2}$，可得 $\boldsymbol{\Gamma}'_{k,m,n}$ 和 $\boldsymbol{\Gamma}_{k,m,n}$ 的特征向量相同。因此，可得 $\boldsymbol{P}'_{k,m,n}$ 的左奇异特征矩阵可以写为

$$\boldsymbol{U}_{\boldsymbol{P}'_{k,m,n}} = \boldsymbol{V}_{M_t} \boldsymbol{\Pi}_1 \tag{5.379}$$

式中，$\boldsymbol{\Pi}_1$ 为一置换矩阵。根据 $\boldsymbol{P}_{k,m,n} = \boldsymbol{T}_{k,m,n}^{-1/2} \boldsymbol{P}'_{k,m,n}$ 和式 (5.379)，最终可得式 (5.241) 成立。

第 6 章　大规模 MIMO 全向预编码传输

同步与公共控制信息传输在无线通信系统中具有重要作用，需要能够实现大范围覆盖，以服务小区内所有用户。将已有的天线选择、空时编码、波束扫描等传输方法应用于大规模无线通信系统，分别存在着覆盖范围严重受限、导频开销随基站天线数线性增长、实时性和可靠性低等问题。全向预编码传输是在降维的预编码域实施同步和控制信息传输，实现全功率利用的大范围全向覆盖，并解决导频开销瓶颈问题。本章以大规模 MIMO 信道特性为基础，论述大规模 MIMO 全向预编码传输理论方法 [104, 106, 113]。本章内容安排如下：6.1 节论述大规模 MIMO 系统中基于全向预编码的传输方法，6.2 节论述大规模 MIMO 系统中的全向空时编码方法，6.3 节论述毫米波大规模 MIMO 系统中基于全向预编码与全向合并的同步方法。

6.1　大规模 MIMO 系统中基于全向预编码的传输方法

6.1.1　概述

目前绝大多数适用于传统小规模 MIMO 系统的全向传输方案，例如，单天线发射、CDD 等，将不再适用于大规模 MIMO 系统。以单天线发射为例，在该方案中，基站从所有天线中选取一根天线来发射信号，以便形成全向覆盖。在这种情况下，所选取的单根天线必须配备有一个功率更大且更昂贵的功放，以便与所有天线都被利用的场景达到相同的信号覆盖范围。然而，这一方案在大规模 MIMO 系统中将无法工作。这是因为大规模 MIMO 系统通过在基站端使用大量的天线，每根天线都被配备一个功率很小且很便宜的功放。因此并不存在一根前面所述的有着足够大功率功放的天线。CDD 作为一种简单的全向覆盖方案，已经被数字视频广播以及 LTE 等系统采用。然而，有研究指出 CDD 并不具有真正的全向覆盖 [103]，即该技术的全向覆盖是通过平均不同的子载波来获得的。当关注于某个单独的子载波时，发射信号的辐射功率主要聚焦于一个较小的角度范围。显然，位于该角度范围之外的用户将无法获得足够强的接收信号。

本节研究大规模 MIMO 系统中的全向传输问题，本节内容安排如下：6.1.2 节给出系统模型，其中包括系统配置、信道模型以及本节所提出的基于全向预编码的传输结构；6.1.3 节给出全向预编码矩阵所需满足的基本条件；6.1.4 节给出全向预编码矩阵的设计以及相应的性能分析；6.1.5 节给出数值仿真；6.1.6 节给出总结。

6.1.2　系统模型

1. 系统配置

考虑蜂窝系统的常规配置，其中每个小区被等分为 K 个扇区。通常 $K=3$ 对应于 120° 扇区，如图 6.1 所示。在每个扇区中，基站被配置一个由 M 根天线组成的均匀线阵，并服务若干单天线用户。

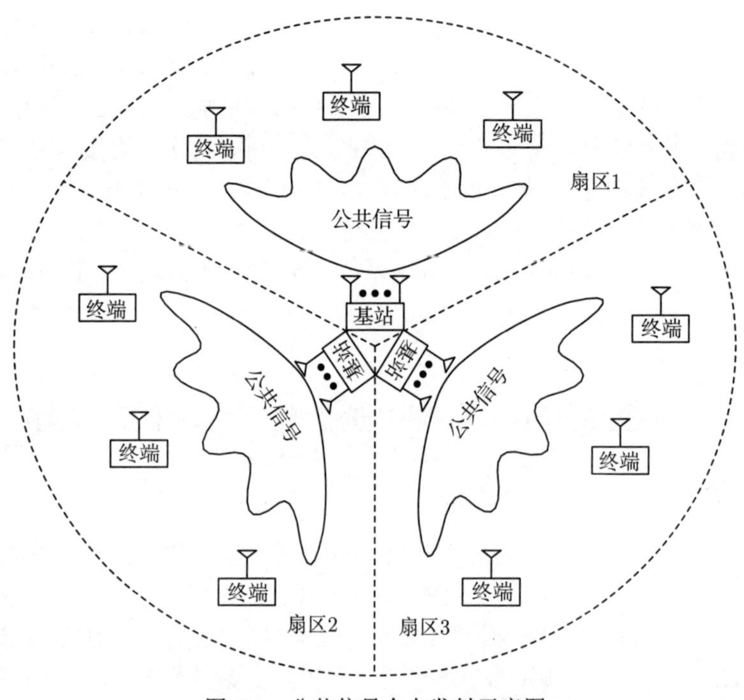

图 6.1　公共信号全向发射示意图

假设基站使用理想的定向辐射天线，并令 θ 表示均匀线阵的法线方向与期望方向间的夹角，则处于每个扇区角度范围 $[-\pi/K,\pi/K]$ 以外的信号将会被定向天线完全滤除。令 d 与 λ 分别表示均匀线阵的天线间距与载波波长。由于均匀线阵可被看作空间采样器，且虚拟角度 $\sin\theta$ 在扇区内的最大变化范围是 $[-\sin(\pi/K),\sin(\pi/K)]$，利用奈奎斯特 (Nyquist) 采样定理，不难得出天线间距需满足 $d\leqslant\lambda/(2\sin(\pi/K))$，以避免空间角度谱混叠。采用最大天线间距配置

$$d=\frac{\lambda}{2\sin(\pi/K)} \tag{6.1}$$

这样可以在基站天线数一定的情况下，最大化阵列的孔径尺寸，以便达到最高的角

度分辨力。

2. 信道模型

考虑瑞利平衰落信道。令 $\boldsymbol{h} \in \mathbb{C}^{M\times 1}$ 表示基站天线阵列与一个单天线用户间的信道矢量，然后有 $\boldsymbol{h} \sim \mathcal{CN}(\boldsymbol{0}, \boldsymbol{R})$。对于远场假设下的单环散射模型，信道协方差矩阵可以由

$$\boldsymbol{R} = \int_{-\pi/K}^{\pi/K} \boldsymbol{v}(\theta)(\boldsymbol{v}(\theta))^{\mathrm{H}} p(\theta)\mathrm{d}\theta \tag{6.2}$$

得到 [92,149,184]，其中 $\boldsymbol{v}(\theta) = [1, \mathrm{e}^{-\bar{\jmath}2\pi d\sin\theta/\lambda}, \cdots, \mathrm{e}^{-\bar{\jmath}2\pi(M-1)d\sin\theta/\lambda}]^{\mathrm{T}}$ 与 $p(\theta)$ 分别表示均匀线阵的响应矢量与角度功率谱。角度功率谱 $p(\theta)$ 根据地形场景的不同，可能会服从不同的分布，如截断高斯分布或截断拉普拉斯分布 [149]。

令 $\omega = d\sin\theta/\lambda$ 表示虚拟角度。利用式 (6.1)，可以将式 (6.2) 表示为

$$\boldsymbol{R} = \int_0^1 \boldsymbol{f}(\omega)(\boldsymbol{f}(\omega))^{\mathrm{H}} S(\omega)\mathrm{d}\omega$$

式中，$\boldsymbol{f}(\omega) = [1, \mathrm{e}^{-\bar{\jmath}2\pi\omega}, \cdots, \mathrm{e}^{-\bar{\jmath}2\pi(M-1)\omega}]^{\mathrm{T}}$ 与

$$S(\omega) = \begin{cases} \dfrac{2\sin(\pi/K)p(\arcsin(2\omega\sin(\pi/K)))}{\sqrt{1-4\omega^2\sin^2(\pi/K)}}, & 0 \leqslant \omega < 1/2 \\ \dfrac{2\sin(\pi/K)p(\arcsin(2(\omega-1)\sin(\pi/K)))}{\sqrt{1-4(\omega-1)^2\sin^2(\pi/K)}}, & 1/2 \leqslant \omega \leqslant 1 \end{cases} \tag{6.3}$$

分别表示关于虚拟角度 ω 的阵列响应矢量与角度功率谱。由于 $\boldsymbol{R}$ 是托普利兹 (Toeplitz) 矩阵 [92]，当其维度较大时，它可以用 DFT 矩阵进行特征分解 [92,247,248]，即

$$\boldsymbol{R} \xrightarrow{M\to\infty} \boldsymbol{F}_M^{\mathrm{H}} \boldsymbol{\Lambda} \boldsymbol{F}_M \tag{6.4}$$

式中，$\boldsymbol{F}_M$ 表示归一化的 M 点 DFT 矩阵；$\boldsymbol{\Lambda} = \mathrm{diag}(\lambda_0, \lambda_1, \cdots, \lambda_{M-1})$ 是一个包含了虚拟角度功率谱的对角矩阵。特征值集合 $\{\lambda_m\}_{m=0}^{M-1}$ 与均匀采样值集合 $\{S(m/M)\}_{m=0}^{M-1}$ 服从相同的渐近分布 [92]。注意到渐近结果 (6.4) 也可以通过证明不同响应矢量间的渐近正交性来获得 [14,99]。

虽然式 (6.4) 只是一个渐近的结果，但是当基站的天线数 M 较大时，协方差矩阵仍然可以用

$$\boldsymbol{R} \approx \boldsymbol{F}_M^{\mathrm{H}} \boldsymbol{\Lambda} \boldsymbol{F}_M \tag{6.5}$$

来很好地近似。已有相关文献显示，这一近似在基站天线数为 64~512 时的精度是足够高的 [10, 14, 29, 92, 99]，其中文献 [29] 给出了一个详细的数值例子。因此在本节中假设

$$\boldsymbol{h} \sim \mathcal{CN}(\boldsymbol{0}, \boldsymbol{F}_M^{\mathrm{H}} \boldsymbol{\Lambda} \boldsymbol{F}_M) \tag{6.6}$$

为基本的信道模型，以便进一步地设计与分析，其中 $\mathrm{tr}(\boldsymbol{\Lambda}) = M$ 以便归一化。注意到在许多文献中假设的独立同分布瑞利衰落信道可以看作模型 (6.6) 的一个特例 [9, 97, 249]，只要在式 (6.6) 中令 $\boldsymbol{\Lambda} = \boldsymbol{I}_M$。

3. 基于全向预编码的传输方案

考虑基于 OFDM 架构的传输场景。关注于一个 OFDM 符号的一个子载波，公共信号 $\boldsymbol{s} \in \mathbb{C}^{M\times 1}$ 从基站的 M 根天线发射给所有用户。在某个用户看来，接收到的信号可表示为

$$y = \sqrt{\rho}\boldsymbol{h}^{\mathrm{H}}\boldsymbol{s} + z \tag{6.7}$$

式中，ρ 为基站的总平均发射功率；$z \sim \mathcal{CN}(0, 1)$ 表示 AWGN。为了表达式简洁，在式 (6.7) 中忽略了子载波与 OFDM 符号的标号。此外，只考虑单小区传输。由于在公共信道中基站发射相同的公共信号给所有用户，因此并不存在用户间干扰，这与之前所研究的下行传输场景有所不同，其中基站给每个用户发射各自不同的信号 [6, 78, 92, 97]。

根据传输模型 (6.7)，在相干检测情况下，为了恢复 $\boldsymbol{s}$ 中的信息，用户端必须获得瞬时信道状态信息，即信道矢量 $\boldsymbol{h}$。如果基站发射下行导频信号且用户利用接收到的导频信号来估计 $\boldsymbol{h}$，则导频长度应当不小于基站天线数 M[250]。在大规模 MIMO 系统中 M 通常很大，如此大的导频开销将会严重降低系统的净频谱效率。

为了降低下行导频开销，本节提出一种基于全向预编码的传输方案，其中高维信号矢量 $\boldsymbol{s}$ 由一个全向预编码矩阵和一个低维信号矢量组成。此时式 (6.7) 变成

$$y = \sqrt{\rho}\boldsymbol{h}^{\mathrm{H}}\boldsymbol{W}\boldsymbol{x} + z \tag{6.8}$$

式中，N 被选择为小于 M，$\boldsymbol{W} \in \mathbb{C}^{M\times N}$ 是一个高 (行数大于列数) 的全向预编码矩阵，而 $\boldsymbol{x} \in \mathbb{C}^{N\times 1}$ 是一个低维的信号矢量。根据式 (6.8)，用户不再需要估计真实信道 $\boldsymbol{h}$，而只需要估计预编码后的等效信道 $\boldsymbol{W}^{\mathrm{H}}\boldsymbol{h}$。在这种情况下，导频长度能够被减小到 N。只要 N 被选择得足够小①，导频开销也就能够被降低到足够小。

① 关于 N 如何取值或许是一个重要而又有趣的问题。由于导频开销随着 N 的减小而降低，也就意味着在每个信道相干周期内能够留出更多的时频资源来进行数据传输。然而，由于 N 也是系统的等效发射天线数，当它减小时，系统的复用或分集增益也将随之减小。因此，最优 (例如，能够最大化系统的净频谱效率) 的 N 如何选取，可能需要更深入的研究。不过这已经超出了本节的关注范围。本节仅关注 N 被预先固定的场景。

图 6.2 是本节所提出的基于全向预编码的传输方案的流程图。在基站端，对信息比特流进行信道编码及调制符号映射后所得到的符号流被分成若干组，其中每组包含 L 个符号 $d_0, d_1, \cdots, d_{L-1}$。这 L 个符号通过低维空时编码被映射为数据信号 $\boldsymbol{x}_{\mathrm{d}}(n) \in \mathbb{C}^{N\times 1}$，其中 $n = 0, 1, \cdots, T_{\mathrm{d}} - 1$。低维空时编码可以是 AC[105]，对应于 $L = N = T_{\mathrm{d}} = 2$。然后，导频信号 $\boldsymbol{x}_{\mathrm{p}}(n) \in \mathbb{C}^{N\times 1}$ 被插入，其中 $n = 0, 1, \cdots, T_{\mathrm{p}} - 1$。接着，$\boldsymbol{x}_{\mathrm{d}}(n)$ 与 $\boldsymbol{x}_{\mathrm{p}}(n)$ 都被乘以全向预编码矩阵 $\boldsymbol{W}$ 然后从基站的 M 根天线上和 $T_{\mathrm{d}} + T_{\mathrm{p}}$ 个间隔内发射出去。在用户端，假设真实信道 $\boldsymbol{h}$ 在这 $T_{\mathrm{d}} + T_{\mathrm{p}}$ 个间隔内保持不变，接收到的导频信号与数据信号可表示为

$$
\begin{aligned}
y_{\mathrm{p}}(n) &= \sqrt{\rho_{\mathrm{p}}}\boldsymbol{h}^{\mathrm{H}}\boldsymbol{W}\boldsymbol{x}_{\mathrm{p}}(n) + z_{\mathrm{p}}(n), \quad n = 0, 1, \cdots, T_{\mathrm{p}} - 1 \\
y_{\mathrm{d}}(n) &= \sqrt{\rho_{\mathrm{d}}}\boldsymbol{h}^{\mathrm{H}}\boldsymbol{W}\boldsymbol{x}_{\mathrm{d}}(n) + z_{\mathrm{d}}(n), \quad n = 0, 1, \cdots, T_{\mathrm{d}} - 1
\end{aligned}
$$

等效信道 $\boldsymbol{W}^{\mathrm{H}}\boldsymbol{h}$ 的估计值可以通过接收到的导频信号获得。在此之后，接收到的数据信号被用来获得 $d_0, d_1, \cdots, d_{L-1}$ 的估计值。最后，通过符号解调与信道解码来恢复信息比特流。

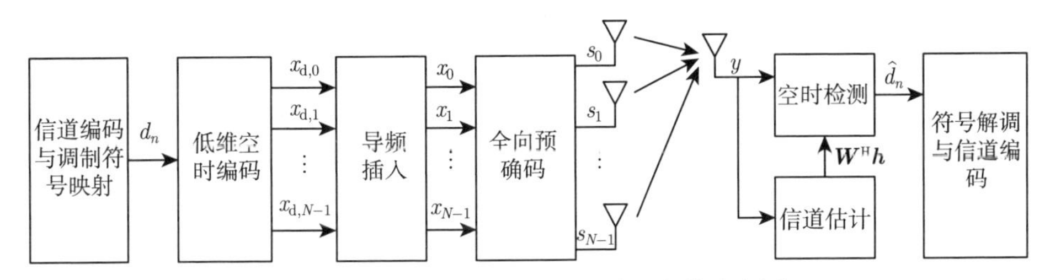

图 6.2 基于全向预编码的传输方案的流程图

注意到，在式 (6.8) 中使用全向预编码矩阵 $\boldsymbol{W}$ 的目的与此前的文献有所不同。例如，文献 [251]、[252] 中的预编码矩阵依赖于瞬时或统计信道状态信息，并主要通过空间指向性信号来提升性能。而在本节考虑的场景中，由于基站不知道用户的信道状态信息，式 (6.8) 中的全向预编码矩阵是独立于信道的，它在提供全向信号的同时能够降低导频开销。

式 (6.8) 是本节考虑的基本传输模型。注意到其中的 $\boldsymbol{x}$ 可以表示空分复用信号、STBC 信号或是其他空时编码信号。本节中，假设 $E\{\boldsymbol{x}\} = \boldsymbol{0}$ 与 $E\left\{\boldsymbol{x}\boldsymbol{x}^{\mathrm{H}}\right\} = \dfrac{1}{N}\boldsymbol{I}_N$。此外，需要满足条件

$$
\operatorname{tr}(\boldsymbol{W}\boldsymbol{W}^{\mathrm{H}}) = N \tag{6.9}
$$

以约束总的平均发射功率。本节主要研究如何设计全向预编码矩阵 $\boldsymbol{W}$，以便适用于大规模 MIMO 系统的公共信道传输。在给出具体设计之前，先在下面展示全向预编码矩阵所需满足的若干基本条件。

6.1.3 全向预编码矩阵需要满足的条件

1. 全向传输

首先，全向预编码矩阵需要保证全向传输。利用式 (6.8)，物理角度域发射信号可表示为

$$\widetilde{A}(\theta)=\frac{1}{\sqrt{M}}\sum_{m=0}^{M-1}[\boldsymbol{W}\boldsymbol{x}]_m\mathrm{e}^{-\bar{\jmath}2\pi dm\sin\theta/\lambda},\quad -\pi/K\leqslant\theta\leqslant\pi/K \tag{6.10}$$

令 $\omega=d\sin\theta/\lambda$ 表示虚拟角度。利用式 (6.1)，可以将式 (6.10) 表示为

$$A(\omega)=\frac{1}{\sqrt{M}}\sum_{m=0}^{M-1}[\boldsymbol{W}\boldsymbol{x}]_m\mathrm{e}^{-\bar{\jmath}2\pi m\omega},\quad -1/2\leqslant\omega\leqslant1/2 \tag{6.11}$$

这意味着虚拟角度域发射信号 $A(\omega)$ 是天线域发射信号 $\boldsymbol{W}\boldsymbol{x}$ 的离散时间傅里叶变换。

严格来说，应当研究虚拟角度 ω 在区间 $[-1/2,1/2]$ 内连续变化的情况。然而，在大规模 MIMO 场景下，由于基站的天线数 M 足够大，用 $A(\omega)$ 在区间 $[-1/2,1/2]$ 内的 M 点均匀采样来近似取代 $A(\omega)$ 可以被看作一种较为合理的方法。定义 $\boldsymbol{a}\in\mathbb{C}^{M\times1}$ 为离散虚拟角度域发射信号，其中

$$[\boldsymbol{a}]_k=\begin{cases}A(k/M), & k=0,1,\cdots,M/2-1\\ A(k/M-1), & k=M/2,M/2+1,\cdots,M-1\end{cases} \tag{6.12}$$

将式 (6.11) 代入式 (6.12)，可以得到

$$[\boldsymbol{a}]_k=\frac{1}{\sqrt{M}}\sum_{m=0}^{M-1}[\boldsymbol{W}\boldsymbol{x}]_m\mathrm{e}^{-\bar{\jmath}2\pi km/M},\quad k=0,1,\cdots,M-1 \tag{6.13}$$

它是 $\boldsymbol{W}\boldsymbol{x}$ 的 M 点 DFT。注意到式 (6.13) 又可表示为

$$\boldsymbol{a}=\boldsymbol{F}_M\boldsymbol{W}\boldsymbol{x} \tag{6.14}$$

为了保证全向传输，发射信号在这 M 个离散虚拟角度上需要具有相等的平均功率。第 k 个离散虚拟角度上的平均功率为

$$P_{\mathrm{angle},k}=\rho\cdot E\left\{\left|[\boldsymbol{a}]_k\right|^2\right\}=\frac{\rho}{N}\cdot[\boldsymbol{F}_M\boldsymbol{W}\boldsymbol{W}^{\mathrm{H}}\boldsymbol{F}_M^{\mathrm{H}}]_{k,k}$$

式中，利用了式 (6.14) 和 $E\left\{\boldsymbol{x}\boldsymbol{x}^{\mathrm{H}}\right\}=\dfrac{1}{N}\boldsymbol{I}_N$ 这个假设。由于 $[\boldsymbol{F}_M\boldsymbol{W}\boldsymbol{W}^{\mathrm{H}}\boldsymbol{F}_M^{\mathrm{H}}]_{k,k}$ 表示 $\boldsymbol{F}_M\boldsymbol{W}$ 的第 k 行的 2 范数的平方，为了保证全向传输，$\boldsymbol{F}_M\boldsymbol{W}$ 的所有 M 行应当具有相等的 2 范数。考虑到约束 (6.9)，全向预编码矩阵 $\boldsymbol{W}$ 应当满足如下条件：

$$\mathrm{diag}\left(\boldsymbol{F}_M\boldsymbol{W}\boldsymbol{W}^{\mathrm{H}}\boldsymbol{F}_M^{\mathrm{H}}\right)=\frac{N}{M}\boldsymbol{1}_M \tag{6.15}$$

2. 每根天线的平均发射功率相等

作为无线通信系统，功率效率也需要进行考虑，例如，发射天线的功放利用效率。以一个四天线系统为例，如果这四根天线的平均发射功率分别为 $1, 0.5, 1, 0.5$，那么第二和第四根天线只利用了其功放容量的 50%。因此，为了充分地利用基站天线的全部功放容量，要求发射信号在每根天线上的平均功率相等。由于第 m 根天线上的发射信号为 $[\boldsymbol{W}\boldsymbol{x}]_m$，第 m 根天线的平均发射功率可表示为

$$P_{\text{antenna},m} = \rho \cdot E\left\{\left|[\boldsymbol{W}\boldsymbol{x}]_m\right|^2\right\} = \frac{\rho}{N} \cdot [\boldsymbol{W}\boldsymbol{W}^{\mathrm{H}}]_{m,m}$$

由于 $[\boldsymbol{W}\boldsymbol{W}^{\mathrm{H}}]_{m,m}$ 表示 $\boldsymbol{W}$ 的第 m 行的 2 范数的平方，为了保证每根天线的平均发射功率相等，$\boldsymbol{W}$ 的所有 M 行应当具有相等的 2 范数。考虑到约束 (6.9)，全向预编码矩阵 $\boldsymbol{W}$ 应当满足如下条件：

$$\operatorname{diag}\left(\boldsymbol{W}\boldsymbol{W}^{\mathrm{H}}\right) = \frac{N}{M}\mathbf{1}_M \tag{6.16}$$

3. 独立同分布信道下最大化可达遍历速率

除了全向传输与每根天线的平均发射功率相等，也期望全向预编码矩阵能够最大化式 (6.8) 的可达遍历速率。在计算可达遍历速率时，由于对信道矢量 $\boldsymbol{h}$ 求期望需要已知 $\boldsymbol{h}$ 的统计特性，而它在基站端又是不知道的，一种合理的方法是假设 $\boldsymbol{h}$ 中的所有 M 个元素是独立同分布的，即在式 (6.6) 中令 $\boldsymbol{\Lambda} = \boldsymbol{I}_M$。

假设用户端拥有完美的瞬时低维信道状态信息① $\boldsymbol{W}^{\mathrm{H}}\boldsymbol{h}$，而基站端没有任何信道状态信息。假设高斯信号 $\boldsymbol{x} \sim \mathcal{CN}\left(\mathbf{0}, \frac{1}{N}\boldsymbol{I}_N\right)$，并利用之前的独立同分布信道假设 $\boldsymbol{\Lambda} = \boldsymbol{I}_M$，式 (6.8) 的可达遍历速率可表示为

$$R_{\text{iid}} = E\left\{\log_2\left(1 + \frac{\rho}{N}\boldsymbol{h}^{\mathrm{H}}\boldsymbol{W}\boldsymbol{W}^{\mathrm{H}}\boldsymbol{h}\right)\right\} \tag{6.17}$$

式中，$\boldsymbol{h} \sim \mathcal{CN}(\mathbf{0}, \boldsymbol{I}_M)$。利用如下的奇异值分解：

$$\boldsymbol{W} = \boldsymbol{U}\begin{bmatrix}\boldsymbol{\Sigma}\\ \mathbf{0}\end{bmatrix}\boldsymbol{V}^{\mathrm{H}}$$

式中，$\boldsymbol{\Sigma} \in \mathbb{C}^{N\times N}$ 是对角阵，$\boldsymbol{U} \in \mathbb{C}^{M\times M}$ 与 $\boldsymbol{V} \in \mathbb{C}^{N\times N}$ 都是酉矩阵，可将式 (6.17) 表示为

$$R_{\text{iid}} = E\left\{\log_2\left(1 + \frac{\rho}{N}\widetilde{\boldsymbol{h}}^{\mathrm{H}}\boldsymbol{\Sigma}\boldsymbol{\Sigma}^{\mathrm{H}}\widetilde{\boldsymbol{h}}\right)\right\} \tag{6.18}$$

---

① 根据本书所提出的基于全向预编码的传输方案，用户仅需要估计低维的等效信道 $\boldsymbol{W}^{\mathrm{H}}\boldsymbol{h}$，而这与传统的小规模 MIMO 系统类似。由于只要付出适度的导频开销，低维信道便可以被估计得足够精确。因此，假设用户端具有完美的瞬时低维信道状态信息。

式中，$\widetilde{\boldsymbol{h}} \sim \mathcal{CN}(\mathbf{0}, \boldsymbol{I}_N)$，这是因为利用了 $\boldsymbol{h}$ 的分布在酉变换下保持不变的性质，即 $\boldsymbol{U}^{\mathrm{H}}\boldsymbol{h} \sim \mathcal{CN}(\mathbf{0}, \boldsymbol{I}_M)$。由文献 [253] 中的结论可知，当且仅当 $\boldsymbol{\Sigma}\boldsymbol{\Sigma}^{\mathrm{H}} = \boldsymbol{I}_N$ 时，式 (6.18) 能够被最大化。因此，可以得出结论，为了最大化独立同分布信道下的可达遍历速率，全向预编码矩阵 $\boldsymbol{W}$ 必须是一个高的酉矩阵，即

$$\boldsymbol{W}^{\mathrm{H}}\boldsymbol{W} = \boldsymbol{I}_N \tag{6.19}$$

现在得到了全向预编码矩阵需要满足的三个必要条件 (式 (6.15)、式 (6.16) 与式 (6.19))，以分别保证全向传输、各天线的平均发射功率相等以及最大化独立同分布信道下的可达遍历速率。进一步的工作是设计同时满足这三个条件的全向预编码矩阵。此外，不难证明如下的性质成立。

性质 1：对于一个给定的矩阵 $\boldsymbol{W}$，如果它已经同时满足式 (6.15)、式 (6.16) 与式 (6.19)，对它左乘一个 M 点的 DFT 矩阵 $\boldsymbol{F}_M$ (或逆 DFT 矩阵 $\boldsymbol{F}_M^{\mathrm{H}}$) 或右乘一个任意的酉矩阵 $\boldsymbol{V} \in \mathbb{C}^{N\times N}$，所得到的新矩阵仍然同时满足这三个条件。

6.1.4　全向预编码矩阵设计与性能分析

本节的工作包括两部分。首先，给出同时满足式 (6.15)、式 (6.16) 与式 (6.19) 的预编码矩阵的一些设计例子。接着，分析这些设计所对应的可达遍历速率、中断概率以及 PAPR 性能。

1. 全向预编码矩阵设计与性能分析

首先，考虑 $N = 1$ 的特殊情况，其中矩阵 $\boldsymbol{W} \in \mathbb{C}^{M\times N}$ 退化为一个列矢量 $\boldsymbol{w} \in \mathbb{C}^{M\times 1}$。条件 (6.15) 与条件 (6.16) 变为

$$\mathrm{diag}\left(\boldsymbol{F}_M\boldsymbol{w}\boldsymbol{w}^{\mathrm{H}}\boldsymbol{F}_M^{\mathrm{H}}\right) = \frac{1}{M}\mathbf{1}_M \tag{6.20}$$

$$\mathrm{diag}\left(\boldsymbol{w}\boldsymbol{w}^{\mathrm{H}}\right) = \frac{1}{M}\mathbf{1}_M \tag{6.21}$$

条件 (6.19) 则变为 $\boldsymbol{w}^{\mathrm{H}}\boldsymbol{w} = 1$，这一条件在式 (6.15) 或式 (6.16) 已满足的情况下可以自动满足。条件 (6.20) 与条件 (6.21) 意味着 $\boldsymbol{F}_M\boldsymbol{w}$ 和 $\boldsymbol{w}$ 都应是恒幅的。因此可以得出结论，$\boldsymbol{w}$ 必须是一个恒幅零自相关 (constant-amplitude zero auto-correlation，CAZAC) 序列。ZC 序列是一种常用的 CAZAC 序列 [254]。一个长度为 M 的 ZC 序列被定义为

$$[\boldsymbol{c}]_m = \begin{cases} \mathrm{e}^{\bar{\jmath}\pi\gamma m^2/M}, & M\ \text{为偶数} \\ \mathrm{e}^{\bar{\jmath}\pi\gamma m(m+1)/M}, & M\ \text{为奇数} \end{cases} \tag{6.22}$$

式中，$m = 0, 1, \cdots, M-1$。γ 是一个与 M 互素的整数，它通常也称为 ZC 序列的根。从式 (6.22) 可以看出，ZC 序列本身是恒幅的。此外，文献 [254] 中证明 ZC 序

列具有理想的周期自相关特性，即

$$\boldsymbol{c}^{\mathrm{H}}\boldsymbol{\Pi}_n\boldsymbol{c} = M\delta_n \tag{6.23}$$

式中，δ_n 表示 Kronecker δ 函数，而

$$\boldsymbol{\Pi}_n = \begin{bmatrix} \boldsymbol{0} & \boldsymbol{I}_n \\ \boldsymbol{I}_{M-n} & \boldsymbol{0} \end{bmatrix} \tag{6.24}$$

表示循环移位操作矩阵。由于 $\boldsymbol{c}$ 的周期自相关函数是 Kronecker δ 函数，不难证明 $\boldsymbol{F}_M\boldsymbol{c}$ 是恒幅的。因此，令

$$\boldsymbol{w} = \frac{1}{\sqrt{M}}\boldsymbol{c} \tag{6.25}$$

便得到了 $N=1$ 情况下的设计。将式 (6.25) 中的 $\boldsymbol{w}$ 称为全向预编码矢量，它可以看作全向预编码矩阵的一个特例。

然后，考虑 $N \geqslant 1$ 的一般情况。显然，如果 $\boldsymbol{W} \in \mathbb{C}^{M\times N}$ 的所有 N 列都是 CAZAC 序列，且它们之间彼此正交，即

$$\left([\boldsymbol{W}]_{:,n}\right)^{\mathrm{H}}[\boldsymbol{W}]_{:,n'} = \delta_{n-n'}$$

则式 (6.15)、式 (6.16) 与式 (6.19) 可以被同时满足。因此，只需要构造 N 个彼此正交的 CAZAC 序列即可。利用式 (6.22) 中定义的 ZC 序列及其性质 (6.23)，这样的 N 个 CAZAC 序列可以被构造为 $\{\boldsymbol{\Pi}_{n_0}\boldsymbol{c}, \boldsymbol{\Pi}_{n_1}\boldsymbol{c}, \cdots, \boldsymbol{\Pi}_{n_{N-1}}\boldsymbol{c}\}$，其中 $n_0, n_1, \cdots, n_{N-1} \in \{0, 1, \cdots, M-1\}$ 互不相等。然后有如下设计。

例 1：$\boldsymbol{W}$ 的列可以是同一个 ZC 序列的不同循环移位，即

$$\boldsymbol{W} = \frac{1}{\sqrt{M}}[\boldsymbol{\Pi}_{n_0}\boldsymbol{c}, \boldsymbol{\Pi}_{n_1}\boldsymbol{c}, \cdots, \boldsymbol{\Pi}_{n_{N-1}}\boldsymbol{c}] \tag{6.26}$$

式中，$n_0, n_1, \cdots, n_{N-1} \in \{0, 1, \cdots, M-1\}$ 互不相等。

利用 6.1.3 节末尾提到的性质 1，对式 (6.26) 中的 $\boldsymbol{W}$ 左乘 $\boldsymbol{F}_M$，并利用时域循环移位对应于频域线性调制这个性质，可将得到的矩阵表示为 $\mathrm{diag}\,(\boldsymbol{F}_M\boldsymbol{c})[[\boldsymbol{F}_M]_{:,n_0}, [\boldsymbol{F}_M]_{:,n_1}, \cdots, [\boldsymbol{F}_M]_{:,n_{N-1}}]$。由于一个 ZC 序列的 DFT 是另外一个 ZC 序列 [255]，为了表达式简洁，将 $\boldsymbol{F}_M\boldsymbol{c}$ 替换为 $\boldsymbol{c}$，有如下设计。

例 2：$\boldsymbol{W}$ 的列可以是同一个 ZC 序列的不同线性调制，即

$$\boldsymbol{W} = \mathrm{diag}\,(\boldsymbol{c})\left[[\boldsymbol{F}_M]_{:,n_0}, [\boldsymbol{F}_M]_{:,n_1}, \cdots, [\boldsymbol{F}_M]_{:,n_{N-1}}\right] \tag{6.27}$$

式中，$n_0, n_1, \cdots, n_{N-1} \in \{0, 1, \cdots, M-1\}$ 互不相等。

此外，可以证明式 (6.26) 与式 (6.27) 间存在等价关系。容易得到

$$[\boldsymbol{\Pi}_n\boldsymbol{c}]_m = \begin{cases} \mathrm{e}^{\bar{\jmath}\pi\gamma(m^2-2mn+n^2)/M}, & M \text{ 是偶数} \\ \mathrm{e}^{\bar{\jmath}\pi\gamma(m(m+1)-2mn+n(n-1))/M}, & M \text{ 是奇数} \end{cases} \tag{6.28}$$

利用式 (6.28)，式 (6.26) 与式 (6.27) 间的等价关系可表示为

$$\begin{aligned} &\frac{1}{\sqrt{M}}[\boldsymbol{\Pi}_{n_0}\boldsymbol{c}, \boldsymbol{\Pi}_{n_1}\boldsymbol{c}, \cdots, \boldsymbol{\Pi}_{n_{N-1}}\boldsymbol{c}] \\ =& \operatorname{diag}(\boldsymbol{c})\left[[\boldsymbol{F}_M]_{:,((\gamma n_0))_M}, [\boldsymbol{F}_M]_{:,((\gamma n_1))_M}, \cdots, [\boldsymbol{F}_M]_{:,((\gamma n_{N-1}))_M}\right]\operatorname{diag}(\boldsymbol{u}) \end{aligned} \tag{6.29}$$

式中，$\boldsymbol{u} \in \mathbb{C}^{N\times 1}$ 的第 l 个元素为

$$[\boldsymbol{u}]_l = \begin{cases} \mathrm{e}^{\bar{\jmath}\pi\gamma n_l^2/M}, & M \text{ 是偶数} \\ \mathrm{e}^{\bar{\jmath}\pi\gamma n_l(n_l-1)/M}, & M \text{ 是奇数} \end{cases}$$

而 $l = 0, 1, \cdots, N-1$。从式 (6.29) 可以看出，式 (6.26) 与式 (6.27) 的唯一区别仅在于不同的参数 $\{n_0, n_1, \cdots, n_{N-1}\}$ 与 $\{((\gamma n_0))_M, ((\gamma n_1))_M, \cdots, ((\gamma n_{N-1}))_M\}$。式 (6.29) 中的酉矩阵 $\operatorname{diag}(\boldsymbol{u})$ 可以被合并到式 (6.8) 中的低维信号 $\boldsymbol{x}$ 中，因此并不影响系统性能。

假设 M 是 N 的整数倍，并令 $n_l = Ml/N$。不难发现式 (6.27) 也可以表示为 $\sqrt{N/M}\operatorname{diag}(\boldsymbol{c})(\mathbf{1}_{M/N}\otimes\boldsymbol{F}_N)$。利用性质 1，对此矩阵右乘 $\boldsymbol{F}_N^{\mathrm{H}}$ 可以得到如下设计。

例 3：全向预编码矩阵可以被构造为

$$\boldsymbol{W} = \sqrt{\frac{N}{M}}\operatorname{diag}(\boldsymbol{c})(\mathbf{1}_{M/N}\otimes\boldsymbol{I}_N) \tag{6.30}$$

注意到式 (6.25) 中的全向预编码矢量可以被看作式 (6.26)、式 (6.27) 或式 (6.30) 中全向预编码矩阵的一个特例，只要令 $N = 1$ 且 $n_0 = 0$。下面将分析这些全向预编码矩阵设计所对应的系统性能，其中包括可达遍历速率、中断概率以及 PAPR。

2. 可达遍历速率分析

如果传输的码字足够长并占据了大量信道相干周期 (快衰落)，可以用可达遍历速率来评估系统性能 [114]。根据 6.1.4 节，可以知道全向预编码矩阵 (式 (6.26)～式 (6.30)) 都可以在独立同分布信道下最大化式 (6.8) 的可达遍历速率。在这里，分析更一般的空间相关信道下的可达遍历速率。式 (6.8) 的可达遍历速率可以表示为

$$R = E\left\{\log_2\left(1 + \frac{\rho}{N}\boldsymbol{h}^{\mathrm{H}}\boldsymbol{W}\boldsymbol{W}^{\mathrm{H}}\boldsymbol{h}\right)\right\} \tag{6.31}$$

式中，$\boldsymbol{h}$ 的分布如式 (6.6) 所示。利用文献 [256] 中的结论，可以将式 (6.31) 进一步表示为

$$R = \log_2 \mathrm{e} \cdot \int_0^{\infty} \frac{1}{t} \left(1 - \left(\det \left(\boldsymbol{I}_N + \frac{\rho t}{N} \widetilde{\boldsymbol{R}} \right) \right)^{-1} \right) \mathrm{e}^{-t} \mathrm{d}t \tag{6.32}$$

式中

$$\widetilde{\boldsymbol{R}} = \boldsymbol{W}^{\mathrm{H}} \boldsymbol{F}_M^{\mathrm{H}} \boldsymbol{\Lambda} \boldsymbol{F}_M \boldsymbol{W} \tag{6.33}$$

对于之前的全向预编码矩阵 (式 (6.26)、式 (6.27) 与式 (6.30))，相应的可达遍历速率可以由式 (6.32) 得到。此外可以证明，在大维情况下，不论是独立同分布信道还是空间相关信道，全向预编码矩阵 (6.30) 都能够渐近地最大化可达遍历速率。

令式 (6.3) 中定义的 $S(\omega)$ 是一个在区间 $[0,1]$ 上一致有界绝对可积的函数，并满足 $\int_0^1 S(\omega)\mathrm{d}\omega = 1$。由于 $\boldsymbol{\Lambda}$ 的对角元素集合 $\{\lambda_m\}_{m=0}^{M-1}$ 与均匀采样值集合 $\{S(m/M)\}_{m=0}^{M-1}$ 服从相同的渐近分布 [92]，用 $S(\omega)$ 取代 $\boldsymbol{\Lambda}$，以便在基站天线数 M 趋于无穷大时表示信道 $\boldsymbol{h}$ 的空间相关性。例如，在区间 $[0,1]$ 上 $S(\omega) \equiv 1$ 的情况对应于独立同分布信道；否则，对应于空间相关信道。然后有如下引理。

引理 6.1 当 M 趋于无穷大且 N 保持为常数时，对于在区间 $[0,1]$ 上任意的一致有界绝对可积函数 $S(\omega)$，全向预编码矩阵 (6.30) 渐近地满足

$$\boldsymbol{W}^{\mathrm{H}} \boldsymbol{F}_M^{\mathrm{H}} \boldsymbol{\Lambda} \boldsymbol{F}_M \boldsymbol{W} \xrightarrow{M \to \infty} \boldsymbol{I}_N \tag{6.34}$$

证明 见附录 6.4.1。 ■

引理 6.1 揭示了在大维情况下等效信道 $\boldsymbol{W}^{\mathrm{H}}\boldsymbol{h}$ 的渐近性质。该引理被用来证明如下定理。

定理 6.1 在约束 (6.15) 下，当 M 趋于无穷大且 N 保持为常数时，对于在区间 $[0,1]$ 上任意的一致有界绝对可积函数 $S(\omega)$，利用全向预编码矩阵 (6.30) 所得到的可达遍历速率 (6.32) 渐近地达到上界

$$R_{\mathrm{ub}} = \log_2 \mathrm{e} \cdot \int_0^{\infty} \frac{1}{t} \left(1 - \left(1 + \frac{\rho t}{N} \right)^{-N} \right) \mathrm{e}^{-t} \mathrm{d}t \tag{6.35}$$

证明 见附录 6.4.2。 ■

3. 中断概率分析

如果信道在整个码字的传输过程中保持恒定不变 (慢衰落)，则可以使用中断概率来评估系统性能 [114]。根据式 (6.8)，对于一个给定的阈值 R，中断概率被定义

为

$$P_{\text{out}} = \mathbb{P}\left\{\log_2\left(1 + \frac{\rho}{N}\boldsymbol{h}^{\mathrm{H}}\boldsymbol{W}\boldsymbol{W}^{\mathrm{H}}\boldsymbol{h}\right) < R\right\} \tag{6.36}$$

利用文献 [257] 中的结论来得到式 (6.36) 的一个更易处理的表达式，即

$$P_{\text{out}} = \frac{1}{2\pi}\int_{-\infty}^{\infty} \frac{\mathrm{e}^{\jmath(2^R-1)t/\rho}}{\jmath t \cdot \det(\boldsymbol{I}_N + \jmath t/N \cdot \widetilde{\boldsymbol{R}})}\mathrm{d}t + \frac{1}{2} \tag{6.37}$$

式中，$\widetilde{\boldsymbol{R}}$ 在式 (6.33) 中进行定义。

为了分析可达分集度，需要推导在高 SNR 下的渐近中断概率。利用文献 [258] 中的结果，不难证明当 $\rho \to \infty$ 时，式 (6.36) 可被近似为

$$P_{\text{out}} \approx \frac{1}{r!\prod\limits_{n=0}^{r-1}\sigma_n}\left(\frac{N(2^R-1)}{\rho}\right)^r$$

式中，r 是 $\boldsymbol{W}^{\mathrm{H}}\boldsymbol{F}_M^{\mathrm{H}}\boldsymbol{\Lambda}\boldsymbol{F}_M\boldsymbol{W}$ 的秩而 $\sigma_0, \sigma_1, \cdots, \sigma_{r-1}$ 是相应的 r 个非零特征值。可达分集度可表示为

$$-\lim_{\rho\to\infty}\frac{\log P_{\text{out}}}{\log\rho} = r \tag{6.38}$$

对于之前的全向预编码矩阵 (式 (6.26)、式 (6.27) 与式 (6.30))，相应的中断概率与可达分集度可以由式 (6.37) 与式 (6.38) 得到。此外可以证明，在大维情况下，不论是独立同分布信道还是空间相关信道，全向预编码矩阵 (6.30) 都能够渐近地最大化可达分集度并最小化中断概率。

定理 6.2　在约束 (6.15) 下，当 M 趋于无穷大且 N 保持为常数时，对于在区间 $[0,1]$ 上任意的一致有界绝对可积函数 $S(\omega)$，当 $\rho > 2^R - 1$ 时，利用全向预编码矩阵 (6.30) 所得到的中断概率 (6.37) 渐近地达到下界

$$P_{\text{out,lb}} = \frac{1}{2\pi}\int_{-\infty}^{\infty} \frac{\mathrm{e}^{\jmath(2^R-1)t/\rho}}{\jmath t(1 + \jmath t/N)^N}\mathrm{d}t + \frac{1}{2} \tag{6.39}$$

并且可获得最大的可达分集度 N。

证明　对于任意的满足式 (6.15) 的矩阵 $\boldsymbol{W}$ 和任意的满足 $\mathrm{tr}(\boldsymbol{\Lambda}) = M$ 的对角阵 $\boldsymbol{\Lambda}$，有 $\mathrm{tr}(\boldsymbol{W}^{\mathrm{H}}\boldsymbol{F}_M^{\mathrm{H}}\boldsymbol{\Lambda}\boldsymbol{F}_M\boldsymbol{W}) = \dfrac{N}{M}\mathrm{tr}(\boldsymbol{\Lambda}) = N$。当 $\rho > 2^R - 1$ 时，式 (6.37) 是一个关于 $\boldsymbol{W}^{\mathrm{H}}\boldsymbol{F}_M^{\mathrm{H}}\boldsymbol{\Lambda}\boldsymbol{F}_M\boldsymbol{W}$ 的特征值的舒尔 (Schur) 凸函数 [257]。这意味着在约束 $\mathrm{tr}(\boldsymbol{W}^{\mathrm{H}}\boldsymbol{F}_M^{\mathrm{H}}\boldsymbol{\Lambda}\boldsymbol{F}_M\boldsymbol{W}) = N$ 下，当且仅当 $\boldsymbol{W}^{\mathrm{H}}\boldsymbol{F}_M^{\mathrm{H}}\boldsymbol{\Lambda}\boldsymbol{F}_M\boldsymbol{W} = \boldsymbol{I}_N$ 时，式 (6.37) 能够被最小化。与此同时，最大可达分集度可以获得。然后根据引理 6.1 得证。■

4. PAPR 分析

在无线通信系统中，除了速率性能，PAPR 也是一个重要的关注点。如果一个系统能够降低它的 PAPR，则它在使用相同的硬件配置情况下可以传输更多信息，或者在传输相同的信息情况下可以使用更低成本的硬件配置 [259]。在这里，研究此前所设计的全向预编码矩阵对发射信号 PAPR 的影响。

注意到式 (6.8) 仅表示在 OFDM 架构下一个单独子载波上的传输模型，而实际中的传输通常是在大量的子载波上同时进行的。为了评估 PAPR，所有用来传输信号的子载波都需要进行考虑。假设在一个 OFDM 符号内，总共有 N_{c} 个连续的子载波被用来传输信号，而其余的子载波被用作保护带。此外，假设所有这 N_{c} 个子载波都被用来传输公共信号①。令 $\boldsymbol{x}(k)$ 表示式 (6.8) 中所述的第 k 个子载波上的低维信号矢量，其中 $k \in \{0,1,\cdots,N_{\mathrm{c}}-1\}$，并假设所有这 N_{c} 个子载波使用相同的全向预编码矩阵。则此 OFDM 符号时间内除去循环前缀部分的连续时间基带发射信号可表示为

$$\widetilde{\boldsymbol{s}}(t)=\sum_{k=0}^{N_{\mathrm{c}}-1}\boldsymbol{W}\boldsymbol{x}(k)\mathrm{e}^{\mathrm{j}2\pi kt/T}=\boldsymbol{W}\underbrace{\sum_{k=0}^{N_{\mathrm{c}}-1}\boldsymbol{x}(k)\mathrm{e}^{\mathrm{j}2\pi kt/T}}_{\widetilde{\boldsymbol{x}}(t)},\quad 0\leqslant t\leqslant T \tag{6.40}$$

式中，$1/T$ 表示子载波间隔。

注意到 $\widetilde{\boldsymbol{s}}(t)\in\mathbb{C}^{M\times 1}$ 表示在进行预编码后在时刻 t 的基站所有 M 根天线的发射信号矢量，而 $\widetilde{\boldsymbol{x}}(t)\in\mathbb{C}^{N\times 1}$ 表示在预编码前在时刻 t 的信号矢量。信号矢量 $\widetilde{\boldsymbol{s}}(t)$ 的第 m 个元素 (即第 m 根天线) 的 PAPR 被定义为

$$\mathrm{PAPR}_{\widetilde{\boldsymbol{s}},m}=\frac{\max_{0\leqslant t\leqslant T}\left|[\boldsymbol{W}\widetilde{\boldsymbol{x}}(t)]_m\right|^2}{E\left\{\left|[\boldsymbol{W}\widetilde{\boldsymbol{x}}(t)]_m\right|^2\right\}},\quad m=0,1,\cdots,M-1 \tag{6.41}$$

而信号矢量 $\widetilde{\boldsymbol{x}}(t)$ 的第 n 个元素的 PAPR 被定义为

$$\mathrm{PAPR}_{\widetilde{\boldsymbol{x}},n}=\frac{\max_{0\leqslant t\leqslant T}\left|[\widetilde{\boldsymbol{x}}(t)]_n\right|^2}{E\left\{\left|[\widetilde{\boldsymbol{x}}(t)]_n\right|^2\right\}},\quad n=0,1,\cdots,N-1 \tag{6.42}$$

在式 (6.40) 中，如果 $\boldsymbol{x}(k)\in\mathcal{S}^N$ 且 $\mathcal{S}$ 表示 QAM 或相移键控 (phase shift keying，PSK) 等调制符号集合，则 $\widetilde{\boldsymbol{x}}(t)$ 相当于标准的 OFDM 信号，通常其 PAPR

① 这意味着公共信道与专用信道以时分多路的方式进行传输，即一个 OFDM 符号内的所有 N_{c} 个活动子载波要么被用作公共信道，要么被用作专用信道。与时分多路相比，频分多路意味着在一个 OFDM 符号内，某些子载波被用作公共信道，而其余的子载波被用作专用信道。

[式 (6.42)] 较高 [259]。如果式 (6.40) 中的 $\boldsymbol{x}(k)$ 根据

$$\boldsymbol{x}(k)=\frac{1}{\sqrt{N_{\mathrm{c}}}}\sum_{n=0}^{N_{\mathrm{c}}-1}\boldsymbol{d}(n)\mathrm{e}^{-\mathrm{j}2\pi kn/N_{\mathrm{c}}} \tag{6.43}$$

生成，其中 $\boldsymbol{d}(n)\in\mathcal{S}^N$ 而 $\mathcal{S}$ 表示之前所述的调制符号集合，则 $\widetilde{\boldsymbol{x}}(t)$ 称为 DFT 扩展的 OFDM(DFT-spread OFDM，DFTS-OFDM) 信号，通常其 PAPR[式 (6.42)] 较低 [260, 261]。

根据式 (6.40) 可以发现，对于相同的初始信号 $\widetilde{\boldsymbol{x}}(t)$，全向预编码矩阵 $\boldsymbol{W}$ 将会在预编码后影响信号 $\widetilde{\boldsymbol{s}}(t)$ 的 PAPR。因此，给出如下定理来揭示之前所设计的全向预编码矩阵在 PAPR 方面的影响。

定理 6.3 全向预编码矩阵 (6.30) 能够将 PAPR(6.41) 保持到与 PAPR(6.42) 相同的水平，而全向预编码矩阵 (6.26) 和全向预编码矩阵 (6.27) 将会增加 PAPR。

证明 见附录 6.4.3。 ■

在定理 6.3 中揭示了全向预编码矩阵 (6.30) 相较于全向预编码矩阵 (6.26) 与全向预编码矩阵 (6.27) 在 PAPR 方面的优势。然而，这一优势的实际效果通常也会受到信号 $\widetilde{\boldsymbol{x}}(t)$ 的影响。例如，如果 $\widetilde{\boldsymbol{x}}(t)$ 表示如式 (6.43) 描述的具有较低 PAPR 的 DFTS-OFDM 信号，那么用全向预编码矩阵 (6.30) 得到的 PAPR 将会显著地低于用全向预编码矩阵 (6.26) 与全向预编码矩阵 (6.27) 得到的 PAPR。然而，如果 $\widetilde{\boldsymbol{x}}(t)$ 表示具有较高 PAPR 的标准 OFDM 信号，则全向预编码矩阵 (6.30) 所带来的优势将会变得非常有限。这一点将会在后面的仿真中进行说明。

另一点值得注意的是，以上方法仅能降低公共信道传输时的信号 PAPR。而对于专用信道中的信号，由于多用户预编码的作用，大量独立项的叠加会近似成高斯分布，它仍然会具有较高的 PAPR。幸运的是，已有相关研究提出了一系列具有低 PAPR 的多用户预编码技术 [262–264]。将这些技术与本节中的方法进行组合，将会使整个传输过程中的峰均功率比维持在较低的水平。

6.1.5 数值仿真

在本节中，通过数值仿真来评估所提出的大规模 MIMO 系统中基于全向预编码的传输方法的性能。考虑一个 120° 扇区。根据式 (6.1)，基站均匀线阵的天线间距被设为 $d=\lambda/\sqrt{3}$。考虑通常的户外传播环境，其中式 (6.2) 中的信道角度功率谱被建模为截断高斯分布 [149]

$$p(\theta)=\exp\left(-\frac{(\theta-\theta_0)^2}{2\sigma^2}\right),\ -\pi/3\leqslant\theta\leqslant\pi/3$$

式中，θ_0 与 σ 分别表示平均离开角与角度扩展，它们分别被设为 $\theta_0=0^\circ$ 与 $\sigma=5^\circ$。根据 $p(\theta)$，$S(\omega)$ 可以通过式 (6.3) 来获得。接着，$\boldsymbol{\Lambda}=\mathrm{diag}\left(\lambda_0,\lambda_1,\cdots,\lambda_{M-1}\right)$ 通过

采样值 $\lambda_m = S(m/M)$ 获得，并进行归一化以满足 $\text{tr}(\boldsymbol{\Lambda}) = M$，其中 M 是基站天线数。式 (6.8) 中信号矢量 $\boldsymbol{x}$ 的维度被设为 $N = 4$。

对于所设计的全向预编码矩阵 (6.27) 与全向预编码矩阵 (6.30)，比较它们相应的可达遍历速率、中断概率以及 PAPR。全向预编码矩阵 (6.27) 中的参数被设为 $n_l = l$，其中 $l = 0, 1, 2, 3$。而式 (6.27) 和式 (6.30) 中的 ZC 序列通过式 (6.22) 计算，其中根被设为 $\gamma = 1$。由于全向预编码矩阵 (6.26) 与全向预编码矩阵 (6.27) 的等价关系 (6.29)，全向预编码矩阵 (6.26) 不再参与比较。

图 6.3 比较了全向预编码矩阵 (6.27) 与全向预编码矩阵 (6.30) 的可达遍历速率 (6.32)。图 6.3 中的 SNR 对应于式 (6.32) 中的发射功率 ρ。上界 (6.35) 作为基准参照，也被画出。从图 6.3 中可以看出，当基站天线数增大时，全向预编码矩阵 (6.30) 的可达遍历速率能够渐近达到上界。作为对照，全向预编码矩阵 (6.27) 的可达遍历速率与上界间始终存在一定的差距。图 6.4 从另一个视角描述了全向预编码矩阵 (6.30) 的可达遍历速率。同样可以观察到它的渐近最优性。

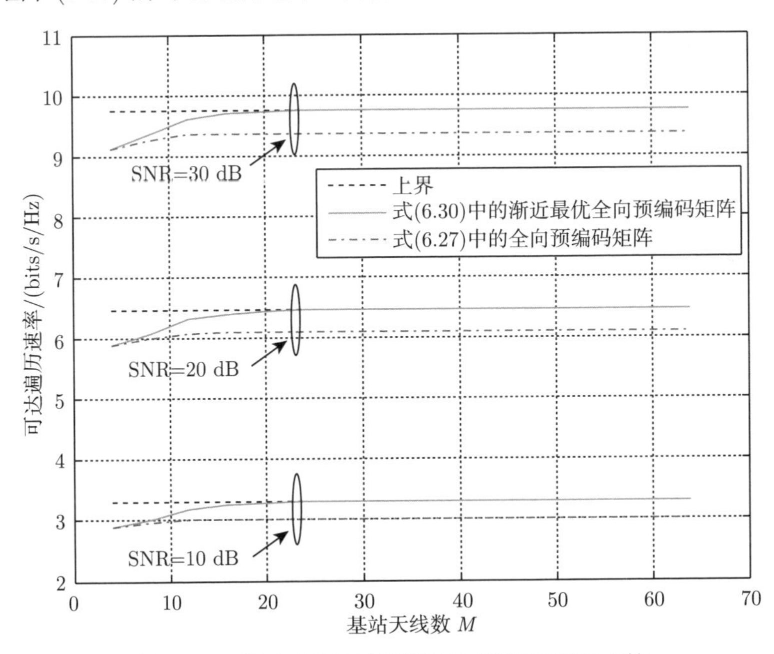

图 6.3 不同全向预编码矩阵的可达遍历速率比较

图 6.5 比较了全向预编码矩阵 (6.27) 与全向预编码矩阵 (6.30) 的中断概率 (6.37)。其中阈值被设为 $R = 1\text{bit/s/Hz}$。下界 (6.39) 作为基准参照，也被画出。从图 6.5 中可以看出，与可达遍历速率相同，当基站天线数增大时，全向预编码矩阵 (6.30) 的中断概率能够渐近达到下界，而全向预编码矩阵 (6.27) 的中断概率与下界间始终存在一定的差距。图 6.6 从另一个视角描述了全向预编码矩阵 (6.30) 的

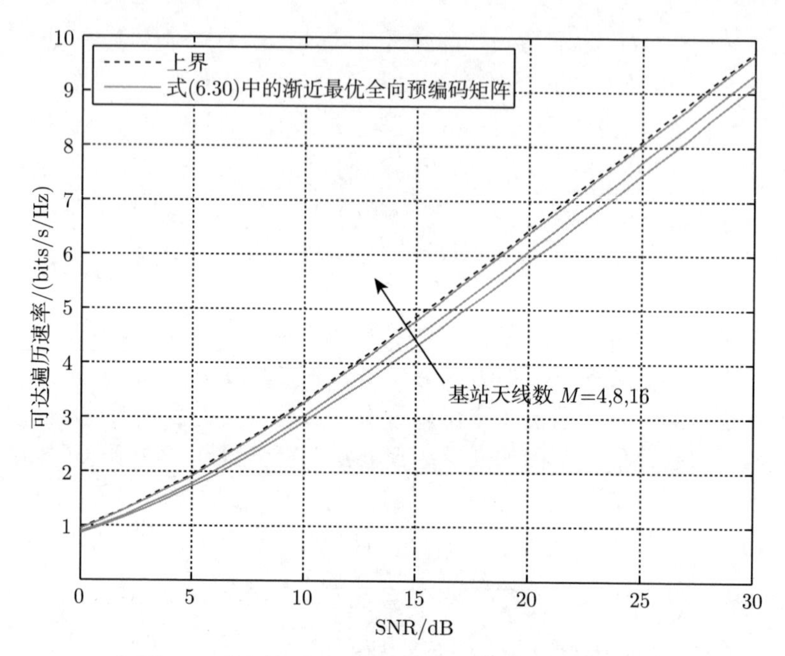

图 6.4　渐近最优全向预编码矩阵的可达遍历速率

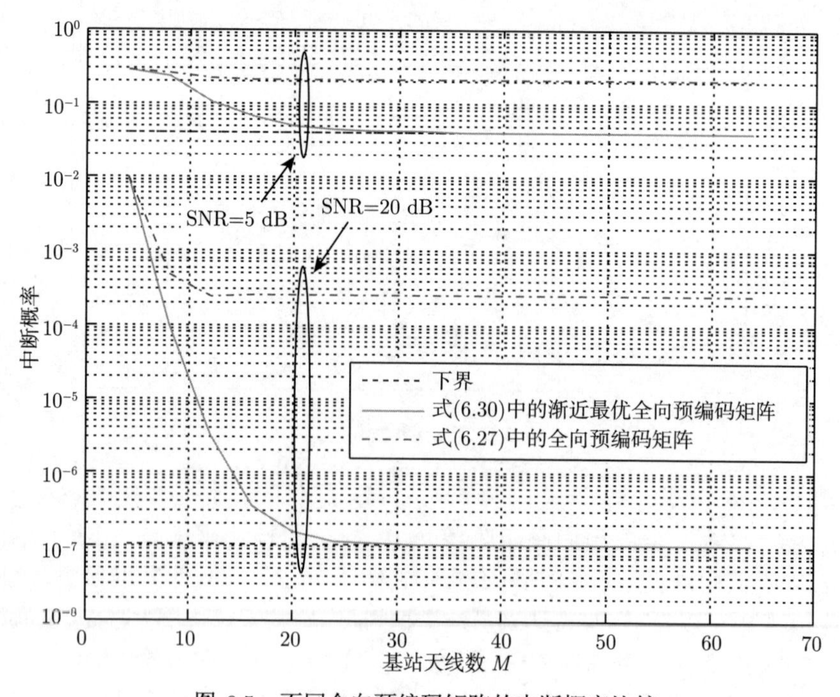

图 6.5　不同全向预编码矩阵的中断概率比较

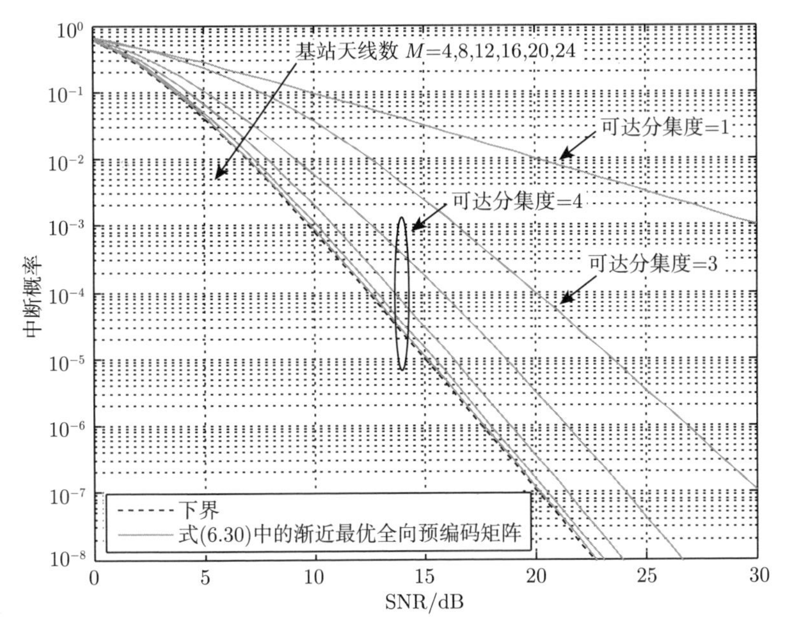

图 6.6 渐近最优全向预编码矩阵的中断概率

中断概率。随着基站天线数的增大，可达分集度 (即高 SNR 下曲线的斜率) 也随之变大。这是由于均匀线阵的孔径尺寸随着基站天线数的增大而变大，这样它就能够区分出更多的空间多径，因此 $\boldsymbol{\Lambda}$ 的秩会增大，于是 $\boldsymbol{W}^{\mathrm{H}}\boldsymbol{F}_M^{\mathrm{H}}\boldsymbol{\Lambda}\boldsymbol{F}_M\boldsymbol{W}$ 的秩，也就是可达分集度，也会增大。

图 6.7 比较了全向预编码矩阵 (6.27) 与全向预编码矩阵 (6.30) 的 PAPR(6.41)。PAPR 性能通过互补累积分布函数 (complementary cumulative distribution function，CCDF) 来评估，其被定义为 PAPR 超过一个给定阈值的概率，即

$$\mathrm{CCDF}(\mathrm{PAPR}_0) = \mathbb{P}\{\mathrm{PAPR} > \mathrm{PAPR}_0\}$$

系统的活动子载波数为 $N_{\mathrm{c}} = 256$，而基站的天线数为 $M = 64$。图 6.7 中给出的是第一根天线上的 PAPR 性能，即在式 (6.41) 中令 $m = 0$。OFDM 与 DFTS-OFDM 两种传输场景都被给出。可以观察到，对于 DFTS-OFDM 的场景，全向预编码矩阵 (6.30) 相较于全向预编码矩阵 (6.27) 能够获得较大的 PAPR 性能提升。以 CCDF 值为 10^{-4} 为例，对于 QPSK 与 16-QAM 两种调制方式，全向预编码矩阵 (6.30) 相较于全向预编码矩阵 (6.27) 分别有 2 dB 和 1.5 dB 的增益。然而，对于 OFDM 的场景，由于 $\widetilde{\boldsymbol{x}}(t)$ 已经有很高的 PAPR，全向预编码矩阵 (6.30) 与全向预编码矩阵 (6.27) 的 PAPR 几乎相同。因此，在这种情况下，全向预编码矩阵 (6.30) 在 PAPR 方面的优势不能被体现出来。

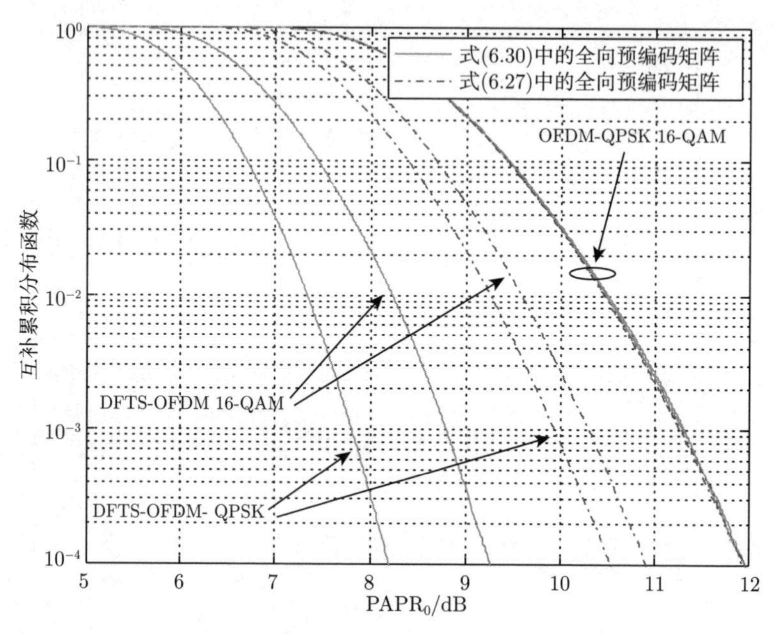

图 6.7 不同全向预编码矩阵的 PAPR 比较

6.1.6 小结

本节给出了一种适用于大规模 MIMO 系统的基于全向预编码的传输方法。由于采用了基于预编码的传输结构，下行导频开销可以被显著降低。接下来主要研究了如何设计全向预编码矩阵 $\boldsymbol{W}$。给出了 $\boldsymbol{W}$ 必须满足的三个必要条件，即 $\boldsymbol{F}_M\boldsymbol{W}$ 的所有行应具有相等的 2 范数，$\boldsymbol{W}$ 的所有行应具有相等的 2 范数，$\boldsymbol{W}$ 必须是一个高的酉矩阵，以分别保证全向传输、各天线的平均发射功率相等以及最大化独立同分布信道下的可达遍历速率。通过利用 ZC 序列及其性质，设计了同时满足以上三个条件的 $\boldsymbol{W}$ 的若干例子。然后，分析了这些设计所对应的可达遍历速率、中断概率以及 PAPR 性能。分析表明，全向预编码矩阵 (6.30) 具有如下优势：在大维情况下，无论是独立同分布信道还是空间相关信道，它都能渐近地最大化可达遍历速率、最大化可达分集度以及最小化中断概率；它能够在预编码后保持发射信号的 PAPR。

6.2 大规模 MIMO 系统中的全向空时编码方法

6.2.1 概述

从基站广播相同的公共信息给多个用户这一传输场景，在之前的文献中已经被较多地研究过。根据基站是否利用信道状态信息，公共信息广播的方法可以被分为开环与闭环两类。对于闭环方法，通常假设基站与用户间的瞬时或是统计信道状态信息在基站端已知，然后基站通过利用这些信道状态信息，来确定相应的发送策略，例如，选择最优的波束赋形矢量来最大化最差情况 SNR[265–269]。对于开环方法，基站不利用任何信道状态信息，即不去管用户而盲目地广播公共信息，一种典型的开环方法是 STBC 传输，例如，适用于两根发射天线的 AC[105]。在本节中，主要关注于开环方法，即如何在大规模 MIMO 系统中设计 STBC，以便用于公共信息广播。

进行 STBC 传输时的一个关键点是在接收端获取瞬时信道状态信息，以便于对发射的码字进行相干译码。一种通常使用的方法是发射导频符号以便在接收端进行信道估计。为了获取到有意义的估计，导频长度通常不能小于发射天线数。在大规模 MIMO 的下行链路中，由于基站 (发射端) 的天线数很大，太多的下行资源将会被消耗在导频上，因此会极大地降低净频谱效率。为了解决这一问题，6.1 节提出一种将低维信号通过一个与信道独立的预编码矩阵映射到高维天线阵列的方法，来降低导频开销。这一思想也在文献 [102] 中被独立地提出。文献 [102] 考虑了独立同分布信道，并提出将低维信号在基站天线上进行重复的方法，来降低导频开销，然而，这一方案的发射信号将会呈现出空间方向选择性。对于实际中的空间相关信道，发射信号必须是空间全向的，即在各个空间方向上的辐射功率相等。因此在任何空间方向的用户都能够获得公平的接收 SNR。除了全向发射，各个发射天线上的功率应当相等以便充分地利用基站的功放容量。在 6.1 节中，特殊设计预编码矩阵，以便在一个较长的时间范围内在平均意义上满足以上两个功率约束。在本节中，考虑更为严格的功率约束，其中发射功率不仅仅是在统计意义上，而且是在任意一个时隙中，在所有空间方向以及天线上保持恒定，然后联合设计预编码矩阵与低维 STBC 中的调制符号星座，以便满足以上约束。

在本节中，研究大规模 MIMO 系统中的全向空时编码问题。本节的内容安排如下：6.2.2 节给出系统模型，其中包括信道模型以及基于预编码的 STBC 传输；6.2.3 节给出 STBC 应当满足的两个基本条件；6.2.4 节给出一种系统设计 STBC 的方法，以及相应的分集性能分析；6.2.5 节给出若干 STBC 设计实例；6.2.6 节给出数值仿真；6.2.7 节给出总结。

6.2.2 系统模型

1. 信道模型

考虑一个单小区，其中基站被配置一个由 M 根天线组成的均匀线阵，并服务 K 个单天线用户。假设瑞利平衰落信道。令 $\boldsymbol{h}_k \in \mathbb{C}^{M\times 1}$ 表示基站与第 k 个用户间的信道矢量，有

$$\boldsymbol{h}_k \sim \mathcal{CN}(\mathbf{0}, \boldsymbol{R}_k) \tag{6.44}$$

对于远场假设下的单环散射模型，信道的协方差矩阵可以通过 [92, 149]

$$\boldsymbol{R}_k = \int_{-\pi/2}^{\pi/2} \boldsymbol{v}(\theta)(\boldsymbol{v}(\theta))^{\mathrm{H}} p_k(\theta) \mathrm{d}\theta \tag{6.45}$$

生成，其中 $\boldsymbol{v}(\theta) = [1, \mathrm{e}^{-\bar{\jmath}2\pi d \sin\theta/\lambda}, \cdots, \mathrm{e}^{-\bar{\jmath}2\pi(M-1)d\sin\theta/\lambda}]^{\mathrm{T}}$ 表示均匀线阵的方向矢量，d 表示天线间距，λ 表示载波波长，$p_k(\theta)$ 表示角度功率谱，根据场景的不同，它可能服从不同的分布，例如，截断高斯分布或是截断拉普拉斯分布 [149]。

当基站的天线数 M 充分大时，式 (6.45) 定义的信道协方差矩阵 $\boldsymbol{R}_k$ 有渐近特征值分解 $\boldsymbol{R}_k \xrightarrow{M\to\infty} \boldsymbol{F}_M^{\mathrm{H}} \boldsymbol{\Lambda}_k \boldsymbol{F}_M$，其中 $\boldsymbol{F}_M$ 是归一化 M 点 DFT 矩阵，$\boldsymbol{\Lambda}_k$ 为对角阵且对角线元素非负。对于大规模 MIMO 系统，由于基站的天线数 M 充分大，因此式 (6.45) 中的信道协方差矩阵可以用渐近结果较好的近似，即 $\boldsymbol{R}_k \approx \boldsymbol{F}_M^{\mathrm{H}} \boldsymbol{\Lambda}_k \boldsymbol{F}_M$。因此，假设

$$\boldsymbol{h}_k \sim \mathcal{CN}(\mathbf{0}, \boldsymbol{F}_M^{\mathrm{H}} \boldsymbol{\Lambda}_k \boldsymbol{F}_M) \tag{6.46}$$

为基本的信道模型，以简化分析与设计。在仿真中，仍然使用非渐近的模型 (6.46) 来产生信道协方差矩阵来评估设计的性能。此外，假设所有 K 个用户经历相同的大尺度衰落，即对于 $k = 1, 2, \cdots, K$ 有 $\mathrm{tr}(\boldsymbol{\Lambda}_k) = M$。

2. 基于预编码的 STBC 传输

考虑 STBC 传输以广播公共信息。假设公共信息 (可以被认为是一组二进制比特) 被映射为一个 STBC 矩阵 $\boldsymbol{S} \in \mathbb{C}^{M\times T}$，这个码字矩阵然后在基站的 M 根天线上与 T 个时隙中发射出去。在第 k 个用户的接收信号可表示为

$$[y_{k,1}, y_{k,2}, \cdots, y_{k,T}] = \boldsymbol{h}_k^{\mathrm{H}} \boldsymbol{S} + [z_{k,1}, z_{k,2}, \cdots, z_{k,T}] \tag{6.47}$$

式中，信道 $\boldsymbol{h}_k$ 被假设在这 T 个时隙内保持不变，$z_{k,t} \sim \mathcal{CN}(0, \sigma_n^2)$ 表示 AWGN。

根据信号模型 (6.47)，为了对码字 $\boldsymbol{S}$ 进行相干译码，维度为 M 的 $\boldsymbol{h}_k$ 必须在用户端获知。当采用基于训练的下行信道估计，下行导频长度不能小于 M。在大规模 MIMO 系统中，由于基站的天线数 M 较大，太多的下行资源将会被消耗在导频上，这将会极大程度地降低净频谱效率。

为了降低导频开销，提出将高维的 STBC 矩阵分解为一个预编码矩阵和一个低维 STBC 矩阵。相应地，将式 (6.47) 表示为

$$[y_{k,1}, y_{k,2}, \cdots, y_{k,T}] = \boldsymbol{h}_k^{\mathrm{H}} \boldsymbol{W}\boldsymbol{X} + [z_{k,1}, z_{k,2}, \cdots, z_{k,T}] \tag{6.48}$$

式中，$\boldsymbol{W}\in\mathbb{C}^{M\times N}$ 是一个高的预编码矩阵；$\boldsymbol{X}\in\mathbb{C}^{N\times T}$ 是一个低维 STBC 矩阵。根据式 (6.48)，用户不再需要估计实际信道 $\boldsymbol{h}_k$，而只需要估计等效信道 $\boldsymbol{W}^{\mathrm{H}}\boldsymbol{h}_k$，然后对码字 $\boldsymbol{X}$ 进行译码。因此，下行导频长度可以降为 N，这也是 $\boldsymbol{W}^{\mathrm{H}}\boldsymbol{h}_k$ 的维度。只要 N 被选择得足够小，导频开销也可以被降低到足够小。

注意到在式 (6.48) 中使用预编码矩阵的主要目的不同于文献 [265]~ [269]，其中预编码矩阵都是取决于瞬时或是统计信道状态信息，并通过空间指向性信号来提升性能。然而，这里的预编码矩阵主要为了简化信道估计，并独立于信道。信号模型 (6.48) 是本节的基本模型。接下来，主要讨论如何设计预编码矩阵 $\boldsymbol{W}$ 与低维 STBC 矩阵 $\boldsymbol{X}$，以便于公共信息广播，与此同时，还要满足功率效率以及分集性能需求。此外，假设 $E\left\{\boldsymbol{X}\boldsymbol{X}^{\mathrm{H}}\right\}=T\boldsymbol{I}_N$，$E\left\{\boldsymbol{X}\boldsymbol{X}^{\mathrm{H}}\right\}=T\boldsymbol{I}_N$，以便于对基站平均发射功率归一化。在 6.2.3 节中，主要讨论 STBC 应满足的基本条件。

6.2.3　STBC 应满足的基本条件

1. 全向传输

在信号模型 (6.48) 中，令 $\boldsymbol{x}_t$ 表示 $\boldsymbol{X}$ 的第 t 列。因此，可以令 $\boldsymbol{W}\boldsymbol{x}_t$ 表示在时隙 t 基站的 M 根天线的发射信号矢量。然后，$\boldsymbol{h}_k^{\mathrm{H}}\boldsymbol{W}\boldsymbol{x}_t$ 则表示在第 k 个用户的不包含 AWGN 的接收信号。因此，接收信号的功率可以表示为 $|\boldsymbol{h}_k^{\mathrm{H}}\boldsymbol{W}\boldsymbol{x}_t|^2$。对于公共信息广播，期望基站能够为所有的用户提供相等的接收功率，因此所有的用户能够拥有公平的服务质量，即期望得到 $|\boldsymbol{h}_k^{\mathrm{H}}\boldsymbol{W}\boldsymbol{x}_t|^2$ 对于任何 $\boldsymbol{h}_k\neq\boldsymbol{0}$ 都是常数。然而，当 $\boldsymbol{h}_k$ 在基站端未知时，仅仅通过设计 $\boldsymbol{W}$ 与 $\boldsymbol{x}_t$ 来实现这一目的是不可能的。一种合理的方法是对 $\boldsymbol{h}_k$ 求平均。根据式 (6.46)，平均后的接收功率可以表示为

$$P(\boldsymbol{\Lambda}_k)=E\left\{|\boldsymbol{h}_k^{\mathrm{H}}\boldsymbol{W}\boldsymbol{x}_t|^2\right\}=\boldsymbol{x}_t^{\mathrm{H}}\boldsymbol{W}^{\mathrm{H}}\boldsymbol{F}_M^{\mathrm{H}}\boldsymbol{\Lambda}_k\boldsymbol{F}_M\boldsymbol{W}\boldsymbol{x}_t \tag{6.49}$$

式中，$\boldsymbol{W}^{\mathrm{H}}\boldsymbol{F}_M^{\mathrm{H}}\boldsymbol{\Lambda}_k\boldsymbol{F}_M\boldsymbol{W}$ 表示等效信道 $\boldsymbol{W}^{\mathrm{H}}\boldsymbol{h}_k$ 的协方差矩阵。然而，如果不知道式 (6.49) 中的 $\boldsymbol{\Lambda}_k$，仍然不可能仅仅通过设计 $\boldsymbol{W}$ 与 $\boldsymbol{x}_t$，来使 $P(\boldsymbol{\Lambda}_k)$ 对任意 $\boldsymbol{\Lambda}_k\neq\boldsymbol{0}$ 都为常数。因此，限定所有用户与基站间的大尺度衰落都相同，即对于所有的 $k=1,2,\cdots,K$，令对角阵 $\boldsymbol{\Lambda}_k\in\mathcal{A}_c$，其中 $\mathcal{A}_c=\{\boldsymbol{\Lambda}|\mathrm{tr}(\boldsymbol{\Lambda})=c\}$，而 $c>0$ 为一个固定常数。然后，有如下引理。

引理 6.2　对于任意的对角阵 $\boldsymbol{\Lambda}\in\mathcal{A}_c$，其中 $c>0$ 是一固定常数。当且仅当 $\boldsymbol{F}_M\boldsymbol{W}\boldsymbol{x}_t$ 中的所有 M 个元素的幅值相等，平均接收功率 $P(\boldsymbol{\Lambda})$ 为常数。

证明　为了表示简单，令 $\boldsymbol{a}=\boldsymbol{F}_M\boldsymbol{W}\boldsymbol{x}_t$，其中 $\boldsymbol{a}$ 的第 m 个元素用 a_m 表示，而 $m=1,2,\cdots,M$，然后令 λ_m 表示 $\boldsymbol{\Lambda}$ 主对角线的第 m 个元素。当 $\boldsymbol{a}$ 中的所有 M 个元素的幅值相等时，即 $|a_1|=|a_2|=\cdots=|a_M|=a$，对于任意的对角阵 $\boldsymbol{\Lambda}\in\mathcal{A}_c$，则有

$$\boldsymbol{a}^H\boldsymbol{\Lambda}\boldsymbol{a} = \sum_{m=1}^{M}|a_m|^2\lambda_m = a^2\cdot\mathrm{tr}(\boldsymbol{\Lambda}) = a^2c$$

这验证了充分性。然后证明必要性。如果 $\boldsymbol{a}$ 中的所有 M 个元素的幅值不完全相等，这意味着至少其中两个元素的幅值不等。不失一般性，假设 $|a_1| \neq |a_2|$。对于下面的两个都属于 $\mathcal{A}_c$ 的对角阵 $\boldsymbol{\Lambda}_1 = \mathrm{diag}\,(c,0,0,\cdots,0)$ 与 $\boldsymbol{\Lambda}_2 = \mathrm{diag}\,(0,c,0,\cdots,0)$，可以发现 $\boldsymbol{a}^{\mathrm{H}}\boldsymbol{\Lambda}_1\boldsymbol{a} = |a_1|^2c$，$\boldsymbol{a}^{\mathrm{H}}\boldsymbol{\Lambda}_2\boldsymbol{a} = |a_2|^2c$。由于 $|a_1| \neq |a_2|$，因此 $\boldsymbol{a}^{\mathrm{H}}\boldsymbol{\Lambda}_1\boldsymbol{a} \neq \boldsymbol{a}^{\mathrm{H}}\boldsymbol{\Lambda}_2\boldsymbol{a}$。这验证了必要性。■

$\boldsymbol{F}_M\boldsymbol{W}\boldsymbol{x}_t$ 的 M 个元素可以被看作 M 个离散角度上的发射信号。相应地，这 M 个元素的幅值的平方表示 M 个离散角度上的发射功率。因此，$\boldsymbol{F}_M\boldsymbol{W}\boldsymbol{x}_t$ 中所有 M 个元素的幅值的平方相等，即幅值相等，意味着发射信号在所有的离散角度上的功率相等，即全向辐射。然后，有如下的必要条件。

条件 1：为了满足全向传输，$\boldsymbol{F}_M\boldsymbol{W}\boldsymbol{x}_t$ 的所有 M 个元素的幅值应相等，其中 $\boldsymbol{W}\boldsymbol{x}_t$ 表示时隙 t 在 M 根天线上的发射信号矢量。

2. 各天线等功率

除了全向传输，也需要考虑发射天线的功放利用效率。在实际中，每根发射天线在它的模拟前端都有着自己的功放，并且都会被该功放的线性工作范围所限制，因此每根天线上的发射功率都不能超过一个最大值。假设每根天线的最大发射功率值彼此相等。这通常是合理的，因为所有的天线都使用相同的功放硬件。令 $s_{m,t} = [\boldsymbol{W}\boldsymbol{x}_t]_m$ 表示时隙 t 在第 m 根天线上的发射信号。每天线功率约束意味着 $|s_{m,t}|^2 \leqslant P$，对于任何 $m = 1,2,\cdots,M$ 与任何 t，其中 P 表示每根天线上的最大允许功率。与此同时，为了利用基站天线的最大功放容量，所有这 M 根天线都需要以最大功率 P 发射，即 $|s_{1,t}|^2 = |s_{2,t}|^2 = \cdots = |s_{M,t}|^2 = P$。此外，如果 $|s_{1,t}|^2 = |s_{2,t}|^2 = \cdots = |s_{M,t}|^2 = c \neq P$，总是可以在每个 $s_{m,t}$ 上乘以一个标量常数 $\sqrt{P/c}$，而这不会引起任何信号失真。然后，所有 M 根天线的发射功率都为 $c\cdot P/c = P$。因此，有如下必要条件。

条件 2：为了使每根天线上的发射功率相等，以便充分地利用基站天线的功放容量，$\boldsymbol{W}\boldsymbol{x}_t$ 中的所有 M 个元素的幅值应相等。

注意到在本节中，考虑的是在所有的空间方向与发射天线上的瞬时发射功率相等，即在每个时隙 t，瞬时发射功率对于所有的空间方向与发射天线保持恒定。而在 6.1 节中，考虑的是所有空间方向与发射天线上的平均发射功率相等，即在一段较长的时间内，平均的发射功率对于所有的空间方向与发射天线保持恒定，其中平均是对式 (6.48) 中低维 STBC 的调制符号求得。平均功率只取决于预编码矩阵 $\boldsymbol{W}$，因为调制符号已经被平均掉，而瞬时功率取决于预编码矩阵 $\boldsymbol{W}$ 与低维 STBC 矩阵 $\boldsymbol{X}$ 中的调制符号。这意味着本节考虑的是更为严格的功率约束。因此，低维

STBC 中的调制符号星座需要与预编码矩阵进行联合设计，以满足以上的两个基本条件，而在 6.1 节中，任何低维 STBC 都可以被直接使用。

6.2.4 STBC 的设计方法与分集性能分析

本节提出一种系统性的方法来设计满足 6.2.3 节中条件 1 和条件 2 的 STBC，然后分析用这种方法所设计的 STBC 的分集性能。

1. STBC 的设计方法

首先，给出一些有用的数学结果，以便于后续的 STBC 设计。将一个长度为 M 的序列称为 CAZAC 序列，如果这个序列的所有 M 个元素的幅值相等，且对这个序列进行 M 点 DFT 后，所有 M 个元素的幅值也相等。ZC 序列是一种著名的 CAZAC 序列。一个长度为 M 的 ZC 序列被定义为 [254]

$$[\boldsymbol{c}]_m = \begin{cases} \mathrm{e}^{\bar{\jmath}\pi\gamma m^2/M}, & M \text{ 为偶数} \\ \mathrm{e}^{\bar{\jmath}\pi\gamma m(m+1)/M}, & M \text{ 为奇数} \end{cases} \tag{6.50}$$

基于 ZC 序列，给出如下的引理，用来辅助后面的 STBC 设计。

引理 6.3 考虑 N 是一个整数，而 M 是 N^2 的整数倍。令 $\boldsymbol{x}$ 表示一个 $N \times 1$ 的矢量，而 $\mathrm{diag}(\boldsymbol{c})(\mathbf{1}_{M/N} \otimes \boldsymbol{x})$ 表示一个通过 $\boldsymbol{x}$ 构造的 $M \times 1$ 的矢量，其中 $\boldsymbol{c}$ 是一个长度为 M 的 ZC 序列，$\mathbf{1}_{M/N}$ 表示一个有 $\dfrac{M}{N}$ 个 1 的列向量，而 $\otimes$ 表示 Kronecker 积。当且仅当 $\boldsymbol{x}$ 中的所有 N 个元素的幅值相等，$\mathrm{diag}(\boldsymbol{c})(\mathbf{1}_{M/N} \otimes \boldsymbol{x})$ 是一个 CAZAC 序列。

证明 见附录 6.4.4。 ■

根据以上的结果，本节提出一种构造满足上面条件 1 和条件 2 的 STBC 的方法。考虑一个维度为 $M \times T$ 的低维 STBC 矩阵 $\boldsymbol{X}$ 和如下维度为 $M \times N$ 的预编码矩阵

$$\boldsymbol{W} = \mathrm{diag}(\boldsymbol{c})(\mathbf{1}_{M/N} \otimes \boldsymbol{V}) \tag{6.51}$$

式中，$\boldsymbol{c}$ 是一个长度为 M 的 ZC 序列；$\mathbf{1}_{M/N}$ 表示一个有 $\dfrac{M}{N}$ 个 1 的列向量；$\otimes$ 表示 Kronecker 积，而 $\boldsymbol{V}$ 是一个 $N \times N$ 的任意酉矩阵。然后在 T 个时隙在 M 根发射天线上的发射信号可表示为

$$\begin{aligned} \boldsymbol{W}\boldsymbol{X} &= \mathrm{diag}(\boldsymbol{c})(\mathbf{1}_{M/N} \otimes \boldsymbol{V})\boldsymbol{X} \\ &= \mathrm{diag}(\boldsymbol{c})(\mathbf{1}_{M/N} \otimes \boldsymbol{V})(1 \otimes \boldsymbol{X}) \\ &= \mathrm{diag}(\boldsymbol{c})(\mathbf{1}_{M/N} \otimes (\boldsymbol{V}\boldsymbol{X})) \end{aligned}$$

式中，最后一个等式是由于 $(\boldsymbol{A}\otimes\boldsymbol{B})(\boldsymbol{C}\otimes\boldsymbol{D})=(\boldsymbol{AC})\otimes(\boldsymbol{BD})$。令 $\boldsymbol{x}_t$ 表示 $\boldsymbol{X}$ 的第 t 列，因此时隙 t 在 M 根发射天线上的发射信号可表示为 $\mathrm{diag}(\boldsymbol{c})(\boldsymbol{1}_{M/N}\otimes(\boldsymbol{V}\boldsymbol{x}_t))$，其中 $t=1,2,\cdots,T$。由引理 6.3 可知，当且仅当 $\boldsymbol{V}\boldsymbol{x}_t$ 的所有 N 个元素的幅值相等时，条件 1 和条件 2 可以被同时满足。因此，利用预编码矩阵 (6.51)，余下的工作是设计其中的酉矩阵 $\boldsymbol{V}$ 和低维 STBC 矩阵 $\boldsymbol{X}$，以便令 $\boldsymbol{VX}$ 的每一列 $\boldsymbol{V}\boldsymbol{x}_t$ 有着恒幅特性。下面令 $\boldsymbol{X}$ 为现有的一些经典 STBC，例如 AC，然后设计酉矩阵 $\boldsymbol{V}$ 和 $\boldsymbol{X}$ 中调制符号的星座。

2. 分集性能分析

可以将 $\boldsymbol{WX}$ 作为一个整体看作 STBC，其中 $\boldsymbol{W}$ 是一个与调制符号独立的预编码矩阵，而 $\boldsymbol{X}$ 包含了调制符号。当 $\boldsymbol{WX}$ 在用以上的方法被设计后，利用条件 1，知道它可以保证不同用户的接收功率相等。然而，这个 STBC 的分集性能仍然不清楚。本节使用成对错误概率 (pairwise error probability，PEP)[270, 271] 来评估 STBC 被应用于公共信息广播时的分集性能。

考虑到小区内有 K 个用户，信号模型则如 (6.48) 所示。对于第 k 个用户，当采用 ML 译码时，相应的 PEP 以及对应的上界可表示为

$$\begin{aligned}
P_{\mathrm{e},k} &= E\left\{\mathbb{P}\{\boldsymbol{X}\to\boldsymbol{X}'|\boldsymbol{h}_k\}\right\}\\
&= E\left\{Q\left(\sqrt{\frac{\boldsymbol{h}_k^{\mathrm{H}}\boldsymbol{W}(\boldsymbol{X}-\boldsymbol{X}')(\boldsymbol{X}-\boldsymbol{X}')^{\mathrm{H}}\boldsymbol{W}^{\mathrm{H}}\boldsymbol{h}_k}{2\sigma_n^2}}\right)\right\}\\
&\leqslant E\left\{\exp\left(-\frac{\boldsymbol{h}_k^{\mathrm{H}}\boldsymbol{W}(\boldsymbol{X}-\boldsymbol{X}')(\boldsymbol{X}-\boldsymbol{X}')^{\mathrm{H}}\boldsymbol{W}^{\mathrm{H}}\boldsymbol{h}_k}{4\sigma_n^2}\right)\right\}\\
&= \prod_{n=1}^{r_k}\frac{1}{1+\lambda_{k,n}/(4\sigma_n^2)}\\
&< (4\sigma_n^2)^{r_k}\prod_{n=1}^{r_k}\lambda_{k,n}^{-1}\\
&\triangleq P_{\mathrm{e},k}^{\mathrm{ub}}
\end{aligned}\tag{6.52}$$

式中，$\boldsymbol{X}$ 与 $\boldsymbol{X}'$ 是两个不同的码字，期望运算是对 $\boldsymbol{h}_k$ 求取，它的分布如式 (6.46) 所示，$Q(x)=\displaystyle\int_x^{\infty}\frac{1}{\sqrt{2\pi}}\mathrm{e}^{-t^2/2}\mathrm{d}t$，第一个不等号是由于 $Q(x)\leqslant\mathrm{e}^{-x^2/2}$，$\{\lambda_{k,1},\lambda_{k,2},\cdots,\lambda_{k,r_k}\}$ 是

$$\begin{aligned}
\widetilde{\boldsymbol{R}}_k &\triangleq E\left\{(\boldsymbol{X}-\boldsymbol{X}')^{\mathrm{H}}\boldsymbol{W}^{\mathrm{H}}\boldsymbol{h}_k\boldsymbol{h}_k^{\mathrm{H}}\boldsymbol{W}(\boldsymbol{X}-\boldsymbol{X}')\right\}\\
&= (\boldsymbol{X}-\boldsymbol{X}')^{\mathrm{H}}\boldsymbol{W}^{\mathrm{H}}\boldsymbol{F}_M^{\mathrm{H}}\boldsymbol{\Lambda}_k\boldsymbol{F}_M\boldsymbol{W}(\boldsymbol{X}-\boldsymbol{X}')
\end{aligned}\tag{6.53}$$

的 r_k 个非零特征值，它的秩被假设为 r_k。在公共信息广播中，期望所发射的码字能够被所有的用户成功译码。因此，所有用户的总 PEP 被定义为至少有一个用户不能成功译码的概率，即

$$P_{\mathrm{e}} = 1 - \prod_{k=1}^{K}(1 - P_{\mathrm{e},k}) \tag{6.54}$$

根据第 k 个用户的上界 (式 (6.52))，总 PEP(式 (6.54)) 有上界

$$\begin{aligned} P_{\mathrm{e}} &< 1 - \prod_{k=1}^{K}(1 - P_{\mathrm{e},k}^{\mathrm{ub}}) \\ &= 1 - \prod_{k=1}^{K}\left(1 - (4\sigma_n^2)^{r_k}\prod_{n=1}^{r_k}\lambda_{k,n}^{-1}\right) \\ &\triangleq P_{\mathrm{e}}^{\mathrm{ub}} \end{aligned} \tag{6.55}$$

公共信息广播的分集度因此被定义为

$$d = \lim_{\sigma_n^2 \to 0}\frac{\log P_{\mathrm{e}}^{\mathrm{ub}}}{\log \sigma_n^2} \tag{6.56}$$

然后，可以有如下引理。

引理 6.4　考虑式 (6.51) 中的预编码矩阵 $\boldsymbol{W}$ 和式 (6.46) 中的信道协方差矩阵 $\boldsymbol{F}_M^{\mathrm{H}}\boldsymbol{\Lambda}_k\boldsymbol{F}_M$。当基站天线数 M 趋于无穷大而 N 保持为常数时，对于任何定义在 $[0,1]$ 上且满足 $\int_0^1 S_k(\omega)\mathrm{d}\omega = 1$ 的一致有界绝对可积函数 $S_k(\omega) = 2p_k(\arcsin(2\omega))/\sqrt{1-4\omega^2}$，有

$$\boldsymbol{W}^{\mathrm{H}}\boldsymbol{F}_M^{\mathrm{H}}\boldsymbol{\Lambda}_k\boldsymbol{F}_M\boldsymbol{W} \xrightarrow{M\to\infty} \frac{1}{N}\boldsymbol{I}_N$$

式中，$p_k(\theta)$ 是式 (6.46) 中的角度功率谱。

证明　同引理 6.1 的证明。■

根据以上引理以及式 (6.53)，可知在大维阵列场景下，$\widetilde{\boldsymbol{R}}_1 = \widetilde{\boldsymbol{R}}_2 = \cdots = \widetilde{\boldsymbol{R}}_K = \frac{1}{N}(\boldsymbol{X}-\boldsymbol{X}')^{\mathrm{H}}(\boldsymbol{X}-\boldsymbol{X}')$。因此，有 $r_1 = r_2 = \cdots = r_K = r$，而对于每个 $n = 1,2,\cdots,r$ 有 $\lambda_{1,n} = \lambda_{2,n} = \cdots = \lambda_{K,n} = \lambda_n$，$\{\lambda_1,\lambda_2,\cdots,\lambda_r\}$ 是 $\frac{1}{N}(\boldsymbol{X}-\boldsymbol{X}')^{\mathrm{H}}(\boldsymbol{X}-\boldsymbol{X}')$ 的 r 个非零特征值，也是 $\frac{1}{N}(\boldsymbol{X}-\boldsymbol{X}')(\boldsymbol{X}-\boldsymbol{X}')^{\mathrm{H}}$ 的 r 个非零特征值。如果 $\boldsymbol{X}$ 是一个 $N\times T$ $(N \leqslant T)$ 的能够达到它的满分集度 N 的 STBC，$(\boldsymbol{X}-\boldsymbol{X}')(\boldsymbol{X}-\boldsymbol{X}')^{\mathrm{H}}$ 将会是满秩 N[270]，因此有 $r = N$。在这种情况下，可

以进一步将式 (6.55) 中的上界表示为

$$\begin{aligned} P_{\mathrm{e}}^{\mathrm{ub}} &= 1 - \left(1 - (4\sigma_n^2)^N \prod_{n=1}^{N} \lambda_n^{-1}\right)^K \\ &\approx 1 - \left(1 - K(4\sigma_n^2)^N \prod_{n=1}^{N} \lambda_n^{-1}\right) \\ &= K(4\sigma_n^2)^N \prod_{n=1}^{N} \lambda_n^{-1}, \quad \sigma_n^2 \to 0 \end{aligned} \tag{6.57}$$

式中，近似是由于当 x 较小时，$(1+x)^K \approx 1+Kx$。因此，分集度 (6.56) 可表示为

$$d = \lim_{\sigma_n^2 \to 0} \frac{\log\left(K(4\sigma_n^2)^N \prod\limits_{n=1}^{N} \lambda_n^{-1}\right)}{\log \sigma_n^2} = N \tag{6.58}$$

对于设计的 STBC 矩阵 $\boldsymbol{W}\boldsymbol{X}$，预编码矩阵 $\boldsymbol{W}$ 是独立于信道的，因而不能提供分集，因此所有的分集是由 $N \times T$ 的低维 STBC 矩阵 $\boldsymbol{X}$ 提供的，而它的最大分集度是 N。由式 (6.58) 可知，在大维阵列场景下，本节所提的设计可以达到最大分集度 N。此外，分集度也与用户数 K 无关，这是因为式 (6.57) 中，K 不存在于噪声方差 σ_n^2 的指数项上。

6.2.5　STBC 设计实例

在本节中，利用上面介绍的方法，给出若干 STBC 的设计实例。

1. *单流预编码*

首先考虑式 (6.48) 的一个特例，即 $N=T=1$。此时，式 (6.48) 中的预编码矩阵 $\boldsymbol{W} \in \mathbb{C}^{M\times N}$ 与 STBC 矩阵 $\boldsymbol{X} \in \mathbb{C}^{N\times T}$ 分别退化为一个列矢量 $\boldsymbol{w} \in \mathbb{C}^{M\times 1}$ 和一个标量符号 x。因此，每个时隙的基站发射信号为 $\boldsymbol{w}x$。需要设计预编码矢量 $\boldsymbol{w}$ 以及调制符号 x 的星座，以便让发射信号 $\boldsymbol{w}x$ 同时满足 6.2.3 节中的条件 1 和条件 2，即 $\boldsymbol{F}_M\boldsymbol{w}x$ 的所有 M 个元素的幅值相等，且 $\boldsymbol{w}x$ 的所有 M 个元素的幅值也相等。

注意到，标量符号 x 既不影响条件 1 也不影响条件 2，即只要 $\boldsymbol{F}_M\boldsymbol{w}$ 的所有 M 个元素的幅值相等，且 $\boldsymbol{w}$ 的所有 M 个元素的幅值也相等，便可以使得 $\boldsymbol{F}_M\boldsymbol{w}x$ 的所有 M 个元素的幅值相等，且 $\boldsymbol{w}x$ 的所有 M 个元素的幅值也相等。根据 CAZAC 序列的定义，得出 $\boldsymbol{w}$ 必须是一个长度为 M 的 CAZAC 序列。因此，令 $\boldsymbol{w}$ 是一个 ZC 序列，即

$$\boldsymbol{w} = \boldsymbol{c} \tag{6.59}$$

便可以得到 $N=T=1$ 时的设计，而调制符号 x 的星座被选择为 PSK，即 $x \in \mathcal{S}_{\text{PSK}}=\{1,\mathrm{e}^{\mathrm{j}2\pi/L},\cdots,\mathrm{e}^{\mathrm{j}2\pi(L-1)/L}\}$，其中 L 为正整数，使得在不同时隙的瞬时功率相等。

2. 预编码 AC

以上的单流预编码方案只能提供空间分集度 1。为了提供空间分集度 2，考虑著名的 AC[105]。此时，在式 (6.48) 中令 $N=T=2$。相应地，式 (6.48) 中的 STBC 矩阵 $\boldsymbol{X}$ 由

$$\boldsymbol{X}_{\text{AC}}=\begin{bmatrix} x_1 & x_2^* \\ x_2 & -x_1^* \end{bmatrix} \tag{6.60}$$

描述。需要设计预编码矩阵 $\boldsymbol{W}_{\text{AC}} \in \mathbb{C}^{M\times 2}$ 以及 $\boldsymbol{X}_{\text{AC}}$ 中的调制符号 x_1,x_2 的星座，以便让 $\boldsymbol{W}_{\text{AC}}\boldsymbol{X}_{\text{AC}} \in \mathbb{C}^{M\times 2}$ 同时满足 6.2.3 节中的条件 1 和条件 2，即 $\boldsymbol{F}_M\boldsymbol{W}_{\text{AC}}\boldsymbol{X}_{\text{AC}}$ 的每一列所有 M 个元素的幅值相等，且 $\boldsymbol{W}_{\text{AC}}\boldsymbol{X}_{\text{AC}}$ 的每一列的所有 M 个元素的幅值也相等。

由于此时 $N=2$，根据引理 6.3，令基站天线数 M 是 4 的整数倍。相应地，预编码矩阵被设计为

$$\boldsymbol{W}_{\text{AC}}=\text{diag}(\boldsymbol{c})(\boldsymbol{1}_{M/2}\otimes \boldsymbol{I}_2) \tag{6.61}$$

因此，基站的发射信号为 $\boldsymbol{W}_{\text{AC}}\boldsymbol{X}_{\text{AC}}=\text{diag}(\boldsymbol{c})(\boldsymbol{1}_{M/2}\otimes \boldsymbol{X}_{\text{AC}})$。根据这一结构，由引理 6.3 可知，当且仅当式 (6.60) 中 $\boldsymbol{X}_{\text{AC}}$ 的调制符号 x_1,x_2 的幅值相等，条件 1 和条件 2 可以被同时满足。为了让 x_1,x_2 在它们的星座集合内任意取值时保证幅值相等，x_1,x_2 的星座被设计为 PSK，即 $x_1,x_2 \in \mathcal{S}_{\text{PSK}}$。

3. 预编码 QOSTBC

在式 (6.48) 中令 $N=T=4$。相应地，式 (6.48) 中的 STBC 矩阵由 QOSTBC 矩阵 [272]

$$\boldsymbol{X}_{\text{QO}}=\begin{bmatrix} x_1 & x_2^* & x_3 & x_4^* \\ x_2 & -x_1^* & x_4 & -x_3^* \\ x_3 & x_4^* & x_1 & x_2^* \\ x_4 & -x_3^* & x_2 & -x_1^* \end{bmatrix} \tag{6.62}$$

描述。需要设计预编码矩阵 $\boldsymbol{W}_{\text{QO}} \in \mathbb{C}^{M\times 4}$ 以及 $\boldsymbol{X}_{\text{QO}}$ 中的调制符号 x_1,x_2,x_3,x_4 的星座，以便让 $\boldsymbol{W}_{\text{QO}}\boldsymbol{X}_{\text{QO}} \in \mathbb{C}^{M\times 4}$ 同时满足 6.2.3 节中的条件 1 和条件 2，即 $\boldsymbol{F}_M\boldsymbol{W}_{\text{QO}}\boldsymbol{X}_{\text{QO}}$ 的每一列所有 M 个元素的幅值相等，且 $\boldsymbol{W}_{\text{QO}}\boldsymbol{X}_{\text{QO}}$ 的每一列的所有 M 个元素的幅值也相等。

由于此时 $N=4$，根据引理 6.3，令基站天线数 M 是 16 的整数倍。相应地，预编码矩阵被设计为

$$\boldsymbol{W}_{\mathrm{QO}}=\mathrm{diag}(\boldsymbol{c})(\boldsymbol{1}_{M/4}\otimes\boldsymbol{I}_4) \tag{6.63}$$

因此，基站的发射信号为 $\boldsymbol{W}_{\mathrm{QO}}\boldsymbol{X}_{\mathrm{QO}}=\mathrm{diag}(\boldsymbol{c})(\boldsymbol{1}_{M/4}\otimes\boldsymbol{X}_{\mathrm{QO}})$。由引理 6.3 可知，当且仅当式 (6.62) 中的调制符号 x_1,x_2,x_3,x_4 的幅值相等，条件 1 和条件 2 可以被同时满足。因此，x_1,x_2,x_3,x_4 的星座被设计为 PSK。此外，为了保证达到分集度 4，一种通常的方法是令 $x_1,x_3\in\mathcal{S}_{\mathrm{PSK}}$，而 $x_2,x_4\in\mathrm{e}^{\mathrm{j}\Theta}\mathcal{S}_{\mathrm{PSK}}$。使得编码增益最大的旋转角被证明当 L 是偶数时，$\Theta=\pi/L$，而 L 是奇数时，$\Theta=\pi/(2L)$[273]。此外，虽然 x_1,x_2,x_3,x_4 是独立进行调制的，对于 ML 译码，x_1 与 x_3 需要进行联合译码，而 x_2 与 x_4 需要进行联合译码 [274]。

4. 预编码 NZE-TC

最近，文献 [275] 提出一组使用线性接收机便可以达到满分集且不包含非零元素的 STBC。这些码的主要特点是码字矩阵中没有非零元素。其中的两种码，称为 NZE-TC 与 NZE-OAC，被应用于本节所提的设计，主要的步骤如下。

令 $\boldsymbol{x}=[x_1,x_2,\cdots,x_L]^{\mathrm{T}}$ 表示调制符号。Toeplitz 码的码字矩阵 $\boldsymbol{T}(\boldsymbol{x},L,N)\in\mathbb{C}^{(L+N-1)\times N}$ 定义为

$$\boldsymbol{T}(\boldsymbol{x},L,N)=\begin{bmatrix} x_1 & x_2 & \cdots & x_L & 0 & \cdots & 0\\ 0 & x_1 & x_2 & \cdots & x_L & \cdots & 0\\ \vdots & \vdots & \ddots & \ddots & \ddots & & \vdots\\ 0 & 0 & \cdots & x_1 & x_2 & \cdots & x_L \end{bmatrix}^{\mathrm{T}} \tag{6.64}$$

式中

$$[\boldsymbol{T}(\boldsymbol{x},L,N)]_{m,n}=\begin{cases} x_{m-n+1}, & n\leqslant m<n+L\\ 0, & \text{其他} \end{cases}$$

然后，NZE-TC 的码字矩阵 $\boldsymbol{X}_{\mathrm{NT}}(\boldsymbol{x},L,N)\in\mathbb{C}^{(L+N-1)\times N}$ 基于式 (6.64) 构造，被定义为

$$\boldsymbol{X}_{\mathrm{NT}}(\boldsymbol{x},L,N)=\begin{bmatrix} x_1 & x_2 & \cdots & x_L & -x_1 & \cdots & -x_{N-1}\\ x_L & x_1 & x_2 & \cdots & x_L & -x_1 & \cdots\\ \vdots & \ddots & \ddots & \ddots & \ddots & \ddots & \vdots\\ x_{L-N+2} & \cdots & x_L & x_1 & x_2 & \cdots & x_L \end{bmatrix}^{\mathrm{T}} \tag{6.65}$$

式中

$$[\boldsymbol{X}_{\mathrm{NT}}(\boldsymbol{x},L,N)]_{m,n}=\begin{cases}[\boldsymbol{T}(\boldsymbol{x},L,N)]_{m+L,n}, & m<n\\ [\boldsymbol{T}(\boldsymbol{x},L,N)]_{m,n}, & n\leqslant m<n+L\\ -[\boldsymbol{T}(\boldsymbol{x},L,N)]_{m-L,n}, & m\geqslant n+L\end{cases}$$

由于式 (6.65) 中，$L+N-1$ 个时隙中传输了 L 个调制符号，NZE-TC 的符号速率为

$$R=\frac{L}{L+N-1} \tag{6.66}$$

只要 L 充分大且 N 为常数，则 NZE-TC 的符号速率将趋于 1。

这里，在式 (6.48) 中考虑一般的 N 以及 $T=L+N-1$。相应地，式 (6.48) 中的 STBC 矩阵 $\boldsymbol{X}$ 由式 (6.65) 中的 NZE-TC 矩阵的转置描述，即 $(\boldsymbol{X}_{\mathrm{NT}}(\boldsymbol{x},L,N))^{\mathrm{T}}$。需要设计预编码矩阵 $\boldsymbol{W}_{\mathrm{NT}}\in\mathbb{C}^{M\times N}$ 以及 $\boldsymbol{X}_{\mathrm{NT}}(\boldsymbol{x},L,N)$ 中的调制符号 $x_1,x_2,\cdots,x_L$ 的星座，以便让 $\boldsymbol{W}_{\mathrm{NT}}(\boldsymbol{X}_{\mathrm{NT}}(\boldsymbol{x},L,N))^{\mathrm{T}}\in\mathbb{C}^{M\times(L+N-1)}$ 同时满足 6.2.3 节中的条件 1 和条件 2，即 $\boldsymbol{F}_M\boldsymbol{W}_{\mathrm{NT}}(\boldsymbol{X}_{\mathrm{NT}}(\boldsymbol{x},L,N))^{\mathrm{T}}$ 的每一列所有 M 个元素的幅值相等，且 $\boldsymbol{W}_{\mathrm{NT}}(\boldsymbol{X}_{\mathrm{NT}}(\boldsymbol{x},L,N))^{\mathrm{T}}$ 的每一列的所有 M 个元素的幅值也相等。

根据引理 6.3，令基站天线数 M 是 N^2 的整数倍。相应地，预编码矩阵被设计为

$$\boldsymbol{W}_{\mathrm{NT}}=\mathrm{diag}(\boldsymbol{c})(\boldsymbol{1}_{M/N}\otimes\boldsymbol{I}_N) \tag{6.67}$$

因此，基站的发射信号为 $\boldsymbol{W}_{\mathrm{NT}}\boldsymbol{X}_{\mathrm{NT}}=\mathrm{diag}(\boldsymbol{c})(\boldsymbol{1}_{M/N}\otimes(\boldsymbol{X}_{\mathrm{NT}}(\boldsymbol{x},L,N))^{\mathrm{T}})$。由引理 6.3 可知，当且仅当式 (6.65) 中的调制符号 $x_1,x_2,\cdots,x_L$ 的幅值相等，条件 1 和条件 2 可以被同时满足。因此，$x_1,x_2,\cdots,x_L$ 的星座被设计为 PSK。此外，这个设计在使用线性接收机时，例如，迫零 (zero-forcing，ZF) 或是线性 MMSE 接收机，便可以达到分集度 N[275]。

5. 预编码 NZE-OAC

NZE-OAC 的码字矩阵的构造基于 NZE-TC。首先，将式 (6.65) 中的 $\boldsymbol{X}_{\mathrm{NT}}(\boldsymbol{x},L,N)$ 重写为

$$\boldsymbol{X}_{\mathrm{NT}}(\boldsymbol{x},L,N)=[\boldsymbol{x}_1,\boldsymbol{x}_2,\cdots,\boldsymbol{x}_N]$$

式中，$\boldsymbol{x}_n$ 表示 $\boldsymbol{X}_{\mathrm{NT}}(\boldsymbol{x},L,N)$ 的第 n 列。当 N 为奇数且 L 为偶数时，定义两个矩阵

$$\begin{aligned}\boldsymbol{X}_{\mathrm{NT,o}}(\boldsymbol{x},L,N)&=[\boldsymbol{x}_1^*,\boldsymbol{x}_2,\boldsymbol{x}_3^*,\boldsymbol{x}_4,\cdots,\boldsymbol{x}_{N-2}^*,\boldsymbol{x}_{N-1},\boldsymbol{x}_N^*]\\ \boldsymbol{X}_{\mathrm{NT,e}}(\boldsymbol{x},L,N)&=[\boldsymbol{x}_N,-\boldsymbol{x}_{N-1}^*,\boldsymbol{x}_{N-2},\cdots,-\boldsymbol{x}_4^*,\boldsymbol{x}_3,-\boldsymbol{x}_2^*,\boldsymbol{x}_1]\end{aligned}$$

和两个矢量

$$\boldsymbol{x}_{\mathrm{o}} = [x_1, 0, x_3, 0, \cdots, x_{L-1}, 0]^{\mathrm{T}}$$
$$\boldsymbol{x}_{\mathrm{e}} = [0, x_2, 0, x_4, \cdots, 0, x_L]^{\mathrm{T}}$$

式中，$\boldsymbol{x}_{\mathrm{o}}$ 保留了 $\boldsymbol{x}$ 中所有奇数标号的元素，而其他元素被替换为零，相应地，$\boldsymbol{x}_{\mathrm{e}}$ 保留了 $\boldsymbol{x}$ 中所有偶数标号的元素，而其他元素被替换为零。当 N 为奇数时，NZE-OAC 的码字矩阵 $\boldsymbol{X}_{\mathrm{NO}}(\boldsymbol{x}, L, N) \in \mathbb{C}^{(L+N-1)\times N}$ 被构造为

$$\boldsymbol{X}_{\mathrm{NO}}(\boldsymbol{x}, L, N) = \boldsymbol{X}_{\mathrm{NT,o}}(\boldsymbol{x}_{\mathrm{o}}, L, N) + \boldsymbol{X}_{\mathrm{NT,e}}(\boldsymbol{x}_{\mathrm{e}}, L, N) \tag{6.68}$$

由于 $L+N-1$ 个时隙中传输了 L 个调制符号，式 (6.68) 的符号速率为 $L/(L+N-1)$。当 N 为偶数时，由于 $N+1$ 为奇数，考虑利用式 (6.68) 来构造一个 $\boldsymbol{X}_{\mathrm{NO}}(\boldsymbol{x}, L, N+1) \in \mathbb{C}^{(L+N)\times(N+1)}$ 的码字矩阵。如果删除这个矩阵的第一列，可以发现得到的 $(L+N)\times N$ 矩阵的第一行与最后一行与其他行线性相关 [275]。因此，它们可以被从码字矩阵中删除，以便将符号速率从 $L/(L+N)$ 提高到 $L/(L+N-2)$，且不会破坏码的结构。因此，NZE-OAC 的符号速率为

$$R = \begin{cases} \dfrac{L}{L+N-2}, & N \text{ 为偶数} \\ \dfrac{L}{L+N-1}, & N \text{ 为奇数} \end{cases} \tag{6.69}$$

可以看出，不管 N 是偶数还是奇数，只要 L 充分大且 N 为常数，NZE-TC 的符号速率将趋于 1。

在式 (6.48) 中考虑一般的 N，以及当 N 为偶数时 $T = L+N-2$ 或当 N 为奇数时 $T = L+N-1$。相应地，式 (6.48) 中的 STBC 矩阵 $\boldsymbol{X}$ 由 NZE-OAC 矩阵的转置描述，即 $(\boldsymbol{X}_{\mathrm{NO}}(\boldsymbol{x}, L, N))^{\mathrm{T}}$。需要设计预编码矩阵 $\boldsymbol{W}_{\mathrm{NO}} \in \mathbb{C}^{M\times N}$ 以及 $\boldsymbol{X}_{\mathrm{NO}}(\boldsymbol{x}, L, N)$ 中的调制符号 $x_1, x_2, \cdots, x_L$ 的星座，以便让 $\boldsymbol{W}_{\mathrm{NO}}(\boldsymbol{X}_{\mathrm{NO}}(\boldsymbol{x}, L, N))^{\mathrm{T}}$ 同时满足 6.2.3 节中的条件 1 和条件 2，即 $\boldsymbol{F}_M\boldsymbol{W}_{\mathrm{NO}}(\boldsymbol{X}_{\mathrm{NO}}(\boldsymbol{x}, L, N))^{\mathrm{T}}$ 的每一列所有 M 个元素的幅值相等，且 $\boldsymbol{W}_{\mathrm{NO}}(\boldsymbol{X}_{\mathrm{NO}}(\boldsymbol{x}, L, N))^{\mathrm{T}}$ 的每一列的所有 M 个元素的幅值也相等。

与预编码 NEZ-TC 类似，根据引理 6.3，令基站天线数 M 是 N^2 的整数倍。相应地，预编码矩阵被设计为

$$\boldsymbol{W}_{\mathrm{NO}} = \mathrm{diag}(\boldsymbol{c})(\mathbf{1}_{M/N} \otimes \boldsymbol{I}_N) \tag{6.70}$$

因此，基站的发射信号为 $\boldsymbol{W}_{\mathrm{NO}}\boldsymbol{X}_{\mathrm{NO}} = \mathrm{diag}(\boldsymbol{c})(\mathbf{1}_{M/N} \otimes (\boldsymbol{X}_{\mathrm{NO}}(\boldsymbol{x}, L, N))^{\mathrm{T}})$。由引理 6.3 可知，当且仅当式 (6.68) 中的调制符号 $x_1, x_2, \cdots, x_L$ 的幅值相等，条件 1 和条件 2 可以被同时满足。因此，$x_1, x_2, \cdots, x_L$ 的星座被设计为 PSK。此外，这个设计在使用线性接收机时，例如，ZF 或是线性 MMSE 接收机，可以达到分集度 N[275]。

6.2.6 数值仿真

本节中，通过数值仿真来评估所提出的全向 STBC 在用于大规模 MIMO 系统公共信息广播时的性能。考虑一个 120° 的扇区。基站被配置一个由 $M = 144$ 根天线组成的均匀线阵，其中天线间距为 $d = \lambda/2$。在 6.2.4 节中已经证明用户数目 K 并不影响分集度，因而在这里只考虑 $K = 1$ 个用户。用户被配置单根天线，它在扇区中可能处于不同位置。基站与用户间的信道根据式 (6.45) 与式 (6.46) 建模。考虑常用的户外传播环境，其中式 (6.46) 中的角度功率谱被假设为截断高斯分布 [149]

$$p(\theta) = \exp\left(-\frac{(\theta-\theta_0)^2}{2\sigma^2}\right), \quad -\frac{\pi}{2} \leqslant \theta \leqslant \frac{\pi}{2} \tag{6.71}$$

式中，θ_0 与 σ 分别表示平均离开角与角度扩展。令 $\sigma = 5^\circ$，而 θ_0 在 $[-\pi/3, \pi/3]$ 内变化，以表示用户与基站线阵间的角度可能变化的场景，而基站的总平均发射功率与信道的大尺度衰落系数被归一化为 1。

使用比特错误概率来评估 6.2.5 节中的 STBC 设计的性能，其中包括：单流预编码、预编码 AC、预编码 QOSTBC、预编码 NZE-TC 以及预编码 NZE-OAC。考虑比特速率为 1 bits/s/Hz 与 2 bits/s/Hz 两种情况。对于预编码 NZE-TC 与预编码 NZE-OAC，使得它们的比特速率严格等于 1 bits/s/Hz 或是 2 bits/s/Hz 较为困难，见式 (6.66) 与式 (6.69)。因此，在式 (6.66) 与式 (6.69) 中令 $L = 30$ 与 $N = 6$，这样可以得到一个 6×35 且符号速率为 $30/35 \approx 0.86$ 的 NZE-TC 码字矩阵，与一个 6×34 且符号速率为 $30/34 \approx 0.88$ 的 NZE-OAC 码字矩阵。相应地，使用 BPSK 或是 QPSK 星座，使得 NZE-TC 的比特速率为 0.86 bits/s/Hz 或是 1.72 bits/s/Hz，而 NZE-OAC 的比特速率为 0.88 bits/s/Hz 或是 1.76 bits/s/Hz。其他 STBC 使用 BPSK 或是 QPSK 星座，使得比特速率为 1 bits/s/Hz 或是 2 bits/s/Hz。预编码矩阵 (6.59)、式 (6.61)、式 (6.63)、式 (6.67) 以及式 (6.70) 中的 ZC 序列的根都被设为 $\gamma = 1$。等效信道 $\boldsymbol{W}^{\mathrm{H}}\boldsymbol{h}$ 被假设在用户端理想已知。预编码 NZE-TC 与预编码 NZE-OAC 使用 ZF 接收机，而其他方案使用 ML 接收机。

首先，仿真 BER 性能以便验证所设计的 STBC 的分集性能，其中式 (6.71) 中的平均离开角被固定为 $\theta_0 = 0$。图 6.8 与图 6.9 分别展示了在 1 bits/s/Hz 与 2 bits/s/Hz 时，BER 随着 SNR 的变化曲线。BER 曲线在高 SNR 时的斜率展示了这些设计所对应的分集度，其中单流预编码的分集度为 1，预编码 AC 的分集度为 2，预编码 QOSTBC 的分集度为 4，预编码 NZE-TC 以及预编码 NZE-OAC 的分集度为 6。这验证了 6.2.4 节中的分析结果。此外，预编码 NZE-OAC 的性能显著劣于预编码 NZE-OAC 这一现象，与传统的小规模 MIMO 系统中的结论一致 [276]。

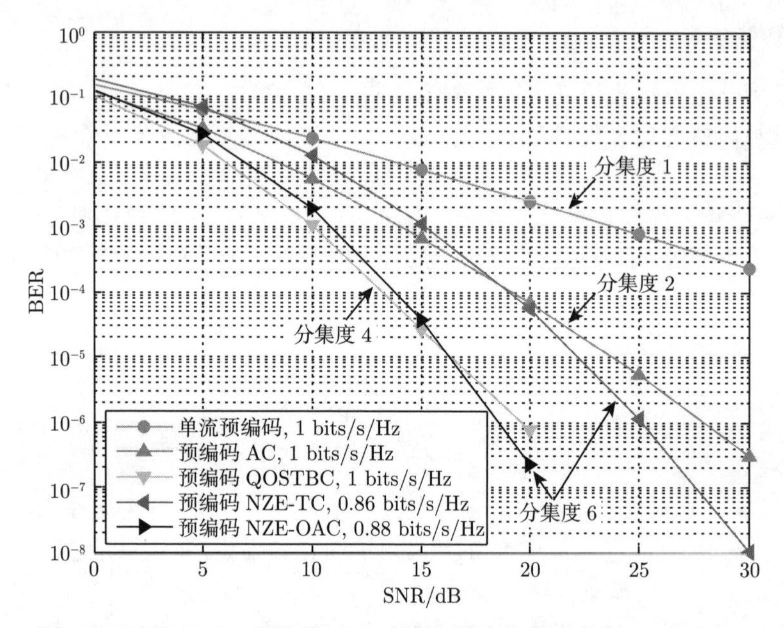

图 6.8　不同 STBC 设计的 BER 比较，其中比特速率为 1 bits/s/Hz

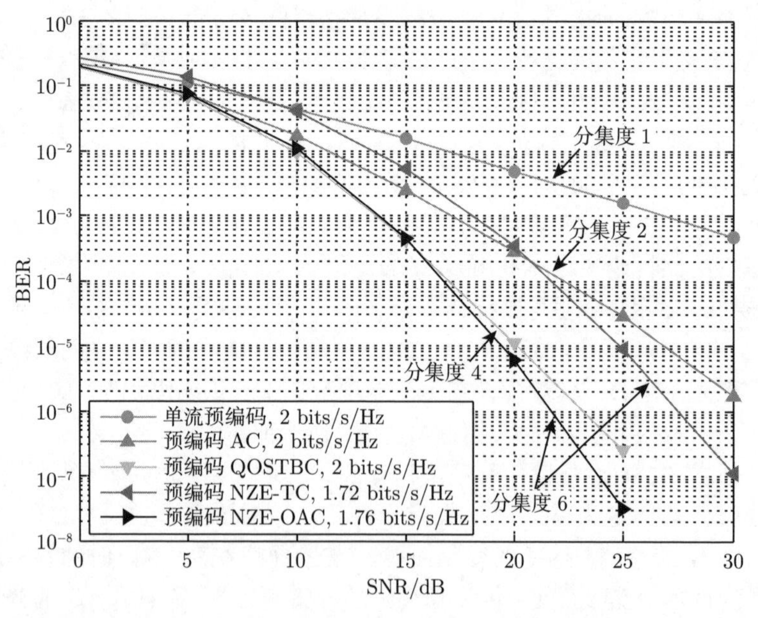

图 6.9　不同 STBC 设计的 BER 比较，其中比特速率为 2 bits/s/Hz

然后，仿真 BER 性能以便验证所设计的 STBC 的全向传输性能，即当基站与用户间的距离固定时，不管用户与基站天线阵列间的角度如何变化，BER 性能总是保持不变。图 6.10 展示了当比特速率为 1 bits/s/Hz 且 SNR 为 10dB 时，BER 性能随着式 (6.71) 中的平均离开角 θ_0 的变化关系。对于 θ_0 的每个取值，空间协方差矩阵 $\boldsymbol{R}$ 根据式 (6.46) 与式 (6.71) 生成，而信道矢量 $\boldsymbol{h}$ 服从式 (6.45) 中的瑞利衰落。发现所有的设计在 θ_0 取不同值时，相应的 BER 都基本保持恒定。作为对比，如果条件 1 中的全向传输要求不能满足，例如，使用一个伪随机二进制序列来替代 ZC 序列，作为式 (6.59) 中的预编码矢量，相应的 BER 性能将不再随着 θ_0 的变化而保持恒定。这在图 6.10 中对应于非全向预编码曲线。

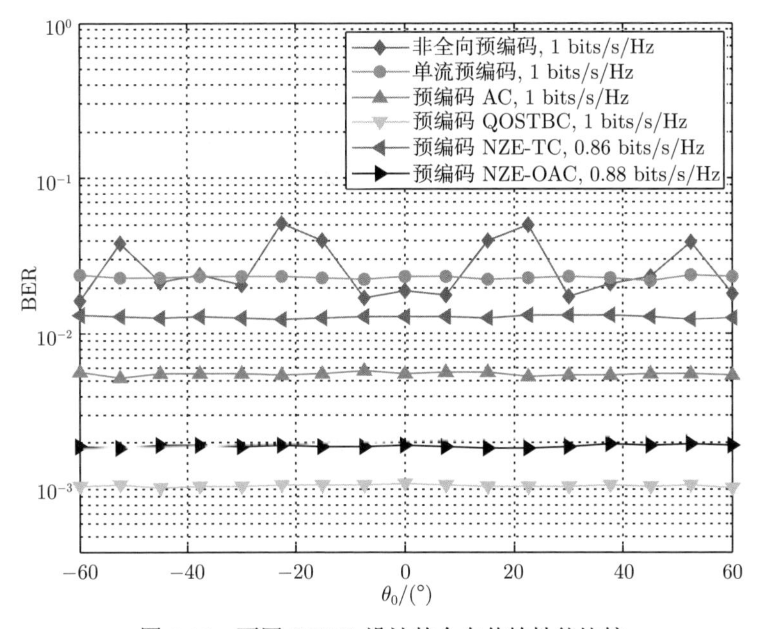

图 6.10 不同 STBC 设计的全向传输性能比较

最后要注意，在 6.1 节中，因为只需要满足平均功率恒定，任何合适维度的 STBC 都可以被直接使用，而不需要专门去设计信号，因而本节中的方案对应的 BER 性能可能会劣于 6.1 节中的方案，而译码复杂度也可能会比 6.1 节中的方案更高。以预编码 AC 为例。如果需要使瞬时功率保持恒定，在 6.2.5 节中证明式 (6.60) 中的调制符号必须使用 PSK 星座。然而，如果只需要平均功率保持恒定，更为有效的 QAM 星座可以被调制符号使用。不论是 BER 性能或是译码复杂度，QAM 都要由优于 PSK。这是因为当星座尺寸一定时，QAM 的最小星座点距离比 PSK 更大，且 QAM 的实部与虚部可以分开译码，而 PSK 的实部与虚部必须联合译码。

6.2.7 小结

本节提出了一种适用于大规模 MIMO 系统公共信息广播的全向 STBC 设计方法。由于直接估计基站的大维天线阵列与用户间的信道将会消耗太多的时频资源，进而会严重地降低净频谱效率，提出将高维的 STBC 矩阵分解为一个与信道独立的预编码矩阵以及一个低维的 STBC 矩阵。这样，用户端只需要估计预编码后的等效低维信道，因此相应的导频开销可以大幅降低。与此同时，也可以获得部分发射分集。在这一架构下，本节提出了一种系统性方法来设计预编码矩阵以及低维 STBC 矩阵中的调制符号星座，以保证在每个瞬时时刻，基站在各个方向上以及各个天线上的发射功率都相等，同时还可以获得低维 STBC 的满分集。最后，设计了若干 STBC 实例。

6.3　毫米波大规模 MIMO 系统中基于全向预编码与全向合并的同步方法

6.3.1　概述

初始同步 (在某些文献中也称为小区搜索或小区发现) 是蜂窝通信的基本前提。通常，基站周期性广播下行同步信号，而用户利用这些信号和基站保持频率与时间同步，接着才可以进行负载数据传输。在当前的蜂窝系统中，例如 LTE 系统，为了保证全小区覆盖，基站通常利用一个固定的全向宽波束来发射下行同步信号 [103]。只有当同步已经建立，且正确的波束赋形方向已经获得后，指向性窄波束才会被使用，以提供波束赋形增益进而提高数据速率。

当考虑毫米波大规模 MIMO 系统时，曾经有文献提到，即使是在初始同步阶段，也应该像数据传输阶段那样使用指向性窄波束，以克服较大路径损耗的缺点。否则，将会出现以下问题，即在某个距离上，可以实现数据传输却无法建立同步，这是由于数据传输使用指向性波束具有波束赋形增益，而同步使用全向波束不具有波束赋形增益 [111,112]。然而，需要指出，与数据信号不同，下行同步信号通常包含一个预先定义的并在基站与用户侧都知道的序列。这提供了额外的扩频增益，以增大同步信号的覆盖范围。以 LTE 为例，其使用一个长度为 63 的 ZC 序列 [261]，相应的扩频增益为 18dB。此外，虽然指向传输增大了覆盖范围，但它同时也增大了同步所耗的时间。这是因为在初始同步阶段并不知道正确的波束赋形方向，因此需要在多个时刻使用不同指向的窄波束来完成全向覆盖。

目前已有一些关于毫米波大规模 MIMO 同步的研究。文献 [107] 研究了在不同硬件结构约束下最大化 SNR 的最优波束赋形矢量。文献 [108] 和 [109] 的结果表明，全向传输优于随机波束赋形，且低精度全数字结构显著地优于单流模拟波束赋形。文献 [110] 在一个目标检测域中确定出期望的波束方向图，并利用所提的方法来近似它。

本节主要考虑在一个给定的延迟时间下，如何设计基站端的预编码矩阵与用户端的合并矩阵，以便最优化同步性能。本节内容安排如下：6.3.2 节给出系统模型，其中包括同步信号模型与信道模型；6.3.3 节给出预编码矩阵与合并矩阵应满足的基本条件；6.3.4 节给出预编码矩阵与合并矩阵对同步性能的影响；6.3.5 节给出预编码矩阵与合并矩阵的设计；6.3.6 节给出数值仿真；6.3.7 节给出总结。

6.3.2 系统模型

1. 同步信号模型

考虑单小区中的下行初始同步，其中基站周期性发射下行同步信号，用户通过在接收信号中检测同步信号是否存在，以和基站保持时间同步。这与现有蜂窝系统的配置相同，例如 LTE[261]。

将基站每发射一次同步信号所持续的时间长度称为一个同步时隙。以 LTE 为例，一个同步时隙对应于一个 OFDM 符号时间 [261]。假设用户利用连续 K 个同步时隙来与基站进行同步，其中 K 是一个可以调节的参数，以便在初始同步的延迟时间与成功概率间进行折中。

在第 k 个同步时隙中，其中 $k=1,2,\cdots,K$，离散时间复基带信号可以被建模为

$$\boldsymbol{Y}_k(\tau)=\begin{cases}\boldsymbol{F}_k^{\mathrm{H}}\boldsymbol{H}_k\boldsymbol{W}_k\boldsymbol{X}_k+\boldsymbol{F}_k^{\mathrm{H}}\boldsymbol{Z}_k, & \mathcal{H}_1:\tau=\tau_0\\ \boldsymbol{F}_k^{\mathrm{H}}\boldsymbol{Z}_k, & \mathcal{H}_0:\tau\neq\tau_0\end{cases}\tag{6.72}$$

式中，$\boldsymbol{X}_k\in\mathbb{C}^{N_t\times L}$ 表示基站发射的同步信号，N_t 与 L 分别表示 $\boldsymbol{X}_k$ 的维度与长度；$\boldsymbol{W}_k\in\mathbb{C}^{M_t\times N_t}$ 表示预编码矩阵；$\boldsymbol{H}_k\in\mathbb{C}^{M_r\times M_t}$ 表示信道矩阵，它被假设为频率平坦且在每个时隙内保持不变，但可能在不同时隙间变化；M_r 和 M_t 分别表示用户和基站的天线数；$\boldsymbol{Z}_k\in\mathbb{C}^{M_r\times L}$ 表示 AWGN 矩阵，其中每个元素服从 $\mathcal{CN}(0,\nu)$ 独立同分布；$\boldsymbol{F}_k\in\mathbb{C}^{M_r\times N_r}$ 表示合并矩阵；$\boldsymbol{Y}_k(\tau)\in\mathbb{C}^{N_r\times L}$ 表示合并后在用户定时位置 τ 处的观测信号。此外，假设 $\mathcal{H}_1$ 表示用户的定时位置 τ 是正确的，因此接收信号与发射信号对齐，而假设 $\mathcal{H}_0$ 意味着 τ 是错误的，因此同步信号被错开或是不存在 [277, 278]。

在之前关于毫米波大规模 MIMO 同步的研究与现有蜂窝系统的协议中，同步信号 $\boldsymbol{X}_k$ 的维度被设为 $N_t=1$[108–110]。以 LTE 为例，其中主同步信号 $\boldsymbol{X}_k$ 是一个长度为 63 的 ZC 序列，即 $N_t=1$ 而 $L=63$[261]。在本节中，N_t 的值并不被限制为 1，在 4.5 节中将会解释这样做的好处。此外，不失一般性，假设同步信号是正交的①，即对于每个同步时隙，满足

① 这是因为对于任意的 $\boldsymbol{W}_k$ 和 $\boldsymbol{X}_k$，总是有 $\boldsymbol{W}_k\boldsymbol{X}_k=\tilde{\boldsymbol{W}}_k\tilde{\boldsymbol{X}}_k$，其中 $\tilde{\boldsymbol{W}}_k=\boldsymbol{W}_k\left(\dfrac{N_t}{L}\boldsymbol{X}_k\boldsymbol{X}_k^{\mathrm{H}}\right)^{1/2}$ 而 $\tilde{\boldsymbol{X}}_k\tilde{\boldsymbol{X}}_k^{\mathrm{H}}=\dfrac{L}{N_t}\boldsymbol{I}_{N_t}$。可以看出等效同步信号 $\tilde{\boldsymbol{X}}_k$ 总是正交的。

$$\boldsymbol{X}_k\boldsymbol{X}_k^{\mathrm{H}} = \frac{L}{N_t}\boldsymbol{I}_{N_t} \tag{6.73}$$

2. 信道模型

考虑常用的几何信道模型 [5, 114, 231]。假设基站与用户都被配置一个均匀线阵。因此式 (6.72) 中的信道矩阵 $\boldsymbol{H}_k$ 可表示为

$$\boldsymbol{H}_k = \sum_{p=1}^{P}\alpha_{p,k}\boldsymbol{u}(\theta_{r,p})\boldsymbol{v}^{\mathrm{H}}(\theta_{t,p}) \tag{6.74}$$

式中，P 表示总空间径数；$\alpha_{p,k}$ 表示第 p 条径在第 k 个同步时隙中的复增益；$\theta_{r,p}$ 与 $\theta_{t,p}$ 分别表示第 p 条径的到达角与离开角①，而阵列响应矢量可表示为

$$\boldsymbol{u}(\theta_r) = [1, \mathrm{e}^{\bar{\mathrm{j}}2\pi\theta_r}, \cdots, \mathrm{e}^{\bar{\mathrm{j}}2\pi(M_r-1)\theta_r}]^{\mathrm{T}},\ \ 0 \leqslant \theta_r \leqslant 1 \tag{6.75}$$

$$\boldsymbol{v}(\theta_t) = [1, \mathrm{e}^{\bar{\mathrm{j}}2\pi\theta_t}, \cdots, \mathrm{e}^{\bar{\mathrm{j}}2\pi(M_t-1)\theta_t}]^{\mathrm{T}},\ \ 0 \leqslant \theta_t \leqslant 1 \tag{6.76}$$

每条径的到达角 $\theta_{r,p}$ 与离开角 $\theta_{t,p}$ 被假设在 K 个同步时隙中保持不变，因为它们通常变化较慢。第 p 条径的复增益 $\alpha_{p,k}$ 被假设服从均值为零、方差为 β_p 的复高斯分布，即

$$\alpha_{p,k} \sim \mathcal{CN}(0, \beta_p) \tag{6.77}$$

不同的径被假设为不相关，每条径在第 k 个与第 l 个同步时隙的时间相关性被描述为 $\psi_{k,l}$，即

$$E\left\{\alpha_{p,k}\alpha_{q,l}^*\right\} = \begin{cases} \beta_p\psi_{k,l}, & p = q \\ 0, & 其他 \end{cases} \tag{6.78}$$

由于 $\psi_{k,l}$ 表示相关函数，它满足

$$\psi_{k,l} = 1 \tag{6.79}$$

且当 $k \neq l$ 时，满足 $|\psi_{k,l}| \leqslant 1$。此外，所有 P 条径的总平均增益被归一化，即

$$\sum_{p=1}^{P}\beta_p = 1 \tag{6.80}$$

① 在这里，θ 表示虚拟角度。虚拟角 θ 与物理角 ϑ 之间的关系为 $\theta = d\sin\vartheta/\lambda$，其中 λ 表示载波波长，d 表示均匀线阵的天线间距，其通常取值为 $d = \lambda/2$。

6.3.3 预编码矩阵与合并矩阵应满足的基本条件

1. 各元素恒幅

在毫米波大规模 MIMO 系统中，预编码与合并通常采用混合模拟-数字结构来实施 [279–281]。以预编码为例，式 (6.72) 中的预编码矩阵可分解为 $\boldsymbol{W}_k = \boldsymbol{W}_{k,\mathrm{RF}}\boldsymbol{W}_{k,\mathrm{BB}}$，其中 $\boldsymbol{W}_{k,\mathrm{RF}} \in \mathbb{C}^{M_t\times N_{\mathrm{RF}}}$ 与 $\boldsymbol{W}_{k,\mathrm{BB}} \in \mathbb{C}^{N_{\mathrm{RF}}\times N_t}$ 分别表示射频预编码矩阵与基带预编码矩阵，它们分别在模拟域与数字域实施，N_{RF} 表示射频数并满足 $M_t \leqslant N_{\mathrm{RF}} \leqslant N_t$。在本节中，假设预编码与合并都在模拟域使用移相器网络实现。因此预编码矩阵与合并矩阵中的所有元素都应是恒模的，即

$$\left|[\boldsymbol{W}_k]_{m,n}\right| = \frac{1}{\sqrt{M_t}},\ \ \forall\, m,n,k \tag{6.81}$$

$$\left|[\boldsymbol{F}_k]_{m,n}\right| = \frac{1}{\sqrt{M_r}},\ \ \forall\, m,n,k \tag{6.82}$$

注意到，与混合结构相比，这里的纯模拟结构是一个更为严格的约束，而在这一约束下设计出的预编码矩阵与合并矩阵也很容易在混合结构中实现。仍然以预编码为例，一旦 $\boldsymbol{W}_k$ 被设计成满足式 (6.81)，可以令 $\boldsymbol{W}_{k,\mathrm{RF}} = [\boldsymbol{W}_k, \boldsymbol{0}_{M_t\times(N_{\mathrm{RF}}-N_t)}]$、$\boldsymbol{W}_{k,\mathrm{BB}} = [\boldsymbol{I}_{N_t}, \boldsymbol{0}_{N_t\times(N_{\mathrm{RF}}-N_t)}]^{\mathrm{T}}$，即在混合结构中，从总共 N_{RF} 个射频链路中选择 N_t 个链路来实施 $\boldsymbol{W}_k$。

2. 全向覆盖

为了克服毫米波频段下较大的全向路径损耗并增加传输范围，毫米波大规模 MIMO 系统通常依赖高度指向性的传输。然而，在初始同步阶段，无论是基站还是用户都不知道应该选择哪个离开角或是到达角进行传输。因此，它们两者都应该全向地发射或接收同步信号以保证可靠覆盖。

在第 k 个同步时隙中，利用预编码矩阵 $\boldsymbol{W}_k$ 与合并矩阵 $\boldsymbol{F}_k$，在离开角 θ_{t} 与到达角 θ_r 方向上的传输功率增益可表示为

$$\begin{aligned} G_k(\theta_r,\theta_t) &= G_{r,k}(\theta_r)G_{t,k}(\theta_t) \\ &= \boldsymbol{u}^{\mathrm{H}}(\theta_r)\boldsymbol{F}_k\boldsymbol{F}_k^{\mathrm{H}}\boldsymbol{u}(\theta_r)\cdot\boldsymbol{v}^{\mathrm{H}}(\theta_t)\boldsymbol{W}_k\boldsymbol{W}_k^{\mathrm{H}}\boldsymbol{v}(\theta_t) \end{aligned} \tag{6.83}$$

为了在基站与用户端都保证全向覆盖，在总共 K 个同步时隙内的平均传输功率增益应对任何离开角与任何到达角保持不变，即

$$\sum_{k=1}^{K} G_k(\theta_r,\theta_t) = c,\ \ \forall\, \theta_r,\theta_t \in [0,1] \tag{6.84}$$

为了得到其中的未知系数 c，在式 (6.84) 的两端同时对 θ_r 与 θ_t 进行积分。右手边

为 $\int_0^1\int_0^1 c\mathrm{d}\theta_r\mathrm{d}\theta_t = c$，而左手边为

$$\begin{aligned}
&\int_0^1\int_0^1\sum_{k=1}^{K} G_k(\theta_r,\theta_t)\mathrm{d}\theta_r\mathrm{d}\theta_t \\
&=\sum_{k=1}^{K}\int_0^1 \boldsymbol{u}^{\mathrm{H}}(\theta_r)\boldsymbol{F}_k\boldsymbol{F}_k^{\mathrm{H}}\boldsymbol{u}(\theta_r)\mathrm{d}\theta_r\int_0^1 \boldsymbol{v}^{\mathrm{H}}(\theta_t)\boldsymbol{W}_k\boldsymbol{W}_k^{\mathrm{H}}\boldsymbol{v}(\theta_t)\mathrm{d}\theta_t \\
&=\sum_{k=1}^{K}\mathrm{tr}\left(\boldsymbol{F}_k\boldsymbol{F}_k^{\mathrm{H}}\int_0^1 \boldsymbol{u}(\theta_r)\boldsymbol{u}^{\mathrm{H}}(\theta_r)\mathrm{d}\theta_r\right)\mathrm{tr}\left(\boldsymbol{W}_k\boldsymbol{W}_k^{\mathrm{H}}\int_0^1 \boldsymbol{v}(\theta_t)\boldsymbol{v}^{\mathrm{H}}(\theta_t)\mathrm{d}\theta_t\right) \\
&=\sum_{k=1}^{K}\mathrm{tr}(\boldsymbol{F}_k\boldsymbol{F}_k^{\mathrm{H}})\mathrm{tr}(\boldsymbol{W}_k\boldsymbol{W}_k^{\mathrm{H}}) \\
&=KN_rN_t
\end{aligned}$$

式中，第一个等式是由式 (6.83) 得到的，第二个等式是由性质 $\mathrm{tr}(\boldsymbol{AB})=\mathrm{tr}(\boldsymbol{BA})$ 得到的，第三个等式是因为 $\int_0^1 \boldsymbol{u}(\theta_r)\boldsymbol{u}^{\mathrm{H}}(\theta_r)\mathrm{d}\theta_r=\boldsymbol{I}_{M_{\mathrm{r}}}$ 与 $\int_0^1 \boldsymbol{v}(\theta_t)\boldsymbol{v}^{\mathrm{H}}(\theta_t)\mathrm{d}\theta_t=\boldsymbol{I}_{M_{\mathrm{t}}}$，它们可以根据式 (6.75) 与式 (6.76) 直接得到，而最后一个等式可以根据式 (6.81) 与式 (6.82) 得到。因此，有 $c=KN_{\mathrm{r}}N_{\mathrm{t}}$，并将式 (6.84) 重写为

$$\sum_{k=1}^{K}\boldsymbol{u}^{\mathrm{H}}(\theta_r)\boldsymbol{F}_k\boldsymbol{F}_k^{\mathrm{H}}\boldsymbol{u}(\theta_r)\cdot\boldsymbol{v}^{\mathrm{H}}(\theta_t)\boldsymbol{W}_k\boldsymbol{W}_k^{\mathrm{H}}\boldsymbol{v}(\theta_t)=KN_rN_t,\ \ \forall\,\theta_r,\theta_t\in[0,1] \tag{6.85}$$

注意到式 (6.85) 中定义的在总共 K 个同步时隙中保证全向覆盖，并不意味着必须在基站端与用户端使用全向宽波束。这是因为在不同时隙间使用不同指向的窄波束同样能够实现全向覆盖。例如，当 $M_t=K=4$ 且 $M_{\mathrm{r}}=N_r=N_t=1$ 时，由于只有一根接收天线，仅需要考虑预编码。对于如下两个预编码矩阵

$$\boldsymbol{W}_k^{(1)}=[\boldsymbol{I}_4]_{:,k} \tag{6.86}$$

$$\boldsymbol{W}_k^{(2)}=\frac{1}{2}[1,\mathrm{e}^{\mathrm{j}\pi k/2},\mathrm{e}^{\mathrm{j}\pi k},\mathrm{e}^{\mathrm{j}3\pi k/2}]^{\mathrm{T}} \tag{6.87}$$

相应的在离开角 θ_t 上在每个时隙中的发射增益可以根据式 (6.83) 得到，并呈现在图 6.11 中。可以发现，预编码矩阵 (6.86) 与预编码矩阵 (6.87) 都能够在总共 4 个同步时隙中保证全向覆盖。区别在于，预编码矩阵 (6.86) 在每个同步时隙中都生成全向宽波束，而预编码矩阵 (6.87) 在不同时隙中生成不同指向的窄波束。

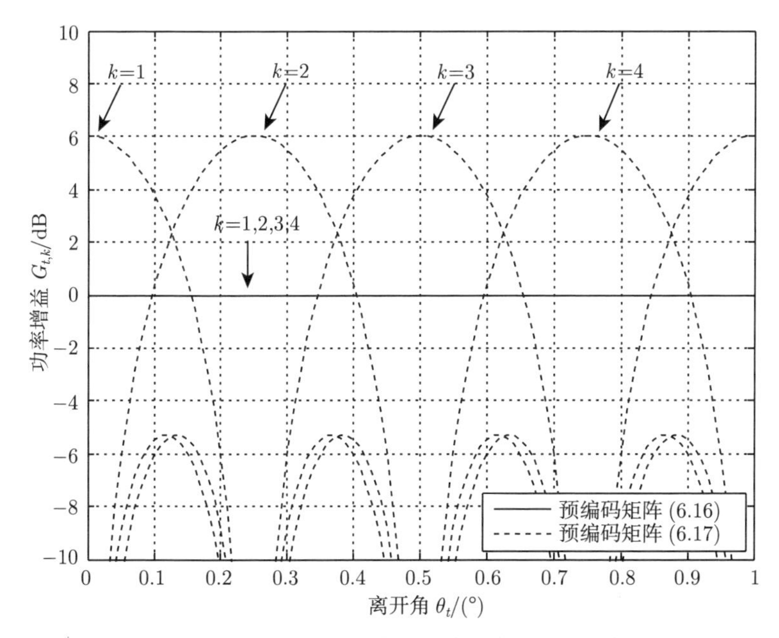

图 6.11 两种不同预编码矩阵的发射增益比较

6.3.4 预编码矩阵与合并矩阵对同步性能的影响

1. 基于 GLRT 准则的同步检测器

如式 (6.72) 所述，将时间同步问题建模为一个二元假设检验问题。由于式 (6.72) 中包含未知参数，其中有噪声方差 ν 以及等效信道矩阵 $\boldsymbol{G}_k=\boldsymbol{F}_k^{\mathrm{H}}\boldsymbol{H}_k\boldsymbol{W}_k$，使用 GLRT 准则进行同步检测 [277, 278]。在 GLRT 准则下的检验统计量为

$$T'(\tau)=\ln\frac{\max_{\boldsymbol{G},\nu}f(\boldsymbol{Y}(\tau)|\mathcal{H}_1,\boldsymbol{G},\nu)}{\max_{\nu}f(\boldsymbol{Y}(\tau)|\mathcal{H}_0,\nu)}\underset{\mathcal{H}_0}{\overset{\mathcal{H}_1}{\gtrless}}\gamma' \tag{6.88}$$

式中，$\boldsymbol{Y}(\tau)=[\boldsymbol{Y}_1(\tau),\boldsymbol{Y}_2(\tau),\cdots,\boldsymbol{Y}_K(\tau)]$，$\boldsymbol{G}=[\boldsymbol{G}_1,\boldsymbol{G}_2,\cdots,\boldsymbol{G}_K]$，而 γ' 为阈值。在附录 6.4.5 中，证明式 (6.88) 可等价为

$$T(\tau)=\frac{\sum\limits_{k=1}^{K}\mathrm{tr}(\boldsymbol{Y}_k(\tau)\boldsymbol{X}_k^{\mathrm{H}}(\boldsymbol{X}_k\boldsymbol{X}_k^{\mathrm{H}})^{-1}\boldsymbol{X}_k\boldsymbol{Y}_k^{\mathrm{H}}(\tau)(\boldsymbol{F}_k^{\mathrm{H}}\boldsymbol{F}_k)^{-1})}{\sum\limits_{k=1}^{K}\mathrm{tr}(\boldsymbol{Y}_k(\tau)\boldsymbol{Y}_k^{\mathrm{H}}(\tau)(\boldsymbol{F}_k^{\mathrm{H}}\boldsymbol{F}_k)^{-1})}\underset{\mathcal{H}_0}{\overset{\mathcal{H}_1}{\gtrless}}\gamma \tag{6.89}$$

根据式 (6.89)，用户端的同步检测器按照如下方式工作。在当前定时位置 τ 下的观测信号 $\boldsymbol{Y}(\tau)$ 被用来计算检验统计量 $T(\tau)$，再将其与阈值 γ 进行比较。如果 $T(\tau)$ 大于 γ，则认为同步成功。否则，用户调整其定时位置，再重新执行以上步骤，直至同步成功。

时间同步的性能通常用 MD 概率与 FA 概率来描述。MD 概率与 FA 概率分别定义为

$$P_{\mathrm{MD}} = \mathbb{P}\{T(\tau) < \gamma | \mathcal{H}_1\} \tag{6.90}$$

$$P_{\mathrm{FA}} = \mathbb{P}\{T(\tau) > \gamma | \mathcal{H}_0\} \tag{6.91}$$

在接下来的内容中，将会研究预编码矩阵与合并矩阵对 MD 概率与 FA 概率的影响。

2. MD 概率

在附录 6.4.6 中，证明 MD 概率 (式 (6.90)) 可表示为

$$P_{\mathrm{MD}} = \mathbb{P}\left\{ \frac{\sum_{k=1}^{K} \|(L/N_{\mathrm{t}})^{1/2} \boldsymbol{F}_k^{\mathrm{H}} \boldsymbol{H}_k \boldsymbol{W}_k + \boldsymbol{Z}_{k,2}\|_{\mathrm{F}}^2}{\sum_{k=1}^{K} \|\boldsymbol{Z}_{k,1}\|_{\mathrm{F}}^2} < \frac{\gamma}{1-\gamma} \right\} \tag{6.92}$$

式中，$\boldsymbol{Z}_{k,1} \in \mathbb{C}^{N_r \times (L-N_t)}$ 与 $\boldsymbol{Z}_{k,2} \in \mathbb{C}^{N_r \times N_t}$ 中的所有元素都服从 $\mathcal{CN}(0,\nu)$ 独立同分布。令

$$\begin{cases} \boldsymbol{g} = \mathrm{vec}\left\{[\boldsymbol{F}_1^{\mathrm{H}} \boldsymbol{H}_1 \boldsymbol{W}_1, \cdots, \boldsymbol{F}_K^{\mathrm{H}} \boldsymbol{H}_K \boldsymbol{W}_K]\right\} \\ \boldsymbol{z}_1 = \mathrm{vec}\left\{[\boldsymbol{Z}_{1,1}, \boldsymbol{Z}_{2,1}, \cdots, \boldsymbol{Z}_{K,1}]\right\} \\ \boldsymbol{z}_2 = \mathrm{vec}\left\{[\boldsymbol{Z}_{1,2}, \boldsymbol{Z}_{2,2}, \cdots, \boldsymbol{Z}_{K,2}]\right\} \end{cases} \tag{6.93}$$

可将式 (6.92) 表示为

$$P_{\mathrm{MD}} = \mathbb{P}\left\{ \frac{((L/N_t)^{1/2}\boldsymbol{g} + \boldsymbol{z}_2)^{\mathrm{H}}((L/N_t)^{1/2}\boldsymbol{g} + \boldsymbol{z}_2)}{\boldsymbol{z}_1^{\mathrm{H}} \boldsymbol{z}_1} < \frac{\gamma}{1-\gamma} \right\} \tag{6.94}$$

式中，$\boldsymbol{z}_1 \sim \mathcal{CN}(\boldsymbol{0}, \nu \boldsymbol{I}_{KN_r(L-N_t)})$、$\boldsymbol{z}_2 \sim \mathcal{CN}(\boldsymbol{0}, \nu \boldsymbol{I}_{KN_rN_t})$。根据式 (6.74)、式 (6.77) 与式 (6.93)，知道 $\boldsymbol{g} \sim \mathcal{CN}(\boldsymbol{0}, \boldsymbol{R})$，其中协方差矩阵可表示为

$$\boldsymbol{R} = E\left\{\boldsymbol{g}\boldsymbol{g}^{\mathrm{H}}\right\} = \begin{bmatrix} \boldsymbol{R}_{1,1} & \boldsymbol{R}_{1,2} & \cdots & \boldsymbol{R}_{1,K} \\ \boldsymbol{R}_{2,1} & \boldsymbol{R}_{2,2} & \cdots & \boldsymbol{R}_{2,K} \\ \vdots & \vdots & & \vdots \\ \boldsymbol{R}_{K,1} & \boldsymbol{R}_{K,2} & \cdots & \boldsymbol{R}_{K,K} \end{bmatrix} \tag{6.95}$$

式 (6.95) 中的第 (k,l) 个子块被定义为

$$\begin{aligned} \boldsymbol{R}_{k,l} &= E\left\{\mathrm{vec}\left\{\boldsymbol{F}_k^{\mathrm{H}} \boldsymbol{H}_k \boldsymbol{W}_k\right\} (\mathrm{vec}\left\{\boldsymbol{F}_l^{\mathrm{H}} \boldsymbol{H}_l \boldsymbol{W}_l\right\})^{\mathrm{H}}\right\} \\ &= (\boldsymbol{W}_k^{\mathrm{T}} \otimes \boldsymbol{F}_k^{\mathrm{H}}) E\left\{\mathrm{vec}\left\{\boldsymbol{H}_k\right\} (\mathrm{vec}\left\{\boldsymbol{H}_l\right\})^{\mathrm{H}}\right\} (\boldsymbol{W}_l^{*} \otimes \boldsymbol{F}_l) \end{aligned} \tag{6.96}$$

式中，最后一个等式是根据性质 $\text{vec}\{\boldsymbol{ABC}\} = (\boldsymbol{C}^{\text{T}} \otimes \boldsymbol{A})\text{vec}\{\boldsymbol{B}\}$ 得出的。式 (6.96) 中的中间项可进一步表示为

$$\begin{aligned}
&E\left\{\text{vec}\{\boldsymbol{H}_k\}(\text{vec}\{\boldsymbol{H}_l\})^{\text{H}}\right\} \\
&= E\left\{\left(\sum_{p=1}^{P} \alpha_{p,k}\boldsymbol{v}^*(\theta_{t,p}) \otimes \boldsymbol{u}(\theta_{r,p})\right)\left(\sum_{p=1}^{P} \alpha_{p,k}\boldsymbol{v}^*(\theta_{t,p}) \otimes \boldsymbol{u}(\theta_{r,p})\right)^{\text{H}}\right\} \\
&= \psi_{k,l}\sum_{p=1}^{P} \beta_p(\boldsymbol{v}^*(\theta_{t,p}) \otimes \boldsymbol{u}(\theta_{r,p}))(\boldsymbol{v}^{\text{T}}(\theta_{t,p}) \otimes \boldsymbol{u}^{\text{H}}(\theta_{r,p}))
\end{aligned} \tag{6.97}$$

式中，第一个等式是根据式 (6.74) 得出的，而最后一个等式是根据式 (6.78) 得出的。

根据式 (6.94)~式 (6.96)，可以看出总共 K 个同步时隙中的预编码矩阵与合并矩阵 $\{\boldsymbol{W}_k, \boldsymbol{F}_k\}_{k=1}^{K}$ 主要影响等效信道矢量 $\boldsymbol{g}$ 的协方差矩阵 $\boldsymbol{R}$，进而影响 MD 概率 P_{MD}。为了进一步量化分析这一影响，需要推导出关于式 (6.94) 的一个较为简单的表达式。首先给出如下有用的引理。

引理 6.5 考虑两个互相独立的随机变量 $X = \sum\limits_{m=1}^{M} |x_m|^2$ 与 $Y = \sum\limits_{n=1}^{N} |y_n|^2$，其中所有元素都互相独立且 $x_m \sim \mathcal{CN}(0, \lambda_m)$ 而 $y_n \sim \mathcal{CN}(0, \sigma_n)$。有

$$\mathbb{P}\left\{\frac{X}{Y} < t\right\} = \frac{1}{2\pi}\int_{-\infty}^{\infty} \frac{1}{\jmath\omega}\prod_{m=1}^{M}\frac{1}{1+\jmath\lambda_m\omega}\prod_{n=1}^{N}\frac{1}{1-\jmath\sigma_n\omega t}\text{d}\omega + \frac{1}{2} \tag{6.98}$$

而当 t 较小时，它可以被渐近近似为

$$\mathbb{P}\left\{\frac{X}{Y} < t\right\} \approx t^M \prod_{m=1}^{M}\frac{1}{\lambda_m}\sum_{l_1+l_2+\cdots+l_N=M}\prod_{n=1}^{N}\sigma_n^{l_n} \tag{6.99}$$

证明 见附录 6.4.7。 ■

引理 6.5 被用来得到如下定理。

定理 6.4 令 r 与 $\{\lambda_m\}_{m=1}^{r}$ 分别表示 $\boldsymbol{R}$ 的秩与非零特征值。当 $\gamma \to 0$ 时，MD 概率 (6.94) 可渐近表示为

$$P_{\text{MD}} \approx \left(\frac{N_{\text{t}}\nu\gamma}{L(1-\gamma)}\right)^r \binom{KLN_{\text{r}}-1}{r}\prod_{m=1}^{r}\lambda_m^{-1} \tag{6.100}$$

式中，$\binom{n}{k} = \dfrac{n!}{k!(n-k)!}$ 表示组合数。

证明 可以根据引理 6.5 直接得到。 ■

定理 6.4 中的渐近结果 (6.100) 提供了一个简单而有用的工具，它可以被用来分析预编码矩阵与合并矩阵对 MD 概率的影响。根据式 (6.100)，可以看出 P_{MD} 主

要被 $\boldsymbol{R}$ 的秩 r 与非零特征值 $\{\lambda_m\}_{m=1}^{r}$ 影响。如果将 P_{MD} 看作 SNR 即 $1/\nu$ 的函数，曲线在高 SNR 下的斜率将取决于 r，而曲线在水平方向上的位移则取决于 $\prod_{m=1}^{r}\lambda_m^{-1}$。这与传统 STBC 的分集与编码增益的概念类似，其中一个好的 STBC 设计应首先最大化分集增益，然后最大化编码增益 [270]。在这里，与 STBC 中的设计准则类似，为了最小化式 (6.100) 中的渐近的 P_{MD}，要求 $\boldsymbol{R}$ 的秩首先被最大化，然后 $\boldsymbol{R}$ 的非零特征值的乘积被最大化。

然而，根据式 (6.95) 与式 (6.96)，可以看出 $\boldsymbol{R}$ 的秩 r 以及非零特征值 $\{\lambda_m\}_{m=1}^{r}$ 不仅取决于预编码矩阵与合并矩阵 $\{\boldsymbol{W}_k,\boldsymbol{F}_k\}_{k=1}^{K}$，也取决于信道协差阵 $E\left\{\mathrm{vec}\{\boldsymbol{H}_k\}(\mathrm{vec}\{\boldsymbol{H}_l\})^{\mathrm{H}}\right\}$。此协差阵通常由传输场景以及地理环境决定，且在初始同步阶段无法预知。因此，考虑两种典型模型，包括单径信道与独立同分布信道。这两个模型代表着传输场景的两个极端特例，其中前者只有一个单独的稀疏空间径 $(P=1)$，而后者则拥有充分丰富的空间径 $(P\to\infty)$。注意到这两个模型主要被用于简化理论分析。在数值仿真中，仍然将使用更为实际的信道模型。

1) **单径信道**

在此种情况下，式 (6.74) 中只有 $P=1$ 个空间径。式 (6.97) 变为

$$E\left\{\mathrm{vec}(\boldsymbol{H}_k)(\mathrm{vec}(\boldsymbol{H}_l))^{\mathrm{H}}\right\}=\psi_{k,l}(\boldsymbol{v}^*(\theta_t)\otimes\boldsymbol{u}(\theta_r))(\boldsymbol{v}^{\mathrm{T}}(\theta_t)\otimes\boldsymbol{u}^{\mathrm{H}}(\theta_r)) \tag{6.101}$$

式中，利用了式 (6.80) 并忽略了径的标号 p。将式 (6.101) 代入式 (6.96) 可以得到

$$\begin{aligned}\boldsymbol{R}_{k,l}&=\psi_{k,l}(\boldsymbol{W}_k^{\mathrm{T}}\otimes\boldsymbol{F}_k^{\mathrm{H}})(\boldsymbol{v}^*(\theta_t)\otimes\boldsymbol{u}(\theta_r))(\boldsymbol{v}^{\mathrm{T}}(\theta_t)\otimes\boldsymbol{u}^{\mathrm{H}}(\theta_r))(\boldsymbol{W}_l^*\otimes\boldsymbol{F}_l)\\&=\psi_{k,l}\underbrace{(\boldsymbol{W}_k^{\mathrm{T}}\boldsymbol{v}^*(\theta_t)\otimes\boldsymbol{F}_k^{\mathrm{H}}\boldsymbol{u}(\theta_r))}_{\boldsymbol{a}_k}\underbrace{(\boldsymbol{v}^{\mathrm{T}}(\theta_t)\boldsymbol{W}_l^*\otimes\boldsymbol{u}^{\mathrm{H}}(\theta_r)\boldsymbol{F}_l)}_{\boldsymbol{a}_l^{\mathrm{H}}}\end{aligned} \tag{6.102}$$

根据式 (6.102)，可以将式 (6.95) 表示为

$$\boldsymbol{R}=\begin{bmatrix}\boldsymbol{a}_1 & \boldsymbol{0} & \cdots & \boldsymbol{0}\\ \boldsymbol{0} & \boldsymbol{a}_2 & \cdots & \boldsymbol{0}\\ \vdots & \vdots & & \vdots\\ \boldsymbol{0} & \boldsymbol{0} & \cdots & \boldsymbol{a}_K\end{bmatrix}\begin{bmatrix}\psi_{1,1} & \psi_{1,2} & \cdots & \psi_{1,K}\\ \psi_{2,1} & \psi_{2,2} & \cdots & \psi_{2,K}\\ \vdots & \vdots & & \vdots\\ \psi_{K,1} & \psi_{K,2} & \cdots & \psi_{K,K}\end{bmatrix}\begin{bmatrix}\boldsymbol{a}_1^{\mathrm{H}} & \boldsymbol{0} & \cdots & \boldsymbol{0}\\ \boldsymbol{0} & \boldsymbol{a}_2^{\mathrm{H}} & \cdots & \boldsymbol{0}\\ \vdots & \vdots & & \vdots\\ \boldsymbol{0} & \boldsymbol{0} & \cdots & \boldsymbol{a}_K^{\mathrm{H}}\end{bmatrix} \tag{6.103}$$

根据两个矩阵 $\boldsymbol{AB}$ 与 $\boldsymbol{BA}$ 拥有相同的秩以及非零特征值这个性质，知道式 (6.103)

中 $\boldsymbol{R}$ 的秩与非零特征值与

$$\begin{aligned}\tilde{\boldsymbol{R}} &= \begin{bmatrix} \psi_{1,1} & \psi_{1,2} & \cdots & \psi_{1,K} \\ \psi_{2,1} & \psi_{2,2} & \cdots & \psi_{2,K} \\ \vdots & \vdots & & \vdots \\ \psi_{K,1} & \psi_{K,2} & \cdots & \psi_{K,K} \end{bmatrix} \begin{bmatrix} \boldsymbol{a}_1^{\mathrm{H}} & \mathbf{0} & \cdots & \mathbf{0} \\ \mathbf{0} & \boldsymbol{a}_2^{\mathrm{H}} & \cdots & \mathbf{0} \\ \vdots & \vdots & & \vdots \\ \mathbf{0} & \mathbf{0} & \cdots & \boldsymbol{a}_K^{\mathrm{H}} \end{bmatrix} \begin{bmatrix} \boldsymbol{a}_1 & \mathbf{0} & \cdots & \mathbf{0} \\ \mathbf{0} & \boldsymbol{a}_2 & \cdots & \mathbf{0} \\ \vdots & \vdots & & \vdots \\ \mathbf{0} & \mathbf{0} & \cdots & \boldsymbol{a}_K \end{bmatrix} \\ &= \boldsymbol{\Psi} \cdot \mathrm{diag}\left(\boldsymbol{a}_1^{\mathrm{H}}\boldsymbol{a}_1, \boldsymbol{a}_2^{\mathrm{H}}\boldsymbol{a}_2, \cdots, \boldsymbol{a}_K^{\mathrm{H}}\boldsymbol{a}_K\right) \end{aligned} \tag{6.104}$$

的秩与非零特征值相同，其中 $[\boldsymbol{\Psi}]_{k,l} = \psi_{k,l}$。根据式 (6.102)，知道

$$\begin{aligned}\boldsymbol{a}_k^{\mathrm{H}}\boldsymbol{a}_k &= (\boldsymbol{v}^{\mathrm{T}}(\theta_t)\boldsymbol{W}_k^* \otimes \boldsymbol{u}^{\mathrm{H}}(\theta_r)\boldsymbol{F}_k)(\boldsymbol{W}_k^{\mathrm{T}}\boldsymbol{v}^*(\theta_t) \otimes \boldsymbol{F}_k^{\mathrm{H}}\boldsymbol{u}(\theta_r)) \\ &= \boldsymbol{v}^{\mathrm{T}}(\theta_t)\boldsymbol{W}_k^*\boldsymbol{W}_k^{\mathrm{T}}\boldsymbol{v}^*(\theta_t) \otimes \boldsymbol{u}^{\mathrm{H}}(\theta_r)\boldsymbol{F}_k\boldsymbol{F}_k^{\mathrm{H}}\boldsymbol{u}(\theta_r) \\ &= \boldsymbol{v}^{\mathrm{H}}(\theta_t)\boldsymbol{W}_k\boldsymbol{W}_k^{\mathrm{H}}\boldsymbol{v}(\theta_t) \cdot \boldsymbol{u}^{\mathrm{H}}(\theta_r)\boldsymbol{F}_k\boldsymbol{F}_k^{\mathrm{H}}\boldsymbol{u}(\theta_r) \end{aligned} \tag{6.105}$$

式中，第二个等式是因为 $(\boldsymbol{A} \otimes \boldsymbol{B})(\boldsymbol{C} \otimes \boldsymbol{D}) = \boldsymbol{AC} \otimes \boldsymbol{BD}$，而最后一个等式是因为对于两个标量 a 与 b，有 $a \otimes b = ab$，而 $\boldsymbol{v}^{\mathrm{T}}(\theta_t)\boldsymbol{W}_k^*\boldsymbol{W}_k^{\mathrm{T}}\boldsymbol{v}^*(\theta_t)$ 等于它的转置 $\boldsymbol{v}^{\mathrm{H}}(\theta_t)\boldsymbol{W}_k\boldsymbol{W}_k^{H}\boldsymbol{v}(\theta_t)$。根据式 (6.105) 与式 (6.85)，应该满足

$$\sum_{k=1}^{K} \boldsymbol{a}_k^{\mathrm{H}}\boldsymbol{a}_k = KN_rN_t \tag{6.106}$$

如前面所述，为了最小化式 (6.100) 中的渐近 MD 概率，式 (6.103) 中 $\boldsymbol{R}$ 的秩与非零特征值乘积，即式 (6.104) 中 $\tilde{\boldsymbol{R}}$ 的秩与非零特征值乘积，应当被最大化。不难发现，对任意的 $\boldsymbol{\Psi}$，当且仅当 $\mathrm{diag}\left(\boldsymbol{a}_1^{\mathrm{H}}\boldsymbol{a}_1, \boldsymbol{a}_2^{\mathrm{H}}\boldsymbol{a}_2, \cdots, \boldsymbol{a}_K^{\mathrm{H}}\boldsymbol{a}_K\right)$ 是满秩 K 的，$\tilde{\boldsymbol{R}}$ 的秩能够被最大化。此外，假设 $\boldsymbol{\Psi}$ 也是满秩 K 的，则非零特征值的乘积，即 $\tilde{\boldsymbol{R}}$ 的行列式满足

$$\begin{aligned}\det(\tilde{\boldsymbol{R}}) &= \det(\boldsymbol{\Psi})\det(\mathrm{diag}\left(\boldsymbol{a}_1^{\mathrm{H}}\boldsymbol{a}_1, \boldsymbol{a}_2^{\mathrm{H}}\boldsymbol{a}_2, \cdots, \boldsymbol{a}_K^{\mathrm{H}}\boldsymbol{a}_K\right)) \\ &= \det(\boldsymbol{\Psi})\prod_{k=1}^{K}\boldsymbol{a}_k^{\mathrm{H}}\boldsymbol{a}_k \\ &\leqslant \det(\boldsymbol{\Psi})\left(\frac{1}{K}\sum_{k=1}^{K}\boldsymbol{a}_k^{\mathrm{H}}\boldsymbol{a}_k\right)^K \\ &= \det(\boldsymbol{\Psi})(N_{\mathrm{r}}N_{\mathrm{t}})^K \end{aligned}$$

式中，最后一个等式是因为式 (6.106)，而不等式取等号的条件是当且仅当所有 $\boldsymbol{a}_k^{\mathrm{H}}\boldsymbol{a}_k$ 的值相等，即

$$\boldsymbol{v}^{\mathrm{H}}(\theta_t)\boldsymbol{W}_k\boldsymbol{W}_k^{\mathrm{H}}\boldsymbol{v}(\theta_t) \cdot \boldsymbol{u}^{\mathrm{H}}(\theta_r)\boldsymbol{F}_k\boldsymbol{F}_k^{\mathrm{H}}\boldsymbol{u}(\theta_r) = N_rN_t, \ \forall\, \theta_r, \theta_t \in [0,1], \forall\, k \tag{6.107}$$

此外，在式 (6.107) 中，假设 $\boldsymbol{v}^{\mathrm{H}}(\theta_t)\boldsymbol{W}_k\boldsymbol{W}_k^{\mathrm{H}}\boldsymbol{v}(\theta_t) = c$ 并在两边同时对 θ_t 在区间 $[0,1]$ 上积分。右手边是 $\int_0^1 c\mathrm{d}\theta_t = c$，而左手边是

$$\begin{aligned}\int_0^1 \boldsymbol{v}^{\mathrm{H}}(\theta_t)\boldsymbol{W}_k\boldsymbol{W}_k^{\mathrm{H}}\boldsymbol{v}(\theta_t)\mathrm{d}\theta_t &= \mathrm{tr}\left(\boldsymbol{W}_k\boldsymbol{W}_k^{\mathrm{H}}\int_0^1 \boldsymbol{v}(\theta_t)\boldsymbol{v}^{\mathrm{H}}(\theta_t)\mathrm{d}\theta_t\right)\\ &= \mathrm{tr}(\boldsymbol{W}_k\boldsymbol{W}_k^{\mathrm{H}})\\ &= N_t\end{aligned}$$

式中，第一个等式是根据性质 $\mathrm{tr}(\boldsymbol{AB}) = \mathrm{tr}(\boldsymbol{BA})$ 得到的，第二个等式是因为 $\int_0^1 \boldsymbol{v}(\theta_t)\boldsymbol{v}^{\mathrm{H}}(\theta_t)\mathrm{d}\theta_t = \boldsymbol{I}_{M_t}$，它可以根据式 (6.76) 得到，最后一个等式可以根据式 (6.82) 得到。因此，有 $c = N_t$ 并将式 (6.107) 重写为

$$\boldsymbol{v}^{\mathrm{H}}(\theta_t)\boldsymbol{W}_k\boldsymbol{W}_k^{\mathrm{H}}\boldsymbol{v}(\theta_t) = N_t,\ \forall\,\theta_t \in [0,1], \forall\, k \tag{6.108}$$

$$\boldsymbol{u}^{\mathrm{H}}(\theta_r)\boldsymbol{F}_k\boldsymbol{F}_k^{\mathrm{H}}\boldsymbol{u}(\theta_r) = N_r,\ \forall\,\theta_r \in [0,1], \forall\, k \tag{6.109}$$

可以看出，条件 (6.108) 与条件 (6.109) 相较于条件 (6.85) 更为严格，因为条件 (6.85) 只要求在 K 个同步时隙中保证全向覆盖，而条件 (6.108) 与条件 (6.109) 则要求在每个时隙内都要保证全向覆盖。这意味着全向宽波束优于指向窄波束。

2) **独立同分布信道**

在此种情况下，式 (6.74) 中有充分多的空间径，即 $P \to \infty$。令式 (6.97) 变为

$$E\left\{\mathrm{vec}\left\{\boldsymbol{H}_k\right\}\left(\mathrm{vec}\left\{\boldsymbol{H}_l\right\}\right)^{\mathrm{H}}\right\} = \psi_{k,l}\boldsymbol{I}_{M_rM_t} \tag{6.110}$$

以表示信道的独立同分布特性。将式 (6.110) 代入式 (6.96) 可以得到

$$\begin{aligned}\boldsymbol{R}_{k,l} &= \psi_{k,l}(\boldsymbol{W}_k^{\mathrm{T}} \otimes \boldsymbol{F}_k^{\mathrm{H}})(\boldsymbol{W}_l^* \otimes \boldsymbol{F}_l)\\ &= \psi_{k,l}\boldsymbol{W}_k^{\mathrm{T}}\boldsymbol{W}_l^* \otimes \boldsymbol{F}_k^{\mathrm{H}}\boldsymbol{F}_l\end{aligned} \tag{6.111}$$

根据式 (6.111)，将式 (6.95) 表示为

$$\boldsymbol{R}=\begin{bmatrix}\psi_{1,1}\boldsymbol{W}_1^{\mathrm{T}}\boldsymbol{W}_1^* \otimes \boldsymbol{F}_1^{\mathrm{H}}\boldsymbol{F}_1 & \psi_{1,2}\boldsymbol{W}_1^{\mathrm{T}}\boldsymbol{W}_2^* \otimes \boldsymbol{F}_1^{\mathrm{H}}\boldsymbol{F}_2 & \cdots & \psi_{1,K}\boldsymbol{W}_1^{\mathrm{T}}\boldsymbol{W}_K^* \otimes \boldsymbol{F}_1^{\mathrm{H}}\boldsymbol{F}_K\\ \psi_{2,1}\boldsymbol{W}_2^{\mathrm{T}}\boldsymbol{W}_1^* \otimes \boldsymbol{F}_2^{\mathrm{H}}\boldsymbol{F}_1 & \psi_{2,2}\boldsymbol{W}_2^{\mathrm{T}}\boldsymbol{W}_2^* \otimes \boldsymbol{F}_2^{\mathrm{H}}\boldsymbol{F}_2 & \cdots & \psi_{2,K}\boldsymbol{W}_2^{\mathrm{T}}\boldsymbol{W}_K^* \otimes \boldsymbol{F}_2^{\mathrm{H}}\boldsymbol{F}_K\\ \vdots & \vdots & & \vdots\\ \psi_{K,1}\boldsymbol{W}_K^{\mathrm{T}}\boldsymbol{W}_1^* \otimes \boldsymbol{F}_K^{\mathrm{H}}\boldsymbol{F}_1 & \psi_{K,2}\boldsymbol{W}_K^{\mathrm{T}}\boldsymbol{W}_2^* \otimes \boldsymbol{F}_K^{\mathrm{H}}\boldsymbol{F}_2 & \cdots & \psi_{K,K}\boldsymbol{W}_K^{\mathrm{T}}\boldsymbol{W}_K^* \otimes \boldsymbol{F}_K^{\mathrm{H}}\boldsymbol{F}_K\end{bmatrix} \tag{6.112}$$

如前面所述，为了最小化式 (6.100) 中的渐近 MD 概率，需要最大化式 (6.112) 中 $\boldsymbol{R}$ 的秩与非零特征值的乘积。注意到式 (6.112) 中 $\boldsymbol{R}$ 的迹可表示为

$$
\begin{aligned}
\operatorname{tr}(\boldsymbol{R}) &= \sum_{k=1}^{K} \operatorname{tr}(\psi_{k,k} \boldsymbol{W}_k^{\mathrm{T}} \boldsymbol{W}_k^{*} \otimes \boldsymbol{F}_k^{\mathrm{H}} \boldsymbol{F}_k) \\
&= \sum_{k=1}^{K} \operatorname{tr}(\boldsymbol{W}_k^{\mathrm{H}} \boldsymbol{W}_k) \operatorname{tr}(\boldsymbol{F}_k^{\mathrm{H}} \boldsymbol{F}_k) \\
&= K N_r N_t
\end{aligned}
$$

式中，第二个等式是由式 (6.79) 以及性质 $\operatorname{tr}(\boldsymbol{A}\otimes\boldsymbol{B}) = \operatorname{tr}(\boldsymbol{A})\operatorname{tr}(\boldsymbol{B})$ 与 $\operatorname{tr}(\boldsymbol{A}) = \operatorname{tr}(\boldsymbol{A}^{\mathrm{T}})$ 得到的，最后一个等式可以根据式 (6.81) 与式 (6.82) 得到。因此，$\boldsymbol{R}$ 的秩可以被最大化为 KN_rN_t，而 $\boldsymbol{R}$ 的非零特征值的乘积，即行列式当其满秩，可以被最大化为 $\det(\boldsymbol{R}) \leqslant \left(\dfrac{1}{KN_rN_t}\operatorname{tr}(\boldsymbol{R})\right)^{KN_rN_t} = 1$，当且仅当 $\boldsymbol{R} = \boldsymbol{I}_{KN_rN_t}$。对于式 (6.112) 中任意的信道时间相关矩阵 $\boldsymbol{\varPsi}$ 其中 $[\boldsymbol{\varPsi}]_{k,l} = \psi_{k,l}$，等式 $\boldsymbol{R} = \boldsymbol{I}_{KN_{\mathrm{r}}N_{\mathrm{t}}}$ 成立当且仅当

$$
\boldsymbol{W}_k^{\mathrm{T}} \boldsymbol{W}_l^{*} \otimes \boldsymbol{F}_k^{\mathrm{H}} \boldsymbol{F}_l = \begin{cases} \boldsymbol{I}_{N_rN_t}, & k = l \\ \boldsymbol{0}, & \text{其他} \end{cases}
$$

这意味着在每个同步时隙中，预编码矩阵与合并矩阵都应该是正交的，即

$$
\boldsymbol{W}_k^{\mathrm{H}} \boldsymbol{W}_k = \boldsymbol{I}_{N_t}, \ \forall\, k \tag{6.113}
$$

$$
\boldsymbol{F}_k^{\mathrm{H}} \boldsymbol{F}_k = \boldsymbol{I}_{N_r}, \ \forall\, k \tag{6.114}
$$

此外，在两个不同的同步时隙，预编码矩阵与合并矩阵中至少有一个应满足正交特性，即

$$
\boldsymbol{W}_k^{\mathrm{H}} \boldsymbol{W}_l = \boldsymbol{0} \ \text{或}\ \boldsymbol{F}_k^{\mathrm{H}} \boldsymbol{F}_l = \boldsymbol{0}, \ \forall\, k \neq l \tag{6.115}
$$

3. FA 概率

在附录 6.4.6 中，证明 FA 概率 (式 (6.91)) 可表示为

$$
P_{\mathrm{FA}} = \mathbb{P}\left\{ \frac{\sum_{k=1}^{K} \|\boldsymbol{Z}_{k,2}\|_{\mathrm{F}}^2}{\sum_{k=1}^{K} \|\boldsymbol{Z}_{k,1}\|_{\mathrm{F}}^2} > \frac{\gamma}{1-\gamma} \right\} \tag{6.116}
$$

式中，$\boldsymbol{Z}_{k,1} \in \mathbb{C}^{N_r\times(L-N_t)}$ 与 $\boldsymbol{Z}_{k,2} \in \mathbb{C}^{N_r\times N_t}$ 的所有元素都服从 $\mathcal{CN}(0,\nu)$ 独立同分布。可以看出，预编码矩阵与合并矩阵都不影响 FA 概率 (式 (6.116))。此外，注意到式 (6.116) 中 $\mathbb{P}(\cdot)$ 中的右手边服从标准 F 分布。因此，根据 F 分布的累积分布函数 (cumulative distribution function，CDF)，可以得到式 (6.116) 的闭式表达 [282]

$$P_{\mathrm{FA}} = (1-\gamma)^{KLN_r-1}\sum_{m=0}^{KN_rN_t-1}\binom{KLN_r-1}{m}\left(\frac{\gamma}{1-\gamma}\right)^m \tag{6.117}$$

在本节中，分析了预编码矩阵与合并矩阵 $\{\boldsymbol{W}_k,\boldsymbol{F}_k\}_{k=1}^K$ 对同步性能的影响。分析表明 $\{\boldsymbol{W}_k,\boldsymbol{F}_k\}_{k=1}^K$ 应满足式 (6.108) 与式 (6.109)，以在单径信道下最小化渐近 MD 概率，应满足式 (6.113)~式 (6.115)，以在独立同分布信道下最小化渐近 MD 概率。此外，分析表明 $\{\boldsymbol{W}_k,\boldsymbol{F}_k\}_{k=1}^K$ 不影响 FA 概率。

6.3.5 预编码矩阵与合并矩阵的设计

6.3.3 节表明预编码矩阵与合并矩阵 $\{\boldsymbol{W}_k,\boldsymbol{F}_k\}_{k=1}^K$ 应满足条件 (6.81)、条件 (6.82) 与条件 (6.85)，以保证其中的所有元素恒模且在总共 K 个同步时隙中全向覆盖。6.3.4 节表明 $\{\boldsymbol{W}_k,\boldsymbol{F}_k\}_{k=1}^K$ 应满足条件 (6.108)、条件 (6.109)、条件 (6.113)、条件 (6.114) 与条件 (6.115)，以在单径信道与独立同分布信道下最小化渐近 MD 概率。注意到只要式 (6.108) 与条件 (6.109) 已经满足，式 (6.85) 可以自动满足，因此其可以被忽略。在本节中，将研究如何设计 $\{\boldsymbol{W}_k,\boldsymbol{F}_k\}_{k=1}^K$ 以同时满足条件 (6.81)、条件 (6.82)、条件 (6.108)、条件 (6.109)、条件 (6.113)、条件 (6.114) 与条件 (6.115)。

首先，为了简化问题，考虑 $K=1$ 的情况，而条件 (6.115) 可被暂时忽略。由于条件 (6.81)、条件 (6.108) 与条件 (6.113) 类似于条件 (6.82)、条件 (6.109) 与条件 (6.114)，因此预编码矩阵的设计与合并矩阵的设计也是类似的。在接下来的内容中，主要以预编码矩阵为例来说明设计过程。将条件 (6.81)、条件 (6.108) 与条件 (6.113) 重写为

$$[\boldsymbol{W}]_{m,n} = \frac{1}{\sqrt{M}},\ \ \forall\, m,n \tag{6.118}$$

$$\boldsymbol{v}^{\mathrm{H}}(\theta)\boldsymbol{W}\boldsymbol{W}^{\mathrm{H}}\boldsymbol{v}(\theta) = 1,\ \ \forall\,\theta\in[0,1] \tag{6.119}$$

$$\boldsymbol{W}^{\mathrm{H}}\boldsymbol{W} = \boldsymbol{I}_N \tag{6.120}$$

式中，忽略了下标 k 与 t 以便书写简单。需要设计矩阵 $\boldsymbol{W}\in\mathbb{C}^{M\times N}$ 以同时满足条件 (6.118)、条件 (6.119) 与条件 (6.120)。

令 $\boldsymbol{W} = [\boldsymbol{w}_1, \boldsymbol{w}_2, \cdots, \boldsymbol{w}_N]$ 且 $\boldsymbol{w}_n = [w_{1,n}, w_{2,n}, \cdots, w_{M,n}]^{\mathrm{T}}$，将式 (6.119) 重写为

$$\begin{aligned}\boldsymbol{v}^{\mathrm{H}}(\theta)\boldsymbol{W}\boldsymbol{W}^{\mathrm{H}}\boldsymbol{v}(\theta) &= \sum_{n=1}^{N}\left|\sum_{m=1}^{M} w_{m,n}\mathrm{e}^{\mathrm{j}2\pi(m-1)\theta}\right|^2 \\ &= \sum_{l=-M+1}^{M-1}\sum_{n=1}^{N} r_{l,n}\mathrm{e}^{\mathrm{j}2\pi l\theta}\end{aligned} \tag{6.121}$$

式中

$$r_{l,n} = \begin{cases} \displaystyle\sum_{m=1}^{M} w_m w_{m+l}^*, & l = 0, 1, \cdots, M-1 \\ r_{-l,n}^*, & l = -M+1, \cdots, -1 \end{cases}$$

表示 $\boldsymbol{w}_n$ 的非周期自相关函数，如果将矢量 $\boldsymbol{w}_n$ 看作一个长度为 M 的序列。将式 (6.121) 代入式 (6.119) 可以得到

$$\sum_{l=-M+1}^{M-1}\sum_{n=1}^{N} r_{l,n}\mathrm{e}^{\mathrm{j}2\pi l\theta} = 1, \ \forall\, \theta \in [0,1] \tag{6.122}$$

根据傅里叶变换的性质，知道式 (6.122) 成立的条件是当且仅当

$$\sum_{n=1}^{N} r_{l,n} = \delta_l \tag{6.123}$$

成立，即 $\{\boldsymbol{w}_n\}_{n=1}^{N}$ 的 N 个各自的非周期自相关函数相加为一个 Kronecker δ 函数。需要设计这样的 N 个矢量 $\{\boldsymbol{w}_n\}_{n=1}^{N}$ 以同时满足式 (6.123)、式 (6.118) 与式 (6.120)。

当 $N=1$，即只有一个矢量 $\boldsymbol{w}$ 时，条件 (6.123) 意味着 $\boldsymbol{w}$ 的非周期自相关函数是一个 Kronecker δ 函数。给出如下引理。

引理 6.6 令 $\boldsymbol{w} = [w_1, w_2, \cdots, w_M]^{\mathrm{T}}$。当且仅当 $\boldsymbol{w}$ 中只有一个非零元素，$\boldsymbol{w}$ 的非周期自相关函数是一个 Kronecker δ 函数。

证明 见附录 6.4.8。 ■

以上引理意味着当 $N=1$ 时，唯一的矢量 $\boldsymbol{w}$ 只能有一个非零元素，而其他所有 $M-1$ 个元素都应为零。然而，在这种情况下，条件 (6.118) 不能被同时满足，因为它要求 $\boldsymbol{w}$ 中的所有 M 个元素都恒幅。这意味着当使用单流预编码或是单流合并时，不可能形成全向波束且保证预编码矩阵或合并矩阵中每个元素恒幅。在 6.1 节与 6.2 节中，提出利用 ZC 序列作为预编码矢量。注意到这仅仅能在离散角度方向上保证等功率传输，即准全向。

然而，当 $N=2$ 时，情况开始变化。将证明在这种情况下，条件 (6.118)~条件 (6.120) 可以同时满足。首先介绍 Golay 互补对，它首次由 Golay[283] 在红外光谱领域提出。一个 Golay 互补对由两个相同长度的二进制矢量 (序列) 组成，且这两个矢量满足互补特性，即它们各自的非周期自相关函数相加为一个 Kronecker δ 函数 [284]。通常有很多方法来构造 Golay 互补对，包括直接构造与递归构造 [284–286]。在这里，介绍 Golay-Rudin-Shapiro 递归构造方法 [284]，两个长度为 M 的矢量 $\boldsymbol{p}_{M,1}$ 与 $\boldsymbol{p}_{M,2}$ 被递归构造为

$$\boldsymbol{p}_{M,1}=\begin{bmatrix}\boldsymbol{p}_{M/2,1}\\ \boldsymbol{p}_{M/2,2}\end{bmatrix} \tag{6.124}$$

$$\boldsymbol{p}_{M,2}=\begin{bmatrix}\boldsymbol{p}_{M/2,1}\\ -\boldsymbol{p}_{M/2,2}\end{bmatrix} \tag{6.125}$$

式中，初始矢量为 $\boldsymbol{p}_{1,1}=\boldsymbol{p}_{1,2}=[1]$。例如，当 $M=8$ 时，Golay 互补对中的两个矢量 $\boldsymbol{p}_{M,1}$ 与 $\boldsymbol{p}_{M,2}$ 分别为

$$\boldsymbol{p}_{8,1}=[1,1,1,-1,1,1,-1,1]^{\mathrm{T}} \tag{6.126}$$

$$\boldsymbol{p}_{8,2}=[1,1,1-1,-1,-1,1,-1]^{\mathrm{T}} \tag{6.127}$$

此外，在下面的引理中证明 Golay 互补对的互补特性。

引理 6.7　根据式 (6.124) 与式 (6.125) 构造得到的 $\boldsymbol{p}_{M,1}$ 与 $\boldsymbol{p}_{M,2}$ 的各自的非周期自相关函数相加为一个 Kronecker δ 函数。

证明　见附录 6.4.9。 ■

利用 Golay 互补对，只要令 $\boldsymbol{W}=\dfrac{1}{\sqrt{M}}[\boldsymbol{p}_{M,1},\boldsymbol{p}_{M,2}]$ 便可以完成设计。由于 $\boldsymbol{p}_{M,1}$ 与 $\boldsymbol{p}_{M,2}$ 都是二进制矢量，条件 (6.118) 得以满足。$\boldsymbol{p}_{M,1}$ 与 $\boldsymbol{p}_{M,2}$ 的互补特性使得条件 (6.122)，即条件 (6.119) 被满足。此外，$\boldsymbol{p}_{M,1}$ 与 $\boldsymbol{p}_{M,2}$ 也互相正交，因此条件 (6.120) 可以满足。

然后考虑 $N>2$ 且 N 为偶数的情况。在这种情况下，利用 Golay-Hadamard 矩阵来进行设计，它可以被看作 Golay 互补对的推广 [287]。一个维度为 $M\times M$ 的 Golay-Hadamard 矩阵 $\boldsymbol{P}_M$ 可递归构造为

$$\boldsymbol{P}_M=\begin{bmatrix}\boldsymbol{P}_{M/2} & \boldsymbol{P}_{M/2}\\ \tilde{\boldsymbol{P}}_{M/2} & -\tilde{\boldsymbol{P}}_{M/2}\end{bmatrix} \tag{6.128}$$

$$\tilde{\boldsymbol{P}}_M=\begin{bmatrix}\boldsymbol{P}_{M/2} & \boldsymbol{P}_{M/2}\\ -\tilde{\boldsymbol{P}}_{M/2} & \tilde{\boldsymbol{P}}_{M/2}\end{bmatrix} \tag{6.129}$$

式中，初始矩阵为 $\boldsymbol{P}_1 = \tilde{\boldsymbol{P}}_1 = [1]$。根据式 (6.128) 与式 (6.129)，当 $M = 8$ 时的 Golay-Hadamard 矩阵为

$$\boldsymbol{P}_8 = \begin{bmatrix} 1 & 1 & 1 & 1 & 1 & 1 & 1 & 1 \\ 1 & -1 & 1 & -1 & 1 & -1 & 1 & -1 \\ 1 & 1 & -1 & -1 & 1 & 1 & -1 & -1 \\ -1 & 1 & 1 & -1 & -1 & 1 & 1 & -1 \\ 1 & 1 & 1 & 1 & -1 & -1 & -1 & -1 \\ 1 & -1 & 1 & -1 & -1 & 1 & -1 & 1 \\ -1 & -1 & 1 & 1 & 1 & 1 & -1 & -1 \\ 1 & -1 & -1 & 1 & -1 & 1 & 1 & -1 \end{bmatrix} \tag{6.130}$$

对于一个根据式 (6.128) 与式 (6.129) 构造得到的 Golay-Hadamard 矩阵 $\boldsymbol{P}_M$，可以证明其第 n 列与第 $(M/2+n)$ 列构成一个 Golay 互补对 [287]，其中 $n = 1, 2, \cdots, M/2$。特别地，可以发现式 (6.130) 中的第 1 列和第 $(M/2+1)$ 列与式 (6.126) 和式 (6.127) 中的两个矢量 $\boldsymbol{p}_{M,1}$ 与 $\boldsymbol{p}_{M,2}$ 相同。利用这一互补性质，可以通过选择 $\boldsymbol{P}_M$ 中的第 n_l 列与对应的第 $(M/2+n_l)$ 列，其中 $l = 1, 2, \cdots, N/2$，总共 N 列，来完成矩阵 $\boldsymbol{W}$ 的设计。用数学表达式，有

$$\boldsymbol{W} = \frac{1}{\sqrt{M}}\left[[\boldsymbol{P}_M]_{:,n_1}, [\boldsymbol{P}_M]_{:,n_1+M/2}, \cdots, [\boldsymbol{P}_M]_{:,n_{N/2}}, [\boldsymbol{P}_M]_{:,n_{N/2}+M/2}\right]$$

式中，$n_1, n_2, \cdots, n_{N/2} \in \{1, 2, \ldots, M/2\}$ 彼此互不相同。显然，以上构造的 $\boldsymbol{W}$，条件 (6.118) 与条件 (6.119) 可以满足。此外，由于 $\boldsymbol{P}_M$ 本身是一个酉矩阵，$\boldsymbol{W}$ 的所有 N 列都彼此正交，因此条件 (6.120) 可以满足。

最后，考虑 $K \geqslant 1$ 的一般情况，并给出预编码矩阵与合并矩阵 $\{\boldsymbol{W}_k, \boldsymbol{F}_k\}_{k=1}^K$ 的设计。注意到，每个 $\boldsymbol{W}_k$ 的维度都是 $M_t \times N_t$，而每个 $\boldsymbol{F}_k$ 的维度都是 $M_r \times N_r$。令 M_t 与 M_r 都是 2 的整数次幂，且 N_t 与 N_r 都是 2 的整数倍。然后 $\boldsymbol{W}_k$ 与 $\boldsymbol{F}_k$ 可构造为

$$\begin{aligned} &\boldsymbol{W}_k \\ &= \frac{1}{\sqrt{M_t}}\left[[\boldsymbol{P}_{M_t}]_{:,n_{t,k,1}}, [\boldsymbol{P}_{M_t}]_{:,n_{t,k,1}+M_t/2}, \cdots, [\boldsymbol{P}_{M_t}]_{:,n_{t,k,N_t/2}}, [\boldsymbol{P}_{M_t}]_{:,n_{t,k,N_t/2}+M_t/2}\right] \end{aligned} \tag{6.131}$$

$$\begin{aligned} &\boldsymbol{F}_k \\ &= \frac{1}{\sqrt{M_r}}\left[[\boldsymbol{P}_{M_r}]_{:,n_{r,k,1}}, [\boldsymbol{P}_{M_r}]_{:,n_{r,k,1}+M_r/2}, \cdots, [\boldsymbol{P}_{M_r}]_{:,n_{r,k,N_r/2}}, [\boldsymbol{P}_{M_r}]_{:,n_{r,k,N_r/2}+M_r/2}\right] \end{aligned} \tag{6.132}$$

式中，$\boldsymbol{P}_{M_t}$ 与 $\boldsymbol{P}_{M_r}$ 是根据式 (6.128) 与式 (6.129) 构造得到的 Golay-Hadamard 矩阵，对于每个 k，$n_{t,k,1}, n_{t,k,2}, \cdots, n_{t,k,N_t/2} \in \{1, 2, \cdots, M_t/2\}$ 彼此互不相同，且 $n_{r,k,1}, n_{r,k,2}, \cdots, n_{r,k,N_r/2} \in \{1, 2, \cdots, M_r/2\}$ 彼此互不相同。此外，为了满足条件 (6.115)，对于每个 $k \neq l$，应满足 $\{n_{t,k,1}, n_{t,k,2}, \cdots, n_{t,k,N_t/2}\} \cap \{n_{t,l,1}, n_{t,l,2}, \cdots, n_{t,l,N_t/2}\} = \varnothing$ 或者 $\{n_{r,k,1}, n_{r,k,2}, \cdots, n_{r,k,N_t/2}\} \cap \{n_{r,l,1}, n_{r,l,2}, \cdots, n_{r,l,N_t/2}\} = \varnothing$。

6.3.6 数值仿真

在本节中，通过数值仿真来评估所提出的基于全向预编码与全向合并的毫米波大规模 MIMO 同步方法的性能。基站配置有 $M_t = 32$ 根天线，用户配置有 $M_r = 16$ 根天线。式 (6.74) 中的信道径数被设为 $P = 1$ 或 $P = 4$。对于以上两种情况，式 (6.74) 中每条径的到达角 $\theta_{r,p}$ 与离开角 $\theta_{t,p}$ 都在 $[0, 1]$ 内随机取值，而式 (6.77) 中每条径的平均增益被设为 $\beta_p = 1/P$。式 (6.78) 中的时间相关系数通过 $\psi_{k,l} = \mathrm{J}_0(2\pi f_{\mathrm{d}} T_{\mathrm{s}}|k-l|)$ 产生，其中 $f_{\mathrm{d}} = v f_{\mathrm{c}}/c$，$\mathrm{J}_0(\cdot)$ 表示第一类贝塞尔函数，$v = 30\mathrm{km/h}$ 表示用户的车速，$f_{\mathrm{c}} = 30\mathrm{GHz}$ 表示载频，$c = 3 \times 10^8\mathrm{m/s}$ 表示光速，$T_{\mathrm{s}} = 5\mathrm{ms}$ 表示同步信号传输的周期。同步信号 $\boldsymbol{X}_k$ 的长度被设为 $L = 64$。

首先，考虑 $K = 1$ 的情况，即用户利用 $K = 1$ 个时隙中的接收信号来与基站进行同步。这对应于同步时延较小但成功概率较低的场景。比较三种不同的预编码与合并方法，包括: ① 本节提出的全向预编码与全向合并方法; ② 准全向预编码与全向合并方法; ③ 随机预编码与随机合并方法。对于方法①，令 $N_t^{(1)} = N_r^{(1)} = 2$，预编码矩阵与合并矩阵则根据式 (6.131) 与式 (6.132) 生成，其中 $n_{t,k,1} = n_{r,k,1} = 1$，$n_{t,k,2} = M_t/2$，$n_{r,k,2} = M_r/2$，$k = 1$，因为 $K = 1$。对于方法②，令 $N_t^{(2)} = 1$、$N_r^{(2)} = 2$。合并矩阵与方法①中相同，而预编码矢量则被设为一个长度为 32 的 ZC 序列。对于方法③，令 $N_t^{(3)} = N_r^{(3)} = 1$，预编码矢量与合并矢量中的所有元素的幅度恒定，而相位则服从 $\mathcal{U}(0, 2\pi)$ 独立同分布。为了保证比较公平，令这三种方法的 FA 概率都等于 10^{-4}。这可以通过在式 (6.117) 中令 $P_{\mathrm{FA}} = 10^{-4}$，并分别确定出这三种方法相应的阈值 γ 来实现。

图 6.12 与图 6.13 给出了以上三种方法的 MD 概率随着 SNR 变化的性能曲线。可以看出方法①的性能最好。这是因为它能够在基站与用户端都保证全向传输，因此传输功率不会随着空间角度波动。而在方法②与方法③中，由于使用了 ZC 序列或是随机序列作为预编码矢量，这将会导致在某些空间角度方向上形成零陷。当信道空间径与这些零陷对准时便会导致性能损失。此外，对于图 6.13 中 $P = 4$ 的情况，方法①的性能曲线的斜率比其他两种方法更大。这是因为该方法的最大可达分集度为 $N_r^{(1)} N_t^{(1)} K = 4$。当实际信道有 $P = 4$ 条空间径时，这一分集度便可以被发掘出来。同时注意到其他两种方法的最大可达分集度分别是 $N_r^{(2)} N_t^{(2)} K = 2$ 与 $N_r^{(3)} N_t^{(3)} K = 1$。

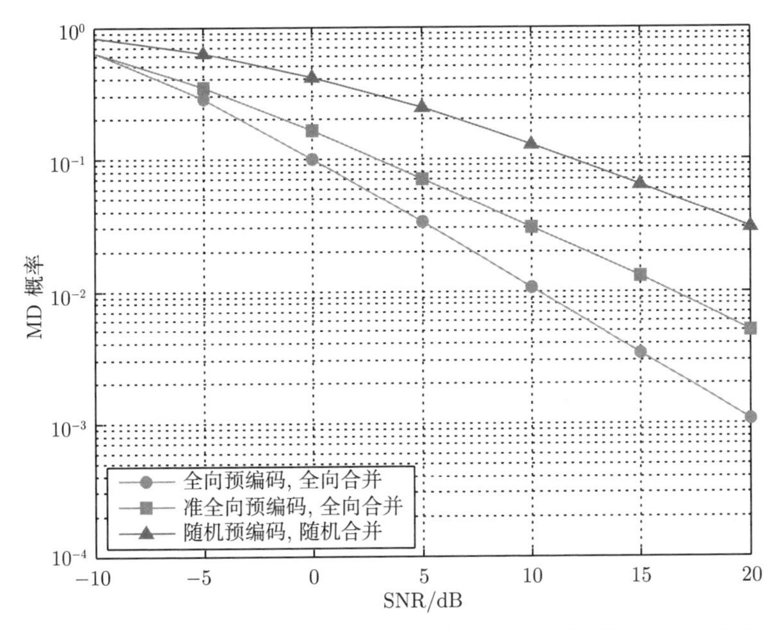

图 6.12 不同预编码与合并方法的 MD 概率比较，其中时隙数为 1、信道径数为 1

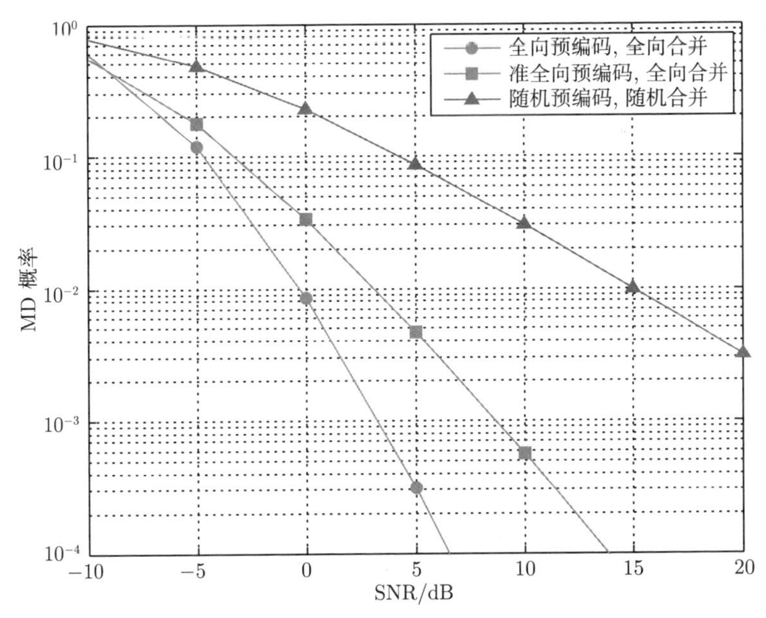

图 6.13 不同预编码与合并方法的 MD 概率比较，其中时隙数为 1、信道径数为 4

然后，考虑 $K = 32$ 的情况，即用户利用 $K = 32$ 个时隙中的接收信号来与基站进行同步。这对应于同步时延较大但成功概率较高的场景。比较三种不同的预编码与合并方法，包括：① 本节提出的全向预编码与全向合并方法；② 波束扫描预编码与全向合并方法；③ 随机预编码与随机合并方法。对于方法①，令 $N_t^{(1)} = N_r^{(1)} = 2$，预编码矩阵与合并矩阵则根据式 (6.131) 与式 (6.132) 生成，其中 $n_{t,k,1} = ((k))_{M_t/2}$，$n_{t,k,2} = ((k))_{M_t/2} + M_t/2$，$n_{r,k,1} = ((k))_{M_r/2}$，$n_{r,k,2} = ((k))_{M_r/2} + M_r/2$，$k = 1, 2, \cdots, 32$，因为 $K = 32$。对于方法②，令 $N_t^{(2)} = 1$、$N_r^{(2)} = 2$。合并矩阵与方法①中相同，而预编码矢量被设置为一个 32×32 的 DFT 矩阵的各列，即 $\frac{1}{\sqrt{32}}[1, \mathrm{e}^{\bar{\jmath}2\pi k/32}, \cdots, \mathrm{e}^{\bar{\jmath}2\pi 31k/32}]^{\mathrm{T}}$。对于方法③，令 $N_t^{(3)} = N_r^{(3)} = 1$，预编码矢量与合并矢量中的所有元素的幅度恒定，而相位则服从 $\mathcal{U}(0, 2\pi)$ 独立同分布。这三种方法的 FA 概率都被设为 10^{-4}。

图 6.14 与图 6.15 给出了以上三种方法的 MD 概率随着 SNR 变化的性能曲线。在图 6.14 中，其中信道的径数被设为 $P = 1$，可以发现方法②的性能最差。这是因为它在总共 $K = 32$ 个时隙中在基站端使用对着不同方向的窄波束完成全向覆盖。当信道仅有唯一径时，窄波束与该唯一径只能在一个时隙中对准，而在其他 $K - 1 = 31$ 个时隙中，用户几乎接收不到信号功率。这意味着基站与用户间在 32 个时隙上的等效信道矢量包含一个非常强的分量与 31 个近乎为零的分量。因此它的时间分集度只有 1。作为对比，方法①能够在每个时隙都保证全向覆盖。因此，在 32 个时隙中的等效信道包含 32 个弱分量，因此它的时间分集度有 32。

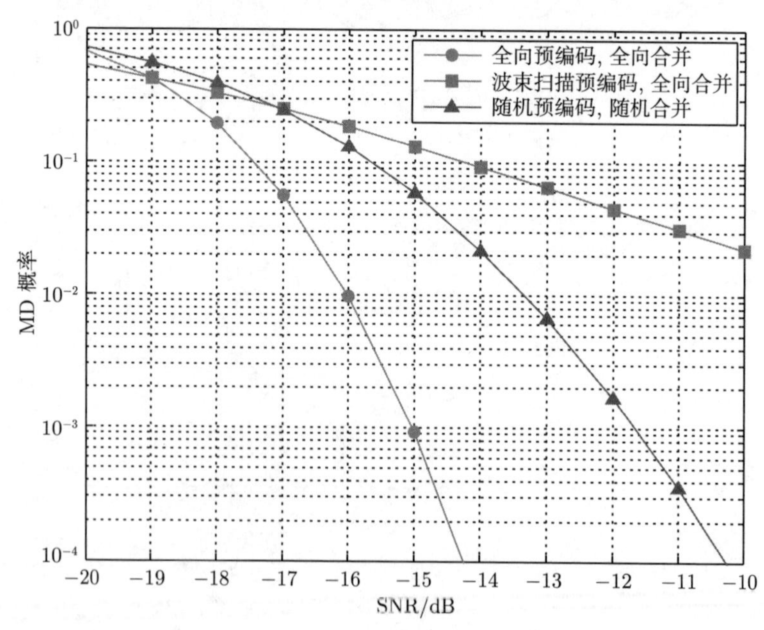

图 6.14 不同预编码与合并方法的 MD 概率比较，其中时隙数为 32、信道径数为 1

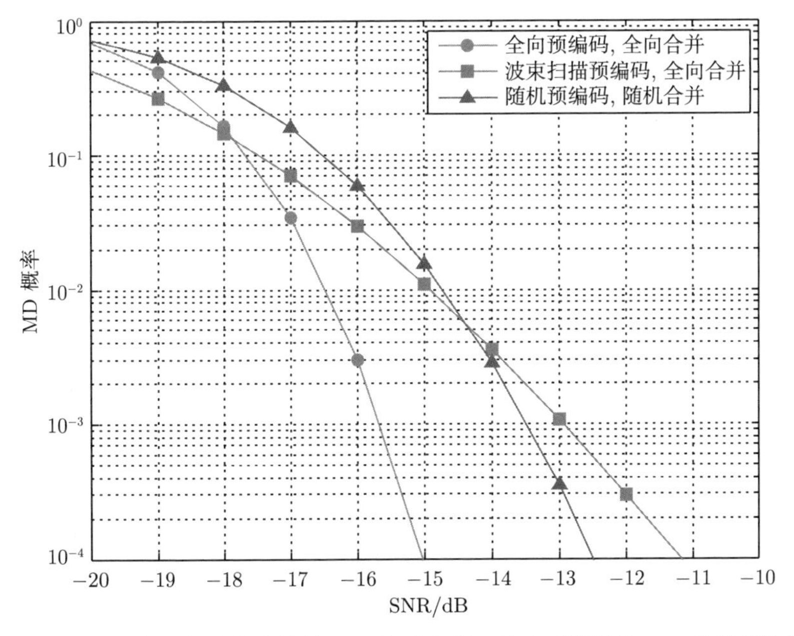

图 6.15　不同预编码与合并方法的 MD 概率比较，其中时隙数为 32、信道径数为 4

6.3.7　小结

本节提出了一种毫米波大规模 MIMO 系统中利用全向预编码与全向合并的同步方法。首先，给出了基站与用户射频数都受限的情况下同步信号的收发模型。其次，论证了预编码矩阵与合并矩阵应当满足的基本条件，分别是所有元素恒幅与全向覆盖。接着，基于 GLRT 同步检测器，分析了在两种特殊信道模型下，预编码矩阵与合并矩阵对 MD 概率与 FA 概率的影响，并给出相应的应满足的条件。然后，设计了同时满足以上条件的预编码矩阵与合并矩阵的实例。最后，通过数值仿真验证了所提同步方法的可行性。

6.4　附　录

6.4.1　引理 6.1 的证明

首先，长度为 M 的矢量 $\mathbf{1}_{M/N}\otimes[\boldsymbol{I}_N]_{:,0}$ 的 M 点 DFT 后的第 k 个元素可表示为

$$[\boldsymbol{F}_M(\mathbf{1}_{M/N}\otimes[\boldsymbol{I}_N]_{:,0})]_k=\frac{1}{\sqrt{M}}\sum_{m=0}^{M/N-1}\mathrm{e}^{-\bar{\jmath}2\pi Nkm/M}=\frac{\sqrt{M}}{N}[\mathbf{1}_N\otimes[\boldsymbol{I}_{M/N}]_{:,0}]_k$$

由于当 $l \neq 0$ 时，$\mathbf{1}_{M/N} \otimes [\boldsymbol{I}_N]_{:,l}$ 可看作 $\mathbf{1}_{M/N} \otimes [\boldsymbol{I}_N]_{:,0}$ 的循环移位，利用时域循环移位对应于频域线性调制这个性质，可以得到

$$[\boldsymbol{F}_M(\mathbf{1}_{M/N} \otimes [\boldsymbol{I}_N]_{:,l})]_k = \frac{\sqrt{M}}{N}\mathrm{e}^{-\bar{\jmath}2\pi kl/M}[(\mathbf{1}_N \otimes [\boldsymbol{I}_{M/N}]_{:,0})]_k \tag{6.133}$$

式中，$k = 0, 1, \cdots, M-1$ 且 $l = 0, 1, \cdots, N-1$。

接着，利用文献 [255] 中的结论，式 (6.22) 中 ZC 序列的 M 点 DFT 可表示为

$$[\boldsymbol{F}_M \boldsymbol{c}]_k = \begin{cases} C_0 \mathrm{e}^{-\bar{\jmath}\pi\gamma(\gamma^{-1}k)^2/M}, & M \text{ 是偶数} \\ C_0 \mathrm{e}^{-\bar{\jmath}\pi\gamma\gamma^{-1}k(\gamma^{-1}k-1)/M}, & M \text{ 是奇数} \end{cases} \tag{6.134}$$

式中，$k = 0, 1, \cdots, M-1$，$C_0 = \dfrac{1}{\sqrt{M}}\sum\limits_{k=0}^{M-1}[\boldsymbol{c}]_k$，而 γ^{-1} 是一个小于 M 并满足 $((\gamma\gamma^{-1}))_M = 1$ 的整数。利用 ZC 序列的性质，不难验证 $|C_0| = 1$。

利用时域中的逐元素相乘对应于频域中的循环卷积这个性质，可知矩阵 $\boldsymbol{F}_M \mathrm{diag}(\boldsymbol{c})(\mathbf{1}_{M/N} \otimes \boldsymbol{I}_N)$ 的第 l 列是 $\boldsymbol{F}_M \boldsymbol{c}$ 与 $\boldsymbol{F}_M(\mathbf{1}_{M/N} \otimes [\boldsymbol{I}_N]_{:,l})$ 的循环卷积。然后根据式 (6.133) 和式 (6.134)，有

$$\begin{aligned}[\boldsymbol{F}_M \mathrm{diag}\,(\boldsymbol{c})(\mathbf{1}_{M/N} \otimes \boldsymbol{I}_N)]_{k,l} &= \frac{1}{\sqrt{M}}\sum_{m=0}^{M-1}[\boldsymbol{F}_M \boldsymbol{c}]_{((k-m))_M}[\boldsymbol{F}_M(\mathbf{1}_{M/N} \otimes [\boldsymbol{I}_N]_{:,l})]_m \\ &= \frac{1}{N}[\boldsymbol{F}_M \boldsymbol{c}]_k v_{k,l}\end{aligned} \tag{6.135}$$

式中

$$v_{k,l} = \sum_{n=0}^{N-1}\mathrm{e}^{\bar{\jmath}2\pi\gamma(\gamma^{-1})^2 kn/N - \bar{\jmath}2\pi ln/N - \bar{\jmath}\pi\gamma(\gamma^{-1})^2 Mn^2/N^2 - \bar{\jmath}\pi((M))_2\gamma\gamma^{-1}n/N}$$

容易验证 $v_{k,l} = v_{k+N,l}$，因此式 (6.135) 又可表示为

$$\boldsymbol{F}_M \mathrm{diag}(\boldsymbol{c})(\mathbf{1}_{M/N} \otimes \boldsymbol{I}_N) = \mathrm{diag}(\boldsymbol{F}_M \boldsymbol{c})(\mathbf{1}_{M/N} \otimes \boldsymbol{V}) \tag{6.136}$$

式中，$\boldsymbol{V} \in \mathbb{C}^{N \times N}$ 满足 $[\boldsymbol{V}]_{k,l} = \dfrac{1}{N}v_{k,l}$。由于

$$\begin{aligned}\sum_{k=0}^{N-1} v_{k,l}v_{k,l'}^* &= \sum_{k,m,n=0}^{N-1}\mathrm{e}^{\bar{\jmath}2\pi\gamma(\gamma^{-1})^2 k(m-n)/N - \bar{\jmath}2\pi(lm-l'n)/N} \\ &\quad \cdot \mathrm{e}^{-\bar{\jmath}\pi\gamma(\gamma^{-1})^2 M(m^2-n^2)/N^2 - \bar{\jmath}\pi\gamma\gamma^{-1}(m-n)/N\cdot((M))_2} \\ &= N\sum_{n=0}^{N-1}\mathrm{e}^{-\bar{\jmath}2\pi n(l-l')/N}\end{aligned}$$

$$= N^2 \delta_{l-l'}$$

式中，第二个等式是因为

$$\sum_{k=0}^{N-1} \mathrm{e}^{\mathrm{j}2\pi\gamma(\gamma^{-1})^2(m-n)k/N} = N\delta_{m-n}$$

可知式 (6.136) 中的 $\boldsymbol{V}$ 是一个酉矩阵。

考虑到式 (6.30) 中的 $\boldsymbol{W}$ 并利用式 (6.136)，可以有

$$\begin{aligned}
&\boldsymbol{V}\boldsymbol{W}^{\mathrm{H}}\boldsymbol{F}_M^{\mathrm{H}}\boldsymbol{\Lambda}\boldsymbol{F}_M\boldsymbol{W}\boldsymbol{V}^{\mathrm{H}} \\
&= \frac{N}{M}(\mathbf{1}_{M/N} \otimes \boldsymbol{I}_N)^{\mathrm{H}}(\mathrm{diag}\,(\boldsymbol{F}_M\boldsymbol{c}))^{\mathrm{H}}\boldsymbol{\Lambda}\mathrm{diag}\,(\boldsymbol{F}_M\boldsymbol{c})\,(\mathbf{1}_{M/N} \otimes \boldsymbol{I}_N) \\
&= \frac{N}{M}(\mathbf{1}_{M/N} \otimes \boldsymbol{I}_N)^{\mathrm{H}}\boldsymbol{\Lambda}(\mathbf{1}_{M/N} \otimes \boldsymbol{I}_N) \\
&= \frac{N}{M}\mathrm{diag}\left(\sum_{m=0}^{M/N-1} \lambda_{Nm}, \sum_{m=0}^{M/N-1} \lambda_{Nm+1}, \cdots, \sum_{m=0}^{M/N-1} \lambda_{Nm+N-1}\right)
\end{aligned} \tag{6.137}$$

式中，第二个等式是利用了式 (6.134) 中 $\boldsymbol{F}_M\boldsymbol{c}$ 的恒幅性质。

由于特征值集合 $\{\lambda_m\}_{m=0}^{M-1}$ 与均匀采样值集合 $\{S(m/M)\}_{m=0}^{M-1}$ 服从相同的渐近分布，当 M 趋于无穷大而 N 保持为一个常数时，式 (6.137) 的第 l 个对角元素可表示为

$$\begin{aligned}
&\lim_{M\to\infty} \frac{N}{M} \sum_{m=0}^{M/N-1} \lambda_{Nm+l} \\
&= \lim_{M\to\infty} \frac{N}{M} \sum_{m=0}^{M/N-1} S((Nm+l)/M) \\
&= \lim_{L\to\infty} \frac{1}{L} \sum_{m=0}^{L-1} S(m/L + l/(NL)) \\
&= \lim_{L\to\infty} \frac{1}{L} \sum_{m=0}^{L-1} S(m/L) \\
&= \int_0^1 S(\omega)\mathrm{d}\omega \\
&= 1
\end{aligned} \tag{6.138}$$

式中，第二个等式利用了变量代换 $M = LN$，而第三个等式利用了定积分的性质。由于 $\boldsymbol{V}$ 是一个酉矩阵，且式 (6.138) 等号的成立与 $S(\omega)$ 无关，可以得到式 (6.34)。

6.4.2　定理 6.1 的证明

对于任意的满足式 (6.15) 的矩阵 $\boldsymbol{W}$ 和任意的满足 $\mathrm{tr}(\boldsymbol{\Lambda}) = M$ 的对角阵 $\boldsymbol{\Lambda}$，有 $\mathrm{tr}(\boldsymbol{W}^{\mathrm{H}}\boldsymbol{F}_M^{\mathrm{H}}\boldsymbol{\Lambda}\boldsymbol{F}_M\boldsymbol{W}) = \dfrac{N}{M}\mathrm{tr}(\boldsymbol{\Lambda}) = N$。对式 (6.32) 中 $\boldsymbol{I}_N + \dfrac{\rho t}{N}\widetilde{\boldsymbol{R}}$ 的特征值使用算术与几何均值不等式，可以得到

$$\begin{aligned}
\det\left(\boldsymbol{I}_N + \frac{\rho t}{N}\widetilde{\boldsymbol{R}}\right) &= \det\left(\boldsymbol{I}_N + \frac{\rho t}{N}\boldsymbol{W}^{\mathrm{H}}\boldsymbol{F}_M^{\mathrm{H}}\boldsymbol{\Lambda}\boldsymbol{F}_M\boldsymbol{W}\right) \\
&\leqslant \left(\frac{1}{N}\mathrm{tr}\left(\boldsymbol{I}_N + \frac{\rho t}{N}\boldsymbol{W}^{\mathrm{H}}\boldsymbol{F}_M^{\mathrm{H}}\boldsymbol{\Lambda}\boldsymbol{F}_M\boldsymbol{W}\right)\right)^N \\
&= \left(1 + \frac{\rho t}{N}\right)^N
\end{aligned} \tag{6.139}$$

式中，等号成立的条件是当且仅当 $\boldsymbol{I}_N + \dfrac{\rho t}{N}\widetilde{\boldsymbol{R}}$ 有 N 个相同的特征值，即

$$\boldsymbol{W}^{\mathrm{H}}\boldsymbol{F}_M^{\mathrm{H}}\boldsymbol{\Lambda}\boldsymbol{F}_M\boldsymbol{W} = \boldsymbol{I}_N \tag{6.140}$$

将式 (6.139) 代入式 (6.32) 可以得到上界 (6.35)。根据引理 6.1，可知达到上界 (6.35) 的充要条件 (6.140) 可以被全向预编码矩阵 (6.30) 在大维情况下渐近地满足。

6.4.3　定理 6.3 的证明

假设 $\widetilde{\boldsymbol{x}}(t)$ 的所有 N 个元素，即 $[\widetilde{\boldsymbol{x}}(t)]_n$ 其中 $n = 0, 1, \cdots, N-1$ 是独立同分布的，并假设 $\widetilde{\boldsymbol{x}}(t)$ 在区域 $t \in [0, T]$ 内充分遍历。则在式 (6.41) 与式 (6.42) 中对时间变量 t 求最大可通过对 $\widetilde{\boldsymbol{x}}(t) \in \mathcal{A}^N$ 求最大来很好地近似，其中 $\mathcal{A}$ 表示每个 $[\widetilde{\boldsymbol{x}}(t)]_n$ 的取值集合。然后根据式 (6.40)，可以将式 (6.41) 与式 (6.42) 表示为

$$\mathrm{PAPR}_{\widetilde{\boldsymbol{s}},m} = \frac{\max_{\widetilde{\boldsymbol{x}}(t)\in\mathcal{A}^N}\left|[\boldsymbol{W}\widetilde{\boldsymbol{x}}(t)]_m\right|^2}{E\left\{\left|[\boldsymbol{W}\widetilde{\boldsymbol{x}}(t)]_m\right|^2\right\}}$$

$$\mathrm{PAPR}_{\widetilde{\boldsymbol{x}},n} = \frac{\max_{[\widetilde{\boldsymbol{x}}(t)]_n\in\mathcal{A}}\left|[\widetilde{\boldsymbol{x}}(t)]_n\right|^2}{E\left\{\left|[\widetilde{\boldsymbol{x}}(t)]_n\right|^2\right\}}$$

令 $[\boldsymbol{W}]_{m,:} = [w_{m,0}, w_{m,1}, \cdots, w_{m,N-1}]$ 且 $\widetilde{\boldsymbol{x}}(t) = [\widetilde{x}_0(t), \widetilde{x}_1(t), \cdots, \widetilde{x}_{N-1}(t)]^{\mathrm{T}}$，然后忽略其中的标号 m 与 t 以便表达式简洁。显然，只需要证明，当且仅当 $w_0, w_1, \cdots, w_{N-1}$ 中只有一个非零元素时，

$$\min_{w_0,\cdots,w_{N-1}} \max_{\widetilde{\boldsymbol{x}}\in\mathcal{A}^N} \left|\sum_{n=0}^{N-1} w_n\widetilde{x}_n\right|^2, \quad \text{s.t.} \sum_{n=0}^{N-1}|w_n|^2 = 1 \tag{6.141}$$

能够取到最优值。

由于 OFDM 是一种线性调制技术，每个 $\widetilde{x}_n \in \mathcal{A}$ 都将是调制符号的线性函数。令 A 表示 $\mathcal{A}$ 中有着最大绝对值的元素。显然，对于绝大多数常用的星座，如 QPSK、16-QAM、64-QAM 等，$A\mathrm{e}^{\mathrm{j}\pi n/4}$ 其中 $n=1,2,3$ 也将包含于 $\mathcal{A}$ 中。

首先，考虑 $w_0\widetilde{x}_0$ 与 $w_1\widetilde{x}_1$，它们可以被看作两个在复平面内的二维实矢量。对于任何 $w_0, w_1, \widetilde{x}_0$，总是可以令 $\widetilde{x}_1$ 取 $\{A\mathrm{e}^{\mathrm{j}\pi n/4}, n=0,1,2,3\}$ 中的某一个值，以使 $w_0\widetilde{x}_0$ 与 $w_1\widetilde{x}_1$ 间的夹角小于 $\pi/2$。然后有 $|w_0\widetilde{x}_0+w_1\widetilde{x}_1|^2 \geqslant |w_0\widetilde{x}_0|^2+|w_1\widetilde{x}_1|^2$，其中等号成立的条件是当且仅当 w_0 与 w_1 中至少有一个等于零。然后，考虑 $w_0\widetilde{x}_0+w_1\widetilde{x}_1$ 与 $w_2\widetilde{x}_2$。对于之前的 $w_0, w_1, \widetilde{x}_0, \widetilde{x}_1$ 与任意的 w_2，总是可以令 $\widetilde{x}_2$ 等于 $\{A\mathrm{e}^{\mathrm{j}\pi n/4}, n=0,1,2,3\}$ 中的某一个值，以使 $w_0\widetilde{x}_0+w_1\widetilde{x}_1$ 与 $w_2\widetilde{x}_2$ 间的夹角小于 $\pi/2$。然后有 $|w_0\widetilde{x}_0+w_1\widetilde{x}_1+w_2\widetilde{x}_2|^2 \geqslant |w_0\widetilde{x}_0+w_1\widetilde{x}_1|^2+|w_2\widetilde{x}_2|^2 \geqslant |w_0\widetilde{x}_0|^2+|w_1\widetilde{x}_1|^2+|w_2\widetilde{x}_2|^2$，其中等号成立的条件是当且仅当 w_0, w_1, w_2 中至少有两个都等于零。重复这一过程，最终可得出，考虑到式 (6.141) 中的约束条件，当且仅当 $w_0, w_1, \cdots, w_{N-1}$ 中只有一个非零元素时，式 (6.141) 中的目标函数能够被最小化。这意味着使 PAPR 最优的 $\boldsymbol{W}$ 的每行仅能有一个非零元素。显然，全向预编码矩阵 (6.30) 满足这一条件。

6.4.4 引理 6.3 的证明

令 $\boldsymbol{x}=[x_0, x_1, \cdots, x_{N-1}]^{\mathrm{T}}$、$\boldsymbol{c}=\frac{1}{\sqrt{M}}\cdot[c_0, c_1, \cdots, c_{M-1}]^{\mathrm{T}}$。有

$$\mathrm{diag}(\boldsymbol{c})(\mathbf{1}_{M/N}\otimes\boldsymbol{x})=\frac{1}{\sqrt{M}}\cdot[c_0x_0, \cdots, c_{N-1}x_{N-1}, \cdots, c_{M-N}x_0, \cdots, c_{M-1}x_{N-1}]^{\mathrm{T}}$$

由于 ZC 序列 $\boldsymbol{c}$ 中的 $c_0, c_1, \cdots, c_{M-1}$ 的幅值相等，容易发现当且仅当 $x_0, x_1, \cdots, x_{N-1}$ 的幅值相等时，$\mathrm{diag}(\boldsymbol{c})(\mathbf{1}_{M/N}\otimes\boldsymbol{x})$ 中的所有 M 个元素的幅值相等。

然后，需要证明当且仅当 $x_0, x_1, \cdots, x_{N-1}$ 的幅值相等时，$\mathrm{diag}(\boldsymbol{c})(\mathbf{1}_{M/N}\otimes\boldsymbol{x})$ 的 M 点 DFT 的所有 M 个元素的幅值相等。可以证明 $\mathbf{1}_{M/N}\otimes\boldsymbol{x}$ 的归一化 M 点 DFT 可表示为

$$\begin{aligned}&\mathbf{1}_{M/N}\otimes\boldsymbol{x}=[x_0, \cdots, x_{N-1}, x_0, \cdots, x_{N-1}, \cdots, x_0, \cdots, x_{N-1}]^{\mathrm{T}}\\&\xrightarrow{\mathrm{DFT}}\sqrt{\frac{M}{N}}\cdot[X_0, \underbrace{0, \cdots, 0}_{\frac{M}{N}-1\text{个}}, X_1, \underbrace{0, \cdots, 0}_{\frac{M}{N}-1\text{个}}, \cdots, X_{N-1}, \underbrace{0, \cdots, 0}_{\frac{M}{N}-1\text{个}}]^{\mathrm{T}}\end{aligned} \tag{6.142}$$

式中

$$X_k=\frac{1}{\sqrt{N}}\sum_{n=0}^{N-1}x_n\mathrm{e}^{-\mathrm{j}2\pi kn/N},\quad k=0,1,\cdots,N-1 \tag{6.143}$$

根据文献 [255] 中的结论，式 (6.50) 中 ZC 序列 $\boldsymbol{c}$ 的归一化 M 点 DFT 可表示为

$$
\begin{aligned}
C_k &= \frac{1}{M}\sum_{m=0}^{M-1} c_n \mathrm{e}^{-\bar{\jmath}2\pi km/M} \\
&= c\cdot \mathrm{e}^{-\bar{\jmath}\pi\gamma\gamma^{-1}k(\gamma^{-1}k-((M))_2)/M},\ \ k=0,1,\cdots,N-1
\end{aligned} \tag{6.144}
$$

式中，$c=\frac{1}{M}\sum\limits_{m=0}^{M-1}c_m$，$\gamma^{-1}$ 是一个小于 M 且满足 $((\gamma\gamma^{-1}))_M=1$ 的正整数。

令 B_k 表示 $\mathrm{diag}\,(\boldsymbol{c})\,(\mathbf{1}_{M/N}\otimes\boldsymbol{x})$ 的归一化 M 点 DFT 的第 k 个元素。由于 $\mathrm{diag}\,(\boldsymbol{c})\,(\mathbf{1}_{M/N}\otimes\boldsymbol{x})$ 可以看作 $\boldsymbol{c}$ 与 $\mathbf{1}_{M/N}\otimes\boldsymbol{x}$ 的逐元素乘积，根据 DFT 的性质，时域的逐元素乘积对应于频域的循环卷积，可以有

$$
\begin{aligned}
B_k &= \frac{1}{\sqrt{N}}\sum_{n=0}^{N-1} C_{((k-Mn/N))_M} X_n \\
&= \frac{1}{N}\sum_{l,n=0}^{N-1} c\cdot \mathrm{e}^{-\bar{\jmath}\pi\gamma\gamma^{-1}(k-Mn/N)(\gamma^{-1}(k-Mn/N)-((M))_2)/M} x_l \mathrm{e}^{-\bar{\jmath}2\pi ln/N} \\
&= \frac{C_k}{N}\sum_{l,n=0}^{N-1} x_l \mathrm{e}^{\bar{\jmath}2\pi f(k,l)n/N},\ \ k=0,1,\cdots,N-1
\end{aligned} \tag{6.145}
$$

式中，第一个等号是由式 (6.142) 得到的，第二个等号是由式 (6.143) 和式 (6.144) 得到的，最后一个等号是由于当 M 是 N^2 的整数倍时，对于任何整数 n，$\mathrm{e}^{-\bar{\jmath}\pi\gamma(\gamma^{-1})^2Mn^2/N^2}=\mathrm{e}^{-\bar{\jmath}\pi\gamma(\gamma^{-1})^2Mn/N^2}$，而

$$
f(k,l)\triangleq\left(\left(\gamma(\gamma^{-1})^2k-l-\frac{M\gamma(\gamma^{-1})^2}{2N}-\frac{((M))_2\gamma\gamma^{-1}}{2}\right)\right)_N
$$

可以发现，对于任何 $k\in\{0,1,\cdots,M-1\}$，有且仅有一个 $l\in\{0,1,\cdots,N-1\}$ 可以令 $f(k,l)=0$。将这个 l 记为 $l(k)$，即 $f(k,l(k))=0$。因此，可以将式 (6.145) 表示为

$$
B_k=C_k x_{l(k)} \tag{6.146}
$$

函数 $l(k)$ 定义于 $k\in\{0,1,\cdots,M-1\}$ 并取值于 $\{0,1,\cdots,N-1\}$。它有如下性质：

(1) $l(k)$ 是一个最小周期为 N 的周期函数，即 $l(k)=l(k+N)$。

(2) 如果 $((k))_N\neq((k'))_N$，则 $l(k)\neq l(k')$。

根据这两个性质以及式 (6.146)，可以得到

$$
\begin{aligned}
&[B_0,B_1,\cdots,B_{M-1}]^{\mathrm{T}} \\
=&\,\mathrm{diag}\,(C_0,C_0,\cdots,C_{M-1})\cdot(\mathbf{1}_{M/N}\otimes[x_{l(0)},x_{l(1)},\cdots,x_{l(N-1)}]^{\mathrm{T}})
\end{aligned}
$$

由于 $C_0, C_1, \cdots, C_{M-1}$ 的幅值相等，当且仅当 $x_{l(0)}, x_{l(1)}, \cdots, x_{l(N-1)}$ 的幅值相等，即 $x_0, x_1, \cdots, x_{N-1}$ 的幅值相等，$B_0, B_1, \cdots, B_{M-1}$ 的幅值相等。因此，当且仅当 $x_0, x_1, \cdots, x_{N-1}$ 的幅值相等，$\mathrm{diag}(\boldsymbol{c})(\mathbf{1}_{M/N} \otimes \boldsymbol{x})$ 的 M 点 DFT 的所有 M 个元素的幅值相等。

最后，得出结论，当且仅当 $x_0, x_1, \cdots, x_{N-1}$ 的幅值相等，$\mathrm{diag}(\boldsymbol{c})(\mathbf{1}_{M/N} \otimes \boldsymbol{x})$ 是一个长度为 M 的 CAZAC 序列。

6.4.5 GLRT 检测器的推导

利用式 (6.72)，并在假设 $\mathcal{H}_1$ 下，在 K 个同步时隙中的观测信号 $\boldsymbol{Y}(\tau)$ 的概率密度函数 (probability density function，PDF) 在取对数后可表示为

$$\begin{aligned}&\ln f(\boldsymbol{Y}(\tau)|\mathcal{H}_1, \boldsymbol{G}, \nu)\\&= -KLN_r\ln(\pi\nu) - L\sum_{k=1}^{K}\ln\det(\boldsymbol{F}_k^{\mathrm{H}}\boldsymbol{F}_k)\\&\quad -\frac{1}{\nu}\sum_{k=1}^{K}\mathrm{tr}((\boldsymbol{Y}_k(\tau)-\boldsymbol{G}_k\boldsymbol{X}_k)(\boldsymbol{Y}_k(\tau)-\boldsymbol{G}_k\boldsymbol{X}_k)^{\mathrm{H}}(\boldsymbol{F}_k^{\mathrm{H}}\boldsymbol{F}_k)^{-1})\end{aligned} \tag{6.147}$$

式中，$\boldsymbol{Y}(\tau) = [\boldsymbol{Y}_1(\tau), \boldsymbol{Y}_2(\tau), \cdots, \boldsymbol{Y}_K(\tau)]$、$\boldsymbol{G} = [\boldsymbol{G}_1, \boldsymbol{G}_2, \cdots, \boldsymbol{G}_K]$。为了使式 (6.147) 对 $\boldsymbol{G}$ 与 ν 最大化，首先将式 (6.147) 对每个 $\boldsymbol{G}_k$ 求导并令导数为零，可以得到

$$\hat{\boldsymbol{G}}_k = \boldsymbol{Y}_k(\tau)\boldsymbol{X}_k^{\mathrm{H}}(\boldsymbol{X}_k\boldsymbol{X}_k^{\mathrm{H}})^{-1} \tag{6.148}$$

将式 (6.148) 代入式 (6.147) 可以得到

$$\begin{aligned}&\max_{\boldsymbol{G}}\ln f(\boldsymbol{Y}(\tau)|\mathcal{H}_1, \boldsymbol{G}, \nu)\\&= -KLN_r\ln(\pi\nu) - L\sum_{k=1}^{K}\ln\det(\boldsymbol{F}_k^{\mathrm{H}}\boldsymbol{F}_k)\\&\quad -\frac{1}{\nu}\sum_{k=1}^{K}\mathrm{tr}((\boldsymbol{Y}_k(\tau)\boldsymbol{Y}_k^{\mathrm{H}}(\tau)-\boldsymbol{Y}_k(\tau)\boldsymbol{X}_k^{\mathrm{H}}(\boldsymbol{X}_k\boldsymbol{X}_k^{\mathrm{H}})^{-1}\boldsymbol{X}_k\boldsymbol{Y}_k^{\mathrm{H}}(\tau))(\boldsymbol{F}_k^{\mathrm{H}}\boldsymbol{F}_k)^{-1})\end{aligned} \tag{6.149}$$

然后将式 (6.149) 对 ν 求导并令导数为零，可以得到

$$\hat{\nu}_1 = \frac{1}{KLN_r}\sum_{k=1}^{K}\mathrm{tr}((\boldsymbol{Y}_k(\tau)\boldsymbol{Y}_k^{\mathrm{H}}(\tau)-\boldsymbol{Y}_k(\tau)\boldsymbol{X}_k^{\mathrm{H}}(\boldsymbol{X}_k\boldsymbol{X}_k^{\mathrm{H}})^{-1}\boldsymbol{X}_k\boldsymbol{Y}_k^{\mathrm{H}}(\tau))(\boldsymbol{F}_k^{\mathrm{H}}\boldsymbol{F}_k)^{-1}) \tag{6.150}$$

将式 (6.150) 代入式 (6.149) 可以得到

$$\max_{\boldsymbol{G},\nu} f(\boldsymbol{Y}(\tau)|\mathcal{H}_1, \boldsymbol{G}, \nu) = -L\sum_{k=1}^{K}\ln\det(\boldsymbol{F}_k^{\mathrm{H}}\boldsymbol{F}_k) - KLN_r$$

$$- KLN_r \ln\left(\frac{\pi}{KLN_r}\sum_{k=1}^{K}\mathrm{tr}((\boldsymbol{Y}_k(\tau)\boldsymbol{Y}_k^{\mathrm{H}}(\tau) - \boldsymbol{Y}_k(\tau)\boldsymbol{X}_k^{\mathrm{H}}(\boldsymbol{X}_k\boldsymbol{X}_k^{\mathrm{H}})^{-1}\boldsymbol{X}_k\boldsymbol{Y}_k^{\mathrm{H}}(\tau))(\boldsymbol{F}_k^{\mathrm{H}}\boldsymbol{F}_k)^{-1})\right) \tag{6.151}$$

类似地，在假设 $\mathcal{H}_0$ 下，在 K 个同步时隙中的观测信号 $\boldsymbol{Y}(\tau)$ 的 PDF 在取对数后可表示为

$$\ln f(\boldsymbol{Y}(\tau)|\mathcal{H}_0,\nu) = -KLN_r\ln(\pi\nu) - L\sum_{k=1}^{K}\ln\det(\boldsymbol{F}_k^{\mathrm{H}}\boldsymbol{F}_k) - \frac{1}{\nu}\sum_{k=1}^{K}\mathrm{tr}(\boldsymbol{Y}_k(\tau)\boldsymbol{Y}_k^{\mathrm{H}}(\tau)(\boldsymbol{F}_k^{\mathrm{H}}\boldsymbol{F}_k)^{-1}) \tag{6.152}$$

然后将式 (6.152) 对 ν 求导并令导数为零，可以得到

$$\hat{\nu}_0 = \frac{1}{KLN_r}\sum_{k=1}^{K}\mathrm{tr}(\boldsymbol{Y}_k(\tau)\boldsymbol{Y}_k^{\mathrm{H}}(\tau)(\boldsymbol{F}_k^{\mathrm{H}}\boldsymbol{F}_k)^{-1}) \tag{6.153}$$

将式 (6.153) 代入式 (6.152) 可以得到

$$\max_{\nu}\ln f(\boldsymbol{Y}(\tau)|\mathcal{H}_0,\nu) = -L\sum_{k=1}^{K}\ln\det(\boldsymbol{F}_k^{\mathrm{H}}\boldsymbol{F}_k) - KLN_r - KLN_r\ln\left(\frac{\pi}{KLN_r}\sum_{k=1}^{K}\mathrm{tr}(\boldsymbol{Y}_k(\tau)\boldsymbol{Y}_k^{\mathrm{H}}(\tau)(\boldsymbol{F}_k^{\mathrm{H}}\boldsymbol{F}_k)^{-1})\right) \tag{6.154}$$

最后，根据式 (6.151) 与式 (6.154)，可以将式 (6.88) 表示为

$$\begin{aligned} T'(\tau) &= \max_{\boldsymbol{G},\nu}\ln f(\boldsymbol{Y}(\tau)|\mathcal{H}_1,\boldsymbol{G},\nu) - \max_{\nu}\ln f(\boldsymbol{Y}(\tau)|\mathcal{H}_0,\nu) \\ &= -KLN_r\ln\left(1 - \frac{\sum_{k=1}^{K}\mathrm{tr}(\boldsymbol{Y}_k(\tau)\boldsymbol{X}_k^{\mathrm{H}}(\boldsymbol{X}_k\boldsymbol{X}_k^{\mathrm{H}})^{-1}\boldsymbol{X}_k\boldsymbol{Y}_k^{\mathrm{H}}(\tau)(\boldsymbol{F}_k^{\mathrm{H}}\boldsymbol{F}_k)^{-1})}{\sum_{k=1}^{K}\mathrm{tr}(\boldsymbol{Y}_k(\tau)\boldsymbol{Y}_k^{\mathrm{H}}(\tau)(\boldsymbol{F}_k^{\mathrm{H}}\boldsymbol{F}_k)^{-1})}\right) \underset{\mathcal{H}_0}{\overset{\mathcal{H}_1}{\gtrless}} \gamma' \end{aligned}$$

而它可以等价于式 (6.89) 根据变量替换 $\gamma = 1 - \exp\left(-\frac{\gamma'}{KLN_r}\right)$。

6.4.6 MD 概率与 FA 概率的推导

首先，推导 MD 概率。定义如下矩阵:

$$\tilde{\boldsymbol{X}}_k = (\boldsymbol{X}_k \boldsymbol{X}_k^{\mathrm{H}})^{-1/2} \boldsymbol{X}_k \tag{6.155}$$

可以验证 $\tilde{\boldsymbol{X}}_k \in \mathbb{C}^{N_{\mathrm{t}} \times L}$ 满足

$$\tilde{\boldsymbol{X}}_k \tilde{\boldsymbol{X}}_k^{\mathrm{H}} = (\boldsymbol{X}_k \boldsymbol{X}_k^{\mathrm{H}})^{-1/2} \boldsymbol{X}_k \boldsymbol{X}_k^{\mathrm{H}} (\boldsymbol{X}_k \boldsymbol{X}_k^{\mathrm{H}})^{-1/2} = \boldsymbol{I}_{N_t} \tag{6.156}$$

然后定义另一个矩阵 $\tilde{\boldsymbol{X}}_k^{\perp} \in \mathbb{C}^{(L-N_{\mathrm{t}}) \times L}$，其满足

$$\begin{bmatrix} \tilde{\boldsymbol{X}}_k^{\perp} \\ \tilde{\boldsymbol{X}}_k \end{bmatrix} \begin{bmatrix} \tilde{\boldsymbol{X}}_k^{\perp} \\ \tilde{\boldsymbol{X}}_k \end{bmatrix}^{\mathrm{H}} = \begin{bmatrix} \boldsymbol{I}_{L-N_t} & \boldsymbol{0} \\ \boldsymbol{0} & \boldsymbol{I}_{N_t} \end{bmatrix} = \boldsymbol{I}_L \tag{6.157}$$

即 $\tilde{\boldsymbol{X}}_k^{\perp}$ 与 $\tilde{\boldsymbol{X}}_k$ 构成了一个 $L \times L$ 的酉矩阵。根据酉矩阵的性质，也可以将式 (6.157) 写为

$$\begin{bmatrix} \tilde{\boldsymbol{X}}_k^{\perp} \\ \tilde{\boldsymbol{X}}_k \end{bmatrix}^{\mathrm{H}} \begin{bmatrix} \tilde{\boldsymbol{X}}_k^{\perp} \\ \tilde{\boldsymbol{X}}_k \end{bmatrix} = \boldsymbol{I}_L \tag{6.158}$$

根据式 (6.72) 并在假设 $\mathcal{H}_1$ 下，有

$$(\boldsymbol{F}_k^{\mathrm{H}} \boldsymbol{F}_k)^{-1/2} \boldsymbol{Y}_k(\tau) = (\boldsymbol{F}_k^{\mathrm{H}} \boldsymbol{F}_k)^{-1/2} (\boldsymbol{G}_k \boldsymbol{X}_k + \boldsymbol{F}_k^{\mathrm{H}} \boldsymbol{Z}_k) = \tilde{\boldsymbol{G}}_k \tilde{\boldsymbol{X}}_k + \tilde{\boldsymbol{Z}}_k \tag{6.159}$$

式中，最后一个等式是由式 (6.155) 得到的，而

$$\tilde{\boldsymbol{G}}_k = (\boldsymbol{F}_k^{\mathrm{H}} \boldsymbol{F}_k)^{-1/2} \boldsymbol{G}_k (\boldsymbol{X}_k \boldsymbol{X}_k^{\mathrm{H}})^{1/2} \tag{6.160}$$

$$\tilde{\boldsymbol{Z}}_k = (\boldsymbol{F}_k^{\mathrm{H}} \boldsymbol{F}_k)^{-1/2} \boldsymbol{F}_k^{\mathrm{H}} \boldsymbol{Z}_k \tag{6.161}$$

由于 $\boldsymbol{Z}_k$ 的各元素都是 $\mathcal{CN}(0,\nu)$ 独立同分布的，式 (6.161) 中的 $\tilde{\boldsymbol{Z}}_k$ 的各元素也都是 $\mathcal{CN}(0,\nu)$ 独立同分布的。然后有

$$\begin{aligned}
&(\boldsymbol{F}_k^{\mathrm{H}} \boldsymbol{F}_k)^{-1/2} \boldsymbol{Y}_k(\tau) \boldsymbol{Y}_k^{\mathrm{H}}(\tau) (\boldsymbol{F}_k^{\mathrm{H}} \boldsymbol{F}_k)^{-1/2} \\
&= (\tilde{\boldsymbol{G}}_k \tilde{\boldsymbol{X}}_k + \tilde{\boldsymbol{Z}}_k) \begin{bmatrix} \tilde{\boldsymbol{X}}_k^{\perp} \\ \tilde{\boldsymbol{X}}_k \end{bmatrix}^{\mathrm{H}} \begin{bmatrix} \tilde{\boldsymbol{X}}_k^{\perp} \\ \tilde{\boldsymbol{X}}_k \end{bmatrix} (\tilde{\boldsymbol{G}}_k \tilde{\boldsymbol{X}}_k + \tilde{\boldsymbol{Z}}_k)^{\mathrm{H}} \\
&= [\tilde{\boldsymbol{Z}}_k \tilde{\boldsymbol{X}}_k^{\perp\mathrm{H}}, \tilde{\boldsymbol{G}}_k + \tilde{\boldsymbol{Z}}_k \tilde{\boldsymbol{X}}_k^{\mathrm{H}}][\tilde{\boldsymbol{Z}}_k \tilde{\boldsymbol{X}}_k^{\perp\mathrm{H}}, \tilde{\boldsymbol{G}}_k + \tilde{\boldsymbol{Z}}_k \tilde{\boldsymbol{X}}_k^{\mathrm{H}}]^{\mathrm{H}} \\
&= \boldsymbol{Z}_{k,1} \boldsymbol{Z}_{k,1}^{\mathrm{H}} + (\tilde{\boldsymbol{G}}_k + \boldsymbol{Z}_{k,2})(\tilde{\boldsymbol{G}}_k + \boldsymbol{Z}_{k,2})^{\mathrm{H}}
\end{aligned} \tag{6.162}$$

式中，第一个等式是由式 (6.159) 与式 (6.158) 得到的，第二个等式是由式 (6.157) 得到的，而

$$\begin{aligned}\boldsymbol{Z}_{k,1} &= \tilde{\boldsymbol{Z}}_k \tilde{\boldsymbol{X}}_k^{\perp\mathrm{H}} \in \mathbb{C}^{N_r \times (L-N_t)} \\ \boldsymbol{Z}_{k,2} &= \tilde{\boldsymbol{Z}}_k \tilde{\boldsymbol{X}}_k^{\mathrm{H}} \in \mathbb{C}^{N_r \times N_t}\end{aligned}$$

的各元素都是 $\mathcal{CN}(0,\nu)$ 独立同分布的。此外，有

$$\begin{aligned}&(\boldsymbol{F}_k^{\mathrm{H}}\boldsymbol{F}_k)^{-1/2}\boldsymbol{Y}_k(\tau)\boldsymbol{X}_k^{\mathrm{H}}(\boldsymbol{X}_k\boldsymbol{X}_k^{\mathrm{H}})^{-1}\boldsymbol{X}_k\boldsymbol{Y}_k^{\mathrm{H}}(\tau)(\boldsymbol{F}_k^{\mathrm{H}}\boldsymbol{F}_k)^{-1/2} \\ &= (\tilde{\boldsymbol{G}}_k\tilde{\boldsymbol{X}}_k + \tilde{\boldsymbol{Z}}_k)\tilde{\boldsymbol{X}}_k^{\mathrm{H}}\tilde{\boldsymbol{X}}_k(\tilde{\boldsymbol{G}}_k\tilde{\boldsymbol{X}}_k + \tilde{\boldsymbol{Z}}_k)^{\mathrm{H}} \\ &= (\tilde{\boldsymbol{G}}_k + \boldsymbol{Z}_{k,2})(\tilde{\boldsymbol{G}}_k + \boldsymbol{Z}_{k,2})^{\mathrm{H}}\end{aligned} \tag{6.163}$$

式中，第一个等式是由式 (6.159) 与式 (6.155) 得到的，最后一个等式是由式 (6.156) 得到的。因此，根据式 (6.163) 与式 (6.162)，式 (6.89) 中检验统计量 T 在假设 $\mathcal{H}_1$ 下可表示为

$$\begin{aligned}T(\tau)|\mathcal{H}_1 &= \frac{\displaystyle\sum_{k=1}^{K}\mathrm{tr}((\tilde{\boldsymbol{G}}_k + \boldsymbol{Z}_{k,2})(\tilde{\boldsymbol{G}}_k + \boldsymbol{Z}_{k,2})^{\mathrm{H}})}{\displaystyle\sum_{k=1}^{K}\mathrm{tr}(\boldsymbol{Z}_{k,1}\boldsymbol{Z}_{k,1}^{\mathrm{H}} + (\tilde{\boldsymbol{G}}_k + \boldsymbol{Z}_{k,2})(\tilde{\boldsymbol{G}}_k + \boldsymbol{Z}_{k,2})^{\mathrm{H}})} \\ &= \frac{\displaystyle\sum_{k=1}^{K}\|(L/N_t)^{1/2}(\boldsymbol{F}_k^{\mathrm{H}}\boldsymbol{F}_k)^{-1/2}\boldsymbol{F}_k^{\mathrm{H}}\boldsymbol{H}_k\boldsymbol{W}_k + \boldsymbol{Z}_{k,2}\|_{\mathrm{F}}^2}{\displaystyle\sum_{k=1}^{K}(\|\boldsymbol{Z}_{k,1}\|_{\mathrm{F}}^2 + \|(L/N_t)^{1/2}(\boldsymbol{F}_k^{\mathrm{H}}\boldsymbol{F}_k)^{-1/2}\boldsymbol{F}_k^{\mathrm{H}}\boldsymbol{H}_k\boldsymbol{W}_k + \boldsymbol{Z}_{k,2}\|_{\mathrm{F}}^2)}\end{aligned} \tag{6.164}$$

式中，最后一个等式是根据式 (6.160) 与式 (6.73) 得到的。注意到在式 (6.164) 中，$(\boldsymbol{F}_k^{\mathrm{H}}\boldsymbol{F}_k)^{-1/2}\boldsymbol{F}_k^{\mathrm{H}} \cdot \boldsymbol{F}_k(\boldsymbol{F}_k^{\mathrm{H}}\boldsymbol{F}_k)^{-1/2} = \boldsymbol{I}_{N_{\mathrm{r}}}$ 对于任意列满秩的 $\boldsymbol{F}_k$ 总是成立。因此可以将式 (6.164) 重写为

$$T(\tau)|\mathcal{H}_1 = \frac{\displaystyle\sum_{k=1}^{K}\|(L/N_t)^{1/2}\boldsymbol{F}_k^{\mathrm{H}}\boldsymbol{H}_k\boldsymbol{W}_k + \boldsymbol{Z}_{k,2}\|_{\mathrm{F}}^2}{\displaystyle\sum_{k=1}^{K}(\|\boldsymbol{Z}_{k,1}\|_{\mathrm{F}}^2 + \|(L/N_t)^{1/2}\boldsymbol{F}_k^{\mathrm{H}}\boldsymbol{H}_k\boldsymbol{W}_k + \boldsymbol{Z}_{k,2}\|_{\mathrm{F}}^2)} \tag{6.165}$$

式中，$\boldsymbol{F}_k$ 满足 $\boldsymbol{F}_k^{\mathrm{H}}\boldsymbol{F}_k = \boldsymbol{I}_{N_r}$。由于 $T < \gamma$ 等价于 $\dfrac{T}{1-T} < \dfrac{\gamma}{1-\gamma}$，根据式 (6.165)，式 (6.90) 中的 MD 概率可表示为式 (6.92)。

为了推导 FA 概率，在式 (6.165) 中令 $\boldsymbol{H}_k=\mathbf{0}$，可以得到在假设 $\mathcal{H}_0$ 下的检验统计量 T

$$T|\mathcal{H}_0=\frac{\sum\limits_{k=1}^{K}\|\boldsymbol{Z}_{k,2}\|_{\mathrm{F}}^2}{\sum\limits_{k=1}^{K}(\|\boldsymbol{Z}_{k,1}\|_{\mathrm{F}}^2+\|\boldsymbol{Z}_{k,2}\|_{\mathrm{F}}^2)}$$

因此，FA 概率 (式 (6.91)) 可表示为式 (6.116)。

6.4.7 引理 6.5 的证明

首先，推导 X 的特征函数 (characteristic function，CF) 与 n 阶非中心矩。对于 $x_m\sim\mathcal{CN}(0,\lambda_m)$，$X_m=|x_m|^2$ 服从指数分布，而 X_m 的 CF 为

$$\varphi_{X_m}(\omega)=E\left\{\mathrm{e}^{-\jmath\omega X_m}\right\}=\frac{1}{1+\jmath\lambda_m\omega}$$

然后，$X=\sum\limits_{m=1}^{M}X_m$ 的 CF 为

$$\varphi_X(\omega)=E\left\{\mathrm{e}^{-\jmath\omega X}\right\}=\prod_{m=1}^{M}\varphi_{X_m}(\omega)=\prod_{m=1}^{M}\frac{1}{1+\jmath\lambda_m\omega} \tag{6.166}$$

令 $f_X(x)$ 表示 X 的 PDF。根据 CF 与 PDF 间的关系

$$\varphi_X(\omega)=\int_0^{\infty}f_X(x)\mathrm{e}^{-\jmath\omega x}\mathrm{d}x \tag{6.167}$$

有

$$\frac{\mathrm{d}^n\varphi_X(\omega)}{\mathrm{d}\omega^n}=(-\jmath)^n\int_0^{\infty}x^nf_X(x)\mathrm{e}^{-\jmath\omega x}\mathrm{d}x$$

因此

$$E\left\{X^n\right\}=\int_0^{\infty}x^nf_X(x)\mathrm{d}x=(-\jmath)^{-n}\left.\frac{\mathrm{d}^n\varphi_X(\omega)}{\mathrm{d}\omega^n}\right|_{\omega=0} \tag{6.168}$$

利用广义莱布尼茨法则，$\varphi_X(\omega)$ 的 n 阶导数可表示为

$$\begin{aligned}\frac{\mathrm{d}^n\varphi_X(\omega)}{\mathrm{d}\omega^n}&=\frac{\mathrm{d}^n}{\mathrm{d}\omega^n}\left(\prod_{m=1}^{M}\frac{1}{1+\mathrm{j}\lambda_m\omega}\right)\\&=\sum_{k_1+k_2+\cdots+k_M=n}\binom{n}{k_1,k_2,\cdots,k_M}\prod_{m=1}^{M}\frac{\mathrm{d}^{k_m}}{\mathrm{d}\omega^{k_m}}\left(\frac{1}{1+\jmath\lambda_m\omega}\right)\end{aligned}$$

$$
\begin{aligned}
&= \sum_{k_1+k_2+\cdots+k_M=n} \frac{n!}{k_1!k_2!\cdots k_M!} \prod_{m=1}^{M} \frac{(-\jmath\lambda_m)^{k_m} k_m!}{(1+\jmath\lambda_m\omega)^{k_m+1}} \\
&= (-\jmath)^n n! \sum_{k_1+k_2+\cdots+k_M=n} \prod_{m=1}^{M} \frac{\lambda_m^{k_m}}{(1+\jmath\lambda_m\omega)^{k_m+1}}
\end{aligned} \tag{6.169}
$$

式中，每个 k_m 都是非负整数。将式 (6.169) 代入式 (6.168) 可以得到

$$
E\{X^n\} = n! \sum_{k_1+k_2+\cdots+k_M=n} \prod_{m=1}^{M} \lambda_m^{k_m} \tag{6.170}
$$

然后，推导 X/Y 的 CDF 及其渐近值。由于 X 与 Y 彼此互相独立，有

$$
\mathbb{P}\left\{\frac{X}{Y} < t\right\} = \mathbb{P}\{X < tY\} = \int_0^{\infty} f_Y(y) \int_0^{ty} f_X(x)\mathrm{d}x\mathrm{d}y \tag{6.171}
$$

根据式 (6.167)，有

$$
f_X(x) = \frac{1}{2\pi}\int_{-\infty}^{\infty} \varphi_X(\omega)\mathrm{e}^{\jmath\omega x}\mathrm{d}\omega \tag{6.172}
$$

将式 (6.172) 代入式 (6.171) 可以得到

$$
\begin{aligned}
\mathbb{P}\left\{\frac{X}{Y} < t\right\} &= \frac{1}{2\pi}\int_0^{\infty} f_Y(y) \int_{-\infty}^{\infty} \varphi_X(\omega) \int_0^{ty} \mathrm{e}^{\jmath\omega x}\mathrm{d}x\mathrm{d}\omega\mathrm{d}y \\
&= \frac{1}{2\pi}\int_{-\infty}^{\infty} \frac{1}{\jmath\omega}\varphi_X(\omega) \int_0^{\infty} f_Y(y)(\mathrm{e}^{\jmath\omega t y}-1)\mathrm{d}y\mathrm{d}\omega \\
&= \frac{1}{2\pi}\int_{-\infty}^{\infty} \frac{1}{\jmath\omega}\varphi_X(\omega)(\varphi_Y(-\omega t)-1)\mathrm{d}\omega
\end{aligned} \tag{6.173}
$$

式中，$\varphi_Y(\omega)$ 表示 Y 的 CF。令

$$
\mathrm{sgn}(x) = \begin{cases} 1, & x \geqslant 0 \\ -1, & x < 0 \end{cases}
$$

有

$$
\int_{-\infty}^{\infty} \mathrm{sgn}(x)\mathrm{e}^{-\jmath\omega x}\mathrm{d}x = \frac{2}{\jmath\omega}
$$

因此

$$
\begin{aligned}
\frac{1}{2\pi}\int_{-\infty}^{\infty} \frac{1}{\jmath\omega}\varphi_X(\omega)\mathrm{d}\omega &= \frac{1}{2}\left(\frac{1}{2\pi}\int_{-\infty}^{\infty} \frac{2}{\jmath\omega}\varphi_X(\omega)\mathrm{e}^{\jmath\omega x}\mathrm{d}\omega\right)\Bigg|_{x=0} \\
&= \frac{1}{2}(\mathrm{sgn}(x) * f_X(x))|_{x=0}
\end{aligned}
$$

$$
\begin{aligned}
&= \frac{1}{2}\int_{-\infty}^{\infty} f_X(t)\mathrm{sgn}(-t)\mathrm{d}t \\
&= -\frac{1}{2}\int_{0}^{\infty} f_X(t)\mathrm{d}t \\
&= -\frac{1}{2}
\end{aligned} \tag{6.174}
$$

式中，$*$ 表示卷积。根据式 (6.166) 有

$$
\varphi_Y(\omega) = \prod_{n=1}^{N} \frac{1}{1+\jmath\sigma_n\omega} \tag{6.175}
$$

将式 (6.166)、式 (6.174) 与式 (6.175) 代入式 (6.173) 可以得到式 (6.98)。

为了推导式 (6.171) 的渐近值，使用式 (6.166) 来得到 $\varphi_X(\omega)$ 在 $1/(\mathrm{j}\omega)=0$ 处的泰勒展开

$$
\varphi_X(\omega) = \frac{1}{(\jmath\omega)^M}\prod_{m=1}^{M}\frac{1}{1/\jmath\omega+\lambda_m} = \frac{1}{(\jmath\omega)^M}\sum_{k=0}^{\infty}\frac{a_k}{(\jmath\omega)^k}
$$

式中

$$
a_k = \sum_{k_1+k_2\cdots+k_M=k}\frac{1}{k_1!k_2!\cdots k_M!}\prod_{m=1}^{M}\frac{(-1)^{k_m}}{\lambda_m^{k_m+1}} \tag{6.176}
$$

然后 X 的 PDF 为

$$
\begin{aligned}
f_X(x) &= \frac{1}{2\pi}\int_{-\infty}^{\infty}\varphi_X(\omega)\mathrm{e}^{\jmath\omega x}\mathrm{d}\omega \\
&= \frac{1}{2\pi}\int_{-\infty}^{\infty}\frac{1}{(\jmath\omega)^M}\sum_{k=0}^{\infty}\frac{a_k}{(\jmath\omega)^k}\mathrm{e}^{\jmath\omega x}\mathrm{d}\omega \\
&= u(x)\cdot\sum_{k=0}^{\infty}\frac{a_k x^{M+k-1}}{(M+k-1)!}
\end{aligned}
$$

式中，$u(x)$ 表示单位阶跃函数，即

$$
u(x) = \begin{cases} 1, & x \geqslant 0 \\ 0, & x < 0 \end{cases}
$$

然后有

$$
\int_{-\infty}^{ty} f_X(x)\mathrm{d}x = \int_{0}^{ty}\sum_{k=0}^{\infty}\frac{a_k x^{M+k-1}}{(M+k-1)!}\mathrm{d}x = \sum_{k=0}^{\infty}\frac{a_k(ty)^{M+k}}{(M+k)!}
$$

因此

$$\begin{aligned}\mathbb{P}\left\{\frac{X}{Y}<t\right\}&=\int_0^{\infty}f_Y(y)\int_0^{ty}\sum_{k=0}^{\infty}\frac{a_kx^{M+k-1}}{(M+k-1)!}\mathrm{d}x\mathrm{d}y\\&=\int_{-\infty}^{\infty}f_Y(y)\sum_{k=0}^{\infty}\frac{a_k(ty)^{M+k}}{(M+k)!}\mathrm{d}y\\&=\sum_{k=0}^{\infty}\frac{a_kt^{M+k}E\left\{y^{M+k}\right\}}{(M+k)!}\\&=\sum_{k=0}^{\infty}a_kt^{M+k}\sum_{l_1+l_2+\cdots+l_N=M+k}\prod_{n=1}^{N}\sigma_n^{l_n}\\&\approx a_0t^M\sum_{l_1+l_2+\cdots+l_N=M}\prod_{n=1}^{N}\sigma_n^{l_n},\ \text{当 } t \text{ 很小时}\end{aligned}\tag{6.177}$$

式中，最后一个等式是由式 (6.170) 得到的。将式 (6.176) 代入式 (6.177) 并令 $k=0$，可得式 (6.99)。

6.4.8　引理 6.6 的证明

首先，将 $\boldsymbol{w}$ 重写为 $\boldsymbol{w}^{(M)}$，以表示其长度为 M。$\boldsymbol{w}^{(M)}$ 的非周期自相关函数 $r_l^{(M)}$ 可写为

$$r_l^{(M)}=\sum_{m=1}^{M}w_mw_{m+l}^*,\ \ l=0,1,\cdots,M-1\tag{6.178}$$

如果 $r_l^{(M)}$ 是一个 Kronecker δ 函数，则当 $l=1,2,\cdots,M-1$ 时有 $r_l^{(M)}=0$。观察式 (6.178) 知道 $r_{M-1}^{(M)}=w_1w_M^*$。因此 $r_{M-1}^{(M)}=0$ 意味着 w_1 与 w_M 中至少有一个必须为零。不失一般性，假设 $w_M=0$。在这种情况下，定义 $\boldsymbol{w}^{(M-1)}=[w_1,w_2,\cdots,w_{M-1}]^{\mathrm{T}}$，它可以被看作 $\boldsymbol{w}^{(M)}$ 排除了零元素 w_M 后的缩短的矢量。令 $r_l^{(M-1)}$ 表示 $\boldsymbol{w}^{(M-1)}$ 的非周期自相关函数。有

$$r_l^{(M-1)}=\sum_{m=1}^{M-1}w_mw_{m+l}^*,\ \ l=0,1,\cdots,M-2\tag{6.179}$$

当 $w_M=0$ 时，可以从式 (6.178) 与式 (6.179) 发现，当 $l=0,1,\cdots,M-2$ 时有 $r_l^{(M)}=r_l^{(M-1)}$。这意味着 $\boldsymbol{w}^{(M-1)}$ 的非周期自相关函数 $r_l^{(M-1)}$ 应当是一个 Kronecker δ 函数。重复以上过程，可以推断 $\boldsymbol{w}^{(M-2)},\boldsymbol{w}^{(M-3)},\cdots,\boldsymbol{w}^{(1)}$ 的非周期自相关函数都应是一个 Kronecker δ 函数。注意到 $\boldsymbol{w}^{(1)}$ 中只有一个元素，而这个元素必须是非零的。否则，最初的 $\boldsymbol{w}^{(M)}$ 的所有元素都将是零。最终，断定 $\boldsymbol{w}$ 中只能有一个非零元素。

6.4.9 引理 6.7 的证明

使用数学归纳法来证明。令

$$\boldsymbol{p}_{M/2,1} = [p_{1,1}, p_{2,1}, \cdots, p_{M/2,1}]^{\mathrm{T}}$$
$$\boldsymbol{p}_{M/2,2} = [p_{1,2}, p_{2,2}, \cdots, p_{M/2,2}]^{\mathrm{T}}$$

然后根据式 (6.124) 与式 (6.125)，可以将 $\boldsymbol{p}_{M,1}$ 与 $\boldsymbol{p}_{M,2}$ 表示为

$$\boldsymbol{p}_{M,1} = [p_{1,1}, p_{2,1}, \cdots, p_{M/2,1}, p_{1,2}, p_{2,2}, \cdots, p_{M/2,2}]^{\mathrm{T}}$$
$$\boldsymbol{p}_{M,2} = [p_{1,2}, p_{2,2}, \cdots, p_{M/2,2}, -p_{1,2}, -p_{2,2}, \cdots, -p_{M/2,2}]^{\mathrm{T}}$$

当 $M=1$ 时，利用初始矢量 $\boldsymbol{p}_{1,1} = \boldsymbol{p}_{1,2} = [1]$，容易验证 $\boldsymbol{p}_{1,1}$ 与 $\boldsymbol{p}_{1,2}$ 各自的非周期自相关函数相加为一个 Kronecker δ 函数。假设 $\boldsymbol{p}_{M/2,1}$ 与 $\boldsymbol{p}_{M/2,2}$ 各自的非周期自相关函数相加为一个 Kronecker δ 函数，即

$$\begin{aligned}\sum_{n=1}^{2}\left|\sum_{m=1}^{M/2}[\boldsymbol{p}_{M/2,n}]_m \mathrm{e}^{\mathrm{j}2\pi(m-1)\theta}\right|^2 &= \left|\sum_{m=1}^{M/2} p_{m,1}\mathrm{e}^{\mathrm{j}2\pi(m-1)\theta}\right|^2 + \left|\sum_{m=1}^{M/2} p_{m,2}\mathrm{e}^{\mathrm{j}2\pi(m-1)\theta}\right|^2 \\ &= 1, \quad \forall\, \theta \in [0,1]\end{aligned} \tag{6.180}$$

然后只需要证明 $\boldsymbol{p}_{M,1}$ 与 $\boldsymbol{p}_{M,2}$ 各自的非周期自相关函数相加为一个 Kronecker δ 函数。有

$$\begin{aligned}\sum_{n=1}^{2}\left|\sum_{m=1}^{M}[\boldsymbol{p}_{M,n}]_m \mathrm{e}^{\mathrm{j}2\pi(m-1)\theta}\right|^2 &= \left|\sum_{m=1}^{M/2} p_{m,1}\mathrm{e}^{\mathrm{j}2\pi(m-1)\theta} + \sum_{m=1}^{M/2} p_{m,2}\mathrm{e}^{\mathrm{j}2\pi(m+M/2-1)\theta}\right|^2 \\ &\quad + \left|\sum_{m=1}^{M/2} p_{m,1}\mathrm{e}^{\mathrm{j}2\pi(m-1)\theta} - \sum_{m=1}^{M/2} p_{m,2}\mathrm{e}^{\mathrm{j}2\pi(m+M/2-1)\theta}\right|^2 \\ &= \left|\sum_{m=1}^{M/2} p_{m,1}\mathrm{e}^{\mathrm{j}2\pi(m-1)\theta} + \mathrm{e}^{j\pi M\theta}\sum_{m=1}^{M/2} p_{m,2}\mathrm{e}^{\mathrm{j}2\pi(m-1)\theta}\right|^2 \\ &\quad + \left|\sum_{m=1}^{M/2} p_{m,1}\mathrm{e}^{\mathrm{j}2\pi(m-1)\theta} - \mathrm{e}^{j\pi M\theta}\sum_{m=1}^{M/2} p_{m,2}\mathrm{e}^{\mathrm{j}2\pi(m-1)\theta}\right|^2 \\ &= 2\left(\left|\sum_{m=1}^{M/2} p_{m,1}\mathrm{e}^{\mathrm{j}2\pi(m-1)\theta}\right|^2 + \left|\sum_{m=1}^{M/2} p_{m,2}\mathrm{e}^{\mathrm{j}2\pi(m-1)\theta}\right|^2\right) \\ &= 2, \quad \forall\, \theta \in [0,1]\end{aligned}$$

式中，最后一个等式是由式 (6.180) 得到的。

第7章 波束域大规模 MIMO 光无线通信

光无线通信技术利用光频谱这一超高频段，可以缓解射频频谱资源紧张，提高系统吞吐量，是一种极具潜力的无线通信技术。光无线通信中通常采用强度调制与直接检测，没有相位信息，且大多数场景仅考虑直达径的情况，因而，光无线通信的信道系数具有高度相关性。通常，单个 LED 阵列视为单根发送天线，LED 阵列的个数决定了同时服务的用户数。本章利用发送透镜将不同光发送单元发出的光折射到不同方向，论述利用透镜的波束域大规模 MIMO 光无线通信理论方法，显著地提升同时服务的用户终端个数 [288, 289]。本章内容安排如下：7.1 节论述利用发送透镜的波束域大规模 MIMO 光无线通信理论方法，7.2 节论述利用收发透镜的网络大规模 MIMO 光无线通信理论方法。

7.1 利用发送透镜的波束域大规模 MIMO 光无线通信

7.1.1 概述

受接收透镜区分不同 LED 阵列的光信号的启发，本节利用发送透镜将不同光发送单元发出的光折射到不同方向，提高空间分辨率。本节研究波束域光大规模 MIMO 无线通信系统，其中，基站配置大规模光发送单元，利用发送透镜同时服务大量用户终端。发送透镜的基本原理是对于不同位置的光发送单元提供不同的折射角度，以实现基于角度的能量集中特性。利用发送透镜，将不同光发送单元发出的光信号进行区分。以 LED 光发送单元为例，首先，本节分析 LED 发出的光经过透镜折射的物理规律，建立利用发送透镜的光传播信道模型，单个 LED 发出的光经过透镜折射后汇聚到较小的角度范围内，从而形成一个窄波束。随着光发送单元个数趋于无穷大，不同用户的信道向量趋于渐近正交，意味着利用发送透镜的光大规模 MIMO 系统可以同时服务多个用户终端。

基于新建立的信道模型，本节分析 MRT 以及 RZF 预编码的传输性能，并提出最大化和速率的线性预编码设计。进而，在 LED 个数趋于无穷大的情况下，本节提出渐近最优的发送协方差矩阵设计。渐近最优的发送方法为不同的 LED 向不同的用户终端传输独立的数据流，不同用户的传输波束互不重叠。这表明 BDMA 传输可以到达渐近最优的性能。与传统无发送透镜的传输方法相比，BDMA 传输在总功率约束下可以提升系统和速率达 $2K$ 倍 (K 为用户数)，在单个 LED 功率约束下，提升 K 倍和速率性能。进一步，本节在 LED 个数有限的情况下，考虑波束域传输的功率分配问题，证明最优功率分配的正交性条件，并提出有效的波束分配算法。数值仿真结果表明所提出的利用发送透镜的波束域大规模 MIMO 光无线传输可以显著地提升系统和速率性能。

7.1.2 基于发送透镜的光通信系统与信道建模

1. 基于透镜的 MIMO 光无线通信系统

大规模 MIMO 光无线通信系统包括基站以及 K 个用户，基站配置 M^2 个光发送单元和一个发送透镜，每个用户配置一个光接收单元接收光信号。光发送单元可以是 LED、激光二极管或光纤端口，本节以 LED 光发送单元为例，所提传输方法也可以应用到其他光发送单元。基站利用发送透镜将不同 LED 发出的光折射到不同方向，在小区内生成大规模波束覆盖，如图 7.1 所示。

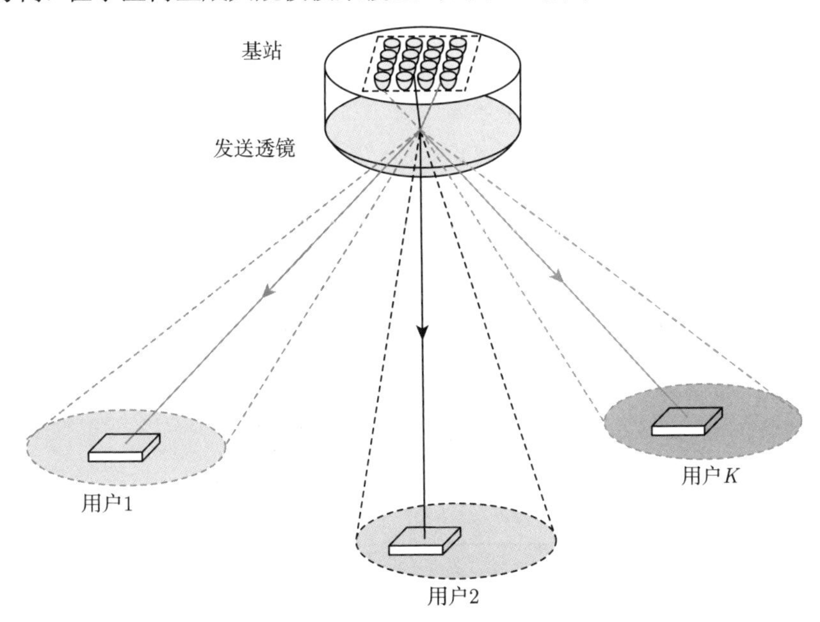

图 7.1 利用发送透镜的 MIMO 光无线通信系统

基站向不同用户发送不同信号，记 $\boldsymbol{x}_k \in \mathbb{R}^{M^2\times 1}$ 为发送给第 k 个用户的信号，则第 k 个用户的接收信号为

$$
\begin{aligned}
y_k &= \boldsymbol{h}_k^{\mathrm{T}}\boldsymbol{x} + z_k \\
&= \boldsymbol{h}_k^{\mathrm{T}}\boldsymbol{x}_k + \boldsymbol{h}_k^{\mathrm{T}}\left(\sum_{k'\neq k}\boldsymbol{x}_{k'}\right) + z_k
\end{aligned} \tag{7.1}
$$

式中，$\boldsymbol{x}=\sum\limits_{k}\boldsymbol{x}_k$ 为发送信号之和；$\boldsymbol{h}_k^{\mathrm{T}}\in\mathbb{R}^{1\times M^2}$ 为基站到用户 k 的信道向量；z_k 为接收噪声，包括环境引起的散粒噪声以及热噪声，通常 z_k 建模为实数加性白高斯噪声，均值为 0，方差为 σ^2。不失一般性，假设噪声方差为 1，即 $\sigma^2=1$。

2. 光经过透镜的折射

首先分析 LED 发出的光经过透镜的折射过程。方形 LED 阵列中第 (i,j) 个 LED 位于 S 点，其在直角坐标系中的位置为 (x_S,y_S,z_S)，如图 7.2(a) 所示。为简化符号，这里省略下标 (i,j)。令 φ_C 表示 LED 的发射半角。LED 的光强通常服从朗伯分布 [290]，当发射光线与 z 轴夹角为 φ 时，光强分布为

$$I_0(\varphi)=\frac{m_L+1}{2\pi}\cos^{m_L}(\varphi) \tag{7.2}$$

式中，m_L 为朗伯辐射系数，$m_L=-\log 2/\log(\cos(\varphi_C))$。发射角度为 φ_C 的光线强度是发射角度为 $\varphi_0=0^\circ$ 的中心光线强度的一半。

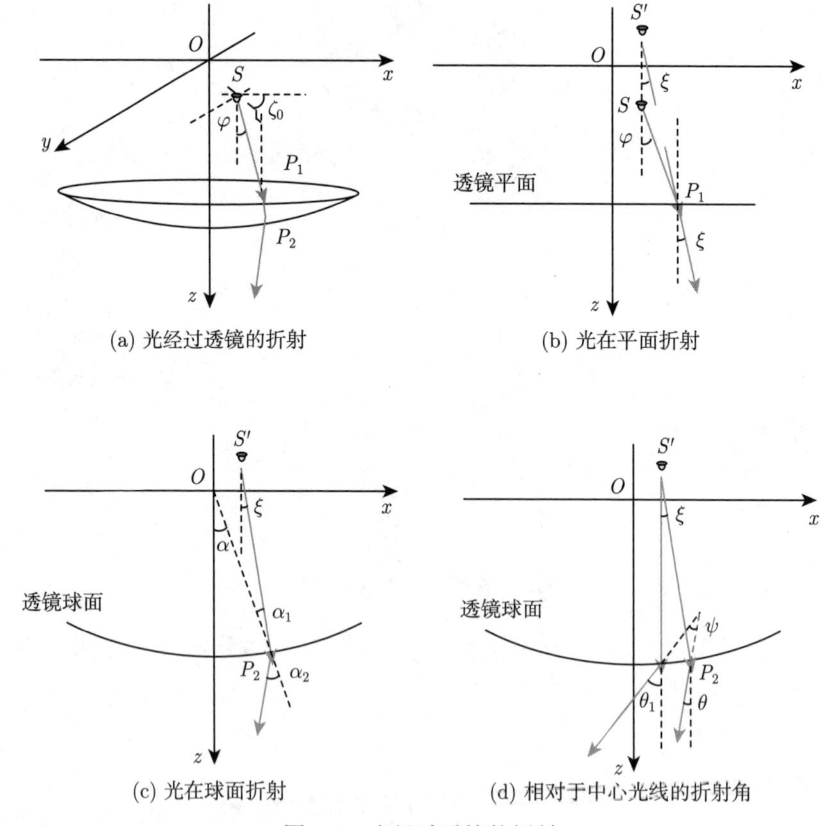

(a) 光经过透镜的折射　(b) 光在平面折射

(c) 光在球面折射　(d) 相对于中心光线的折射角

图 7.2　光经过透镜的折射

在 LED 前面放置一个球面透镜，透镜的折射率为 n，透镜的平面面对 LED 阵列，球面的曲率半径为 R，球心为直角坐标系的原点，如图 7.2 所示。考虑 LED 发出的一条光线，其与垂直方向夹角为 φ，水平方向角度为 ζ_0。该光线在平面 P_1 点发生第一次折射，如图 7.2(b) 所示，随后在球面 P_2 点第二次折射，如图 7.2(c) 所示。

在 P_1 点，光线的入射角为 φ，折射角为 ξ，折射过程遵循斯涅耳 (Snell) 定律，即 $\sin\varphi/\sin\xi = n$。折射光线可以看作由一个位于 S' 点 (坐标为 $(x_S, y_S, z_{S'})$) 的虚拟光源发出的光线，其与垂直方向夹角为 ξ，水平方向角度为 ζ_0。

下面，分析光在球面 P_2 点的折射过程。记 P_2 点的入射光线的单位向量为

$$\boldsymbol{v} = (\sin\xi\cos\zeta_0, \sin\xi\sin\zeta_0, \cos\xi) \tag{7.3}$$

在 $P_2 = (x_2, y_2, z_2)$ 点的单位法向量为

$$\boldsymbol{n} = \left(-\frac{x_2}{R}, -\frac{y_2}{R}, -\frac{z_2}{R}\right) \tag{7.4}$$

根据斯涅耳定律，折射光线的单位向量 $\boldsymbol{r}$ 为

$$\boldsymbol{r} = n\boldsymbol{v} + (nc - \sqrt{1 - n^2(1 - c^2)})\boldsymbol{n} \tag{7.5}$$

式中，

$$c = -\boldsymbol{n}\cdot\boldsymbol{v} = \frac{x_2}{R}\sin\xi\cos\zeta_0 + \frac{y_2}{R}\sin\xi\sin\zeta_0 + \frac{z_2}{R}\cos\xi \tag{7.6}$$

令 θ 为折射光线与垂直方向夹角，ζ_1 为水平方向夹角，由式 (7.5) 可以得到折射光线与入射光线的关系为

$$\cos\theta = n\cos\xi - (nc - \sqrt{1 - n^2(1 - c^2)})\frac{z_2}{R} \tag{7.7}$$

$$\sin\theta\cos\zeta_1 = n\sin\xi\cos\zeta_0 - (nc - \sqrt{1 - n^2(1 - c^2)})\frac{x_2}{R} \tag{7.8}$$

$$\sin\theta\sin\zeta_1 = n\sin\xi\sin\zeta_0 - (nc - \sqrt{1 - n^2(1 - c^2)})\frac{y_2}{R} \tag{7.9}$$

式 (7.7)~式 (7.9) 反映了入射角 (φ, ζ_0) 与折射角 (θ, ζ_1) 之间的准确关系。然而，该关系十分复杂，下面将利用几何光学中常用的近似方法 [291] 建立一个简单的近似关系。

由于 LED 的光强是旋转对称的，因而更关注入射角 θ 与折射角 φ 之间的关系，考虑如图 7.2(c) 所示的平面 $S'OP_2$，记 P_2 点光线的相对于法线的入射角和折射角分别为 α_1 与 α_2，法线与 z 轴的夹角为 α。则折射光线与 z 轴夹角 θ 可以表达为

$$\theta = \alpha_2 - \alpha = \alpha_2 - \xi - \alpha_1 \tag{7.10}$$

由斯涅耳定律，有 $\sin(\alpha_2) = n\sin(\alpha_1)$ 以及 $\sin(\varphi) = n\sin(\xi)$。当角度 φ、ξ、α_1 以及 α_2 较小时，利用 sin 函数的一阶近似 $\sin\alpha \approx \alpha$，可以得到

$$\theta \approx (n-1)\alpha - \varphi \tag{7.11}$$

同时，有 $\alpha \approx (\sqrt{x_S^2+y_S^2} + \varphi(R - z_{S'})/n)/R$ 以及 $(z_p - z_{S'}) \approx n(z_p - z_S)$，其中，$z_p$ 为透镜平面的位置。因而，角度 θ 可以近似为

$$\theta \approx \underbrace{(n-1)\frac{\sqrt{x_S^2+y_S^2}}{R}}_{\theta_0} - \underbrace{\frac{\varphi}{n}\left(1 + \frac{nz_S}{\dfrac{R}{n-1}} - \frac{(n-1)^2 z_p}{R}\right)}_{\psi} \tag{7.12}$$

式 (7.12) 展示了折射光线的垂直角度 θ (图 7.2(d)) 被分为两部分，第一部分 θ_0 表示中心光线 (即 $\varphi = 0°$) 的折射角度，其与 LED 在 XOY 平面的水平坐标有关，第二部分 ψ 表示折射光线相对于折射的中心光线的夹角，其仅与 LED 与透镜的垂直坐标有关。对于半球透镜，$z_p = 0$ 的情况，角度 θ 可以表示为

$$\theta \approx \theta_0 - \varphi\,(1/n + (n-1)z_S/R) \tag{7.13}$$

对于薄透镜，z_p 接近 R 的情况，有

$$\theta \approx \theta_0 - \varphi\,(2 - n + (n-1)z_S/R) \tag{7.14}$$

式中，$R/(n-1)$ 为焦距 f[291]。

第 (i,j) 个 LED 发出的光，其入射角度为 φ_{ij}，由式 (7.12) 可知，其折射光线相对于第 (i,j) 个 LED 的中心折射光线的角度为

$$\psi_{ij} = \varphi_{ij}\left(\frac{1}{n} + \frac{z_S}{\dfrac{R}{n-1}} - \frac{(n-1)^2 z_p}{nR}\right) \tag{7.15}$$

记折射角度与入射角度的比值为

$$r = \frac{\psi_{ij}}{\varphi_{ij}} = \frac{1}{n} + \frac{z_S(n-1)}{R} - \frac{(n-1)^2 z_p}{nR} \tag{7.16}$$

其仅与 LED 与透镜的垂直坐标有关，因而所有 LED 的垂直位置相同，位于同一个 XOY 平面。在实际中，单个 LED 发出的光线主要集中在有限的角度范围之内。当 LED 服从标准朗伯分布 $(m = 1)$ 时，角度范围为 90°。当 LED 的朗伯辐射系数 m 大于 1 时，角度范围小于 90°。另外，发射角度较大的光线光强通常较低且不能

照射到透镜上。因而，本节关注在有限角度范围 Φ_{ij} 内的光线。折射角度为 ψ_{ij} 的光线强度为

$$\begin{aligned} I_{ij}(\psi_{ij}) &= T_{\text{lens}}(r^{-1}\psi_{ij}, \psi_{ij}) I_0\left(r^{-1}\psi_{ij}\right) U(\Phi_{ij} - r^{-1}\psi_{ij}) \\ &= T_{\text{lens}}(\varphi_{ij}, \psi_{ij}) I_0\left(\varphi_{ij}\right) U(\Phi_{ij} - \varphi_{ij}) \end{aligned} \tag{7.17}$$

式中，$U(\cdot)$ 表示单位阶跃函数；$T_{\text{lens}}(\varphi_{ij}, \psi_{ij})$ 表示对应入射角为 φ_{ij} 折射角为 ψ_{ij} 的透镜增益，其可以由文献 [292] 计算得到。实际中，当光线的入射角度较小 (小于 30°) 时，透镜增益近似为常数，因而 $T_{\text{lens}}(\varphi_{ij}, \psi_{ij})$ 可以近似为常数 T_{lens}。

定义 7.1 波束宽度定义为一个 LED 发出的光线经过透镜折射后所有折射光线之间的最大夹角。

根据式 (7.15)，第 (i,j) 个 LED 的波束宽度为

$$\Psi_{ij} = 2r\Phi_{ij} \tag{7.18}$$

式中，Φ_{ij} 为第 (i,j) 个 LED 的可视角度。波束宽度 Ψ_{ij} 包括从第 (i,j) 个 LED 发出的光线经过透镜折射后的所有折射光线，也存在其他波束宽度的定义，例如，半功率波束宽度。

波束宽度与 LED 的垂直坐标 z_S 有关，对于半球透镜 (7.13)，当 z_S 大于 $-R/(n(n-1))$ 时，比值 r 在 0~1 范围内，表明波束宽度 Ψ_{ij} 小于可视范围宽度 $2\Phi_{ij}$①。对于薄透镜 (7.14)，当 z_S 大于 $(n-2)R/(n-1)$，LED 与透镜的距离小于焦距，即 $R - z_S \leqslant f$，则比值 r 小于 1，因此，Ψ_{ij} 小于 $2\Phi_{ij}$②。综上所述，利用发送透镜可以有效地生成窄波束。

图 7.3 比较了经过透镜折射后的近似光强分布与准确的光强分布，其中，LED 的半功率角度为 $\varphi_C = 30°$，透镜的折射率为 $n = 1.5$，透镜球面的曲率半径为 $R = 10$ cm。仿真结果表明在所有情况下，近似结果都可以很好地逼近准确的光强分布。

3. 渐近特性

方形 LED 阵列配置 $M \times M$ 个 LED，x 轴上 M 个 LED 的最大照射角度为 ω，将 ω 分为 M 个均匀小角度，每个角度为 ω/M。为了支持多用户通信，每个小角度由一个 LED 生成的一个波束覆盖，则每个 LED 的波束宽度 $\Psi_{ij} = \omega/M$。由第 (i,j) 个 LED 的可视角度 Φ_{ij} 以及式 (7.18)，可以得到比值 r 为 $r = \omega/(2M\Phi_{ij})$。

① 当 z_S 小于 $-R/(n(n-1))$ 时，折射光线将聚焦形成一个光源的实像，然后发散到不同方向，因而无法形成波束。

② 相似地，当 z_S 小于 $(n-2)R/(n-1)$ 时，光线将聚焦形成实像后发散。

沿着 y 轴的 M 个 LED 与 x 轴方向的情况相似。当相邻两个 LED 的间距固定为 d 时，透镜的焦距为 $f=Md/\omega$，根据式 (7.12)，可以计算 LED 的位置坐标为

$$
\begin{aligned}
x_{S,i} &= \left(-(M-1)/2+(i-1)\right)d, \quad i=1,2,\cdots,M \\
y_{S,j} &= \left(-(M-1)/2+(j-1)\right)d, \quad j=1,2,\cdots,M \\
z_S &= \left(\frac{\omega}{2\Phi_{ij}}+\frac{\omega(n-1)z_p}{nd}-\frac{M}{n}\right)\frac{d}{\omega}
\end{aligned} \tag{7.19}
$$

随着 LED 个数趋于无穷大，对于半球透镜，z_p 为 0 的情况，LED 的垂直位置坐标趋于

$$\lim_{M\to\infty} z_S + Md/(\omega n) = 0 \tag{7.20}$$

对于薄透镜，z_p 接近 R 的情况，LED 的垂直位置坐标趋于

$$\lim_{M\to\infty} z_S - (n-2)Md/\omega = 0 \tag{7.21}$$

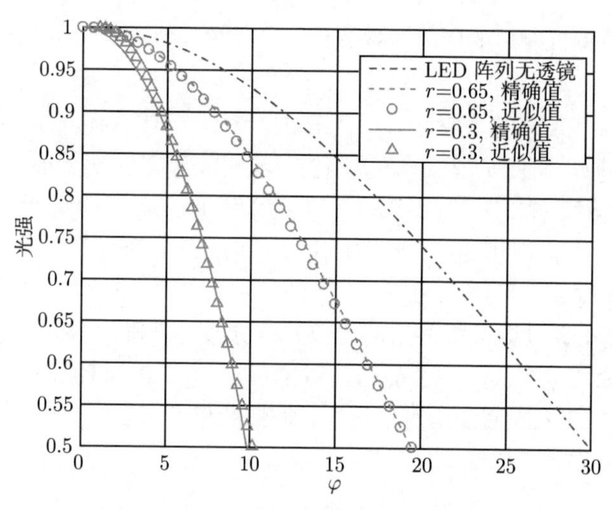

图 7.3　近似与准确的光线强度分布比较

由于 LED 的芯片很小，通常 LED 阵列中包含大规模 LED，例如，30×30 个 LED[293]，或者 60×60 个 LED[290]，因而，大规模 LED 的渐近特性是有意义的。随着 M 增加，对于薄透镜，LED 阵列与透镜的距离趋于 $R-z_S=(n-1)Md/\omega-(n-2)Md/\omega=f$，表明 LED 阵列放置于透镜的焦平面上。因此，同一个 LED 发出的光经过透镜折射到同一方向，形成平行光束，如图 7.4 所示。不同 LED 发出的光不会相互干扰。

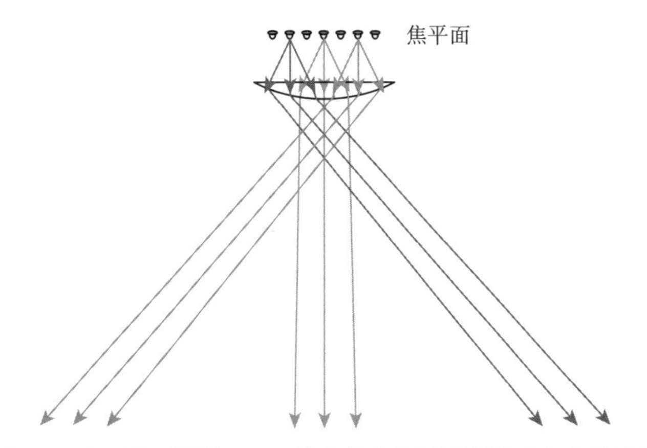

图 7.4 位于焦平面的 LED 发出的光线经过透镜后生成平行光

下面分析当 LED 个数趋于无穷大时光线的渐近强度。由式 (7.2) 和式 (7.17) 可知，第 (i,j) 个 LED 发出的光，当相对折射角度为 ψ_{ij} 时，渐近强度可以表达为

$$\begin{aligned}\lim_{M\to\infty} I_{ij}(\psi_{ij}) &= \lim_{M\to\infty} T_{\text{lens}}\frac{m_L+1}{2\pi}\cos^{m_L}\left(\frac{2M\varPhi_{ij}}{\omega}\psi_{ij}\right)U\left(\frac{\omega}{2M\varPhi_{ij}}\varPhi_{ij}-\psi_{ij}\right)\\ &= T_{\text{lens}}\,\frac{m_L+1}{2\pi}\delta\left(\psi_{ij}\right)\end{aligned} \tag{7.22}$$

则从第 (i_1,j_1) 个 LED 和第 (i_2,j_2) 个 LED 到用户 k_1 和用户 k_2 的光强有如下关系：

$$\lim_{M\to\infty} I_{i_1j_1}(\psi_{i_1j_1,k_1})I_{i_1j_1}(\psi_{i_1j_1,k_2}) = T_{\text{lens}}^2\left(\frac{m_L+1}{2\pi}\right)^2\delta(\psi_{i_1j_1,k_1})\delta(\psi_{i_1j_1,k_2}) = 0 \tag{7.23}$$

$$\lim_{M\to\infty} I_{i_1j_1}(\psi_{i_1j_1,k_1})I_{i_2j_2}(\psi_{i_2j_2,k_1}) = T_{\text{lens}}^2\left(\frac{m_L+1}{2\pi}\right)^2\delta(\psi_{i_1j_1,k_1})\delta(\psi_{i_2j_2,k_1}) = 0 \tag{7.24}$$

式中，$\psi_{i_1j_1,k_1}$ $(\psi_{i_1j_1,k_2})$ 为用户 k_1 (用户 k_2) 与第 (i_1,j_1) 个 LED 的中心光线的夹角；$\psi_{i_2j_2,k_1}$ 为用户 k_1 与第 (i_2,j_2) 个 LED 的中心光线的夹角。

由式 (7.23) 和式 (7.24) 可以得到利用发送透镜的大规模 LED 阵列发出的光线强度的渐近正交性。对于大规模 LED，由式 (7.23) 可知，一个 LED 到不同用户的光线强度渐近正交；由式 (7.24) 可知，不同 LED 到同一个用户的光线强度渐近正交。该结果与上述分析一致，LED 发出的光经过透镜折射后趋于平行光。光线强度的渐近正交性对于多用户通信是有意义的，该结果表明利用发送透镜，基站可以同时向不同用户传输不同信号，且没有用户间干扰。

4. 信道增益

考虑直达径 (line of sight，LoS) 传输过程，令 A_k 为用户 k 的物理接收面积，d_k 为发送透镜中心到用户 k 的距离，$\gamma(d_k)$ 为功率因子满足光传输能量守恒定律，$\psi_{ij,k}$ 为用户 k 与第 (i,j) 个 LED 的中心光线的夹角，ϕ_k 为用户 k 的入射角。则第 (i,j) 个 LED 与用户 k 之间的信道增益为

$$h_{k,ij} = A_k\gamma(d_k)I_{ij}(\psi_{ij,k})\cos(\phi_k) \tag{7.25}$$

根据光传输能量守恒定律 [294]，接收平面的能量等于光通过透镜后的能量，

$$\int_0^{2\pi}\mathrm{d}\zeta\int_0^{r\Phi_{ij}}\gamma(d_k)I_{ij}(\psi_{ij})d_k^2\sin(\psi_{ij})\mathrm{d}\psi_{ij} = T_{\text{lens}}\int_0^{2\pi}\mathrm{d}\zeta\int_0^{\Phi_{ij}}I_0(\varphi_{ij})\sin(\varphi_{ij})\mathrm{d}\varphi_{ij} \tag{7.26}$$

由 $\psi_{ij} = r\varphi_{ij}$ 以及式 (7.17)，式 (7.26) 等号右边的积分可以计算为

$$\int_0^{r\Phi_{ij}}I_{ij}(\psi_{ij})\sin(\psi_{ij})\mathrm{d}\psi_{ij} = \int_0^{\Phi_{ij}}T_{\text{lens}}I_0(\varphi_{ij})\sin(r\varphi_{ij})r\mathrm{d}\varphi_{ij} \tag{7.27}$$

对于大规模 LED，r 较小，有 $\sin(r\varphi_{ij}) \approx r\sin(\varphi_{ij})$，因而可以计算得到

$$\gamma(d_k) = \frac{1}{d_k^2r^2} \tag{7.28}$$

信道增益可以表达为

$$h_{k,ij} = \frac{A_k}{d_k^2r^2}I_{ij}(\psi_{ij,k})\cos(\phi_k) \tag{7.29}$$

则用户 k 的信道向量 $\boldsymbol{h}_k$ 为

$$\boldsymbol{h}_k = \frac{A_k}{d_k^2r^2}\cos(\phi_k)\begin{bmatrix}I_{11}(\psi_{11,k}) & I_{12}(\psi_{12,k}) & \cdots & I_{MM}(\psi_{MM,k})\end{bmatrix}^{\mathrm{T}} \tag{7.30}$$

将 K 个用户的信道向量构造多用户信道矩阵 $\boldsymbol{H} \in \mathbb{C}^{K\times M^2}$ 为

$$\boldsymbol{H} = \begin{bmatrix}\boldsymbol{h}_1 & \boldsymbol{h}_2 & \cdots & \boldsymbol{h}_K\end{bmatrix}^{\mathrm{T}} \tag{7.31}$$

由式 (7.29)，信道增益反比于 d_k^2 和 r^2，当波束宽度变窄，系数 r 变小，波束能量集中到一个方向。另外，随着 LED 个数趋于无穷大，由式 (7.22) 可知，同一个 LED 发出的光经过透镜变为平行光，因而信道向量 $\boldsymbol{h}_k$ 中仅有一个元素的光强非零，意味着每个用户终端仅接收一个 LED 的发送信号。根据式 (7.23)，有

$$\lim_{M\to\infty}\boldsymbol{h}_{k_1}^{\mathrm{T}}\boldsymbol{h}_{k_2} = 0 \tag{7.32}$$

表明不同用户的信道向量渐近正交。因而多用户信道矩阵 $\boldsymbol{H}$ 为行满秩。实际中，当 LED 的个数较大时，信道矩阵 $\boldsymbol{H}$ 的秩趋于 K，表明基站可以同时服务 K 个用户。

7.1.3 基于线性预编码的传输方法

1. MRT/RZF 预编码

基站同时与多个用户终端通信，发送所有用户信号之和，其中发送给第 k 个用户的信号 $\boldsymbol{x}_k$ 是由信号经过线性预编码向量 $\boldsymbol{w}_k \in \mathbb{C}^{M^2\times 1}$ 得到的，

$$\boldsymbol{x}_k = \boldsymbol{w}_k s_k \tag{7.33}$$

式中，s_k 为承载消息的独立同分布实信号，均值为 0①，方差为 1。考虑常用的两种线性预编码策略，最大比发射 $\boldsymbol{w}_k^{\mathrm{MRT}}$ 和正则化迫零预编码 $\boldsymbol{w}_k^{\mathrm{RZF}}$，其可以分别表示为

$$\boldsymbol{w}_k^{\mathrm{MRT}} = \sqrt{\beta^{\mathrm{MRT}}}\boldsymbol{h}_k \tag{7.34}$$

$$\boldsymbol{w}_k^{\mathrm{RZF}} = \sqrt{\beta^{\mathrm{RZF}}}\left(\boldsymbol{H}^{\mathrm{T}}\boldsymbol{H} + \alpha \boldsymbol{I}_{N^2}\right)^{-1}\boldsymbol{h}_k \tag{7.35}$$

式中，$\alpha > 0$ 为正则化参数，β^{MRT} 和 β^{RZF} 为功率归一化因子，满足功率条件 $\sum\limits_k E\{\boldsymbol{x}_k^{\mathrm{T}}\boldsymbol{x}_k\} = P$，则 β^{MRT} 和 β^{RZF} 分别为

$$\begin{aligned}\beta^{\mathrm{MRT}} &= \frac{P}{\sum\limits_k \boldsymbol{h}_k^{\mathrm{T}}\boldsymbol{h}_k}\\ \beta^{\mathrm{RZF}} &= \frac{P}{\mathrm{tr}\left(\boldsymbol{H}^{\mathrm{T}}\boldsymbol{H}\left(\boldsymbol{H}^{\mathrm{T}}\boldsymbol{H}+\alpha\boldsymbol{I}\right)^{-2}\right)}\end{aligned} \tag{7.36}$$

用户 k 的接收信干噪比 (signal-to-interference-plus-noise ratio，SINR) 为

$$\mathrm{SINR}_k = \frac{(\boldsymbol{h}_k^{\mathrm{T}}\boldsymbol{w}_k)^2}{1 + \sum\limits_{k'\neq k}(\boldsymbol{h}_k^{\mathrm{T}}\boldsymbol{w}_{k'})^2} \tag{7.37}$$

利用文献 [295] 和 [296] 中的结果，可达和速率的下界和上界分别为

$$R_{\mathrm{lb}} = \frac{1}{2}\sum_k \log\left(1 + \frac{6}{\pi e}\mathrm{SINR}_k\right) \tag{7.38}$$

$$R_{\mathrm{ub}} = \frac{1}{2}\sum_k \log(1 + \mathrm{SINR}_k) \tag{7.39}$$

① 在光通信中，LED 的发送信号为非负的实数，为了保证 LED 的输入信号是非负的，需要在信号中增加直流分量。当 LED 的发送信号中增加了对应于 LED 工作点的直流分量时，可以将具有正负的电信号转换为非负的光信号。

式中，和速率下界是根据均匀分布输入信号得到的，而和速率上界是根据高斯分布输入信号推导得到的。由于和速率的上界和下界的表达式具有相同的结构，定义近似和速率表达式为

$$R_{\text{sum}} = \frac{1}{2}\sum_{k} \log(1 + \gamma \text{SINR}_k) \tag{7.40}$$

式中，系数 γ 满足 $\frac{6}{\pi e} \leqslant \gamma \leqslant 1$。当 $\gamma = \frac{6}{\pi e}$ 时，和速率表达式表示下界，当 $\gamma = 1$ 时，和速率表达式为上界。同时，和速率式 (7.40) 与文献 [297] 中信道容量的拟合结果相一致。由于式 (7.40) 包含了和速率的上界和下界，因而预编码设计可以最大化上界/下界。

下面分析当 M 趋于无穷大时的极限性能，总发送功率 P 保持恒定。随着 M 的增加，MRT 传输的渐近和速率为

$$\lim_{M\to\infty} \left(R^{\text{MRT}} - \bar{R}^{\text{MRT}}\right) = 0 \tag{7.41}$$

式中，$\bar{R}^{\text{MRT}}$ 为

$$\bar{R}^{\text{MRT}} = \frac{1}{2}\sum_{k} \log\left(\gamma P \frac{M^4 g_k^4}{\sum\limits_{k'} g_{k'}^2}\right) \tag{7.42}$$

g_k 为

$$g_k = \frac{A_R \varphi_C^2}{\psi_C^2 d_k^2} \frac{(m_L + 1)}{2\pi} \cos(\phi_k) \tag{7.43}$$

相似地，对于 RZF 预编码，有如下结果：

$$\lim_{M\to\infty} \left(R^{\text{RZF}} - \bar{R}^{\text{RZF}}\right) = 0 \tag{7.44}$$

式中，渐近和速率为

$$\bar{R}^{\text{RZF}} = \frac{1}{2}\sum_{k} \log\left(\gamma \frac{PM^4}{\sum\limits_{k'} g_{k'}^{-2}}\right) \tag{7.45}$$

由式 (7.42)，在 LED 个数趋于无穷大的情况下，MRT 预编码可以消除用户间干扰，渐近和速率随着 M 的增加而增加，该结论与射频大规模 MIMO 系统的渐近结果 [6] 相一致。由上述分析可知，当 LED 个数趋于无穷大时，MRT 预编码和 RZF 预编码均可以消除用户间干扰。但由于功率归一化因子不同，MRT 预编码与 RZF 预编码的可达和速率不同。下面将分析最大化系统和速率的最优线性预编码设计。

2. 最大化和速率的线性预编码设计

令 $\boldsymbol{Q}_k = E\{\boldsymbol{x}_k\boldsymbol{x}_k^{\mathrm{T}}\}$ 表示发送信号的协方差矩阵，$\boldsymbol{Q} = \sum\limits_k \boldsymbol{Q}_k$ 为发送信号之和的协方差矩阵。则可达和速率可以表达为

$$
\begin{aligned}
R_{\text{sum}} = \frac{1}{2}\sum_k \Bigg(& \log\left(1 + \boldsymbol{h}_k^{\mathrm{T}}\left(\sum_{k'\neq k}\boldsymbol{Q}_{k'}\right)\boldsymbol{h}_k + \gamma\boldsymbol{h}_k^{\mathrm{T}}\boldsymbol{Q}_k\boldsymbol{h}_k\right) \\
& - \log\left(1 + \boldsymbol{h}_k^{\mathrm{T}}\left(\sum_{k'\neq k}\boldsymbol{Q}_{k'}\right)\boldsymbol{h}_k\right)\Bigg) \qquad (7.46)
\end{aligned}
$$

令 $\mathcal{Q} = \{\boldsymbol{Q}_1, \boldsymbol{Q}_2, \cdots, \boldsymbol{Q}_K\}$ 表示发送协方差矩阵的集合。本节的目标是设计发送协方差矩阵 $\mathcal{Q}$ 最大化可达和速率 R_{sum}。一种典型的功率约束条件为总功率约束，即 $\sum\limits_k \mathrm{tr}(\boldsymbol{Q}_k) \leqslant P$，其中 P 为总功率。定义

$$
f(\mathcal{Q}) = \frac{1}{2}\sum_k \log\left(1 + \boldsymbol{h}_k^{\mathrm{T}}\left(\sum_{k'\neq k}\boldsymbol{Q}_{k'}\right)\boldsymbol{h}_k + \gamma\boldsymbol{h}_k^{\mathrm{T}}\boldsymbol{Q}_k\boldsymbol{h}_k\right) \qquad (7.47)
$$

$$
g(\mathcal{Q}) = \frac{1}{2}\sum_k \log\left(1 + \boldsymbol{h}_k^{\mathrm{T}}\left(\sum_{k'\neq k}\boldsymbol{Q}_{k'}\right)\boldsymbol{h}_k\right) \qquad (7.48)
$$

则总功率约束下的优化问题可以建模为

$$
\begin{cases}
\max_{\mathcal{Q}} & f(\mathcal{Q}) - g(\mathcal{Q}) \\
\text{s.t.} & \sum\limits_k \mathrm{tr}\left(\boldsymbol{Q}_k\right) \leqslant P, \quad \boldsymbol{Q}_k \succeq \boldsymbol{0}
\end{cases} \qquad (7.49)
$$

由于 $\log(\cdot)$ 函数是凹函数，和速率 R_{sum} 为两个凹函数之差。为了求解问题 (7.49)，利用凹凸过程，通过迭代求解一系列凸优化问题获得原问题的解。凹凸过程是在每一次迭代过程中，利用上一次迭代结果将原问题中的一个凹函数一阶展开，从而将 d.c. 问题转换为凸优化问题。利用凹凸过程，迭代问题可以表达为

$$
\begin{cases}
\left[\mathcal{Q}^{(i+1)}\right] = \arg\max_{\mathcal{Q}} f(\mathcal{Q}) - \sum\limits_k \mathrm{tr}\left(\left(\dfrac{\partial}{\partial \boldsymbol{Q}_k} g\left(\mathcal{Q}^{(i)}\right)\right)^{\mathrm{T}} \boldsymbol{Q}_k\right) \\
\text{s.t.} \quad \sum\limits_k \mathrm{tr}\left(\boldsymbol{Q}_k\right) \leqslant P, \quad \boldsymbol{Q}_k \succeq \boldsymbol{0}
\end{cases} \qquad (7.50)
$$

上述凹凸过程获得的一系列凸优化问题的解有如下性质。

定理 7.1 令 $\left\{\mathcal{Q}^{(i)}\right\}_{i=0}^{\infty}$ 为迭代问题 (7.50) 生成的一组解。则 $\left\{\mathcal{Q}^{(i)}\right\}_{i=0}^{\infty}$ 的极限点为原 d.c. 问题 (7.49) 的稳定点。另外，有 $\lim_{i\to\infty}\left(f(\mathcal{Q}^{(i)}) - g(\mathcal{Q}^{(i)})\right) = f(\mathcal{Q}^{(*)}) - g(\mathcal{Q}^{(*)})$，其中，$\left\{\mathcal{Q}^{(*)}\right\}$ 为问题 (7.49) 的某个稳定点，且 $\boldsymbol{Q}_k^{(*)}$ 的秩满足 $\mathrm{rank}(\boldsymbol{Q}_k^{(*)}) \leqslant 1$。

证明 见附录 7.3.1。 ■

在光通信中，发送的光信号是正实数，因此，每个 LED 的输入信号要保证是非负的，这个限制条件可以表达为

$$\sum_k [\boldsymbol{w}_k]_m \leqslant b, \quad m=1,2,\cdots,M^2 \tag{7.51}$$

式中，b 为偏置电流。利用文献 [298] 中的结果，有

$$\frac{\left(\sum_k [\boldsymbol{w}_k]_m\right)^2}{K} \leqslant \sum_k [\boldsymbol{w}_k \boldsymbol{w}_k^{\mathrm{T}}]_{m,m} = \sum_k [\boldsymbol{Q}_k]_{m,m} \tag{7.52}$$

因此，$\sum\limits_k [\boldsymbol{Q}_k]_{m,m} \leqslant b^2/K$ 条件可以保证约束条件式 (7.51) 成立。考虑在单个 LED 功率约束条件下，发送信号协方差矩阵设计问题。定义单位向量 $\boldsymbol{e}_m = [0,\cdots,0,1,0,\cdots,0]^{\mathrm{T}}$，其第 m 个元素为 1，其余元素为 0。由函数 $f(\mathcal{Q})$ 和 $g(\mathcal{Q})$ 的定义，单个 LED 功率约束条件下发送协方差矩阵设计问题可以建模为

$$\begin{cases} \max_{\mathcal{Q}} \quad f(\mathcal{Q}) - g(\mathcal{Q}) \\ \text{s.t.} \quad \boldsymbol{Q}_k \succeq \boldsymbol{0}, \quad \boldsymbol{e}_m^{\mathrm{T}} \left(\sum_k \boldsymbol{Q}_k\right) \boldsymbol{e}_m \leqslant p, \quad m=1,2,\cdots,M^2 \end{cases} \tag{7.53}$$

式中，$p=b^2/K$ 为单个 LED 的最大功率。与问题 (7.49) 相似，由于函数 $f(\mathcal{Q})$ 和 $g(\mathcal{Q})$ 关于 $\boldsymbol{Q}_k$ 是凹函数，问题 (7.53) 依然是 d.c. 优化问题。利用凹凸过程，通过迭代求解如下凸优化问题可以获得原 d.c. 问题的解

$$\begin{cases} \left[\mathcal{Q}^{(i+1)}\right] = \arg\max_{\mathcal{Q}} f(\mathcal{Q}) - \sum_k \mathrm{tr}\left(\left(\frac{\partial}{\partial \boldsymbol{Q}_k} g\left(\mathcal{Q}^{(i)}\right)\right)^{\mathrm{T}} \boldsymbol{Q}_k\right) \\ \text{s.t.} \quad \boldsymbol{Q}_k \succeq \boldsymbol{0}, \quad \boldsymbol{e}_m^{\mathrm{T}} \left(\sum_k \boldsymbol{Q}_k\right) \boldsymbol{e}_m \leqslant p, \quad m=1,2,\cdots,M^2 \end{cases} \tag{7.54}$$

迭代求解问题 (7.54) 生成的解有如下性质。

定理 7.2 令 $\left\{\mathcal{Q}^{(i)}\right\}_{i=0}^{\infty}$ 为迭代问题 (7.54) 生成的一组解。则 $\left\{\mathcal{Q}^{(i)}\right\}_{i=0}^{\infty}$ 的极限点为原 d.c. 问题 (7.53) 的稳定点。另外，有 $\lim_{i\to\infty}\left(f(\mathcal{Q}^{(i)}) - g(\mathcal{Q}^{(i)})\right) = f(\mathcal{Q}^{(*)}) - g(\mathcal{Q}^{(*)})$，其中，$\left\{\mathcal{Q}^{(*)}\right\}$ 为问题 (7.53) 的某个稳定点，且 $\boldsymbol{Q}_k^{(*)}$ 的秩满足 $\mathrm{rank}(\boldsymbol{Q}_k^{(*)}) \leqslant 1$。

证明 证明过程与定理 7.1 的证明相似，故这里省略。 ■

定理 7.1 和定理 7.2 表明通过求解迭代问题式 (7.50) 和式 (7.54) 可以收敛到原 d.c. 问题 (7.49) 以及问题 (7.53) 的稳定点。利用 KKT 条件可以证明问题 (7.49)

与问题 (7.53) 的解 $\boldsymbol{Q}_k$ 是秩为 1 的。在大规模 MIMO 光通信系统中，随着 LED 个数的增加，发送信号协方差矩阵 $\boldsymbol{Q}_k$ 的维度也随之增长，求解问题的计算复杂度也不断增大。因此，下面将分析渐近性能并提出波束分多址传输方法。

7.1.4 总功率约束条件下波束分多址传输

本节研究在总功率约束条件下发送信号协方差矩阵 $\boldsymbol{Q}_k$ 的设计。当 LED 个数趋于无穷大时，设计渐近最优发送信号协方差矩阵，并与传统无发送透镜的最优传输方法比较。当 LED 个数较大但有限的情况下，考虑波束域传输并设计功率分配方法。

1. 渐近分析

令 $\boldsymbol{R}_k = \boldsymbol{h}_k\boldsymbol{h}_k^{\mathrm{T}}$，则和速率式 (7.46) 可以重新表达为

$$R_{\mathrm{sum}} = \frac{1}{2}\sum_k \log\left(1+\gamma\frac{\mathrm{tr}(\boldsymbol{R}_k\boldsymbol{Q}_k)}{1+\mathrm{tr}\left(\boldsymbol{R}_k\sum\limits_{k'\neq k}\boldsymbol{Q}_{k'}\right)}\right) \tag{7.55}$$

当 LED 个数趋于无穷大时，和速率的渐近值有如下结果。

定理 7.3 随着 M 趋于无穷大，和速率 R_{sum} 趋于 $\bar{R}_{\mathrm{sum}}$，即

$$\lim_{M\to\infty} R_{\mathrm{sum}} - \bar{R}_{\mathrm{sum}} = 0 \tag{7.56}$$

式中，$\bar{R}_{\mathrm{sum}}$ 为

$$\bar{R}_{\mathrm{sum}} = \frac{1}{2}\sum_k \log\left(1+\gamma\frac{M^4 g_k^2[\boldsymbol{Q}_k]_{m_k,m_k}}{1+M^4 g_k^2\sum\limits_{k'\neq k}[\boldsymbol{Q}_{k'}]_{m_k,m_k}}\right) \tag{7.57}$$

式中，$m_k = (i_k-1)N+j_k$，(i_k, j_k) 满足 $\psi_{i_k j_k,k}=0$。

证明 见附录 7.3.2。 ■

定理 7.3 表明当 M 趋于无穷大时，和速率 R_{sum} 趋向于渐近和速率 $\bar{R}_{\mathrm{sum}}$。当 M 有限但较大时，渐近和速率 $\bar{R}_{\mathrm{sum}}$ 是和速率 R_{sum} 的近似。另外，从式 (7.57) 中可以看出，渐近和速率 $\bar{R}_{\mathrm{sum}}$ 仅与发送信号协方差矩阵 $\boldsymbol{Q}_k$ 的对角线元素有关，因而当基站配置大规模 LED 阵列时，发送信号协方差矩阵 $\boldsymbol{Q}_k$ 的对角线元素决定和速率的值。

接下来，设计发送信号协方差矩阵 $\boldsymbol{Q}_k$ 最大化渐近和速率 $\bar{R}_{\text{sum}}$，该问题可以表达为

$$\begin{aligned} \max_{\boldsymbol{Q}_1,\boldsymbol{Q}_2,\cdots,\boldsymbol{Q}_K} \quad & \bar{R}_{\text{sum}} \\ \text{s.t.} \quad & \sum_k \operatorname{tr}(\boldsymbol{Q}_k) \leqslant P, \quad \boldsymbol{Q}_k \succeq \mathbf{0} \end{aligned} \tag{7.58}$$

由于用户终端分布在不同位置，因而不同的用户终端接收不同 LED 发出的光线，对于 k_1 和 k_2 $(k_1 \neq k_2)$ 两个不同的用户，其对应不同的 LED，即 $(i_{k_1}, j_{k_1}) \neq (i_{k_2}, j_{k_2})$ 且 $m_{k_1} \neq m_{k_2}$。因此，可以得到问题 (7.58) 的解，由如下定理给出。

定理 7.4 最优的发送信号协方差矩阵 $\boldsymbol{Q}_k$ 是对角阵，且对角线元素由注水解得到

$$[\boldsymbol{Q}_k]_{m,m} = \begin{cases} \left(\dfrac{1}{\nu} - \dfrac{1}{\gamma M^4 g_k^2}\right)^+, & m = m_k \\ 0, & m \neq m_k \end{cases} \tag{7.59}$$

式中，$(x)^+ = \max\{x, 0\}$，ν 为 Lagrange 乘子满足条件

$$\sum_k \left(\frac{1}{\nu} - \frac{1}{\gamma M^4 g_k^2}\right)^+ = P \tag{7.60}$$

当 M 趋于无穷大时，最大和速率 R_{sum}^o 为

$$\lim_{M\to\infty} R_{\text{sum}}^o - \frac{1}{2}\sum_k \log\left(1 + \gamma M^4 g_k^2 [\boldsymbol{Q}_k]_{m_k,m_k}\right) = 0 \tag{7.61}$$

证明 见附录 7.3.3。 ■

当 LED 个数 M 较大时，注水解 (7.59) 可以最大化和速率 R_{sum}。因此，渐近最优的发送信号协方差矩阵 $\boldsymbol{Q}_k$ 是对角阵。该结果表明不同 LED 生成的波束发送独立的信号，这被称为波束域传输。进一步，在波束域传输中，不同波束传输不同用户的信号，不同用户的波束互不重叠，这被称为波束分多址传输 [99]。上述结果表明在总功率约束下，波束分多址传输是渐近最优的。定理 7.4 同时反映出当 LED 个数较大时，多用户 MISO 系统的性能渐近趋于 K 个单用户 SISO 系统的性能之和，且没有用户间干扰。

2. 与无发送透镜的最优传输比较

当基站没有配置发送透镜时，信道向量 $\tilde{\boldsymbol{h}}_k$ 可以表达为

$$\tilde{\boldsymbol{h}}_k = \frac{A_R}{d_k^2} I_0(\phi_k)\cos(\phi_k)\mathbf{1}_{M^2\times 1} \triangleq \tilde{g}_k \mathbf{1}_{M^2\times 1} \tag{7.62}$$

令

$$\tilde{\boldsymbol{R}}_k = \tilde{\boldsymbol{h}}_k \tilde{\boldsymbol{h}}_k^{\mathrm{T}} = \tilde{g}_k^2 \mathbf{1}_{M^2 \times M^2} \tag{7.63}$$

则发送信号协方差矩阵设计问题可以表达为

$$\begin{aligned} \max_{\boldsymbol{Q}_1, \boldsymbol{Q}_2, \cdots, \boldsymbol{Q}_K} \quad & \frac{1}{2} \sum_k \Bigg(\log\left(1 + \operatorname{tr}(\tilde{\boldsymbol{R}}_k \boldsymbol{Q}) - (1-\gamma)\operatorname{tr}(\tilde{\boldsymbol{R}}_k \boldsymbol{Q}_k)\right) \\ & \qquad - \log\left(1 + \operatorname{tr}(\tilde{\boldsymbol{R}}_k (\boldsymbol{Q} - \boldsymbol{Q}_k))\right) \Bigg) \\ \text{s.t.} \quad & \sum_k \operatorname{tr}(\boldsymbol{Q}_k) \leqslant P, \quad \boldsymbol{Q}_k \succeq \mathbf{0} \end{aligned} \tag{7.64}$$

由于不同用户的 $\tilde{\boldsymbol{R}}_k$ 矩阵都是由全 1 矩阵 $\mathbf{1}_{M^2 \times M^2}$ 构成的，只有系数 $\tilde{g}_k^2$ 不同，则最优发送信号协方差矩阵 $\boldsymbol{Q}_k$ 具有相同的结构，即 $\boldsymbol{Q}_k = \frac{1}{M^2} P_k \mathbf{1}_{M^2 \times M^2}$。问题 (7.64) 可以重新表达为

$$\begin{aligned} \max_{P_1, P_2, \cdots, P_K} & \frac{1}{2} \sum_k \left(\log\left(1 + M^2 \tilde{g}_k^2 \left(\sum_{k'} P_{k'}\right) - (1-\gamma) M^2 \tilde{g}_k^2 P_k\right) \right. \\ & \qquad \left. - \log\left(1 + M^2 \tilde{g}_k^2 \left(\sum_{k'} P_{k'} - P_k\right)\right)\right) \\ \text{s.t.} \quad & \sum_k P_k \leqslant P, \quad P_k \succeq 0 \end{aligned} \tag{7.65}$$

当用户功率 P_k 之和为定值时，目标函数 (7.65) 是关于 P_k 的凹函数，因而最优功率分配 P_k 为

$$P_k = \begin{cases} P, & k = \arg\max_{k'} \tilde{g}_{k'}^2 \\ 0, & k \neq \arg\max_{k'} \tilde{g}_{k'}^2 \end{cases} \tag{7.66}$$

在基站侧没有配置发送透镜的情况下，最大的和速率为

$$\tilde{R}_{\text{sum}} = \frac{1}{2} \log\left(1 + \gamma M^2 \tilde{g}_k^2 P\right) \tag{7.67}$$

当 LED 个数趋于无穷大时，基站配置透镜与无透镜的最大和速率之比为

$$\lim_{M \to \infty} \frac{R_{\text{sum}}^o}{\tilde{R}_{\text{sum}}} = \sum_k \lim_{M \to \infty} \frac{\frac{1}{2} \log\left(1 + \gamma M^4 g_k^2 [\boldsymbol{Q}_k]_{m_k, m_k}\right)}{\frac{1}{2} \log\left(1 + \gamma M^2 \tilde{g}_k^2 P\right)} = 2K \tag{7.68}$$

由上述分析可以看出 BDMA 传输方法可以同时服务多用户，而传统无透镜的传输方法只能服务单个用户。在渐近情况 ($M \to \infty$) 下，BDMA 传输的和速率是传统无透镜传输方法的 $2K$ 倍。

3. 非渐近情况下波束分多址传输

当 LED 个数趋于无穷大时，BDMA 传输是渐近最优的，即不同波束发送独立信号，且向不同用户发送的波束互不重叠。当 LED 个数有限的情况下，受渐近结果启发，考虑波束域传输，即不同 LED 发送独立信号，则发送信号协方差矩阵 $\boldsymbol{Q}_k$ 的设计问题退化为对角阵 $\boldsymbol{\Lambda}_k$ 的功率分配优化问题，该问题可以表达为

$$\begin{aligned}\max_{\boldsymbol{\Lambda}_1,\boldsymbol{\Lambda}_2,\cdots,\boldsymbol{\Lambda}_K} \quad & \frac{1}{2}\sum_k \Bigg(\log\left(1+\mathrm{tr}(\boldsymbol{R}_k\boldsymbol{\Lambda}) - (1-\gamma)\mathrm{tr}(\boldsymbol{R}_k\boldsymbol{\Lambda}_k)\right) \\ & \qquad - \log\left(1+\mathrm{tr}\left(\boldsymbol{R}_k\left(\boldsymbol{\Lambda}-\boldsymbol{\Lambda}_k\right)\right)\right)\Bigg) \\ \text{s.t.} \quad & \mathrm{tr}\left(\boldsymbol{\Lambda}\right) \leqslant P, \quad \boldsymbol{\Lambda}_k \succeq \boldsymbol{0}\end{aligned} \tag{7.69}$$

式中，$\boldsymbol{\Lambda} = \sum\limits_k \boldsymbol{\Lambda}_k$。问题 (7.69) 的最优解满足如下正交性条件。

定理 7.5 在总功率约束下，最优功率分配满足不同用户的传输波束相互正交 (互不重叠)，即问题 (7.69) 的最优解满足条件：

$$\boldsymbol{\Lambda}_{k_1}\boldsymbol{\Lambda}_{k_2} = \boldsymbol{0}, \quad k_1 \neq k_2 \tag{7.70}$$

证明 见附录 7.3.4。 ■

在 LED 个数较大但有限的情况下，当基站在波束域中发送独立信号时，一个波束最多发送一个用户的信号，不同用户的传输波束互不重叠。该结果表明波束域传输中，波束分多址传输是最优的，其与大规模 MIMO 射频通信的结果相吻合 [208]。

为了满足正交性条件式 (7.70)，下面提出一种波束分配算法，在选择的波束上采用等功率分配。定义 $\boldsymbol{\Lambda}_k = \eta\boldsymbol{B}_k$，其中 $\boldsymbol{B}_k$ 为波束分配矩阵，其为对角阵且对角线元素为 0 或者 1，η 是个辅助变量，使得 $\boldsymbol{\Lambda}_k$ 满足功率约束条件。假设每个用户分配的最大波束个数为 B，则功率分配优化问题退化为波束分配问题：

$$\begin{aligned}\max_{\eta,\boldsymbol{B}_1,\boldsymbol{B}_2,\cdots,\boldsymbol{B}_K} \quad & \frac{1}{2}\sum_k \left(\log\left(1+\mathrm{tr}\left(\eta\boldsymbol{R}_k\left(\sum_{k'\neq k}\boldsymbol{B}_{k'}\right) - (1-\gamma)\mathrm{tr}(\eta\boldsymbol{R}_k\boldsymbol{B}_k)\right)\right) \right. \\ & \left. \qquad - \log\left(1+\mathrm{tr}\left(\eta\boldsymbol{R}_k\left(\sum_{k'\neq k}\boldsymbol{B}_{k'}\right)\right)\right)\right) \\ \text{s.t.} \quad & \eta\sum_k \mathrm{tr}(\boldsymbol{B}_k) = P, \quad \mathrm{tr}(\boldsymbol{B}_k) \leqslant B \\ & \boldsymbol{B}_k(\boldsymbol{I}-\boldsymbol{B}_k) = \boldsymbol{0}\end{aligned} \tag{7.71}$$

上述波束分配问题可以通过算法 7.1 进行求解，且所得结果满足正交性条件。

算法 7.1 波束分配算法

输入: 信道相关矩阵 $\boldsymbol{R}_k$。

输出: 波束分配矩阵 $\boldsymbol{B}_k$。

1: 初始化 $i=1$，$R=0$，以及 $\boldsymbol{B}_k=\boldsymbol{0}$。

2: **repeat**

3: 初始化 $j=1$，设 $\boldsymbol{d}=[d_1,d_2,\cdots,d_{M^2}]$ 为矩阵 $\boldsymbol{R}_i$ 的排序特征值的索引。

4: **repeat**

5: 设置 $[\boldsymbol{B}_i]_{d_j,d_j}=1$，根据功率约束条件 $\eta\sum\limits_k \mathrm{tr}(\boldsymbol{B}_k)=P$ 计算 η，并根据式 (7.71) 计算和速率 R_{sum}。

6: 如果 $R_{\text{sum}}>R$，设置 $R=R_{\text{sum}}$，以及 $j=j+1$。

7: **until** $j>B$。

8: 设置 $[\boldsymbol{B}_i]_{d_jd_j}=0$，重新计算 η，设置 $i=i+1$。

9: **until** $i>K$

波束分配算法 7.1 的复杂度为 $O(BK)$。通常情况下，每个用户的最大波束个数 B 远小于 LED 个数 M^2。因此，算法 7.1 复杂度很低。

7.1.5 单个 LED 功率约束条件下波束分多址传输

上面分析了总功率约束条件下 BDMA 传输的最优性，本节考虑单个 LED 功率约束条件下发送信号协方差矩阵 $\boldsymbol{Q}_k$ 的设计。

1. 渐近分析

由定理 7.3 可知，当 M 趋于无穷大时，和速率 R_{sum} 趋于渐近和速率 $\bar{R}_{\text{sum}}$。单个 LED 功率约束条件下，最大化渐近和速率 $\bar{R}_{\text{sum}}$ 的发送信号协方差矩阵 $\boldsymbol{Q}_k$ 的设计可以表达为

$$\begin{aligned}&\max_{\boldsymbol{Q}_1,\boldsymbol{Q}_2,\cdots,\boldsymbol{Q}_K}\ \bar{R}_{\text{sum}}\\&\quad\text{s.t.}\quad \boldsymbol{Q}_k\succeq\boldsymbol{0},\quad \boldsymbol{e}_m^{\mathrm{T}}\boldsymbol{Q}_k\boldsymbol{e}_m\leqslant p,\quad m=1,2,\cdots,M^2\end{aligned}\tag{7.72}$$

相似地，渐近最优发送信号协方差矩阵可以由如下定理得到。

定理 7.6 最大化渐近和速率的最优发送信号协方差矩阵 $\boldsymbol{Q}_k$ 是对角阵，对角线元素为

$$[\boldsymbol{Q}_k]_{m,m}=\begin{cases}p, & m=m_k\\0, & m\neq m_k\end{cases}\tag{7.73}$$

因此，当 M 趋于无穷大时，最大和速率 R_{sum}^{o} 为

$$\lim_{M\to\infty} R_{\mathrm{sum}}^{o} - \frac{1}{2}\sum_{k}\log\left(1+\gamma M^4 g_k^2 p\right) = 0 \tag{7.74}$$

在单个 LED 功率约束条件下，当 LED 个数趋于无穷大时，BDMA 传输方法可以达到渐近最优的性能。BDMA 传输方法的渐近和速率是 K 个单用户无干扰 SISO 系统速率之和。

2. 与无发送透镜的最优传输比较

为比较 BDMA 传输方法与无发送透镜下的最优传输方法的性能，首先计算在无发送透镜情况下，单个 LED 功率约束条件下的最大和速率。与总功率约束条件相似，最优发送信号协方差矩阵 $\boldsymbol{Q}_k$ 可以表达为 $\boldsymbol{Q}_k = p_k\mathbf{1}_{M^2\times M^2}$，则单个 LED 功率约束条件下发送信号协方差矩阵设计退化为功率分配 p_k 设计问题

$$\begin{aligned}
\max_{P_1,P_2,\cdots,P_K}\quad & \frac{1}{2}\sum_{k}\left(\log\left(1+M^4\tilde{g}_k^2\left(\sum_{k'}p_{k'}\right)-(1-\gamma)M^4\tilde{g}_k^2 p_k\right)\right.\\
& \left.-\log\left(1+M^4\tilde{g}_k^2\left(\sum_{k'}p_{k'}-p_k\right)\right)\right)\\
\text{s.t.}\quad & \sum_{k}p_k \leqslant p,\quad p_k\geqslant 0
\end{aligned} \tag{7.75}$$

当用户发送功率 $p_{k'}$ 之和 $\sum\limits_{k'}p_{k'}$ 固定时，问题 (7.75) 是关于 p_k 的凹函数，因此可以得到最优解

$$\boldsymbol{Q}_k = \begin{cases} p\mathbf{1}_{M^2\times M^2}, & k=\arg\max_{k'}\tilde{g}_{k'}^2 \\ 0, & k\neq\arg\max_{k'}\tilde{g}_{k'}^2 \end{cases} \tag{7.76}$$

则在无透镜情况下最大和速率为

$$\tilde{R}_{\mathrm{sum}} = \frac{1}{2}\log\left(1+\gamma M^4\tilde{g}_k^2 p\right) \tag{7.77}$$

下面比较 BDMA 传输的和速率与无透镜情况下最优传输的和速率，可以得到

$$\lim_{M\to\infty}\frac{R_{\mathrm{sum}}^{o}}{\tilde{R}_{\mathrm{sum}}} = \sum_{k}\lim_{M\to\infty}\frac{\dfrac{1}{2}\log\left(1+\gamma M^4 g_k^2 p\right)}{\dfrac{1}{2}\log\left(1+\gamma M^4\tilde{g}_k^2 p\right)} = K \tag{7.78}$$

当 LED 个数趋于无穷大时，BDMA 传输的和速率是无透镜情况下最大和速率的 K 倍。

3. 非渐近情况下波束分多址传输

受渐近结果启发，在 LED 个数有限的情况下，考虑波束域传输，不同 LED 发送独立信号，则发送信号协方差矩阵 $\boldsymbol{Q}_k$ 的设计问题退化为对角阵 $\boldsymbol{\Lambda}_k$ 的功率分配优化问题

$$\begin{aligned}
\max_{\boldsymbol{\Lambda}_1,\boldsymbol{\Lambda}_2,\cdots,\boldsymbol{\Lambda}_K} \quad & \frac{1}{2}\sum_k \Bigg(\log\left(\boldsymbol{I} + \operatorname{tr}(\boldsymbol{R}_k\boldsymbol{\Lambda}) - (1-\gamma)\operatorname{tr}(\boldsymbol{R}_k\boldsymbol{\Lambda}_k)\right) \\
& \qquad - \log\left(\boldsymbol{I} + \operatorname{tr}(\boldsymbol{R}_k\left(\boldsymbol{\Lambda} - \boldsymbol{\Lambda}_k\right))\right) \Bigg) \\
\text{s.t.} \quad & \boldsymbol{\Lambda}_k \succeq \mathbf{0}, \quad \boldsymbol{e}_m^{\mathrm{T}}\boldsymbol{\Lambda}\boldsymbol{e}_m \leqslant p, \quad m = 1,2,\cdots,M^2
\end{aligned} \tag{7.79}$$

对于单个 LED 功率约束下的功率分配问题，可以得到如下结果。

定理 7.7 在单个 LED 功率约束条件下，最优功率分配满足不同用户的传输波束相互正交 (互不重叠)，即问题 (7.79) 的最优解满足条件：

$$\boldsymbol{\Lambda}_{k_1}\boldsymbol{\Lambda}_{k_2} = \mathbf{0}, \quad k_1 \neq k_2 \tag{7.80}$$

证明 证明过程与定理 7.5 的证明过程类似，故这里省略。 ■

上述结果表明，波束域传输中，BDMA 传输是最优的。结合定理 7.5，在两种功率约束条件下，BDMA 传输均可以达到最优的性能。

考虑波束分配问题，在选择的波束上采用等功率分配。定义 $\boldsymbol{\Lambda}_k = \eta\boldsymbol{B}_k$，则波束分配算法与 7.1.4 节中的算法 7.1 类似，区别在于功率因子 η，在单个 LED 功率约束条件下，设置 $\eta = p$。

7.1.6 数值仿真

本节将给出数值仿真结果验证利用发送透镜的大规模 MIMO 光无线传输方法的性能，并与无透镜的光传输方法进行对比。考虑两种典型的大规模光无线通信场景，一种对应小型区域，例如，会议室，基站配置 12×12 个 LED 与 20 个用户同时通信，房间尺寸为 5 m × 5 m，高度为 3 m，基站放置在房间正中间的顶部，用户随机分布在房间范围内。另一种场景为大型区域，例如，候机厅或者体育场，基站配置 80×80 个 LED 同时服务 484 个用户，一个基站覆盖的区域范围为 16 m × 16 m，基站高度是 8 m。在大型区域中，考虑两种用户分布：随机分布和均匀分布，均匀分布中，第 (i,j) 个用户终端的坐标位置是

$$(X_i, Y_j) = (-7.6 + 0.69(i-1), -7.6 + 0.69(j-1)), \quad i,j = 1,2,\cdots,22 \tag{7.81}$$

定义发送信噪比 (SNR) 为 $\mathrm{SNR} = P/\sigma^2$，在两种功率约束条件下设置基站总的发送功率相同，即 $P = pM^2$。

图 7.5 比较了基站配置发送透镜与无透镜的情况下，接收平面上光强度的分布。仿真小型区域场景，通过对 5 m × 5 m 的范围均匀采样，计算每个样点的信道向量，再利用 $I_r = \dfrac{1}{M}\mathbf{1}_{1\times M^2}\boldsymbol{h}$ 计算各点的接收信号强度，从而获得整个接收平面上光强度的分布。图 7.5(a) 为无透镜情况下的光强分布，而图 7.5(b) 为基站配置透镜情况下的光强分布。比较无透镜和有透镜的结果，这两种情况下光强分布相似，因而基站配置发送透镜并不会使得 LED 阵列的光强分布带来较大的波动。

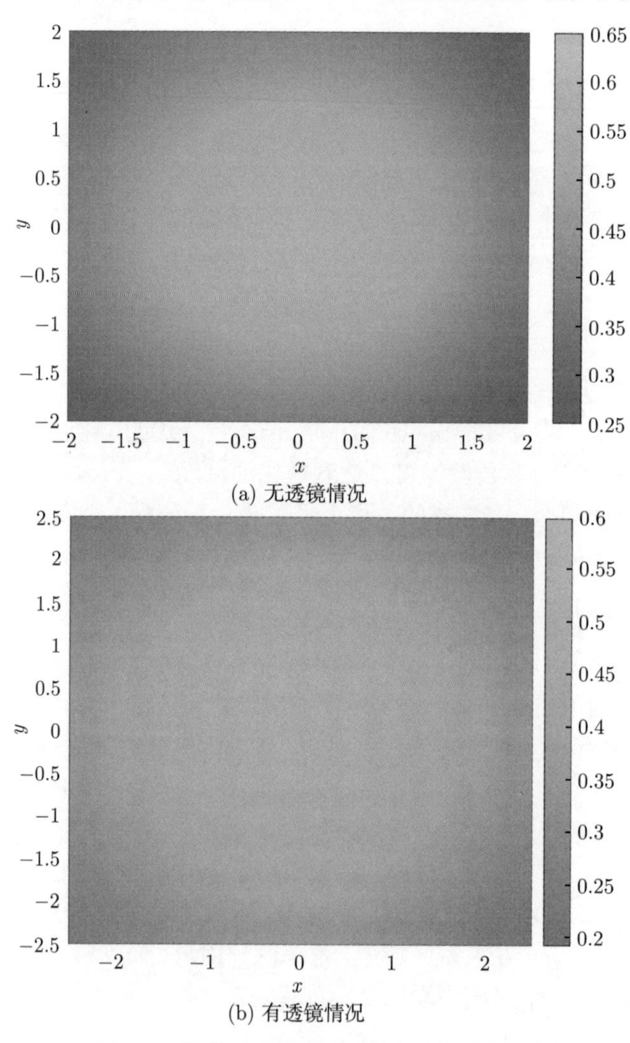

图 7.5　接收平面所有波束信号之和的强度

图 7.6 比较了在小型区域场景中的和速率性能。在总功率约束条件下，RZF 预编码和利用波束分配算法的 BDMA (BDMA-BA) 传输的性能可以逼近基于 CCCP

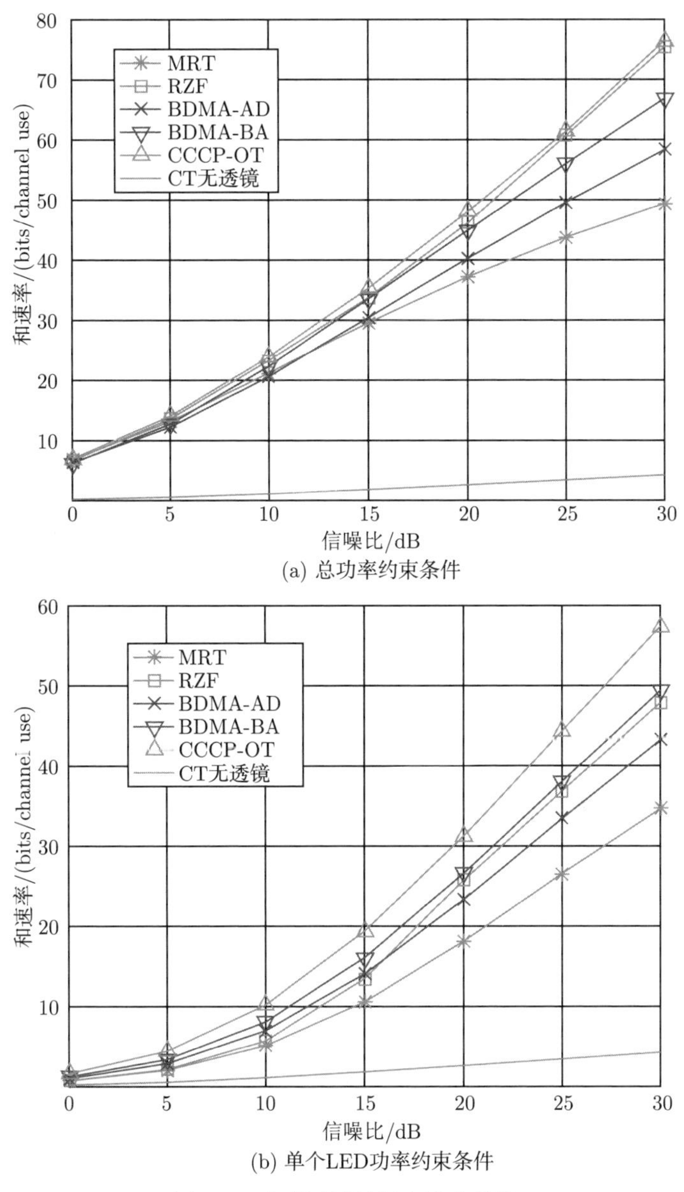

(a) 总功率约束条件

(b) 单个LED功率约束条件

图 7.6 小型区域场景和速率比较

的最优传输 (CCCP-OT) 的性能。利用式 (7.59) 的渐近设计的 BDMA (BDMA-AD) 传输的性能略低于 BDMA-BA 传输的性能。在单个 LED 功率约束条件下，将 RZF 和 MRT 预编码向量乘以一个功率因子，使单个 LED 的最大发送功率满足功率约束条件。因而，基于 RZF 预编码传输的性能略低于 BDMA-BA 传输的性能。在高信噪比区域，总功率约束条件下，平均每个用户的可达速率为 4 bits/channel use,

单个 LED 功率约束条件下，平均每个用户的可达速率为 3 bits/channel use。在这两种功率约束条件下，无透镜的传统传输方法 (CT-w/o lens) 的和速率远低于 BDMA-BA 传输的性能。

图 7.7 比较了在大型区域场景中的和速率性能。当用户均匀分布时，由于用户间的距离足够大，因而几乎没有用户间干扰，所有传输方法的性能相近。当用户随

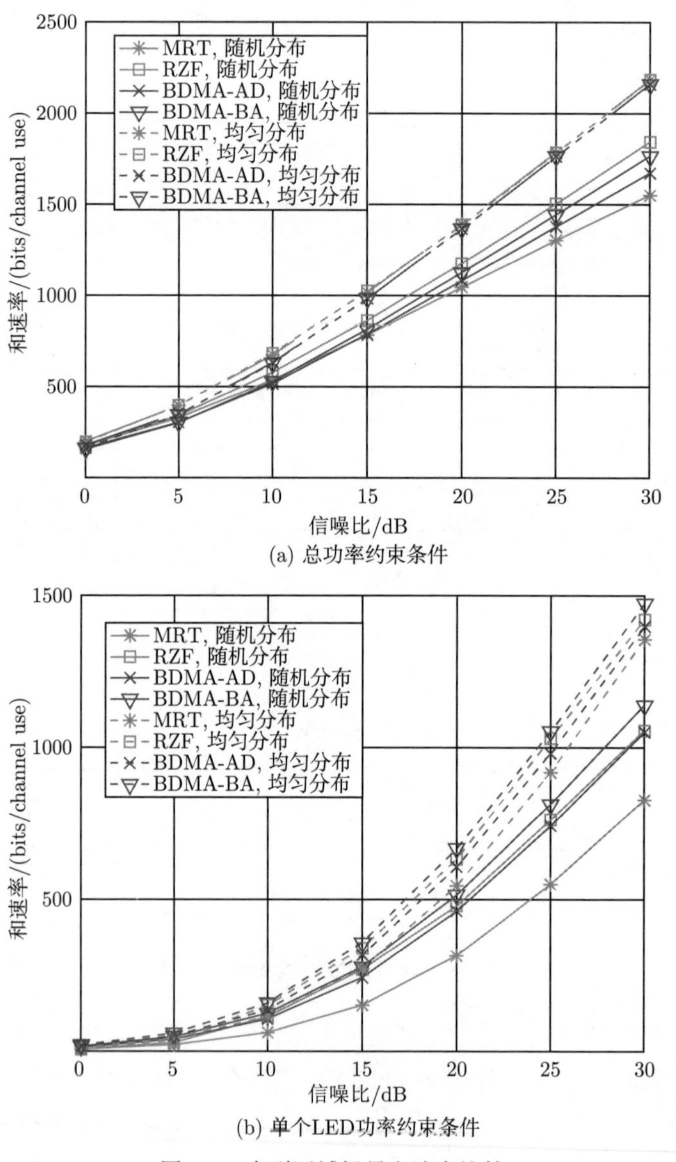

图 7.7 大型区域场景和速率比较

机分布时，在总功率约束条件下，BDMA-BA 传输的性能逼近基于 RZF 预编码的传输性能，在单个 LED 功率约束条件下，BDMA-BA 传输的性能优于基于 RZF 预编码的传输性能。总功率约束条件下，平均每个用户的可达速率为 4 bits/channel use，单个 LED 功率约束条件下，平均每个用户的可达速率为 3 bits/channel use。

图 7.8(a) 比较了随着 LED 个数的增加，和速率的渐近性能。这里考虑大型区域场景，其中 $K=484$ 个用户随机分布。在两种功率约束条件下，BDMA-BA 传输

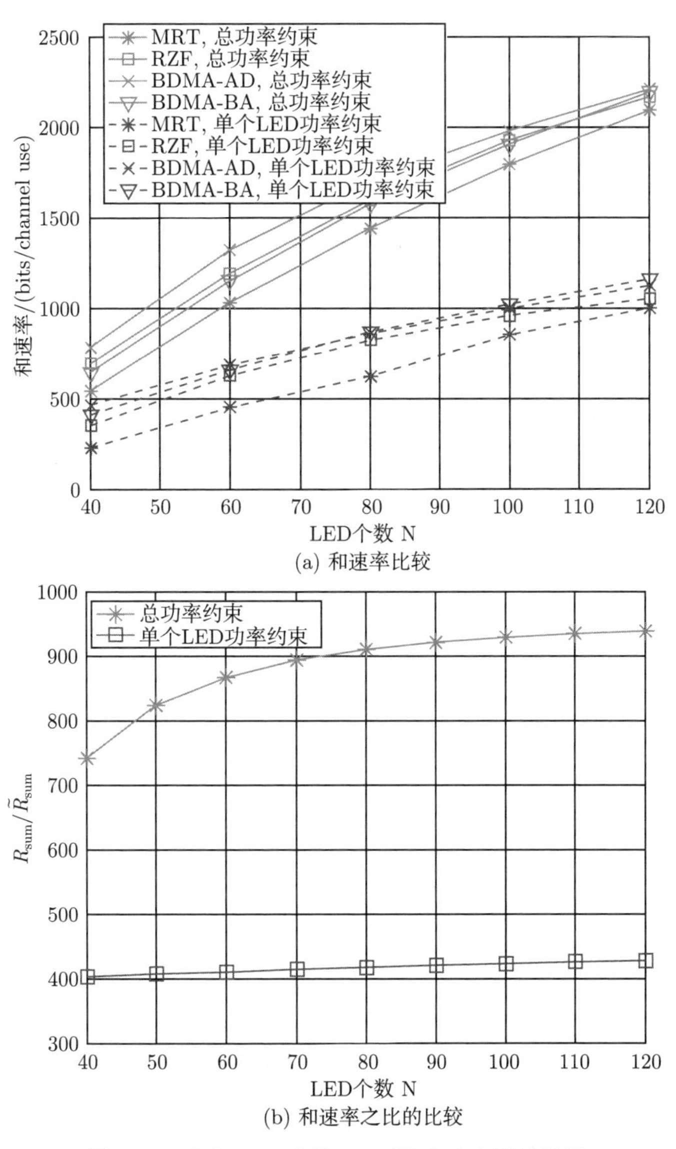

(a) 和速率比较

(b) 和速率之比的比较

图 7.8 不同 LED 个数 M 下的和速率性能比较

的性能可以逼近式 (7.61) 与式 (7.74) 的渐近和速率的性能。图 7.8(b) 比较了随着 LED 个数的增加，基站配置发送透镜的和速率与无透镜的和速率之比。由 7.1.4 节中和速率之比的理论分析可知，在总功率约束下，和速率之比趋于 $2K = 968$，仿真结果表明，当 $M \geqslant 70$ 时，和速率之比达到 900。由 7.1.5 节中和速率之比的理论分析可知，在单个 LED 功率约束条件下，和速率之比趋于 $K = 484$，仿真结果表明，和速率之比大于 400。

7.1.7 小结

本节提出了基站配置大规模光发送单元与发送透镜情况下，波束域大规模 MIMO 光无线传输理论方法。首先，分析了光经过透镜折射的物理规律，建立了基于发送透镜的光传输信道模型。当基站侧配置发送透镜时，单个 LED 发出的光经过透镜折射汇聚到某一方向，形成一个窄波束。当 LED 个数趋于无穷大时，不同用户的信道向量渐近正交，基站可以同时服务大量用户终端。基于该信道模型，分析了 MRT/RZF 线性预编码的传输性能，并提出了最大化和速率的线性预编码设计。进而，分析了当 LED 个数趋于无穷大时渐近最优预编码设计，结果表明 BDMA 传输可以达到最大化和速率的渐近最优性能。与无透镜的传输方法对比，BDMA 传输的和速率在总功率约束下是无透镜传输的和速率的 $2K$ 倍，在单个 LED 功率约束下，BDMA 传输可以提升系统和速率达 K 倍。仿真结果表明利用大规模 LED 以及发送透镜可以极大地提高系统的频谱效率。

7.2 利用收发透镜的网络大规模 MIMO 光无线通信

7.2.1 概述

为了突破 LED 阵列个数对系统性能的制约，7.1 节研究了利用发送透镜的波束域大规模 MIMO 光无线通信系统 [288]。当基站侧配置发送透镜时，不同 LED 发出的光经过透镜折射到不同方向，生成一组窄波束，利用 LED 阵列和发送透镜，在通信区域生成大规模波束覆盖。基于该信道模型，BDMA 传输方法可以实现渐近最优的性能。当小区中用户数为 K 时，在总功率约束下，BDMA 传输方法的系统和速率是无透镜最优传输和速率的 $2K$ 倍，在单个 LED 功率约束条件下，BDMA 传输方法也可以将和速率性能提升至 K 倍。基站利用发送透镜可以显著地增加系统的频谱效率，然而，由于单个基站向一个用户传输单个数据流，单用户速率性能有限。

本节将单基站波束域大规模 MIMO 光无线通信系统拓展到网络大规模 MIMO 光无线通信系统 [289]。在网络光无线通信系统中，多个基站配置大规模 LED 以及发送透镜，同时向多个用户终端发送信号，每个用户终端配置多个光接收单元以及接收透镜。基站侧利用发送透镜将不同 LED 发出的光折射到不同方向，用户终端利用接收透镜将不同方向入射的光折射到不同光接收单元。当 LED 个数趋于无穷大时，从单个基站到不同用户的信道矩阵渐近行正交，表明一个基站可以同时向不同用户发送独立信号。当用户终端侧光接收单元个数趋于无穷大时，不同基站到同一个用户的信道矩阵渐近列正交，表明单个用户可以区分不同基站的发送信号。基于该信道模型，在总功率约束以及单个 LED 功率约束条件下，设计发送信号协方差矩阵，最大化系统渐近和速率。理论上揭示出最优发送策略为不同 LED 发送相互独立信号，且向不同用户发送信号的波束集合互不重叠，因而，BDMA 传输具有渐近最优性。另外，本节分析渐近情况下网络大规模 MIMO 光无线通信系统的传输自由度，在这两种功率约束条件下，系统和速率均随着基站数以及用户数线性增长。仿真结果展现了利用发送透镜和接收透镜的网络大规模 MIMO 光无线通信系统极高的频谱效率。

7.2.2 网络 MIMO 光传输信道模型

在网络大规模 MIMO 光无线通信系统中，如图 7.9 所示，L 个基站联合覆盖通信区域，同时与 K 个用户通信。每个基站配置 M 个光发送单元 (例如，LED 或者 LD) 构成的光发送单元阵列，每个用户终端配置 N 个光接收单元 (例如，APD 或者 PIN) 构成的光接收单元阵列。本节重点考虑基站侧采用 LED 发送单元的下行传输过程。

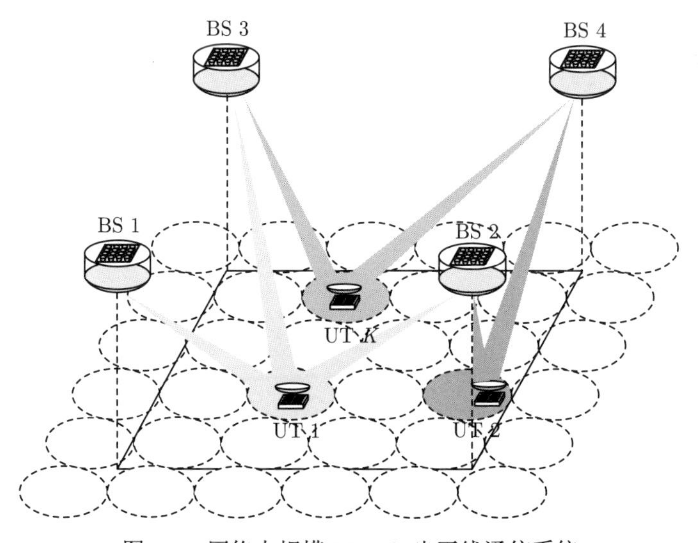

图 7.9 网络大规模 MIMO 光无线通信系统

每个基站使用发送透镜将不同 LED 发出的光折射到不同方向，生成多个不同方向的光波束。每个用户终端利用接收透镜将不同方向不同基站发出的光折射到不同光接收单元。图 7.10 为从第 ℓ 个基站的第 j 个 LED 发出的光到第 k 个用户终端的第 i 个光接收单元传输示意图。下面将分析基于透镜的发送端和接收端的光学特性并建立网络大规模 MIMO 光传输信道模型。

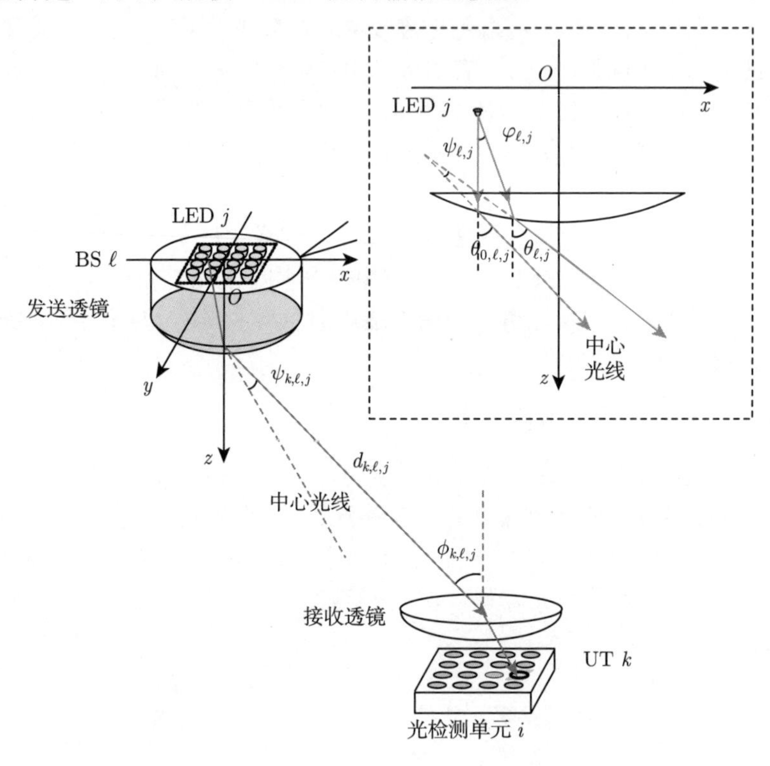

图 7.10　从基站到用户终端光线传输示意图

1. *发送端光学分析*

首先考虑第 ℓ 个基站的第 j 个 LED 发出的光经过发送透镜的折射过程，如图 7.10 所示，其中，第 j 个 LED 位于点 (x_j, y_j, z_j)。折射率为 n 的球形透镜置于 LED 阵列下方，该透镜由平面和球面构成。透镜的平面部分垂直于 z 轴，位于 z_p，球面部分的曲率半径为 R，球心 (x, y, z) 为直角坐标系原点。

一般情况下，LED 的光强服从朗伯分布 [290]。具体而言，令 LED 的半功率发射角度为 φ_C，则第 j 个 LED 发出的光线与 z 轴夹角为 $\varphi_{\ell,j}$ 时的光强分布为

$$I_0(\varphi_{\ell,j}) = \frac{m_L + 1}{2\pi} \cos^{m_L}(\varphi_{\ell,j}) \tag{7.82}$$

式中，$m_L = -\log 2/\log(\cos(\varphi_C))$ 为朗伯发射系数。

垂直于透镜平面入射经过发送透镜折射后的光线称为 (折射的) 中心光线。则

中心光线相对于 z 轴的折射角为

$$\theta_{0,\ell,j} = (n-1)\frac{\sqrt{x_j^2+y_j^2}}{R} \tag{7.83}$$

当入射光线与 z 轴夹角为 $\varphi_{\ell,j}$ 时，折射角 $\theta_{\ell,j}$ 由文献 [288] 给出，该结果非常复杂。因此，考虑折射光线与中心光线的夹角，即图 7.10 中的 $\psi_{\ell,j}$，称其为相对折射角。相对折射角 $\psi_{\ell,j}$ 与发射角 $\varphi_{\ell,j}$ 的关系可以近似表达为 [288]

$$\psi_{\ell,j} = \frac{\varphi_{\ell,j}}{n}\left(1+\frac{nz_j}{\frac{R}{n-1}}-\frac{(n-1)^2 z_p}{R}\right) \tag{7.84}$$

记 $\psi_{\ell,j}$ 与 $\varphi_{\ell,j}$ 的比值为

$$r = \frac{\psi_{\ell,j}}{\varphi_{\ell,j}} = \frac{1}{n}+\frac{z_j(n-1)}{R}-\frac{(n-1)^2 z_p}{nR} \tag{7.85}$$

实际中，单个 LED 发出的光线通常在一定的角度范围之内。当光线的发射角度较大时，光强通常非常小且不能照射到透镜上。因此，本节关注在角度 Φ 之内的光线。相对折射角为 $\psi_{\ell,j}$ 的光强可以通过第 j 个 LED 发射角为 $\varphi_{\ell,j}$ 的发射光线强度表示为 [288]

$$I_{\ell,j}(\psi_{\ell,j}) = T_{\text{lens}} I_0\left(r^{-1}\psi_{\ell,j}\right) U(\Phi - r^{-1}\psi_{\ell,j}) \tag{7.86}$$

式中，$U(\cdot)$ 表示单位阶跃函数；$T_{\text{lens}} \in [0,1]$ 为透镜增益。

发送端光学分析表明单个 LED 发出的光经过发送透镜的折射可以生成一个具有方向性的光波束。定义波束宽度 ψ_B 为最大光强一半的位置。当 LED 的半功率角度为 φ_C 时，由式 (7.85) 可知，波束宽度 ψ_B 可以计算为 $\psi_B = r\varphi_C$。另外，式 (7.83) 表明波束的方向是由水平位置 (x_j, y_j) 决定的，式 (7.84) 表明波束宽度是由垂直位置 z_j 决定的。特别地，当垂直位置 z_j 满足 $z_j \geqslant ((n-1)^2 z_p - R)/(n(n-1))$ 时，比值 r 小于 1，表明单个 LED 发出的光线经过发送透镜折射后聚焦为一个窄波束。

2. 接收端光学分析

下面考虑光线从第 ℓ 个基站传输到第 k 个用户终端，以第 ℓ 个基站第 j 个 LED 到第 k 个用户的光线传输过程为例，如图 7.10 所示。令 $\psi_{k,\ell,j}$ 表示该光线与第 ℓ 个基站第 j 个 LED 的中心光线的夹角，$\phi_{k,\ell,j}$ 表示该光线在第 k 个用户终端侧的入射角，$d_{k,\ell,j}$ 表示第 ℓ 个基站第 j 个 LED 到第 k 个用户的传输距离①，A_k

① 这里，传输距离具体指从基站的发送透镜到用户终端侧的接收透镜，而从 LED 到发送透镜的距离非常短，因而可以忽略。

表示第 k 个用户的总接收面积。则第 ℓ 个基站第 j 个 LED 到第 k 个用户的信道增益可以表达为 [290]

$$g_{k,\ell,j} = \frac{A_k}{d_{k,\ell,j}^2 r^2} I_{\ell,j}(\psi_{k,\ell,j}) \cos(\phi_{k,\ell}) \tag{7.87}$$

当用户终端侧配置接收透镜时，光线经过接收透镜折射后，投影到接收平面上。单个光接收单元只能接收到部分折射光线，第 i 个光接收单元上接收信号的强度依赖于第 i 个光接收单元上的投影面积与总投影面积之比。则第 ℓ 个基站第 j 个 LED 到第 k 个用户的第 i 个光接收单元的信道增益 $h_{k,i,\ell,j}$ 可以表达为 [290, 293]

$$h_{k,i,\ell,j} = a_{k,i,\ell,j} g_{k,\ell,j} \tag{7.88}$$

式中，$a_{k,i,\ell,j}$ 衡量落入第 i 个光接收单元的信号强度，其为

$$a_{k,i,\ell,j} = \frac{A_{k,i,\ell,j}}{A_{k,\ell,j}} \tag{7.89}$$

式中，$A_{k,i,\ell,j}$ 表示第 ℓ 个基站第 j 个 LED 发出的光在第 k 个用户的第 i 个光接收单元上的投影面积；$A_{k,\ell,j}$ 表示第 j 个 LED 的总投影面积；即 $A_{k,\ell,j} = \sum\limits_i A_{k,i,\ell,j}$。

信道增益 $g_{k,\ell,j}$ 表示第 ℓ 个基站第 j 个 LED 发出的光波束被第 k 个用户终端接收的总增益，而 $h_{k,i,\ell,j}$ 为第 i 个光接收单元上的信道增益。由式 (7.88) 和式 (7.89) 可知 $g_{k,\ell,j} = \sum\limits_i h_{k,i,\ell,j}$。信道增益 $h_{k,i,\ell,j}$ 取决于接收到的投影面积 $A_{k,i,\ell,j}$，其与用户终端侧接收透镜的折射有关。

下面分析在用户终端侧接收光线经过接收透镜的折射过程。如图 7.11 所示，一个由平面和球面构成的接收透镜放置在接收平面上方 [292, 299]。球面的曲率半径为 R，球心为接收端直角坐标系原点。接收透镜的接收孔径为 r_k①，其中的光线经过接收透镜折射后投影到接收平面上。光接收单元阵列放置在接收平面，其垂直于 z 轴，垂直坐标为 z_r。由于基站到用户终端侧的距离远大于接收孔径 r_k，通常用户终端将来自单个 LED 阵列的光线视为具有相同的入射角，即入射光线近似为平行光 [292]。

首先考虑入射光线垂直于透镜平面的情况，如图 7.11(a) 所示。由于入射光线以及接收透镜关于 z 轴旋转对称，则在接收平面上的成像为圆形，因而，仅需考虑光线在 xOz 平面折射的情况。垂直于透镜平面的入射光线不改变方向，光线仅在球面发生角度偏转。记光线在球面的入射角为 $\alpha_1 = \arcsin(r_k/R)$，折射角为 α_2。由斯涅耳定律，可以得到 $\sin\alpha_2 = n\sin\alpha_1$。因而，折射光线与 z 轴夹角为 $\theta = \alpha_2 - \alpha_1$。

① 接收孔径 r_k 小于接收透镜平面的半径。

当角度 α_1, α_2 以及 θ 较小时，利用近似 $\sin\theta \approx \theta$，可以得到 $\theta \approx (n-1)\alpha_1$。当接收平面位于 z_r 时，折射光线在接收平面上的坐标为

$$x_r(z_r) = (z_r - R)\tan\theta - R\sin\alpha_1 \approx z_r(n-1)\alpha_1 - R\alpha_1 \tag{7.90}$$

因而，接收平面上成像为半径 $|x_r(z_r)|$ 的圆，其可以表达为 $\mathcal{A} = \{(x,y)|x^2 + y^2 \leqslant x_r(z_r)^2\}$。

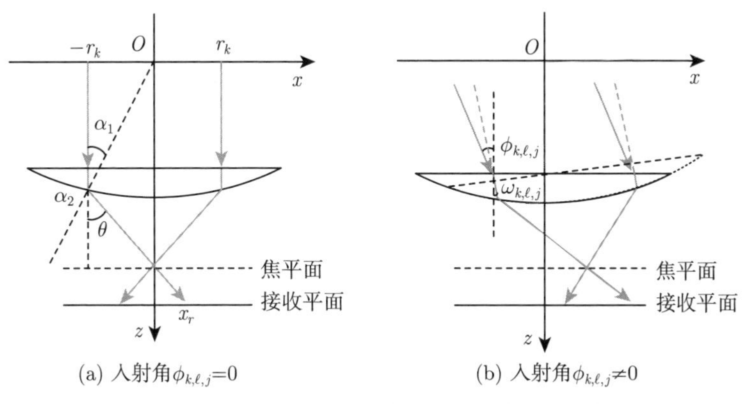

(a) 入射角 $\phi_{k,\ell,j}=0$　　(b) 入射角 $\phi_{k,\ell,j}\neq 0$

图 7.11　光线通过用户终端侧接收透镜折射示意图

当接收平面的位置为 $z_r = \dfrac{nR}{n-1}$，折射光线将聚焦到 $x_r = 0$ 点，其与入射角 α_1 无关，该点称为焦点。在这种情况下，接收透镜与接收平面的距离 $z_r - R = R/(n-1) = f$ 称为焦距。

当入射光线与 z 轴夹角为 $\phi_{k,\ell,j}$ 时，如图 7.11(b) 所示，经过透镜平面折射后的折射角为 $\omega_{k,\ell,j}$，满足关系 $\sin(\phi_{k,\ell,j}) = n\sin(\omega_{k,\ell,j})$。将接收透镜相对于原点虚拟旋转 $\omega_{k,\ell,j}$ 角度，经过透镜平面折射后的光线可以看作垂直于虚拟旋转透镜的入射光线，则投影区域可以计算如下：当 $z_r \leqslant nR/(n-1)$ 时，投影区域为

$$\mathcal{I}_{k,\ell,j} = \left\{ (x,y) \left| \begin{array}{l} -r_k + (z_r - R)\tan(\theta + \omega_{k,\ell,j}) \leqslant x \\ \leqslant r_k - (z_r - R)\tan(\theta - \omega_{k,\ell,j}) \\ -d(x,\omega_{k,\ell,j}) \leqslant y \leqslant d(x,\omega_{k,\ell,j}) \end{array} \right. \right\} \tag{7.91}$$

当 $z_r > nR/(n-1)$ 时，投影区域为

$$\mathcal{I}_{k,\ell,j} = \left\{ (x,y) \left| \begin{array}{l} r_k - (z_r - R)\tan(\theta - \omega_{k,\ell,j}) \leqslant x \\ \leqslant -r_k + (z_r - R)\tan(\theta + \omega_{k,\ell,j}) \\ -d(x,\omega_{k,\ell,j}) \leqslant y \leqslant d(x,\omega_{k,\ell,j}) \end{array} \right. \right\} \tag{7.92}$$

式中

$$d(x,\omega_{k,\ell,j}) = \sqrt{(x_r(d_1(x,\omega_{k,\ell,j}))^2 - d_2(x,\omega_{k,\ell,j})^2)}$$

$$
\begin{aligned}
&d_1(x,\omega_{k,\ell,j}) = |\tan(\omega_{k,\ell,j})x - z_r - R\cos(\omega_{k,\ell,j}) - R\sin(\omega_{k,\ell,j})\tan(\omega_{k,\ell,j})|\cos(\omega_{k,\ell,j}) \\
&d_2(x,\omega_{k,\ell,j}) = z_r\tan(\omega_{k,\ell,j}) - x\cos(\omega_{k,\ell,j})
\end{aligned}
\tag{7.93}
$$

方形接收阵列位于接收平面上，共有 $N = S \times S$ 个光接收单元。当阵列的边长为 D 时，第 i 个光接收单元的区域为

$$
\mathcal{A}_i = \left\{ (x,y) \,\middle|\, \begin{array}{l} -D/2 + (i_1-1)D/S \leqslant x \leqslant -D/2 + i_1 D/S, \\ -D/2 + (i_2-1)D/S \leqslant y \leqslant -D/2 + i_2 D/S \end{array} \right\} \tag{7.94}
$$

式中，$i = (i_1-1)S + i_2$，$1 \leqslant i_1, i_2 \leqslant S$ 为光接收单元阵列中行和列的索引。则总投影面积 $A_{k,\ell,j}$ 与第 i 个光接收单元上的投影面积 $A_{k,i,\ell,j}$ 分别计算为

$$
A_{k,\ell,j} = \int_{A\in\mathcal{I}_{k,\ell,j}} \mathrm{d}A, \quad A_{k,i,\ell,j} = \int_{A\in\mathcal{I}_{k,\ell,j}\bigcap\mathcal{A}_i} \mathrm{d}A \tag{7.95}
$$

因而，由式 (7.89)，系数 $a_{k,i,\ell,j}$ 为

$$
a_{k,i,\ell,j} = \frac{\int_{A\in\mathcal{I}_{k,\ell,j}\bigcap\mathcal{A}_i} \mathrm{d}A}{\int_{A\in\mathcal{I}_{k,\ell,j}} \mathrm{d}A} \tag{7.96}
$$

系数 $a_{k,i,\ell,j} \in [0,1]$ 表示第 i 个光接收单元接收到的光功率与总的接收光功率之比。当折射光线集中在某个光接收单元，即 $\mathcal{I}_{k,\ell,j} \subseteq \mathcal{A}_i$ 时，则有 $a_{k,i,\ell,j} = 1$。由式 (7.91) 和式 (7.92)，投影区域由接收光线的入射角 $\phi_{k,\ell,j}$ 决定。当 LED 阵列位置充分分隔开时，不同 LED 阵列的光波束在接收平面上也将分开，投影到不同的光接收单元 [299]。

3. 信道特征

每个基站的 LED 阵列通常封装了大量的 LED 芯片。实际中，LED 阵列的尺寸远小于从基站到用户终端的传输距离。这导致了单个 LED 阵列中不同 LED 发出的光波束在单个用户侧的入射角度近似相同 [290, 292]。具体地，考虑第 ℓ 个基站中第 j 个 LED 到第 k 个用户终端的入射角 $\phi_{k,\ell,j}$，如图 7.11 中所示，其与下标 j 无关。由式 (7.91) 和式 (7.92) 可知，不同 LED 的光波束的投影区域 $\mathcal{I}_{k,\ell,j}$ 将完全重叠，系数 $a_{k,i,\ell,j}$ 独立于 j，即 $a_{k,i,\ell,j} = a_{k,i,\ell}$，$\forall j$。令 $\boldsymbol{a}_{k,\ell,j} = [a_{k,1,\ell,j}, a_{k,2,\ell,j}, \cdots, a_{k,N,\ell,j}]^{\mathrm{T}} \in \mathbb{R}^{N\times 1}$ 表示用户终端侧对于第 ℓ 个基站发出的光波束的接收向量，$\boldsymbol{g}_{k,\ell} = [g_{k,\ell,1}, g_{k,\ell,2}, \cdots, g_{k,\ell,M}]^{\mathrm{T}} \in \mathbb{R}^{M\times 1}$ 表示第 ℓ 个基站中不同 LED 到第 k 个用户终端接收透镜的信道增益向量。则根据式 (7.88)，第 ℓ 个基站到第 k 个用户终端的信道矩阵可以表达为

$$
\boldsymbol{H}_{k,\ell} = \boldsymbol{a}_{k,\ell}\boldsymbol{g}_{k,\ell}^{\mathrm{T}} \tag{7.97}
$$

上述模型表明尽管基站和用户终端分别配置 LED 阵列以及光接收单元阵列，从单个基站到单个用户终端的信道矩阵的秩为 1。正如上面提到的，这是由于 LED 阵列的尺寸远小于基站到用户终端的距离，用户终端接收到的单个 LED 阵列发出的光波束近似平行。单基站到单用户信道秩为 1 的特性普遍存在于无线光通信系统中 [290, 292]。信道的秩亏特性使得单个基站仅可以向每个用户传输单个数据流，限制了数据速率。为了解决这个问题，本节提出使用网络大规模 MIMO 获得更多的空间自由度。

考虑如图 7.9 所示的网络大规模 MIMO 光无线通信系统。从 L 个基站到第 k 个用户终端的信道矩阵可以表示为

$$\boldsymbol{H}_k = \left[\boldsymbol{a}_{k,1}\boldsymbol{g}_{k,1}^{\mathrm{T}}, \boldsymbol{a}_{k,2}\boldsymbol{g}_{k,2}^{\mathrm{T}}, \cdots, \boldsymbol{a}_{k,L}\boldsymbol{g}_{k,L}^{\mathrm{T}}\right] \tag{7.98}$$

式中，第 ℓ 个子矩阵表示第 ℓ 个基站到第 k 个用户终端的信道增益。随着 LED 和/或光接收单元个数增加，信道矩阵 $\boldsymbol{H}_k$ 呈现一些良好的渐近特性。

基站侧，当 LED 个数趋向于无穷大时，LED 阵列位于发送透镜的焦平面上，单个 LED 发出的光经过发送透镜折射到一个方向 [288]。因而，折射光线在相对折射角为 $\psi_{k,\ell,j}$ 处的光强渐近为

$$\lim_{M\to\infty} I_{\ell,j}(\psi_{k,\ell,j}) = T_{\mathrm{lens}}\frac{m_L+1}{2\pi}\delta(\psi_{k,\ell,j}) \tag{7.99}$$

表明单个 LED 到不同用户终端的光强渐近正交，因此，从单个基站到不同用户终端的信道渐近行正交，即

$$\lim_{M\to\infty} \boldsymbol{H}_{k_1,\ell}\boldsymbol{H}_{k_2,\ell}^{\mathrm{T}} = \boldsymbol{0}, \quad k_1 \neq k_2 \tag{7.100}$$

该结果意味着单个基站向单个用户终端发送的信号不会被其他用户终端所接收。那么，L 个基站到不同用户终端的完整信道矩阵同样是行正交的，即 $\lim\limits_{M\to\infty} \boldsymbol{H}_{k_1}\boldsymbol{H}_{k_2}^{\mathrm{T}} = \boldsymbol{0}$。因此，基站拥有同时向不同用户发送独立信号的能力，且可以消除用户间干扰，这对于多用户通信来说是非常有利的性质。

在用户终端侧，当光接收单元阵列位于接收透镜的焦平面处，单个基站发出的光经过接收透镜折射汇聚到光接收单元阵列上的一小块区域。因而，空间位置分开的不同基站发出的光波束在用户终端侧光接收单元阵列上的投影区域相互不重叠。进而，当用户终端配置大量光接收单元时，每个光接收单元的接收面积较小，只能接收到最多一个基站发出的光波束的信号，不同基站发出的光投影到不同的光接收单元。因此，随着光接收单元个数趋于无穷大，接收向量 $\boldsymbol{a}_{k,\ell_1}$ 和 $\boldsymbol{a}_{k,\ell_2}$ 趋于正交，即 $\lim\limits_{N\to\infty} \boldsymbol{a}_{k,\ell_1}^{\mathrm{T}}\boldsymbol{a}_{k,\ell_2} = 0$，使得不同基站到同一个用户终端的信道矩阵渐近列正交，

$$\lim_{N\to\infty} \boldsymbol{H}_{k,\ell_1}^{\mathrm{T}} \boldsymbol{H}_{k,\ell_2} = \boldsymbol{0}, \quad \ell_1 \neq \ell_2 \tag{7.101}$$

实际中，在光接收单元个数有限的情况下，通过设计接收透镜，信道矩阵 $\boldsymbol{H}_{k,\ell_1}$ 和 $\boldsymbol{H}_{k,\ell_2}$ 也近似正交 [299, 300]。

该结果表明用户终端侧配置大量的光接收单元，不同光接收单元接收不同基站的发送信号，单个用户终端可以分开不同基站的发送信号，消除基站间干扰。在这种情况下，矩阵 $\boldsymbol{H}_k^{\mathrm{T}}\boldsymbol{H}_k$ 变为块对角阵，

$$\lim_{N\to\infty} \boldsymbol{H}_k^{\mathrm{T}}\boldsymbol{H}_k = \mathrm{blkdiag}\left(\boldsymbol{g}_{k,1}\boldsymbol{a}_{k,1}^{\mathrm{T}}\boldsymbol{a}_{k,1}\boldsymbol{g}_{k,1}^{\mathrm{T}}, \boldsymbol{g}_{k,2}\boldsymbol{a}_{k,2}^{\mathrm{T}}\boldsymbol{a}_{k,2}\boldsymbol{g}_{k,2}^{\mathrm{T}}, \cdots, \boldsymbol{g}_{k,L}\boldsymbol{a}_{k,L}^{\mathrm{T}}\boldsymbol{a}_{k,L}\boldsymbol{g}_{k,L}^{\mathrm{T}}\right) \tag{7.102}$$

假设每个用户终端可以接收到 L 个基站的发送信号，即 $\boldsymbol{a}_{k,\ell}\boldsymbol{g}_{k,\ell}^{\mathrm{T}} \neq \boldsymbol{0}, \forall \ell$，则信道矩阵 $\boldsymbol{H}_k$ 的秩趋于

$$\lim_{N\to\infty} \mathrm{rank}(\boldsymbol{H}_k) = \lim_{N\to\infty} \mathrm{rank}(\boldsymbol{H}_k^{\mathrm{T}}\boldsymbol{H}_k) = L \tag{7.103}$$

表明每个用户终端可以接收 L 个独立的数据流。

随着 LED 个数的增加，从单个基站到不同用户终端的信道矩阵渐近行正交，另外用户终端侧配置大量光接收单元，从不同基站到同一个用户终端的信道矩阵渐近列正交。信道的正交性在射频大规模 MIMO 无线通信系统中非常重要 [6]，这种特性在无线光通信系统中也是最近才被挖掘。本节发现了网络大规模 MIMO 光无线通信中信道的渐近正交性，并且利用大规模 LED 以及光接收单元可以有效地降低用户间以及基站间的干扰。因此网络大规模 MIMO 光无线通信系统能够显著地提升基站的吐吞量以及单用户传输速率。

7.2.3 总功率约束下网络 BDMA 传输

基于上述建立的信道模型，研究网络大规模 MIMO 光无线传输方法。考虑网络大规模 MIMO 光无线通信系统，L 个基站同时向 K 个用户终端发送信号。基站将每个用户终端的信号独立编码，每个用户终端各自独立对接收信号进行解码。具体而言，令 $\boldsymbol{x}_k = [\boldsymbol{x}_{k,1}^{\mathrm{T}}, \boldsymbol{x}_{k,2}^{\mathrm{T}}, \cdots, \boldsymbol{x}_{k,L}^{\mathrm{T}}]^{\mathrm{T}}$ 表示 L 个基站向第 k 个用户终端的发送信号，其中，第 ℓ 个基站的发送信号 $\boldsymbol{x}_{k,\ell} \in \mathbb{R}^{M\times 1}$ 均值为零，协方差矩阵为 $\boldsymbol{Q}_{k,\ell} = E\{\boldsymbol{x}_{k,\ell}\boldsymbol{x}_{k,\ell}^{\mathrm{T}}\}$。则 $\boldsymbol{x}_k$ 的协方差矩阵为 $\boldsymbol{Q}_k = E\{\boldsymbol{x}_k\boldsymbol{x}_k^{\mathrm{T}}\} = \mathrm{blkdiag}(\boldsymbol{Q}_{k,1}, \boldsymbol{Q}_{k,2}, \cdots, \boldsymbol{Q}_{k,L})$。为保证 LED 的输入信号非负，需要添加直流偏置，第 k 个用户终端在接收信号中去除直流偏置后的信号可以表达为

$$\boldsymbol{y}_k = \boldsymbol{H}_k\boldsymbol{x}_k + \sum_{k'\neq k} \boldsymbol{H}_k\boldsymbol{x}_{k'} + \boldsymbol{n}_k = \boldsymbol{H}_k\boldsymbol{x}_k + \boldsymbol{z}_k \tag{7.104}$$

式中，$\boldsymbol{n}_k$ 为噪声向量，其元素可以建模为独立同分布的高斯随机变量，均值为零，方差为 σ^2，$\boldsymbol{z}_k = \sum_{k' \neq k} \boldsymbol{H}_k \boldsymbol{x}_{k'} + \boldsymbol{n}_k$ 表示干扰与噪声之和，其通常建模成协方差矩阵为 $\boldsymbol{K}_k = \sum_{k' \neq k} \boldsymbol{H}_k \boldsymbol{Q}_{k'} \boldsymbol{H}_k^{\mathrm{T}} + \sigma^2 \boldsymbol{I}$ 的高斯噪声 [7]。不失一般性，假设噪声方差为 1，即 $\sigma^2 = 1$。

1. 渐近和速率

根据文献 [296] 和 [295] 中传输速率的上界和下界，可以类似地推导出第 k 个用户终端可达速率的上界和下界分别为

$$R_k \geqslant \frac{1}{2} \log\det\left(\boldsymbol{I} + \frac{6}{e\pi} \boldsymbol{K}_k^{-1} \boldsymbol{H}_k \boldsymbol{Q}_k \boldsymbol{H}_k^{\mathrm{T}}\right) \tag{7.105}$$

$$R_k \leqslant \frac{1}{2} \log\det\left(\boldsymbol{I} + \boldsymbol{K}_k^{-1} \boldsymbol{H}_k \boldsymbol{Q}_k \boldsymbol{H}_k^{\mathrm{T}}\right) \tag{7.106}$$

注意到上界和下界表达式中，只有 $\boldsymbol{K}_k^{-1} \boldsymbol{H}_k \boldsymbol{Q}_k \boldsymbol{H}_k^{\mathrm{T}}$ 前面的系数不同。因而，通过引入系数 γ，定义如下的近似传输速率表达

$$R_k = \frac{1}{2} \log\det\left(\boldsymbol{I} + \gamma \boldsymbol{K}_k^{-1} \boldsymbol{H}_k \boldsymbol{Q}_k \boldsymbol{H}_k^{\mathrm{T}}\right) \tag{7.107}$$

该表达式包含了上界和下界的情况，并与文献 [297] 中容量的拟合相一致。因此，R_k 是系统可达速率的一般表达。

由式 (7.97)，信道矩阵 $\boldsymbol{H}_{k,\ell}$ 可以分解为 $\boldsymbol{H}_{k,\ell} = \boldsymbol{a}_{k,\ell} \boldsymbol{g}_{k,\ell}^{\mathrm{T}}$。令 $\boldsymbol{C}_{k,\ell} = \boldsymbol{a}_{k,\ell} \boldsymbol{a}_{k,\ell}^{\mathrm{T}}$，则系统和速率可以表达为

$$\begin{aligned} R_{\mathrm{sum}} = & \frac{1}{2} \sum_k \log\det\left(\boldsymbol{I} + \sum_\ell \boldsymbol{g}_{k,\ell}^{\mathrm{T}} \left(\gamma \boldsymbol{Q}_{k,\ell} + \sum_{k' \neq k} \boldsymbol{Q}_{k',\ell}\right) \boldsymbol{g}_{k,\ell} \boldsymbol{C}_{k,\ell}\right) \\ & - \frac{1}{2} \sum_k \log\det\left(\boldsymbol{I} + \sum_\ell \boldsymbol{g}_{k,\ell}^{\mathrm{T}} \left(\sum_{k' \neq k} \boldsymbol{Q}_{k',\ell}\right) \boldsymbol{g}_{k,\ell} \boldsymbol{C}_{k,\ell}\right) \end{aligned} \tag{7.108}$$

利用文献 [288] 中方法，可以推导和速率 R_{sum} 的渐近结果。

定理 7.8 随着 LED 个数 M 趋于无穷大，和速率 R_{sum} 趋于渐近和速率 $\bar{R}_{\mathrm{sum}}$，即

$$\lim_{M \to \infty} R_{\mathrm{sum}} - \bar{R}_{\mathrm{sum}} \to 0 \tag{7.109}$$

式中，渐近和速率 $\bar{R}_{\mathrm{sum}}$ 为

$$\bar{R}_{\mathrm{sum}} = \frac{1}{2} \sum_k \log\det\left(\boldsymbol{I} + \sum_\ell M^2 c_{k,\ell}^2 \left(\gamma [\boldsymbol{Q}_{k,\ell}]_{m_{k,\ell} m_{k,\ell}} + \sum_{k' \neq k} [\boldsymbol{Q}_{k',\ell}]_{m_{k,\ell} m_{k,\ell}}\right) \boldsymbol{C}_{k,\ell}\right)$$

$$-\frac{1}{2}\sum_k \log\det\left(\boldsymbol{I}+\sum_\ell M^2 c_{k,\ell}^2\left(\sum_{k'\neq k}[\boldsymbol{Q}_{k',\ell}]_{m_{k,\ell}m_{k,\ell}}\right)\boldsymbol{C}_{k,\ell}\right) \tag{7.110}$$

式中，$m_{k,\ell}$ 满足 $\psi_{k,\ell,m_{k,\ell}}=0$，$c_{k,\ell}$ 为

$$c_{k,\ell}=T_{\text{lens}}\frac{A_k}{r^2 d_{k,\ell}^2}\frac{(m+1)}{2\pi}\cos(\phi_{k,\ell}) \tag{7.111}$$

定理 7.8 展示了当 LED 个数趋于无穷大时的渐近和速率 $\bar{R}_{\text{sum}}$。当 LED 个数有限时，$\bar{R}_{\text{sum}}$ 是和速率的近似，其中 $m_{k,\ell}$ 选择角度 $|\psi_{k,\ell,m_{k,\ell}}|$ 最小的波束。这表明每个用户接收到的信号主要来自 LED 阵列中的一个 LED。从式 (7.110) 中可以看出渐近和速率 $\bar{R}_{\text{sum}}$ 仅依赖于发送信号协方差矩阵 $\boldsymbol{Q}_{k,\ell}$ 的对角线元素，意味着随着 LED 个数的增加，发送信号协方差矩阵设计可以简化为对角元素的设计。

2. *无限光发送单元的渐近最优设计*

下面考虑设计发送信号协方差矩阵 $\boldsymbol{Q}_{k,\ell}$ 最大化渐近和速率 $\bar{R}_{\text{sum}}$。典型的功率约束条件为总功率约束，其可以表达为 $\sum\limits_k \text{tr}(\boldsymbol{Q}_{k,\ell})\leqslant P_\ell$，其中，$P_\ell$ 为第 ℓ 个基站的总发射功率。总功率约束下的优化问题可以表达为

$$\begin{aligned}\max_{\boldsymbol{Q}_{k,\ell}} \quad & \bar{R}_{\text{sum}}\\ \text{s.t.} \quad & \sum_k \text{tr}\left(\boldsymbol{Q}_{k,\ell}\right)\leqslant P_\ell \\ & \boldsymbol{Q}_{k,\ell}\succeq \boldsymbol{0}\end{aligned} \tag{7.112}$$

在求解问题 (7.112) 之前，有如下结论。

定理 7.9 最优发送信号协方差矩阵 $\boldsymbol{Q}_{k,\ell}$ 为对角阵，且对角线元素满足

$$\boldsymbol{Q}_{k_1,\ell}\boldsymbol{Q}_{k_2,\ell}=\boldsymbol{0},\quad k_1\neq k_2 \tag{7.113}$$

证明 见附录 7.3.5。 ■

对角协方差矩阵表明不同的 LED 发送相互独立的信号。进而，从单个基站到不同用户的发送协方差矩阵相互正交。这个结果表明单个 LED 最多发送一个用户终端的信号，向每个用户终端发送信号的 LED 集合互不重叠。该传输方法称为波束分多址 (BDMA) 传输 [99]。另外，定理 7.9 表明网络大规模 MIMO 光无线通信系统中 BDMA 传输是渐近最优的。

当发送信号协方差矩阵 $\boldsymbol{Q}_{k,\ell}$ 满足条件 (7.113) 时，渐近和速率可以进一步简化为

$$\bar{R}_{\text{sum}}=\frac{1}{2}\sum_k \log\det\left(\boldsymbol{I}+\gamma\sum_\ell M^2 c_{k,\ell}^2[\boldsymbol{Q}_{k,\ell}]_{m_{k,\ell},m_{k,\ell}}\boldsymbol{C}_{k,\ell}\right) \tag{7.114}$$

令 $q_{k,\ell} = [\boldsymbol{Q}_{k,\ell}]_{m_{k,\ell},m_{k,\ell}}$ 表示第 ℓ 个基站利用第 $m_{k,\ell}$ 个波束向第 k 个用户发送信号的功率，$\boldsymbol{h}_{k,\ell} = Mc_{k,\ell}\boldsymbol{a}_{k,\ell}$ 表示第 ℓ 个基站的第 $m_{k,\ell}$ 个波束到第 k 个用户的信道增益。则和速率式 (7.114) 可以重新表达为

$$\bar{R}_{\text{sum}} = \frac{1}{2}\sum_k \log\det\left(\boldsymbol{I} + \sum_\ell q_{k,\ell}\boldsymbol{h}_{k,\ell}\boldsymbol{h}_{k,\ell}^{\text{T}}\right) \tag{7.115}$$

发送信号协方差矩阵设计问题 (7.112) 可以简化为如下功率分配问题:

$$\begin{aligned}
\max_{q_{k,\ell}} \quad & \frac{1}{2}\sum_k \log\det\left(\boldsymbol{I} + \sum_\ell q_{k,\ell}\boldsymbol{h}_{k,\ell}\boldsymbol{h}_{k,\ell}^{\text{T}}\right) \\
\text{s.t.} \quad & \sum_k q_{k,\ell} \leqslant P_\ell \\
& q_{k,\ell} \geqslant 0
\end{aligned} \tag{7.116}$$

对于功率分配问题 (7.116)，可以得到如下闭式结果。

定理 7.10 最优功率分配 $q_{k,\ell}$ 满足

$$q_{k,\ell} = \left(\frac{1}{\eta_\ell} - \frac{1}{\boldsymbol{h}_{k,\ell}^{\text{T}}\left(\boldsymbol{I} + \sum_{j\neq\ell} q_{k,j}\boldsymbol{h}_{k,j}\boldsymbol{h}_{k,j}^{\text{T}}\right)^{-1}\boldsymbol{h}_{k,\ell}}\right)^+ \tag{7.117}$$

式中，$(x)^+ = \max\{x,0\}$，η_ℓ 为辅助变量，满足功率约束条件

$$\sum_k q_{k,\ell} = P_\ell \tag{7.118}$$

证明 见附录 7.3.6。 ■

最优功率分配 (7.117) 可以最大化渐近和速率，其与注水算法的结果相似。不同的是由于和速率式 (7.115) 中的求和运算使得第 ℓ 个基站的功率分配结果 $q_{k,\ell}$ 与第 j 个基站的功率分配 $q_{k,j}$ 相互耦合，并不能直接计算得到最优的 $q_{k,\ell}$。下面提出了基于注水的功率分配算法，通过固定其他基站的发送功率迭代计算功率分配 $q_{k,\ell}$。

在迭代过程中，算法 7.2 计算每个基站的功率分配。具体而言，在第 $(i+1)$ 次迭代中，第 ℓ 个基站功率分配的更新依据前 $(\ell-1)$ 个基站在第 $(i+1)$ 次迭代的结果以及剩下的基站在第 i 次迭代结果。在这种方法下，每次迭代，和速率都是单调递增的。因此算法 7.2 生成的和速率序列 $\{\bar{R}_{\text{sum}}^{(i)}\}$ 收敛。

算法 7.2 基于注水的功率分配算法

输入: 信道向量 $\boldsymbol{h}_{k,\ell}$

输出: 功率分配 $q_{k,\ell}$

1: 初始化 $q_{k,j}^{(0)}=0$，$i=1$

2: **repeat**

3: **for** $\ell=1$ to L **Do**

4: 对于第 ℓ 个基站，固定其他基站的功率分配，利用注水算法计算

$$q_{k,\ell}^{(i+1)} = \left(\frac{1}{\eta_{\ell}^{(i+1)}}-\frac{1}{\boldsymbol{h}_{k,\ell}^{\mathrm{T}}\left(\boldsymbol{I}+\sum_{j=1}^{\ell-1}q_{k,j}^{(i+1)}\boldsymbol{h}_{k,j}\boldsymbol{h}_{k,j}^{\mathrm{T}}+\sum_{j-\ell+1}^{L}q_{k,j}^{(i)}\boldsymbol{h}_{k,j}\boldsymbol{h}_{k,j}^{\mathrm{T}}\right)^{-1}\boldsymbol{h}_{k,\ell}}\right)^{+}$$

5: 其中，$\eta_{\ell}^{(i+1)}$ 满足功率约束条件。

6: **End for**

7: 设置 $i=i+1$，并计算 $\bar{R}_{\mathrm{sum}}^{(i)}$。

8: **until** $|\bar{R}_{\mathrm{sum}}^{(i)}-\bar{R}_{\mathrm{sum}}^{(i-1)}|\leqslant\epsilon$。

3. 无限光收发单元的渐近最优设计

当用户终端侧光接收单元的个数也趋于无穷大时，接收向量 $\boldsymbol{a}_{k,\ell_1}$ 和 $\boldsymbol{a}_{k,\ell_2}$ 渐近正交 (即 $\lim_{N\to\infty}\boldsymbol{a}_{k,\ell_1}^{\mathrm{T}}\boldsymbol{a}_{k,\ell_2}=0$)，因而可以得到

$$\lim_{N\to\infty}\boldsymbol{C}_{k,\ell_1}\boldsymbol{C}_{k,\ell_2}=\boldsymbol{0} \tag{7.119}$$

则渐近和速率式 (7.110) 可以进一步简化为

$$\bar{R}_{\mathrm{sum}}=\frac{1}{2}\sum_{k}\sum_{\ell}\log\left(1+M^2a_{k,\ell}c_{k,\ell}^2[\boldsymbol{Q}_{k,\ell}]_{m_{k,\ell},m_{k,\ell}}\right) \tag{7.120}$$

式中，$a_{k,\ell}=\boldsymbol{a}_{k,\ell}^{\mathrm{T}}\boldsymbol{a}_{k,\ell}$。问题 (7.112) 退化为

$$\begin{aligned}\max_{\boldsymbol{Q}_{k,\ell}}\quad & \frac{1}{2}\sum_{k}\sum_{\ell}\log\left(1+M^2a_{k,\ell}c_{k,\ell}^2[\boldsymbol{Q}_{k,\ell}]_{m_{k,\ell},m_{k,\ell}}\right)\\ \text{s.t.}\quad & \sum_{k}\mathrm{tr}(\boldsymbol{Q}_{k,\ell})\leqslant P_{\ell}\\ & \boldsymbol{Q}_{k,\ell}\succeq\boldsymbol{0}\end{aligned} \tag{7.121}$$

则最优功率分配 $\boldsymbol{Q}_{k,\ell}$ 由如下定理给出。

定理 7.11 最优发送信号协方差矩阵 $\boldsymbol{Q}_{k,\ell}$ 为

$$[\boldsymbol{Q}_{k,\ell}]_{m_{k,\ell},m_{k,\ell}} = \begin{cases} \left(\dfrac{1}{\mu_\ell} - \dfrac{1}{M^2 a_{k,\ell} c_{k,\ell}^2}\right)^+, & k = \arg\max_{k'} a_{k',\ell} c_{k',\ell}^2 \\ 0, & k \neq \arg\max_{k'} a_{k',\ell} c_{k',\ell}^2 \end{cases} \tag{7.122}$$

式中，$(x)^+ = \max\{x, 0\}$，μ_ℓ 为 Lagrange 乘子满足功率约束条件

$$\sum_k [\boldsymbol{Q}_{k,\ell}]_{m_{k,\ell} m_{k,\ell}} = P_\ell \tag{7.123}$$

功率分配结果式 (7.122) 是式 (7.117) 的一种特例。当用户终端配置大量光接收单元时，接收向量 $\boldsymbol{a}_{k,\ell_1}$ 和 $\boldsymbol{a}_{k,\ell_2}$ 趋于正交，且每个用户可以分辨不同基站的发送信号。由式 (7.120) 可知，当基站侧 LED 个数与用户终端侧光接收单元个数同时趋于无穷大时，和速率为 KL 个单用户 SISO 速率之和，且不存在基站间与用户间干扰。这种情况下，最优发送策略为单个基站为每个用户挑选其信道增益最大的波束，在其上发送单用户信号；最优接收策略为每个用户根据基站对应的光接收单元的接收信号采用单用户检测。这样，可以极大地降低收发机设计的复杂度，使其便于实现。

4. 和速率增长性能分析

为进一步展示网络大规模 MIMO 光无线通信系统的渐近性能，下面通过分析系统自由度来表现和速率随着 LED 个数增长的情况。在传统通信系统中，自由度定义为和速率 $\bar{R}_{\text{sum}}$ 与 $\log \text{SNR}$ 之比，即 $\lim\limits_{\text{SNR}\to\infty} \bar{R}_{\text{sum}}/\log \text{SNR}$，其中，SNR 为发送信号功率与接收噪声之比。在大规模 MIMO 通信系统中，为了表现和速率与天线数的 log 值之比，引出了另一个自由度的定义 [301]：

$$\text{DoF} = \lim_{M\to\infty} \frac{\bar{R}_{\text{sum}}}{\log M} \tag{7.124}$$

在大规模 MIMO 光无线通信系统中，利用自由度定义式 (7.124)。

作为对比，考虑单个基站 (基站 1) 向单个用户终端 (用户终端 1) 发送信号的情况，基站和用户终端均不配置透镜。则信道矩阵 $\tilde{\boldsymbol{H}}$ 可以表达为 $\tilde{\boldsymbol{H}} = h\mathbf{1}_{N\times M}$，其中，$h = \dfrac{A_1/N}{d_{1,1}^2} I_0(\phi_{1,1})\cos(\phi_{1,1})$ 为信道增益系数。单用户的传输速率为

$$R_1 = \frac{1}{2}\log\det\left(\boldsymbol{I} + \gamma \tilde{\boldsymbol{H}} \boldsymbol{Q} \tilde{\boldsymbol{H}}^{\text{T}}\right) \tag{7.125}$$

在总功率约束条件下，最大化单用户速率 R_1 的最优发送信号协方差矩阵为 $\boldsymbol{Q}=(P/M)\mathbf{1}_{M\times M}$，则最大单用户速率为

$$R_1^o=\frac{1}{2}\log\left(1+\gamma h^2 MNP\right) \tag{7.126}$$

因此，单用户情况下的自由度为

$$\mathrm{DoF}_1=\lim_{M\to\infty}\frac{R_1^o}{\log M}=\frac{1}{2} \tag{7.127}$$

根据和速率式 (7.120) 以及自由度的定义式 (7.124)，可以得到如下 BDMA 传输的自由度。

定理 7.12 总功率约束条件下，BDMA 传输的自由度为

$$\mathrm{DoF}=\lim_{M\to\infty}\frac{\dfrac{1}{2}\displaystyle\sum_k\sum_\ell\log\left(1+M^2 a_{k,\ell}c_{k,\ell}^2[\boldsymbol{Q}_{k,\ell}]_{m_{k,\ell},m_{k,\ell}}\right)}{\log M}=KL \tag{7.128}$$

自由度反映了配置大规模 LED 下的光通信系统的复用增益。定理 7.12 表明提出的 BDMA 传输可以使得系统和速率随着基站数以及用户数线性增长。另外，相比于没有配置收发透镜的单用户速率式 (7.126)，可以得到和速率与单用户速率之比

$$\lim_{M\to\infty}\frac{\bar{R}_{\mathrm{sum}}}{R_1^o}=\lim_{M\to\infty}\frac{\dfrac{1}{2}\displaystyle\sum_k\sum_\ell\log\left(1+M^2 a_{k,\ell}c_{k,\ell}^2[\boldsymbol{Q}_{k,\ell}]_{m_{k,\ell},m_{k,\ell}}\right)}{\dfrac{1}{2}\log\left(1+h^2MNP\right)}=2KL \tag{7.129}$$

式中，系数 2 为透镜带来的功率增益；KL 表示网络 BDMA 传输的复用增益。具体而言，每个基站能够同时发送 L 个用户终端的信号，每个用户终端可以接收 K 个基站的发送信号。因此，网络 BDMA 传输可以大幅地提升基站的吞吐量以及单用户传输速率。

7.2.4 单个 LED 功率约束下网络 BDMA 传输

在光无线通信系统中，一般采用 IM/DD 调制解调方法，其要求驱动电流为非负的。因而为了保证输入 LED 信号的非负性，每个 LED 的发送信号的电流受限，这里考虑另一种功率约束，即单个 LED 功率约束，通过约束每个 LED 的发送功率限制信号的幅度。

1. 渐近最优设计

数学上，单个 LED 的功率约束条件可以表达为 $\sum\limits_k[\boldsymbol{Q}_{k,\ell}]_{m,m}\leqslant p_\ell$，其中，$p_\ell$ 为单个基站单个 LED 的最大发射功率。则单个 LED 功率约束条件下的发送信号设

计问题可以表达为

$$\begin{aligned}\max_{\boldsymbol{Q}_{k,\ell}} \quad & \bar{R}_{\text{sum}} \\ \text{s.t.} \quad & \sum_{k} \boldsymbol{e}_m^{\mathrm{T}} \boldsymbol{Q}_{k,\ell} \boldsymbol{e}_m \leqslant p \\ & \boldsymbol{Q}_k \succeq \boldsymbol{0}\end{aligned} \tag{7.130}$$

式中，$\boldsymbol{e}_m$ 为单位向量，其第 m 个元素为 1，其余元素为 0。对于问题 (7.130)，可以得到如下结果。

定理 7.13 最优发送信号协方差矩阵 $\boldsymbol{Q}_{k,\ell}$ 是对角阵，且对角线元素为

$$[\boldsymbol{Q}_{k,\ell}]_{m,m} = \begin{cases} p, & m = m_{k,\ell} \\ 0, & m \neq m_{k,\ell} \end{cases} \tag{7.131}$$

式中，$m_{k,\ell}$ 满足 $\psi_{k,\ell,m_{k,\ell}} = 0$。

证明 见附录 7.3.7。 ■

在单个 LED 功率约束条件下，最优传输方法为不同 LED 发送相互独立的信号，且向不同用户传输的波束集合互不重叠。该结果与总功率约束下的最优传输方法相似。另外，单个 LED 功率约束条件下，最优功率分配是每个 LED 使用最大的功率 p 发送信号。

当基站采用定理 7.13 的最优发送信号时，渐近和速率可以进一步简化为

$$\bar{R}_{\text{sum}} = \frac{1}{2} \sum_{k} \log \det \left(\boldsymbol{I} + \sum_{\ell} M^2 c_{k,\ell}^2 p \boldsymbol{C}_{k,\ell} \right) \tag{7.132}$$

由式 (7.132)，当基站侧配置大规模 LED 阵列时，系统和速率为 K 个单用户速率之和。为了达到式 (7.132) 的和速率，每个基站使用一个信道增益最强的波束发送单用户信号，显著地降低发送信号设计的复杂度。

另外，当用户终端侧配置大规模光接收单元以及接收透镜时，接收向量 $\boldsymbol{a}_{k,\ell_1}$ 和 $\boldsymbol{a}_{k,\ell_2}$ 渐近正交。则系统和速率简化为

$$\bar{R}_{\text{sum}} = \frac{1}{2} \sum_{k} \sum_{\ell} \log \left(1 + M^2 c_{k,\ell}^2 p \boldsymbol{a}_{k,\ell} \right) \tag{7.133}$$

渐近和速率式 (7.133) 进一步简化为 KL 个单用户 SISO 传输速率之和。为了实现和速率式 (7.132)，每个用户需要对接收信号进行联合检测。而为了达到和速率式 (7.133)，单个用户可以分别检测每个基站的发送信号，进一步地降低接收机设计的复杂度。

2. 和速率增长性能分析

在单个 LED 功率约束条件下，BDMA 传输的自由度由如下定理给出。

定理 7.14 单个 LED 功率约束条件下，BDMA 传输的自由度为

$$\mathrm{DoF}=\lim_{M\to\infty}\frac{\dfrac{1}{2}\sum\limits_{k}\sum\limits_{\ell}\log\left(1+M^2c_{k,\ell}^2pa_{k,\ell}\right)}{\log M}=KL \tag{7.134}$$

与总功率约束条件的结论相似，单个 LED 功率约束下，BDMA 传输的自由度也是 KL。该结果同样表明当 LED 个数与光接收单元个数足够大时，每个基站可以同时发送 K 个用户终端的信号，每个用户终端可以区分 L 个基站的发送信号。因此，BDMA 传输的和速率随着基站数与用户数线性增长。

作为比较，考虑单用户场景，单个基站向单个用户终端发送信号，基站与用户终端均没有配置透镜。在单个 LED 功率约束条件下，最大化单用户速率的最优发送信号协方差矩阵为 $\boldsymbol{Q}=p1_M$，则最大单用户速率为

$$R_1^o=\frac{1}{2}\log\left(1+h^2M^2Np\right) \tag{7.135}$$

因而，BDMA 传输的和速率与单用户速率之比为

$$\lim_{M\to\infty}\frac{\bar{R}_{\text{sum}}}{R_1^o}=\lim_{M\to\infty}\frac{\dfrac{1}{2}\sum\limits_{k}\sum\limits_{\ell}\log\left(1+M^2c_{k,\ell}^2pa_{k,\ell}\right)}{\dfrac{1}{2}\log\left(1+h^2M^2Np\right)}=KL \tag{7.136}$$

在单个 LED 功率约束下，BDMA 传输和速率与单用户速率之比与总功率情况下式 (7.129) 结果不同。在总功率约束下，BDMA 传输和速率与单用户速率之比为 $2KL$, 而单个 LED 功率约束下，BDMA 传输和速率与单用户速率之比为 KL，这主要是由于两种功率约束下，系统的功率效率不同。

7.2.5 数值仿真

本节通过数值仿真验证利用收发透镜的网络大规模 MIMO 传输方法的性能提升。整个通信区域由多个基站覆盖，如图 7.12 所示。图 7.12 中每个小方形区域为一个小区，一个小区中的用户可以接收周围四个基站的发送信号，每个基站生成的波束覆盖四个小区范围。不失一般性，本节仿真以其中一个小区为例，其余小区的性能类似。对于单个小区覆盖范围，考虑两种典型通信场景，一种是小型区域，另一种是大型区域。小型区域中，例如，会议室、房间，单个小区尺寸为 5 m ×5 m，高度为 3 m，在这种场景下，4 个基站同时服务 12 个用户终端，每个基站配置一个发送透镜与 12×12 个 LED，每个用户终端配置一个接收透镜与 4×4 个光接收单

元。大型区域中，例如，机场候机厅、体育场，单个小区尺寸为 16 m ×16 m，高度为 8 m，在这种场景中，4 个基站同时服务 500 个用户终端，每个基站配置一个发送透镜与 80×80 个 LED，单个用户配置与小型区域中用户配置相同。

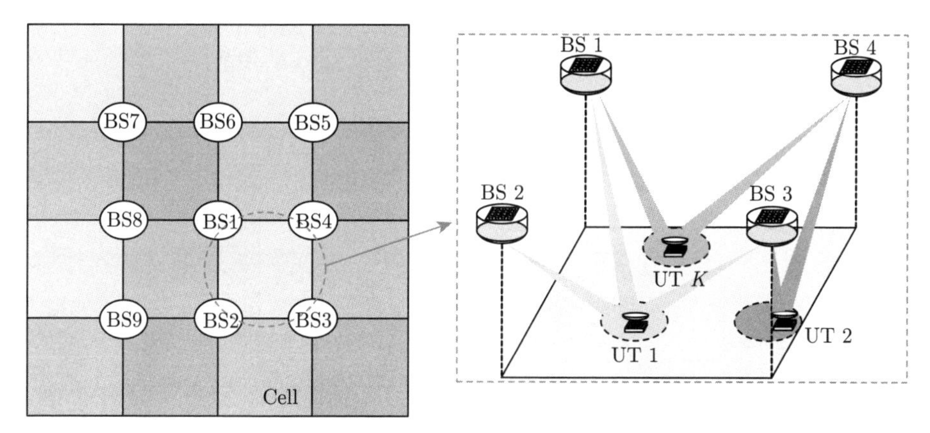

图 7.12 网络大规模 MIMO 光通信系统小区示意图

仿真中，将 BDMA 传输的系统和速率与基于线性预编码传输的和速率进行比较，基于线性预编码传输方法选择 MRT 与 RZF 预编码方法。则第 ℓ 个基站向第 k 个用户的发送信号表达为

$$\boldsymbol{x}_{k,\ell} = \boldsymbol{w}_{k,\ell} s_{k,\ell} \tag{7.137}$$

式中，$s_{k,\ell}$ 为独立同分布的实数发送信号，均值为 0，方差为 1；$\boldsymbol{w}_{k,\ell}$ 为预编码向量。对于 MRT 与 RZF 预编码，预编码向量 $\boldsymbol{w}_{k,\ell}^{\mathrm{MRT}}$ 和 $\boldsymbol{w}_{k,\ell}^{\mathrm{RZF}}$ 分别定义为

$$\boldsymbol{w}_{k,\ell}^{\mathrm{MRT}} = \sqrt{\beta_{\ell}^{\mathrm{MRT}}}\boldsymbol{g}_{k,\ell} \tag{7.138}$$

$$\boldsymbol{w}_{k,\ell}^{\mathrm{RZF}} = \sqrt{\beta_{\ell}^{\mathrm{RZF}}}(\boldsymbol{G}_{\ell}\boldsymbol{G}_{\ell}^{\mathrm{T}} + \alpha \boldsymbol{I}_M)^{-1}\boldsymbol{g}_{k,\ell} \tag{7.139}$$

式中，$\boldsymbol{G}_{\ell} = [\boldsymbol{g}_{1,\ell}, \boldsymbol{g}_{2,\ell}, \cdots, \boldsymbol{g}_{K,\ell}]$，$\alpha > 0$ 为正则化参数，$\beta_{\ell}^{\mathrm{MRT}}$ 和 $\beta_{\ell}^{\mathrm{RZF}}$ 为功率因子使得发送信号满足功率约束条件。注意到在 RZF 预编码中的求逆运算，当基站侧配置大规模 LED 时，RZF 的计算复杂度将显著增加。作为对比，利用功率分配式 (7.122) 可以避免矩阵求逆运算，且其复杂度仅与用户终端个数有关，远小于 LED 个数。因此 BDMA 传输方法可以大幅地降低计算复杂度。

图 7.13 展示了小型区域场景中在总功率约束以及单个 LED 功率约束下系统和速率性能的比较。在这两种功率约束下，设置相同的总功率，即当总功率为 P 时，单个 LED 功率为 $p = P/M$。在总功率约束条件下，基于算法 7.2 的 BDMA 传输和速率与功率分配式 (7.122) 的 BDMA 传输和速率基本相同，表明每个用户

终端利用接收透镜可以区分不同基站的发送信号，降低基站间干扰。在高信噪比区域，BDMA 传输的性能逼近 RZF 预编码的性能，且明显优于 MRT 传输的性能，而 BDMA 传输的复杂度低于 RZF 预编码的复杂度。在单个 LED 功率约束下，当用户终端数较少时，这三种传输方法的性能在中低信噪比时相似。另外，图 7.13 中展示了单个基站情况下的系统和速率，可以看出单基站的性能远小于网络大规模 MIMO 系统的性能。

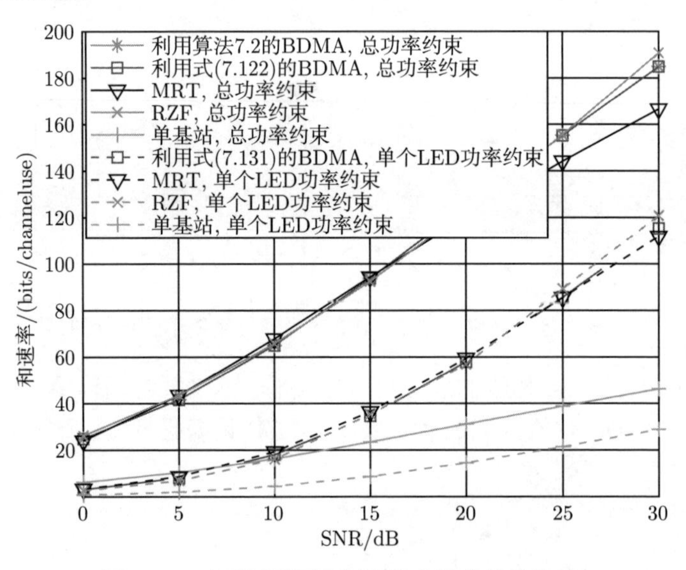

图 7.13　小型区域下不同方法和速率性能比较

图 7.14 比较了大型区域场景中两种功率约束下不同传输方法的和速率。在总功率约束下，BDMA 传输的和速率逼近 RZF 的性能。在单个 LED 功率约束下，由于用户数较大，为了使得单个 LED 的最大发射功率满足功率约束条件，预编码向量乘以一个缩放因子，降低了预编码方案的性能。BDMA 传输可以达到最优的性能，而 MRT 预编码在高信噪比区域有大约 2.5dB 的性能损失。同时，与单基站的性能相比，网络大规模 MIMO 光无线通信系统可以显著地提升吐吞量。

从图 7.13 和图 7.14 中，可以计算单个用户终端的传输速率。在小型区域场景中，由于同时服务的用户终端个数是 12，在总功率约束下，30dB 时每个用户终端的传输速率约为 15 bits/channel use。在大型区域场景中，同时服务的用户终端个数为 500，每个用户的平均传输速率为 13.2 bits/channel use。作为对比，单基站下每个用户终端的传输速率最高为 4.5 bits/channel use [288]。因此，多个基站可以大幅地增加单用户的传输速率。

最后，图 7.15 比较了随着 LED 个数的增加不同传输方法的渐近性能。考虑在大型场景中，高信噪比区域 (信噪比为 30dB)，LED 个数从 40×40 增长到 100×100。

在两种功率约束下，BDMA 传输的和速率都逼近 RZF 预编码方法，其性能损失可以忽略，而 MRT 预编码方法相比于 BDMA 传输以及 RZF 预编码都有较大的性能损失。这表明 BDMA 传输可以实现渐近最优的性能。

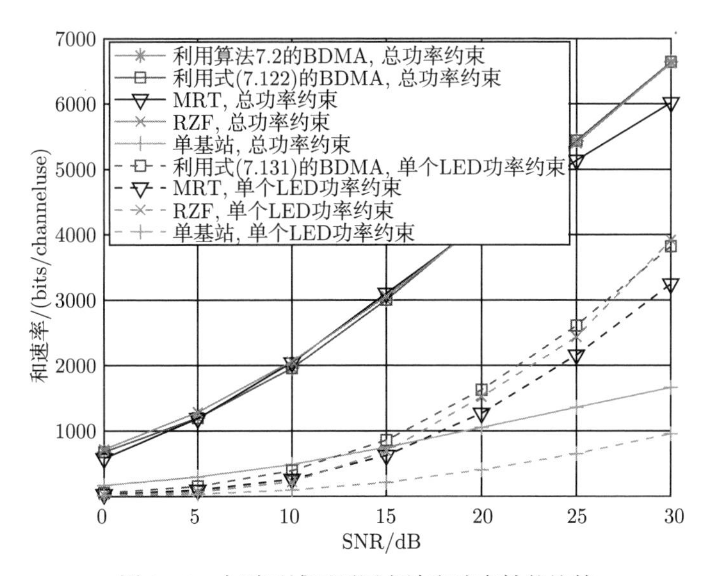

图 7.14 大型区域下不同方法和速率性能比较

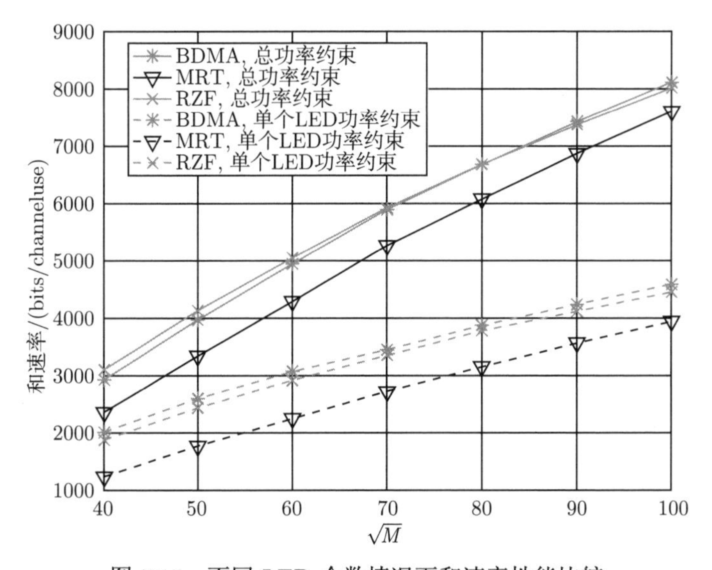

图 7.15 不同 LED 个数情况下和速率性能比较

7.2.6　小结

本节将波束域大规模 MIMO 光无线传输拓展到多基站场景，提出了利用收发透镜的网络大规模 MIMO 光无线传输理论方法。多个基站配置大规模 LED 阵列与发送透镜，同时服务大量用户终端，每个用户终端配置大规模光接收阵列与接收透镜。建立了利用发送透镜和接收透镜的波束域信道模型。当基站侧 LED 个数趋于无穷大时，同一个基站到不同用户终端的信道矩阵渐近行正交，基站可以同时发送不同用户终端的信号。当用户终端侧光接收单元个数趋于无穷大时，不同基站到同一个用户终端的信道矩阵渐近列正交，用户终端可以区分不同基站的发送信号。在总功率约束以及单个 LED 功率约束下，设计最优发送信号协方差矩阵最大化渐近和速率，从理论上揭示出波束分多址传输具有渐近最优性，且最优发送方法为基站在每个用户终端最强的波束上发送单用户信号，最优接收方法为用户终端在最强信道增益对应的光接收单元上采用单用户接收检测。在最优传输方法下，BDMA 传输的和速率随着基站数与用户数线性增长。仿真结果验证了 BDMA 传输方法可以显著地提升系统的频谱效率以及单用户速率。

7.3　附　　录

7.3.1　定理 7.1 的证明

由于 $\log\det(\cdot)$ 是凹函数，对于第 i 次和第 $(i+1)$ 次迭代结果有如下关系：

$$
\begin{aligned}
& f(\mathcal{Q}^{(i+1)}) - g(\mathcal{Q}^{(i+1)}) \\
\geqslant & f(\mathcal{Q}^{(i+1)}) - g(\mathcal{Q}^{(i)}) - \sum_k \mathrm{tr}\left(\left(\frac{\partial}{\partial \boldsymbol{Q}_k} g(\mathcal{Q}^{(i)})\right)^{\mathrm{T}} \left(\boldsymbol{Q}_k^{(i+1)} - \boldsymbol{Q}_k^{(i)}\right)\right) \\
\geqslant & f(\mathcal{Q}^{(i)}) - g(\mathcal{Q}^{(i)}) - \sum_k \mathrm{tr}\left(\left(\frac{\partial}{\partial \boldsymbol{Q}_k} g(\mathcal{Q}^{(i)})\right)^{\mathrm{T}} \left(\boldsymbol{Q}_k^{(i)} - \boldsymbol{Q}_k^{(i)}\right)\right) \\
= & f(\mathcal{Q}^{(i)}) - g(\mathcal{Q}^{(i)})
\end{aligned}
\tag{7.140}
$$

因而，迭代函数是单调且有界的。另外，$\boldsymbol{Q}_k$ 的定义集合是有界的，且为一个闭集，利用文献 [224] 中的定理 4，可得

$$
\lim_{i\to\infty} \left(f(\mathcal{Q}^{(i)}) - g(\mathcal{Q}^{(i)})\right) = f(\mathcal{Q}^{(*)}) - g(\mathcal{Q}^{(*)}) \tag{7.141}
$$

式中，$\{\mathcal{Q}^{(*)}\}$ 是生成的稳定点。则存在 Lagrange 乘子 $\eta^{(*)}$ 和 $\{\boldsymbol{A}_k^{(*)}\}_{k=1}^K$ 满足 KKT 条件

$$
\frac{\partial}{\partial \boldsymbol{Q}_k} f(\mathcal{Q}^{(*)}) - \frac{\partial}{\partial \boldsymbol{Q}_k} g(\mathcal{Q}^{(*)}) - \eta^{(*)} + \boldsymbol{A}_k^{(*)} = \boldsymbol{0}
$$

$$\sum_k \operatorname{tr}\left(\boldsymbol{Q}_k^{(*)}\right) \leqslant P, \eta^{(*)} \geqslant 0, \eta^{(*)}\left(\sum_k \operatorname{tr}\left(\boldsymbol{Q}_k^{(*)}\right) - P\right) = 0 \tag{7.142}$$
$$\boldsymbol{Q}_k^{(*)} \succeq \boldsymbol{0}, \boldsymbol{A}_k^{(*)} \succeq \boldsymbol{0}, \operatorname{tr}\left(\boldsymbol{A}_k^{(*)}\boldsymbol{Q}_k^{(*)}\right) = 0$$

式 (7.142) 也是问题 (7.49) 的 KKT 条件，因而 $\{\mathcal{Q}^{(*)}\}$ 是问题 (7.49) 的稳定点。

另外，由 KKT 条件有

$$\begin{aligned}\boldsymbol{A}_k^{(*)} =& \eta^{(*)}\boldsymbol{I} + \sum_{i\neq k}\boldsymbol{h}_i\boldsymbol{h}_i^{\mathrm{T}}\left((\mathcal{R}_i^{(*)})^{-1} - \left(\mathcal{R}_i^{(*)} + \gamma\boldsymbol{h}_i^{\mathrm{T}}\boldsymbol{Q}_i^{(*)}\boldsymbol{h}_i\right)^{-1}\right) \\ & - \gamma\boldsymbol{h}_k\boldsymbol{h}_k^{\mathrm{T}}\left(\mathcal{R}_k^{(*)} + \gamma\boldsymbol{h}_k^{\mathrm{T}}\boldsymbol{Q}_k^{(*)}\boldsymbol{h}_k\right)^{-1}\end{aligned} \tag{7.143}$$

式中，$\mathcal{R}_k^{(*)} = 1 + \boldsymbol{h}_k^{\mathrm{T}}\left(\sum_{k'\neq k}\boldsymbol{Q}_{k'}^{(*)}\right)\boldsymbol{h}_k$。为保证矩阵 $\boldsymbol{A}_k^{(*)}$ 是半正定的，需要满足 $\eta^{(*)} > 0$。则矩阵

$$\eta^{(*)}\boldsymbol{I} + \sum_{i\neq k}\boldsymbol{h}_i\boldsymbol{h}_i^{\mathrm{T}}\left((\mathcal{R}_i^{(*)})^{-1} - \left(\mathcal{R}_i^{(*)} + \gamma\boldsymbol{h}_i^{\mathrm{T}}\boldsymbol{Q}_i^{(*)}\boldsymbol{h}_i\right)^{-1}\right) \tag{7.144}$$

是正定矩阵，其秩为 M。因而，矩阵 $\boldsymbol{A}_k^{(*)}$ 的秩满足 $\operatorname{rank}(\boldsymbol{A}_k^{(*)}) \geqslant M-1$。由于 $\boldsymbol{A}_k^{(*)}\boldsymbol{Q}_k^{(*)} = \boldsymbol{0}$，矩阵 $\boldsymbol{Q}_k^{(*)}$ 的秩满足 $\operatorname{rank}(\boldsymbol{Q}_k^{(*)}) \leqslant 1$。

7.3.2 定理 7.3 的证明

矩阵 $\boldsymbol{R}_k$ 的第 (m_1, m_2) 个元素为

$$[\boldsymbol{R}_k]_{m_1,m_2} = \left(\frac{A_R M^2 \varphi_C^2}{d_k^2 \psi_C^2}\cos(\phi_k)\right)^2 I_{i_1 j_1}(\psi_{i_1 j_1,k}) I_{i_2 j_2}(\psi_{i_2 j_2,k}) \tag{7.145}$$

式中，$m_1 = (i_1 - 1)M + j_1$，$m_2 = (i_2 - 1)M + j_2$。则可以计算 $\operatorname{tr}(\boldsymbol{R}_k\boldsymbol{Q}_k)$ 为

$$\begin{aligned}\operatorname{tr}(\boldsymbol{R}_k\boldsymbol{Q}_k) &= \sum_{m_1}\sum_{m_2}[\boldsymbol{R}_k]_{m_1,m_2}[\boldsymbol{Q}_k]_{m_2,m_1} \\ &= \sum_{m_1}\sum_{m_2}\left(\frac{A_R M^2 \varphi_C^2}{d_k^2 \psi_C^2}\cos(\phi_k)\right)^2 I_{i_1 j_1}(\phi_{i_1 j_1,k}) I_{i_2 j_2}(\phi_{i_2 j_2,k})[\boldsymbol{Q}_k]_{m_2,m_1}\end{aligned} \tag{7.146}$$

令

$$g_k = T_{\text{lens}}\frac{A_R \varphi_C^2}{\psi_C^2 d_k^2}\frac{(m+1)}{2\pi}\cos(\phi_k) \tag{7.147}$$

以及

$$\bar{R}_{\text{sum}} = \frac{1}{2}\sum_{k}\log\left(1+\gamma\frac{M^4 g_k^2[\boldsymbol{Q}_k]_{n_k,n_k}}{1+M^4 g_k^2\sum\limits_{k'\neq k}[\boldsymbol{Q}_{k'}]_{n_k,n_k}}\right) \tag{7.148}$$

随着 LED 个数的增加，存在第 (i_k, j_k) 个 LED 满足 $\varphi_{k,i_k,j_k}=0$，则有

$$\begin{aligned}
&\lim_{M\to\infty}\left(R_{\text{sum}}-\bar{R}_{\text{sum}}\right)\\
=&\frac{1}{2}\sum_{k}\lim_{M\to\infty}\log\left(\frac{1+\text{tr}\left(\boldsymbol{R}_k\sum\limits_{k'}\boldsymbol{Q}_{k'}\right)-(1-\gamma)\text{tr}\left(\boldsymbol{R}_k\boldsymbol{Q}_k\right)}{1+M^4 g_k^2\sum\limits_{k'}[\boldsymbol{Q}_{k'}]_{m_k,m_k}-(1-\gamma)M^4 g_k^2[\boldsymbol{Q}_k]_{m_k,m_k}}\right)\\
&+\frac{1}{2}\sum_{k}\lim_{M\to\infty}\log\left(\frac{1+M^4 g_k^2\sum\limits_{k'\neq k}[\boldsymbol{Q}_{k'}]_{m_k,m_k}}{1+\text{tr}\left(\boldsymbol{R}_k\sum\limits_{k'\neq k}\boldsymbol{Q}_{k'}\right)}\right)
\end{aligned} \tag{7.149}$$

首先考虑式 (7.149) 中第一项的极限。当 $\sum\limits_{k'}[\boldsymbol{Q}_{k'}]_{m_k,m_k}=0$ 时，有

$$\begin{aligned}
&\lim_{M\to\infty}\frac{1+\text{tr}\left(\boldsymbol{R}_k\sum\limits_{k'}\boldsymbol{Q}_{k'}\right)-(1-\gamma)\text{tr}\left(\boldsymbol{R}_k\boldsymbol{Q}_k\right)}{1+M^4 g_k^2\sum\limits_{k'}[\boldsymbol{Q}_{k'}]_{m_k,m_k}-(1-\gamma)M^4 g_k^2[\boldsymbol{Q}_k]_{m_k,m_k}}\\
=&1+\lim_{M\to\infty}\text{tr}\left(\boldsymbol{R}_k\sum_{k'}\boldsymbol{Q}_{k'}\right)-(1-\gamma)\text{tr}\left(\boldsymbol{R}_k\boldsymbol{Q}_k\right)\\
=&1
\end{aligned} \tag{7.150}$$

当 $\sum\limits_{k'}[\boldsymbol{Q}_{k'}]_{m_k,m_k}\neq 0$ 时，有

$$\lim_{M\to\infty}\frac{1+\text{tr}\left(\boldsymbol{R}_k\sum\limits_{k'}\boldsymbol{Q}_{k'}\right)-(1-\gamma)\text{tr}\left(\boldsymbol{R}_k\boldsymbol{Q}_k\right)}{1+M^4 g_k^2\sum\limits_{k'}[\boldsymbol{Q}_{k'}]_{m_k,m_k}-(1-\gamma)M^4 g_k^2[\boldsymbol{Q}_k]_{m_k,m_k}}$$

$$= \frac{\frac{1}{M^4} + \frac{1}{M^4}\mathrm{tr}\left(\boldsymbol{R}_k \sum_{k'} \boldsymbol{Q}_{k'}\right) - (1-\gamma)\frac{1}{M^4}\mathrm{tr}\left(\boldsymbol{R}_k \boldsymbol{Q}_k\right)}{\frac{1}{M^4} + g_k^2 \sum_{k'} [\boldsymbol{Q}_{k'}]_{m_k,m_k} - (1-\gamma) g_k^2 [\boldsymbol{Q}_k]_{m_k,m_k}} \tag{7.151}$$

因而，$\frac{1}{M^4}\mathrm{tr}\left(\boldsymbol{R}_k \sum\limits_{k'} \boldsymbol{Q}_{k'}\right)$ 的极限为

$$\begin{aligned}
&\lim_{M\to\infty} \frac{1}{M^4}\mathrm{tr}\left(\boldsymbol{R}_k \sum_{k'} \boldsymbol{Q}_{k'}\right)\\
&= \sum_{k'} \lim_{M\to\infty} \frac{1}{M^4} \sum_{m_1}\sum_{m_2} \left(\frac{A_R M^2 \varphi_C^2}{d_k^2 \psi_C^2}\cos(\phi_k)\right)^2 I_{i_1 j_1}(\phi_{i_1 j_1,k}) I_{i_2 j_2}(\phi_{i_2 j_2,k}) [\boldsymbol{Q}_{k'}]_{m_2,m_1}\\
&= \sum_{k'} \lim_{M\to\infty} \left(\frac{A_R \varphi_C^2}{d_k^2 \psi_C^2}\frac{m+1}{2\pi}\cos(\phi_k)\right)^2 [\boldsymbol{Q}_{k'}]_{m_k,m_k}\\
&= \sum_{k'} g_k^2 [\boldsymbol{Q}_{k'}]_{n_k,n_k}
\end{aligned} \tag{7.152}$$

则式 (7.151) 的极限为

$$\lim_{M\to\infty} \frac{1 + \mathrm{tr}\left(\boldsymbol{R}_k \sum_{k'} \boldsymbol{Q}_{k'}\right) - (1-\gamma)\mathrm{tr}\left(\boldsymbol{R}_k \boldsymbol{Q}_k\right)}{1 + M^4 g_k^2 \sum_{k'} [\boldsymbol{Q}_{k'}]_{m_k,m_k} - (1-\gamma) M^4 g_k^2 [\boldsymbol{Q}_k]_{m_k,m_k}} = 1 \tag{7.153}$$

类似地，式 (7.149) 中第二项 log 中的极限为

$$\lim_{M\to\infty} \frac{1 + M^4 g_k^2 \sum_{k'\neq k} [\boldsymbol{Q}_{k'}]_{m_k,m_k}}{1 + \mathrm{tr}\left(\boldsymbol{R}_k \sum_{k'\neq k} \boldsymbol{Q}_{k'}\right)} = 1 \tag{7.154}$$

由于 log 是连续函数，且 $\log(1) = 0$，则 $R_{\mathrm{sum}} - \bar{R}_{\mathrm{sum}}$ 的极限为

$$\lim_{N\to\infty} \left(R_{\mathrm{sum}} - \bar{R}_{\mathrm{sum}}\right) = 0 \tag{7.155}$$

7.3.3 定理 7.4 的证明

由于用户分布在不同位置，不同用户接收不同 LED 的信号，即对于 $k \neq k'$，有 $m_k \neq m_{k'}$。由式 (7.57) 的渐近和速率 $\bar{R}_{\mathrm{sum}}$，最优的发送信号协方差矩阵 $\boldsymbol{Q}_k$ 应满足

$$[\boldsymbol{Q}_k]_{m_k',m_k'} = 0, \quad m_k' \neq m_k \tag{7.156}$$

另外，由于 $\boldsymbol{Q}_k$ 是半正定矩阵，因而 $\boldsymbol{Q}_k$ 为对角阵。在该条件下，问题 (7.58) 退化为

$$\begin{aligned}\max_{\boldsymbol{Q}_1,\boldsymbol{Q}_2,\cdots,\boldsymbol{Q}_K}\ & \frac{1}{2}\sum_k \log\left(1+\gamma M^4 g_k^2[\boldsymbol{Q}_k]_{m_k,m_k}\right)\\ \text{s.t.}\quad & \sum_k [\boldsymbol{Q}_k]_{m_k,m_k}\leqslant P\\ & [\boldsymbol{Q}_k]_{m_k,m_k}\geqslant 0\end{aligned}\tag{7.157}$$

可以得到注水解：

$$[\boldsymbol{Q}_k]_{m_k,m_k}=\left(\frac{1}{\nu}-\frac{1}{\gamma M^4 g_k^2}\right)^+\tag{7.158}$$

式中，$(x)^+=\max\{x,0\}$，ν 为 Lagrange 乘子，满足功率约束条件

$$\sum_m\left(\frac{1}{\nu}-\frac{1}{\gamma M^4 g_k^2}\right)^+=\bar{P}\tag{7.159}$$

根据定理 7.3，最优渐近和速率为

$$\lim_{M\to\infty} R_{\text{sum}}^o-\frac{1}{2}\sum_k\log\left(1+\gamma M^4 g_k^2[\boldsymbol{Q}_k]_{m_k,m_k}\right)=0\tag{7.160}$$

7.3.4　定理 7.5 的证明

令 $\boldsymbol{\Lambda}_k=\boldsymbol{\Lambda}\boldsymbol{B}_k$，其中，$\boldsymbol{B}_k$ 为辅助对角阵，满足 $\sum\limits_k \boldsymbol{B}_k=\boldsymbol{I}$，且 $\boldsymbol{B}_k\succeq\boldsymbol{0}$。优化问题 (7.69) 等价于

$$\begin{aligned}\max_{\boldsymbol{\Lambda}}\max_{\boldsymbol{B}_1,\boldsymbol{B}_2,\cdots,\boldsymbol{B}_K}\ & \frac{1}{2}\sum_k(\log(1+\operatorname{tr}(\boldsymbol{R}_k\boldsymbol{\Lambda})-(1-\gamma)\operatorname{tr}(\boldsymbol{R}_k\boldsymbol{\Lambda}_k))\\ & -\log(1+\operatorname{tr}(\boldsymbol{R}_k\boldsymbol{\Lambda})-\operatorname{tr}(\boldsymbol{R}_k\boldsymbol{\Lambda}_k)))\\ \text{s.t.}\quad & \operatorname{tr}(\boldsymbol{\Lambda})\leqslant P,\quad \boldsymbol{\Lambda}\succeq\boldsymbol{0} \qquad (7.161)\\ & \sum_k\boldsymbol{B}_k=\boldsymbol{I},\quad \boldsymbol{B}_k\succeq\boldsymbol{0} \qquad (7.162)\end{aligned}$$

对于任意固定 $\boldsymbol{\Lambda}$，令 $a_k=1+\operatorname{tr}(\boldsymbol{R}_k\boldsymbol{\Lambda})$，考虑内层关于 $\boldsymbol{B}_k$ 的优化问题，

$$\begin{aligned}\max_{\boldsymbol{B}_1,\boldsymbol{B}_2,\cdots,\boldsymbol{B}_K}\ & \sum_k(\log(a_k-(1-\gamma)\operatorname{tr}(\boldsymbol{R}_k\boldsymbol{\Lambda}\boldsymbol{B}_k))-\log(a_k-\operatorname{tr}(\boldsymbol{R}_k\boldsymbol{\Lambda}\boldsymbol{B}_k)))\\ \text{s.t.}\quad & \sum_k\boldsymbol{B}_k=\boldsymbol{I},\quad \boldsymbol{B}_k\succeq\boldsymbol{0}\end{aligned}\tag{7.163}$$

令 $\tilde{\boldsymbol{R}}_k = \boldsymbol{R}_k \odot \boldsymbol{I}$，其中 $\tilde{\boldsymbol{R}}_k$ 是对角阵，对角线元素为矩阵 $\boldsymbol{R}_k$ 的对角线元素。由于矩阵 $\boldsymbol{\varLambda}$ 和 $\boldsymbol{B}_k$ 为对角阵，因而有

$$\mathrm{tr}(\boldsymbol{R}_k\boldsymbol{\varLambda}\boldsymbol{B}_k) = \mathrm{tr}(\tilde{\boldsymbol{R}}_k\boldsymbol{\varLambda}\boldsymbol{B}_k) \tag{7.164}$$

令对角阵 $\boldsymbol{A}_k$ 和 $\boldsymbol{C}$ 为 Lagrange 乘子，则优化问题的代价函数可以表达为

$$\begin{aligned}\mathcal{L} = &\sum_k (\log(a_k - (1-\gamma)\mathrm{tr}(\tilde{\boldsymbol{R}}_k\boldsymbol{\varLambda}\boldsymbol{B}_k)) - \log(a_k - \mathrm{tr}(\tilde{\boldsymbol{R}}_k\boldsymbol{\varLambda}\boldsymbol{B}_k))) \\ &+ \mathrm{tr}\left(\boldsymbol{C}\left(\sum_k \boldsymbol{B}_k - \boldsymbol{I}\right)\right) - \mathrm{tr}\left(\boldsymbol{A}_k\boldsymbol{B}_k\right)\end{aligned} \tag{7.165}$$

最优解 $\boldsymbol{B}_k$、$\boldsymbol{A}_k$ 和 $\boldsymbol{C}$ 满足 KKT 条件，

$$\begin{aligned}&\frac{\partial}{\partial \boldsymbol{B}_k}\mathcal{L} = (1-\gamma)\left(a_k - (1-\gamma)\mathrm{tr}(\tilde{\boldsymbol{R}}_k\boldsymbol{\varLambda}\boldsymbol{B}_k)\right)^{-1}\tilde{\boldsymbol{R}}_k\boldsymbol{\varLambda} \\ &\qquad\qquad + \left(a_k - \mathrm{tr}(\tilde{\boldsymbol{R}}_k\boldsymbol{\varLambda}\boldsymbol{B}_k)\right)^{-1}\tilde{\boldsymbol{R}}_k\boldsymbol{\varLambda} + \boldsymbol{C} - \boldsymbol{A}_k = \boldsymbol{0} \\ &\sum_k \boldsymbol{B}_k - \boldsymbol{I} = \boldsymbol{0}, \quad \boldsymbol{A}_k\boldsymbol{B}_k = \boldsymbol{0} \\ &\boldsymbol{B}_k \succeq \boldsymbol{0}, \quad \boldsymbol{A}_k \succeq \boldsymbol{0}\end{aligned} \tag{7.166}$$

用户 k_1 和用户 k_2 的 KKT 条件为

$$\begin{aligned}\boldsymbol{C} = &\boldsymbol{A}_{k_1} - (1-\gamma)\left(a_{k_1} - (1-\gamma)\mathrm{tr}(\tilde{\boldsymbol{R}}_{k_1}\boldsymbol{\varLambda}\boldsymbol{B}_{k_1})\right)^{-1}\tilde{\boldsymbol{R}}_{k_1}\boldsymbol{\varLambda} \\ &- \left(a_{k_1} - \mathrm{tr}(\tilde{\boldsymbol{R}}_{k_1}\boldsymbol{\varLambda}\boldsymbol{B}_{k_1})\right)^{-1}\tilde{\boldsymbol{R}}_{k_1}\boldsymbol{\varLambda} \\ \boldsymbol{C} = &\boldsymbol{A}_{k_2} - (1-\gamma)\left(a_{k_2} - (1-\gamma)\mathrm{tr}(\tilde{\boldsymbol{R}}_{k_2}\boldsymbol{\varLambda}\boldsymbol{B}_{k_2})\right)^{-1}\tilde{\boldsymbol{R}}_{k_2}\boldsymbol{\varLambda} \\ &+ \left(a_{k_2} - \mathrm{tr}(\tilde{\boldsymbol{R}}_{k_2}\boldsymbol{\varLambda}\boldsymbol{B}_{k_2})\right)^{-1}\tilde{\boldsymbol{R}}_{k_2}\boldsymbol{\varLambda}\end{aligned} \tag{7.167}$$

对于第 m 个对角线元素，如果 $[\boldsymbol{B}_{k_1}]_{m,m} \neq 0$ 且 $[\boldsymbol{B}_{k_2}]_{m,m} \neq 0$，则存在 $[\boldsymbol{A}_{k_1}]_{m,m} = 0$ 且 $[\boldsymbol{A}_{k_2}]_{m,m} = 0$，因而有

$$\begin{aligned}[\boldsymbol{C}]_{m,m} &= (1-\gamma)\left(a_{k_1} - (1-\gamma)\mathrm{tr}(\tilde{\boldsymbol{R}}_{k_1}\boldsymbol{\varLambda}\boldsymbol{B}_{k_1})\right)^{-1}\left[\tilde{\boldsymbol{R}}_{k_1}\boldsymbol{\varLambda}\right]_{m,m} \\ &\quad - \left(a_{k_1} - \mathrm{tr}(\tilde{\boldsymbol{R}}_{k_1}\boldsymbol{\varLambda}\boldsymbol{B}_{k_1})\right)^{-1}\left[\tilde{\boldsymbol{R}}_{k_1}\boldsymbol{\varLambda}\right]_{m,m} \\ &= (1-\gamma)\left(a_{k_2} - (1-\gamma)\mathrm{tr}(\tilde{\boldsymbol{R}}_{k_2}\boldsymbol{\varLambda}\boldsymbol{B}_{k_2})\right)^{-1}\left[\tilde{\boldsymbol{R}}_{k_2}\boldsymbol{\varLambda}\right]_{m,m} \\ &\quad - \left(a_{k_2} - \mathrm{tr}(\tilde{\boldsymbol{R}}_{k_2}\boldsymbol{\varLambda}\boldsymbol{B}_{k_2})\right)^{-1}\left[\tilde{\boldsymbol{R}}_{k_2}\boldsymbol{\varLambda}\right]_{m,m}\end{aligned} \tag{7.168}$$

由文献 [99] 中引理 2 可知，目标函数 (7.163) 是关于 $\boldsymbol{B}_k$ 的凸函数。因而，式 (7.168) 的解为最小值点。因此，问题 (7.163) 的解满足 $[\boldsymbol{B}_{k_1}]_{m,m}[\boldsymbol{B}_{k_2}]_{m,m}=0$，对于用户 k_1 和用户 k_2，有

$$\boldsymbol{B}_{k_1}\boldsymbol{B}_{k_2}=\boldsymbol{0} \tag{7.169}$$

正交性条件 (7.70) 成立。

7.3.5　定理 7.9 的证明

令 $\boldsymbol{Q}_\ell=\sum\limits_k \boldsymbol{Q}_{k,\ell}$。渐近和速率式 (7.110) 的 $\bar{R}_{\text{sum}}$ 重新表达为

$$\begin{aligned}
&\bar{R}_{\text{sum}}\\
=&\frac{1}{2}\sum_k \log\det\left(\boldsymbol{I}+\sum_\ell M^2c_{k,\ell}^2[\boldsymbol{Q}_\ell]_{m_{k,\ell},m_{k,\ell}}\boldsymbol{C}_{k,\ell}\right.\\
&\left.-(1-\gamma)M^2c_{k,\ell}^2[\boldsymbol{Q}_{k,\ell}]_{m_{k,\ell},m_{k,\ell}}\boldsymbol{C}_{k,\ell}\right)\\
&-\frac{1}{2}\sum_k \log\det\left(\boldsymbol{I}+\sum_\ell M^2c_{k,\ell}^2[\boldsymbol{Q}_\ell]_{m_{k,\ell},m_{k,\ell}}\boldsymbol{C}_{k,\ell}-M^2c_{k,\ell}^2[\boldsymbol{Q}_{k,\ell}]_{m_{k,\ell},m_{k,\ell}}\boldsymbol{C}_{k,\ell}\right)
\end{aligned} \tag{7.170}$$

由于渐近和速率 $\bar{R}_{\text{sum}}$ 仅与矩阵 $\boldsymbol{Q}_\ell$ 和 $\boldsymbol{Q}_{k,\ell}$ 的对角线元素有关，因而对角阵 $\boldsymbol{Q}_\ell$ 和 $\boldsymbol{Q}_{k,\ell}$ 属于最优解的集合，能够最大化系统和速率。令 $\boldsymbol{Q}_{k,\ell}=\boldsymbol{B}_{k,\ell}\boldsymbol{Q}_\ell$，其中 $\boldsymbol{B}_{k,\ell}$ 是一个辅助对角阵，满足 $\boldsymbol{B}_{k,\ell}\succeq\boldsymbol{0}$。则问题 (7.112) 等价于

$$\begin{aligned}
\max_{\boldsymbol{Q}_\ell}\ \max_{\boldsymbol{B}_{k,\ell}}\quad & \bar{R}_{\text{sum}}\\
\text{s.t.}\quad & \boldsymbol{Q}_\ell\succeq\boldsymbol{0},\quad \operatorname{tr}(\boldsymbol{Q}_\ell)\leqslant P_\ell\\
& \boldsymbol{B}_{k,\ell}\succeq\boldsymbol{0},\quad \sum_k \boldsymbol{B}_{k,\ell}=\boldsymbol{I}
\end{aligned} \tag{7.171}$$

对于任意的 $\boldsymbol{Q}_\ell$，考虑内层关于矩阵 $\boldsymbol{B}_{k,\ell}$ 的优化问题，

$$\begin{aligned}
\max_{\boldsymbol{B}_{k,\ell}}\quad & \frac{1}{2}\sum_k \log\det\left(\boldsymbol{I}+\sum_\ell M^2c_{k,\ell}^2[\boldsymbol{Q}_\ell]_{m_{k,\ell},m_{k,\ell}}\boldsymbol{C}_{k,\ell}\right.\\
&\left.-(1-\gamma)M^2c_{k,\ell}^2[\boldsymbol{B}_{k,\ell}\boldsymbol{Q}_{k,\ell}]_{m_{k,\ell},m_{k,\ell}}\boldsymbol{C}_{k,\ell}\right)\\
-&\frac{1}{2}\sum_k \log\det\left(\boldsymbol{I}+\sum_\ell M^2c_{k,\ell}^2[\boldsymbol{Q}_\ell]_{m_{k,\ell},m_{k,\ell}}\boldsymbol{C}_{k,\ell}-M^2c_{k,\ell}^2[\boldsymbol{B}_{k,\ell}\boldsymbol{Q}_{k,\ell}]_{m_{k,\ell},m_{k,\ell}}\boldsymbol{C}_{k,\ell}\right)
\end{aligned}$$

$$\text{s.t.} \quad \boldsymbol{B}_{k,\ell} \succeq \mathbf{0}, \quad \sum_k \boldsymbol{B}_{k,\ell} = \boldsymbol{I} \tag{7.172}$$

与文献 [99] 中引理 2 类似，可以证明和速率 $\bar{R}_{\text{sum}}$ 是关于 $[\boldsymbol{B}_{k,\ell}]_{m_{k,\ell},m_{k,\ell}}$ 的凹函数。因而最大化渐近和速率 $\bar{R}_{\text{sum}}$ 的 $[\boldsymbol{B}_{k,\ell}]_{m_{k,\ell},m_{k,\ell}}$ 满足条件

$$[\boldsymbol{B}_{k,\ell}]_{m_{k,\ell},m_{k,\ell}}[\boldsymbol{B}_{k',\ell}]_{m_{k,\ell},m_{k,\ell}} = 0 \tag{7.173}$$

即最优发送信号协方差矩阵 $\boldsymbol{Q}_{k,\ell}$ 满足

$$\boldsymbol{Q}_{k,\ell}\boldsymbol{Q}_{k',\ell} = \mathbf{0}, \quad k \neq k' \tag{7.174}$$

另外，对于矩阵 $\boldsymbol{Q}_{k,\ell}$ 中的对角线元素，最多只有第 $m_{k,\ell}$ 个元素非零，且由于矩阵 $\boldsymbol{Q}_{k,\ell}$ 是半正定矩阵，因而矩阵 $\boldsymbol{Q}_{k,\ell}$ 只能是对角阵。

7.3.6 定理 7.10 的证明

令 $\mu_{k,\ell}$ 为不等式约束条件 $q_{k,\ell} \geqslant 0$ 的 Lagrange 乘子，η_ℓ 为不等式约束条件 $\sum\limits_k q_{k,\ell} \leqslant P_\ell$ 的 Lagrange 乘子，则优化问题的代价函数表达为

$$\mathcal{L} = \frac{1}{2}\sum_k \log\det\left(\boldsymbol{I} + \sum_\ell q_{k,\ell}\boldsymbol{h}_{k,\ell}\boldsymbol{h}_{k,\ell}^{\mathrm{T}}\right) + \sum_{k,\ell} q_{k,\ell}\mu_{k,\ell} + \eta_\ell\Big(P_\ell - \sum_k q_{k,\ell}\Big) \tag{7.175}$$

最优解 $q_{k,\ell}$，$\mu_{k,\ell}$ 和 η_ℓ 满足 KKT 条件：

$$\begin{gathered}
\boldsymbol{h}_{k,\ell}^{\mathrm{T}}\left(\boldsymbol{I} + \sum_j q_{k,j}\boldsymbol{h}_{k,j}\boldsymbol{h}_{k,j}^{\mathrm{T}}\right)^{-1}\boldsymbol{h}_{k,\ell} + \mu_{k,\ell} - \eta_\ell = \mathbf{0} \\
q_{k,\ell}\mu_{k,\ell} = 0 \\
\eta_\ell\left(P_\ell - \sum_k q_{k,\ell}\right) = 0 \\
\mu_{k,\ell}, \eta_\ell \geqslant 0
\end{gathered} \tag{7.176}$$

利用矩阵求逆引理，有如下等式成立：

$$\boldsymbol{h}_{k,\ell}^{\mathrm{T}}\left(\boldsymbol{I} + \sum_j q_{k,j}\boldsymbol{h}_{k,j}\boldsymbol{h}_{k,j}^{\mathrm{T}}\right)^{-1}\boldsymbol{h}_{k,\ell} = \frac{\boldsymbol{h}_{k,\ell}^{\mathrm{T}}\left(\boldsymbol{I} + \sum\limits_{j\neq\ell} q_{k,j}\boldsymbol{h}_{k,j}\boldsymbol{h}_{k,j}^{\mathrm{T}}\right)^{-1}\boldsymbol{h}_{k,\ell}}{1 + q_{k,\ell}\boldsymbol{h}_{k,\ell}^{\mathrm{T}}\left(\boldsymbol{I} + \sum\limits_{j\neq\ell} q_{k,j}\boldsymbol{h}_{k,j}\boldsymbol{h}_{k,j}^{\mathrm{T}}\right)^{-1}\boldsymbol{h}_{k,\ell}} \tag{7.177}$$

当 $q_{k,\ell} \geqslant 0$，可以得到 $\mu_{k,\ell} = 0$ 以及

$$q_{k,\ell} = \frac{1}{\mu_\ell} - \frac{1}{\boldsymbol{h}_{k,\ell}^{\mathrm{T}} \left(\boldsymbol{I} + \sum_{j \neq \ell} q_{k,j} \boldsymbol{h}_{k,j} \boldsymbol{h}_{k,j}^{\mathrm{T}} \right)^{-1} \boldsymbol{h}_{k,\ell}} \tag{7.178}$$

式中，μ_ℓ 满足功率约束条件

$$\sum_k q_{k,\ell} = P_\ell \tag{7.179}$$

7.3.7　定理 7.13 的证明

与定理 7.9 的证明相似，可以证明问题 (7.130) 的最优解满足条件：

$$\boldsymbol{Q}_{k_1,\ell} \boldsymbol{Q}_{k_2,\ell} = \boldsymbol{0}, \quad k_1 \neq k_2 \tag{7.180}$$

当 $\boldsymbol{Q}_{k,\ell}$ 满足上述条件时，渐近和速率简化为

$$\bar{R}_{\mathrm{sum}} = \frac{1}{2} \sum_k \log\det \left(\boldsymbol{I} + \gamma \sum_\ell M^2 c_{k,\ell}^2 [\boldsymbol{Q}_{k,\ell}]_{m_{k,\ell},m_{k,\ell}} \boldsymbol{A}_{k,\ell} \right) \tag{7.181}$$

为最大化渐近和速率，最优发送信号协方差矩阵 $\boldsymbol{Q}_{k,\ell}$ 为

$$[\boldsymbol{Q}_{k,\ell}]_{m_{k,\ell},m_{k,\ell}} = p \tag{7.182}$$

参 考 文 献

[1] Wang C X, Wu S, Bai L, et al. Recent advances and future challenges for massive MIMO channel measurements and models. Science China Information Sciences, 2016, 59(2): 021301.

[2] Kermoal J P, Schumacher L, Pedersen K I, et al. A stochastic MIMO radio channel model with experimental validation. IEEE Journal on Selected Areas in Communications, 2002, 20(6): 1211-1226.

[3] Weichselberger W, Herdin M, Özcelik H, et al. A stochastic MIMO channel model with joint correlation of both link ends. IEEE Transactions on Wireless Communications, 2006, 5(1): 90-100.

[4] Gao X Q, Jiang B, Li X, et al. Statistical eigenmode transmission over jointly correlated MIMO channels. IEEE Transactions on Information Theory, 2009, 55(8): 3735-3750.

[5] Sayeed A M. Deconstructing multiantenna fading channels. IEEE Transactions on Signal Processing, 2002, 50(10): 2563-2579.

[6] Marzetta T L. Noncooperative cellular wireless with unlimited numbers of base station antennas. IEEE Transactions on Wireless Communications, 2010, 9(11): 3590-3600.

[7] Marzetta T L. How much training is required for multiuser MIMO?. Proceedings of Annual ASILOMAR, Pacific Grove, 2006: 359-363.

[8] Hoydis J, ten Brink S, Debbah M. Massive MIMO in the UL/DL of cellular networks: How many antennas do we need?. IEEE Journal on Selected Areas in Communications, 2013, 31(2): 160-171.

[9] Jose J, Ashikhmin A, Marzetta T L, et al. Pilot contamination and precoding in multi-cell TDD Systems. IEEE Transactions on Wireless Communications, 2011, 10(8): 2640-2651.

[10] Yin H, Gesbert D, Filippou M, et al. A coordinated approach to channel estimation in large-scale multiple-antenna systems. IEEE Journal on Selected Areas in Communications, 2013, 31(2): 264-273.

[11] Fernandes F, Ashikhmin A, Marzetta T L. Inter-cell interference in noncooperative TDD large scale antenna systems. IEEE Journal on Selected Areas in Communications, 2013, 31(2): 192-201.

[12] Ngo H Q, Larsson E G. EVD-based channel estimation in multicell multiuser MIMO systems with very large antenna arrays. Proceedings of IEEE International Conference on Acoustics, Speech and Signal Processing, Kyoto, 2012: 3249-3252.

[13] Ashikhmin A, Marzetta T L. Pilot contamination precoding in multi-cell large scale antenna systems. Proceedings of IEEE ISIT, Cambridge, 2012: 1137-1141.

[14] You L, Gao X Q, Xia X G, et al. Pilot reuse for massive MIMO transmission over spatially correlated Rayleigh fading channels. IEEE Transactions on Wireless Communications, 2015, 14(6): 3352-3366.

[15] Zhong W, You L, Lian T, et al. Multi-cell massive MIMO transmission with coordinated pilot reuse. Science China Technological Sciences, 2015, 58(12): 2186-2194.

[16] Cimini L J J. Analysis and simulation of a digital mobile channel using orthogonal frequency division multiplexing. IEEE Transactions on Communications, 1985, 33(7): 665-675.

[17] Stüber G L, Barry J R, McLaughlin S W, et al. Broadband MIMO-OFDM wireless communications. Proceedings of the IEEE, 2004, 92(2): 271-294.

[18] Li Y G. Simplified channel estimation for OFDM systems with multiple transmit antennas. IEEE Transactions on Wireless Communications, 2002, 1(1): 67-75.

[19] Barhumi I, Leus G, Moonen M. Optimal training design for MIMO OFDM systems in mobile wireless channels. IEEE Transactions on Signal Processing, 2003, 51(6): 1615-1624.

[20] Minn H, Al-Dhahir N. Optimal training signals for MIMO OFDM channel estimation. IEEE Transactions on Wireless Communications, 2006, 5(5): 1158-1168.

[21] Chi Y, Gomaa A, Al-Dhahir N, et al. Training signal design and tradeoffs for spectrally-efficient multi-user MIMO-OFDM systems. IEEE Transactions on Wireless Communications, 2011, 10(7): 2234-2245.

[22] Dahlman E, Parkvall S, Sköld J. 4G LTE/LTE-Advanced for Mobile Broadband. 2nd ed. Waltham: Academic Press, 2014.

[23] Tuan H D, Kha H H, Nguyen H H, et al. Optimized training sequences for spatially correlated MIMO-OFDM. IEEE Transactions on Wireless Communications, 2010, 9(9): 2768-2778.

[24] Tran N N, Nguyen H H, Tuan H D, et al. Training signal designs for spatially correlated multi-user multi-input multi-output with orthogonal frequency-division multiplexing systems. IET Communications, 2012, 6(16): 2630-2638.

[25] You L, Gao X Q, Swindlehurst A L, et al. Channel acquisition for massive MIMO-OFDM with adjustable phase shift pilots. IEEE Transactions on Signal Processing, 2016, 64(6): 1461-1476.

[26] Dai L, Wang Z, Yang Z. Spectrally efficient time-frequency training OFDM for mobile large-scale MIMO systems. IEEE Journal on Selected Areas in Communications, 2013, 31(2): 251-263.

[27] Masood M, Afify L H, Al-Naffouri T Y. Efficient coordinated recovery of sparse channels in massive MIMO. IEEE Transactions on Signal Processing, 2015, 63(1): 104-118.

[28] Chen Z, Yang C. Pilot decontamination in massive MIMO systems: Exploiting channel sparsity with pilot assignment. Proceedings of IEEE Global Signal and Information Processing, Atlanta, 2014: 637-641.

[29] Wen C K, Jin S, Wong K K, et al. Channel estimation for massive MIMO using Gaussian-mixture Bayesian learning. IEEE Transactions on Wireless Communications, 2015, 14(3): 1356-1368.

[30] Bajwa W U, Haupt J, Sayeed A M, et al. Compressed channel sensing: A new approach to estimating sparse multipath channels. Proceedings of the IEEE, 2010, 98(6): 1058-1076.

[31] Barbotin Y, Hormati A, Rangan S, et al. Estimation of sparse MIMO channels with common support. IEEE Transactions on Communications, 2012, 60(12): 3705-3716.

[32] Berger C R, Wang Z, Huang J, et al. Application of compressive sensing to sparse channel estimation. IEEE Communications Magazine, 2010, 48(11): 164-174.

[33] Rao X, Lau V K N. Distributed compressive CSIT estimation and feedback for FDD multi-user massive MIMO systems. IEEE Transactions on Signal Processing, 2014, 62(12): 3261-3271.

[34] Candès E, Romberg J. Sparsity and incoherence in compressive sampling. Inverse Problems, 2007, 23(3): 969-985.

[35] Calderbank R, Howard S, Jafarpour S. Construction of a large class of deterministic sensing matrices that satisfy a statistical isometry property. IEEE Journal on Selected Topics in Signal Processing, 2010, 4(2): 358-374.

[36] Strohmer T. Measure what should be measured: Progress and challenges in compressive sensing. IEEE Signal Processing Letters, 2012, 19(12): 887-893.

[37] Rangan S, Rappaport T S, Erkip E. Millimeter-wave cellular wireless networks: Potentials and challenges. Proceedings of the IEEE, 2014, 102(3): 366-385.

[38] Heath R W J, González-Prelcic N, Rangan S, et al. An overview of signal processing techniques for millimeter wave MIMO systems. IEEE Journal on Selected Topics in Signal Processing, 2016, 10(3): 436-453.

[39] Akyildiz I F, Jornet J M, Han C. TeraNets: Ultra-broadband communication networks in the Terahertz band. IEEE Wireless Communications, 2014, 21(4): 130-135.

[40] Han C, Bicen A O, Akyildiz I F. Multi-wideband waveform design for distance-adaptive wireless communications in the Terahertz band. IEEE Transactions on Signal Processing, 2016, 64(4): 910-922.

[41] Lin C, Li G Y. Indoor Terahertz communications: How many antenna arrays are needed? IEEE Transactions on Wireless Communications, 2015, 14(6): 3097-3107.

[42] Swindlehurst A L, Ayanoglu E, Heydari P, et al. Millimeter-wave massive MIMO: The next wireless revolution? IEEE Communications Magazine, 2014, 52(9): 56-62.

[43] You L, Gao X Q, Li G Y, et al. BDMA for millimeter-wave/Terahertz massive MIMO

transmission with per-beam synchronization. IEEE Journal on Selected Areas in Communications, 2017, 35(7): 1550-1563.

[44] Couillet R, Debbah M. Random Matrix Methods for Wireless Communications. New York: Cambridge University Press, 2011.

[45] Couillet R, Debbah M, Silverstein J W. A deterministic equivalent for the analysis of correlated MIMO multiple access channels. IEEE Transactions on Information Theory, 2011, 57(6): 3493-3514.

[46] Couillet R, Hoydis J, Debbah M. Random beamforming over quasi-static and fading channels: A deterministic equivalent approach. IEEE Transactions on Information Theory, 2012, 58(10): 6392-6425.

[47] Hachem W, Khorunzhiy O, Loubaton P, et al. A new approach for mutual information analysis of large dimensional multi-antenna channels. IEEE Transactions on Information Theory, 2008, 54(9): 3987-4004.

[48] Dupuy F, Loubaton P. On the capacity achieving covariance matrix for frequency selective MIMO channels using the asymptotic approach. IEEE Transactions on Information Theory, 2011, 57(9): 5737-5753.

[49] Zhang J, Wen C K, Jin S, et al. On capacity of large-scale MIMO multiple access channels with distributed sets of correlated antennas. IEEE Journal on Selected Areas in Communications, 2013, 31(2): 133-148.

[50] Taricco G. Asymptotic mutual information statistics of separately correlated Rician fading MIMO channels. IEEE Transactions on Information Theory, 2008, 54(8): 3490-3504.

[51] Wen C K, Jin S, Wong K K. On the sum-rate of multiuser MIMO uplink channels with jointly-correlated Rician fading. IEEE Transactions on Communications, 2011, 59(10): 2883-2895.

[52] Far R R, Oraby T, Bryc W, et al. On slow-fading MIMO systems with nonseparable correlation. IEEE Transactions on Information Theory, 2008, 54(2): 544-553.

[53] Speicher R, Vargas C. Free deterministic equivalents, rectangular random matrix models, and operator-valued free probability theory. Random Matrices: Theory and Applications, 2012, 1(2): 1150008.

[54] Wen C K, Pan G, Wong K K, et al. A deterministic equivalent for the analysis of non-Gaussian correlated MIMO multiple access channels. IEEE Transactions on Information Theory, 2013, 59(1): 329-352.

[55] Korada S B, Montanari A. Applications of the Lindeberg principle in communications and statistical learning. IEEE Transactions on Information Theory, 2011, 57(4): 2440-2450.

[56] Edwards S F, Anderson P W. Theory of spin glasses. Journal of Physics F: Metal Physics, 1975, 5(5): 965-974.

[57] Hoydis J, Couillet R, Debbah M. Deterministic equivalents for the performance analysis of isometric random precoded systems. Proceedings of IEEE International Conference on Communications, Kyoto, 2011: 1-5.

[58] Oestges C. Validity of the Kronecker model for MIMO correlated channels. Proceedings of IEEE VTC 2006-Spring, Melbourne, 2006: 2818-2822.

[59] Yang S, Hanzo L. Fifty years of MIMO detection: The road to large-scale MIMOs. IEEE Communications Surveys and Tutorials, 2015, 17(4): 1941-1988.

[60] Tonello A M. MIMO MAP equalization and turbo decoding in interleaved space-time coded systems. IEEE Transactions on Communications, 2003, 51(2): 155-160.

[61] Barbero L G, Thompson J S. Fixing the complexity of the sphere decoder for MIMO detection. IEEE Transactions on Wireless Communications, 2008, 7(6): 2131-2142.

[62] Araújo D C, Maksymyuk T, de Almeida A L, et al. Massive MIMO: Survey and future research topics. IET Communications, 2016, 10(15): 1938-1946.

[63] Wang X, Poor H V. Iterative (turbo) soft interference cancellation and decoding for coded CDMA. IEEE Transactions on Communications, 1999, 47(7): 1046-1061.

[64] Hochwald B M, ten Brink S. Achieving near-capacity on a multiple-antenna channel. IEEE Transactions on Communications, 2003, 51(3): 389-399.

[65] Kschischang F R, Frey B J, Loeliger H A. Factor graphs and the sum-product algorithm. IEEE Transactions on Information Theory, 2001, 47(2): 498-519.

[66] Yedidia J S, Freeman W T, Weiss Y. Understanding belief propagation and its generalizations. Exploring Artificial Intelligence in the New Millennium, 2003, 8: 236-239.

[67] Som P, Datta T, Chockalingam A, et al. Improved large-MIMO detection based on damped belief propagation. Proceedings of ITW, Cairo, 2010: 1-5.

[68] Wu S, Kuang L, Ni Z, et al. Low-complexity iterative detection for large-scale multiuser MIMO-OFDM systems using approximate message passing. IEEE Journal on Selected Topics in Signal Processing, 2014, 8(5): 902-915.

[69] Som P, Datta T, Srinidhi N, et al. Low-complexity detection in large-dimension MIMO-ISI channels using graphical models. IEEE Journal on Selected Topics in Signal Processing, 2011, 5(8): 1497-1511.

[70] Yoon S, Chae C B. Low-complexity MIMO detection based on belief propagation over pairwise graphs. IEEE Transactions on Vehicular Technology, 2014, 63(5): 2363-2377.

[71] Fukuda W, Abiko T, Nishimura T, et al. Complexity reduction for signal detection based on belief propagation in a massive MIMO system. Proceedings of International Symposium on ISPACS, Naha, 2013: 245-250.

[72] Donoho D L, Maleki A, Montanari A. Message passing algorithms for compressed sensing: I motivation and construction. Proceedings of ITW, Cairo, 2010: 1-5.

[73] Jeon C, Ghods R, Maleki A, et al. Optimality of large MIMO detection via approximate message passing. Proceedings of IEEE ISIT, Hong Kong, 2015: 1227-

1231.

[74] Li P, Murch R D. Multiple output selection-LAS algorithm in large MIMO systems. IEEE Communications Letters, 2010, 14(5): 399-401.

[75] Vardhan K V, Mohammed S K, Chockalingam A, et al. A low-complexity detector for large MIMO systems and multicarrier CDMA systems. IEEE Journal on Selected Areas in Communications, 2008, 26(3): 473-485.

[76] Srinidhi N, Datta T, Chockalingam A, et al. Layered tabu search algorithm for large-MIMO detection and a lower bound on ML performance. IEEE Transactions on Communications, 2011, 59(11): 2955-2963.

[77] Kumar A, Chandrasekaran S, Chockalingam A, et al. Near-optimal large-MIMO detection using randomized MCMC and randomized search algorithms. Proceedings of IEEE International Conference on Communications, Kyoto, 2011: 1-5.

[78] Rusek F, Persson D, Lau B, et al. Scaling up MIMO: Opportunities and challenges with very large arrays. IEEE Signal Processing Magazine, 2013, 30(1): 40-60.

[79] Lu L, Li G Y, Swindlehurst A L, et al. An overview of massive MIMO: Benefits and challenges. IEEE Journal on Selected Topics in Signal Processing, 2014, 8(5): 742-758.

[80] Müller R, Verdú S. Design and analysis of low-complexity interference mitigation on vector channels. IEEE Journal on Selected Areas in Communications, 2001, 19(8): 1429-1441.

[81] Li L, Tulino A M, Verdú S. Design of reduced-rank MMSE multiuser detectors using random matrix methods. IEEE Transactions on Information Theory, 2004, 50(6): 986-1008.

[82] Hachem W. Simple polynomial detectors for CDMA downlink transmissions on frequency-selective channels. IEEE Transactions on Information Theory, 2004, 50(1): 164-171.

[83] Hoydis J, Debbah M, Kobayashi M. Asymptotic moments for interference mitigation in correlated fading channels. Proceedings of IEEE ISIT, Saint Petersburg, 2011: 2796-2800.

[84] Lu A A, Gao X Q, Zheng Y R, et al. Low complexity polynomial expansion detector with deterministic equivalents of the moments of channel Gram matrix for massive MIMO uplink. IEEE Transactions on Communications, 2016, 64(2): 586-600.

[85] Costa M. Writing on dirty paper (corresp.). IEEE Transactions on Information Theory, 1983, 29(3): 439-441.

[86] Caire G, Shamai S. On the achievable throughput of a multiantenna Gaussian broadcast channel. IEEE Transactions on Information Theory, 2003, 49(7): 1691-1706.

[87] Peel C B, Hochwald B M, Swindlehurst A L. A vector-perturbation technique for near-capacity multiantenna multiuser communication-part I: Channel inversion and regularization. IEEE Transactions on Communications, 2005, 53(1): 195-202.

[88] Christensen S S, Agarwal R, de Carvalho E, et al. Weighted sum-rate maximization using weighted MMSE for MIMO-BC beamforming design. IEEE Transactions on Wireless Communications, 2008, 7(12): 4792-4799.

[89] Shi Q, Razaviyayn M, Luo Z Q, et al. An iteratively weighted MMSE approach to distributed sum-utility maximization for a MIMO interfering broadcast channel. IEEE Transactions on Signal Processing, 2011, 59(9): 4331-4340.

[90] Razaviyayn M, Hong M, Luo Z Q. A unified convergence analysis of block successive minimization methods for nonsmooth optimization. SIAM Journal on Optimization, 2013, 23(2): 1126-1153.

[91] Hong M, Razaviyayn M, Luo Z Q, et al. A unified algorithmic framework for block-structured optimization involving big data: With applications in machine learning and signal processing. IEEE Signal Processing Magazine, 2016, 33(1): 57-77.

[92] Adhikary A, Nam J, Ahn J Y, et al. Joint spatial division and multiplexing: The large-scale array regime. IEEE Transactions on Information Theory, 2013, 59(10): 6441-6463.

[93] Razaviyayn M, Boroujeni M S, Luo Z Q. A stochastic weighted MMSE approach to sum rate maximization for a MIMO interference channel. Proceedings of IEEE SPAWC, Darmstadt, 2013: 325-329.

[94] Razaviyayn M, Sanjabi M, Luo Z Q. A stochastic successive minimization method for nonsmooth nonconvex optimization with applications to transceiver design in wireless communication networks. Mathematical Programming, 2016, 157(2): 515-545.

[95] Nemirovski A, Juditsky A, Lan G, et al. Robust stochastic approximation approach to stochastic programming. SIAM Journal on Optimization, 2009, 19(4): 1574-1609.

[96] Shapiro A, Dentcheva D, Ruszczynski A. Lectures on stochastic programming: Modeling and theory. SIAM, 2014.

[97] Yang H, Marzetta T L. Performance of conjugate and zero-forcing beamforming in large-scale antenna systems. IEEE Journal on Selected Areas in Communications, 2013, 31(2): 172-179.

[98] Ngo H Q, Larsson E G, Marzetta T L. The multicell multiuser MIMO uplink with very large antenna arrays and a finite-dimensional channel. IEEE Transactions on Communications, 2013, 61(6): 2350-2361.

[99] Sun C, Gao X Q, Jin S, et al. Beam division multiple access transmission for massive MIMO communications. IEEE Transactions on Communications, 2015, 63(6): 2170-2184.

[100] Third-Generation Partnership Project (3GPP), TS 25.211 V11.4.0. Physical Channels and Mapping of Transport Channels onto Physical Channels (FDD). [2013-06-05]. https://www.3gpp.org/ftp/Specs/archive/25_series/25.211.

[101] Third-Generation Partnership Project (3GPP), V0.0.1. Broadcast Activities.

[102] Karlsson M, Larsson E G. On the operation of massive MIMO with and without transmitter CSI. Proceedings of IEEE SPAWC, Toronto, 2014: 1-5.

[103] Yang X, Jiang W, Vucetic B. A random beamforming technique for omnidirectional coverage in multiple-antenna systems. IEEE Transactions on Vehicular Technology, 2013, 62(3): 1420-1425.

[104] Meng X, Gao X Q, Xia X G. Omnidirectional precoding based transmission in massive MIMO systems. IEEE Transactions on Communications, 2016, 64(1): 174-186.

[105] Alamouti S M. A simple transmit diversity technique for wireless communications. IEEE Journal on Selected Areas in Communications, 1998, 16(8): 1451-1458.

[106] Meng X, Xia X G, Gao X Q. Omnidirectional space-time block coding for common information broadcasting in massive MIMO systems. IEEE Transactions on Wireless Communications, 2018, 17(3): 1407-1417.

[107] Raghavan V, Cezanne J, Subramanian S, et al. Beamforming tradeoffs for initial UE discovery in millimeter-wave MIMO systems. IEEE Journal on Selected Topics in Signal Processing, 2016, 10(3): 543-559.

[108] Barati C N, Hosseini S A, Rangan S, et al. Directional cell discovery in millimeter wave cellular networks. IEEE Transactions on Wireless Communications, 2015, 14(12): 6664-6678.

[109] Barati C N, Hosseini S A, Mezzavilla M, et al. Initial access in millimeter wave cellular systems. IEEE Transactions on Wireless Communications, 2016, 15(12): 7926-7940.

[110] Liu C, Li M, Collings I B, et al. Design and analysis of transmit beamforming for millimetre wave base station discovery. IEEE Transactions on Wireless Communications, 2017, 16(2): 797-811.

[111] Rappaport T S, Heath R W, Daniels R C, et al. Millimeter Wave Wireless Communications. NewYork: Pearson Education. 2015.

[112] Li Q, Niu H, Wu G, et al. Anchor-booster based heterogeneous networks with mmWave capable booster cells. Proceedings of IEEE GLOBECOM, New York, 2013: 93-98.

[113] Meng X, Gao X Q, Xia X G. Omnidirectional precoding and combining based synchronization for millimeter wave massive MIMO systems. IEEE Transactions on Communications, 2018, 66(3): 1013-1026.

[114] Tse D, Viswanath P. Fundamentals of Wireless Communication. New York: Cambridge University Press, 2005.

[115] Liu K, Raghavan V, Sayeed A M. Capacity scaling and spectral efficiency in wide-band correlated MIMO channels. IEEE Transactions on Information Theory, 2003, 49(10): 2504-2526.

[116] Barriac G, Madhow U. Characterizing outage rates for space-time communication over wideband channels. IEEE Transactions on Communications, 2004, 52(12): 2198-2208.

[117] Pedersen K I, Mogensen P E, Fleury B H. A stochastic model of the temporal and azimuthal dispersion seen at the base station in outdoor propagation environments. IEEE Transactions on Vehicular Technology, 2000, 49(2): 437-447.

[118] Gao X, Tufvesson F, Edfors O, et al. Measured propagation characteristics for very-large MIMO at 2.6 GHz. Proceedings of Annual ASILOMAR, Pacific Grove, 2012: 295-299.

[119] Viberg M, Ottersten B, Nehorai A. Performance analysis of direction finding with large arrays and finite data. IEEE Transactions on Signal Processing, 1995, 43(2): 469-477.

[120] Clerckx B, Oestges C. MIMO Wireless Networks: Channels, Techniques and Standards for Multi-Antenna, Multi-User and Multi-Cell Systems. 2nd ed. Oxford: Academic Press, 2013.

[121] Marzetta T L, Tucci G H, Simon S H. A random matrix-theoretic approach to handling singular covariance estimates. IEEE Transactions on Information Theory, 2011, 57(9): 6256-6271.

[122] Barriac G, Madhow U. Space-time communication for OFDM with implicit channel feedback. IEEE Transactions on Information Theory, 2004, 50(12): 3111-3129.

[123] Edfors O, Sandell M, van de Beek J J, et al. OFDM channel estimation by singular value decomposition. IEEE Transactions on Communications, 1998, 46(7): 931-939.

[124] Li Y G, Cimini L J J, Sollenberger N R. Robust channel estimation for OFDM systems with rapid dispersive fading channels. IEEE Transactions on Communications, 1998, 46(7): 902-915.

[125] Auer G. 3D MIMO-OFDM channel estimation. IEEE Transactions on Communications, 2012, 60(4): 972-985.

[126] Fleury B H. First- and second-order characterization of direction dispersion and space selectivity in the radio channel. IEEE Transactions on Information Theory, 2000, 46(6): 2027-2044.

[127] Pätzold M. Mobile Radio Channels. 2nd ed. Chichester: Wiley, 2012.

[128] Jakes W C. Microwave Mobile Communications. New York: IEEE Press, 1994.

[129] van de Beek J J, Edfors O, Sandell M, et al. On channel estimation in OFDM systems. Proceedings of IEEE VTC, Chicago, 1995: 305-309.

[130] Liu A, Lau V K N. Two-stage subspace constrained precoding in massive MIMO cellular systems. IEEE Transactions on Wireless Communications, 2015, 14(6): 3271-3279.

[131] 3GPP TS 36.211 V12.4.0. 3rd Generation Partnership Project; Technical Specification Group Radio Access Network; Evolved Universal Terrestrial Radio Access (E-UTRA); Physical Channels and Modulation (Release 12). [2014-11-01]. https://www.3gpp.org/ftp/Specs/archive/36_series/36.211.

[132] Chizhik D. Slowing the time-fluctuating MIMO channel by beam forming. IEEE Transactions on Wireless Communications, 2004, 3(5): 1554-1565.

[133] Sayeed A M, Veeravalli V. The essential degrees of freedom in space-time fading channels. Proceedings of IEEE PIMRC, Lisboa, 2002: 1512-1516.

[134] Rappaport T S, Ben D E, Murdock J N, et al. 38 GHz and 60 GHz angle-dependent propagation for cellular & peer-to-peer wireless communications. Proceedings of IEEE International Conference on Communications, Ottawa, 2012: 4568-4573.

[135] Gustafson C, Haneda K, Wyne S, et al. On mm-Wave multipath clustering and channel modeling. IEEE Transactions on Antennas and Propagation, 2014, 62(3): 1445-1455.

[136] Gallager R G. Principles of Digital Communication. New York: Cambridge University Press, 2008.

[137] Zeng Y, Zhang R. Millimeter wave MIMO with lens antenna array: A new path division multiplexing paradigm. IEEE Transactions on Communications, 2016, 64(4): 1557-1571.

[138] Proakis J G, Salehi M. Digital Communications. 5th ed. New York: McGraw-Hill, 2008.

[139] Rappaport T S, MacCartney G R J, Samimi M K, et al. Wideband millimeter-wave propagation measurements and channel models for future wireless communication system design. IEEE Transactions on Communications, 2015, 63(9): 3029-3056.

[140] Xu H, Chizhik D, Huang H, et al. A generalized space-time multiple-input multiple-output (MIMO) channel model. IEEE Transactions on Wireless Communications, 2004, 3(3): 966-975.

[141] Ugurlu U, Wichman R, Ribeiro C B, et al. A multipath extraction-based CSI acquisition method for FDD cellular networks with massive antenna arrays. IEEE Transactions on Wireless Communications, 2016, 15(4): 2940-2953.

[142] Seber G A F. A Matrix Handbook for Statisticians. Hoboken: Wiley, 2008.

[143] Kailath T, Sayed A H, Hassibi B. Linear Estimation. Upper Saddle River: Prentice Hall, 2000.

[144] Vaughan R, Andersen J B. Channels, Propagation and Antennas for Mobile Communications. Milton Keynes: Institution of Electrical Engineers, 2003.

[145] Pascual-Iserte A, Palomar D P, Pérez-Neira A I, et al. A robust maximin approach for MIMO communications with imperfect channel state information based on convex optimization. IEEE Transactions on Signal Processing, 2006, 54(1): 346-360.

[146] Zhang X, Palomar D P, Ottersten B. Statistically robust design of linear MIMO transceivers. IEEE Transactions on Signal Processing, 2008, 56(8): 3678-3689.

[147] Viswanath P, Tse D N C. Sum capacity of the vector Gaussian broadcast channel and uplink-downlink duality. IEEE Transactions on Information Theory, 2003, 49(8):

1912-1921.

[148] Shi S, Schubert M, Boche H. Downlink MMSE transceiver optimization for multiuser MIMO systems: Duality and sum-MSE minimization. IEEE Transactions on Signal Processing, 2007, 55(11): 5436-5446.

[149] Cho Y S, Kim J, Yang W Y, et al. MIMO-OFDM Wireless Communications with MATLAB. Singapore: Wiley, 2010.

[150] Hassibi B, Hochwald B M. How much training is needed in multiple-antenna wireless links?. IEEE Transactions on Information Theory, 2003, 49(4): 951-963.

[151] Truong K T, Heath R W J. Effects of channel aging in massive MIMO systems. Journal of Communications and Networks, 2013, 15(4): 338-351.

[152] Björnson E, Matthaiou M, Debbah M. Massive MIMO with non-ideal arbitrary arrays: Hardware scaling laws and circuit-aware design. IEEE Transactions on Wireless Communications, 2015, 14(8): 4353-4368.

[153] IST-4-027756 WINNER II D1.1.2 V1.2. WINNER II Channel Models. [2008-02-05]. https://www5.tu-ilmenau.de/nt/generic/paoer_pdfs/D1.1.2pdf.

[154] Hjørungnes A. Complex-Valued Matrix Derivatives: With Applications in Signal Processing and Communications. New York: Cambridge University Press, 2011.

[155] Horn R A, Johnson C R. Matrix Analysis. 2nd ed. New York: Cambridge University Press, 2012.

[156] Boyd S, Vandenberghe L. Convex Optimization. New York: Cambridge University Press, 2004.

[157] Ohno S, Giannakis G B. Capacity maximizing MMSE-optimal pilots for wireless OFDM over frequency-selective block Rayleigh-fading channels. IEEE Transactions on Information Theory, 2004, 50(9): 2138-2145.

[158] Lu A A, Gao X Q, Xiao C. Free deterministic equivalents for the analysis of MIMO multiple access channel. IEEE Transactions on Information Theory, 2016, 62(8): 4604-4629.

[159] Speicher R. Free probability and random matrices. arXiv preprint arXiv: 1404.3393, 2014.

[160] Evans J, Tse D N C. Large system performance of linear multiuser receivers in multipath fading channels. IEEE Transactions on Information Theory, 2000, 46(6): 2059-2078.

[161] Fawaz N, Zarifi K, Debbah M, et al. Asymptotic capacity and optimal precoding in MIMO multi-hop relay networks. IEEE Transactions on Information Theory, 2011, 57(4): 2050-2069.

[162] Zheng Z, Wei L, Speicher R, et al. Outage capacity of Rayleigh product channels: A free probability approach. arXiv preprint arXiv: 1502.05516, 2015.

[163] Pastur L A, Shcherbina M. Eigenvalue distribution of large random matrices.

American Mathematical Society Providence, RI, 2011.

[164] Voiculescu D. Symmetries of some reduced free product C*-algebras. Operator Algebras and their Connections with Topology and Ergodic Theory, Lecture Notes in Math. Berlin: Springer, 1985: 556-588.

[165] Speicher R. Combinatorial theory of the free product with amalgamation and operator-valued free probability theory. Memoirs of the American Mathematical Society, 1998, 132(627): 1.

[166] Nica A, Shlyakhtenko D, Speicher R. Operator-valued distributions I characterizations of freeness. International Mathematics Research Notices, 2002, 29: 1509-1538.

[167] Pan P, Zhang Y, Ju X, et al. Capacity of generalised network multiple-input-multiple-output systems with multicell cooperation. IET Communications, 2013, 7(17): 1925-1937.

[168] Müller R, Cakmak B. Channel modelling of MU-MIMO systems by quaternionic free probability. Proceedings of IEEE ISIT, Boston, 2012: 2656-2660.

[169] Nica A, Speicher R, Tulino A M, et al. Free probability, extensions, and applications. BIRS Meeting on Free Probability, Extensions, and Applications, Banff, 2008: 1-7.

[170] Nica A, Speicher R. Lectures on the Combinatorics of Free Probability. Cambridge: Cambridge University Press, 2006.

[171] Shlyakhtenko D. Gaussian random band matrices and operator-valued free probability theory. Banach Center Publications, 1998, 43(1): 359-368.

[172] Shlyakhtenko D. Random Gaussian band matrices and freeness with amalgamation. International Mathematics Research Notices, 1996, 20: 1013-1025.

[173] Belinschi S, Mai T, Speicher R. Analytic subordination theory of operator-valued free additive convolution and the solution of a general random matrix problem. arXiv preprint arXiv: 1303.3196, 2013.

[174] Nica A, Speicher R. On the multiplication of free N-tuples of noncommutative random variables. American Journal of Mathematics, 1996: 799-837.

[175] Nica A, Shlyakhtenko D, Speicher R. R-cyclic families of matrices in free probability. Journal of Functional Analysis, 2002, 188(1): 227-271.

[176] Speicher. What is operator-valued free probability and why should engineers care about it. Workshop on Random Matrix Theory and Wireless Communication, Boulder, 2008.

[177] Tulino A M, Verdú S. Random Matrix Theory and Wireless Communications. Hanover: Now Publishers Inc, 2004.

[178] Hachem W, Loubaton P, Najim J, et al. Deterministic equivalents for certain functionals of large random matrices. Annals of Applied Probability, 2007, 17(3): 875-930.

[179] Petersen K B, Pedersen M S. The Matrix Cookbook. Lyngby: Technical University

of Denmark, 2012: 46.

[180] Hom R A, Johnson C R. Topics in Matrix Analysis. New York: Cambridge University Press, 1994.

[181] Goldsmith A, Jafar S A, Jindal N, et al. Capacity limits of MIMO channels. IEEE Journal on Selected Areas in Communications, 2003, 21(5): 684-702.

[182] Vu M, Paulraj A. Capacity optimization for Rician correlated MIMO wireless channels. Proceedings of 39th Asilomar Conference on Signals, Systems and Computers, Pacific Grove, 2005: 133-138.

[183] Benaych-Georges F. Rectangular random matrices, related convolution. Probability Theory and Related Fields, 2009, 144(3): 471-515.

[184] Noh S, Zoltowski M, Sung Y, et al. Pilot beam pattern design for channel estimation in Massive MIMO systems. IEEE Journal on Selected Topics in Signal Processing, 2014, 8(5): 787-801.

[185] Dumont J, Hachem W, Lasaulce S, et al. On the capacity achieving covariance matrix for Rician MIMO channels: An asymptotic approach. IEEE Transactions on Information Theory, 2010, 56(3): 1048-1069.

[186] Meinilä J, Kyösti P, Jämsä T, et al. WINNER II channel models. Radio Technologies and Concepts for IMT-Advanced, New York, 2009: 39-92.

[187] Bonek E. Experimental validation of analytical MIMO channel models. Elektrotechnik und Informationstechnik, 2005, 122(6): 196-205.

[188] Hentilä L, Kyösti P, Käske M, et al. MATLAB implementation of the WINNER Phase II channel model ver1.1. 2007.

[189] Kammoun A, Müller A, Björnson E, et al. Linear precoding based on polynomial expansion: Large-scale multi-cell MIMO systems. IEEE Journal on Selected Topics in Signal Processing, 2014, 8(5): 861-875.

[190] Zarei S, Gerstacker W, Muller R R, et al. Low-complexity linear precoding for downlink large-scale MIMO systems. Proceedings of IEEE PIMRC, London, 2013: 1119-1124.

[191] Shariati N, Björnson E, Bengtsson M, et al. Low-complexity polynomial channel estimation in large-scale MIMO with arbitrary statistics. IEEE Journal on Selected Topics in Signal Processing, 2014, 8(5): 815-830.

[192] Rota G C, Shen J. On the combinatorics of cumulants. Journal of Combinatorial Theory Series A, 2000, 91(1): 283-304.

[193] Voiculescu D. Addition of certain non-commuting random variables. Journal of Functional Analysis, 1986, 66(3): 323-346.

[194] Ge X, Cheng H, Guizani M, et al. 5G wireless backhaul networks: Challenges and research advances. IEEE Network, 2014, 28(6): 6-11.

[195] Cottatellucci L, Müller R. A systematic approach to multistage detectors in multipath

fading channels. IEEE Transactions on Information Theory, 2005, 51(9): 3146-3158.

[196] Moshavi S. Multi-user detection for DS-CDMA communications. IEEE Communications Magazine, 1996, 34(10): 124-136.

[197] Honig M L, Xiao W. Performance of reduced-rank linear interference suppression. IEEE Transactions on Information Theory, 2001, 47(5): 1928-1946.

[198] Taricco G. Further results on the asymptotic mutual information of Rician fading MIMO channels. IEEE Transactions on Information Theory, 2013, 59(2): 894-915.

[199] Greenstein L J, Ghassemzadeh S S, Erceg V, et al. Ricean-factors in narrow-band fixed wireless channels: Theory, experiments, and statistical models. IEEE Transactions on Vehicular Technology, 2009, 58(8): 4000-4012.

[200] Zvonkin A. Matrix integrals and map enumeration: An accessible introduction. Mathematical and Computer Modelling, 1997, 26(8): 281-304.

[201] Bapat R B. Linear Algebra and Linear Models. Berlin: Springer Science and Business Media, 2012.

[202] Helton J W, Far R R, Speicher R. Operator-valued semicircular elements: Solving a quadratic matrix equation with positivity constraints. International Mathematics Research Notices, 2007.

[203] Earle C J, Hamilton R S. A fixed point theorem for holomorphic mappings. Symposium on Pure Mathematics, Berkeley, 1970: 61-65.

[204] Thompson R C. Principal submatrices. VIII. Principal sections of a pair of forms. Rocky Mountain Journal of Mathematics, 1972, 2(1): 97-110.

[205] Higham N J. Accuracy and Stability of Numerical Algorithms. Society for Industrial and Applied Mathematics, 2002.

[206] Mingo J A, Nica A. Annular noncrossing permutations and partitions, and second-order asymptotics for random matrices. International Mathematics Research Notices, 2004, 28: 1413-1460.

[207] Speicher R. Operator-valued free probability and block random matrices. Instructional Workshop on Free Probability, IMSc, Chennai, 2010.

[208] Sun C, Gao X Q, Ding Z. BDMA in multicell massive MIMO communications: Power allocation algorithms. IEEE Transactions on Signal Processing, 2017, 65(11): 2962-2974.

[209] Lu A A, Gao X Q, Zhong W, et al. Robust transmission for massive MIMO downlink with imperfect CSI. IEEE Transactions on Communications, 2019, 67(8): 5362-5376.

[210] Adhikary A, Al Safadi E, Samimi M K, et al. Joint spatial division and multiplexing for mm-Wave channels. IEEE Journal on Selected Areas in Communications, 2014, 32(6): 1239-1255.

[211] Barriac G, Madhow U. Space-time precoding for mean and covariance feedback: Application to wideband OFDM. IEEE Transactions on Communications, 2006, 54(1):

96-107.

[212] Li X, Jin S, Gao X Q, et al. Capacity bounds and low complexity transceiver design for double scattering MIMO multiple access channels. IEEE Transactions on Signal Processing, 2010, 58(5): 2809-2822.

[213] Wu Y, Jin S, Gao X Q, et al. Transmit designs for the MIMO broadcast channel with statistical CSI. IEEE Transactions on Signal Processing, 2014, 62(17): 4451-4466.

[214] Tulino A M, Lozano A, Verdú S. Capacity-achieving input covariance for single-user multi-antenna channels. IEEE Transactions on Wireless Communications, 2006, 5(3): 662-671.

[215] Yu W, Cioffi J M. Constant-power waterfilling: Performance bound and low-complexity implementation. IEEE Transactions on Communications, 2006, 54(1): 23-28.

[216] Weise T. Global Optimization Algorithms: Theory and Application. New York: Abrufdatum, 2009.

[217] Kang J W, Whang Y, Lee H Y, et al. Optimal pilot sequence design for multi-cell MIMO-OFDM systems. IEEE Transactions on Wireless Communications, 2011, 10(10): 3354-3367.

[218] Larsson E G. Semi-structured interference suppression for orthogonal frequency division multiplexing. Proceedings of IEEE ISSPIT, Darmstadt, 2003.

[219] 3GPP. Spatial channel model for multiple input multiple output (MIMO) simulations. 2003.

[220] Al-Shatri H, Weber T. Achieving the maximum sum rate using D.C. programming in cellular networks. IEEE Transactions on Signal Processing, 2012, 60(3): 1331-1341.

[221] Horst R, Thoai N V. DC programming: Overview. Journal of Optimization Theory and Applications, 1999, 103(1): 1-43.

[222] Cheng Y, Pesavento M. Joint optimization of source power allocation and distributed relay beamforming in multiuser peer-to-peer relay networks. IEEE Transactions on Signal Processing, 2012, 60(6): 2962-2973.

[223] Yuillev A L, Rangarajan A. The concave-convex procedure (CCCP). Neural Computation, 2003, 15(2): 915-936.

[224] Lanckriet G R, Sriperumbudur B K. On the convergence of the concave-convex procedure. Advances in Neural Information Processing Systems 22, Curran Associates, Inc., Vancouver, 2009: 1759-1767.

[225] Shin J, Moon J. Weighted sum rate maximizing transceiver design in MIMO interference channel. 2011 IEEE Global Telecommunications Conference-GLOBECOM, Houston, 2011: 1-5.

[226] Liu S. Several inequalities involving Khatri-Rao products of positive semidefinite matrices. Linear Algebra and Its Applications, 2002, 354(1): 175-186.

[227] Cormen T H. Introduction to Algorithms. Cambridge: MIT Press, 2009.

[228] Kyösti P, Meinilä J, Hentilä L, et al. WINNER II D5.3, WINNER II channel models. WINNER+ Final Channel Models, 2010: 1-57.

[229] Hwang T, Yang C, Wu G, et al. OFDM and its wireless applications: A survey. IEEE Transactions on Vehicular Technology, 2009, 58(4): 1673-1694.

[230] Morelli M, Kuo C C J, Pun M O. Synchronization techniques for orthogonal frequency division multiple access (OFDMA): A tutorial review. Proceedings of the IEEE, 2007, 95(7): 1394-1427.

[231] Akdeniz M R, Liu Y, Samimi M K, et al. Millimeter wave channel modeling and cellular capacity evaluation. IEEE Journal on Selected Areas in Communications, 2014, 32(6): 1164-1179.

[232] Shiu D S, Foschini G J, Gans M J, et al. Fading correlation and its effect on the capacity of multielement antenna systems. IEEE Transactions on Communications, 2000, 48(3): 502-513.

[233] Pätzold M, Hogstad B O. A wideband space-time MIMO channel simulator based on the geometrical one-ring model. Proceedings of IEEE VTC Fall, Montreal, 2006: 1-6.

[234] Chen R, Shen Z, Andrews J G, et al. Multimode transmission for multiuser MIMO systems with block diagonalization. IEEE Transactions on Signal Processing, 2008, 56(7): 3294-3302.

[235] Rappaport T S, Sun S, Mayzus R, et al. Millimeter wave mobile communications for 5G cellular: It will work! IEEE Access, 2013, 1: 335-349.

[236] Hunter D R, Lange K. A tutorial on MM algorithms. The American Statistician, 2004, 58(1): 30-37.

[237] Sun Y, Babu P, Palomar D P. Majorization-minimization algorithms in signal processing, communications, and machine learning. IEEE Transactions on Signal Processing, 2016, 65(3): 794-816.

[238] Caire G, Jindal N, Kobayashi M, et al. Multiuser MIMO achievable rates with downlink training and channel state feedback. IEEE Transactions on Information Theory, 2010, 56(6): 2845-2866.

[239] Member M K, Caire G. Joint beamforming and scheduling for a multi-antenna downlink with imperfect transmitter channel knowledge. IEEE Journal on Selected Areas in Communications, 2007, 25(7): 1468-1477.

[240] Etkin R H, Tse D N. Degrees of freedom in some underspread MIMO fading channels. IEEE Transactions on Information Theory, 2006, 52(4): 1576-1608.

[241] Salo J, Del Galdo G, Salmi J, et al. MATLAB implementation of the 3GPP Spatial Channel Model (3GPP TR 25.996). [2005-01-05]. http://www.tkk.fi/Units/Radio/scm/.

[242] Ostrowski A, Schneider H. Some theorems on the inertia of general matrices. Journal

of Mathematical Analysis and Applications, 1962, 4(1): 72-84.

[243] Zhang F. The Schur Complement and Its Applications. Berlin: Springer, 2005.

[244] Xiao C, Zheng Y R, Ding Z. Globally optimal linear precoders for finite alphabet signals over complex vector Gaussian channels. IEEE Transactions on Signal Processing, 2011, 59(7): 3301-3314.

[245] Palomar D P, Verdú S. Gradient of mutual information in linear vector Gaussian channels. IEEE Transactions on Information Theory, 2006, 52(1): 141-154.

[246] Perlis S. Theory of Matrices. Berlin: Courier Corporation, 1991.

[247] Grenander U, Szegö G. Toeplitz Forms and Their Applications. Berkeley: University, 1958.

[248] Sung Y, Poor H V, Yu H. How much information can one get from a wireless ad hoc sensor network over a correlated random field. IEEE Transactions on Information Theory, 2009, 55(6): 2827-2847.

[249] Ngo H Q, Larsson E G, Marzetta T L. Energy and spectral efficiency of very large multiuser MIMO systems. IEEE Transactions on Communications, 2013, 61(4): 1436-1449.

[250] Biguesh M, Gershman A B. Training-based MIMO channel estimation: A study of estimator tradeoffs and optimal training signals. IEEE Transactions on Signal Processing, 2006, 54(3): 884-893.

[251] Love D J, Heath R W. Limited feedback unitary precoding for orthogonal space-time block codes. IEEE Transactions on Signal Processing, 2005, 53(1): 64-73.

[252] Phan K T, Vorobyov S A, Tellambura C. Precoder design for space-time coded systems over correlated Rayleigh fading channels using convex optimization. IEEE Transactions on Signal Processing, 2009, 57(2): 814-819.

[253] Telatar E. Capacity of multi-antenna Gaussian channels. European Transactions on Telecommunications, 1999, 10(6): 585-595.

[254] Chu D. Polyphase codes with good periodic correlation properties. IEEE Transactions on Information Theory, 1972, 18(4): 531-532.

[255] Popovic B M. Efficient DFT of Zadoff-Chu sequences. IET Electronics Letters, 2010, 46(7): 502-503.

[256] Hamdi K. Capacity of MRC on correlated Rician fading channels. IEEE Transactions on Communications, 2008, 56(5): 708-711.

[257] Jorswieck E A, Boche H. Outage probability in multiple antenna systems. European Transactions on Telecommunications, 2007, 18(3): 217-233.

[258] Nabar R U, Bolcskei H, Paulraj A J. Diversity and outage performance in space-time block coded Ricean MIMO channels. IEEE Transactions on Wireless Communications, 2005, 4(5): 2519-2532.

[259] Jiang T, Wu Y. An overview: Peak-to-average power ratio reduction techniques for

OFDM signals. IEEE Transactions on Broadcasting, 2008, 54(2): 257-268.
[260] Myung H G, Junsung L, Goodman D. Single carrier FDMA for uplink wireless transmission. IEEE Vehicular Technology Magazine, 2006, 1(3): 30-38.
[261] Sesia S, Toufik I, Baker M. LTE: The UMTS long term evolution. IEEE Vehicular Technology Magazine, 2006, 1(3): 30-38.
[262] Mohammed S K, Larsson E G. Per-antenna constant envelope precoding for large multi-user MIMO systems. IEEE Transactions on Communications, 2013, 61(3): 1059-1071.
[263] Studer C, Larsson E G. PAR-aware large-scale multi-user MIMO-OFDM downlink. IEEE Transactions on Communications, 2013, 61(3): 1059-1071.
[264] Mohammed S K, Larsson E G. Constant-envelope multi-user precoding for frequency-selective massive MIMO systems. IEEE Wireless Communications Letters, 2013, 2(5): 547-550.
[265] Sun Y, Liu K J R. Transmit diversity techniques for multicasting over wireless networks. Proceedings of IEEE WCNC, Atlanta, 2010: 593-598.
[266] Wang J, Love D J, Zoltowski M D. Improved space-time coding for multiple antenna multicasting. Proceedings of IEEE WDD, Kauai, 2010: 593-598.
[267] Sidiropoulos N D, Davidson T N, Luo Z Q. Transmit beamforming for physical-layer multicasting. IEEE Transactions on Signal Processing, 2006, 54(6): 2239-2251.
[268] Lozano A. Long-term transmit beamforming for wireless multicasting. 2007 IEEE International Conference on Acoustics, Speech and Signal Processing-ICASSP, Honolulu, 2007: III-417-III-420.
[269] Xiang Z, Tao M, Wang X. Massive MIMO multicasting in noncooperative cellular networks. IEEE Journal on Selected Areas in Communications, 2014, 32(6): 1180-1193.
[270] Tarokh V, Seshadri N, Calderbank A R. Space-time codes for high data rate wireless communication: Performance criterion and code construction. IEEE Transactions on Information Theory, 1998, 44(2): 744-765.
[271] Tarokh V, Jafarkhani H, Calderbank A R. Space-time block codes from orthogonal designs. IEEE Transactions on Information Theory, 1999, 45(5): 1456-1467.
[272] Tirkkonen O, Boariu A, Hottinen A. Minimal nonorthogonality rate 1 space-time block code for 3+ Tx antennas. Proceedings of IEEE ISSSTA, Parsippany, 2000: 429-432.
[273] Wang D, Xia X G. Optimal diversity product rotations for quasi-orthogonal STBC with MPSK symbols. IEEE Communications Letters, 2005, 9(5): 420-422.
[274] Su W, Xia X G. Signal constellations for quasi-orthogonal space-time block codes with full diversity. IEEE Transactions on Information Theory, 2004, 50(10): 2331-2347.
[275] Pham V B, Sheng W X. No-zero-entry full diversity space-time block codes with

linear receivers. Annales Des Telecommunications, 2015, 70(1): 73-81.

[276] Shang Y, Xia X G. Space-time block codes achieving full diversity with linear receivers. IEEE Transactions on Information Theory, 2008, 54(10): 4528-4547.

[277] Kay S M. Fundamentals of Statistical Signal Processing. New York: Prentice Hall PTR, 1993.

[278] Bliss D W, Parker P A. Temporal synchronization of MIMO wireless communication in the presence of interference. IEEE Transactions on Signal Processing, 2010, 58(3): 1794-1806.

[279] Alkhateeb A, Mo J, Gonzalez-Prelcic N, et al. MIMO precoding and combining solutions for millimeter-wave systems. IEEE Communications Magazine, 2014, 52(12): 122-131.

[280] Han S, Chih-Lin I, Xu Z, et al. Large-scale antenna systems with hybrid analog and digital beamforming for millimeter wave 5G. IEEE Communications Magazine, 2015, 53(1): 186-194.

[281] Ayach O E, Rajagopal S, Abu-Surra S, et al. Spatially sparse precoding in millimeter wave MIMO systems. IEEE Transactions on Wireless Communications, 2014, 13(3): 1499-1513.

[282] Walck C. Handbook on Statistical Distributions for Experimentalists. Stockholm: Stockholm University Press, 2007.

[283] Golay M. Multi-slit spectrometry. Journal of the Optical Society of America, 1949, 39(6): 437-444.

[284] Golay M. Complementary series. IRE Transactions on Information Theory, 1961, 7(2): 82-87.

[285] Golay M. Seives for low autocorrelation binary sequences. IEEE Transactions on Information Theory, 1977, 23(1): 43-51.

[286] Davis J A, Jedwab J. Peak-to-mean power control in OFDM, Golay complementary sequences and Reed-Muller codes. IEEE Transactions on Information Theory, 1999, 45(7): 2397-2417.

[287] Huang X, Li Y. Scalable complete complementary sets of sequences. Proceedings of IEEE GLOBECOM, Taipei, 2002: 1056-1060.

[288] Sun C, Gao X Q, Wang J, et al. Beam domain optical wireless massive MIMO communications with transmit lens. IEEE Transactions on Communications, 2019, 67(3): 2188-2202.

[289] Sun C, Wang J, Gao X Q, et al. Networked optical massive MIMO communications. IEEE Transactions on Wireless Communications, Early Access, 2020.

[290] Zeng L, O'Brien D C, Minh H L, et al. High data rate multiple input multiple output (MIMO) optical wireless communications using white LED lighting. IEEE Journal on Selected Areas in Communications, 2009, 27(9): 1654-1662.

[291] Hecht E. Optics. Upper Saddle River: Addison-Wesley, 2002.

[292] Wang T Q, Sekercioglu Y A, Armstrong J. Analysis of an optical wireless receiver using a hemispherical lens with application in MIMO visible light communications. IEEE/OSA Journal of Lightwave Technology, 2013, 31(11): 1744-1754.

[293] Gao X, Dai L, Hu Y, et al. Low-complexity signal detection for large-scale MIMO in optical wireless communications. IEEE Journal on Selected Areas in Communications, 2015, 33(9): 1903-1912.

[294] Ding Y, Liu X, Zheng Z, et al. Freeform LED lens for uniform illumination. Optics Express, 2008, 16(17): 12958.

[295] Ma S, Yang R, Li H, et al. Achievable rate with closed-form for SISO channel and broadcast channel in visible light communication networks. IEEE/OSA Journal of Lightwave Technology, 2017, 35(14): 2778-2787.

[296] Lapidoth A, Moser S, Wigger M. On the capacity of free-space optical intensity channels. IEEE Transactions on Information Theory, 2009, 55(10): 4449-4461.

[297] Chaaban A, Morvan J M, Alouini M S. Free-space optical communications: Capacity bounds, approximations, and a new sphere-packing perspective. IEEE Transactions on Communications, 2016, 64(3): 1176-1191.

[298] Pham T V, Minh H L, Ghassemlooy Z, et al. Sum-rate maximization of multi-user MIMO visible light communications. 2015 IEEE International Conference on Communication Workshop, London, 2015: 1344-1349.

[299] Chen T, Liu L, Tu B, et al. High-spatial-diversity imaging receiver using fisheye lens for indoor MIMO VLCs. IEEE Photonics Technology Letters, 2014, 26(22): 2260-2263.

[300] Yun G, Kavehrad M. Spot-diffusing and fly-eye receivers for indoor infrared wireless communications. IEEE International Conference on Selected Topics in Wireless Communications, Vancouver, 1992: 262-265.

[301] Basciftci Y O, Koksal C E, Ashikhmin A. Securing massive MIMO at the physical layer. 2015 IEEE Conference on Communications and Network Security (CNS), Florence, 2015: 272-280.

索　　引